T0135405

V&R Academic

Chamisso-Studien

Band 2

Herausgegeben von
Jutta Weber, Walter Erhart und Monika Sproll

Julian Drews / Ottmar Ette / Tobias Kraft /
Barbara Schneider-Kempf / Jutta Weber (Hg.)

Forster – Humboldt – Chamisso

Weltreisende im Spannungsfeld der Kulturen

Mit 44 Abbildungen

V&R unipress

Bibliografische Information der Deutschen Nationalbibliothek

Die Deutsche Nationalbibliothek verzeichnet diese Publikation in der Deutschen Nationalbibliografie; detaillierte bibliografische Daten sind im Internet über http://dnb.d-nb.de abrufbar.

ISSN 2512-7306
ISBN 978-3-8471-0751-4

Weitere Ausgaben und Online-Angebote sind erhältlich unter: www.v-r.de

Das diesem Band zugrundeliegende Vorhaben wurde mit Mitteln des Bundesministeriums für Bildung und Forschung unter dem Förderkennzeichen 01UO1302B gefördert. Die Verantwortung für den Inhalt dieser Veröffentlichung liegt bei den Autoren. Gedruckt wurde der Band mit freundlicher Unterstützung der Universität Potsdam, der Staatsbibliothek zu Berlin, der Chamisso-Gesellschaft e.V. und der Stiftung Preußische Seehandlung und dem Potsdam International Network for TransArea Studies (POINTS).

Titelbild: „Vue du Cajambé". Kupferstich von Louis Bouquet nach einer Skizze von Alexander v. Humboldt, „Vues des Cordillères et monumens des peuples indigènes de l'Amérique", Paris 1810. Bildagentur bpk No: 00023067. © bpk / Iberoamerikanisches Institut, SPK.
Druck und Bindung: CPI buchbuecher.de GmbH, Zum Alten Berg 24, D-96158 Birkach

Gedruckt auf alterungsbeständigem Papier.

Inhalt

Horizonte

Schreiben

Ausblick

Vorwort

Vom 24.–26. Februar 2016 fand in der Staatsbibliothek zu Berlin – Preußischer Kulturbesitz die 3. Internationale Chamissokonferenz als Abschluss der von der Staatsbibliothek zu Berlin zusammen mit der Filmemacherin Ulrike Ottinger präsentierten Ausstellung „Weltreise" statt. Sie wurde veranstaltet vom BMBF-Verbundprojekt „Alexander von Humboldts Amerikanische Reisetagebücher" der Universität Potsdam und der Staatsbibliothek zu Berlin in Zusammenarbeit mit der Berlin-Brandenburgischen Akademie der Wissenschaften und der Chamisso-Gesellschaft e.V.

Mit dem Titel „Weltreisen: Aufzeichnen, aufheben, weitergeben – Forster, Humboldt, Chamisso" lud die Konferenz zu einem wissenschaftlichen Austausch zum Thema der von Deutschland ausgehenden (Welt)reisen um 1800 ein.

Sie setzte die Prämisse, dass sich mit den Namen Reinhold und Georg Forster, Alexander von Humboldt und Adelbert von Chamisso eine Horizonterweiterung des intellektuellen Feldes im deutschsprachigen Raum verbinde, die den Eintritt in die Moderne nicht nur markiert, sondern wesentlich mitbestimmt. Der Rückgriff auf die Genannten wurde daher in der Konferenz auch nicht nur hinsichtlich der Genese moderner Wissensordnungen relevant, sondern konnte auch als Ansatz für Schwerpunktverschiebungen im Verständnis unserer eigenen Gegenwart und Zukunft beleuchtet werden. So kamen beispielsweise im Nachdenken über ein postnationales Europa nicht nur die Mehrsprachigkeit der Schriftsteller Forster, Humboldt und Chamisso, sondern auch deren Erfahrungen als ‚Reisende', als ‚Fremde', als ‚Nomaden' und als ‚Migranten' in den Blick. In der Reflexion des Anthropozäns wurde die selbstverständliche Engführung natur- und kulturwissenschaftlicher Fragestellungen bei den Forschungsreisenden epistemologisch relevant. Die Konferenz zeigte, statt bewegter Subjekte, die eine starre Topographie durchqueren, vielmehr die Beweglichkeit und Relationalität von Konzepten wie „Preußen", „Europa", „Empirie" „Welt" oder eben „Moderne".

Einen Fokus der Konferenz bildeten neben den bekannten Publikationen auch Texte, Skizzen, Zeichnungen sowie Proben von Artefakten und Naturalien, welche die genannten Autoren in Sammlungen hinterlassen haben, die in den letzten Jahren verstärkt zu Gegenständen der Forschung geworden sind. In diesen Hinterlassenschaften manifestieren sich Themenkomplexe zwischen den Begriffs- und Bestimmungspolen von Natur und Kultur – Tier- und Pflanzenwelt der Reise, Landschaften, Kartographien, Menschenbilder um 1800 –, die nicht zu trennen sind von den medialen Formaten ihres Erscheinens wie dem Tage- und Notizbuch, dem Skizzenheft, dem Gemälde, dem Briefwechsel oder der Sammlung. Diese Textzeugen und Objektgruppen stellen nicht nur hermeneutische Aufgaben, sondern erfordern eine Konservierungs- und Editionspraxis, die als zeitgemäße Grundlagenforschung zunehmend Mittel, Methoden und Perspektiven der digitalen Geisteswissenschaften aufnimmt und in die historische Erschließung integriert.

Mit den Namen der Protagonisten gelang es, ein vielschichtiges Verhältnis zwischen den Forschenden, zur Zeit, zu den Personen und zu den Reisen herzustellen. So konnten erstmals die Gemeinsamkeiten, aber auch die Unterschiede der Reiseerlebnisse, der Ergebnisse und der interdisziplinären wissenschaftlichen Ansätze herausgearbeitet und diskutiert werden.

Die Herausgeber freuen sich, mit dem vorliegenden Band die Erträge der Konferenz der interessierten Öffentlichkeit übergeben zu dürfen. Sie danken allen herzlich, die die Veranstaltung und die Publikation dieses Bandes unterstützt haben: der Stiftung Preußische Seehandlung, der Berlin-Brandenburgischen Akademie der Wissenschaften, der Chamisso-Gesellschaft e.V., der Staatsbibliothek zu Berlin – Preußischer Kulturbesitz und der Universität Potsdam.

Julian Drews
Ottmar Ette
Tobias Kraft
Barbara Schneider-Kempf
Jutta Weber

Einstieg

Ich werde nicht, ein flüchtiger Reisender, der ich auf dieses Land gleichsam nur den Fuß gesetzt habe, um vor der riesenhaft wuchernden Fülle der organischen Natur auf ihm zu erschrecken, mir anmaßen, irgend etwas Belehrendes über Brasilien sagen zu wollen. Nur den Eindruck, den es auf mich gemacht, den es in mir zurückgelassen hat, möchte ich den Freunden mitteilen; aber auch da fehlen mir die Worte.

–Chamisso–

Walter Erhart

Chamissos Weltreise und Humboldts Schatten

1.   Triptychon mit Lichtgestalt und Schattenspiel

Forster, Humboldt, Chamisso – die diesem Buch zugrundeliegende Tagung hat
die Form eines Triptychons gewählt, und wie bei einem Flügelaltarbild lässt sich
die Anordnung der Figuren auf mehrfache Weise lesen. Zunächst kann das
dreigeteilte Bild eine chronologisch entfaltete Geschichte darstellen, die von
links nach rechts führt: Georg Forster eröffnet die Reihe der deutschen Welt- und
Überseereisenden, Alexander von Humboldt setzt die Geschichte dieser Naturforscher fort, zuletzt reist Adelbert von Chamisso auf ihren Spuren um die
Welt. Zugleich jedoch legt das Triptychon auch eine relationale und hierarchi-
sche Ordnung des Flügelbildes nahe: Nicht der junge, kaum zwanzigjährige
Schriftsteller Georg Forster, der 1772 mit seinem Vater an der zweiten Weltumseglung des James Cook teilnimmt, auch nicht der gerade erst in Medizin und
Naturwissenschaft eingeschriebene, vierunddreißigjährige Spätstudent, Exilant
und Migrant Chamisso, der 1815 mit einem russischen Schiff auf Weltreise geht –
Alexander von Humboldt ist die unbestritten zentrale Figur eines solcherart
gelesenen Triptychons: ein junger preußischer Beamter noch im 18. Jahrhundert, doch bald einer der berühmtesten Gelehrten der Welt, ein Naturforscher
und Universalgelehrter, der von 1799 bis 1804 die amerikanischen Kontinente
bereist und vom amerikanischen Präsidenten empfangen wird. In diesem Triptychon ist Alexander von Humboldt nicht von ungefähr in der Mitte platziert,
eine Lichtgestalt schon im 19. Jahrhundert, der nicht nur auf diesem Bild alle
anderen in den Schatten stellt, die Vorläufer zur Linken und die Nachfahren zur
Rechten.

Im Februar 1810 erhält der neunundzwanzigjährige unbekannte Berliner
Lyriker Chamisso in Paris eine Audienz bei dem großen Humboldt; in Briefen an
seinen Freund Fouqué hatte er zuvor über seine Verlorenheit und Selbstzweifel in
Paris geklagt: „Wir Erwachsene" seien „gar unglückliche, verwöhnte Kinder
[…]", die Festivitäten der Pariser Hauptstadt seien mit den „Herrlichkeiten des
Berliner Christmarkts" nicht zu vergleichen, und „wann hier der Teufel los ist,

geh' ich schon nicht mehr, oder nur gewissermaßen Pflichts wegen, um es mit anzusehen."[1] Die Enttäuschung in der Metropole provoziert imaginäre Sehnsuchtsorte, und neben der deutschen Wahlheimat sind es zuletzt noch ganz andere Bilder, die den jungen Romantiker aus seiner Situation befreien: „Was genügte uns, was überträfe unsere Forderungen, ja was erregte unsere Neugierde, und spannte unsre Seele an? – Doch Einer hat es noch an mir gekonnt, unser herrlicher Humboldt, mit der Tropen-Natur, den Llanos der Anden, der fremden Physiognomie einer uns unbekannten Schöpfung [...]!"[2]

In Zeiten der Desorientierung und der Zerstreuung scheint nur einer, eine Lichtgestalt, zu Hilfe kommen zu können, um die Seele ‚anzuspannen' und die Neugier zu ‚erregen', mithin die bedrohte Subjektivität zu stabilisieren und den Blick auf neue private und berufliche Ziele zu richten. Nur wenig später fasst Chamisso den Entschluss, sich von der Poesie gänzlich abzuwenden und ausschließlich Naturforscher, ein Nachfolger Humboldts, zu werden: „Tauge ich überhaupt zu irgend, so ist es für die Naturwissenschaften, und auf dem Wege der Erfahrung. Die Freunde selbst haben mir nie einreden können, daß ich zum Dichter geboren, und von müßiger Spekulation wend' ich mich mit Ueberdruß ab."[3]

Mit seiner Novelle *Peter Schlemihls wundersame Geschichte* hat Chamisso diese Hinwendung zur Naturwissenschaft auch literarisch gestaltet. Die Geschichte des Peter Schlemihl, der seinen Schatten verkauft und daraufhin trotz des dabei erworbenen Geldsäckels aus der Gesellschaft ausgestoßen wird, endet mit einer anders motivierten, aber ganz ähnlichen Lebensentscheidung des Protagonisten: Peter Schlemihl wird durch den zufälligen Erwerb von Siebenmeilenstiefeln in die Lage versetzt, eine Art Über-Wissenschaftler zu werden, er wandert in atemberaubender Geschwindigkeit fast über den gesamten Globus, studiert die Flora und Fauna der Erde, schreibt Abhandlungen und arbeitet an einem umfassenden „Systema naturae".[4] Der Autor Chamisso und das große Vorbild Alexander von Humboldt stehen im Hintergrund, vielleicht sogar im Mittelpunkt dieser 1812 geschriebenen Novelle; beide haben ihren signifikanten Auftritt in der Erzählung selbst, in einem typisch romantischen Spiel mit der Fiktion, bei dem die Figur Peter Schlemihl seinen Freund Chamisso, den mutmaßlichen Herausgeber, höchstpersönlich anspricht:

> Da träumt' es mir von Dir, es ward mir, als stünde ich hinter der Glastüre Deines kleinen Zimmers, und sähe Dich von da an Deinem Arbeitstische zwischen einem Skelet und einem Bunde getrockneter Pflanzen sitzen, vor Dir waren Haller, Humboldt und Linné

---

1 Chamisso 1856, Bd. 5, S. 277.
2 Ebd.
3 Chamisso an Rosa Maria Assing, 17. November 1812. Ebd., S. 371.
4 Chamisso 1975, Bd. 1, S. 66.

aufgeschlagen, auf Deinem Sofa lagen ein Band Goethe und der ‚Zauberring', ich betrachtete Dich lange und jedes Ding in Deiner Stube, und dann Dich wieder, Du rührtest Dich aber nicht, Du holtest auch nicht Atem, Du warst tot.[5]

Es handelt sich um ein fast barockes Stillleben, mit Totenkopf und Büchern, zugleich aber auch um den Hinweis auf einen ‚alten' abgestorbenen Chamisso, der in einer Art Initiation längst sein neues Leben als Naturforscher aufgenommen hat. Mit Haller, Humboldt und Linné liegen die Bücher der berühmtesten Naturforscher bereit, zugleich schildert die Forschungsszene die Trennung jener „zwei Kulturen", wie sie später in der berühmten Schrift von C.P. Snow über die „two cultures" von sich reden macht.[6] Am „Arbeitstisch" des Autors Chamisso werden die Naturforscher studiert, auf dem „Sofa" liegt Literatur; am Schreibtisch wird gearbeitet und geschrieben, auf dem Sofa wird gelesen.

2.   Empirie in Einem Bild – Wissenschaftsgeschichte nach Humboldt

Chamissos Leben und Werk, vor allem seine Beziehung zu Alexander von Humboldt, lassen sich heute auch als eine Vor- und Frühgeschichte der Verbindung und des Konflikts dieser zwei unterschiedlichen Wissenskulturen lesen: den empirischen Naturwissenschaften auf der einen, Literatur und Kunst sowie den im 18. Jahrhundert noch so genannten ‚schönen Wissenschaften' auf der anderen Seite. Für Humboldt war es gerade die Einheit dieser beiden Kulturen, die seine Naturforschung leitete und für die er bis heute – und heute wieder – zu einem Vorbild unserer zerklüfteten Moderne werden konnte: kein letzter Universalgelehrter, sondern ein post-romantischer Wissenschaftstheoretiker, der bereits Antworten auf die moderne Ausdifferenzierung der Erkenntnisformen und Wissenssysteme zu formulieren verstand.[7] „Ansichten der Natur", „Naturgemälde", „Physiognomie der Landschaft": Alexander von Humboldts Darstellung der Natur bildet eine avancierte Form der Forschung und der Wissenschaft, gleichermaßen verpflichtet der ästhetischen Erfahrung, einer ökologischen (und postkolonialen) Sensibilität sowie einem in Abhandlungen und Fußnoten demonstrierten Ethos naturwissenschaftlich-analytischer Präzision.[8]

In dem 1845 sein Lebenswerk *Kosmos* eröffnenden Vortrag „Einleitende Betrachtungen über die Verschiedenheit des Naturgenusses und eine wissen-

---

5 Ebd., S. 24f.
6 Snow 1993. Diese Beobachtung findet sich bei Schmidt 2016, S. 81f.
7 So Ottmar Ette in seinem Buch *Humboldt und die Globalisierung* (Ette 2009).
8 Vgl. dazu etwa die Arbeiten von Ette 2002; Hey'l 2007; Kraft 2014.

schaftliche Ergründung der Weltgesetze" hat Humboldt den mit der Phantasie erfassten „geheimnißvollen Zusammenhang aller organischen Gestaltung" mit einer „Zergliederung" aller „Elemente" der „Sinnenwelt"[9] konfrontiert und auch historisch als die beiden Formen des „Naturgenusses" differenziert. Der einen liege seit jeher, insbesondere bei den so genannten ‚Naturvölkern', ein „dunkles Gefühl, eine stille Ahndung von der Einheit aller Naturgewalten" zugrunde, die andere bediene sich moderner naturwissenschaftlicher Verfahren, um auf diese spezifisch andere Weise „tiefer in den ursachlichen Zusammenhang aller Erscheinungen einzudringen"[10]. In seiner Rede hat Humboldt beiden Formen eine nach wie vor gültige Bedeutung in der Erfassung der gesamten Natur zugesprochen; in seinen Reisebeschreibungen hat er versucht, die empirische naturwissenschaftliche Beobachtung und das ästhetische ‚geheimnisvolle Ganze' der Natur programmatisch und rhetorisch, genrespezifisch und darstellerisch zu vermitteln. Einerseits sollen – so Humboldt in seiner *Reise in die Äquinoktial-Gegenden des Neuen Kontinents* – alle während der Reise beobachteten „lokalen Veränderungen" entsprechend dem „Plane dieses Werkes" nur dazu dienen, „die Ideen unter allgemeine Gesichtspunkte zu bringen und alles […] innerhalb eines einzigen Rahmens anzuordnen."[11] Andererseits soll dieser „Rahmen" auch in Form von „Ansichten" präsentiert werden und dabei die naturkundlichen Details idealerweise in ein „Gemälde"[12] zusammenfügen. Es gehe immer auch darum, „die Natur mit Einem Blicke zu umfassen"[13] und gerade auf diesem Weg die „mannigfaltigen Ursachen" eines naturkundlichen Phänomens „in Ein Bild zusammenzudrängen"[14] – so hat Humboldt an einem Beispiel in einer naturwissenschaftlich detaillierten Fußnote der *Ansichten der Natur* seinen eigenen, davon abgesetzten kürzeren Haupttext kommentiert. Gerade solche Verbindungen und Vermittlungen zwischen den Details und einem grundlegenden Zusammenhang prädestinierten Humboldt für die Verkörperung eines für Goethe und Darwin gleichermaßen grundlegenden und motivierenden Wissenschaftsideals.[15]

Chamissos Zugang zu diesen Wissenskulturen war konfliktreicher. Für ihn stand am Beginn der radikale Bruch mit einer poetisch-romantischen Existenz; der ehemalige Dichter liest zwar noch Poesie und Literatur, schreiben aber will er nur noch als Naturforscher: „Der Wissenschaft will ich durch Beobachtung und

---

9   Humboldt 2004, S. 11.
10 Ebd., S. 17.
11 Humboldt 1991, Bd. 1, S. 244.
12 Humboldt 1986, Bd. 1, S. 20.
13 So Humboldt in der „Physiognomie der Gewächse": Ebd., S. 245.
14 Ebd., S. 109.
15 Zu diesem wissenschaftshistorischen Zusammenhang vgl. Daston / Galison 2007; Bies 2012; Wulf 2015.

Erfahrung, Sammeln und Vergleichen mich nähern. – Vergessen habe ich schon, daß ich je ein Sonett geschrieben."[16] Dieser Annäherungsprozess führt zugleich jedoch die Schwierigkeit mit sich, dem großen Vorbild und dem neuen ‚Paradigma' einer von Humboldt repräsentierten Naturforschung überhaupt gerecht werden zu können. Chamissos Geschichte ist deshalb auch ein Lehrstück aus der Wissenschaftsgeschichte: Wie ging Chamisso, wie ging seine Generation, wie ging die Nachwelt und die nachfolgende *scientific community* mit Humboldts Ideen, mit Humboldts „Weltwissenschaft"[17] um? Alexander von Humboldt hat die Geschichte der (Natur-)Wissenschaften im 19. Jahrhundert nicht nur geprägt (und überschattet), auch die Wissenschaftsgeschichtsschreibung hat ihn als eine Gründerfigur etabliert und dabei oftmals die unmittelbar auf ihn folgende Veränderung wissenschaftlicher Praktiken und Sehweisen vernachlässigt.[18] Insbesondere der Humboldt'sche Anspruch eines Zusammenspiels technischer, naturkundlicher und ästhetischer Erkenntnisweisen blieb während des gesamten 19. Jahrhunderts anerkannt, war jedoch immer schwerer zu realisieren, und die wechselvolle Geschichte des Dichters und Naturforschers Chamisso ist zugleich ein noch weitgehend unbekanntes Lehrstück auch über die fortgesetzte Spannung moderner Wissenskulturen, ein Schattenspiel wie gemacht für den Autor des *Peter Schlemihl*. Im Folgenden möchte ich deshalb zeigen, erstens welch großen Schatten die Figur Humboldt geworfen hat, zweitens ob und wie es gelang, aus diesem Schatten herauszutreten, und drittens wie es war, diesen Schatten zu verlieren, was es bedeutete, sich plötzlich in einer Welt und in einer Wissenschaft ohne Humboldts Schatten zu bewegen.

3.   Humboldts Versprechen: Vergleich und Resonanz

Zunächst eiferte Chamisso dem großen Humboldt bedingungslos nach. Wie in einem weiteren Traum des fiktiv um die Welt reisenden Naturforschers Peter Schlemihl hatte Chamisso die unverhoffte, durch seinen Berliner Freund Hitzig vermittelte Möglichkeit erhalten, an Bord des Schiffes „Rurik" unter dem Kommando des Otto von Kotzebue auf Weltreise zu gehen, die ihm dann tatsächlich auch die berufliche Karriere als Naturforscher und Botaniker sichern sollte. Wie die meisten Weltreisenden des 19. Jahrhunderts aber – so lässt sich ohne große metaphorische Verfremdung formulieren – segelte Chamisso im Windschatten großer Autoritäten, und deren Größter war zweifelsfrei Alexander

---

16 Chamisso an de la Foye, November 1812. Chamisso 1856, Bd. 5, S. 370.
17 Vgl. Ette 2006.
18 Vgl. Hierzu etwa die Bemerkungen von Güttler 2014, S. 34 ff.

von Humboldt. Chamisso selbst hat es in seinem unveröffentlichten Tagebuch bereits auf Teneriffa unmissverständlich formuliert:

> TENERIFFA ist oft [von gelehrten] ~~bessuchh~~et und beschrieben worden, ALEXANDERV
> HUMBOLDT und BOMPLAND haben sie besucht und den PIC
> de TEYDE bestiegen, LEOPOLD von BUCH, und CHRISTIAN
> SMITH haben die CANARISCHEN INSELN zum Zwecke einer
> eigenen Wissenschaftilichen Reise gemacht, und den
> Pic ~~d~~Drei ~~m~~Mal bestiegen, das letzte Mal: ~~nicht lange~~ [noch kurze]
> ~~zeit~~ vor unserer Ankunft um pflanzen= [sämereien] einzusammeln,
> wir konnen nur nach dem flüchtigen Blick der uns vergönnt
> war, Wißbegierige auf HUMBOLDTS ~~r~~Reise, und die zu erwartenden
> Berichte der berühmten Manner verweisen, die ~~nicht mehr~~ [wir] hier
> nicht mehr anzu treffen bedauern mußten.[19]

Die dann im dritten Band von Kotzebues Expeditionsbericht erschienenen *Bemerkungen und Ansichten* (1821) beginnen mit einem knappen Kapitel über Teneriffa, das zunächst die eben aus dem Original zitierte Tagebuchpassage übernimmt und nur geringfügig konkretisiert (mit Verweis auf das noch nicht vorliegende Werk des neben Humboldt prominentesten Teneriffa-Reisenden Leopold von Buch). In der späteren Ausgabe der *Bemerkungen und Ansichten* von 1836 hat Chamisso das naturkundlich kaum innovative Kapitel über Teneriffa wieder gestrichen; stattdessen aber hat er die Reisestation Teneriffa – „besucht und beschrieben [...] wie kein anderer Punkt der Welt"[20] – in seinen gleichzeitig mit dem redigierten Expeditionsbericht erschienenen Reisebericht *Tagebuch. Eine Reise um die Welt* (1836) aufgenommen, in dieser autobiographischen Passage den Erkenntnisansanspruch allerdings programmatisch auf die subjektiven Eindrücke beschränkt: „Wir hatten nur an uns selber Erfahrungen zu machen, und unsern durstenden Blick an den Lebensformen der tropischen Natur zu weiden."[21]

Mit diesen paar ‚Blicken', einem durchaus ‚flüchtigen' Programm und dem Verweis auf bereits erschienene oder noch entstehende Bücher ist die Ausbeute des Naturforschers auf Teneriffa denkbar gering. Das Meiste ist schon gesagt, die berühmten Männer haben den Schauplatz bereits wieder verlassen: Dieses Leitmotiv der Reiseliteratur spätestens seit dem 19. Jahrhundert prägt die Erfahrung auch des Naturforschers Chamisso, es legt sich wie ein Schatten über die Weltreisen dieses Jahrhunderts. „Wichtige Entdeckungen sind durchaus nicht mehr zu machen", so formulierte es Adam Johann von Krusenstern im Vorwort zu Kotzebues dreibändigen Expeditionsbericht von 1821. „[...] hie und da eine

---

19 SBB, Nachl. Adelbert von Chamisso, K. 33, Nr. 11: *Reisetagebuch*, Bl. 84v (Transkription, auch im Folgenden: Monika Sproll).
20 Chamisso 1975, S. 39.
21 Ebd.

Insel oder eine Inselgruppe, auf die man unverhofft stößt, ist Alles, worauf selbst der glücklichste Entdecker jetzt noch rechnen darf."[22]

Was an neuem Land nicht mehr entdeckt werden kann, versuchen die Naturforscher zumindest durch die Entdeckung neuer Pflanzen und neuer Arten wettzumachen. Der die Expedition begleitende Maler Louis Choris hat an einer frühen Stelle seines Tagebuchs die „[U]neinigkeiten" der „H. Naturforscher" angedeutet. Diese hätten die „Eigenschaft", immer „etwas neues […] sehen" zu wollen, sobald man „kaum das beschriebene sehen kann", und konkurrierten auf der Jagd nach Innovationen: „sie Idealisieren zu viel und wollen alles Neu vorstellen, und wenn es auch so lange bekannt wäre."[23]

Das Erlebnis der ‚Neuen Welt' lässt die Anzahl empirischer, auf der Reise selbst noch nicht näher bestimmbarer Objekte wachsen; die möglicherweise neu entdeckten Naturobjekte aber sollen zugleich in ein bereits bestehendes Ordnungssystem überführt werden, in jenen ‚Zusammenhang', den Humboldt nicht müde wird zu betonen. Immer wieder hat deshalb gerade Humboldt die Notwendigkeit des Vergleichs betont: „Es ist ein belohnendes, wenn gleich schwieriges Geschäft der allgemeinen Länderkunde, die Naturbeschaffenheit entlegener Erdstriche mit einander zu vergleichen und die Resultate dieser Vergleichung in wenigen Zügen darzustellen."[24] Und Chamisso hat sich auf seiner eigenen Reise an genau dieses Programm, an Humboldts „globale Komparatistik"[25] gehalten: „Beobachtung und Erfahrung, Sammeln und Vergleichen".[26] Sein Originaltagebuch beginnt mit der Auflistung von Pflanzen, er notiert und klassifiziert Natur-Objekte, er beobachtet in Brasilien zum Beispiel ein erst durch Vergleiche und spätere Forschung zu lösendes botanisches Rätsel:

> Mitten in der fremden PflanzenWelt, die uns umgab, bemerkten
> wir einige Gewächse, die wir für gemeine in EUROPA vorkommende
> Arten erkennen mußten, und die schwerlich zu den[en] gehören ~~konnten~~ [können],
> die dem Menschen ~~folgen~~ aus unsererm Welt [Theil] gefolgt sind. ~~wWir rechnen~~
> ~~und w~~Wir sammelten sie mit besonderem Fleiß um sie : künftig einer
> strengeren Vergleichung zu unterwerfen.[27]

Auch in seinem eigenen wissenschaftlichen Expeditionsbericht, den *Bemerkungen und Ansichten auf einer Entdeckungs-Reise* von 1821, hat Chamisso deshalb das Vergleichen in den Mittelpunkt gestellt. Er vergleicht Pflanzen, Korallenriffe, Völker und Sprachen, und er weiß um das Ziel all dieser For-

---

22 Krusenstern 1821, S. 15.
23 Choris 1999, S. 47.
24 Humboldt 1986, S. 21.
25 So Lubrich 2014, S. 51.
26 Chamisso 1856, Bd. 5, S. 370. Vgl. hierzu Erhart 2016.
27 SBB, Nachl. Adelbert von Chamisso, K. 33, Nr. 11: *Reisetagebuch*, Bl. 76r.

schung, hier etwa im Blick auf die umstrittene These einer gemeinsamen ‚Ursprache‘ der Menschheit:

> Wir ahnen, daß, wer mit gehörigen Kenntnissen gerüstet, alle Sprachen des redenden Menschen überschauen und vergleichen könnte, in ihnen nur verschiedene, aus Einer Quelle abgeleitete Mundarten erkennen würde und Wurzeln und Formen zu Einem Stamme zurückzuführen vermöchte.[28]

Dem Humboldt'schen Gestus des ‚Einen Blicks‘ und des ‚Einen Bildes‘ entspricht hier sogar typographisch die ‚Eine Quelle‘, die das fortwährende Ziel dieser angewandten vergleichenden Forschung bildet. Der Vergleich und das Vergleichen sind demnach nicht nur methodische Hilfsmittel auf dem Weg zur fortschreitenden Erkenntnis in Botanik, Geographie, der Völkerkunde und Sprachwissenschaft. Wenn alles zu „überschauen“ sein wird, aus der Zusammenstellung von Gemeinsamkeiten und Unterschieden aller Vergleichsgegenstände also, soll das *tertium comparationis* der *einen* Menschheit und der *einen* Welt hervorgehen. Auch wenn die „Ursachen der Naturerscheinungen“ verborgen blieben, so wiederum Humboldt mit Blick auf vulkanische Erscheinungen, „so müssen wir wenigstens versuchen, die Gesetze derselben aufzudecken und durch Vergleichung zahlreicher Tatsachen das Gemeinsame und immer Widerkehrende vom Veränderlichen und Zufälligen zu unterscheiden.“[29]

Das Vergleichen ist ein Versprechen auf die Zukunft, es beinhaltet mit Bezug auf das „Gemeinsame“ und das „immer Widerkehrende“ die Verlässlichkeit einer sich am Ende enthüllenden Ordnung und Stabilität, das Modell einer übersichtlich angeordneten, dem Menschen immer mehr einleuchtenden und ihm gleichsam entgegenkommenden Welt. Weltreisen in diesem Sinn sind nicht nur Expeditionen des Sammelns, des Vergleichens und Aufzeichnens, sie sind zugleich Test- und Probefälle für eine viel umfassendere Idee und für viel fundamentalere Fragen nach einer gelingenden Beziehung zur Welt: Ist die Welt als die *eine* Welt erfahrbar? Kommt die Welt den Reisenden, kommt sie uns als eine erkennbare und erfahrbare, als eine letztlich vertraute Einheit entgegen? Lässt sich das Weltwissen, lässt sich die uns noch unbekannte Natur übersetzen in eine Erfahrung der sich uns mitteilenden Korrespondenz und Resonanz?

Hartmut Rosa hat in seinem jüngsten Buch eine Theorie der „Weltbeziehungen“ entwickelt, mit der er unter Bezugnahme auf den Begriff der „Resonanz“ das Verhältnis der Subjekte zu ihrer (Um-)Welt beschrieben und zugleich die Resonanzversprechen und Resonanzverluste der Moderne rekonstruiert hat.[30] Die Welt- und Entdeckungsreisenden des späten 18. und frühen 19. Jahrhunderts hatten eine Form dieser resonanten Weltbeziehung bereits in ihr

---

28 Chamisso 1821, S. 51.
29 Humboldt 1991, I, 244.
30 Rosa 2016.

Grundsatzprogramm eingelagert und die Erfahrung einer neuen und doch letztlich vertrauten Welt gesucht und erprobt. Was sich auf der einen Seite als Nicht-Erkennen des Fremden beschreiben und als eurozentrisch voreingenommene Perspektive kritisieren lässt,[31] ist auf der anderen Seite der groß angelegte Versuch, sich der Verbundenheit und der Zusammengehörigkeit der Welt und ihrer Teile zu vergewissern. Humboldts programmatisches Bekenntnis zu einem durch Wissenschaft und außereuropäische Forschungsreisen beförderten „Naturgenuß", die in Chamissos Brief an Humboldt zum Ausdruck kommende Sehnsucht nach solchen Reisen, die allgemeine epochale Faszination der Südsee und der Tropen, aber auch das Modell der „Humboldtian Science"[32], das von den Naturforschern und Reisenden in Anspruch genommene universale Instrument der „Vergleichung" sowie der ästhetische Anspruch, durch „Naturgemälde" und „Ansichten" die Welt ‚in Einem Bild' darzustellen – all dies beruht auf dem Wunsch, sich eine nunmehr als ‚ganz' zeigende Welt anzueignen und diese Welt zugleich als eine dem Subjekt entgegenkommende, ihm zutiefst entsprechende Welt zu erfahren. Es sind diese von Hartmut Rosa als „intentionalistisch" und als „pathisch" unterschiedenen Weltbeziehungen,[33] die das gleichsam motivationale Geflecht der modernen Weltreisen um 1800 bilden: sich der Welt ‚intentionalistisch' zu bemächtigen, diese Welt zugleich aber auch – ‚pathisch' – als eine dem Menschen korrespondierende, immer mehr vertraut werdende Heimat wahrzunehmen. Adelbert von Chamisso hat beide Haltungen im Rückblick seines späten Reiseberichts 1836 noch einmal erinnert und in einem einzigen Abschnitt inszeniert: „Ich schaute, freudiger Tatkraft mir bewußt, in die Welt, die offen vor mir lag, hinein, begierig in den Kampf mit der geliebten Natur zu treten, ihr ihre Geheimnisse abzuringen."[34] Was hier – zu Beginn seines mit „Vorfreude" überschriebenen Kapitels über die Vorbereitungen zur Reise – als ‚männliche' Attitüde sowohl des tatkräftigen Naturforschers als auch des ‚imperialen' Welteroberers erscheinen mag (und auch so gelesen werden konnte),[35] wird kurz zuvor durch eine ganz andere Haltung konterkariert, in der umgekehrt der reisende und erobernde Held – passiv, feminin – auf die ihm entgegenkommende Welt wartet: „Nun war ich wirklich an der Schwelle der lichtreichsten Träume [...]. Ich war wie eine Braut, die den Myrtenkranz im Haare dem Heißersehnten entgegen sieht."[36]

Mittels beider Haltungen – aktiv und passiv, erobernd und sich hingebend, intentional und pathisch – werden Beziehungen zur erfahrenen und zu erfor-

31 Vgl. z. B. Kaufmann 2016.
32 Zum Begriff vgl. Dettelbach 1996.
33 Rosa 2016. S. 211 ff.
34 Chamisso 1975, Bd. 2, S. 12 f.
35 Vgl. Bonnlander 1998, S. 114–117.
36 Chamisso 1975, Bd. 2, S. 12.

schenden Natur angedeutet, die gerade in ihrer Gemeinsamkeit, aber auch in ihrer Spannung zueinander die Weltreiseliteratur um 1800 prägten.[37] Eine Welt, die erobert, erforscht und in Besitz genommen, aber auch als entgegenkommend und antwortend, als den Wünschen, Sehnsüchten und Bedürfnissen der Europäer buchstäblich entsprechend wahrgenommen wird – nicht zuletzt die Weltreiseberichte selbst waren dazu bestimmt, solche Resonanzerfahrungen im Prozess des Vergleichens sinn- und augenfällig zu machen, mit Hilfe auch der schönen Künste, der Malerei und der literarischen Darstellung. Humboldt hat versucht, diese Weltreise-Erfahrung mit Hilfe des Malers Bertel Thorvaldsen zu visualisieren, in dem berühmten Widmungsblatt „An Goethe" in den *Ideen zu einer Geographie der Pflanzen*. Das Bild beschwört die Einheit der Naturforschung mit der Poesie: Apollo mit der Lyra entschleiert die durch die Artemis von Ephesos symbolisierte Natur. Der Naturforscher enthüllt durch seine Tat die Geheimnisse einer sich fügenden, als passiv und weiblich gedachten Natur; zugleich visualisiert die Statue der Artemis auch jene entgegenkommende, auf die Entdeckung wartende Natur, die sich den Weltreisenden als eine schöne und vielgestaltige Einheit präsentiert.

4. Kollegialität und Distanz: Humboldts Nachfolger

Humboldts Schatten senkt sich demnach in zweierlei Form über die Weltreisenden: erstens in Gestalt einer unbestrittenen natur- und kulturwissenschaftlichen Autorität, zweitens in Form eines ideengeschichtlichen Programms, des Versprechens nämlich, dass die physische und die menschlich-historische Natur tatsächlich in ihrer Gesamtheit – durch „Vergleichung entfernter Länder und entfernter Zeitepochen menschlicher Bildung"[38] – enthüllt werden kann und selbst bereitwillig zu dem fortschreitend gesammelten und in Beziehung gesetzten (Welt-)Wissen beiträgt. Im einen Fall ist es die Aufgabe der sich im Schatten Humboldts befindlichen Naturforscher, aus diesem Schatten herauszutreten, etwas Neues zu entdecken und die vergleichenden Wissenschaften voranzutreiben; im anderen Fall ist das Versprechen auch eine Hypothek, ein Schatten, der verlorengehen kann – so wie Peter Schlemihl seinen eigenen Schatten verkauft und fortan ohne diesen Schatten leben muss. Was ist, wenn die

---

37 Gerade auf den Umstand, dass die Naturforscher und Südseereisenden des 18. und 19. Jahrhunderts nicht nur in einem Prozess der aktiven, eurozentrischen ‚Weltaneignung' begriffen waren, sondern auch selbst von der ihnen fremden Welt überwältigt, beeinflusst und verändert worden sind, mithin einer tiefgreifenden ‚Welterfahrung' ausgesetzt waren, hat die Forschung letzthin häufig hingewiesen: vgl. Lamb 2001; Kennedy 2014.

38 So wiederum Humboldt in dem 1806 erschienenen Vortrag „Ueber die Urvölker von Amerika, und die Denkmähler welche von ihnen übrig geblieben sind" (Humboldt 2009, S. 13).

Welt nicht mehr korrespondiert und das versprochene Resonanzverhältnis ausbleibt, wenn sich die zu vergleichenden Objekte keinem *tertium comparationis* mehr zuordnen lassen, wenn der Welt die ihr unterstellte Gemeinsamkeit abhandenkommt?

Nach seiner Weltreise wird Chamisso, inzwischen zum Doktor promoviert, Kustos der botanischen Gärten in Berlin und schreibt lateinische botanische Aufsätze in einschlägigen Fachjournalen. Er etabliert sich als Forscher, aber für ihn, für seine Generation bleibt es schwer aus dem Schatten Humboldts herauszutreten. „[…] die alten sind steif, die Jungen ohne Autorität" – so hat Chamisso 1822 in einem Brief die bevorstehende Versammlung der deutschen Naturforscher in Leipzig kommentiert – „ich bin nicht hingegangen […]."[39]

Zweifellos lässt sich dies als Erfahrung einer ganzen Generation jüngerer Naturforscher nach Humboldt verallgemeinern:[40] Sie waren aufgefordert, weitere empirische Details in Botanik und Zoologie, Geologie und vergleichender Völkerkunde zu entdecken und zu sammeln, gleichwohl gelten die epigonalen Naturforscher – ‚ohne Autorität' – als bloße Erfüllungsgehilfen eines von Humboldt etablierten Programms, überdies ohne rechte Antwort auf jene Darstellungsprobleme, die durch die geforderte Verbindung von empirischen Fakten und naturkundlichen, gar kosmischen Zusammenhänge aufgegeben worden sind.

Auch deshalb blieb Chamissos Verhältnis zu Humboldt nach seiner Weltreise distanziert. Es gab gelegentlichen Austausch; in einem Brief aus dem Jahr 1835 bat Humboldt Chamisso um Auskunft über die Verbindung der verschiedenen Völker in der Beringstraße („Darf man bestimmt sagen dass die Tschuktschier von kotzeb. Sund, mit Asiern comuniciren?") und über die „Verschiedenheit"[41] der Vegetation vor der amerikanischen und asiatischen Küste – Teil eines Fachgesprächs unter Naturforschern, aber auch die wichtigste, vielleicht die einzig drängende Frage, die Humboldt an Chamissos Reiseberichte zu stellen hatte: Inwieweit tragen die Details einzelner Reisen zu dem allgemeinen ‚Gemälde' einer Vergleichbarkeit kontinentaler Pflanzengebiete und außereuropäischer Völker bei?

Humboldt bittet Chamisso darum, ihm die betreffenden „Stellen" in der „Reisebeschreibung" anzugeben; aus einer solch forschungsbezogenen Perspektive hat Humboldt wohl auch Chamissos zweiten, den späten und literarisch stilisierten Reisebericht *Tagebuch. Reise um die Welt* aus dem Jahr 1836 gelesen. In einem letzten Brief an Chamisso bedankt sich Humboldt höflich für das Werk, nicht ohne Entscheidendes zu kritisieren. Künftig, bei einem persönlichen Be-

---

39 Brief an Ehrenberg und Hemprich, 5. Oktober 1822, zit. in: Sproll 2016, S. 114.
40 Vgl. hierzu ausführlich Sproll 2016.
41 SBB, Nachl. Adelbert von Chamisso, K. 28, Nr. 37, Bl. 4–5, hier 4r.

such, werde er Grund haben mit Chamisso zu „hadern", nämlich: „dass Sie uns in den allgemeinen Reisebeobachtungen so manches Pflanzengeographische entzogen [haben], was Sie (ich weiß es) mühsam gesammelt."[42] Demgegenüber steht ein vermeintliches, weil zwiespältiges Lob über die Doppelbegabung des Kollegen Chamisso, der „Dichter" sei und zugleich so „unbefangen, einfach und frei Prosa schreiben" könne: „Sie besitzen *beide* Gaben. Diese Weltumsegelung, schon veraltet, hat durch Ihre Individualität der Darstellung den Reiz eines neuen Weltdrama's erhalten."[43]

Diese Anerkennung des Lyrikers und Prosaschreibers (nicht des Naturforschers!) ist doppelbödig, nicht allein wegen der Bemerkung über die historisch unvermeidliche wissenschaftliche Rückständigkeit von Chamissos Reisebericht,[44] sondern auch aufgrund der verwendeten Begrifflichkeit, die Humboldt an anderer Stelle zur Beschreibung wissenschaftlicher Defizite benutzt. Unter dem Titel „Anregungsmittel zu Naturstudien" im *Kosmos* erwähnt Humboldt auch die Reiseberichte des Mittelalters, deren „liebenswürdige Naivität" auch heute noch „erfreuen" kann, deren „Interesse" jedoch „fast ganz dramatisch"[45], das heißt auf das jeweilige, oftmals fantastisch ausgemalte Erleben bezogen war. Trotz der „Dürftigkeit des Materials" besäßen die alten Reiseberichte dennoch „viele Vorzüge vor unseren meisten neueren Reisen", insbesondere jene „Einheit, welches jedes Kunstwerk erfordert".[46] Humboldt zielt hier auf eine Qualität, die sich neuere Reiseberichte erst künftig wieder aneignen sollen: eben jene Einheitlichkeit, die dem ästhetischen „Totaleindruck einer Gegend"[47] korrespondiert. Die wissenschaftliche „Dürftigkeit" aber korrespondiert mit dem ‚dramatischen' Interesse, und wenn Humboldt Chamissos Reisebericht mit dem Begriff „Weltdrama" charakterisiert, verweist er nicht nur auf jene älteren Formen des Weltwissens und der Weltbeschreibung, sondern auch auf den damit verbundenen Mangel an wissenschaftlicher Ausbeute und allgemeingültigem Wissen.

---

42 Chamisso 1856, Bd. 6, S. 146.
43 Ebd., S. 146, Hervorh. i. O.
44 Vgl. hierzu Görbert 2014, S. 105 ff.
45 Humboldt 2004, S. 222. „Reiseberschreibungen aus früheren Jahrhunderten" – heißt es analog in der Einleitung zur *Reise in die Äquinoktial-Gegenden des Neuen Kontinents* – „zeichneten sich durch eine große Einheit in der Gestaltung und eine gewisse Naivität aus, die freilich immer mehr verloren ging, je mehr sich die Reisenden vorbereiteten und je mehr naturhistorische, geographische oder staatswissenschaftliche Zwecke bei ihren Reisen obwalteten." Humboldt 1991, Bd. 1, S. 34. Aufgrund der Verwissenschaftlichung sei es nunmehr „fast unmöglich geworden, so verschiedene Forschungsgegenstände mit der Erzählung der Begebenheiten zu verbinden, so daß das Dramatische durch rein deskriptive Passagen verdrängt wird." (ebd., S. 34 f.)
46 Humboldt 2004, S. 222.
47 So lautet die Formel etwa in Humboldts „Physiognomik der Gewächse": Humboldt 1986, S. 245.

Auch diese insgeheim kühle Reaktion Humboldts auf den Weltreisebericht des Jüngeren ist repräsentativ: Sie spiegelt noch einmal die Schwierigkeiten der Naturforscher nach Humboldt, nicht nur zu ‚sammeln‘, sondern auch neue Wege in der Wissenschaft zu gehen. Humboldt und die ihm folgende *scientific community* wünschen Daten, nicht wenige Reiseberichte aber fallen hinter den Stand der Forschung zurück und sind zudem oftmals nicht in der Lage, den Anspruch einer einheitlichen ästhetischen Form einzulösen. Auf diesem Gebiet blieb auch Chamisso vordergründig ein bloß sammelnder Forscher, der das von Humboldt gezeichnete und antizipierte Bild eines Zusammenhangs von Welt und Natur zwar zu komplettieren beabsichtigte, der diesen „Zusammenhang“, das „Geheimniß“ des Ganzen und die „Totalität“ des Blicks allerdings immer mehr aus den Augen verlor. Humboldts Reserviertheit markierte einen Vorbehalt; die historische Distanz aber, die Chamisso Reisebericht im Jahr 1836 nicht nur zu seiner eigenen Reise, sondern auch zur Ära der Welt- und Entdeckungsreisen insgesamt einnahm,[48] ermöglichte bereits eine Reflexion und Reaktion auf das nicht mehr zu erfüllende Versprechen der Humboldt'schen Wissenschaft. Wie reagierte Chamisso also in seinem späten Reisebericht auf das von Humboldt repräsentierte Programm der Naturforschung? Was wurde aus der Idee der *einen*, dem Reisenden entgegenkommenden Natur, auf die Humboldt mit der Pflanzengeographie zumindest anspielt?

5. Naturforscher auf Teneriffa – Kapitulation und Gegenprogramm

Bereits bei der Ankunft in Teneriffa, der ersten Begegnung mit der Fremde, adressiert Chamisso die grundlegende Idee der Überseereisen, den zu erforschenden „Gegensatz“ zwischen ‚alter‘ und ‚neuer‘ Welt; ebenso grundlegend aber sind auch die zwischen Humboldt und ihm sofort ins Auge fallenden Unterschiede in der Gestaltung dieses Gegensatzes, die Chamisso deutlich in sein eigenes ‚Gemälde‘, in seine ‚Ansicht‘ der neuen Welt einträgt.

Humboldt selbst hatte Teneriffa in seinem 1814 zunächst in französischer Sprache publizierten Reisebericht nicht nur – auf dem Weg zum Vulkangebirge des Pic de Teide – als das „herrliche Land“ bezeichnet, das „ein so mannigfaltiges, so anziehendes, durch die Verteilung von Grün und Felsmassen so harmonisches Gemälde“[49] präsentiert; der Aufstieg zum Pic de Teide, auf dessen

---

48 Bereits Lynne Withey betitelt das letzte Kapitel ihres Buches *Voyages of Discovery. Captain Cook and the Exploration of the Pacific* über die Reise des George Vancouvers in den 1790er Jahren mit „The End of an Era: Vancouver in the Pacific“ (Withey 1987, S. 440–464).

49 Humboldt 1991, S. 118.

Gipfel „sich die Natur in ihrer ganzen Großartigkeit vor uns auftut"[50], bildete die Grundlage zu Humboldts Pflanzengeographie sowie deren graphischer Darstellung: „[...] wir sahen, wie sich die Gewächse nach der mit der Höhe abnehmenden Temperatur in Zonen verteilten."[51] In dem gleichzeitig veröffentlichtem *Atlas géographique et physique des régions équinoxales du nouveau continent* wurde ein graphischer Querschnitt der Pflanzenwelt des Teide unter dem Titel „Tableau physique des Iles Canaries" abgedruckt; fortan wird für Humboldt auch in Südamerika der Blick vom Gipfel zum Dreh- und Angelpunkt des von Humboldt favorisierten ‚Gesamteindrucks' einer Landschaft, an dem sich zugleich der Aufbau der Erde und ihre Geschichte ablesen lässt.[52]

In seinen sieben Jahre später erscheinenden *Bemerkungen und Ansichten* hat Chamisso der naturkundlichen Beschreibung von Teneriffa nichts hinzuzufügen und verweist stattdessen – wie schon erwähnt – „auf die Ernte der berühmten Männer"[53], die anders als Chamisso selbst den Pic de Teide bestiegen haben. Erst im späten *Tagebuch* der *Reise um die Welt* geht Chamisso auf einzelne Details dieser Reise wieder ein; deutlich zeigen sich hier insbesondere die unterschiedlichen ökonomischen Voraussetzungen und Bedingungen solcher Reisen: Für die Belange des Aufenthalts – Landgang, Proviant, Wein – mussten „drei Tage hinreichen"[54], Chamisso ging mit dem Schiffsarzt und Naturforscher Eschscholtz gemeinsam auf eine „Exkursion ins Innere der Insel"[55], sie kehrten bei Regen und knapp werdendem Proviant noch vor La Orotava am Fuß des Teide wieder um, die „Gegend" ist zunächst „öde"[56], die Aussicht danach immerhin „ausnehmend schön"[57]. Nicht der verwehrte Blick vom Gipfel oder die Pflanzengeographie aber steht im Zentrum von Chamissos Darstellung, vielmehr solche „Erfahrungen" und „Eindrücke", die er schon bei der Ankunft auf Teneriffa programmatisch anders, fast in Gegenrichtung zu Humboldts Ideen präsentiert und inszeniert:

> Man möchte erwarten, daß auf Reisende, die aus einer nordischen Natur unmittelbar in eine südliche versetzt werden, der unvermittelte Gegensatz mit gleichsam märchenhaftem Reiz einwirken müsse. Dem ist aber nicht also. Die Reihe der im Norden empfangenen Eindrücke liegt völlig abgeschlossen hinter uns; eine neue Reihe anderer Eindrücke beginnt, die, von jener ganz abgesondert, durch nichts mit ihr in Verbindung

---

50 Ebd., S. 156.
51 Ebd., S. 152.
52 Vgl. hierzu ausführlich Güttler 2014, S. 95–146.
53 Chamisso 1821, S. 7.
54 Chamisso 1975, Bd. 2, S. 39.
55 Ebd.
56 Ebd., S. 40.
57 Ebd., S. 41.

gesetzt wird. Die Zwischenglieder, welche beide Endglieder zu einer Kette, beide Gruppen zu einem Bilde vereinigen würden, fehlen eben zu einem Gesamteindruck.[58]

Kein ‚märchenhafter Reiz‘, keine „Verbindung" des Erfahrenen, kein „Bild", kein „Gesamteindruck": Statt Einheit und Gesamtheit herrscht Trennung, statt des Vergleichens findet sich eine eigentümlich blockierte Erfahrbarkeit dieser so unterschiedlichen und heterogenen Welt. Chamisso partizipiert hier einerseits an einer weit verbreiteten epochalen Erfahrung bereits am Ende der großen Entdeckungsreisen, als sich die Vielfalt der Welt, der neu entdeckten Völker ebenso wie der Naturobjekte, nicht länger in einen festgefügten Ordnungsrahmen einfügen ließ.[59] Andererseits aber führt Chamisso in der Retrospektive seines *Tagebuchs* sehr genau vor, wie sich auch der wissenschaftliche Gestus und der methodische Impuls der späterhin berühmten „Humboldtian Science" bereits auf seiner eigenen Reise erschöpft hatten. Wenig später war es ausgerechnet der Pic de Teide, der sich dem epistemologischen Zugriff des Naturforschers entzog. Zwar war der Berggipfel, „bedeckt von frisch gefallenem Schnee", sichtbar, erschien aber kleiner als gedacht: „Ich sah aber diesem Berge seine Höhe nicht an; der Eindruck entsprach nicht der Erwartung."[60] Statt wie Humboldt nun diesem neuen „Eindruck" nachzugehen, statt eine durch zuvor erworbenes Wissen und alte Reiseberichte provozierte ‚Erwartung‘ empirisch zu überprüfen und zu korrigieren,[61] zieht Chamisso gerade den hierfür anzulegenden Vergleichsmaßstab in Zweifel: „Wohl hat sich mir in unsern Schweizeralpen die Schneelinie als Maßstab der Höhen eingeprägt, und wo dieser nicht anwendbar ist, bin ich ohne Urteil."[62]

Wo Humboldt gerade mittels eines ‚Totaleindrucks‘ und eines graphischen Querschnitts die globalen Höhenunterschiede, die Schneelinien und Vegetationsgrenzen zu fassen versuchte, bezieht sich Chamisso auf einen heimischen und vertrauten, gerade nicht auszuweitenden „Maßstab" zurück. Wenig später zeigt sich der Reisende in Brasilien überwältigt von der erhabenen tropischen Natur, streicht das damit verbundene Humboldt'sche Doppelprogramm – fortschreitendes Weltwissen und ästhetische Darstellung – allerdings fast ostentativ durch:

> Ich werde nicht, ein flüchtiger Reisender, der ich auf dieses Land gleichsam nur den Fuß gesetzt habe, um vor der riesenhaft wuchernden Fülle der organischen Natur auf ihm zu erschrecken, mir anmaßen, irgend etwas Belehrendes über Brasilien sagen zu wollen.

---

58 Ebd., S. 40.
59 Vgl. zu dieser Tendenz der Welt- und Entdeckungsreisen im 19. Jahrhundert: Liebersohn 2006.
60 Chamisso 1975, S. 41.
61 Zu diesem Verfahren bei Humboldt vgl. Bäumel 2013.
62 Chamisso 1975, S. 41.

Nur den Eindruck, den es auf mich gemacht, den es in mir zurückgelassen hat, möchte
ich den Freunden mitteilen; aber auch da fehlen mir die Worte.[63]

Es gibt nichts „Belehrendes" zu berichten, die naturwissenschaftliche Expertise
bleibt „ohne Urteil", der (Gesamt-)„Eindruck" des Reiseschriftstellers „ohne
Worte". Chamissos Reisebericht beginnt mit der Kapitulation des Naturforschers und des Dichters, und auch wenn Chamisso diesen Gestus des Nicht-
Wissens und der Sprachlosigkeit im Angesicht des Erhabenen in den späteren
Partien seines *Tagebuchs* – in der Südsee und im nördlichen Kamtschatka –
wieder revidiert, so erzählt sein Text doch bereits an seinem Beginn recht
deutlich von dem Auseinanderbrechen der beiden in seinem eigenen Reisebericht nicht vermittelten (Text-)Kulturen: der im Modus des Vergleichens ope-
rierenden Naturforschung und der ästhetisch-literarischen Darstellung. Darüber hinaus führt er beide Kulturen und Schreibweisen auch an die ihnen eigene
Grenze: Der naturwissenschaftliche Vergleich scheitert, und die Natur lässt sich
nicht mehr in ein ästhetisch vermitteltes (Gesamt-)Bild fassen. Nicht zuletzt die
Form von Chamissos eigenen Reisebericht zeugt von der Inkompatibilität der
Wissensformen und den Grenzen ihrer Darstellungsmöglichkeiten. Die Vielfalt
und Heterogenität der Beobachtungen, die regelrecht auseinander laufenden
Argumentationslinien, die unterschiedlichen Redeweisen und raschen Bilder-
abfolgen mögen als „Resignation"[64], als Distanz zum szientifischen Diskurs,[65] als
literarische Freiheit[66] oder als reflexive Vielfältigkeit der Wissensformen[67] gedeutet werden, sie verkörpern auch ein historisches Problem naturkundlicher
Erkenntnis: einen Abschied von Humboldt, ein Gegenprogramm zu Humboldts
nahezu gleichzeitig konzipierten *Kosmos*. Die Welt antwortet nicht mehr – zumindest nicht in dem Sinn, den Humboldt für die wissenschaftliche Aneignung
und die gleichzeitige ästhetische Präsentation der Welt vorgesehen hatte.

6.   Nebeneinander und Polyphonie: Chamissos Weltpoesie

Welche ihm in Brasilien abhandenkommende „Worte" findet Chamisso zwischen seinen *Bemerkungen und Ansichten* (1821) und der späteren *Reise um die
Welt* (1836)? Welche Form der Sprache – so lässt sich abschließend fragen – wählt
er, wenn ihm die Ausdrucksformen einer *Humboldtian Science* förmlich ent-

---

63 Ebd., S. 46.
64 Heinritz 1998, S. 225.
65 Oksiloff 2004, S. 114, S. 118.
66 Tautz 2014.
67 Müller 2016.

gleiten? Auf welche Weise navigiert er fortan zwischen den auseinanderbrechenden Wissenskulturen und Redeweisen?

Zunächst verfolgt Chamisso die naturwissenschaftliche und die poetische Welterfahrung auf zweierlei und konsequent getrennten Wegen. Er schreibt botanische Abhandlungen, aber er beginnt auch wieder zu dichten, schreibt nach 1822 zahlreiche Gedichte, Nachdichtungen und Erzählgedichte aus fremden Sprachen, Völkern und Erdteilen, eine bis heute wenig bekannte Weltpoesie, „das welthaltigste lyrische Werk, das die deutsche Literatur des 19. Jahrhunderts hervorgebracht hat"[68]. Chamissos Lyrik ist voll von fremdländischen Geschichten, Liedern, ethnographischen Szenen und vielfältigen Stimmen; die Gedichte stehen unverbunden nebeneinander, gesammelt in seinen von ihm so genannten „Hausbüchern", die zunächst gar nicht für die Veröffentlichung vorgesehen waren, ein botanisches ‚Herbarium' zufällig aufgelesener Natur-Objekte, deren formale, von ihm selbst diagnostizierte Analogie zur botanischen Wissenschaften bislang nicht annähernd erfasst und analysiert worden ist.[69]

Auf diese Weise schreibt sich Chamisso als Dichter in eine Welt hinein, die ohne Humboldts Schatten auskommen muss, entlastet von Vergleichen, eine Ästhetik des Nebeneinander, kein durch Vergleiche hergestelltes Netz von zueinander in Beziehung stehenden Phänomenen. Auch aus diesem Grund sind die Gedichte des Adelbert von Chamisso aus der kühlen Distanz eines Beobachters geschrieben, der unterschiedslos das kleine und das große Weltgeschehen, das Heitere und das Schreckliche ohne Zusammenhang kombiniert. Häufig bildet die Geschichte einen vielstimmigen und formenreichen Raum, der statt erkennbarer Verläufe oder gar Fortschrittsindizien die Untergänge, die Vergeblichkeit und die Grausamkeiten nebeneinander stellt, „konzentrierte Erzählungen von der Kälte der Welt"[70], die statt der Verstehbarkeit eher wieder das Abspenstige und Fremde einer solcherart global gewordenen Welt-Geschichte akzentuieren.

Auch Alexander von Humboldt hatte am Ende seines berühmten Aufsatzes „Über die Steppen und Wüsten" plötzlich das „stille Leben der Pflanzen" mit dem Bild des Menschengeschlechts konfrontiert, das dem „Geschichtsschreiber durch alle Jahrhunderte" nur „das einförmige, trostloses Bild des entzweyten

---

68 Osterkamp 2015, S. 39.
69 Vgl.: „Ich singe noch ein Lied, wenn es mir grad einfällt, und ich sammle sogar diese Zeitrosen zu einem eigenen Herbario, für mich und meine Lieben auf künftige Zeit, aber es bleibt unter den vier Pfählen, wie es sich gebührt." Chamisso an de la Foye, 10. Oktober 1823 (Chamisso 1856: Bd. 6, 195f.). Chamisso hat seine Gedichte nach der Weltreise in so genannten „Poetischen Hausbüchern" gesammelt und einen Band sogar mit „Herbarium" beschriftet, vgl. den Kommentar von Volker Hoffmann in der Werkausgabe: Chamisso 1975: Bd. 1, 796f.
70 Osterkamp 2015, S. 39.

Geschlechts" vor Augen führt.[71] Dennoch fehlen in Chamissos lyrischen Tableaus die von Humboldt doch stets mit gedachten und allseits gesuchten Zusammenhänge und Vergleichsmaßstäbe, und auch auf diese Weise reagiert Chamisso auf das von Humboldt repräsentierte Programm: Die Welt in Chamissos Gedichten verweigert sich zumeist jener Resonanz, jenem Entgegenkommen und jenen Antworten, die Humboldt an die erste Stelle seiner eigenen ‚Ansichten der Natur' und des von ihm entworfenen ‚Kosmos' platziert hatte. Dagegen – auch gegen den bei Humboldt favorisierten ‚Totaleindruck', gegen das stets den letzten Maßstab abgebende Tableau eines ‚Ganzen' – setzt Chamisso die am häufigsten gewählte Form seiner Lyrik, das Terzinengedicht, in dem die sich selbst fortschreibenden, die Strophen jeweils übergreifenden Endreime die prinzipielle Offenheit einer nicht abzuschließenden Reihung markieren. Die Verse unterminieren dadurch beständig die Ordnung und die Struktur einer sich in klare Einheiten gliedernden Strophen- und Gedichtform; die in den Gedichten entfaltete Spannung bietet kaum Raum für einen jeweils die Phänomene und die Strophen vergleichenden Blick, sondern verschiebt die Gesichtspunkte und Vergleichsmaßstäbe stets in Richtung auf ein Immer-Weiter, auf ein die jeweiligen Geschehnisse, aber niemals das Geschehen selbst abschließendes Nebeneinander. Statt des panoramatischen (Gipfel-)Blicks, der den Differenzen und Details eine (Vergleichs)-Ordnung und das Ziel einer Einheitsperspektive vorgibt, statt der virtuosen „Kombinatorik" eines alles in Beziehung zueinander setzenden „Humboldtian Writing",[72] verliert sich die Weltsicht des Botanikers, Lyrikers und Reiseschriftstellers Chamisso in den gesammelten Details einer vielgestaltigen polyphonen Welt.

Nicht von ungefähr hat die postkoloniale Kritik in den letzten Jahrzehnten im Vergleich ein Instrument gesehen, das Differenzen mitunter gewaltsam zu überbrücken sucht, das die Andersheit nicht stehen lässt, sondern in ein bereits bestehendes und das heißt immer schon europäisches Bezugssystem überführt.[73] Es wurde darauf hingewiesen, dass Vergleiche nicht neutral und unschuldig sind, sondern Asymmetrien erzeugen, dass jedes *tertium comparationis* immer nur eine scheinbar ‚natürliche' Einheit suggeriert.[74] Eingedenk dessen hat man durchaus konsequent eine Sensibilität für das Nebeneinander vorgeschlagen: Das Nebeneinanderstellen ermöglicht Verbindungen ohne ein im Vorhinein festgelegtes *tertium*,[75] es favorisiert das Modell einer globalen und doch nicht

---

71 Humboldt 1986, S. 37.
72 Ette 2001, S. 51.
73 Vgl. dazu Melas 2007. Felski / Friedman 2013.
74 Chow 2004; Radhakrishnan 2009; Mignolo 2013.
75 Friedman 2013; Claviez 2013.

restlos vernetzen, einer offenen und nicht auf Identität und Differenzen fixierten Welt.[76]

Das Verhältnis von Humboldt und Chamissos lässt sich auf diesem Hintergrund ganz anders denken: nicht als zeitliche Abfolge und auch nicht in einer hierarchischen Ordnung. Weder ist Humboldt die zentrale utopische Figur einer immer noch nicht erreichten Wissenskultur[77] und Chamisso ein schnell scheiternder „Proto-Positivist",[78] noch verkörpert Humboldt die längst verschwundene universalgelehrte Vergangenheit und Chamisso die triste oder auch heroisch ausgehaltene Realität der Moderne. Vielmehr sind beide Figuren, beide Modelle, als Repräsentationen einer durch Weltreisen erstmals in den Blick gerückten doppelten Welterfahrung zu verstehen: Zum einen erfahren wir die Welt als eine auch durch permanente Vergleiche zunehmend hergestellte Einheit, zum Anderen bildet die Welt auch einen Ort des bloßen Nebeneinanders, einen Raum der gerade nicht zu vermittelten Teile, Bezugsgrößen und Regionen. Auf ähnliche Weise gestalten Humboldt und Chamisso jeweils eine Welt, in der sich die Wissenskulturen verbinden und in der sie sich trennen, eine Welt, in der wechselweise – nicht wie in einem Altarflügelbild, sondern wie auf einer Drehbühne – einmal Humboldt und das andere Mal Chamisso als die jeweils zentrale Figur hervortritt.

Erklärungen zur Transkription

Kurrentschrift wird recte, Antiqua wird in Kapitälchen dargestellt.
⊟: unlesbar gestrichener Buchstabe
[]: bezeichnet Einfügung oberhalb oder unterhalb der Zeile, im Wort oder am Rand: Bsp. Mittag[s]linie

Quellen

Ungedruckte Quellen

Staatsbibliothek zu Berlin – PK, Nachl. Adelbert von Chamisso, K. 33, Nr. 11.
Staatsbibliothek zu Berlin – PK, Nachl. Adelbert von Chamisso, K. 28, Nr. 37.

---

76 Vgl. Epple 2015.
77 Dies ist zumindest die Tendenz in manchen Spielarten eines Humboldt zum Ahnherr erhebenden ‚Ecocriticism': vgl. Jenkins 2007; Walls 2009.
78 So Federhofer 2010, S. 53.

Gedruckte Quellen

Bäumel, Martin: ‚Im Angesicht der ganzen Welt. Beobachtung und ihre Darstellung in
Alexander von Humboldts *Relation historique*‘, in: Lubrich, Oliver / Knoop Christine A.
(Hg.): *Cumaná 1799. Alexander von Humboldt's Travels between Europe and the
Americas*. Bielefeld 2013, S. 47–81.

Bies, Michael: *Im Grunde ein Bild. Die Darstellung der Naturforschung bei Kant, Goethe
und Alexander von Humboldt*. Göttingen 2012.

Bonnlander, Helene: *Der vermittelte Imperialismus. Der Blick auf außereuropäische Lebenswelten von Alexander von Humboldt zu Heinrich Brugsch*. Frankfurt/M. 1998.

Chamisso, Adelbert von: *Bemerkungen und Ansichten auf einer Entdeckungs-Reise. Unternommen in den Jahren 1815–1818 auf Kosten Sr. Erlaucht des Herrn Reichs-Kanzlers
Grafen Romanzoff auf dem Schiffe Rurick unter dem Befehle des Lieutnants der Russisch-Kaiserlichen Marine Otto von Kotzebue von dem Naturforscher Adelbert v. Chamisso Der Philosophie Doctor, der Kaiserlich Leopoldinischen Akademie der Naturforscher zu Berlin, zu Moskau, zu Leipzig u.s.w. Mitglied*. Weimar 1821.

Chamisso, Adelbert von: *Sämtliche Werke in zwei Bänden. Nach dem Text der Ausgaben
letzter Hand und den Handschriften*. Hg. v. Volker Hoffmann. München 1975.

Chamisso, Adelbert von: *Werke*. Hg. v. Julius Eduard Hitzig, 6 Bde, Bd. 5 und 6: Leben und
Briefe von Adelbert von Chamisso. Berlin 1856.

Choris, Ludwig York: *Journal*. Hg. v. Niklaus R. Schweizer. Bern u. a. 1999.

Chow, Rey: ‚The Old/New Question of Comparison in Literary Studies: A Post-European
Perspective‘, in: *English Literary History* 71 (2004), S. 289–311.

Claviez, Thomas: ‚Done and Over With – Finally? Otherness, Metonymy, and the Ethics of
Comparison‘, in: *PMLA* 128 (2013), S. 608–614.

Daston, Lorraine / Galison, Peter: *Objektivität*. Frankfurt/M. 2007.

Daston, Lorraine: ‚The Humboldtian Gaze‘, in: Epple, Moritz / Zittel, Claus (Hg.): *Science
as Cultural Practics*. Volume 1: Cultures and Politics of Research from the Early Modern
Period to the Ages of Extremes. Berlin 2010, S. 45–60.

Dettelbach, Michael: ‚Humboldtian Science‘, in: Jardine, Nicholas / Second, Anne / Spray,
Emma (Hg.): *Cultures of Natural History*. Cambridge 1996, S. 287–304.

Epple, Angelika / Erhart, Walter (Hg.): *Die Welt beobachten. Praktiken des Vergleichens*.
Frankfurt/M. 2015.

Epple, Angelika: ‚Doing Comparisons – Ein praxeologischer Zugang zur Geschichte der
Globalisierung(en)‘, in: Epple, Angelika / Erhart, Walter (Hg.): *Die Welt beobachten.
Praktiken des Vergleichens*. Frankfurt/M. 2015, S. 161–199.

Erhart, Walter: ‚Beobachtung und Erfahrung, Sammeln und Vergleichen – Adelbert von
Chamisso und die Poetik der Weltreise im 18. und 19. Jahrhundert‘, in: Epple, Ange-
lika / Erhart, Walter (Hg.): *Die Welt beobachten. Praktiken des Vergleichens*. Frankfurt/
M. S. 203–233.

Ette, Ottmar: *Alexander von Humboldt und die Globalisierung. Das Mobile des Wissens*.
Frankfurt/M. 2009.

Ette, Ottmar: ‚Eine „Gemütsverfassung moralischer Unruhe" – Humboldtian Writing:
Alexander von Humboldt und das Schreiben in der Moderne‘, in: Ette, Ottmar / Her-

manns, Ute u. a. (Hg.): *Alexander von Humboldt. Aufbruch in die Moderne.* Berlin 2001, S. 33–55.

Ette, Ottmar: ‚Unterwegs zu einer Weltwissenschaft? Alexander von Humboldts Weltbegriffe und die transarealen Studien', in: *HiN – Alexander von Humboldt im Netz. Internationale Zeitschrift für Humboldt-Studien* 7, 13 (2006), S. 34–54, verfügbar unter: http://dx.doi.org/10.18443/81 [11.02.2017].

Ette, Ottmar: *Weltbewußtsein. Alexander von Humboldt und das unvollendete Projekt einer anderen Moderne.* Weilerswist 2001.

Federhofer, Marie-Theres: ‚Der Dilettant als Dolmetscher. Beobachtungen zum naturwissenschaftlichen Werk Adelbert von Chamissos', in: Wirth, Uwe / Azzouni, Safia (Hg.): *Dilettantismus als Beruf.* Berlin 2010, S. 47–64.

Felski, Rita / Friedman, Susan Stanford (Hg.): *Comparison: Theories, Approaches, Uses.* Baltimore 2013.

Friedman, Susan Stanford: ‚Why not Compare?', in: Felski, Rita / Friedman, Susan Stanford (Hg.): *Comparison. Theories, Approaches, Uses.* Baltimore 2013, S. 34–45.

Görbert, Johannes: *Die Vertextung der Welt. Forschungsreisen als Literatur bei Georg Forster, Alexander von Humboldt und Adelbert von Chamisso.* Berlin, Boston 2014.

Güttler, Nils: *Der Kosmokop. Karten und ihre Benutzer in der Pflanzengeographie des 19. Jahrhunderts.* Göttingen 2014.

Heinritz, Reinhard: *„Andre fremde Welten". Weltreisebeschreibungen im 18. und 19. Jahrhundert.* Würzburg 1998.

Hey'l, Bettina: *Das Ganze der Natur und die Differenzierung des Wissens. Alexander von Humboldt als Schriftsteller.* Berlin, New York 2007.

Humboldt, Alexander von: ‚Ueber die Urvölker von Amerika, und die Denkmähler welche von ihnen übrig geblieben sind [1806]', in: Ders.: *Ueber die Urvölker von Amerika, und die Denkmähler welche von ihnen übrig geblieben sind. Anthropologische und ethnographische Schriften.* Hg. v. Oliver Lubrich. Hannover 2009, S. 7–24.

Humboldt, Alexander von: *Ansichten der Natur.* Nördlingen 1986 [1808–1849].

Humboldt, Alexander von: *Reise in die Äquinoktial-Gegenden des Neuen Kontinents.* Hg. v. Ottmar Ette. 2 Bde. Frankfurt/M. 1991.

Humboldt, Alexander von: *Kosmos. Entwurf einer physischen Weltbeschreibung.* Ediert und mit einem Nachwort versehen von Ottmar Ette und Oliver Lubrich. Frankfurt/M. 2004 [1845–1862].

Jenkins, Alica: ‚Alexander von Humboldt's Kosmos and the beginnings of ecocriticism', in: *Interdisciplinary Studies in Literature and Environment* 14 (2007), S. 89–105.

Kaufmann, Sebastian: ‚Südseereisen ‚aus der edlen Absicht Entdeckungen zu machen'. Ästhetisches (Nicht-)Wissen vom kulturell Fremden bei Bougainville, Cook und Forster', in: Gradinari, Irina / Müller, Dorit / Pause. Johannes (Hg.): *Versteckt – Verirrt – Verschollen. Reisen und Nicht-Wissen.* Wiesbaden 2016, S. 45–67.

Kennedy, Dale: ‚Introduction: Reinterpreting Exploration', in: Kennedy, Dale (Hg.): *Reinterpreting Exploration.* Oxford 2014, S. 1–18.

Kraft, Tobias: *Figuren des Wissens bei Alexander von Humboldt. Essai, Tableau und Atlas im amerikanischen Reisewerk.* Berlin, Boston 2014.

Krusenstern, Adam Johann von: ‚Einleitung', in: Koetzebue, Otto von: *Entdeckungs-Reise in die Süd-See und nach der Berings-Strasse zur Erforschung einer nordöstlichen Durchfahrt. Unternommen in den Jahren 1815, 1816, 1817, und 1818, auf Kosten Sr. Erlaucht des Herrn Reichs-Kanzlers Grafen Rumanzoff auf dem Schiffe Rurick unter dem Befehle des Lieutenants der Russisch-Kaiserlichen Marine Otto von Kotzebue.* 3 Bde. Weimar 1821. S. 3–19.

Lamb, Jonathan: *Preserving the Self in the South Seas 1680–1840.* Chicago, London 2001.

Liebersohn, Harry: *The Travelers' World: Europe to the Pacific.* Cambridge 2006.

Lubrich, Oliver: ‚Reiseliteratur als Experiment. Alexander von Humboldts ‚Ansichten der Kordilleren und Monumente der eingeborenen Völker Amerikas' (1810–1813)', in: *Zeitschrift für Germanistik* 24 (2014), S. 36–54.

Melas, Natalie: *All the Difference in the World. Postcoloniality and the Ends of Comparison.* Stanford 2007.

Mignolo, Walter: ‚On Comparison: Who is Comparing what and Why?', in: Felski, Rita / Friedman, Susan Stanford (Hg.): *Comparison. Theories, Approaches, Uses.* Baltimore 2013, S. 99–119.

Müller, Dorit: ‚Chamissos „Reise um die Welt"; Explorationen geographischer und literarischer Räume', in: Berbig, Roland / Erhart, Walter / Sproll, Monika / Weber, Jutta (Hg.): *Phantastik und Skepsis – Adelbert von Chamissos Lebens- und Schreibwelten.* Göttingen 2016, S. 211–229.

Oksiloff, Assenka: ‚The Eye of the Ethnographer. Adelbert von Chamisso's Voyage Around the World', in: *Amsterdamer Beiträge zur neueren Germanistik* 56 (2004), S. 101–121.

Osterkamp; Ernst: ‚Adelbert von Chamisso. Ein Versuch über den Erfolg', in: *Publications of the English Goethe Society* 84 (2015), S. 30–47.

Radhakrishnan, R.: ‚Why Compare', in: *New Literary History* 40 (2009), S. 453–475.

Schmidt, Michael: ‚Peter Schlemihl und das romantische Spiel mit Herausgeberfiktionen', in: Berbig, Roland / Erhart, Walter / Sproll, Monika /Weber, Jutta (Hg.): *Phantastik und Skepsis – Adelbert von Chamissos Lebens- und Schreibwelten.* Göttingen 2016, S. 77–90.

Snow, Charles Percy: *The Two Cultures.* Cambridge, London 1993.

Sproll, Monika: ‚Weltwissen und ästhetische Identität – Merkmale einer *Generation Schlemihl* in den wissenschaftlichen Briefen Adelbert von Chamissos', in: Jahnke, Selma / Le Moël, Sylvie (Hg.): *Briefe um 1800 – Zur Medialität von Generation.* Berlin 2015, S. 103–134.

Tautz, Birgit: ‚Beobachten, Dokumentieren, Verdinglichen, Fabulieren: Wissen in Kotzebues und Chamissos Darstellungen Alaskas', in: *Zeitschrift für Germanistik* 24 (2014), S. 55–67.

Walls, Laura Dassow: *The Passage to Cosmos. Alexander von Humboldt and the Shaping of America.* Chicago 2009.

Withey, Lynne: *Voyages of Discovery. Captain Cook and the Exploration of the Pacific.* New York 1987.

Wulf, Andrea: *The Invention of Nature. Alexander von Humboldt's New World.* New York 2015.

Wissen

Ein Reisender, der nach meinem Begriff alle Erwartungen erfüllen wollte, müßte Rechtschaffenheit genug haben, einzelne Gegenstände richtig und in ihrem wahren Lichte zu beobachten, aber auch Scharfsinn genug, dieselben zu verbinden, allgemeine Folgerungen daraus zu ziehen, um dadurch sich und seinen Lesern den Weg zu neuen Entdeckungen und künftigen Untersuchungen zu bahnen.

–Forster–

Thomas Borgard

Adelbert von Chamissos geschichtliche Stellung. Ein Blick auf vergessene Kontexte und Materialien zur Erweiterung literaturwissenschaftlicher Forschungsperspektiven

I. Epistemischer Wandel zwischen 1770 und 1830: „Konzentration" und „atomisierte Konkurrenz"

Das dichterische und naturwissenschaftliche Werk Adelbert von Chamissos stellt die Neugermanistik vor erhebliche methodologische Probleme. Diese werden vor dem Hintergrund permanent neuer ‚kulturwissenschaftlicher' *turns* und der damit einhergehenden Fehleinschätzung der Bedeutung der Theorie im Verhältnis zu den historischen Materialien nicht kleiner.[1] Nicht nur ist das Wissen über den Naturforscher Chamisso lückenhaft, da genaue Lektüren selbst der gedruckt vorliegenden Schriften, etwa zur Botanik, unterbleiben. Es fehlen auch Kenntnisse der das zeitgenössische Entstehungsmilieu dieser Texte prägenden erkenntnistheoretischen Diskussionen in der Umbruchszeit zwischen Transzendentalphilosophie, Deutschem Idealismus, romantischer Naturphilosophie und jenem neuen Induktionsdenken, für das im deutschsprachigen Raum Hermann Lotze, Ernst Friedrich Apelt, Friedrich Eduard Beneke, Gustav Theodor Fechner, aber auch Johann Friedrich Herbart maßgeblich sind. Als größtes Hindernis erweist sich die Neigung von Literaturwissenschaftlern, den zunächst mit Aplomb herausgestellten Bezug literarischer Texte zu kulturellen Sachzusammenhängen interpretatorisch zu transzendieren. Dies geschieht, indem der gesamten Gemengelage ein übergreifender ästhetischer Sinn unterstellt wird: anstatt „den literarischen Inhalten dokumentarischen Charakter zuzuschreiben"[2] und die entsprechenden literarischen und nicht-literarischen Materialien bereitzustellen, wird Literatur im Rahmen einer solchen ‚Kulturpoetik' zu einem Instrument, mit dem der Literaturwissenschaftler die Welt beobachtet.[3] Ein Motiv für die fragwürdige Auratisierung von Literatur und Literaturwissenschaft ist das Bedürfnis, die soziale Rolle des Germanisten als Bewahrer und Deuter von

---

1 Vgl. Proß 2010, S. 108.
2 Ebd., S. 111.
3 Vgl. Vollhardt 2004, S. 34.

Sinn gegenüber tatsächlichen oder vermeintlichen äußeren Anfechtungen aufzuwerten.

In der folgenden knappen Skizze soll es um die Frage nach dem analytischen Rahmen für die künftige Erforschung Chamissos als Schriftsteller und Naturwissenschaftler gehen. Hierfür wird in methodologischer Hinsicht empfohlen, zur Bestimmung der geschichtlichen Stellung Chamissos wissenssoziologische Einsichten zu Rate zu ziehen. Außerdem kann eine Terminologie möglicherweise in heuristischer Hinsicht hilfreich sein, die in jüngster Zeit von Jürgen Osterhammels Globalgeschichtsschreibung angeboten wird. Auch wenn an dieser Stelle nicht näher prüfend auf sie eingegangen werden kann, sollen die Begriffe gleichwohl genannt werden: Asymmetrische Effizienzsteigerung und Referenzverdichtung, Spannung zwischen Gleichheit, Hierarchie und Emanzipation.[4] Sie geben einen Hinweis auf die Möglichkeiten einer weltanschauungsanalytisch fundierten Philologie und Wissenschaftsgeschichte; ihre Besonderheit läge darin, dass der Beobachterstandpunkt erhellt, zugleich aber mit perspektiviert und nicht als unabhängige Variable der Erkenntnis fixiert bzw. universalisiert wird.

Aus Platzgründen können hier nur einige Aspekte der möglichen analytischen Rahmung[5] hervorgehoben werden: Die Sattelzeit,[6] von der im Falle Chamissos zu sprechen ist, wird ungefähr markiert durch den Zeitraum 1770–1830. Damit ergibt sich eine Art temporaler Schnittmenge zwischen einem aus der Sicht der um 1830 Lebenden ,langen' 18. Jahrhundert und den großen Veränderungen des beginnenden 19. Jahrhunderts. Was wir bei Herder, Alexander von Humboldt, Chamisso und dem mit diesen drei Innovatoren des Naturverständnisses bestens vertrauten Lotze beobachten, ist eine epistemische Bewegung, die wissenssoziologisch gesprochen, zu einer verschärften Konkurrenz der verschiedenen Weltanschauungsangebote führt. Olaf Biese spricht sogar in Bezug auf die Anhänger und Gegner Hegels, zu denen die Brüder Humboldt zählen, von einer „Polarisierung des angespannten geistigen Klimas in Berlin."[7] Auch der von Anne Baillot herausgegebene Band *Netzwerke des Wissens. Das intellektuelle Berlin um 1800* dokumentiert das Berliner Milieu recht aufschlussreich.[8] Hinzuzuziehen wären aber auch die in einschlägigen Forschungsarbeiten dargestellten Positionen der akademischen Philosophie zur Erkenntnis- und Wissenschaftstheorie.[9] Diese setzen sich bereits seit der Mitte

---

4 Osterhammel 2009, S. 1286–1301.
5 Zum Begriff des Rahmens vgl. Busse 2006.
6 Koselleck 1972, vgl. Osterhammel 2009, S. 102–116.
7 Biese 1998, S. 133.
8 Baillot 2011, vgl. auch die wichtige zeitgenössische Sammlung wichtiger Autoren und Schriften von Hitzig 1826.
9 Poggi 1977, Borgard 1999.

des 18. Jahrhunderts mit den aufsteigenden empirischen Wissenschaften, Physiologie, Zoologie, Anthropologie und Ethnologie, auseinander, wobei enge Kontakte zur französischen (u. a. Condillac, Diderot, Raynal, Bonnet, Buffon) und englisch-schottischen Wissenschaft (u. a. Locke, Hume) bestehen. Angesichts des wachsenden erfahrungswissenschaftlichen Drucks stößt die vom Kantianismus überformte romantische Naturspekulation ab den frühen 1820er Jahren ebenso an ihre Grenzen wie das als Selbstgespräch der Philosophie konzipierte Denken Hegels. Dieses äußert sich insbesondere in der *Wissenschaft der Logik* (1812–1816) und wird von Otto Friedrich Gruppe und Fechner satirischem Spott preisgegeben.[10] Nicht vergessen werden dürfen in der von Revolutionen und Kriegen bestimmten Zeit die für das Verständnis Alexander von Humboldts und Chamissos ebenso bedeutsamen politischen Aspekte, und zwar in ihrem Zusammenhang mit neuen Verständnissen des Verhältnisses von Leib und Seele bzw. Körper und Geist. Hegels *Phänomenologie des Geistes* (1807) bestimmt das „Absolute" als „Subjekt", womit Herders Projekt einer „Geschichte des menschlichen Verstandes" ein vorläufiges Ende bereitet wird und Verbindungen zwischen Geschichtsreflexion und Anthropologie gekappt werden, wie sie die *Ideen zu einer Philosophie der Geschichte der Menschheit* (1784–1791) knüpfen.[11] Damit lassen sich auch keine sinnvollen Freiheitsbegriffe mehr erhalten, wie Herbart, bezeichnend für die Restaurationsepoche, feststellt, denn: „Man schwärmte […] von der Freyheit, gerade da die bürgerliche Selbstständigkeit verloren ging […]."[12]

„Erfahrung" ist auch das Stichwort, mit dem der junge Chamisso die Naturwissenschaften gegenüber der Spekulation privilegiert. Eine wichtige Rolle kommt dabei der Botanik zu. Das Fach sieht sich zu Beginn des 19. Jahrhunderts vor die Alternative gestellt zwischen Linnés strenger Taxonomie der Pflanzen und einer Beschreibung ihrer geographischen Verbreitung. Humboldts Schrift *Ideen zu einer Geographie der Pflanzen. Nebst einem Naturgemälde der Tropenländer* (1807) ist für Chamissos Herausbildung eines den Natur-Kulturen- und Kultur-Sprachen-Zusammenhang beschreibenden Sprachstils bedeutsam, insofern sie die Ersetzung der tabellarischen Nomenklatur durch Karten begründet.[13] Chamissos Gesamtwerk lässt sich verorten im Rahmen der Aufhebung eines durch den Kritizismus Kants sowie Hegels Begriff des „Absoluten" markierten konzentrierten Erkenntnisstandpunkts. Infolge dieses Wandels treten die verschiedenen Wissensbereiche ab den 1820er Jahren erneut ein in ein Stadium der atomisierten Konkurrenz. Der französische Physiologe und Anatom

---

10 Gruppe 1831, Fechner 1846.
11 Vgl. Borgard 2004, S. 160, vgl. auch Borgard 2001.
12 Herbart [1824–1825] 1989, S. 332, vgl. Borgard 2004, S. 161.
13 Vgl. Kraft 2014.

Isidore Geoffroy Saint-Hilaire spricht in seinen *Essais de zoologie générale*
(1841–1844) sogar von einer „confusion de toutes les sciences."[14] Die für die
sattelzeitliche Heuristik wertvollen Begriffe „Konzentration" und „atomisierte
Konkurrenz" entstammen dem wissenssoziologischen Aufsatz Karl Mannheims,
der 1928 unter dem Titel *Die Bedeutung der Konkurrenz im Gebiete des Geistigen*
erscheint; der Übergang von der Aufklärung zur Epoche der Romantik spielt
darin eine wichtige Rolle.[15] Das intellektuelle Lebensgefühl der Chamisso,
Humboldt und Lotze, so ließe sich jetzt vorläufig formulieren, ist erstens gekennzeichnet durch das Bewusstsein partikularer Wahrheiten, die entweder
im Menschen zentriert werden, oder, und davon gibt Humboldts *Kosmos*
(1845–1862) ein beredtes Zeugnis, ab: der Beschreibung des Menschen nicht
mehr bedürfen. Zweitens wird die durch Kants Privilegierung der Logik vorgegebene Struktur der Verortung des Wissens in einer deduktiven Argumenta-
tionskette aufgegeben und ersetzt durch eine von den Autoren vielfach als
„Ideen" oder „Skizzen" bezeichnete Abfolge von Repräsentationen, die weniger
logisch als chronologisch ist.[16] Die massive Zunahme empirischer Daten und die
Ersetzung des Hegel'schen Selbstgesprächs der Philosophie durch einen Dialog
an den Schnittstellen verschiedener Erkenntnisbereiche ist für das letzte Drittel
der Sattelperiode kennzeichnend. Beneke spricht in einer 1833 publizierten
programmatischen Schrift nicht mehr von einer *philosophia prima*, sondern von
einer Pluralität der „Wissenschaften", die nun allesamt „auf Erfahrung begründet werden."[17] Im Zuge dieser markanten Verschiebung erhält die Geographie, bei Humboldt und Chamisso insbesondere als Pflanzen- und Tiergeo-
graphie, eine Leitfunktion, die sich mit dem Begriffsfeld einer *Historia naturalis*
oder „Naturgeschichte" assoziiert. Die „historiae naturales" deuten schon bei
dem für Humboldt teils vorbildlichen Plinius d.Ä. auf einen temporalen (Er-
zähl-)Zusammenhang hin.[18] Mit der Anerkennung des Indeterminismus gerade
der organischen, also nicht durch physikalisch-mathematische Gesetzmäßigkeiten erklärbaren Naturerscheinungen gehen verschiedene Versuche der gedanklichen Kontingenzbewältigung einher: unter anderem in Form einer
„Wahrscheinlichkeitstheorie".[19] Chamisso sieht sich als Naturhistoriker mit der
untauglich gewordenen „traditionellen Dichotomie zwischen Individuum und
Idealtyp"[20] konfrontiert. Sein Denken in generationalen Abfolgen in der 1819
erschienenen lateinischen Schrift über den Generationswechsel der Salpen

---

14 Geoffroy Saint-Hilaire 1841, S. 11.
15 Mannheim 1928, vgl. Borgard 1999, S. 167f.
16 Vgl. Borgard 1999, S. 130–139, Borgard 2008, S. 11ff.
17 Beneke 1833, S. 113 (Hervorhebung im Original gesperrt).
18 Borgard 1999, S. 26.
19 Vgl. Heidelberger 1993, S. 354f.
20 Parnes 2005, S. 245.

(*Thaliacea*), die zum Unterstamm der Manteltiere gehören, löst diese Aufgabe auf brillante Weise.[21]

II. Abwehr des Anthropomorphismus: Menschenloser *Kosmos*, ent-ästhetisierte Wissenschaft und Verunsicherung literarischen Schreibens

Chamisso ist nicht nur Naturwissenschaftler, sondern auch Sprachwechsler und Schriftsteller, für dessen literarisches Werk die Frage nach einer erzählenden Funktionalisierung bei gleichzeitiger logischer Disfunktionalisierung des jetzt atomisiert vorliegenden Wissens bedeutsam wird. Damit ergibt sich die Frage nach dem Status von Wissen in Literatur. Die Frage ist für literarische Texte des 17. und 18. Jahrhunderts prinzipiell gut darstellbar, denkt man an Autoren wie Alexander Pope, Brockes oder Albrecht von Haller. Doch schon der Vorrede zur letzten Fassung von Johann Jakob Duschs Lehrgedicht *Die Wissenschaften* (1765) lässt sich die Schwierigkeit entnehmen, die verschiedenen Fächer in einem Universalentwurf gelehrten Wissens zusammenzufassen, wie dies die protestantische Schulmetaphysik noch vermochte. Wissen, so die naheliegende Konklusion, kann auch von der Poesie nicht mehr ohne weiteres vermittelt werden.[22] Vergleichbare Fälle im 19. Jahrhundert lassen sich ungleich schwerer beantworten, weil der Grad an Implizitheit zunimmt, aber auch aufgrund einer fundamentalen Ambivalenz, die um die Jahrhundertmitte literarisch spürbar wird. Wie der Verfasser in seiner Studie über *Immanentismus und konjunktives Denken* zu zeigen versucht hat, und was der jüngst erschienene, allerdings auf schmalerer Materialbasis operierende, Sammelband von Moritz Baßler ebenso thematisiert,[23] schwanken die Texte zwischen Detailrealismus und poetischer „Verklärung".[24] Lotze war der erste, der in seinem 1845 publizierten Aufsatz *Über den Begriff der Schönheit* den Unterschied deutlich machte zwischen Zuschreibung und Beobachtung. Während Naturwissenschaft und Medizin ohne Rücksicht auf moralische und metaphysische Bedürfnisse den Lauf der Dinge registrieren, herrscht im Poetischen das Gefühl einer „Gerechtigkeit", für die sich indes laut Lotze – hier werden die Kunstbegriffe des 18. Jahrhunderts endgültig verabschiedet – keine objektivierbare Anschaulichkeit mehr reklamieren lässt.[25]

Schwierigkeiten bereiten der Literaturwissenschaft demnach die Erforschung

---

21 Chamisso 1819, vgl. Glaubrecht 2013, Dohle 2016.
22 Vollhardt 2002, S. 2 ff.
23 Baßler 2013.
24 Vgl. Borgard 1999, S. 233–300.
25 Lotze 1845, vgl. Proß 1982, S. 94 f., Borgard 1999, S. 274–277, Borgard 2004, S. 163–167.

der Grenzbereiche von Literatur und Philosophie auf der einen Seite sowie Literatur und Naturforschung auf der anderen. Dies gilt insbesondere, um es mit den Worten des Wissenschaftshistorikers Otto Bryk zu sagen, für die Epoche der „Naturphilosophie und ihre Überwindung durch die erfahrungsgemässe Denkweise (1800–1850)".[26] Bryk würdigt Chamisso an zwei Stellen: einmal in einem Kapitel über die wichtigsten Fortschritte der vergleichenden Anatomie als den Entdecker der Metagenese der Salpen.[27] Der zweite Hinweis findet sich in einem Abschnitt, der die Überschrift trägt „Das natürliche System als Ergebnis geläuterter Einzelforschung." Das Kapitel leitet Bryk mit Bemerkungen ein, die dem historischen Gesamtinteresse seines Werks entsprechen. Zu achten ist auf die präzise benannten Wissengebiete der Anatomie, Embryologie und Histologie, die sich miteinander zu einem Forschungsprogramm verweben:

> Nach dem Untergang der naturphilosophischen Denkweise hob sich die Systematik, an anatomischen, embryologischen und histologischen Leitlinien emporsteigend, auch in Deutschland zur vollen Höhe schönster Wissenschaftlichkeit. Nicht Schöpfungspläne oder abenteuerliche Gestaltungsgesetze bestimmen von jetzt ab den Gang der Forschung, sondern die wohlerwogene Feststellung der natürlichen Verwandtschaft.[28]

Auf diese Erkenntnisse und ihre wissenschaftsgeschichtlichen Kontexte hat sich die noch am Anfang stehende Erforschung der Repräsentativität der naturwissenschaftlichen Texte Chamissos für die ästhetische Intentionalität des literarischen Werks zu beziehen. Um dies kurz zu erläutern, ist nicht auf den *Schlemihl* einzugehen, auch nicht auf das Reisewerk, sondern auf zwei Stellen in den Briefen. In der von Chamissos Freund und Verleger Julius Eduard Hitzig herausgegebenen Werkausgabe finden sich im 5. und 6. Band *Leben und Briefe* (1839) mehrere Briefe an den französischen Naturwissenschaftler Louis de La Foye, Professor für Physik an der Universität Caen. Ihm schreibt Chamisso aus Berlin am 22. Juni 1827 unter Hinweis auf sein soeben erschienenes botanisches Lehrbuch, das den barock anmutenden Titel trägt: *Uebersicht der nutzbarsten und der schädlichsten Gewächse, welche wild oder angebaut in Norddeutschland vorkommen. Nebst Ansichten von der Pflanzenkunde und dem Pflanzenreiche.* Dieses Werk enthält laut Chamisso sein „wissenschaftliches Glaubensbekenntniß".[29] Von größerer Bedeutung als diese Selbstaussage ist eine Stelle in der Einleitung des genannten Werks zur Pflanzenkunde. Dort wendet sich Chamisso dem Problem der Systematisierung empirischer Kenntnisse zu, des-

---

26 Bryk 1909.
27 Ebd., S. 470: „Durch Entdeckung des *Geschlechtswechsels der Manteltiere* [im Original gesperrt] (der sich noch BAER[*] fremd gegenüberstellte) hat sich der gemütvolle Dichter ADELBERT v. CHAMISSO auch in der Zoologie die Unsterblichkeit errungen (1819)." [*Gemeint ist der Zoologe Karl Ernst von Baer.]
28 Ebd., S. 488.
29 Chamisso [1827] 1839, S. 152.

sen Brisanz sich mit jeder wissenschaftlichen Neuentdeckung verstärkt; dabei taucht die Anschauung eines horizontal gegliederten Wissens auf, denn: „Es gibt [...] nicht eine Wissenschaft nur, sondern viele Wissenschaften, weil die Gesammtheit der Dinge nicht zugleich in der Allheit erfaßt, und in allen Einzelnheiten erkannt werden kann."[30] Dieser Gedanke hat Folgen. Denn wenn sich die wissenschaftlichen Erkenntnisse eher horizontal und in einer stets zu erweiternden Menge gliedern, dann muss sich der Beobachter seinen Standort inmitten der natürlichen Dinge bewusst machen. Chamisso spricht bewusst von Wissenschaft im Plural, während das Hauptwerk des Herrschers der Berliner Philosophie den singularischen Titel *Wissenschaft der Logik* trägt. Beim jungen Chamisso, der im Jahr 1812 vor dem Beginn seines Studiums der Botanik und Medizin steht, kommt die Ablehnung der idealistischen Systemphilosophie deutlich zum Ausdruck. An de La Foye schreibt er aus Berlin im Herbst 1812, im selben Jahr, in dem der erste Band der *Wissenschaft der Logik* erscheint, die folgenden, von Häme gekennzeichneten Worte:

> Diesen Winter treib' ich Anatomie, nebenbei Zoologie und Botanik, künftigen Sommer *anatomia comparata, physiologia* und Botanik, [...] ich will alle Naturwissenschaften mehr oder weniger umfassen [...]. Mir ist das müßige Construiren *a priori* und Deduciren und Wissenschaft aufstellen von jedem Quark und Haarspalten, zum Ekel worden [...]. Der Wissenschaft will ich durch Beobachtung und Erfahrung, Sammeln und Vergleichen mich nähern. – Vergessen habe ich schon, daß ich je ein Sonett geschrieben.[31]

Andere waren noch weniger zimperlich. So publizierte der regelmäßig für Chamissos *Musenalmanach* schreibende Philosoph und Philologe Gruppe[32] im Todesjahr Hegels die satirische Schrift *Die Winde oder ganz absolute Konstruktion der neuern Weltgeschichte durch Oberons Horn gedichtet von Absolutus von Hegelingen*. Dass auch die Reaktion Humboldts in den *Ideen zu einer Geographie der Pflanzen* (1807) auf die im Vergleich zu Hegel wesentlich moderatere Naturphilosophie Schellings zwiespältig ausfällt, liegt an dem von Kant ererbten anthropomorphen Einschlag der Theorie. Diese lässt sich nicht widerspruchsfrei mit dem von Bacon abgeleiteten Empirismus vereinbaren.[33] Daher ist nochmals zu fragen: wenn es weder für Humboldt noch für Chamisso in einer pluralen, sich zunehmend spezialisierenden Situation des Wissens einen Universalentwurf traditioneller Art geben kann, darf dann die Poesie eine solche Kompetenz für sich beanspruchen? Und weiter gefragt: welche Rolle spielt die Literatur bei

---

30 Chamisso 1827, S. 1.
31 Chamisso [1812] 1839, S. 335.
32 Z.B. Chamisso 1837.
33 Vgl. Proß 1991.

Chamisso, wenn angenommen werden darf, dass Bedürfnisse nach Sinnstiftung weiterhin bestehen?

Humboldts Lösung ist schlussendlich radikal, denn sein *Kosmos* gibt das integrale Konzept des Spätaufklärers Herder preis, das in den *Ideen zu einer Philosophie der Geschichte der Menschheit* noch unter dem Einfluss einer optimistisch gedeuteten leibnizianisch-spinozistischen Metaphysik steht. Die Ablehnung des Anthropomorphismus, ein Vorwurf der laut Lichtenberg auf Kant,[34] nicht aber auf Herder zutrifft, gipfelt in der Menschenleere des *Kosmos*, womit sich Humboldt der von den Nachfolgern Kants, allen voran Fichte und Hegel, gestellten philosophischen Probleme entledigt. Kennzeichnend für Humboldt ist zugleich die Forderung nach literarischer „Entfärbung". Auch Lotze diagnostizierte, dass die „construierenden Philosophieen unserer Zeit wesentlich die Natur einer ästhetischen Auffassungsweise an sich tragen."[35] Das Denken, hier hat Lotze primär Hegel im Blick, folgt einem anthropomorphen Programm; es ist der Figur der *„poetische[n] Gerechtigkeit"* nachempfunden, weshalb die Szenerie dieser unterschwellig literarisiert auftretenden Philosophie einer Theaterbühne gleicht; hier vollzieht sich stets das „*Passende*", anstatt dass die (ihn zugleich limitierende) Stellung des Menschen im Kosmos reflektiert wird.[36] Wie gesagt: Humboldt zieht hier einen konsequenten Schlussstrich, womit allerdings drängende Fragen ausgeblendet werden. Seine epische „Weltbeschreibung" soll daher auch nicht an eine dramatische Handlung erinnern. Schon früh, in den *Ansichten über die Natur* (1807) fordert er, den beschreibenden „Stil" nicht „in eine dichterische Prosa aus[arten] zu lassen."[37]

Diese Wendung des *Kosmos* irritierte die Zeitgenossen. So veröffentlicht Lotze den ersten Band seines dreibändigen Hauptwerks *Mikrokosmus* (1856–1864) nicht ohne sich neben Humboldt wieder auf Herder zu berufen. Der Untertitel zeigt dies an; man beachte auch die vorsichtige Deklaration des Ganzen als den Menschen nun wieder berücksichtigenden „Versuch": *Mikrokosmus. Ideen zur Naturgeschichte und Geschichte der Menschheit. Versuch einer Anthropologie.* Außerdem fällt auf, dass der Platz, den bei Herder die „Philosophie" einnahm, jetzt durch den Terminus „Naturgeschichte" besetzt ist.

1837 im Vorfeld der 16. Versammlung deutscher Naturforscher und Ärzte schreibt Lotze in einem Brief an den Philosophen Apelt, er plane, angeregt vom deutschen *Musenalmanach*, den Chamisso und Gustav Schwab herausgeben,

---

34 Vgl. Lichtenberg [1764–1799] 1968, S. 737: „In der Vorrede zur 2ten und dritten Ausgabe von Kants Kritik [...] kommt viel Sonderbares vor, das ich schon oft gedacht aber nicht gesagt habe. Wir finden keine Ursache in den Dingen, sondern wir bemerken nur das, was in uns herein korrespondiert. Wohin wir nur sehen, so sehen wir bloß uns."

35 Lotze [1843] 1885, S. 110, vgl. Borgard 2004, S. 163f.

36 Lotze 1868, S. 179.

37 Humboldt [1807] 1969, S. 5, vgl. Borgard 1999, S. 134.

einen neuen, „naturhistorischen Almanach". Dann nennt er die Namen, die er für dieses Vorhaben gewinnen möchte: seinen Freund Fechner, Ernst Heinrich Weber, den Sinologen Stephan Ladislaus Endlicher und Chamisso.[38] Zur Realisierung ist es nicht gekommen, Chamisso stirbt im Jahr danach. Lotzes Brief skizziert einen kühnen, disziplinübergreifenden Ansatz für die auf arabische Wurzeln zurückgehende Tradition des Musenalmanachs. Damit gibt er der heutigen Germanistik wertvolle Hinweise auf zeitgenössische Denk- und Wissensordnungen sowie Netzwerke, die in der Chamisso-Philologie bislang noch zu wenig Beachtung finden, obwohl erst diese Materialien seine historische Stellung näher erhellen können.

Quellen

Gedruckte Quellen

Baillot, Anne (Hg.): *Netzwerke des Wissens. Das intellektuelle Berlin um 1800.* Berlin 2011.

Baßler, Moritz (Hg.): *Entsagung und Routines. Aporien des Spätrealismus und Verfahren der frühen Moderne.* Berlin, Boston 2013.

Biese, Olaf: *Konkurrenzen. Philosophische Kultur in Deutschland 1830–1850. Portraits und Profile.* Würzburg 1998.

Beneke, Friedrich Eduard: *Die Philosophie in ihrem Verhältnisse zur Erfahrung, zur Spekulation und zum Leben.* Berlin, Posen, Bromberg 1833.

Borgard, Thomas: *Immanentismus und konjunktives Denken. Die Entstehung eines modernen Weltverständnisses aus dem strategischen Einsatz einer ‚psychologia prima' (1830–1880).* Tübingen 1999.

Borgard, Thomas: ‚Das Problem der Selbstreferenz, die Subjekte des Handelns und das proton pseudos der Systemtheorie: Herbart, Hegel, Kleist', in: Hoeschen, Andreas / Schneider, Lothar (Hg.): *Herbarts Kultursystem. Perspektiven der Transdisziplinarität im 19. Jahrhundert.* Würzburg 2001, S. 107–131.

Borgard, Thomas: „That' und ‚Gesinnung': Ein rechtsphilosophisches Seitenstück zu Herbarts Ästhetik zwischen Aufklärung und Restaurationsepoche', in: Klattenhoff, Klaus (Hg.): *Zum aktuellen Erbe Herbarts. Ein Klassiker der Pädagogik nach der Jahrtausendwende.* Oldenburg 2004, S. 155–171.

Borgard, Thomas: ‚Der Bürgerliche Realismus und die Lebenswissenschaften zwischen Anthropologie, Sinnerzählung und Wissensspaltung. Lotzes Herderrezeption als Paradigma', in: *Herder Jahrbuch* 9 (2008), S. 11–36.

Bryk, Otto: *Entwicklungsgeschichte der reinen und angewandten Naturwissenschaft im XIX. Jahrhundert. I. [=einziger] Bd.: Die Naturphilosophie und ihre Überwindung durch die erfahrungsgemässe Denkweise (1800–1850).* Leipzig 1909.

---

38 Pester 1997, S. 69 f.

Busse, Dietrich: ‚Text – Sprache – Wissen. Perspektiven einer linguistischen Epistemologie als Beitrag zur Historischen Semantik', in: *Scientia Poetica* 10 (2006), S. 101–137.

Chamisso, Adelbert von: *De Salpa – de animalibus quibusdam e classe vermium Linnaeana* […]. Berlin 1819.

Chamisso, Adelbert von: *Uebersicht der nutzbarsten und der schädlichsten Gewächse, welche wild oder angebaut in Norddeutschland vorkommen. Nebst Ansichten von der Pflanzenkunde und dem Pflanzenreiche.* Berlin 1827.

Chamisso, Adelbert von: Werke. (Hg. Julius Eduard Hitzig). Bd. 5. *Leben: 1. und 2. Buch. – Briefe.* Leipzig 1839.

Chamisso, Adelbert von: Werke. (Hg. Julius Eduard Hitzig). Bd. 6. *Leben: 3. Buch. – Briefe. – Gedichte.* Leipzig 1839.

Dohle, Wolfgang: ‚Adelbert von Chamisso und seine Entdeckung des Generationswechsels bei den Salpen', in: Berbig, Roland / Erhart, Walter / Sproll, Monika / Weber, Jutta (Hg.): *Phantastik und Skepsis. Adelbert von Chamissos Lebens- und Schreibwelten.* Göttingen 2016, S. 175–198.

Fechner, Gustav Theodor [erschienen unter dem Pseudonym „Dr. Mises"]: *Vier Paradoxa.* Leipzig 1846.

Geoffroy Saint-Hilaire, Isidore: *Essais de zoologie générale, ou mémoires et notices sur la zoologie générale, l'anthropologie, et l'histoire de la science.* Paris 1841.

Glaubrecht, Matthias: ‚Naturkunde mit den Augen des Dichters – Mit Siebenmeilenstiefeln zum Artkonzept bei Adelbert von Chamisso', in: Federhofer, Marie-Theres / Weber, Jutta (Hg.): *Korrespondenzen und Transformationen. Neue Perspektiven auf Adelbert von Chamisso.* Göttingen 2013, S. 51–84.

Gruppe, Otto Friedrich: *Die Winde oder ganz absolute Konstruktion der neuern Weltgeschichte durch Oberons Horn gedichtet von Absolutus von Hegelingen.* Leipzig 1831.

Hegel, Georg Wilhelm Friedrich: *Die Phänomenologie des Geistes.* Bamberg, Nürnberg 1807.

Hegel, Georg Wilhelm Friedrich: *Wissenschaft der Logik.* 2 Bde. Nürnberg 1812–1816.

Heidelberger, Michael: *Die innere Seite der Natur. Gustav Theodor Fechners wissenschaftlich-philosophische Weltauffassung.* Frankfurt/M. 1993.

Herbart, Johann Friedrich: ‚Psychologie als Wissenschaft. Neu gegründet auf Erfahrung, Metaphysik und Mathematik. Zweiter, analytischer Teil [1825]', in: Kehrbach, Karl / Flügel, Otto (Hg.): J.F.H.: *Sämtliche Werke in chronologischer Reihenfolge.* Langensalza 1887–1912 (Nachdruck Aalen 1989). Bd. 6, S. 1–338.

Herder, Johann Gottfried: *Ideen zu einer Philosophie der Geschichte der Menschheit.* Riga, Leipzig 1784–1791.

Hitzig, Julius Eduard: *Gelehrtes Berlin im Jahre 1825.* Berlin 1826.

Humboldt, Alexander von: *Ansichten der Natur.* Hg. v. Adolf Meyer-Abich. Stuttgart 1969 [1808–1849].

Humboldt, Alexander von: *Ideen zu einer Geographie der Pflanzen. Nebst einem Naturgemälde der Tropenländer.* Tübingen 1807.

Humboldt, Alexander von: *Kosmos. Entwurf einer physischen Weltbeschreibung.* 5 Bde. Tübingen 1845–1862.

Koselleck, Reinhart: ‚Einleitung', in: Brunner, Otto u.a. (Hg.): *Geschichtliche Grundbegriffe. Historisches Lexikon zur politisch-sozialen Sprache in Deutschland.* Bd. 1. Stuttgart 1972, S.XIII–XXVII.

Kraft, Tobias: *Figuren des Wissens bei Alexander von Humboldt. Essai, Tableau und Atlas im amerikanischen Reisewerk.* Berlin, Boston 2014.

Lichtenberg, Georg Christoph: ‚Sudelbücher [1764–1799]‘, in: Promies, Wolfgang (Hg.): G.C.L.: *Schriften und Briefe.* 2 Bde. München 1968–1971.

Lotze, Hermann: ‚Herbart's Ontologie [1843]‘, in: Peipers, David (Hg.): H.L.: *Kleine Schriften.* Bd. 1. Leipzig 1885, S. 109–138.

Lotze, Hermann: *Ueber den Begriff der Schönheit.* Göttingen 1845.

Lotze, Hermann: Mikrokosmus. *Ideen zur Naturgeschichte und Geschichte der Menschheit. Versuch einer Anthropologie.* Leipzig 1856–1864.

Lotze, Hermann: *Geschichte der Aesthetik in Deutschland.* München 1868.

Mannheim, Karl: „Die Bedeutung der Konkurrenz im Gebiete des Geistigen [1928],“ in: Meja, Volker / Stehr, Nico (Hg.): *Der Streit um die Wissenssoziologie. Bd. 1. Die Entwicklung der deutschen Wissenssoziologie.* Frankfurt/M. 1982, S. 325–370.

Osterhammel, Jürgen: *Die Verwandlung der Welt. Eine Geschichte des 19. Jahrhunderts.* München 2009.

Parnes, Ohad: „Es ist nicht das Individuum, sondern es ist die Generation, welche sich metamorphosiert.‘ Generationen als biologische und soziologische Einheiten in der Epistemologie der Vererbung im 19. Jahrhundert‘, in: Weigel, Sigrid / Parnes, Ohad / Vedder, Ulrike / Willer, Stefan (Hg.): *Generation. Zur Genealogie des Konzepts – Konzepte von Genealogie.* München 2005, S. 235–260.

Pester, Reinhardt: Hermann Lotze. *Wege seines Denkens und Forschens. Ein Kapitel deutscher Philosophie- und Wissenschaftsgeschichte im 19. Jahrhundert.* Würzburg 1997.

Poggi, Stefano: *I sistemi dell'esperienza. Psicologia, logica e teoria della scienza da Kant a Wundt.* Bologna 1977.

Proß, Wolfgang: ‚Spinoza, Herder, Büchner: Über ‚Gesetz‘ und ‚Erscheinung‘‘, in: *Georg Büchner Jahrbuch* 2 (1982), S. 62–98.

Proß, Wolfgang: ‚Lorenz Oken – Naturforschung zwischen Naturphilosophie und Naturwissenschaft‘, in: Sauder, Gerhard (Hg.): *Die deutsche literarische Romantik und die Wissenschaften.* München 1991, S. 44–71.

Proß, Wolfgang: „Longue durée‘ und Mehrsprachigkeit als Problem der Literaturgeschichtsschreibung. Elemente einer literarischen Historik‘, in: *Germanistik in der Schweiz. Zeitschrift der Schweizerischen Akademischen Gesellschaft für Germanistik* 7 (2010), S. 103–133.

Vollhardt, Friedrich: ‚Einleitung‘, in: Danneberg, Lutz / Vollhardt, Friedrich u. a. (Hg.): *Wissen in Literatur im 19. Jahrhundert.* Tübingen 2002, S. 1–6.

Vollhardt, Friedrich: ‚Kulturwissenschaft. Wiederholte Orientierungsversuche‘, in: Stegbauer, Kathrin / Vögel, Herfried / Waltenberger, Michael (Hg.): *Beiträge zur Identität der Germanistik.* Berlin 2004, S. 29–48.

Jana Kittelmann

Epistolare Epistemologie. Johann Reinhold Forsters briefliche Nachlese der Reise um die Welt

Vielseitigkeit und kaum Erforschtes

Im April 1776 schrieb Johann Georg Sulzer an Albrecht von Haller aus Nizza: „Mich verlangt sehr die Forsterischen Schrifften von der merkwürdigen Reise zu sehen. Ich kenne den Mann, (der mein Schüler in Berlin gewesen) als ein ingenium versatile, dem nicht leicht etwas merkwürdiges, von welcher Art es sey, wird entgangen seyn, und sehr selten thun Leute von dieser Art, dergleichen Reisen."[1] Sulzer, der selbst als Naturforscher tätig war, bemerkt in diesem frühen brieflichen Rezeptionszeugnis der *Reise um die Welt* (die erst ein Jahr später publiziert wurde) das vielseitige und wandelbare Talent – „ingenium versatile" – seines einstigen Schülers Johann Reinhold Forster.[2] Die Vielseitigkeit scheint sich dabei in erster Linie auf die verschiedenen Wissensbereiche und naturgeschichtlichen Praktiken zu beziehen, in und mit denen die Forsters wirkten. Wenngleich nicht von Sulzer intendiert, so lässt sich der Begriff der Versatilität zugleich auf die Art und Weise der Darstellung des Erlebten übertragen. Die Formen der Verarbeitung, Verbreitung und Weiterverwertung von Wissen, Erkenntnissen und Beobachtungen offenbaren sich im Falle der Forsters als gattungs- und medienübergreifend. Reisebeschreibungen, Zeichnungen, Essays, Traktate, Abhandlungen, Promemoria, Biografien und Zeitschriftenbeiträge zählen zu ihrem Repertoire. Insbesondere die auf der zweiten Weltumseglung (1772–1775) von James Cook entstandenen und als *A Voyage Round the World* publizierten Reiseaufzeichnungen erlangten bald nach ihrer Veröffentlichung den Rang einer der wichtigsten und bekanntesten wissenschaftlichen Entdeckungsreise des 18. Jahrhunderts. Die Popularität dieser Schrift scheint bis heute ungebrochen – mit für Johann Reinhold Forsters Werk fatalen Folgen. So ver-

---

1 Johann Georg Sulzer an Albrecht von Haller, 22.4.1776, Freies Deutsches Hochstift, Sulzer, J. G.: 3024.
2 Sulzer war als Mathematikprofessor am Joachimsthalschen Gymnasium tätig, wo er Johann Reinhold Forster unterrichtete. Vgl. Mahlke 1998, S. 9.

bannte der Text nicht nur den Vater in den Schatten seines weitaus berühmteren Sohnes, sondern verstellte lange Zeit den Blick auf weitere Überlieferungsformen der Erfahrungen und Erlebnisse der Weltreise sowie auf anschließende ausgiebige naturkundliche Forschungen.[3] Insbesondere J. R. Forsters Briefe lagen lange Zeit in den Archiven, ohne das Interesse der Forschung zu wecken.[4] Bis heute ist der überwiegende Teil des Briefwerkes des älteren Forster, der mit über 100 Korrespondenzpartnern in Kontakt stand, unediert.[5]

Wenngleich dieser Beitrag hier nur wenig Abhilfe schaffen kann, so wollen wir dennoch in den folgenden Ausführungen die Briefe Forsters als Wissensspeicher und Erkenntnisraum mit einem eigenen epistemologischen Anspruch und Interesse in den Blick nehmen. Zentrale Frage ist, inwieweit gerade Briefen im Prozess des Notierens, Aufschreibens, Sammelns und Weitergebens von Wissen eine elementare Rolle zukommt. Warum und wie nutzte Forster Briefe als intime Medien des naturkundlichen Wissenstransfers und der Wissensvermittlung? In welcher Form versuchte er die auf der Weltumsegelung gewonnenen Kenntnisse, seine botanischen, geografischen und zoologischen Beobachtungen in Briefen weiterzugeben und zugleich zu ‚vermarkten'? Welche Bedeutung kommen Briefbeigaben und -einschlüssen (naturkundliche Objekte, Zeichnungen, Manuskripte, Briefe Dritter) innerhalb der Zirkulation von Wissen bei Forster zu? Forsters Briefe müssen in ihrer Verbindung aus sprachlichen Zeichen und den beigegebenen materiellen Objekten einen ungeheuren Reiz auf die Zeitgenossen ausgeübt haben. Reste davon sind heute noch bei der Archivlektüre zu spüren, wenngleich Brief und Briefbeigabe längst getrennt und in separate Sammlungen integriert sind.

All das kann und wird hier nur ausschnitthaft und ohne den Anspruch der Vollständigkeit verhandelt. Das betrifft bereits die Auswahl der gesichteten Quellen. Ausgewertet wurden vor allem Briefe aus der Handschriftenabteilung der Staatsbibliothek zu Berlin. Daneben führen die epistolaren Spuren Forsters ins Stadtarchiv Halle/Saale und in die Franckeschen Stiftungen, die über eine recht umfangreiche Sammlung zu Forster, der seit 1780 Professor in Halle und dort unter anderem für den Botanischen Garten zuständig war, verfügen.[6] Die

---

3 Eine Ausnahme bildet Michael E. Hoare 1982.

4 Erst die 2015 erschienene Arbeit von Anne Mariss (Mariss 2015) bezieht Forsters Briefe als elementares Quellenmaterial mit ein. Eindrücklich wird hier gezeigt, wie naturhistorisches Forschen, naturkundliches Wissen, ‚Wissensräume' wie das Schiff oder der botanische Garten und die Korrespondenzen bei Forster miteinander verknüpft sind. In dieser in der Geschichtswissenschaft angesiedelten Studie werden die Briefe Forsters vor allem als zentrales Mittel der Vernetzung der gelehrten Welt begriffen.

5 Eine Ausnahme bildet die Korrespondenz mit Georg Forster, die im Rahmen der Akademie-Ausgabe veröffentlicht wurde und die Korrespondenz mit Carl von Linné, die elektronisch unter www.linnean-online.org verfügbar ist.

6 Vgl. zu Forster in Halle: Uhlig 2015 und Heklau 1998.

Forster-Bestände im Leipziger Universitätsarchiv, in der Berliner Akademie der Wissenschaften und in der SLUB Dresden regen ebenfalls zu neuen Sichtweisen auf Forster als Briefschreiber an.

Alltag und Erkenntnis: Forsters Briefe

Briefeschreiben gehörte zum Alltag eines jeden Gelehrten im 18. Jahrhundert. Die epistolare Notation von Informationen, das Sammeln, Konservieren und Transferieren von Beobachtungen und Erfahrungen in Briefen prägt Forsters Selbstverständnis von Beginn seiner naturkundlichen Forschungen und Expeditionen an. Die Entdeckung fremder Welten und das Verfassen von Briefen verliefen analog. So liefert Forster bereits während und unmittelbar nach der in den Jahren 1765–1766 absolvieren Russlandexpedition zahlreiche Informationen an Korrespondenzpartner, unter anderem an Leopold Friedrich August Dilthey, Theologe in St. Petersburg, am 7. Oktober 1766 aus London: „Ich habe verschiedene Anmerkungen auf der Reise gemachet, die histor. natural. betreffend, über die Fische vornämlich, und über Seekrebse und Meersterne und Medusen und dergleichen. Meine Reise ist über 6 Bogen stark beschrieben dadurch geworden. Herrn Falk[7] wünschte ich meine Gedanken mittheilen zu können, denn es sind ein paar besondere [*fehlendes Wort wegen Rissen im Papier, J.K.*] darunter. Vielleicht finde ich an Herrn Solander der am Museo [...] Planta Aßistent ist, einen Mann mit dem ich mich wegen dieser Sachen aus der Natürlichen Geschichte besprechen kann."[8]

Wenngleich der Alltag an Bord der *Resolution* und die naturkundlichen Beobachtungen der zweiten Cook'schen Weltumsegelung vornehmlich in den diaristischen Aufzeichnungen Forsters sowie in Zeichnungen seines Sohnes Georg dokumentiert sind, finden sich ebenfalls zahlreiche Briefe, die über den Anspruch, Verlauf und Schwerpunkt der Reise informieren. An den befreundeten Gelehrten Thomas Pennant schreibt Forster noch vor Antritt der Fahrt am 23. Juni 1772: „His Majesty was pleased to appoint me on the South Sea Expedition as Naturalist. [...] At the Cape we will stay, I believe two months and collect many materials [...]."[9] Das Sammeln naturkundlicher Dinge wird hier per Brief angekündigt und nimmt so die enge Verbindung aus schriftlicher Notation von Wissen und beigegeben materiellen Objekten vorweg. Demnach berichtet Forster, nun schon mehrere Monate unterwegs, im November desselben Jahres vom

---

7 Der schwedische Naturforscher und Linné-Schüler Johann Peter Falck.
8 Forster an L.F.A. Dilthey, 7.10.1766, Staatsbibliothek zu Berlin – PK, Slg. Darmstaedter, Forster, Johann Reinhold, Bl. 6–7.
9 Archiv der BBAW, Nachlass J. R. Forster.

Kap der Guten Hoffnung an Pennant: „I have found a world of new things. And especially birds: The great Mole"[10] und kündigt an, dass er mit diesem Brief Zeichnungen und Objekte, wie in Spiritus eingelegte kleine Säugetiere, Schlangen, Vögel und Felle überschicken wolle. Der Brief ist hier sowohl Ankündigungs- und Begleitschreiben als auch Informationsträger. An ihn ist die Weitergabe von naturkundlichen Objekten und zugleich die unmittelbare Informationen über diese gebunden. Neben dem Tagebuch stellt er die erste Form der Verschriftlichung und Systematisierung des Gesammelten und Beobachteten dar. Auf intimer epistolarer Ebene – der Brief ist zunächst nur an Pennant adressiert – überführt Forster das Erlebte in Schrift. Beruhend auf seiner Eigenschaft als alltägliches Gebrauchsmedium wird der Brief so zum exklusiven Textträger von Erkenntnis und zu einem eigenständigen „taxonomischen Raum der Sichtbarkeit"[11] fremder Dinge.

Die per Brief koordinierte Weitergabe von gesammelten Dingen und die damit verbundene Zirkulation und Verwertung der erworbenen Erkenntnisse führt Forster nach der Rückkehr fort, wie ein Billet der Fürstin Louise von Anhalt-Dessau zeigt. Die Forsters hatten dem Fürstenpaar, das sich zu der Zeit in London aufhielt, Exponate für dessen Wörlitzer Südseesammlung überlassen: „Zu London im Sommer 1776 war es wo ich die berühmten Forster, Vater und Sohn kennenlernte. Noch beschäftigt mit dem Auspacken der von ihrer Seereise mitgebrachten Seltenheiten gaben Sie meinem Gemahl einige von Otaheiti und mir diese Karte. Louise."[12] Freilich ist in der knappen Notiz der Fürstin lediglich der Akt des Weitergebens dokumentiert. Dass Forster seine Briefe nutzte, um seine Sammlungen anzupreisen und das damit verbundene Wissen in neuen Kontexten zu präsentieren, zeigt ein in der SLUB Dresden erhalten gebliebener, auf Französisch verfasster Brief Forsters, der vermutlich an Fürst Franz gerichtet ist. In dem mit „Votre Altesse Serenissemé" überschriebenen Brief bietet Forster weitere Kuriositäten von seiner Reise („Couriosité rapporté du mon voyage entour de Globe") an.[13] Einerseits zielt er damit auf die kommerzielle Vermarktung des Gesammelten und die Selbstinszenierung als berühmte Forscherpersönlichkeit. Zugleich kann man den Brief als Wunsch nach einer in kollektive Räume – wie etwa den Garten oder die Kunstausstellung – hineinreichenden Bereitstellung des an die Objekte gebundenen Wissens lesen. Tat-

---

10 Forster an Thomas Pennant, 19.11.1772, abgedruckt in: Forster 1978, S. 533.
11 Vgl. Foucault 2015, S. 179.
12 Zit. n. Hoffmann 2005, S. 94. Unter den „Seltenheiten" befanden sich ein Unterrock für Tänzerinnen und eine Beilklinge aus Neuseeland, aus der Fürst Franz das Kopfstück Forsters fertigen lassen wollte. Dieser schickte ihm jedoch ein Medaillon aus der Wedgewood-Manufaktur.
13 Forster an Unbekannt (Franz Fürst von Anhalt-Dessau?), London, 31.1.1777, SLUB Dresden, Mscr.Dresd.u128.

sächlich bildet der Wörlitzer Südseepavillon auf dem Eisenhart den Auftakt einer Tahiti-Mode in Landschaftsgärten, die im Kern auf die Reise der Forsters zurückgeht.[14]

Abb. 1: Porträt Johann Reinhold Forster, Kupferstich von Friedrich Bause nach einem Gemälde von Anton Graff, Staatsbibliothek zu Berlin – PK, Slg. Darmstaedter, Forster, J. R., Bl. 16.

Dass Forster konsequent mit seinen Briefen die Möglichkeit der vielfältigen Verbreitung seiner Erkenntnisse an befreundete Gelehrte und Künstler verband, zeigen mehrere Briefe an Adam Friedrich Oeser in Leipzig. Mit dem einstigen Zeichenlehrer Winckelmanns und Goethes stand Forster, seit er Professor in Halle war, in engerem Kontakt. Die Briefe präsentieren sich als eine eigentümliche Mischung aus Gelehrtenbrief und Freundschaftsbrief. Persönliche Mitteilungen sind mit naturkundlichem Informationsmaterial in schriftlicher und wiederum materieller Form verbunden. Forster übersandte Oeser zwei Tierzeichnungen mit folgenden Worten: „Bester Freund. Herr Bause hat mir neulich

---

14 Vgl. Niedermeier 2015.

den schönen Abdruk von meinem Kopfe geschikkt [...].[15] Hinnächst erinnerte er
mich, daß es noch Zeit neue Gemälde zur Exposition des Tableaux nach Dresden
zu schikken. Ich sende hier also an Sie bester Freund, 2 von mir gemahlte Thiere.
Sie müßen nur bemerken, daß das eine kleinere mit der großen Mähne dem Barte
am Halse und langen Haaren auf der Stirn, am Nabel und zwischen den Vor-
derfüßen vom Vorgebirge der guten Hofnung her ist, und eine kleine Art wilder
Ochsen ist die <u>Gnuh</u> heißen bei den Hottentoten. Das zweite größere mit den
bunten breiten Ohren ist ein Mittelding zwischen Antalope [Antilope, J.K.] und
Ochse; es komt von Indestan und heißt auch auf Persisch Nil-Ghaa d.i. der blaue
Ochse. Die Nahmen stehen beide auf den Rahmen hinten aufgeschrieben. Ich
hoffe Sie werden besorgen, daß Sie weiter nach Dresden gehen. [...] Die Neuheit
der sehr genau und gut getroffenen Thiere möchte wohl eine Entschuldigung
seyn, daß sie dem Publico zur Beschauung aufgesetzt würden, wenn sie es gleich
nicht, wegen der guten Arbeit verdienten, auf die ich keine Ansprüche machen
kann, da ich es nie gelernt, sondern alles von selbst durch Übung habe: die auch
nicht gros ist, weil ich es selten getrieben und nicht über 6 Stükke in meinem
Leben gemahlt habe. Wo die Stükke nur auf eine erträgliche Weise ihres Beifalls
nicht ganz unwürdig wären, so wäre ich schon zufrieden [...] Ich wünschte Bause
sehe auch meine zwei neuen Thiere; und die Professores welche die Naturgeschichte kennen und treiben, als Pohl[16] [...] pp."[17]

   Der Brief ist schon deshalb interessant, weil Forster hier als Zeichner auftritt,
als Akteur in einem Metier, das eigentlich seinem begabten Sohn Georg vorbehalten schien. Zugleich präsentiert er die von ihm „gemahlten Thiere" als Aus-
stellungs- und Studienobjekte. Der Brief deutet wiederum den Wunsch nach
einer mehrschichtigen Weiterverwertung und Rezeption – Zoologen wie Pohl
und Kupferstecher wie Bause sollen die Tiere sehen – an und liefert zugleich
notwendige und exklusive Informationen, die nicht zuletzt deshalb so detailliert
ausfallen, weil Oeser wohl noch nie ein Gnu gesehen haben dürfte und Forster
Verwechslungen vorbeugen wollte.

   In der Korrespondenz mit Oeser finden sich weitere Beispiele für die Weitergabe von Informationen in Form von Notizen, Zeichnungen und Gemälden.
Forster trieb in seinen Briefen einen wahren Handel mit der Darstellung naturkundlicher Objekte, die er zum Kopieren und damit zur (in diesem Falle
kommerziellen) Zirkulation und Weitergabe anbot: „Bester Freund. Die Zeichnungen die in meinem Portefeuille sind, sind alle noch nicht gestochen, so viel
ich mich zu besinnen weis. Ich habe zwar noch Zeichnungen von Charten die
aber nur einzelne Häfen oder kleine Inseln betreffen. Allein ich habe viele Ma-

---

15 Vgl. Abb. 1.
16 Johann Ehrenfried Pohl.
17 Forster an Oeser, Halle, 12.3.1781, Staatsbibliothek zu Berlin – PK, Autogr. I/118.

nuscripte Karten von Theilen des Rußischen Reiches, die ich aus Rußland mitgebracht, sind die ihren Freunden intereßant? Ueberdem habe ich vor etwa 2
Tagen endlich ohngefähr 6 oder 7 nie gestochene oder copirte Original Gemälde
in Oel von O-Tahiti, NeuZeeland, Ea-úwe, Neu-Caledonien und s.f. von Hamburg
erhalten. Will Ihr Freund die copiren laßen stehets ihm frei. Sie sind auf Lein-
wand und auf Holz gemahlt. […] Auch sind darunter 2 Köpfe in Röthel von O-
Tahitischen und 2 von Neuseeländischen Einwohnern, gewis mehr characteris-
tisch als alles was in Cooks Reisen gestochen ist."[18]

Die nachgelassenen Korrespondenzen Forsters präsentieren das Medium
Brief als einen der zentralen Orte, an dem im 18. Jahrhundert innovatives, unbekanntes und exklusives naturkundliches Wissen sowie neuartige Entdeckungen ver- und gehandelt werden. In diesem Kontext ist folgendes kurzes
Schreiben Forsters an den hallischen Verleger Johann Gebauer, der die Zeitschrift *Der Naturforscher* herausgab, zu verstehen: „Ein Freund von mir hat eine
sauber ausgemachte Zeichnung einer Schildkröte, die weder im Linné noch
Catesby stehet, die er dem Naturforscher einverleiben will, allein er will zuvor
wißen wie viel Ew: Wohlgeb. für eine Zeichnung geben, und ob Sie nach gemachten Gebrauch auch die Original Zeichnung wieder zurück schicken?"[19]

In Briefen neue Entdeckungen anzukündigen, sie zu beschreiben und den
Ausführungen Zeichnungen, präparierte Objekte oder Manuskripte beizugeben
und so dem Adressaten die nötigen Grundlage für ein Erkennen und Verstehen
der Dinge zu liefern, gehören zu Forsters epistolarem Alltag. Die mediale Vermischung steht hier auf der Tagesordnung. Erlaubt sind die – aus heutiger Sicht –
eigentümlichsten Kombinationen. An F. W. von Leysser, Präsident der Natur-
forschenden Gesellschaft in Halle, übersendet Forster neben seiner Übersetzung
von Cavallos mineralogischen Tafeln noch „2 beiligende Vögel"[20] aus der
Sammlung eines niederländischen Naturkundlers. Das Wort Briefbeigabe erhält
in den Worten des jungen Alexander von Humboldt an Forster eine völlig neue
Dimension: „Ich lege diesen Zeilen ein Fossil bei, welches noch kaum 2-3 Mi-
neralogen besizen und das Ihrer schönen Sammlung nicht unwerth ist"[21],
schrieb Humboldt 1797 und wollte seine Übersendung zugleich als Dank für die
„lehrreichen, gehaltvollen Briefe"[22] Forsters verstanden wissen. Seine Ausführungen zeigen, dass die nachfolgende Naturforschergeneration von Forsters

---

18 Forster an Oeser, Halle, 3.1.1781, Universitätsbibliothek Leipzig, Slg. Kestner/II/A/IV/563.
19 Forster an Johann Gebauer, o. O. u. D., Stadtarchiv Halle/Saale, Sign. 6.2.6 Nr. 20506, Karton-
 Nr. 72.
20 Staatsbibliothek zu Berlin – PK, Slg. Darmstaedter, Forster, J.R., Bl. 9–10.
21 A. v. Humboldt an Forster, 12.1.1797, zitiert nach: Jonas 1889, S. 11.
22 Ebd. S. 13.

brieflich praktizierter Wissensvermittlung durchaus profitierte.[23] Diskussionen über die Herkunft von Fossilien werden mit dem alten Forster selbstverständlich per Brief geführt: „Ich lege Ihnen eine schlechte Zeichnung einer Versteinerung im Riegelsdorfer Kupferschiefer bei, weil ich hoffe, sie könnte Sie vielleicht interessieren. In Crells Annalen wird sie für eine Kinderhand ausgegeben. Dass sie dies nicht ist, zeigen ja wohl die Phalangen. Wer weis welchem Palmaten, welcher Otterart sie zugehört."[24] Humboldt bot Forster noch kurz vor dessen Tod 1798 mit Blick auf eine Forschungsreise, deren Ziel noch ungewiss war, an: „Ihnen und Ihren Sammlungen nützlich zu sein."[25]

Erkundung der Welt per Brief

In der Tat nutzte Forster Briefe nicht nur um eigene Erkenntnisse zu vermitteln, sondern gleichsam um neue zu gewinnen. Briefe boten dem einstigen Weltreisenden, der in Halle sesshaft geworden war, die Möglichkeit, die weitere Erkundung und Erschließung der Natur zumindest schriftlich zu begleiten und zu koordinieren. Eines der interessantesten Beispiele für diese brieflich praktizierte Naturforschung ist ein von Forster als Promemoria verfasstes Schreiben an den Missionar Christoph Samuel John, der seit 1771 in der Hallesch-Dänischen Mission in Tranquebar lebte. John hatte, wie er selbst an Forster berichtete, eine beachtliche „Sammlungen von Conchylien, Mineralien, Fischen, Schlangen und andern zum Thierreiche gehörigen Dingen"[26] angelegt. Forster nutzte diesen Kontakt und schrieb ihm Ende 1790 einen Brief, der insgesamt 21 Fragen zur Tier- und Pflanzenwelt versammelte.[27] Wünsche nach „Insecten aller Art, auf Nadeln aufgespießt, und in Schachteln angesteckt" oder nach in Spiritus und „Rack" (Arrack) konservierten Vögeln, „Fischen aller Arten", „Frösche[n], Schildkröten, Schlangen, Eidechsen und dergleichen" begleiten zahlreiche Fragen. „Ist es an dem, daß die Schlangen nicht den Geruch von Zwiebeln, Knoblauch und Roccambollen nicht leiden können und daher die Orten verlaßen, an welchem man diese Zwiebelarten hinlegt?" ist zu lesen. Oder: „Bleiben die Störche fals welche in Indien sind, das ganze Jahr da? Bleiben die Schwalben das ganze Jahr in Indien? [...] Welche Vögel sind in Indien Zugvögel?" Forster bittet

---

23 Forsters Einfluss auf Humboldt hat Hanno Beck nachgewiesen. U. a. war Humboldts Lehrer, der Botaniker Carl Ludwig Willdenow, Forsters Schüler in Halle. Vgl. Beck 1988, S. 175–188.

24 Humboldt an Forster, Hamburg, 22. 12. 1790, in: Jonas 1889, S. 8.

25 Ebd. S. 13.

26 Christoph Samuel John an Forster, 20. 1. 1790, Archiv der BBAW, NL Forster, 26.

27 Das Schreiben, das hier nur in Auszügen wiedergegeben werden kann, umfasst 3 Blatt und befindet sich in den Franckeschen Stiftungen zu Halle, Missionsarchiv / Indienabteilung: AFSt/M 1 C 33c: 35.

um Objekte „aus dem Pflanzenreiche", um „Broken mit Blüthen und Früchten, oder auch einer der reifen Saamen [...] besonders die, welche in Rheedés Hortus Malabaricus stehen (damit man sie wieder erkennen könnte)." Jeglicher Privatheit entledigt wird der Brief hier zum reinen Medium der Erkenntnis, des Transfers, der Klassifizierung und Systematisierung von Wissen. Forster gibt vor, wonach John suchen, was er sammeln und wie er die für die naturgeschichtliche Erschließung der Welt relevanten Informationen auswerten muss. So schreibt er über Fische, die John beobachten, konservieren und übersenden soll: „Man würde dabei die Gelegenheit haben, ihre einheimischen Namen, ihre größte Größe, ihre Farbe, und ob sie See oder Flußfische, eßbar oder nicht, gesund oder schädlich sind, und wie sie gefangen werden, anzumerken."[28]

Solche Anweisungen waren nicht zuletzt deshalb nötig, weil man in Tranquebar über wenig naturgeschichtliche Fachliteratur verfügte. John klagte: „In unserer Mißions Bibliothek und überhaupt in Trankenbar haben wir überaus wenig Schriften über die Ind. Historie, Geographie, Religion, Sprachen und Naturgeschichte. [....] Über die Insekten habe ich blos Kramers schönes halbe Werk über die Papilions. Über die Botanik haben wir blos Murray."[29] Briefe und Büchern gehören zu den ersehnten „Hülfsmitteln", um die John wiederholt bat: „Nur fehlt es uns noch sehr an HülfsMitteln. Martini und Chemnitz über die Conchyl. Cramer über Papilions und Bloch über die in und ausländ. Fische habe ich. Über die Seethiere fehlt es mir sehr an Schriften und da ist noch vieles unbekant. Für einige Ihrer gelehrten Werke würde ich Ihnen sehr dankbar seyn. [...]."[30]

Ausblick

Nicht nur der Austausch mit den Missionaren in Tranquebar, sondern die meisten Briefe Forsters erweisen sich – vor allem in Kombination mit den Briefbeilagen – als komplexer und vielfältiger Wissensspeicher und Erkenntnisraum, dessen weitere Erschließung und Erforschung sowohl für die naturwissenschaftlichen Disziplinen als auch für die Briefforschung relevant sein dürfte. Dabei wäre insbesondere eine (digitale) Rekonstruktion von Brief und Briefbeigaben, die virtuelle Zusammenführung von naturgeschichtlichen Objekten und brieflichen Mitteilungen interessant. Ein Projekt wie die elektronische Erschließung von Alexander von Humboldts Tagebüchern und Brief-

---

28 Ebd. John trat in späteren Jahren als Ichthyolige hervor und beschrieb als erster den Uranoscopus Lebeckii (Himmelsgucker).
29 John an Forster, 20. 1. 1790, BBAW, NL Forster, Bl. 26.
30 John an Forster, 10. 2. 1791, BBAW, NL Forster, Bl. 27.

wechseln würde man sich auch für Forster wünschen. Einverstanden wäre Forster damit wohl allemal. Schließlich schrieb er 1797 an den am preußischen Hof beheimateten englischen Geistlichen Benjamin Beresford: „It is very flattering for an old Man not to be quite forgotten."[31]

Quellen

Ungedruckte Quellen

Berlin-Brandenburgische Akademie der Wissenschaften, Archiv, NL Forster, 26. Bl. 27.
Franckesche Stiftungen zu Halle, Missionsarchiv / Indienabteilung, AFSt/M 1 C 33c: 35.
Freies Deutsches Hochstift, Sulzer, J. G.: 3024.
Staats-, Landes und Universitätsbibliothek Dresden, Mscr.Dresd.u128.
Staats-, Landes und Universitätsbibliothek Dresden, Mscr.Dresd.C.110.a, 107.
Staatsbibliothek zu Berlin – PK, Autogr. I/118.
Staatsbibliothek zu Berlin – PK, Slg. Darmstaedter, Forster, Johann Reinhold, Bl 6–7.
Staatsbibliothek zu Berlin – PK, Slg. Darmstaedter, Forster, Johann Reinhold, Bl. 9–10.
Stadtarchiv Halle/Saale, Sign. 6.2.6 Nr. 20506, Karton-Nr. 72.
Universitätsbibliothek Leipzig, Slg. Kestner/II/A/IV/563.

Gedruckte Quellen

Beck, Hanno: ‚Georg Forster und Alexander v. Humboldt. Zur Polarität ihres geographischen Denkens', in: Rasmussen, Detlef (Hg.): *Der Weltumsegler und seine Freunde: Georg Forster als gesellschaftlicher Schriftsteller der Goethe-Zeit.* Tübingen 1988, S. 175–188.
Forster, Georg: *Werke. Sämtliche Schriften, Tagebücher.* Hg. von der Akademie der Wissenschaften der DDR. Bd. 23 (Briefe bis 1783. Bearb. von Siegfried Scheibe). Berlin 1978.
Foucault, Michel: *Die Ordnung der Dinge.* Frankfurt/M. 2015[15].
Heklau, Heike: ‚Zum 200. Todestag von Johann Reinhold Forster', in: Kümmel, Fritz (Hg.): *300 Jahre Botanischer Garten.* Halle/Saale 1998.
Hoare, Michael E. (Hg.): *The Resolution Journal of Johann Reinhold Forster.* London 1982.
Hoffmann, Steffen: ‚Zwei Kosmopoliten. Der Weltreisende Johann Reinhold Forster und der Fürst', in: Dilly, Heinrich / Zaunstöck, Holger (Hg.): *Fürst Franz. Beiträge zu seiner Lebenswelt in Anhalt-Dessau 1740–1817.* Halle/Saale 2005, S. 92–100.
Jonas, Fritz (Hg.): *Fünf Briefe der Gebrüder von Humboldt an Johann Reinhold Forster.* Berlin 1889.
Mahlke, Regina: *Faszination Forschung. Johann Reinhold Forster (1729–1798).* Wiesbaden 1998.

---

31 Forster an Unbekannt [Benjamin Beresford], 2. 9. 1797, SLUB Dresden, Mscr.Dresd.C.110.a,107.

Mariss, Anne: *A World of New Things. Praktiken der Naturgeschichte bei Johann Reinhold Forster.* Frankfurt/M. 2015.

Niedermeier, Michael: ‚Exotische Südseewelten und herrschaftlich-patriotische Vorzeit: Die ethnologische Sammlung der Forsters im Wörlitzer Südseepavillon und die Tahiti-Mode im frühen Landschaftsgarten‘, in: Wagner, Peter / Dickhaut, Kirsten / Ette, Ottmar: *Der Garten im Fokus kultureller Diskurse des 18. Jahrhunderts / The Garden in the Focus of Cultural Discourses in the Eighteenth Century.* Trier 2015, S. 227–269.

Uhlig, Ingo: ‚Nach der Reise. Johann Reinhold Forsters Oberaufsicht über den botanischen Garten in Halle 1781–1788‘, in: Neumann, Birgit (Hg.): *Präsenz und Evidenz fremder Dinge im Europa des 18. Jahrhunderts.* Göttingen 2015, S. 218–233.

Internetquellen

www.linnean-online.org.

Pauline Barral

Migrations et production de savoir dans les journaux de voyage américains d'Alexander von Humboldt : étude de deux cas exemplaires, les migrations du chêne et du quinquina

Classification paysagère et « énigme » des êtres migrants

Pour Humboldt, les plantes et les animaux trouvent leur identité, non seulement dans leur physionomie particulière, leurs caractéristiques morphologiques (pour les plantes par exemple les caractéristiques de leurs organes reproducteurs), mais également dans le milieu où ils vivent habituellement. Kant, comme l'analyse Franco Farinelli[1], a distingué deux types de classifications, « les classifications logique et physique » : la première, la classification logique, « c'est à dire la taxinomie de Linné [...], regroup[e] les espèces et les genres de plantes selon la ressemblance des parties tendant à l'invariabilité au cours de leur croissance » tandis que la seconde, la classification physique, « procède [...] suivant les lois et l'ordre de la nature » et « représente les choses naturelles [...] selon leur lieu de naissance et selon les lieux sur lesquels la nature les a placées »[2]. Humboldt prend position pour la seconde des classifications, par exemple dans la préface du *Kosmos*, lorsqu'il écrit qu'il souhaite s'éloigner de la botanique descriptive reposant sur la classification logique pour se consacrer à une nouvelle discipline, la géographie des plantes, issue de la prise en compte de la classification physique[3].

La classification physique sur laquelle se porte le choix humboldtien est aussi une classification paysagère. Elle représente les éléments vivants de la nature, plantes et animaux, non pas en les isolant, les analysant et comparant leurs

---

1 Franco Farinelli analyse la *Géographie physique* de Kant dans *De la raison cartographique*. Farinelli 2009.
2 Ibid., p. 72–73.
3 Humboldt écrit ainsi dans la préface du tome I du *Kosmos* : « Die beschreibende Botanik, nicht mehr in den engen Kreis der Bestimmung von Geschlechtern und Arten festgebannt, führt den Beobachter, welcher ferne Länder und hohe Gebirge durchwandert, zu der Lehre von der geographischen Vertheilung der Pflanzen über den Erdboden nach Maaßgabe der Entfernung vom Aequator und der senkrechten Erhöhung des Standortes. » Humboldt 1845–1862, t. 1, p. VI–VII.

formes, mais en les saisissant et les comprenant au sein du paysage dans lequel ils vivent. C'est une classification in situ, que seul peut construire un observateur qui se rend sur place. Les êtres vivants sont identifiés par les rapports qu'ils entretiennent entre eux et avec leur paysage naturel. Le paysage est ce qui permet de saisir la complexité de ces rapports.

Humboldt a ainsi « spatialisé » la taxinomie botanique linnéenne en inventant dans l'*Essai sur la géographie des plantes* un nouveau classement des espèces végétales, en fonction de grands groupes végétaux qui expriment à la fois une physionomie et une géographie partagée. Ces nouveaux paysages végétaux, selon les textes au nombre de 16 ou 19, contiennent toutes les plantes qui vivent dans un même lieu géographique et qui présente des similarités morphologiques et un même faciès. Il parle ainsi du groupe des bruyères, des palmiers ou des cactus[4].

C'est justement parce que les liens entre les êtres vivants et leur paysage sont si forts, parce qu'ils expriment le paysage dont ils sont issus par leur adaptation à ses conditions climatiques et géographiques particulières, que les plantes et animaux migrants sont si problématiques pour Humboldt.

Dans un exemple consigné dans la *Relation historique*, Humboldt, tout à sa mesure de la largeur de la rivière Apure, observe avec étonnement à la surface de l'eau l'agitation d'un groupe de cétacés, qui se trouvent là où ils ne devraient pas se trouver, hors de leur paysage habituel.

> … et dès-lors de grands Cétacés, de la famille des *Souffleurs*, ressemblant entièrement aux marsouins de nos mers, commencèrent à jouer en longues files à la surface des eaux. [...] C'est un phénomène bien extraordinaire, que de trouver des Cétacés à cette distance des côtes. [...] Ces Cétacés sont-ils propres aux grandes rivières de l'Amérique méridionale, comme le Lamantin qui, d'après les recherches anatomiques de M. Cuvier, est aussi un *Cétacé d'eau douce*, ou faut-il admettre qu'ils ont remonté contre le courant depuis la mer, comme fait quelquefois, dans les rivières de l'Asie, le Delphinaptère Béluga ?[5]

Humboldt s'interroge pour savoir si ces cétacées sont des animaux marins qui ont migré dans les rivières amazoniennes, c'est-à-dire une espèce qui s'est adaptée à des conditions climatiques et géographiques qui ne sont originellement pas les siennes, ou bien si ce sont des cétacées d'eau douce, c'est-à-dire une espèce autre, propre au lieu. L'identité de ces êtres migrants, qui n'appartiennent à aucun lieu particulier, qui sont entre deux lieux, est donc à première vue une énigme.

Ces êtres migrants dérangeants, qui brouillent le caractère identitaire unique et immuable des paysages, sont en fait porteurs de plusieurs types d'informations essentielles, à la fois historiques et géographiques. C'est cet apport de connaissances géographiques et historiques au travers de l'étude des migrations qui sera

---

4 Pour plus de précisions, voir Acot 1988, p. 26–30.
5 Humboldt / Bonpland 1814[–1817], p. 201–202.

explicité et illustré à l'aide de plusieurs exemples, en se concentrant sur les migrations de deux groupes particuliers de plantes, les quinquinas et les chênes.

Les enseignements historiques des migrations

Humboldt se trouve dans la région de Quito, une région en permanent bouleversement, soumise à des éruptions volcaniques et tremblements de terre continus. Il fait une excursion au Río Pita et observe un phénomène naturel incongru, celui de l'absence de poissons dans certaines rivières andines.

> La rivière Pita, qui se joint à celle de S[an] Pedro, n'a aucun être animé. […] Ce manque de poissons ne provient certainement pas du froid des eaux. Elles sont à 8–12° R[éaumur] et il y a bien des pays qui ont des poissons et des eaux plus froides. Est-ce que cette classe d'êtres organisés a péri dans ces affreuses révolutions auxquelles ce terrain a été exposé sans cesse ? […] Le Quito a-t-il eu des poissons il y a 3 000 ans ? Les preñadillas seules ont-elles échappé … ?[6]

Les migrations des animaux et la disparition de certaines espèces sont donc l'indice des grands bouleversements géologiques ayant eu lieu dans le passé. Les migrations des êtres vivants révèlent l'histoire géologique du globe.

Humboldt réitère ce type de raisonnement à plusieurs reprises, par exemple à une échelle spatiale et temporelle beaucoup plus large, lorsque dans l'*Essai sur la géographie des plantes*, il date la séparation des continents américain et africain d'avant l'apparition de la vie végétale sur Terre (la preuve est le fait que ces deux continents ne partagent presqu'aucune espèce commune)[7]. Ou bien, dans l'ex-

---

6 Humboldt Tagebuch VII a et VII b, fol. 142r. Voir également Humboldt 2003, p. 173. Après la seconde guerre mondiale, les journaux de voyage humboldtiens ont été vraisemblablement transportés par les troupes soviétiques à la bibliothèque Lénine de Moscou, où ils ont été annotés par un foliotage au crayon à papier. Ce foliotage correspond à la référence bibliographique utilisée aujourd'hui, que ce soit pour la transcription des journaux, pour les premières éditions réalisées au sein de l' « Alexander von Humboldt Forschungstelle » de l'Académie des sciences de Berlin et du Brandenbourg, pour l'archivage et la digitalisation des journaux récemment achevés par la « Staatsbibliothek zu Berlin – Preußischer Kulturbesitz », ainsi que pour l'édition digitale en cours menée par le projet « Alexander von Humboldt auf Reisen – Wissenschaft aus der Bewegung » de la même Académie. Les images digitalisées des journaux de voyage sont accessibles à partir du lien suivant : http://resolver.staatsbibliothek-berlin.de/SBB0001527A00000000.

7 Humboldt écrit ainsi dans l'*Essai sur la géographie des plantes* : « Pour prononcer sur l'ancienne liaison des continens voisins, la géologie se fonde sur la structure analogue des côtes, sur les bas-fonds de l'Océan, et sur l'identité des animaux qui les habitent. La géographie des plantes fournit des matériaux précieux pour ce genre de recherches : elle peut, jusqu'à un certain point, faire reconnoître les îles qui, autrefois réunies se sont séparées les unes des autres ; elle annonce que la séparation de l'Afrique et de l'Amérique méridionale s'est faite avant le développement des êtres organisés. », Humboldt / Bonpland 1805, p. 19.

trait suivant, lorsqu'il associe la migration des chênes des Tropiques vers le nord à la déglaciation progressive des terres septentrionales. Cet extrait est constitué des notes, appartenant au Tagebuch VIII, écrites par Humboldt en chemin, lorsque, après avoir débarqué à Acapulco, il traverse le Mexique de la côte pacifique à la côte atlantique. Il se retrouve alors dans une zone de transition entre l'Amérique du Nord et l'Amérique tropicale, où apparaît au fil de la route un mélange étrange de formes végétales issues des mondes tempéré et tropical. Cela donne lieu à un moment important de son périple, sa première rencontre avec des chênes mexicains, un moment qui l'émeut particulièrement, par la joie de la reconnaissance de végétaux familiers, qui le font se sentir en Europe.

> C'est à la Moxonera que commencent les chênes [...], un peu plus au nord suivent mêlés de chênes les sapins foliis quinatis, trunco sulcato. [...] Ici on se croirait transporté en Europe, tant on s'accoutume à regarder ces formes comme propres des pays tempérés. Et elles sont [52v] des tropiques. [...] C'est sous les tropiques que la nature s'est plû à réunir toutes les formes. C'est de là qu'à mesure que les pays voisins des pôles se sont déglacés et rendus habitables que sont émigrées des espèces ...[8]

Les tropiques sont ici pour Humboldt l'origine de toutes les formes végétales, là où tout a commencé lorsque les terres plus septentrionales étaient encore recouvertes par la glace.

Humboldt utilise la géographie des plantes et les modifications de cette géographie à la suite de migrations successives comme autant d'indices permettant de « remonter avec quelque certitude jusqu'au premier état physique du globe »[9]. Ce sont par les plantes migrantes que les paysages changent et ce sont également elles qui sont les témoins des changements intervenus sur le paysage. L'histoire des migrations est donc précieuse pour comprendre l'histoire de la Terre, en retracer l'évolution et comprendre les grands changements qui ont bouleversé la surface du globe.

L'impossible recherche de l'origine

Les chênes intéressent et étonnent d'autant plus Humboldt que ce genre botanique a des représentants sur tous les continents et présente à la fois des espèces américaines et des espèces européennes (ainsi qu'asiatiques et africaines). Les différences sont ici aussi instructives que les ressemblances. Humboldt s'interroge sur les possibles migrations qui auraient étendu les chênes à toute la surface de la Terre :

---

8 Humboldt Tagebuch VIII, fol. 52r–52v. Voir également Humboldt 2003, p. 314–315.
9 Humboldt / Bonpland 1805, p. 20.

Comment concevoir les migrations des plantes à travers des régions d'un climat si différent, et qui sont aujourd'hui couvertes par l'Océan ? Comment les germes des êtres organiques, qui se ressemblent par leur port et même par leur structure interne, se sont-ils développés à d'inégales distances des pôles et de la surface des mers, partout où des lieux si distans offrent quelque analogie de température[10] ?

Les migrations renseignent-elles sur de possibles parentés entre les espèces ? Est-ce qu'en migrant les espèces évoluent[11] ?

Humboldt observe dans certains cas les effets de l'acclimatation et de la domestication sur les caractères morphologiques des plantes (comme sur les changements morphologiques des cannes à sucre importées de Tahiti en Nouvelle Grenade, exemple analysé dans la *Relation historique*[12]) ou des animaux (comme le blanchissement du plumage des oies et canards quand l'homme les transforme en animaux domestiques[13], exemple exposé lors des « Kosmos Vorlesung »). Humboldt exprime à d'autres endroits qu'au contraire les espèces sont fixes, lorsqu'il note par exemple dans l'*Essai sur la géographie des plantes* que les pommes de terre cultivées en altitude au Chili et celles importées en Sibérie restent les mêmes[14], ou que les espèces fossiles sont inchangées par rapport aux espèces actuelles[15]. Il ne se décide pour aucune des deux hypothèses fondamentales, à savoir celle d'une diffusion des espèces à partir d'un noyau primitif, « la diversité des espèces [devant] être considérée comme l'effet d'une dégénération qui a rendu constantes, avec le temps, des variétés d'abord accidentelles »[16] ou bien de celle d'une double création[17].

---

10 Humboldt / Bonpland 1814[–1817], p. 601.
11 Plusieurs travaux ont déjà été réalisés sur la présence de prémices d'une théorie de l'évolution des espèces dans l'œuvre de Humboldt. Voir en particulier Werner 2008, Werner 2009, Helmreich 2009. Petra Werner et Christian Helmreich montrent que si Humboldt s'est intéressé aux mêmes problèmes que Darwin, il n'a pour autant apporté aucune réponse claire et univoque aux questions de l'origine et l'évolution des espèces.
12 Humboldt / Bonpland 1819[–1821], p. 43–44. Le *Voyage aux régions équinoxiales du Nouveau Continent, fait en 1799, 1800, 1801, 1802, 1803 et 1804, par Al. de Humboldt et A. Bonpland* sera désigné par la suite sous l'appellation habituelle de *Relation historique*.
13 « Es entspricht dieser Ansicht allerdings die Bemerkung bei Thieren, die gewiß weißer werden[,] wenn man sie zu Hausthieren macht |:Enten, Gänse … », [N.N.] [1827–1828], 625/0631.
14 Humboldt / Bonpland 1805, p. 27.
15 « Les formes caractéristiques des végétaux et des animaux que présente la surface actuelle du globe, ne paroissent avoir subi aucun changement depuis les époques les plus reculées. », Ibid.
16 Ibid., p. 20.
17 « C'est par le secours de la géographie des plantes que l'on peut remonter avec quelque certitude jusqu'au premier état physique du globe : c'est elle qui décide si, après la retraite de ces eaux dont les roches coquillières attestent l'abondance et les agitations, toute la surface de la terre s'est couverte à la fois de végétaux divers, ou si, conformément aux traditions de différens peuples, le globe, rendu au repos, n'a produit d'abord des plantes que dans une seule

Toutes ses remarques sur la possibilité d'une transformation des espèces à la suite de migrations conduisent donc à des impasses et à de nombreuses contradictions. Comme le montre Christian Helmreich[18], Humboldt place tout ce qui a trait aux origines du monde sous un « interdit méthodologique ». Face aux questions insolubles auxquelles il se heurte, il préfère les retirer du champ couvert par la science qu'il projette. Il se borne, dit-il, à étudier ce qui est présent, à analyser les phénomènes en cours sans chercher de causalité antérieure, sans chercher à connaître la cause ultime de ce qui advient. Il s'arrête à la spatialité des phénomènes et cherche à montrer toute la richesse heuristique de cette spatialité. Ce qui se joue dans les migrations des plantes ce n'est pas la recherche de leur parenté, mais la naissance de l'espace comme facteur explicatif.

Les migrations du quinquina et le dévoilement d'une géographie physique et culturelle

Si les observations de Humboldt sur les plantes ne débouchent pas sur un savoir pré-évolutionniste[19], si les migrations et l'extrême diversité de certains genres botaniques ne permettent pas à Humboldt de conclure sur de possibles parentés entre des espèces voisines et semblables, et sur une diffusion à partir d'une espèce

---

région, d'où les courans de la mer les ont transportées, par la suite des siècles et avec une marche progressive, dans les zones les plus éloignées. », ibid., p. 19.

18 Helmreich 2009, p. 57–58.

19 Christian Helmreich conclut son article précédemment cité, « Geschichte der Natur bei Alexander von Humboldt », sur le fait que Humboldt ne peut être considéré comme un précurseur direct de Darwin : « Humboldt wird man kaum einen direkten « Vorläufer » Darwins nennen können. Seine Bedeutung für Darwin liegt auf einem anderen Feld. Zum einen hat Humboldt Darwin wichtige Denkstöße geliefert, manchmal sogar *ex negativo.* ». Il précise néanmoins sa pensée et montre comment Humboldt a préparé le terrain à Darwin, la théorie de l'évolution étant une transposition dans le temps de la mise en ordre des espèces dans l'espace réalisée par la géographie des plantes : « Dadurch, dass Humboldt sich nicht darauf beschränkt, den systematischen Platz der verschiedenen Pflanzenarten innerhalb der Linnéschen Nomenklatur zu beschreiben, sondern auch die räumliche « Verteilung » der Pflanzen sichtbar werden zu lassen, wird die Botanik entscheidend modifiziert. Die Evolutionstheorie entsteht dann, wenn die Differenzierung der Vegetation *im Raum* als Ergebnis eines *in der Zeit* sich abspielenden Prozess erkannt wird. », Helmreich 2009, p. 64. Jean-Marc Drouin, montre également, dans le chapitre « De Linné à Darwin : les voyageurs naturalistes », que la biogéographie, aux côtés d'autres disciplines comme l'étude des fossiles et de l'anatomie comparée, « a été mobilisée par la théorie de l'évolution » (p. 480) et apparaît comme « un des fils directeurs qui relient l'établissement de la classification par Linné et sa transformation en généalogie par Darwin » (p. 480). Les systèmes naturels d'organisation des données botaniques (et non plus seulement de détermination), que ce soit en les plaçant dans une vue paysagère comme chez Humboldt ou bien dans des diagrammes, des tableaux ou des cartes, en cherchant les affinités entre les plantes, sont une première étape vers la recherche de leurs parentés, Drouin 1997, p. 479–501.

primitive originelle, les migrations des plantes sont pour autant porteuses de savoirs géographiques multiples. L'histoire de la découverte progressive et parsemée d'embûches de l'ensemble des espèces du genre Cinchona offre un exemple instructif des savoirs générés par l'observation des migrations de cette plante.

La zone d'extension géographique du genre Cinchona est particulièrement vaste, elle « se prolonge dans la Cordillère des Andes sur plus de sept cents lieues de long »[20], à tel point que « toute la pente orientale des Andes, [...] est une forêt non interrompue de quinquinas »[21], et pourtant certaines zones, comme les montagnes de la Province de Cumaná ou le haut plateau du Royaume de la Nouvelle Espagne, n'accueillent pas ce type d'arbre, alors même que leurs conditions climatiques sembleraient le permettre. Humboldt s'interroge sur les obstacles à la migration du Cinchona. Dans l'*Essai sur la géographie des plantes* par exemple il émet plusieurs hypothèses :

> La cause de ce phénomène dépendroit-elle du peu de montagnes qui avoisinent les hautes cimes de Sainte-Marthe et celles de Guamoco ? [...] Cette plante, dans sa migration vers le Nord, a-t-elle trouvé des obstacles dans le climat trop brûlant de ces contrées ou ne découvrira-t-on pas avec le temps du quinquina dans les belles forêts de Xalapa, à l'est de la Vera-Cruz, où l'aspect du sol, les fougères arborescentes, les *melastoma* en arbres, le climat tempéré et l'humidité de l'air, paroissent à chaque pas annoncer au botaniste cet arbre bienfaisant et vainement cherché jusqu'à ce jour dans cette contrée ?[22]

Cette question est également récurrente dans ses journaux de voyage[23], comme par exemple dans le Tagebuch VII bb et VII c :

> Il y a du vrai Chinchona et (Olmedo dixit) de meilleur à La Paz qu'à Loja, du Quina orange. La Paz communiquant par Chiquitos avec le Brésil, ces montagnes du Brésil n'auraient-elles pas des Chinchona? La Cayenne? [...] N'y en aurait-il pas aux montagnes élevées de S[ant]iago de Cuba et au Mexique ?[24]

Ou plus loin,

---

20 Humboldt / Bonpland 1805, p. 64.

21 Ibid.

22 Ibid., p. 65–66.

23 Humboldt consacre deux longs passages dans ses journaux de voyage au quinquina où il présente le résultat de ses recherches. Le premier fut écrit à l'occasion de son séjour en Juillet 1802 à Loja, lieu historique de récolte du quinquina, dans le Tagebuch VII bb et VII c (fol. 46v–52r, 56r). Il est intitulé « Loxa. Contin. de p. 66. Arrivé à Loxa le 23 Juillet matin. ». Le second fut écrit à la fin de son voyage, lors de son séjour en Nouvelle Espagne, dans le Tagebuch VIII (fol. 16r–17v). C'est une synthèse récapitulative intitulée « Les plantes médicinales de l'Amérique méridionale ».

24 Humboldt Tagebuch VII bb et VII c, fol. 46v. Voir également Humboldt 2003, p. 238.

> Le Cinchona fait-il un tractus continu dans les Andes ? Il parait que non. […] Pourquoi
> n'y a-t-il pas de Cinchona entre Pasto, la Villa de Ibarra, Quito et Ambato où il y a
> nombre d'endroits qui ont la haut[eur] du sol de Loja et sa température ? Des tractus
> trop hauts, trop froids interrompent le Quina et comme la plante ne se propage pas
> facilement de la graine, ces interruptions paraissent être la cause du manque de Quina.[25]

Humboldt s'interroge donc sur l'extrême variabilité du genre et la répartition géographique inégale du quinquina.

La migration des plantes, ou plutôt leur non-migration, révèle en négatif une géographie. Les mouvements des espèces végétales, leurs possibilités maximales d'expansion et les obstacles à cette expansion sont informatifs dans ce qu'ils révèlent les aspérités et l'hétérogénéité de la surface du globe. Les limites extrêmes de diffusion correspondent à des zones de ruptures paysagères. Humboldt développe, pour comprendre les obstacles à la migration, une géographie fine, qui ne se limite pas au climat, à la température et à l'altitude, mais qui prend en compte les détails de la topographie et de l'hydrographie des lieux, la forme des continents, des reliefs, des déserts et des fleuves, le découpage en îles et en archipels, les barrières, les passages …

Le genre Cinchona, qui étend à la fois son réseau sur une très grande superficie et qui présente une forte plasticité, apparaît comme un révélateur géographique et paysager de premier ordre qui décline de nombreuses possibilités d'adaptation à la surface de la terre[26]. Dans ces multiples formes d'adaptation se jouent la diversité des conditions climatiques et la multiplicité des facteurs géographiques. La différence botanique exprime la différence géographique. C'est donc la spatialité de l'espèce qui est importante, comme révélateur de géographies et de paysages contrastés. Humboldt n'étudie pas le Cinchona en lui-même, mais bien comme un instrument géographique et paysager.

Mais au-delà de la révélation d'une géographie physique « en négatif », Humboldt émet l'hypothèse, dans les passages extraits de l'*Essai sur la géographie des plantes* et des journaux de voyage américains précédemment cités, que les migrations du Cinchona vers le Mexique ou bien vers le Brésil semblent inachevées peut-être simplement parce que les inventaires botaniques sont encore incomplets. Il sous-entend que des espèces de quinquina y existent bien mais restent à découvrir. La géographie du Cinchona est alors également une géographie du développement progressif de la botanique et des obstacles culturels et politiques à l'avancée de la mise en catalogue du monde. Une « géographie

---

25 Humboldt Tagebuch VII bb et VII c, fol. 56r. Voir également Humboldt 2003, p. 242.
26 C'est pourquoi Humboldt juge important d'en dresser une carte. Il exprime dans l'*Essai sur la géographie des plantes* ce souhait non réalisé : « Je publierai, dans la relation de mon Voyage aux tropiques, une *carte botanique du genre Cinchona*. », Humboldt / Bonpland 1805, p. 64.

coloniale » se dessine derrière les états successifs de la connaissance sur la répartition des Cinchona.

L'espèce de quinquina poussant à Loja a longtemps été la seule à être reconnue et exploitée. Ses propriétés fébrifuges ont été découvertes par les Jésuites qui l'exploitaient dans un monopole extrêmement lucratif[27]. Elle a été décrite pour la première fois par Charles Marie de La Condamine (1701-1774) puis par Joseph de Jussieu (1704-1779)[28], qui l'ont tous les deux observée à Loja. Elle fut ensuite déterminée à l'aide d'un exemplaire séché sous le nom Cinchona officinalis, mais confondue avec une autre espèce, par José Celestino Mutis (1732-1808), qui en fit part à Carl von Linné (1707-1778). Les écorces de quinquina arrivant en Europe, pourtant prétendument toutes issues de l'espèce connue sous le nom de Cinchona officinalis, provenaient en réalité d'espèces très disparates ayant des teneurs en quinine et des vertus pharmacologiques inégales[29]. Leur détermination précise revêtait un enjeu commercial important. Les querelles entre savants sur la priorité de la découverte de nouvelles espèces ou de l'espèce qui correspondrait au « vrai quinquina » étaient vives, en particulier entre Mutis et le binôme Hipólito Ruiz López (1754-1815) / José Antonio Pavón (1754-1840)[30].

La présence de Cinchona officinalis au nord de l'équateur a longtemps été passée sous silence, alors même que des spécimens avaient été déjà signalés par des voyageurs individuels. Le quinquina découvert à Santa Fé se voyait dénier son existence et ses qualités médicinales par certains botanistes, sous prétexte que la région de Santa Fé de Bogota était trop basse pour avoir pu être colonisée par ce genre botanique. Humboldt montre à l'inverse dans les premières pages du Tagebuch VIII que Loxa et Santa Fé ont la même altitude et que l'argument ne tient pas[31]. La dispersion des espèces est donc aussi l'histoire des luttes de pouvoir autour de leur découverte. Humboldt en est parfaitement conscient et montre que la répartition des Cinchona révèle avant tout la centralisation coloniale, les répartitions régionales du pouvoir et la domination de certains groupes. Il dresse le bilan de l'histoire de la découverte du Cinchona dans un article intitulé « Über die

---

27 Humboldt écrit, dans le chapitre « Das Hochland von Caxamarca » et dans les « Erläuterung und Zusätze » de la troisième édition des *Ansichten der Natur*, qu'il n'était pas utilisé comme remède contre les fièvres par les populations indigènes, qui employaient d'autres moyens. Les propriétés médicinales de la quinine n'ont donc été révélées qu'au contact des européens, Humboldt 1849, t. 1, p. 317-320 et p. 370-372.

28 La Condamine 1738, p. 226-243, Jussieu 1936 [1737], Humboldt 1807, p. 57-67.

29 Hein 1988, p. 39-46.

30 Margot Faak annote ainsi le récit de l'arrivée de Humboldt à Loja par « Angeregt wurde er [Humboldt] dazu in Bogotá durch den seit 1783 andauernden Streit des Botanikers J. C. Mutis mit Sebastian López um die Priorität der Entdeckung der Chinarindenbäume bei Bogotá) », Humboldt 2003, p. 237. Voir aussi Humboldt 1807, p. 58, 63-64.

31 « Les auteurs du Supplém. [Ruiz López et Pavón] se sont mis en tête que les Quina de S. Fé ne valent rien parce qu'ils sont d'une contrée plus basse. C'est qu'ils n'ont pas mesuré comme moi ! », Humboldt Tagebuch VIII, fol. 17r.

Chinawälder in Südamerika » et publié en 1807 dans le *Magazin für die neuesten Entdeckungen in der gesammten Naturkunde,* et met le doigt sur ce qui s'apparente à des groupes de pression :

> Unter diesen Verhältnissen entstanden die abentheuerlichsten Vorurtheile in Beurtheilung der Cinchona. Gewisse Handlungshäuser in Spanien, welche seit einem halben Jahrhundert im Besitze des Alleinhandels der China von Loxa waren, suchten die von Neu-Grenada und dem südlichen Peru zu verrufen[32].

Lorsque donc Humboldt dresse la géographie des nouvelles aires de distribution du quinquina, il dresse aussi la géographie des lieux porteurs de richesses potentielles et d'un développement futur.

Migrations des plantes et mouvements du voyageur : dévoilement d'une géographie personnelle

Enfin, ce n'est pas seulement une géographie culturelle, issue des luttes de pouvoir autour d'une plante médicinale à fort enjeu politique et économique, qu'a révélée l'histoire de la découverte progressive et laborieuse des multiples espèces de quinquina et de leur répartition tentaculaire sur l'ensemble du sous-continent américain.

Derrière les « mouvements » du quinquina s'inscrivent en creux les mouvements du voyageur Humboldt. Il écrit dans les pages du Tagebuch VIII précédemment citées :

> Aucun botaniste vivant (de ceux qui ont vu des Cinchona dans leur site natif, Mutis, Haenke, Ruiz et Pavon Olmedo) n'a vu ce que nos voyages nous ont présenté. Mutis n'a vu que les C. de S. Fé. Ruiz, Pavon et Tafalla n'ont vu que ceux de Huánuco, Olmedo n'a vu que ceux de Loxa, Haencke ceux de Huánuco et Cochabamba, personne avant nous a examiné ceux de la Guyane et le Cuspa. Nous avons vu dans un espace de 3 ans les Quina de Cumana, de Corony, du Royaume de S. Fé, de Popayán, de Cuenca, Loxa, Jaén de Bracamores et ceux de la Cordillère du Pérou […].Nous devons donc être en état [16v] de juger si les espèces de S. Fé sont celles de Loxa.[33]

Humboldt se présente donc comme le premier voyageur ayant vu de ses propres yeux, « dans leur site natif », une très grande partie des espèces de quinquinas connues alors. Les autres botanistes n'ont vu que certaines espèces propres à régions particulières et connaissent les autres types seulement par des dessins de voyageurs naturalistes et par des exemplaires séchés. Humboldt est le seul à avoir pu comparer *de visu* les espèces entre elles et à pouvoir juger du caractère

---

32 Humboldt 1807, p. 66–67.
33 Humboldt Tagebuch VIII, fol. 16r–16v.

réellement nouveau de la plante en question. Il a pu étudier la plante sur le terrain, non comme un spécimen isolé, extrait de son milieu naturel, mais il l'a saisie et comprise dans et par sa géographie, son paysage.

Humboldt est également le seul à avoir eu une perception globale du genre, dans toute son étendue géographique. L'aire de répartition du quinquina se superpose plus ou moins exactement aux régions parcourues par l'expédition humboldtienne. Comme l'écrit Humboldt dans son Tagebuch VII bb et VII c :

> Nous avons préféré le chemin affreux de Loja à celui de Guayaquil à Paita (le plus court) pour juger de nos yeux si les quina de S[anta] Fe sont les mêmes que ceux de Loja.[34]

Humboldt voyage ainsi sur les traces du quinquina. Il modifie son itinéraire pour « suivre le genre », pour se rendre dans certains lieux particuliers et symboliques du quinquina (comme Loja son « lieu natal »[35]). Le voyage de Humboldt est un voyage au fil de la diversité, le long des déclinaisons et des nuances du quinquina, qui en constitue un de ses multiples fils directeurs. Humboldt explore ainsi toutes les dimensions botaniques et spatiales du quinquina et concourt à en faire une plante symbole de l'ensemble du sous-continent. C'est en partie grâce à l'élargissement humboldtien que le quinquina, plante hautement symbolique et stratégique, mais dont l'existence fût longtemps cantonnée à des régions restreintes, prend une existence réellement américaine.

La comparaison entre les modes de voyage et de récolte botanique de Humboldt et de Mutis apparaît instructive à ce titre. Mutis était un naturaliste d'origine espagnole, responsable de la *Real Expedición Botánica del Nuevo Reino de Granada* à partir de 1783, pour laquelle il entretint toute sa vie des contacts étroits avec Linné. Les mouvements de Mutis s'inscrivent typiquement dans le cadre d'une expédition placée sous les auspices de l'Histoire naturelle. Il prélève les espèces dans leur espace naturel, mais « l'espace géographique, l'espace qualitatif du déploiement des formes botaniques n'existe ici pour ainsi dire pas ».[36] Le botaniste est basé à Santa-Fé-de-Bogota, il travaille pour le pouvoir impérial, et ses expéditions, qui rayonnent en étoile à partir du centre politique de la Vice-Royauté de Nouvelle Grenade, lui permettent de découvrir seulement les nouvelles espèces de la région capitale. Au contraire, l'itinéraire humboldtien n'est pas rayonnant depuis un centre, mais c'est un déplacement continental, long et continu, qui englobe une grande partie de la diversité paysagère américaine.

Pour conclure, c'est, à la fois dans le cas des chênes et des quinquinas, dans et par son propre déplacement que Humboldt est amené à saisir, comprendre et interpréter les migrations de ces deux genres botaniques ayant une haute im-

---

34 Humboldt Tagebuch VII bb et VII c, fol. 46v. Voir également Humboldt 2003, p. 238.
35 « Il en est de ces deux contrées comme d'un arbre dont on commence à se rapprocher du lieu natal. » Humboldt Tagebuch VII bb et VII c, fol. 56r. Voir également Humboldt 2003, p. 242.
36 Colin 2009, p. 51.

portance symbolique. Réciproquement les migrations du chêne et du quinquina jouent le rôle de balises personnelles du voyage humboldtien, leurs rencontres répétées régulièrement ponctuent le cours de l'expédition, marquent la distance qui sépare Humboldt de son point de départ.

Enfin, si Humboldt n'a pas tiré de conclusion sur l'origine et l'évolution des espèces de ses multiples observations concernant les migrations de différents animaux et plantes, ces observations sont en revanche autant d'accès à des savoirs géographiques et historiques multiples qui permettent l'appréhension de la configuration globale des espaces, et sont, au final, aussi un indice de la migration des hommes. Comme Humboldt l'écrit dans l'*Essai sur la géographie des plantes*, le premier facteur de la migration des plantes est l'homme :

> Mais ce n'est pas seulement les vents, les courants et les oiseaux, qui aident à la migration des végétaux ; c'est l'homme surtout qui s'en occupe.[37]

Sources

Sources manuscrites

Staatsbibliothek zu Berlin – PK, Nachl. Alexander von Humboldt (Tagebücher), VII a et VII b.
Staatsbibliothek zu Berlin – PK, Nachl. Alexander von Humboldt (Tagebücher), VII bb et VII c.
Staatsbibliothek zu Berlin – PK, Nachl. Alexander von Humboldt (Tagebücher), VIII.

Sources imprimées

Acot, Pascal : *Histoire de l'écologie*. Paris 1988.
Drouin, Jean-Marc : « De Linné à Darwin. Les voyageurs naturalistes », in : Serres, Michel (éd.) : *Eléments d'histoire des sciences*. Paris 1997, p. 479–501.
Farinelli, Franco : *De la raison cartographique*. Paris 2009.
Hein, Wolfgang Hagen : *Alexander von Humboldt und die Pharmazie*. Stuttgart 1988.
Helmreich, Christian : « Geschichte der Natur bei Alexander von Humboldt », in : *HiN – Alexander von Humboldt im Netz. Internationale Zeitschrift für Humboldt-Studien* 10, 18 (2009), p. 53–67, http://dx.doi.org/10.18443/120 [11.02.2017].
Humboldt, Alexander von / Bonpland, Aimé : *Essai sur la géographie des plantes. Accompagné d'un tableau physique des régions équinoxiales, fondé sur des mesures exécutées, depuis le dixième degré de latitude boréale jusqu'au dixième degré de latitude australe, pendant les années 1799, 1800, 1801, 1802 et 1803*. Paris 1805.

---

37 Humboldt / Bonpland 1805, p. 24.

Humboldt, Alexander von : « Über die Chinawälder in Südamerika », in : *Magazin für die neusten Entdeckungen in der gesammten Naturkunde* 1 (1807), p. 57–68 et p. 104–120.

Humboldt, Alexander von / Bonpland, Aimé: *Voyage aux régions équinoxiales du Nouveau Continent, fait en 1799, 1800, 1801, 1802, 1803 et 1804. Relation historique.* Tome I. Paris 1814[-1817].

Humboldt, Alexander von / Bonpland, Aimé: *Voyage aux régions équinoxiales du Nouveau Continent, fait en 1799, 1800, 1801, 1802, 1803 et 1804. Relation historique.* Tome II. Paris 1819[-1821].

Humboldt, Alexander von: *Kosmos. Entwurf einer physischen Weltbeschreibung.* 5 Bde. Tübingen 1845–1862.

Humboldt, Alexander von : *Ansichten der Natur.* Dritte verbesserte und vermehrte Ausgabe. 2 Bde. Stuttgart, Tübingen 1849.

Humboldt, Alexander : *Reise auf dem Río Magdalena, durch die Anden und Mexico.* Hg. v. Margot Faak. Zweite, durchgesehene und verbesserte Auflage. 2 Bde. Berlin 2003.

Jussieu, Joseph de / Pancier, François-Félix (éd., trad.) : *Description de l'arbre à quinquina.* Paris 1936 [1737].

La Condamine, Charles Marie de : « Sur l'arbre du quinquina », in : *Histoire de l'Académie royale des sciences* 1738, p. 226–243.

Werner, Petra : *Was Darwin nicht bekam. Zum Verhältnis Charles Darwins zu Alexander v. Humboldt und Christian Gottfried Ehrenberg.* Berlin 2008.

Werner, Petra : « Zum Verhältnis Charles Darwins zu Alexander von Humboldt und Christian Gottfried Ehrenberg », in: *HiN – Alexander von Humboldt im Netz. Internationale Zeitschrift für Humboldt-Studien* 10, 18 (2009), p. 68–95, http://dx.doi.org/10.18443/121 [11.02.2017].

Sources en ligne

[S. N.] « Physikalische Geographie von Heinr. Alex. Freiherr v. Humboldt. [V]orgetragen im Wintersemester 1827/8 ». Ibero-Amerikanisches Institut Berlin – Preußischer Kulturbesitz, N-0171 w 1 (Bilddigitalisate). Nachschrift der ‹ Kosmos-Vorträge › Alexander von Humboldts in der Berliner Universität. 1827–1828, http://www.deutschestextarchiv.de/book/show/nn_n0171w1_1828 [1.2.2017].

Colin, Philippe : « Du paysage de l'un à l'autre du paysage. Discours du paysage, identité(s) et pouvoir en Colombie au 19e siècle, » Thèse de doctorat à l'Université Paris Ouest – Nanterre – La Défense [en ligne]. 2009, https://bdr.u-paris10.fr/theses/internet/2009PA100069.pdf [01.10.2016].

Dorit Müller

Vergleichen als epistemische und ästhetische Praxis bei Georg Forster und Adelbert von Chamisso

> *[…] wir wandten uns von einer heitern Welt dem düstern Norden zu.*
> *Die Tage wurden länger, die Kälte wurde empfindlich, ein*
> *nebelgrauer Himmel senkte sich über unsere Häupter, und das Meer*
> *vertauschte seine tief azurne Farbe gegen ein schmutziges Grün.*[1]

> *‚Weiße Steine‘ die ihm in der Hand schmolzen, waren Wunder in*
> *seinen Augen, und ob wir uns gleich bemüheten, ihm begreiflich zu*
> *machen, daß sie durch Kälte hervorgebracht würden, so glaube ich*
> *doch, daß seine Begriffe davon immer sehr dunkel geblieben seyn*
> *mögen.*[2]

Vergleich als Wissenspraxis

Vergleichen macht das, was auf Reisen gesichtet und gesammelt wird, überhaupt erst beschreibbar, indem es das Beobachtete zueinander in Beziehung setzt und durch ein Drittes – ein *Tertium Comparationis* – gewichtet.[3] Dieses Dritte, also die Hinsicht, worauf etwas verglichen wird, unterliegt komplexen, meist implizit bleibenden Aushandlungen und verändert sich im Rahmen der Entstehung neuer wissenschaftlicher Paradigmen.[4] Die Reiseliteraturforschung hat unter anderem darauf hingewiesen, dass der Vergleich des beobachteten Fremden immer vertraute Muster benötigt, die als Kontrast- und Bewertungsfolie fungieren und das Beobachtete als eine Variante des Eigenen erscheinen lassen[5] – als Bestätigung, Abweichung, Herausforderung, Kontrastierung oder auch als Beschönigung des Vertrauten. Der Vergleich stellt somit ein grundlegendes Mittel

---

1 Chamisso 1836, S. 291.
2 Forster [1778] 1983, S. 457.
3 Vgl. Manz / Sass 2011 zur Vielschichtigkeit des Begriffs „Vergleichen", der sprachgeschichtlich nicht nur das Nebeneinander- bzw. Zusammenstellen, sondern auch das kontrastierende Moment des Gegeneinanderstellens enthält und zahlreiche semantisch verwandte Felder wie das Angleichen, Begleichen, Abgleichen, die Vergleichung, die Gleichmachung und Gleichmacherei aufruft.
4 Weiterführende Überlegungen zu den Implikationen der Vergleichshinsichten, zu unterschiedlichen Vergleichstypen und ihren Funktionen in den Wissenschaften liefern Sass 2011 und Gutmann / Rathgeber 2011.
5 Zuletzt Erhart / Epple 2015, S. 8–12.

der Einordnung, Kontextualisierung, Bewertung und Reflexion des Unvertrau-
ten und Neuen auf Weltreisen dar.

Die Art und Weise, wie verglichen wird, hängt dabei von vielfältigen Faktoren
ab: vom Fremdheitsgrad des Beobachteten, von der Sozialisation der Reisenden
und deren Vorstellungswelt, von Theorien und Konzepten, die an das Beobachtete herangetragen werden, und vor allem auch von den Medien und Er-
zählformen, mit denen Dinge zueinander in Beziehung gesetzt werden. Es gibt
also gute Gründe, warum die Praxis des Vergleichens vor allem auch für eine
literaturwissenschaftliche Betrachtungsweise in den Fokus rückt, zumal das
Verfahren epistemische und ästhetische Zugänge zum Beobachteten vereint. Auf
der einen Seite ist der Vergleich ein „Vorgang, der Erkenntnis ermöglicht", ohne
den „Wissensbestände nicht reflektierend und ordnend betrachtet werden
können", auf der anderen Seite fungiert er als rhetorisches Stilmittel, das wesentlich die ästhetische Qualität literarischer Sprache bestimmt, die Einbildungskraft anregt und bestimmte Wissensansprüche überhaupt erst zur Ansicht
bringt.[6] Wie Michael Eggers gezeigt hat, wird das Zusammenspiel von Er-
kenntnisfunktion und ästhetischer Relevanz des Vergleichs stets neu ausge-
handelt – zeitweise gilt es als hochproblematische Vermischung getrennter
Sphären, dann wieder als notwendige Bedingung für den Erkenntnis- und
Wissensgewinn überhaupt. Das eine Ende des Spektrums nimmt etwa der Vertreter des Empirismus John Locke ein, der Ende des 17. Jahrhunderts auf einer
strikten Trennung zwischen Erkenntnis fördernden und rhetorischen Vergleichen beharrt.[7] Das andere Ende wird durch ein Verständnis geprägt, das den
Vergleich zur Doppelfigur erhebt, in der poetischer und epistemischer Vergleich
in ein produktives Wechselverhältnis treten. Alexander Gottlieb Baumgarten,
der Mitte des 18. Jahrhunderts die Ästhetik als eigenständiges Fach etablierte,
sah im Vergleich „sowohl ein Instrument zur dialektischen Bestimmung des
ästhetischen Gegenstands als auch ein poetisches Gestaltungsmittel".[8] Er billigte
der vergleichenden Praxis zwei Ordnungsfunktionen von Welt zu: eine abbil-
dende (im Sinne der Nachahmung von Natur) und eine erprobende (im Sinne
der Konstruktion von Zusammenhängen). Der Vergleich setzt dieser Lesart

---

6 Eggers 2013, S. 265.
7 Vgl. Locke [1690] 1975, Book II, ch. XI, §2, S. 156: Zum rhetorischen Vergleich zählt Locke den
    sprachlichen Witz, der mittels Metaphern und Anspielungen unterhaltsam sei und die
    Phantasie anrege, jedoch gerade dadurch verhindere, die Sachverhalte genauer zu durch-
    dringen. „[…] for wit lying most in the assemblage of ideas, and putting those together with
    quickness and variety, wherein can be found any resemblance or congruity, thereby to make
    up pleasant pictures, and agreeable visions in the fancy; judgment, on the contrary, lies quite
    on the other side, in separating carefully, one from another, ideas, wherein can be found the
    least difference; thereby to avoid being misled by similitude, and by affinity to take one thing
    for another." Ausführlich dazu Eggers 2016, S. 155f.
8 Eggers 2013, S. 268.

zufolge Abbildungs- und Einbildungskräfte frei und verknüpft sie.[9] Die analogisierende und verähnlichende Komponente, die durch rhetorische Spielarten des Vergleichs erzeugt wird und auf die Hervorbringung ästhetischer und imaginativer Effekte zielt, wird in dieser Konzeption als ein Aspekt der Wissensgenese rehabilitiert.[10]

Am Beispiel des Vergleichens lässt sich demnach nicht nur zeigen, wie Welt-Wissen auf Reisen angeeignet, geordnet, reflektiert und produziert wird, sondern auch, wie sich Formen der Verquickung imaginativer und epistemischer Praxis artikulieren und verändern. Im Folgenden möchte ich einige dieser Praktiken und Artikulationsformen an jenen Passagen der Weltreiseberichte von Georg Forster und Adelbert von Chamisso herausarbeiten, die sich mit der Antarktis und dem Nordpazifik befassen. Der Fokus auf die Polarpassagen folgt hier nicht nur einem Interesse für literarische Bewältigungsformen des Umgangs mit extremen Umwelten. Er gründet sich vor allem auf die Annahme, dass gerade die extremen Bedingungen, die Eismassen, das raue Klima und die Eintönigkeit, welche an die Grenzen der Sagbarkeit und Vorstellbarkeit führen, die literarisierte Variante der Vergleichspraxis geradezu notwendig macht. Dieses Verfahren ist bei beiden Autoren zentral, obgleich sie in den jeweiligen Vorworten ihrer Reiseberichte eine strikte Trennung von wissenschaftlich-sachlicher und rhetorisch-gefälliger Darstellung postulieren. Der Beitrag untersucht nicht nur das ergänzende Zusammenspiel epistemischer und ästhetischer Vergleichsformen in den Texten von Forster und Chamisso, sondern auch den Wandel der Artikulationsformen und Wissensansprüche ihres komparatistischen Vorgehens zwischen 1778 und 1836.

Zwischen Wissensvermittlung und ästhetischem Kalkül: Georg Forsters Vergleichspraxis

Im Vorwort zum 1778 auf deutsch erschienenen Reisebericht über die zweite Südseereise mit James Cook erläutert Georg Forster sein wissenschaftliches Credo:

> Ein Reisender, der nach meinem Begriff alle Erwartungen erfüllen wollte, müßte Rechtschaffenheit genug haben, einzelne Gegenstände richtig und in ihrem wahren Lichte zu beobachten, aber auch Scharfsinn genug, dieselben zu verbinden, allgemeine

---

9 Mautz / Sass 2011, S. 6f. und Eggers 2016, S. 116.
10 Diese neue Konzeption des Vergleichs richtete sich u. a. gegen Descartes' Ausführungen in den *Regulae ad directionem ingenii* (1628), in denen das analogisierende Denken als Erkenntnismittel abgelehnt wurde, da es auf allzu leichtfertigen Übertragungen zwischen zwei Dingen oder Tätigkeiten beruhe. Descartes 1973, S. 3.

Folgerungen daraus zu ziehen, um dadurch sich und seinen Lesern den Weg zu neuen Entdeckungen und künftigen Untersuchungen zu bahnen.[11]

Mit der Forderung, „einzelne Gegenstände" „richtig" zu beobachten, mit „Scharfsinn" zu „verbinden" und aus dieser Verbindung „allgemeine Folgerungen" zu ziehen, bewegt sich Forster deutlich im Fahrwasser eines aufklärerischen Wissenschaftsverständnisses. Zudem umschreibt er damit ein Verfahren, das René Descartes 1628 in die Erkenntnistheorie einführte – das vergleichende Vorgehen, welches zur notwendigen Voraussetzung von Erkenntnistätigkeit erhoben wurde.[12] Zwei Jahrzehnte vor dem Erscheinen von Forsters Reisebericht befindet der Aufklärer Louis de Jaucourt „Nichts beschäftigt den menschlichen Geist häufiger als das Vergleichen".[13] In seinem Artikel „Comparaison" in Diderots *Encyclopédie* wird der Vergleich als genuin menschliche, rationale Verstandestätigkeit bezeichnet, mit dessen Hilfe Beziehungen zwischen den Gegenständen und Ideen untersucht, aber auch Erinnerung, Vorstellungskraft und Reflexionsfähigkeit unterstützt werde. Vom gefälligen poetischen Vergleich wird er allerdings kategorisch getrennt.[14]

Dieser Trennung scheint auch Forster, zumindest in seinem programmatischen Vorwort, zu folgen. Denn er fühlt sich bemüßigt zu erwähnen, er „habe nicht elegant seyn wollen"; sein „Zweck" wäre gewesen, „deutlich und verständlich zu seyn".[15] Eingeleitet wird diese Aussage mit einem Seitenhieb auf jene Schriftsteller, deren „Achtung für einen zierlichen Styl so übertrieben" sei, dass sie sich „lediglich auf die Leichtigkeit und Flüßigkeit ihrer Sprache verlassen, und um die Sache, welche sie vortragen wollten, gar nicht bekümmert haben".[16] Ernstzunehmende Wissenschaft und gefällige Darstellung scheinen offensichtlich nicht verträglich zu sein. Der vergleichenden Praxis wird vor allem ordnende und verbindende Relevanz zugesprochen, welche „neue Entdeckungen" und „künftige Untersuchungen" hervorbringen kann. Forster erfindet damit nichts Neues, sondern folgt einem Paradigma, das die empirische Naturforschung des 18. Jahrhunderts spätestens seit Carl von Linné zu dominieren beginnt.[17] Ganz in dessen Sinne spottet Forster über jene Naturforscher, welche

---

11 Forster [1778] 1983, S. 17.
12 Descartes [1628] 1973, S. 121: „daß überhaupt jede Erkenntnis, die man nicht durch eine einfache und reine Intuition eines vereinzelten Sachverhaltes gewinnt, durch den Vergleich zweier oder mehrerer miteinander gewonnen wird."
13 Jaucourt 1752, S. 744. Im Original: „Il n'y a rien que l'esprit humain fasse si souvent, que des comparaisons".
14 Ebd. Dazu auch Eggers 2008, S. 628.
15 Forster [1778] 1983, S. 18.
16 Ebd.
17 Seine beiden Werke *Species Plantarum* (1753) und *Systema Naturæ* (in der zehnten Auflage von 1758) begründeten die bis heute verwendete historische wissenschaftliche Nomenklatur in der Botanik und der Zoologie. Zu Linné ausführlich Müller-Wille 1999.

nur „bis zum Unsinn nach *Factis* jagten", dadurch „jedes andre Augenmerk" verloren und „unfähig wurden, auch nur einen einzigen Satz zu bestimmen und zu abstrahieren".[18] Um seine These zu plausibilisieren, darf der rhetorische Vergleich dann doch zur Anwendung kommen. Forster setzt nämlich diese Faktenjäger „jene(n) Mikrologen" gleich, „die ihr ganzes Leben auf die Anatomie einer Mücke verwenden, aus der sich doch für Menschen und Vieh nicht die geringste Folge ziehen" lasse.[19] Dass gerade die anatomische Verfasstheit der Mücke als Kontrastfolie herhalten muss, hat noch eine weitere Funktion – die nämlich, unterhaltsam zu sein und die Phantasie anzuregen. Die vorher zurückgewiesene rhetorische Funktion wird somit unter der Hand wieder eingeflochten, um Wissensansprüche zu betonen.

Diese Ambivalenz des vergleichenden Verfahrens durchzieht nicht nur das Vorwort von Forsters Reisebeschreibung, sondern auch die antarktischen Textpassagen. Und dies resultiert vor allem auch aus ihrer Funktion, Leere und Eintönigkeit zu bewältigen. Denn die Schiffsmannschaft kreuzt zweimal mehrere Monate lang den südpolaren Raum, ohne auf nennenswerte Entdeckungen zu stoßen. Pinguine und Sturmvögel bilden die seltene und einzige Abwechslung. Die immer gleichen Erscheinungen im Polarmeer – Kälte und Eisberge – werden deshalb eingehend betrachtet, in ihren physikalischen Eigenschaften beschrieben und in Beziehung zur Vorstellungswelt der Reisenden gesetzt. Obgleich sich das antarktische Eismeer „als widerständig" gegenüber eingeübten (nordeuropäischen) Wahrnehmungs- und Deutungsmustern erweist,[20] unternimmt Forster in den Antarktispassagen immer wieder den Versuch, die Erscheinungen im Polarmeer mittels Analogsetzung und Gegenüberstellung zum Vertrauten und Gewussten zu systematisieren, sie geradezu einer Dramaturgie des Nord-Süd-Gefälles zu unterwerfen. Das Erfahrungs- und Beschreibungsinventar der Nordseefahrer sowie vertraute Vorstellungen der Bewohner des europäischen Nordens bilden den Referenzraum seiner Ausführungen. So schließt der Berichterstatter nicht nur von der bekannten Landmasse im Norden auf ein zu findendes unbekanntes „südliches Grönland" in der Antarktis,[21] er nimmt auch die wärmeren Temperaturen Londons zum Ausgangspunkt, um über die Ursachen der Kälte im Süden Thesen aufzustellen,[22] und hält den Lesern „unsre

---

18 Forster [1778] 1983, S. 17.
19 Ebd.
20 Weller 2006, S. 119.
21 Forster [1778] 1983, S. 114.
22 Ebd., S. 113: Forster hält fest, dass bei 51 Grad südlicher Breite (was etwa der Lage Londons auf der Nordhalbkugel entspricht) eine weit größere Kälte herrsche, was ihn zur These führt, dass das Meer im Süden „die Strahlen der Sonne verschluckt und nicht zurück wirft", wie es „auf der nördlichen Halbkugel von dem Erdreich geschiehet".

Nordlichter" vor Augen, damit er deren Farbenvielfalt mit der eintönig „weiß-
lichte(n) Farbe" der Südlichter kontrastieren kann.

> In vergangner Nacht hatten wir ein schönes Phönomenon (sic!) bemerkt, welches sich
> auch heute und verschiedene folgende Nächte über von neuem zeigte. Es bestand in
> langen Säulen eines hellen weißen Lichts, die sich am östlichen Horizont fast bis zum
> Zenith herauf erhoben, und nach und nach über den ganzen südlichen Theil des
> Himmels verbreiteten. Zuweilen waren sie am obern Ende seitwärts gebogen und den
> Nordlichtern unsres Welttheils zwar in den mehresten Stücken ähnlich, aber doch
> darinn von selbigen verschieden, daß sie nie eine andre als weißlichte Farbe hatten, da
> unsre Nordlichter hingegen verschiedne, besonders die Feuer- und Purpur-Farbe an-
> zunehmen pflegen. Bisweilen konnte man vor dem Schein dieser *Süd-Lichter* (*aurora
> australis*) deren meines Wissens noch kein Reisender gedacht hat, die darunter ver-
> borgenen Sterne nicht entdecken [...]. Der Himmel war mehrenteils klar, wenn dies
> Phänomen sich zeigte, und die Luft so scharf und kalt, daß das Thermometer gemei-
> niglich auf dem Gefrierpunkt stand.[23]

Die ausgesprochen poetische Beschreibung des physikalischen Phänomens, das
bekanntlich im 18. Jahrhundert zum faszinierenden Gegenstand religiöser,
naturkundlicher und ästhetischer Diskurse avancierte,[24] demonstriert einmal
mehr das Changieren der Berichterstattung zwischen sachlich-empirischer und
imaginativ-anschaulicher Darstellungsform. Die Anspielung auf die feurige
Farbenpracht des Nordlichts und auf die „Schönheit" des Phänomens rückt
Forsters Ausführungen in die Tradition des frühaufklärerischen Lehrgedichts.
Man denke an Barthold Heinrich Brockes Gedicht *Das Norder-Licht* (1735) aus
dem *Irdischen Vergnügen in Gott*, in dem die Erscheinung als „bunter Blitz und
Schein" evoziert wird, der, „gelb, feurig, grün und blau" ein „Flammen-Heer"
bildet, das den Betrachter zugleich „schrecket und ergetzt".[25] Forsters Bericht
greift somit einerseits den Erhabenheitsdiskurs der Frühaufklärung auf, andererseits nutzt er den Vergleich, um erstmals die spezifischen Eigenschaften des
von „kein[em] Reisende[n]" bisher erwähnten Südlichts herauszustellen. Die
Aufmerksamkeitslenkung auf das Erstmalige der Sichtung scheint Forster
wichtig zu sein. Zumindest implizieren dies weitere Äußerungen wie die über
den südlichen antipodischen Punkt zu London, wo Forster vermerkt: „Wir
waren die ersten Europäer, und ich darf wohl hinzusetzen, die ersten menschlichen Creaturen, die auf diesen Punkt gekommen, den auch nach uns, vielleicht
Niemand wieder besuchen wird."[26]

An die Vergleichshinsicht der Lage (Norden – Süden) gliedert sich so die der
Zeit an (früher – später). Beide werden im Laufe der Narration zu dramaturgi-

---

23 Ebd., S. 130f.
24 Vgl. Müller-Tamm 2015, S. 3.
25 Brockes 1735, S. 402.
26 Forster [1778] 1983, S. 456.

schen Mitteln ausgebaut, um das Verhältnis des eigenen Verständnisses natürlicher Phänomene zu dem anderer Kulturen zu bestimmen. So beschreibt Forster die Wirkung der klimatischen Extrembedingungen auf den aus der Südsee in die Antarktis verfrachteten Maheine.[27] Dieser ist im Unterschied zu den im kälteren Norden sozialisierten Europäern noch nicht mit Eis und Kälte vertraut und zeigt entsprechend andere Wahrnehmungsformen, die Forster zu seinen eigenen ins Verhältnis setzt. „Unser Freund Maheine", heißt es dort,

> hatte schon an den vorhergehenden Tagen über die Schnee- und Hagelschauer große Verwunderung bezeigt, denn diese Witterungsarten sind in seinem Vaterlande gänzlich unbekannt. ‚Weiße Steine' die ihm in der Hand schmolzen, waren Wunder in seinen Augen, und ob wir uns gleich bemüheten, ihm begreiflich zu machen, daß sie durch Kälte hervorgebracht würden, so glaube ich doch, daß seine Begriffe davon immer sehr dunkel geblieben seyn mögen. Das heutige dicke Schneegestöber setzte ihn in noch größere Verwunderung, und nachdem er auf seine Art die Schneeflocken lange genug betrachtet, sagte er endlich, er wolle es, bey seiner Zurückkunft nach Tahiti, *weißen Regen* nennen.[28]

Während die Zuschreibung „unser Freund" das gemeinsame Menschliche betont, markieren die „Verwunderung" und vermeintliche Begriffsstutzigkeit die Unterschiede, wobei durch die Art der Beschreibung das Wissensgefälle zwischen dem Bewohner des Südpazifiks und der ihn unterrichtenden Europäer als unhintergehbare Differenz inszeniert wird. Dass der Begriff des Wunderns dabei gleich dreimal auftaucht, macht ihn als Konzeptbegriff kenntlich. Spätestens seit Stephen Greenblatt ist bekannt, dass die Zuschreibung der „Verwunderung" bereits in Reiseberichten der Frühen Neuzeit als eine „bewußte rhetorische Strategie" erscheint, „die im Interesse der eigenen Legitimation eine bestimmte ästhetische Reaktion hervorzurufen sucht",[29] sich also dem Genre der Reiseliteratur und der entsprechenden Lesererwartungen anpasst.

Vergleichen als Verfahren der Wissensvermittlung ist hier demnach an ästhetisches Kalkül, rhetorische Figuren und Imaginationen gebunden. Georg Forster macht insbesondere in den antarktischen Passagen seines Reiseberichts reichlich Gebrauch von dieser Verknüpfung. Um etwa die Zersplittertheit und das „unabläßige Fluchen und Schwören" der Eiswelt zur Anschauung zu bringen, konstruiert er „eine Ähnlichkeit" zu „gewisse(n) Gegenden der Hölle", wie sie von den Dichtern evoziert worden seien.[30] Die bemühten Analogien litera-

---

27 Der Tahitianer Maheine wurde in der Südsee an Bord genommen, um die Expedition zu begleiten. Er diente den Forsters als Dolmetscher und Informant in völkerkundlicher Hinsicht und war bei der Vervollständigung des Tahitianischen Wörterbuchs behilflich. Vgl. zur interkulturellen Praxis der Forsters Bödeker 1999, S. 242.
28 Forster [1778] 1983, S. 458.
29 Greenblatt 1994, S. 116.
30 Forster [1778] 1983, S. 464.

rischer Provenienz übernehmen nicht nur illustrierende, sondern eindeutig auch wertende Funktionen. Das zeigen auf anschauliche Weise die in den Reisebericht eingespeisten Zitationen aus Vergils, Juvenals und Horaz' Werken, in denen das Wüten der Elemente, drohender Schiffbruch und eisige Kälte poetisch verarbeitet werden.[31] Sie formatieren das Beobachtete und Erlebte nicht nur ästhetisch, sie stellen es auch in den Kontext der Imaginationsgeschichte des Reisens in gefährliche Räume. Indem Forster etwa beim Verlassen der bisher vertrauten Gewässer Richtung Antarktis Vergil zitiert, tritt die Anspielung auf den traditionsreichen Vanitas-Topos zutage. Die Zeilen schildern das Umherirren des Aeneas' und seiner Gefährten auf dem Meer, welche dem Zorn der Götter fliehen und durch Finsternis und Sturm fast verschlungen werden. Das Zitat stellt damit das im Vorwort so selbstbewusst formulierte Vertrauen in die Erkenntnisproduktion der Reisenden in Frage, denn es fügt unter der Hand den Topos der göttlichen oder schicksalhaften Bestrafung von *curiositas* ein. Trotz aller aufklärerischer Intentionen wird so über die literaturgeschichtliche Anreicherung voraufklärerisches Gedankengut als Subtext in den Reisebericht eingetragen.[32]

Forster nutzt den Bezug auf die Klassiker jedoch nicht nur, um Spannung und Anschaulichkeit zu erhöhen. Es scheint ihm vor allem darum zu gehen, das eigene literarische Wissen zu präsentieren sowie den Reisebericht durch das Einbeziehen von Erfolgsautoren zu veredeln, d. h. seine eigenen Aussagen damit zu validieren.[33] Diese bis ins 19. Jahrhundert übliche Zitationspraxis,[34] die zugleich als ein vergleichendes Verfahren auftritt, wird bei Forster allerdings auch aus dramaturgischen Gründen eingesetzt. So hat Johannes Görbert darauf hingewiesen, dass die Klassikerzitate eine textstrukturierende Funktion übernehmen, da sie die „Phasen der Anstrengung und der Entspannung während der Forschungsexpedition" kontrastierend gegenüberstellen und damit die Wahrnehmung der kälteren und der wärmeren Regionen des Pazifiks in ein Verhältnis setzen.[35] Mittels Zitat werden die Schauplätze Südsee (*loci amoeni*) und Antarktis (*loci horribili*) als Gegensätze konstruiert und damit auch einer Wertung unterzogen.

Forster selbst scheint sich dieser Konstruktionsarbeit nicht bewusst gewesen

---

31 Ebd., S. 108: „Ponto nox incubat atra/Praesentemque viris intentat omnia mortem. VIRGIL"; S. 469: „– Stat glacies iners/Menses per omnes – HORAT"; S. 467: „Propter vitam vivendi perdere causas. JUVENAL".
32 Dieser Argumentation folgt mit Verweis auf weitere Zitate auch Görbert 2014, S. 140.
33 Catherina Zakravsky spricht von den Zitaten als „schriftliche Inseln im Text", welche als „klingende Münze der abendländischen Kultur" den Bildungsstand Forsters verbürgen und die Redlichkeit seiner Aussagen autorisieren sollen. Zakravsky 1990, S. 52f.
34 Vgl. Benninghoff-Lühl 2009, S. 1545f.
35 Görbert 2014, S. 137.

zu sein. Eine Reflexion der Vergleichshinsichten, ihrer Aushandelbarkeit und ihrer Imaginationskraft findet zumindest in den Antarktispassagen nicht statt. Das Projekt einer von europäischen Maßstäben ausgehenden und auf Vergleichung basierenden Systematisierung der Welt hatte sich Ende des 18. Jahrhunderts zum unhinterfragten, konstitutiven Bestandteil von Weltreisen entwickelt. Nicht von ungefähr bemerkte Alexander von Humboldt rückblickend über seinen „Lehrer und Freund" Georg Forster: „Durch ihn begann eine neue Aera wissenschaftlicher Reisen, deren Zweck vergleichende Völker- und Länderkunde ist."[36]

Vergleichen und Hinterfragen: Chamissos Perspektivwechsel

Während Forster in den 1770er Jahren die ersten Anfänge der Formierung vergleichender Wissenschaften erlebt und mitgestaltet, ist Chamisso, als er 1815 auf Reisen geht, darin bereits umfassend geschult. 1812 schreibt Chamisso, sich mitten im Studium an der Berliner Universität befindend, an seinen Freund de la Foye:

> Diesen Winter treib' ich Anatomie, nebenbei Zoologie und Botanik; künftigen Sommer *anatomia comparata*, *physiologia* und Botanik; mein Zweck ist eben nicht zu praktiziren, ob ich gleich nach dem Doktorhut ringen werde, ich will alle Naturwissenschaften mehr oder weniger umfassen.[37]

Weiterhin bekennt er: Das „müßige Konstruiren a priori und Deduziren und Wissenschaft aufstellen von jedem Quark und Haarspalten" sei ihm „zum Ekel" geworden, sein Wunsch sei es, sich „der Wissenschaft [...] durch Beobachtung und Erfahrung, Sammeln und Vergleichen" zu nähern.[38] Nicht nur die Hinwendung zum empirischen Wissenschaftsverständnis hat er mit Forster gemeinsam. Ebenso wie bei diesem gewinnen Beobachtungen erst an Bedeutung, wenn sie verglichen und geordnet werden. Diesen Anspruch setzt er in beiden seiner Weltreisetexte um – in den *Bemerkungen und Ansichten* von 1821 ebenso wie in der *Reise um die Welt* von 1836.[39] Und ähnlich wie Forster besteht er darauf, dass seine Reiseberichte keinesfalls dem Unterhaltungssektor und der Phantastik zugeordnet werden. Explizit weist er auf die Trennung beider Be-

---

36 Humboldt 1845–1862, Bd. 2, S. 72.
37 Chamisso 1852, S. 369.
38 Chamisso an de la Foye, November 1812. In: ebd., S. 370.
39 Während die *Bemerkungen und Ansichten* von 1821 den dritten Teil der offiziellen Reisebeschreibung des Expeditionsleiters Otto von Kotzebue bilden und Chamissos Forschungserträge präsentieren, ist die tagebuchartige Reisebeschreibung von 1836 als retrospektive Zusammenfassung der Reiseereignisse und Lebensgeschichte des inzwischen etablierten Dichters und Botanikers zu verstehen.

reiche hin: „Ich habe wohl in meinem Leben Märchen geschrieben, aber ich hüte mich, in der Wissenschaft die Phantasie über das Wahrgenommene hinaus schweifen zu lassen."[40] Dass sein wissenschaftlicher Bericht dennoch von rhetorischen Vergleichen und Analogisierungen durchsetzt ist, scheint nach Chamissos Verständnis kein Problem darzustellen. Ganz im Gegenteil – bewusst werden in beiden Texten bildreiche Analogien und Kontraste gesucht, um Beobachtungen, Empfindungen und Wertungen miteinander zu verknüpfen und den Lesern Unterhaltung zu bieten.[41] So liegt auch Chamissos Narration das Muster des Nord-Süd-Gefälles zugrunde. Der Süden – das sind die „Gärten der Wollust" in der Südsee,[42] der Norden die Düsternis der Beringsee, wie die Eingangspassage zum Kapitel über *Kamtschatka, die Aleutischen Inseln und die Beerings-Straße* der *Bemerkungen und Ansichten* verdeutlicht:

> Wir wenden uns nun von jenen Gärten der Wollust nach dem düstern Norden desselben Meerbeckens hin. Der Gesang verhallt. Ein trüber Himmel empfängt uns gleich an der Grenze des nördlichen Passats. Wir dringen durch die grauen Nebel, die ewig über diesem Meere ruhen hindurch, und Ufer, die kein Baum beschattet, starren uns mit Schnee bedeckten Zinnen unwirthbar entgegen. Wir erschrecken, auch hier den Menschen angesiedelt zu finden.[43]

Anders als Forster, der im antarktischen Meer keine Inselbewohner zu Gesicht bekommt, kann Chamisso an den Küsten der Beringsee ethnographische Daten sammeln und ins Verhältnis zu anderen Beobachtungen (etwa geographischen) setzen. Diese Semantik strukturiert und wertet die Beobachtungen nicht nur, in ihr offenbaren sich auch die zugrunde liegenden Vorannahmen – ein Raster, mit dem das Vorgefundene an bestehende Vorstellungen (den Südsee-Mythos und das Konzept des ‚edlen Wilden') gebunden wird.[44] Vor dem Hintergrund der paradiesischen Südsee und ihrer Bewohner kann der Norden zunächst einmal nur als „düster", „trüb", „grau" und „unwirthbar" erscheinen, und seine Bewohner erregen vor allem Mitleid.[45]

Hinsichtlich der ethnographischen Beschreibungen setzt Chamissos komparatistische Praxis andere Akzente als Forsters. Gerade für die Einordnung und Bewertung der indigenen Bevölkerung des Nordpazifiks scheint der Vergleich

---

40 Chamisso 1836, S. 410. Die postulierte Trennung resultierte sicher auch daraus, dass sich der Verfasser fantastischer Erzählungen gegen Angriffe aus dem Wissenschaftssystem immunisieren wollte. Vgl. die Argumentation bei Osterkamp 2010, S. 47.

41 Tautz bescheinigt den Nordpassagen im späteren Reisebericht sogar einen „fiktiven Charakter", mit dessen Hilfe die Reiseereignisse „als Abenteuer für die Leser" gestaltet werden und zur emotionalen Identifikation mit den Forschern einladen. Tautz 2014, S. 67.

42 Chamisso 1821, S. 155.

43 Ebd.

44 Zu den Idealisierungstendenzen bei der Beschreibung der Bewohner südlicher Inselgebiete, die durch Rousseau inspiriert sind, siehe Dürbeck 2007, S. 86–94.

45 Chamisso 1821, S. 155.

mit den Südseebewohnern strukturierende Funktion zu gewinnen. Chamisso benutzt dafür in der Reiseschilderung von 1836 unter anderem die Vergleichshinsicht der Reinheit. Wenn er das weltumspannende Spektrum der tabakrauchenden „Völker" zwischen „den zierlichen, reinlichen Lotophagen der Südsee" und den „schmutzigen Ichthyophagen des Eismeeres" aufspannt,[46] dann zeigt sich ein vertrautes Muster der Vergleichspraxis. Den Vergleichsmaßstab bilden Formen des Verhaltens und der Weltaneignung in europäischen Kontexten. In seinen anekdotisch erzählten Begegnungsszenarien der Europäer mit den Aleuten, die den späteren Reisetext bestimmen, lassen sich deshalb meist zwei Tendenzen beobachten: einerseits das Bemühen um gemeinschaftsstiftende Narrative (etwa das gemeinsame Lachen, das Schenken oder eben das Tabakrauchen),[47] andererseits die Inszenierung eines Kontrastes in Form eines Wissensgefälles.

> Ich zog meine Nadelbüchse heraus und beschenkte die Fremden, die sich in einen Halbkreis stellten, vom rechten Flügel anfangend der Reihe nach jeden mit zwei Nadeln. Eine wertvolle Gabe. Ich bemerkte stillschweigend, daß einer der ersten, nachdem er das ihm Zugedachte empfangen, weiter unten in das Glied trat, wo ihm die andern Platz machten. Wie ich an ihn zum zweiten Male kam und er mir zum zweiten Male die Hand entgegenstreckte, gab ich ihm darein, anstatt der erwarteten Nadel, unerwartet und aus aller Kraft einen recht schallenden Klaps. Ich hatte mich nicht verrechnet; alles lachte mit mir auf das lärmendste; und wann man zusammen gelacht hat, kann man getrost Hand in Hand gehen.[48]

Die Szene präsentiert nicht nur das anekdotische Erzählen als bevorzugtes Darstellungsverfahren interkulturellen Vergleichs, sondern offenbart auch, welchen impliziten Voraussetzungen die Konstruktion von Ähnlichkeit und Differenz zwischen den Bewohnern der unterschiedlichen Kulturkreise unterliegt. Ausgegangen wird von der Annahme, dass gemeinsames Lachen als universelles Verständigungsmittel dient und Vertrauen zwischen differenten Kulturen stiftet. In emotionaler Hinsicht wird Gleichheit unterstellt, in moralischer und ökonomischer Hinsicht jedoch ein Gefälle zwischen zivilisierter und nomadischer Welt (Lehrer und Schüler, Gebender und Nehmender) fundamentiert. Dass Mimik und emotionale Entäußerungen der fremden Kultur möglicherweise konträr zum europäischen Verständnis ausdeutbar sein könnten, wird nicht in Erwägung gezogen.

Zuweilen jedoch wird dieses Muster im Reisebericht unterlaufen und ein selbstreflexives Fragen setzt ein, das durch Perspektivwechsel in Gang gesetzt wird. So bescheinigt Chamisso zwar dem Südseebewohner Kadu, der die

---

46 Chamisso 1836, S. 144.
47 Ebd., S. 143 f.
48 Ebd., S. 152.

Mannschaft auf ihrer Reise in den Norden begleitet, dass er gelernt habe, „zuversichtlich auf unsre überlegene Wissenschaft und Kunst" zu vertrauen.[49] Interessanterweise bleibt Chamisso bei dieser Beobachtung jedoch nicht stehen, sondern beginnt über die Bedingungen zu reflektieren, die das Urteilen und Bewerten und damit auch die Festlegung von Maßstäben und Vergleichshinsichten möglich machen:

> [...] wie hätte er [Kadu] vermocht, ihre Leistungen zu würdigen und zu vergleichen, und wie zu beurteilen, was an der Grenze ihres Bereiches lag. [...] Haben wir aber auch selber einen andern Maßstab für diese Würdigung, als das Gewohnte und Ungewohnte? Dünkt uns nicht, was alltäglich für uns geworden ist, eben darum der Beachtung nicht wert, und aus demselben Grunde das Unerreichte unerreichbar?[50]

Weil Chamisso berücksichtigt, dass aufgrund dieser unterschiedlichen Bedingungen der Gewohnheiten, Denkweisen und Vorannahmen die Wahrnehmungs- und Urteilsweisen des Menschen bestimmt werden, fällt auch seine Darstellung der Kälteerfahrung Kadus anders aus als bei Forster. Statt die Verwunderung und vermeintliche Begriffsstutzigkeit des Südseeinsulaners zu studieren, unterstellt er kein Wissensgefälle, sondern fragt sich, wie Kadu wohl aufgrund seiner südlichen Sozialisation auf eine Erzählung vom „gräßliche[n] Märchen unseres Winters" reagiert hätte, bevor er sie empirisch hätte überprüfen können.[51] Auch in den Passagen, die Chamissos Begegnungen mit Bewohnern der Aleuten schildern, lassen sich trotz beibehaltener Fortschrittsemphase immer wieder Perspektivwechsel beobachten. Sie bezeugen den Versuch, sich in die Betrachtungsweise der Nichteuropäer hineinzuversetzen und das eigene Handeln aus dem Blickwinkel des Anderen zu bewerten. So reflektiert er mit selbstkritischem Blick das europäische Verhalten gegenüber der indigenen Bevölkerung und rechtfertigt Konsequenzen, die eine Schändung indigener Gräber, ganz gleich aus welchen „menschenfreundlichen" (wissenschaftlich verwertbaren und existentiellen) Beweggründen auch immer dies geschehen sei, nach sich ziehen kann.[52]

---

49 Ebd., S. 294.
50 Ebd.
51 Ebd., S. 301: „Kadu, der [...] nie das flüssige Lasur des Wassers erstarren, nie das üppige Grün des Waldes verwelken gesehen, – Kadu sah in diesen Tagen zum erstenmal das Wasser zum festen Körper werden und Schnee fallen. Ich glaube, daß ich ihm das gräßliche Märchen unseres Winters nicht vorher erzählt hatte, um nicht von ihm, wenigstens bis zu der traurigen Erfüllung meiner Worte, für einen Lügner gehalten zu werden."
52 Ebd., S. 159: „Alle Gerätschaften, welche die Hinterbliebenen ihren Toten mitgeben, sind gesucht und aufgelesen worden; endlich sind unsere Matrosen, um das Feuer unseres Biwak zu unterhalten, dahin nach Holz gegangen und haben die Monumente zerstört. – Es wurde zu spät bemerkt, was besser unterblieben wäre. Ich klage uns darob nicht an; wahrlich, wir waren alle des menschenfreundlichsten Sinnes [...]. – Aber hätte dieses Volk um die ge-

Wenngleich diese Überlegungen längst nicht den eurozentrischen Maßstab aufgeben, mit dem Chamisso seine Beobachtungen vergleichbar macht und gewichtet, so zeigt sich in ihnen doch bereits Skepsis gegenüber einem Aufklärungsnarrativ, das von der grundsätzlichen Vergleichbarkeit aller Wissensbereiche und einer systematischen Erfassung kultureller Unterschiede ausgeht.[53] Im Modus des interkulturellen Vergleichs setzt und bestätigt Chamisso nicht nur kulturelle Grenzziehungen, er verschiebt sie auch oder kehrt sie um. Somit schafft er narrativ erzeugte Zwischenräume, in denen Vergleichshinsichten und Bewertungsmaßstäbe hinterfragt und die Reichweiten komparatistischer Welterklärung aufgezeigt werden.

Das literarische Pendant dieser Skepsis hatte Chamisso bereits in seiner 1814 publizierten Erzählung *Peter Schlemihls wundersame Geschichte* formuliert. Bekanntlich verkauft die titelgebende Hauptfigur dem Teufel leichtsinnig seinen Schatten für ein Wundersäckel Gold und muss dafür als makelbehafteter Außenseiter der Gesellschaft büßen. Um den sozialen Ächtungen seiner Umwelt zu entgehen, flüchtet der Held in die ruhelose Existenz des reisenden Wissenschaftlers:

> Ich streifte auf der Erde umher, bald ihre Höhen, bald die Temperatur ihrer Quellen und die der Luft messend, bald Thiere beobachtend, bald Gewächse untersuchend, ich eilte von dem Equator nach dem Pole, von der einen Welt nach der andern, Erfahrungen mit Erfahrungen vergleichend.[54]

Trotz seiner märchenhaften Ausstattung mit Siebenmeilenstiefeln stößt Schlemihl allerdings immer wieder an die Grenzen seiner Weltreise- und Vergleichspraxis – sei es durch Flucht vor Eisbären und Stürze ins Meer oder durch nichtpassierbare Wege von Lamboc zur Südsee. Bescheren ihm Angriffe und Stürze nur vorübergehende Ausfälle seiner Reisetätigkeit, so lässt die Unwegsamkeit der indonesischen Insel Lamboc Schlemihls großangelegtes Forschungsprojekt letztlich scheitern. Die Erkundung Australiens und der Südsee bleibt ihm verwehrt; die Hoffnung auf eine umfassende Welterkundung erfüllt sich nicht.

> Ich musste die Hoffnung aufgeben. Ich setzte mich endlich auf die äußerste Spitze von Lamboc nieder, und das Gesicht gen Süden und Osten gewendet, weint' ich, wie am festverschlossenen Gitter meines Kerkers, dass ich doch so bald meine Begränzung

---

schändeten Gräber seiner Toten zu den Waffen gegriffen: wer mochte da die Schuld des vergossenen Blutes tragen?"

53 Vgl. auch Erhart 2015, S. 229, der Chamissos Reisetext als Zeugnis einer „neuen Pluralität der Weltreiseerfahrungen" und eines „Auseinanderfallen[s] unterschiedlicher Wissenskulturen" bezeichnet.

54 Chamisso o. J. [2013], S. 75. Die Zitation folgt der textkritischen Fassung der „Urschrift" des Textes.

gefunden. Das merkwürdige, zum Verständnis der Erde und ihres sonnengewirkten Kleides, der Pflanzen- und Thierwelt, so wesentlich nothwendige Neuholland und die Südsee mit ihren Zoophyten-Inseln waren mir untersagt, und so war, im Ursprunge schon, was ich sammeln und erbauen sollte, bloßes Fragment zu bleiben verdammt. – O mein Adelbert, was ist es doch um die Bemühungen der Menschen![55]

Die dramatisierende Inszenierung dieser „Begränzung" wirkt programmatisch, weil sie den zeitgenössischen Wissensstand, der sonst im Märchen auf vielfache Weise wiedergeben ist,[56] unterläuft; denn Südsee und Australien sind im frühen 19. Jahrhundert bereits gut erforscht.[57] Offensichtlich reformuliert der fiktionale Text den naturkundlichen Diskurs der Zeit, indem er ihn an das Schicksal des Schattenlosen bindet. Dieser sucht Versöhnung in einer vollkommenen Erforschung der Welt, was ihm jedoch nicht gelingen will. Obwohl das Streben nach Naturerkenntnis auf Grundlage des Reisens, Sammelns und Vergleichens am Ende der Geschichte die einzig mögliche Variante der Selbstverwirklichung des Heimatlosen und Flüchtenden bildet, kann der neue Lebensentwurf die zuvor zerrissene Einheit des Ich nicht wieder herstellen. Denn der Schatten lässt sich nicht zurückholen und die vollständige Abbildung der Natur in einem *Systema naturae* scheitert.

Chamissos Erzählung ist nicht Vorwegnahme, Wiedergabe oder Reproduktion der späteren Reiseereignisse. Vielmehr setzt sie neue Akzente und trägt ambivalente Zuschreibungen an die Forschungspraxis heran: Weltumspannendes Beobachten, Sammeln und Vergleichen scheint im Modus des Literarischen, trotz aller Wissenschaftseuphorie, problematische Seiten zu haben. Zumindest geraten dessen Bedingungen und Ambivalenzen da in den Blick, wo sie mit narrativen, rhetorischen und dramatisierenden Mitteln erprobt werden können – im Modus der fiktionalen Gestaltung durch das Motiv des schattenlosen Weltreisenden, der nie ans Ziel kommt; im Modus des Reiseberichts durch Perspektivwechsel und rhetorisches Fragespiel, das die impliziten Vorannahmen und die Grenzen interkultureller Vergleichspraxis aufscheinen lässt.

---

55 Ebd., S. 73f.
56 Die Erzählung greift nicht nur wichtige Reiseziele der damaligen Weltreisen auf, sondern formuliert auch das Wunschbild des reisenden Naturforschers um 1800 – den empirisch arbeitenden Botaniker, der von seinen Wanderungen über weite Kontinente und Meere reiche Sammlungen nie gesehener Pflanzenspezies einbringt, diese sowohl historisch als auch systematisch ordnet und der Wissenschaft dienstbar macht. Vgl. dazu Glaubrecht 2013 und Müller 2013.
57 Zum wissenshistorischen Hintergrund der Erzählung vgl. Immer / Glaubrecht 2012.

Quellen

Gedruckte Quellen

Benninghoff-Lühl, Sibylle: ‚Zitat', in: Ueding, Gert (Hg.): *Historisches Wörterbuch der Rhetorik*. Bd. 9. Tübingen 2009, S. 1539–1548.

Bödeker, Hans Erich: ‚Aufklärerische ethnologische Praxis. Johann Reinhold Forster und Georg Forster', in: Ders. / Reill, Peter H. / Schlumbohm, Jürgen (Hg.): *Wissenschaft als kulturelle Praxis, 1750–1900*. Göttingen 1999, S. 227–253.

Brockes, Barthold Heinrich: ‚Das Norder-Licht', in: Ders.: *Irdisches Vergnügen in Gott, bestehend in Physicalisch- und Moralischen Gedichten*. Bd. 4. 2. Aufl. Hamburg, 1735, S. 402–405.

Chamisso, Adelbert von: *Bemerkungen und Ansichten auf einer Entdeckungs=Reise unternommen in den Jahren 1815–1818 auf Kosten Sr. Erlaucht des Herrn Reichs=Kanzlers Grafen Romanzoff auf dem Schiffe Rurick unter dem Befehle des Lieutenants der Russisch-Kaiserlichen Marine Otto von Kotzebue*. Weimar 1821.

[Chamisso, Adelbert von]: *Peter Schlemiel's Schicksale*. Faksimile-Ausgabe der Handschrift mit einer diplomatischen Transkription von Katrin Dennerlein. Hg. v. der Chamisso-Gesellschaft e.V. mit Begleittexten von Jutta Weber u. a. Kunersdorf o. J. [2013].

Chamisso, Adelbert von: *Reise um die Welt mit der Romanzoffischen Entdeckungs-Expedition in den Jahren 1815–18 auf der Brigg Rurik, Kapitän Otto v. Kotzebue*. Leipzig 1836.

Chamisso, Adelbert von: *Werke*. Hg. v. Julius Eduard Hitzig. Bd. 5: Leben und Briefe, 3. Aufl., Leipzig 1852.

Descartes, René: *Regulae ad directionem ingenii* (Regeln zur Ausrichtung der Erkenntniskraft) [1628]. Hg. v. Heinrich Springmeyer, Lüder Gäbe und Hans Günter Zekl. Hamburg 1973.

Dürbeck, Gabriele: *Stereotype Paradiese. Ozeanismus in der deutschen Südseeliteratur 1815–1914*. Tübingen 2007.

Eggers, Michael: „Vergleichung ist ein gefährlicher Feind des Genusses." Zur Epistemologie des Vergleichs in der deutschen Ästhetik um 1800', in: Schneider, Ulrich Johannes (Hg.): *Kulturen des Wissens im 18. Jahrhundert*. Berlin 2008, S. 627–635.

Eggers, Michael: ‚Vergleich', in: Borgards, Roland u. a. (Hg.): *Literatur und Wissen. Ein interdisziplinäres Handbuch*. Stuttgart, Weimar 2013, S. 265–270.

Eggers, Michael: *Vergleichendes Erkennen. Zur Wissenschaftsgeschichte und Epistemologie des Vergleichs und zur Genealogie der Komparatistik*. Heidelberg 2016.

Erhart, Walter: „Beobachtung und Erfahrung, Sammeln und Vergleichen" – Adelbert von Chamisso und die Poetik der Weltreise im 18. und 19. Jahrhundert', in: Ders. / Epple, Angelika (Hg.): *Die Welt beobachten. Praktiken des Vergleichens*. Frankfurt/M. 2015, S. 203–233.

Erhart, Walter / Epple, Angelika: ‚Die Welt beobachten – Praktiken des Vergleichens', in: Dies. (Hg.): *Die Welt beobachten. Praktiken des Vergleichens*. Frankfurt/M. 2015, S. 7–31.

Forster, Georg: *Reise um die Welt*. Hrsg. v. Gerhard Steiner. Frankfurt/M. 1983.

Glaubrecht, Matthias: ‚Naturkunde mit den Augen des Dichters – Mit Siebenmeilenstiefeln zum Artkonzept bei Adelbert von Chamisso', in: Federhofer, Marie-Theres / Weber, Jutta (Hg.): *Korrespondenzen und Transformationen. Neue Perspektiven auf Adelbert von Chamisso.* Göttingen 2013, S. 51–84.

Görbert, Johannes: *Die Vertextung der Welt. Forschungsreisen als Literatur bei Georg Forster, Alexander von Humboldt und Adelbert von Chamisso.* Berlin u. a. 2014.

Greenblatt, Stephen: *Wunderbare Besitztümer. Die Erfindung des Fremden. Reisende und Entdecker.* Berlin 1994.

Gutmann, Matthias / Rathgeber, Benjamin: ‚Vergleichen und Vergleich in den Wissenschaften. Exemplarische Rekonstruktionen zu einer grundlegenden Handlungsform', in: Mauz, Andreas / Sass, Hartmut von (Hg.): *Hermeneutik des Vergleichs. Strukturen, Anwendungen und Grenzen komparativer Verfahren.* Würzburg 2011, S. 49–73.

Humboldt, Alexander von: *Kosmos. Entwurf einer physischen Weltbeschreibung.* 5 Bde. Stuttgart, Tübingen 1845–1862.

Immer, Nikolas / Matthias Glaubrecht: ‚Peter Schlemihl als Naturforscher. Das zehnte Kapitel von Chamissos Märchenerzählung in editionsphilologischer und wissenschaftshistorischer Perspektive', *Editio* 26 (2012), S. 123–144.

Jaucourt, Louis de: ‚Comparaison', in: Diderot, Denis u. a.: *Encyclopédie ou Dictionnaire Raisonné des Sciences, des Arts et des Metiers.* Paris 1751–1772, Bd. 3 (1752), S. 744–755.

Locke, John: *An Essay Concerning Human Understanding* (1690). Hg. von Peter H. Nidditch. Oxford 1975.

Mauz, Andreas / Sass, Hartmut von: ‚Vergleiche verstehen. Einleitende Vorwegnahmen', in: Dies. (Hg.): *Hermeneutik des Vergleichs. Strukturen, Anwendungen und Grenzen komparativer Verfahren.* Würzburg 2011, S. 1–21.

Müller, Dorit: ‚Chamisso und Payer auf Reisen. Entdecken, Aufzeichnen und Erzählen über die Arktis'. In: *Acta Germanica*, 41 (2013), S. 103–118.

Müller-Tamm, Jutta: ‚Der flammende Himmel. Literatur- und Wissensgeschichte des Nordlichts im 18. Jahrhundert', in: Dies. (Hg.): *Labor der Phantasie. Texte zur Literatur- und Wissensgeschichte.* Heft 3, Berlin 2015.

Müller-Wille, Staffan: *Botanik und weltweiter Handel. Zur Begründung eines natürlichen Systems der Pflanzen durch Carl von Linné (1707–1778).* Berlin 1999.

Osterkamp, Ernst: ‚Ein Wissenschaftler und Künstler. Adelbert von Chamisso', in: *Gegenworte* 23 (2010), S. 45–49.

Sass, Hartmut von: ‚Vergleiche(n). Ein hermeneutischer Rund- und Sinkflug', in: Mauz, Andreas / Ders. (Hg.): *Hermeneutik des Vergleichs. Strukturen, Anwendungen und Grenzen komparativer Verfahren.* Würzburg 2011, S. 25–47.

Tautz, Birgit: ‚Beobachten, Erleben, Verdinglichen: Wissen in Kotzebues und Chamissos Alaskaerzählungen', in: *Zeitschrift für Germanistik* 24, 1 (2014), S. 55–67.

Weller, Christiane: ‚Das Eismeer. Verortungsversuche', in: *Georg-Forster-Studien* 11, 1 (2006), S. 111–130.

Zakravsky, Catherina: ‚Terra incognita. Begegnungen im Treibeis', in: Rösner, Manfred / Schuh, Alexander (Hg.): *Augenschein – ein Manöver reiner Vernunft. Zur Reise J.G. Forsters um die Welt.* Wien 1990, S. 29–62.

Horizonte

Goethe sagt in den Wanderjahren: ‚Sehrohre haben durchaus etwas Magisches; wären wir nicht von Jugend auf gewohnt hindurch zu schauen, wir würden jedes Mal, wenn wir sie vors Auge nehmen, schaudern und erschrecken.' Ein tapferer und gelehrter Offizier hat mir gesagt, er empfinde vor dem Fernrohre, was man Furcht zu nennen pflege, und müsse, um hindurch zu sehen, seine ganze Kraft zusammen nehmen.

–Chamisso–

Julian Drews

Zur Ereignisstruktur des Aufbruchs – Gefahr am Anfang der Amerikanischen Reisetagebücher Alexander von Humboldts

Welcher Abschnitt der amerikanischen Reise Alexander von Humboldts war der gefährlichste? Prüft man quantitativ das Erscheinen der Worte „Gefahr", „danger" und ihrer Varianten in den Reisetagebüchern, ist das Ergebnis zunächst wenig überraschend. Die Worte treten gehäuft in Tagebuch IV und Tagebuch VIIbb/c auf, in denen einerseits die Flussreisen im Urwald und andererseits die Bergbesteigungen in den Anden berichtet werden. Wenig überraschend ist dieses Ergebnis, da sich in den fraglichen Abschnitten Darstellungen akuter Lebensgefahr finden, die den meisten Humboldtlesern aufgrund ihrer Eindrücklichkeit geläufig sein dürften: das Überqueren eines vulkanischen Abgrunds auf einer Fläche aus gefrorenem Schnee,[1] das Kentern eines Bootes auf dem Orinoko,[2] die Begegnung mit einem ‚Tiger'[3] und das Hantieren mit Curare.[4]

Es gibt allerdings auch einen Reiseabschnitt, der nicht mit den genannten vergleichbar ist und auf den dennoch die Frage nach der Gefahr ein sehr eigenes Licht wirft, nämlich den Beginn der Reise ab der Ausfahrt der Pizarro am 5. Juni 1799 von La Coruña. Aus der hohen Frequenz mit der das Wort „Gefahr" zu Beginn des ersten Tagebuchs erscheint, lässt sich verschiedenes ablesen. Sie verdeutlicht einige erzähltheoretische Eigenheiten der Verwendung von Gefahr, sie erlaubt Rückschlüsse auf eine ‚Psychologie des Aufbruchs' und sie führt gerade im Vergleich mit dem publizierten Reisebericht einige Spezifika des Tagebuchs als Textsorte vor Augen.

---

1 Humboldt Tagebuch VIIbb/c, 10r. Vgl. hierzu auch den Beitrag von Ottmar Ette im vorliegenden Band.
2 Humboldt Tagebuch IV, Bl. 30v.
3 Ebd., Bl. 24v.
4 Ebd., Bl. 116r. Einen guten Überblick bieten Biermann / Schwarz 1997.

Risiko und Gefahr

Gefahr ist von Anfang an präsent. Bereits beim Verlassen des galicischen Hafens, wofür die Pizarro zunächst gegen den Wind segeln muss, vermerkt Humboldt: „Nach dem Schreien der Officire und dem Durcheinanderlaufen von 30 Matrosen zu urtheilen hätte ein des Meeres Unkundiger auf eine große Gefahr schließen müssen."[5] Wenig später wird diese Möglichkeit konkret:

> Bei der virade dicht vor dem Schlosse St. Amarro, lief die Fregatte eine Gefahr, welche die Officire erst nachher gestanden. Der Strom zog uns den Felsklippen zu, an denen das Meer 14–18 F. hoch brandete. […] Ich merkte wohl daß die Wuth wieder schreiend und ernste sich äußerte, aber die ganze Größe der Gefahr sah' ich nicht ein.[6]

Das Erscheinen der Gefahr hat zunächst einen ganz einfachen Grund – das Meer. In dem die Reisegesellschaft sich einschifft, setzt sie sich dem gefährlichen Raum *par excellence* aus. Auf dem Meer hängt das Überleben von stetigem Aufwand, Können, Technik und Aufmerksamkeit ab. Wind und Strömung sind beständig wirkende Faktoren, mit denen die Reisenden sich arrangieren müssen. Das Gefährt ist zerbrechlich. Es ist also naheliegend, angesichts des Meeres von Gefahr zu sprechen und wer dies tut, greift auf sprachliche Formen zurück, die sich auch in Auseinandersetzung mit dem Meer gebildet haben. Schließlich ist die Erfahrung der Seefahrer nicht unwesentlich an der Entwicklung der Gefahren- und Risikosemantik beteiligt.[7]

In einem jüngst vorgestellten Beitrag zeichnet Jürgen Fohrmann einige Stationen dieser Entwicklung nach.[8] Dabei geht er von einem Bewusstsein stetig lauernder Gefahr für Leib und Leben aus, welches die „alteuropäische Gesellschaft" bis ins frühe 18. Jahrhundert hinein geprägt habe. „Dies alles gründete in Räumen der Unsicherheit, gekoppelt mit Räumen unterschiedlichen Rechts, deren Differenz den Übergang vom einen zum anderen wieder zur Gefahr werden ließ."[9] In der Literatur dominiert der erlittene Glücks- oder Unglücksfall, in den man quasi hineingerät, über das bewusst gesuchte Abenteuer. In der Figur des Abenteurers, im Zusammenfließen von Abenteuer und Gefahr, gewinnt der Begriff jedoch eine Spezifik, die ihn obendrein an die Seefahrt bindet. Fohrmann verweist auf den Eintrag „Avanturieurs" in Johann Hübners *Curieusem und realen Natur- Kunst- Berg- Gewerck- und Handlungslexicon*:

> Leute, die in der Welt herum ziehen, um allerhand Abentheuer (Avanturen) und ungewöhnliche Begebenheiten und Glücks-Fälle zu erfahren. Vor diesem wurden die

---

5 Humboldt Tagebuch I, Bl. 2v.
6 Ebd., Bl. 3r.
7 Zur literaturwissenschaftlichen Annäherung an die Thematik vgl. Schmitz-Emans 2013.
8 Fohrmann (in Vorbereitung).
9 Ebd.

Englische und nach Teutschland handelnde und nunmehro in eine ansehnliche reiche Curd oder Gesellschaft in Hamburg zusammen gewachsene Kaufleute also genannt [...]. Von diesem Wort, Avanturier, kommet noch her das Wort avanturiren, sein Heil durch Handlung zur See suchen, auf Glück oder Unglück, Hazard und Gerathwohl, sein Gut jemandem über See und Land anvertrauen; Geld auf Bodmerey geben.[10]

Als Voraussetzung für das Auftauchen der Risikosemantik sieht Fohrmann die Umkehrung der bisherigen Verhältnisse, sobald der Normalfall als ein Verharren in gesicherten Räumen begriffen werden kann – sei es ein metaphorischer Raum wie der ‚Pfad der Tugend‘ oder ein tatsächlicher wie der Geltungsbereich eines bestimmten Rechts oder Gegenden mit zunehmend domestizierter Natur im Gegensatz zur ‚Wildnis‘ oder auch zum Meer.[11] Nun wird das Risiko als ein kalkuliertes Verlassen des gesicherten Raumes möglich – auch hier denkt man schnell an die Seefahrt, was eine der möglichen Etymologien des Wortes „Risiko" erklärt.[12]

Systematisch hat Niklas Luhmann Risiko und Gefahr unterschieden. Beide versteht er gemäß dem alltäglichen Sprachgebrauch als Möglichkeiten zukünftig eintretender, ungewollter Resultate. Der wesentliche Unterschied zwischen beiden besteht darin, dass gegenüber dem Risiko ein Handlungsspielraum gegeben ist. Man hat die Möglichkeit, die Wahrscheinlichkeit, dass das ungewollte Resultat eintritt, aktiv zu verringern. Die Gefahr ist dagegen lediglich abzuwarten. Man ist ihr ausgeliefert ohne die Möglichkeit der Einflussnahme.[13]

Bietet sich nun die Rede von Risiko und Gefahr zur Beschreibung der Erlebnisse des In-See-Stechenden nur deshalb an, weil die Seereise Ereignisse hervorbringt, die *objektiv* gefährlich sind? Die Frage der Objektivität von Gefahr ist heikel, wie bereits in den beiden oben zitierten Beispielen deutlich wird, und auch ihre Ereignishaftigkeit kann nicht vorausgesetzt werden.

Gefahr und Ereignis

Gefahren erscheinen hier als Ereignisse, die evoziert werden, aber letztlich nicht eintreten. Sie werden als Möglichkeiten mit unterschiedlichen Graden an Konkretheit berichtet. So ist es möglich, dass durch falsche Deutung von Signalen eine Gefahr vermutet wird, wo gar keine besteht. Umgekehrt kann es vorkommen, dass dem Betroffenen eine tatsächliche Gefahr im entscheidenden Moment gar nicht bewusst wird und der Hinweis somit eine Prolepse bildet, eine nach-

---

10 Hübner 1736, S. 181. Vgl. auch Fohrmann (in Vorbereitung).
11 Ebd.
12 Ebd. Die Herleitung von spanisch *risco* = Klippe konkurriert mit anderen Möglichkeiten, vgl. Kluge 1999, S. 668.
13 Luhmann 1990, 148 f.

trägliche Erläuterung zum Moment der erzählten Zeit. Eindrücklich ist in diesem Zusammenhang Humboldts Schilderung der Annäherung an den Roque del Oeste östlich der kleinen Kanareninsel La Graciosa, um den das Schiff eine Nacht lang kreist.

> Man betrachte[te] dies wie einen Spaziergang, ohne zu wissen (wie uns die erfahrensten Piloten in Orotava versicherten) daß wir gerade den gefährlichsten Ort gewählt. Gerade diese Rocca del Este um die wir uns 5–6 St. lang drehten ist wegen ihrer fürchterlichen Ziehkraft, die sie gegen alle Schiffe selbst in großer Entfernung ausübt berufen. In der That befanden wir uns auch schon um 12 Uhr in einer Gefahr, die nur darum weniger Eindruck machte, da sie nur wenige Minuten lang von Sachkundigen erkannt werden konnte und weil man sich ganz passiv dabei verhalten mußte. Der Rumb stand gegen Nordost. Die Felseninsel, eine wahre Burg von allen Seiten senkrecht abgestürzt im Meere, lag weit entfernt in Südost. Der Strom zog die Fregatte der Insel zu, man rechnete auf die weite Entfernung und den Wind, ohne zu bedenken daß es gerade der Hauptfehler unseres Schiffes ist, wegen seiner Masse von den Courants weggezogen zu werden ohne dem Segel zu gehorchen Je näher dem Felsen desto mehr nahm die Strömung zu. Nun traten wir ihm gar so nahe, daß kein Wind mehr in die Segel blies. Das Vordertheil des Pizarro kam der Felswand auf einen Steinwurf nahe. Ein horror de tiempo, wie man sehr charakteristisch im Spanischen sagt, dauerte es bis die Puppe passirte. Sie streifte so nahe vorbei daß keine Schiffesbreite mehr zwischen ihr und der Rocca war. Zum Glück war nach Anson's alter Lehre das Meer so tief als die Küste hoch und wir entrannen der Gefahr.[14]

Die später hinzugekommene Information – „wie uns die erfahrensten Piloten in Orotava versicherten" – wird hier zum fundamentalen Bestandteil der Ereignisstruktur. Einerseits scheint die lebhafte Schilderung des knapp den Roque passierenden Schiffs durch die entstehende Spannung ein Ereignis aufzurufen, ja suggeriert, dass das Leseerlebnis ein unmittelbares Erleben des Autors vermitteln könnte. Gleichzeitig wird das geschilderte Ereignis als Synthese entlarvt – zusammengesetzt aus der Beobachtung vor Ort (derjenigen der Sachkundigen) und im Nachhinein erhaltener Informationen, deren gemeinsame Präsentation in der Geschichte erst die Spannung bis zu einem Grad steigert, der ereignishaft wirkt.

Als Ereignis ist die Gefahr nicht eindeutig in Raum und Zeit verortet, sondern steht mit einem Bein im Konkreten und mit einem im Möglichen. Diese Zwischenstellung ist im deutschen Sprachgebrauch deutlich markiert. Nicht umsonst *schwebt* man in Gefahr, befindet sich also weder auf dem Boden des Faktischen noch im freien Flug der Einbildungskraft, sondern irgendwo dazwischen. Humboldt erwähnt diesen Sachverhalt explizit als er am 19. Juni von der Mole von Santa Cruz aus das erste Mal den Gipfel des Teide sieht. Es ist ein nebliger Tag und der Berg ist nur für wenige Momente sichtbar – umgeben von

---

14 Humboldt Tagebuch I, Bl. 13r.

einem beeindruckenden Spiel aus Wolken und Licht. So freundlich der unmittelbare Anblick aber wäre, „giebt ihm das was unsere Einbildungskraft hinzufügt etwas ernstes und schrekliches", durch den Gedanken, dass Gärten und Wohnungen der Menschen bei einem Ausbruch unter den Lavamassen verschwinden könnten.[15]

Laut dem Vorwort eines 2003 erschienenen Bandes zum Thema ist das Ereignis ein „fundamentaler Begriff der alltäglichen wie der philosophischen Rede über die Zeit, ihre Erfahrung und die Geschichte solcher Erfahrungen."[16] Befragt man die Gefahr auf ihre zeitliche Dimension hin, wird die ganze Komplexität des Gegenstandes deutlich, denn die Synthese, als welche die Gefahr sich erwiesen hat, stellt eine Sequenz erlebter Zeit aus verschiedenen Einzelmomenten zusammen, die chronologisch und personell zunächst nicht in unmittelbarem Zusammenhang stehen. Die Zeit *vor* dem Text und die Zeit *im* Text stehen hier nicht in einem einfachen Verhältnis von Wirklichkeit und Ausdruck.

Gefahr und Objektivität

Zu Beginn des ersten Tagebuchs erweist sich Gefahr als ausgesprochen perspektivische Größe. Sie könnte von Unkundigen vermutet oder kann nur von Sachkundigen erkannt und von Experten im Nachhinein mitgeteilt werden. Sie ist das Ergebnis einer Bewertung, die unterschiedlich informiert erfolgen und durch zahlreiche subjektive Faktoren beeinflusst werden kann.

Einer dieser Faktoren scheint mit dem Grad der Akklimatisierung hinsichtlich der neuen Umgebung zusammenzuhängen. Mit dem Atlantik betritt der Reisende einen Raum, dessen adäquate Einschätzung voraussetzungsreich ist. Einerseits erfordert sie die Souveränität einer gewissen Erfahrung, für die Zeit notwendig ist, andererseits sind Daten von Nöten, die zunächst einmal gesammelt werden müssen. Hier erweist sich ein Vergleich mit dem publizierten Reisebericht als aufschlussreich.

Die *Relation historique* erwähnt gleich bei Humboldts Eintreffen in La Coruña, dass die Hafenausfahrt von englischen Schiffen blockiert ist, die den Verkehr zu den Kolonien unterbinden wollen.[17] Das Problem stellt sich den Reisenden sehr konkret dar. In Madrid hatten sie Mexikaner kennengelernt, die sich wiederholt umsonst in Cádiz eingeschifft hatten, da sie jedes Mal von den Engländern abgefangen und zurückgeschickt worden waren.[18] Die Überfahrt zu

---

15 Ebd., Bl. 15r.
16 Müller-Schöll 2003, S. 9.
17 Humboldt / Bonpland 1814[–1817], S. 51.
18 Ebd., S. 61.

den Kanaren wird von einer gewissen Vorsicht bestimmt. Es gilt die Wahrscheinlichkeit eines Zusammentreffens mit den Engländern zu minimieren.
Allerdings wird diese Möglichkeit nur im Zusammenhang mit bestimmten
Gegenmaßnahmen genannt, was eher den Eindruck eines Risikos als einer Gefahr erweckt. Darüber hinaus liegen die wenigen Hinweise auf das Thema weit
auseinander, getrennt von ausgiebigen Beschreibungen der Strömungsverhält-
nisse auf dem Atlantik und der gesichteten Tierwelt. Humboldt vermerkt explizit:

> Un voyage des côtes d'Espagne aux îles Canaries, et de là à l'Amérique méridionale,
> n'offre presque aucun événement qui mérite de fixer l'attention, surtout lorsqu'il a lieu
> pendant la belle saison. C'est une navigation moins dangereuse que ne l'est souvent la
> traversée des grands lacs de la Suisse.[19]

Im Tagebuch ist die Möglichkeit aufgebracht zu werden, wesentlich prominenter
vertreten und sie wird eindeutig als Gefahr beschrieben. Das Ereignis, das
letztlich nicht eintrat, prägt die Beschreibung des Reiseabschnitts nachdrücklich. Jedes am Horizont erscheinende Segel hält die Möglichkeit eines gewaltsamen Abbruchs der Reise präsent. Nachts darf kein Licht verwendet werden, um
unnötige Aufmerksamkeit zu vermeiden und all dies wirkt sich auf die Gemeinschaft an Bord aus: „Die Idee einer nahen Gefahr hatte unsere Reisegesellschaft näher gebracht."[20] Humboldt macht dabei einerseits deutlich, dass er
sich einer neuen Situation gegenübersieht, wenn er reflektiert: „So schwebt der
Mensch lange in gleicher Gefahr. [...] Ehe der Schrekken uns nicht aufregt, leben
wir sorglos und sicher".[21] Andererseits dokumentiert er bereits das allmähliche
Einsetzen der Gewohnheit. „Das 2te und 3te vela-Rufen machte sichtbar weniger
Eindruk. Man wird jede Gefahr gewohnt."[22] Und etwas später werden Fakten
angeführt, welche die Gefahr der Atlantiküberquerung allgemein relativieren:
„Seit 1766 haben die Span. Courierschiffe alle Jahr 18 Reisen nach Havana u.
Buenosaires gemacht, u. doch sind seitdem nur 7 Schiffe u. von diesen nur 2 mit
der Mannschaft verunglükt. So gering ist die Gefahr!"[23]

Die auffällige Präsenz der Gefahr in Tagebuch I wurde streng beschnitten. Nur
die konkretesten Momente wurden in den Reisebericht übernommen. Die Offenheit des Aufbruchs, die durch diese Präsenz literarisch verdeutlich wird, fällt
den Objektivierungsprozessen bei der Herstellung des Berichts zum Opfer. Doch

---

19 Ebd., S. 63.
20 Humboldt Tagebuch I, Bl. 4r. Zum Vergleich: Im Reisebericht wird das Löschen der Lichter
    vor allem als ein Ärgernis betrachtet, das die Arbeit behindert, vgl. Humboldt / Bonpland
    1814[–1817], S. 63.
21 Humboldt Tagebuch I, Bl. 4r.
22 Ebd.
23 Ebd., Bl. 70r.

die Objektivität der Gefahr ist nicht nur eine Frage des zeitlichen Abstands oder des Wechsels der Textsorte, sondern auch eine Frage der Perspektive. Damit tangiert sie das Thema des Wissens bei Alexander von Humboldt. Schließlich sind es die Sachkundigen, welche die Gefahr erkennen können – Spezialisten ihres Bereichs – gleichzeitig diejenigen, die aktiv zur Vermeidung beitragen können und sich daher eher einem Risiko als einer Gefahr ausgesetzt sehen. Eklatant wird diese Differenz auch, wenn Humboldt hinsichtlich der Möglichkeit, von den Engländern abgefangen zu werden, bemerkt: „Mit großem Kumer mußten wir sehen, daß einigen Personen der équipage die Engl. gar nicht unwillkomen sind, wenigstens gleichgültig. Sie hoffen, sicher an die Gallicische Küste gesetzt zu werden u. [...] viele Monathe lang ruhig heim zu bleiben."[24]

Jenseits dieses Interessenkonflikts aber zeigt die Synthese der Gefahr, die unterschiedliche Perspektiven im Ereignis versammelt, an epistemologisch eigentlich unauffälliger Stelle die Natur des Humboldt'schen Projekts, eine Form für den Plural der Weltzugänge zu finden. Dieses Projekt scheint den unmittelbar folgenden Generationen zunächst nicht mehr gangbar und das lässt sich auch hinsichtlich der Gefahr nachvollziehen. So schreibt Adelbert von Chamisso prägnant und möglicherweise schon im bewussten Spiel mit den durch die vorangegangenen Reiseberichte geschürten Erwartungen am Beginn seiner *Reise um die Welt*:

> Übrigens hat die Sache nicht einmal den Reiz der Gefahr; diese ist für die unmittelbare Anschauung nie vorhanden und könnte höchstens nur auf dem Wege der Berechnung für den Verstand zu ermitteln sein. Die nicht geladene Pistole, deren Mündung ich mir selber vor das Auge halte, zeigt mir die Gefahr; ich habe ihr nie so auf dem kleinen wellengeschaukelten Bretterhause ins Angesicht gesehen.[25]

Chamisso verdeutlicht an verschiedenen Stellen zu Beginn seines Berichts die Problematik alle relevanten Gesichtspunkte zu verknüpfen, etwa, wenn er über die Schwierigkeiten schreibt, sich in die Gepflogenheiten an Bord einzufinden[26] oder über Zweifel an der eigenen wissenschaftlichen Expertise.[27] Die Kluft zwischen „unmittelbarer Anschauung" und „Verstand" wird entsprechend so groß, dass keine Synthese mehr möglich ist. Mit dem Verzicht auf die erzählte Gefahr verhält er sich dabei bereits in einem modernen Sinne literarisch. Er schreibt interessant durch das bewusste Spiel mit den Erwartungen der Leser,

---

24 Ebd., Bl. 4r.
25 Chamisso 2012, S. 33. An neuerer Forschung zu Chamissos Reise vgl. z. B. Maaß 2016 oder Görbert 2014.
26 Ebd., S. 24.
27 Ebd., S. 26f.

welchen 1836, dem Jahr, in dem die *Reise um die Welt* erscheint, Reiseberichte von Humboldt wie auch von anderen bekannt sein konnten.[28]

Gefahr und Sicherheit

Hinsichtlich des Effekts, den die Segel fremder Schiffe auf die Passagiere haben, heißt es in Humboldts Tagebuch weiter: „Der Geistliche [...] bemerkte sehr richtig, wie traurig eine Zeit sei, wo in dieser unermeßlichen Einöde die bloße Idee von der Nähe eines Menschen Schrecken errege."[29] Dieses Bild findet sich wohl nicht zufällig auch in dem Text, der die Gefahren des sich über die Grenzen des gesicherten Bereichs hinauswagenden neuzeitlichen Menschen am folgenreichsten ausarbeitet – im *Robinson Crusoe*. Das Leben des berühmten Schiffsbrüchigen auf seiner einsamen Insel ändert sich dramatisch als er eines Tages einen menschlichen Fußabdruck findet. Ein ganzes Kapitel ist exklusiv den an diese Entdeckung gehefteten Überlegungen gewidmet. Der Ich-Erzähler vermutet sofort die Nähe von Kannibalen und malt sich das Zusammentreffen mit ihnen in den schwärzesten Farben aus. Über die aufgeführten Vorstellungen, Ängste und Selbstgespräche ließen sich ebenfalls Rückschlüsse auf das Verhältnis von Gefahr und Einbildungskraft ziehen. Gleich zu Beginn des betreffenden Kapitels steht indes eine Reflexion hinsichtlich des eigenartigen Spiels der Vorsehung, welche den Menschen heute das fürchten lässt, was er gestern begehrte:

> I whose only Affliction was, that I seem'd banished from human Society, that I was alone, circumscrib'd by the boundless Ocean, cut off from Mankind, and condemn'd to what I call'd silent Life [...] that to have seen one of my own Species would have seemed to me a raising me from death to live [...] I *say*, that I should now tremble at the very apprehensions of seeing a Man, and was ready to sink into the Ground at but the Shadow or silent Appearance of a Man's having set his Foot in the Island.[30]

In der Einsamkeit den anderen Menschen fürchten zu müssen, ruft eine der Grundformen von Gefahr auf, nämlich die Gefahr, die daraus entsteht, *„zum Objekt von Gewalt eines anderen zu werden."*[31] Diese Möglichkeit ist bei Defoe jedoch nicht völlig kontingent, sondern erscheint gemäß dem Plan der göttlichen Vorsehung. Die Gefahr stellt eine Strafe für Robinsons Verfehlungen dar. Werner

---

28 In der systemtheoretisch informierten Literaturwissenschaft wird seit den neunziger Jahren die Unterscheidung „interessant / uninteressant" als Leitbegriff des modernen Systems Literatur diskutiert, vgl. Werber 1992, S. 27.

29 Humboldt Tagebuch I, Bl. 4r.

30 Defoe 1994, S. 114.

31 Fohrmann (in Vorbereitung).

Frick hat im Begriffspaar „Providenz" und „Kontingenz" ein sehr aussagekräftiges Instrument zur Analyse des Textes gefunden.[32] Damit lässt sich beispielsweise die Spannung zwischen dem Interesse am individuellen Schicksal mit seinen außergewöhnlichen Ereignissen, von dem der Roman einerseits lebt, und andererseits der explizit formulierten Rechtfertigung, damit lediglich das Wirken der göttlichen Ordnung zu illustrieren und vor Abweichungen zu warnen, beschreiben.[33] Gefahr erscheint im Erzählen des 18. Jahrhunderts noch eingebettet in normative Diskurse. Sie löst sich aus dieser Einbettung in dem Maße, indem Literatur als gesellschaftlicher Teilbereich autonom wird.[34] Dieser Prozess geht allerdings sehr allmählich vonstatten. Noch bei Humboldts unmittelbaren Vorläufern ist die Einbettung erkennbar, hält man sich beispielsweise vor Augen, wie die Gefahr in Georg Forsters *Reise um die Welt* eingeführt wird. Noch im Hafen von Plymouth reißt die Kette, die das Schiff hält und nur die rasche Reaktion der Matrosen kann das Auflaufen auf die Felsen verhindern.

> Unsre Seeleute schlossen aus diesem bedenklichen und glücklichen Vorfall auf den günstigen Fortgang der ganzen Reise, und wir konnten nicht umhin die Leitung der göttlichen Vorsehung in diesem wichtigen Augenblick zu erkennen, der alle unsre Hoffnungen beynahe auf einmal vereitelt hätte.[35]

Später wird berichtet, wie im südatlantischen Eismeer Reinhold Forster und der Astronom William Wales ein Beiboot zu Wasser lassen, um „Versuche über die Wärme der See in großer Tiefe" anzustellen.[36] Im Nebel verlieren Sie jedoch die Resolution aus Sicht- und Rufweite. Schließlich hören sie in weiter Entfernung die Glocke der Adventure und können sich so retten. Forster merkt an:

> Man siehet bey dieser Gelegenheit einerseits wie unzählig vielen Unfällen der Seefahrer ausgesetzt ist, und wie oft selbst da Gefahren entstehen, wo man sie am wenigsten besorgt; andrerseits aber auch, wie die alles lenkende Vorsehung stets über unser Schicksal wacht.[37]

Derart transzendente Versicherungen gegenüber der Gefahr sind bei Humboldt nicht in signifikantem Ausmaß vorhanden. Im ersten Tagebuch kommen sie lediglich in Form leicht sarkastischer Abgrenzungen ins Spiel. Auf den Kanaren führt einer der Mitreisenden sie in sein Elternhaus, wo sie seine Mutter – eine sehr gläubige Frau – kennenlernen. Diese gibt an, bereits seit zwei Monaten Messen in einem nahen Kloster lesen zu lassen, um ihren Lieblingsheiligen um

---

32 Frick 1988.
33 Ebd., S. 105 ff.
34 Vgl. Werber 1992.
35 Forster 1989, S. 38. Allgemein zum Thema der Vorsehung bei Forster vgl. Hochadel 2000. Für den Hinweis danke ich Helmut Peitsch.
36 Forster 1989, S. 103 f.
37 Ebd., S. 104.

Unterstützung für die sichere Heimkehr ihres Sohnes zu bitten. Auch sie hat von den englischen Blockaden gehört und „... so habe sie bei zunehmender Gefahr auch dem Heil. Joseph stärker zugesetzt. Noch gestern habe sie frisches Geld ins Kloster geschickt und obgleich dies alles eigentlich für ihren Sohn bestimmt sei, so haben (setze sie hinzu) wir doch auch sichtbar davon profitirt."[38]

Fazit

Natürlich haben die angeführten Überlegungen nicht den Anspruch, die Eingangs gestellte Frage, welcher Reiseabschnitt denn *wirklich* der gefährlichste wäre, zu beantworten. Vielmehr ging es mir darum, einige Rahmenbedingungen des Erzählens von der Gefahr zu beleuchten, die sich an Humboldts erstem Tagebuch und dem Bericht seines Aufbruchs von La Coruña deutlich machen lassen. Gefahr erweist sich dabei nicht nur mit Blick auf ihren narrativen Status als uneindeutig – sie steht zwischen konkretem Ereignis und Möglichkeit –, sondern bevorzugt auch bestimmte Vorstellungen von Sprachverwendung vor anderen. Wenn das konkrete Erscheinen der Gefahr eine synthetische Einheit auf der Ebene des Textes bildet, dann lässt sich fragen, wo die Formvorlagen für diese Synthese herkommen. Offenbar reicht es nicht, davon auszugehen, dass erzählt wird, was geschieht, denn aus dem allgemeinen Geschehen werden unterschiedliche Momente ausgewählt, gewichtet und angeordnet. Nach welchem Plan? Wird die spannende Szene eines die Klippe passierenden Schiffes primär aus einem adäquaten Verständnis der faktischen Situation oder aus einem Wissen über spannendes Erzählen gespeist? Die landläufige Vorstellung einer quasi natürlichen Entstehung der Geschichte ließe sich wie folgt skizzieren: Das Schiff hat knapp die Klippe verfehlt, Humboldt hätte ertrinken können und die plötzlich nahegerückte Möglichkeit des Todes ist immer erzählenswert. Die eigenartige Struktur der Gefahr bildet nun aber ein Einfallstor für sprachliche Konventionen. Wäre die Gefahr des Aufbruchs genauso präsent, wenn die Entscheidung zum Tagebuch und damit die Entscheidung zum Erzählen der Reise nicht schon gefallen wäre? Stellt sich das, was erzählenswert ist, nicht um so bereitwilliger ein, wenn die Reise bereits schreibend erlebt wird? Und empfehlen sich dann nicht mehr oder weniger bewusste Vorlagen aus dem eigenen Lektürehorizont – Formen der Spannungssteigerung, der humorvollen Setzung, der Synthese – die der Nachahmung von Texten mindestens ebenso verpflichtet sind wie der Nachahmung von Welt? Die Gefahr wird so zu einem Gegenstand der Philologie.

Als solcher gewinnt sie eine eigene geschichtliche Dimension, die nicht mehr

---

38 Humboldt Tagebuch I, Bl. 19v.

deckungsgleich ist mit der Geschichte der Phänomene, z. B. der Gewalt oder der menschlichen Auseinandersetzung mit der unbeherrschten Natur. Die Rede von der Gefahr bildet eine eigene kulturgeschichtliche Größe, die parallel zur Geschichte der Phänomene läuft, sie verschiedentlich berührt und sich wieder entfernt. Hier wie in vielerlei anderer Hinsicht bietet der Vergleich der aufeinander folgenden Berichte unserer drei ‚Weltreisenden' einen guten Rahmen zur Historisierung, in dem jeweils prägnante Stationen und gleichzeitig eine nachvollziehbare Kontinuität in der Abfolge erkennbar sind. Im kulturanalytischen Potential solcher Historisierungen scheint mir der philosophische Kern literaturwissenschaftlicher Arbeit zu liegen.

Quellen

Ungedruckte Quellen

Staatsbibliothek zu Berlin – PK, Nachl. Alexander von Humboldt (Tagebücher), I.
Staatsbibliothek zu Berlin – PK, Nachl. Alexander von Humboldt (Tagebücher), IV.
Staatsbibliothek zu Berlin – PK, Nachl. Alexander von Humboldt (Tagebücher), VIIbb/c.

Gedruckte Quellen

Biermann, Kurt-R. / Schwarz, Ingo: „Der unheilvollste Tag meines Lebens". Der Forschungsreisende Alexander von Humboldt in Stunden der Gefahr', in: Mitteilungen der Humboldt-Gesellschaft für Wissenschaft und Bildung e. V. 33 (1997), S. 72–81.
Chamisso, Adelbert von: *Reise um die Welt.* Mit 150 Lithographien von Ludwig Choris und einem essayistischen Nachwort von Matthias Glaubrecht. Berlin 2012.
Defoe, Daniel: *Robinson Crusoe: an authoritative text, background and sources, criticism.* Hg. von Michael Shinagel, New York, London 1994.
Fohrmann, Jürgen: „„In Gefahr und großer Noth / Bringt der Mittel-Weg den Tod. Risiken und/oder Gefahren'", in: Christians, Heiko / Mein, Georg (Hg.): *Gefahr oder Risiko? Zur Geschichte von Kalkül und Einbildungskraft.* Paderborn (in Vorbereitung).
Forster, Georg: ‚Reise um Welt', 1. Teil. in: Ders. *Sämtliche Schriften, Tagebücher Briefe.* 2. Bde., bearbeitet von Gerhard Steiner. Berlin 1989.
Görbert, Johannes: *Die Vertextung der Welt. Literarische Inszenierungsweisen von Forschungsexpeditionen im außereuropäischen Reisebericht um 1800 (Georg Forster, Alexander von Humboldt, Adelbert von Chamisso).* Berlin, München, Boston 2014.
Frick, Werner: *Providenz und Kontingenz: Untersuchungen zur Schicksalssemantik im deutschen und europäischen Roman des 17. und 18. Jahrhunderts.* Teil 1. Tübingen 1988.

Hochadel, Oliver: ‚Natur – Vorsehung – Schicksal. Zur Geschichtsteleologie Georg For-
    sters', in: Garber, Jörn (Hg.): *Wahrnehmung – Konstruktion – Text: Bilder des Wirkli-
    chen im Werk von Georg Forster*. Tübingen 2000, S. 77–104.

Hübner, Johann (Hg.): *Curieuses und reales Natur- Kunst- Berg- Gewerck- und Hand-
    lungslexicon*. Leipzig 1736.

Humboldt, Alexander von / Bonpland, Aimé: *Voyage aux régions équinoxiales du Nouveau
    Continent, fait en 1799, 1800, 1801, 1802, 1803 et 1804. Relation historique*. Bd. 1. Paris
    1814[–1817].

Kluge, Friedrich: *Etymologisches Wörterbuch der deutschen Sprache*. Bearbeitet von Elmar
    Seebold. 23. Auflage. Berlin, New York 1999.

Luhmann, Niklas: ‚Risiko und Gefahr', in: Ders. *Soziologische Aufklärung 5: Konstrukti-
    vistische Perspektiven*. Opladen 1990, S. 131–169.

Maaß, Yvonne: *Leuchtkäfer & Orgelkoralle. Chamissos ‚Reise um die Welt mit der Rom-
    anzoffischen Entdeckungs-Expedition' (1815–1818) im Wechselspiel von Naturkunde
    und Literatur*. Würzburg 2016.

Müller-Scholl, Nikolaus (Hg.): *Ereignis. Eine fundamentale Kategorie der Zeiterfahrung.
    Anspruch und Aporien*. Bielefeld 2003.

Schmitz-Emans, Monika (Hg.): *Literatur als Wagnis / Literature as a Risk. DFG-Symposion
    2011*. Berlin, Boston 2013.

Werber, Niels: *Literatur als System: Zur Ausdifferenzierung literarischer Kommunikation*.
    Opladen 1992.

Michael Ewert

Johann Reinhold Forsters Erfahrungen und Erkenntnisse als Teilnehmer der zweiten Cook'schen Weltumsegelung

Johann Reinhold Forster (1729–1798) ist im Bewusstsein der Nachwelt nur selten aus dem Schatten seines Sohns Georg (1754–1794) getreten,[1] der ihn auf James Cooks zweiter Weltumsegelung begleitete und mit dem er über lange Zeit seines Lebens zusammenarbeitete.[2] Zwar gilt er als bedeutender Naturhistoriker, Pionier der Kulturgeographie[3] und streitlustiger Philosoph,[4] neuerdings verstärkt auch als weltreiseerfahrener Anthropologe,[5] doch erschließt sich seine umfassende wissenschaftsgeschichtliche Bedeutung erst, wenn man auch seine ethnographischen, sprachwissenschaftlichen, aufklärungs- und theoriegeschichtlichen Leistungen in Betracht zieht.

Außer den Reisetagebüchern,[6] deren Originale neben verschiedenen kleineren Schriften aus dem Umfeld der Cook-Expedition, den Bücherkatalogen und den Vokabularen der Südseesprachen in der Staatsbibliothek zu Berlin aufbewahrt werden,[7] zeugen davon die 1778 erschienenen *Observations Made during a Voyage round the World*. Die *Observations* verbinden die Verarbeitung der auf

---

1 Vgl. neben der grundlegenden Biographie von Hoare (1975) die vorzügliche wissenschaftshistorische Studie von Mariss (2015).
2 Aufgrund der intensiven Zusammenarbeit von Vater und Sohn, die sich über einen ausge-
   dehnten Zeitraum erstreckt, sind viele ihrer Erkenntnisse eng und untrennbar miteinander
   verbunden. Als persönliche Bruchstelle zwischen den beiden wird gemeinhin die Parteinahme
   des Jüngeren für die Französische Revolution angesehen. Anlass dazu bietet eine Passage aus
   einem Brief Christian Gottlob Heynes an Sömmerring vom 3.2.1794: „Der Narr [Joh. Reinhold Forster] ist stockaristokratisch oder königlich und erklärte öffentlich, es solle ihn freuen,
   den Sohn am Galgen zu sehen. Ungeheuer!" (zit. nach Enzensberger 1996, S. 295). Eine andere
   Sichtweise legt ein Brief Johann Reinhold Forsters vom 28.2. 1794 aus Halle nahe: „Ich habe
   durch den Verlust meines in Paris verstorbenen Sohnes grossen Kummer gehabt. Meine Frau
   weiß noch nichts von dem Tode unseres Lieblingssohnes. Die Nachricht würde ihr tödlich
   seyn." (zit. nach *Katalog einer Autographen-Sammlung*, S. 13).
3 Vgl. zu Forsters Leistungen als Naturhistoriker: Mariss 2015, zu seiner Bedeutung für die
   Kulturgeographie Beck 1981, S. V–XX.
4 Vgl. zum Streit mit der englischen Admiralität: Hoare 1975.
5 Vgl. Nutz 2009.
6 Forster 1982.
7 Johann Reinhold Forster: SBB, Ms. germ. qu. 222–227.

der Reise geleisteten Forschungstätigkeiten mit naturphilosophischen Reflexionen; sie sind ein Schlüsselwerk über die Südsee und ihre Bewohner, das als
bedeutendste Lebensleistung des Autors gelten kann.[8] Unter dem barock anmutenden Titel *Bemerkungen über Gegenstände der physischen Erdbeschreibung, Naturgeschichte und sittlichen Philosophie auf seiner Reise um die Welt
gesammlet* überträgt Georg Forster die Schrift im Rahmen seiner umfangreichen
Übersetzungsarbeit ins Deutsche, um sie, mit Kommentaren versehen, 1783 dem
Publikum zu präsentieren.

Dieser meist durch die schriftstellerisch brillanten Reiseschriften des Sohnes
verdeckte und von der Forschung etwas stiefmütterlich behandelte Text steht im
Mittelpunkt der folgenden Ausführungen.[9] Bei aller Nüchternheit der Darbie-
tungsweise überzeugt er durch originelle Einsichten, eine undogmatische Offenheit und die große Weite des geistigen Horizonts. In den weltumspannenden
Perspektiven von Herders *Ideen zur Philosophie der Geschichte der Menschheit*,
in Texten Alexander von Humboldts und anderen zeitgenössischen Schriften
hinterlässt das Werk seine Spuren. Im Folgenden soll skizziert werden, welche
ideengeschichtlichen und kulturtheoretischen Dimensionen die *Bemerkungen*
eröffnen und wie diese fortwirken.

Der Text gliedert sich in sechs Oberkapitel: 1. Von Erde und Land; ihren
Unebenheiten, Schichten und Bestandteilen, 2. Vom Wasser und vom Weltmeer,
3. Vom Dunstkreis, dessen Veränderungen und Erscheinungen, 4. Von Veränderungen der Erdkugel, 5. Von organischen Erdkörpern, unterteilt in Pflanzenwelt und Tierreich, und 6., das mit Abstand längste Hauptstück: Vom
Menschengeschlecht. Mit der ausführlichen Beschreibung und Reflexion der
verschiedenen Formen menschlichen Lebens markiert das letzte Kapitel den
eigentlichen Hauptschwerpunkt.

In einem Dreischritt führt die Darstellung gemäß einer materialistischen
Grundannahme von der physischen Erdbeschreibung über die Naturgeschichte
zur sittlichen Philosophie. Die Menschheitsgeschichte wird dargestellt als fort-
geschrittenes Stadium und Teil der Naturgeschichte. Dass die Natur eine Geschichte habe, ist vor dem Hintergrund der biblischen Schöpfungslehre ein in
der damaligen Zeit noch immer neuartiger Gedanke. Zugleich zeichnet sich in
der Konzeption das intellektuelle Profil des Fortschritts- und Zivilisations-
theoretikers Forster ab: Anders als für Rousseau ist Natur für ihn kein utopischer
Gegenentwurf zur Entfremdung des Menschen, sondern Rohstoff kultureller
Fortentwicklung.

Im strukturellen Aufbau als auch im Ideengehalt bieten die *Bemerkungen* in
nuce einen Vorgriff auf Herders *Ideen* als auch auf Alexander von Humboldts

---

8 Vgl. Hoare, S. 184.
9 Forster 1981.

Kosmos: eine Gesamtschau der materiellen Welt, fortschreitend von der anorganischen zur organischen Natur und zur kulturellen Entfaltung der Menschheit, und zwar in ihrer jeweiligen Historizität und Veränderlichkeit, in ihrer staunenerregenden Vielfalt und Größe.

In der Kombination von naturwissenschaftlicher und kulturgeographischer Wissensvermittlung leistet der Text aber auch einen Beitrag zur Länder- und Völkerkunde. Als Teilnehmer an Cooks Weltumsegelung war der Verfasser dazu in besonderer Weise berufen. *Beiträge zur Völker und Länderkunde* lautete der Titel eines Magazins, das Forster von 1781 bis 83 zusammen mit seinem Schwiegersohn Matthias Christian Sprengel (1746–1803), einem vehementen Kritiker des Sklavenhandels, herausgab, bevor dieser die alleinige Herausgabe übernahm. Zum ersten Mal wurde damit der Begriff „Völkerkunde" im Titel einer Zeitschrift geführt,[10] wie überhaupt die genannten Publikationen deutlicher als jemals zuvor im deutschsprachigen Raum ethnographische und ethnologische Wissensgebiete umreißen, die bis dahin noch etwas unspezifisch als Universalgeschichte ausgewiesen waren. Es ist durchaus bemerkenswert, dass damit ein kleiner Kreis von deutschen Gelehrten eine wissenschaftsgeschichtliche Pionierrolle einnimmt und den entsprechenden Debatten in den großen Seefahrernationen vorauseilt.[11]

Berührungspunkte weisen die *Bemerkungen* auch zu der im 18. Jahrhundert populären Tradition literarischer Tableaus auf. Johann Reinhold Forster hatte 1780 selbst ein *Tableau de l'Angleterre* vorgelegt.[12] Übersetzt und erweitert wird der Text wenige Jahre später unter dem Titel *Gemählde von England vom Jahre 1780* der Öffentlichkeit präsentiert.[13] Mit der Übersetzung von „Tableau" in „Gemälde" erfährt der Genrebegriff eine Popularisierung im deutschen Sprachraum. Die Durchsetzung dieses Wissenstypus stellt eine Verräumlichung chronologischer Wissensanordnungen und eine Etablierung neuartiger Ordnungs- und Zeichensysteme dar; allerdings unterlegt Forster der starren Tableauanordnung eine innere, zeitliche Bewegung. Unter den zwei Ausprägungen dieser Tradition, Tableaus des Wissens und der Künste[14] – das französische Wort bezeichnet sowohl Tabelle, Liste und Verzeichnis als auch Gemälde –, neigen die *Bemerkungen* stärker der ersten Variante zu. Dabei halten sich individualistisch-räsonierende Züge und Ausprägungen einer analytisch-wissenschaftlichen Weltdeutung die Waage. Tabellen, Karten und gegenstandsnahe Textformen werden zu einer Gesamtschau zusammengefügt, wobei sich wie später bei Humboldt ein ausgeprägtes Medienbewusstsein geltend macht.

---

10 Vermeulen 2015, S. 390.
11 Vgl. ebd.
12 [Forster] 1783.
13 Forster 1784.
14 Vgl. Graczyk 2004, S. 11–17.

In Analogie zu Herder, der sich in seinem damals unpublizierten *Journal meiner Reise im Jahre 1769* als „Philosoph auf dem Schiffe" inszeniert,[15] präsentiert sich auch der Verfasser der *Bemerkungen* in vermarktungs- und kommunikationsstrategischer Absicht als Bindeglied und Schaltstelle zwischen Theorie und Praxis, indem er sein auf der Weltreise gewonnenes Erfahrungswissen und die Perspektiven des wissenschaftlichen Analytikers und Philosophen zu vermitteln sucht. Mit großem Selbstbewusstsein artikuliert sich dabei eine aus dem Geiste der Aufklärung gewonnene Individualitätsauffassung, für die modellhaft der weite Blick des Seefahrers und die offene und freie Geisteshaltung des Philosophen stehen.

Dass es sich nicht um geschlossene Modelle und traktathafte Ausführungen handelt, signalisiert schon der Titel *Bemerkungen über ...* Geboten werden detaillierte, auf konkreten Erfahrungen beruhende und in größere Kontexte eingebundene Beschreibungen, kritische Analysen und zukunftsoffene Prognosen, die die Leser in die Bewegungen des Denkens hineinziehen und in bester aufklärerischer Manier zur Überprüfung, Reflexion oder auch zur Widerrede veranlassen. Gestützt auf wachen Beobachtungsgeist, lässt sich der Verfasser von Anschauungen leiten, ohne diese zu verabsolutieren. Vergleiche und historisch-genetische Erklärungsversuche veranschaulichen die Prägekraft des Milieus und der Umgebungsbedingen, deren Auswirkungen auf das menschliche Leben in aller Deutlichkeit hervortreten. Indem Natur und Kultur als Zusammenhang erscheinen, wird die Natürlichkeit des Menschen akzentuiert, ohne dass Naturzustandstheoreme Rousseaus oder überkommene deterministische Annahmen Anwendung finden.

Sukzessiv bilden sich in Form von Abwägungen und dialogischen Erörterungen Hypothesen und prononcierte Einschätzungen, prozessuale und diskursive Erkenntnisschritte heraus, die kein abgeschlossenes Bild festhalten, sondern Momente des Übergangs gewahr werden lassen. Der Text versteht sich also nicht als umfassendes Lehrgebäude, sondern als Modell kommunikativen Handelns, als eine Form von Aufklärung, die zur kritischen Überprüfung, zum Selbst-, Um- und Neudenken anregt.

Ein Charakteristikum der Textorganisation besteht darin, dass sehr heterogene Beobachtungs- und Reflexionsebenen zusammengeführt und zusammengebunden werden. So gruppieren sich verschiedene Darstellungsstränge um eine anthropologische Leitfrage der Zeit, wie man den Menschen vom Tier abgrenzen könne. Zu solchen Überlegungen hatten die Weltreisen mit ihren Beobachtungen körperlicher und kultureller Verschiedenheit menschlichen Lebens Anlass gegeben. „Was der Mensch werden konte, das ist er überall nach Maasgabe der Lokalverhältnisse geworden", schreibt Georg Forster acht Jahre nach den *Be-*

---

15 Herder 1997, S. 16.

merkungen zusammenfassend in seinem programmatischen Essay *Über lokale und allgemeine Bildung*, um fortzufahren:

> Klima, Lage der Örter, Höhe der Gebirge, Richtung der Flüsse, Beschaffenheit des Erdreichs, Eigenthümlichkeit und Mannichfaltigkeit der Pflanzen und Thiere haben ihn bald von einer Seite begünstigt, bald von der andern eingeschränkt, und auf seinen Körperbau, wie auf sein sittliches Verhalten, zurückgewirkt. So ist er nirgends Alles, aber überall etwas verschiedenes geworden, das dem Verstande des Forschers, wenn er über die Schicksale und Bestimmungen seiner Gattung nachdenkt, Aufschluß verspricht, oder wenigstens den Stoff zu einer eigenen Hypothese über den wichtigsten Gegenstand unseres Grübelns in die Hände spielt.[16]

Im Mittelpunkt dieses Nachdenkens stand in den achtziger Jahren des Jahrhunderts die Frage nach dem Ursprung des Menschengeschlechts. Man mag im dabei aufkommenden Rassenkonzept, auf das sich auch Immanuel Kant in seinen Beiträgen über Menschenrassen bezieht,[17] eine dunkle, gegenläufige Seite der Aufklärung sehen,[18] die, wie es Horkheimer und Adorno unter dem Eindruck der politischen Katastrophen des 20. Jahrhunderts in der *Dialektik der Aufklärung* darlegen,[19] die Tendenz in sich trage, durch instrumentelle Vereinseitigung zum bloßen Herrschaftsinstrument zu verkümmern. Relativierend wäre allerdings anzumerken, dass Kant und andere Vertreter der Aufklärung mit dem Konzept der Menschenrassen eine historische und keineswegs biologische Sichtweise vertraten, um im Geiste üblicher Ordnungs- und Systematisierungsweisen rational begründete Zuordnungen vorzunehmen.[20] Zudem war sich die historische Aufklärung durchaus bewusst, dass Vernunft an lebenspraktische Zusammenhänge, an Erfahrung und Humanität gebunden bleiben muss, um sich nicht in ihr Gegenteil zu verkehren. Zu den zahlreichen Stimmen, die das belegen, gehört auch Georg Forster, etwa wenn er in seiner Kant-Kritik dem Philosophen vorwirft, „die Natur nach ihren logischen Distinktionen modeln zu wollen".[21]

Bei der im Vorangehenden nur schlaglichtartig aufgegriffenen Debatte handelt es sich um eine erkenntnistheoretisch und wissenschaftsgeschichtlich bedeutsame Kontroverse mit weitreichenden ideologiegeschichtliche Konsequenzen;[22] sie setzt sich unter wechselnden Akzentsetzungen fort, u. a. in Auseinandersetzungen über Sklaverei und Sklavenhandel. Im Hinblick auf die *Bemerkungen* verdient hervorgehoben zu werden, dass Johann Reinhold Forster

---

16 Forster 1990, S. 45.
17 Kant 1964.
18 Vgl. Koller 2009, S. 24–28.
19 Horkheimer / Adorno 1947.
20 Vgl. Geulen 2014, S. 48–61.
21 Forster 1978, S. 486.
22 Vgl. Godel / Stiening 2012.

– sicherlich mit Zustimmung seines Sohnes – sehr konsequent die Annahme einer einheitlichen Abstammung des Menschengeschlechts verteidigt, für die Mitte des 19. Jahrhunderts die Evolutionstheorie Darwins eine Bestätigung liefert. Allerdings führt Georg Forster nur drei Jahre nach Erscheinen der *Bemerkungen* in seinem Essay *Noch etwas über die Menschenraßen* probehalber die Polygenese-These gegen Kant ins Feld,[23] wobei es sich jedoch nur um eine methodisch motivierte und schnell überholte Versuchsanordnung handelt.[24] Bemerkenswert erscheint schließlich, wie Aufklärung und Naturforschung für den studierten Geistlichen Forster jenseits der Bibelexegese ins Zentrum der Welt- und Gotteserkenntnis rücken:

> Die Lehre unserer heiligen Bücher, daß aller Menschen Ursprung ein einiges Paar gewesen sey, würde mich der Mühe überheben, den Grund der verschiedenen Abstufungen des Charakters, des Körperbaues, der Farbe, Größe und Gesichtsbildung aufzusuchen, die ich im vorhergehenden an den Bewohnern der Südländer aufgezählt habe; ich würde den Knoten mit einem Schwerdtstreich lösen, und gerade zu entscheiden können, daß alle Varietäten im Menschengeschlechte bloß zufällig, keinesweges aber ursprünglich sind. Allein darf es in einem Zeitalter der allgemeinen Aufklärung und Erleuchtung hiebey sein Bewenden haben? Ich fürchte sehr, das Gegentheil! [...][25]

Konstitutiv für die anthropologischen Reflexionen sowie für die Ausführungen zur Kulturtheorie und Menschheitsgeschichte in den *Bemerkungen* sind ausgiebige sprachwissenschaftliche Forschungen, die auf intensiver Feldarbeit im Verlauf der Weltreise beruhen. Daraus sind die in den Text integrierten Tabellen zu den Sprachmerkmalen und -unterschieden der Südseeinsulaner hervorgegangen. Schon vor Antritt der Expedition hatten sich die beiden Forsters durch Studium von Wortlisten Bougainvilles und anderer Materialien auf die sprachwissenschaftliche Arbeit vorbereitet, um dann auf jeder Insel im Südmeer linguistische Erhebungen durchzuführen, Daten zu sammeln und ein Vokabular der Südseesprachen zusammenzutragen, das beeindruckende Erkenntnisse über den Sprachwandel des Tahitianischen liefert. Bis heute steht diese wissenschaftsgeschichtliche Pionierleistung, die unter den zeitgenössischen Arbeiten die gründlichste und umfangreichste Bestandsaufnahme darstellt,[26] im Schatten der Verdienste Wilhelm von Humboldts.

Wie alle anderen Themensträngen liegt auch den sprachwissenschaftlichen Forschungen ein weit in die Moderne reichender Kulturbegriff zugrunde. Wenn Übergänge und Überschneidungen, Interferenzen und Verwandtschaften zwi-

---

23 Forster 1991, S. 130–157.
24 Vgl. dagegen van Hoorn (2004), die Forsters These als verbindliche Positionierung ansieht.
25 Forster 1981, S. 226f.
26 Vgl. Rensch 2003.

schen sprachlichen Varietäten zur Sprache kommen, artikuliert sich jenseits klar voneinander abgrenzbarer Entitäten ein dynamisch-prozessuales, offenes Kulturverständnis, das nur mit Bezug auf jeweils konkrete historische Situationen Geltung beansprucht.[27] Die Grundlage dafür bildet ein immer wieder auftretendes Staunen über die unendliche Vielfalt der Erscheinungen. Aus dieser Vielfalt der Erscheinungen ergibt sich für Johann Reinhold Forster die Einheit des Menschengeschlechts; sie ist für ihn untrennbar mit der Heterogenität der Phänomene verbunden. Dass sich aus dieser Vielfalt auch die Schönheit des Ganzen ergibt, bleibt allerdings eine Konsequenz, die erst sein Sohn Georg und stärker noch Alexander von Humboldt ziehen sollten.

Immerhin nehmen an wenigen Stellen unmittelbare Eindrücke und Erfahrungen in Form von kurzen Einsprengseln schriftstellerische Gestalt an. So gewinnt beispielsweise der Kontakt mit der Antarktis als ein Eintauchen in eine für europäische Augen völlig fremde Welt eine Anschaulichkeit, wie sie der Sohn in seinen Reiseschilderungen auf so faszinierende Weise herzustellen vermag:

> Jene ungeheuren Eisklumpen, welche in der Nähe der Pole, auf dem Meere schwimmen, machen einen unbeschreiblichen Eindruck auf den Seefahrer; ich hatte im voraus viele Nachrichten von ihrer Gestalt, Größe und Entstehung gelesen, und ward dennoch völlig überrascht, als ich sie zum erstenmal erblickte. Das Große dieses Anblicks übertrift alle Erwartung.[28]

Besondere Aufmerksamkeit verdienen schließlich die auf den Weltreiseerfahrungen beruhenden fremdheitstheoretischen Dimensionen des Textes. Aus der Perspektive der europäisch-überseeischen Begegnung richtet sich der Blick nicht nur auf die Bewohner der Südsee, sondern auch auf den Erdteil Europa, der in seiner historischen Bedingtheit, Kontingenz und Relativität betrachtet wird. Wenn kriegerische Auseinandersetzungen oder Kulthandlungen der Polynesier, z.B. das Ausstellen von Siegestrophäen, beschrieben werden, Formen von Kannnibalismus oder andere Grausamkeiten zur Sprache kommen,[29] sieht Forster keine Veranlassung, die Andersartigkeit der Südseeinsulaner kategorisch hervorzuheben. Fast durchgängig wird das vermeintlich Fremde nicht als absolute, statische Kategorie wahrgenommen, sondern als relationale Größe, die in einem Prozess der Annäherung permanenten Veränderungen unterliegt, von denen auch das Selbstverständnis des Betrachters keineswegs unberührt bleibt. So forciert auch die Erkenntnis, dass auf den ersten Blick so verschieden erscheinende Lebenswelten gleichen Gesetzmäßigkeiten und Entwicklungsfaktoren unterliegen, das Wissen um die Verschränkung von Fremdem und Eigenem. Es wird deutlich, dass dem Eigenen, insofern es sich nur im Kontrast zum

---

27 Vgl. Forster 1981, S. 247 f.
28 Forster 1981, S. 59.
29 Vgl. z. B. ebd., S. 518–520.

Fremden als solches bestimmt, immer auch ein Stück Fremdheit inhärent ist. Wie sein Sohn Georg ist Johann Reinhold Forster damit bereits auf dem Weg zu der modernen Erkenntnis, dass strikte Trennungslinien oder bipolare Gegenüberstellungen keine Gültigkeit haben, ja dass das Fremde eigentlich nicht oder nur insofern existiert, indem es über das unmittelbar Gegebene hinausgeht.[30] Eng verbunden damit ist die Einsicht in die Relativität des europäischen Zivilisationsmodells und die für Forsters Werk grundlegende Erfahrung einer Einheit und Vielfalt des Menschengeschlechts.

In seinen *Ideen* nennt Herder Johann Reinhold Forster den „Ulyßes dieser Gegenden [Polynesien; M.E.]", der mit seinen *Bemerkungen* ein so gelehrtes Buch vorgelegt habe, „daß wir ähnliche Beiträge zur *philosophisch-physischen* Geographie auch über andre Striche der Erde als Grundsteine zur Geschichte der Menschheit zu wünschen haben".[31] Solche Akzentsetzungen mögen in heutigen postkolonialen Debatten vehemente Kritik hervorrufen. Demgegenüber wären Forsters Bewusstsein für die Notwendigkeit kulturellen Austauschs und seine Arbeit am Aufbau polyzentrischer Wissensstrukturen hervorzuheben. In Anknüpfung an antike Modelle vertritt er kosmopolitische und weltbürgerliche Vorstellungen, und zwar im Sinne eines „Weltbewußtsein[s]", wie es Ottmar Ette für Alexander von Humboldt geltend macht.[32] Bei allen zeitbedingten Inkonsistenzen zeichnen sich dabei kulturreflexive und interkulturelle Potentiale ab, die in Absetzung von einer ahistorischen Aufklärungsschelte der Erinnerung bedürfen.

Quellen

Gedruckte Quellen

Beck, Hanno: ‚Einführung. Johann Reinhold Forster – ein großer Anreger der Geographie',
    in: Forster, Johann Reinhold: *Beobachtungen während der Cookschen Weltumsegelung
    1772-1775.* Unveränderter Neudruck der 1783 erschienenen *Bemerkungen über Gegenstände der physischen Erdbeschreibung, Naturgeschichte und sittlichen Philosophie
    auf seiner Reise um die Welt gesammlet.* Stuttgart 1981. S. V–XX.
Enzensberger, Ulrich: *Georg Forster. Ein Leben in Scherben.* Frankfurt/M. 1996.
Ette, Ottmar: *Weltbewußtsein. Alexander von Humboldt und das unvollendete Projekt
    einer anderen Moderne.* Weilerswist 2002.

---

30 Vgl. zu dieser Grundhypothese der modernen Alteritätsforschung: Waldenfels 2006.
31 Herder 1989, S. 239.
32 Ette 2002.

Forster, Georg: ,Briefe 1784 – Juni 1787'. Bearb. von Brigitte Leuschner, in: *Georg Forsters Werke. Sämtliche Schriften, Tagebücher, Briefe.* Bd. 14. Hg. v. der Akademie der Wissenschaften der DDR. Berlin 1978.

Forster, Georg: ,Über lokale und allgemeine Bildung', in: *Georg Forsters Werke. Kleine Schriften zu Kunst und Literatur.* Sakontala, bearb. v. Gerhard Steiner, 2. unveränderte Aufl. Sämtliche Schriften, Tagebücher, Briefe. Bd. 7. Hg. v. der Akademie der Wissenschaften der DDR. Berlin 1990, S. 45–56.

Forster, Georg: ,Noch etwas über die Menschenraßen', in: *Georg Forsters Werke. Kleine Schriften zu Philosophie und Zeitgeschichte,* bearb. von Siegfried Scheibe, Sämtliche Schriften, Tagebücher, Briefe. Bd. 8. Hg. v. der Akademie der Wissenschaften der DDR. Berlin 1991, S. 130–157.

Forster, Johann Reinhold: *Gemählde von England vom Jahre 1780, fortgesetzt von dem Herausgeber bis zum Jahre 1783, aus dem Französischen übersetzt,* o. O. [Dessau] 1784.

Forster, Johann Reinhold: *Beobachtungen während der Cookschen Weltumsegelung 1772–1775.* Hg. von Hanno Beck. Unveränderter Neudruck der 1783 erschienenen *Bemerkungen über Gegenstände der physischen Erdbeschreibung, Naturgeschichte und sittlichen Philosophie auf seiner Reise um die Welt gesammelt.* Stuttgart 1981.

Forster, Johann Reinhold: ,*The Resolution' Journal of Johann Reinhold Forster 1772–1775.* Hg. von Michael E. Hoare. 4 Bde. London 1982.

[Johann Reinhold Forster] *Tableau de l'Angleterre pour l'Année 1780, continué par l'Editeur jusqu' à l'Année 1783* o.O. 1783.

Geulen, Christian: *Geschichte des Rassismus.* 2. durchges. Aufl. München 2014.

Godel, Rainer / Stiening, Gideon (Hg.): *Klopffechtereien – Missverständnisse – Widersprüche? Methodische und methodologische Perspektiven auf die Kant-Forster-Kontroverse.* München 2012.

Graczyk, Annette: *Das literarische Tableau zwischen Kunst und Wissenschaft.* München 2004.

Hoare, Michael E.: *The Tactless Philosopher. Johann Reinhold Forster (1729–98).* Melbourne 1975.

Herder, Johann Gottfried: *Ideen zur Philosophie der Geschichte der Menschheit.* Hg. von Martin Bollacher, in: Bollacher, Martin u. a. (Hg.): *Johann Gottfried Herder, Werke in zehn Bänden,* Bd. 6. Frankfurt/M. 1989.

Herder, Johann Gottfried: ,Journal meiner Reise im Jahr 1769 / Pädagogische Schriften'. Hg. von Rainer Wisbert unter Mitarbeit von Klaus Pradel, in: Arnold, Günter / Bollacher, Martin u. a. (Hg.): *Johann Gottfried Herder. Werke in zehn Bänden.* Bd. 9/2. Frankfurt/M. 1997, S. 9–126.

Hoorn, Tanja van: *Dem Leibe abgelesen. Georg Forster im Kontext der physischen Anthropologie des 18. Jahrhunderts.* Tübingen 2004.

Horkheimer, Max / Adorno, Theodor W.: *Dialektik der Aufklärung. Philosophische Fragmente.* Amsterdam 1947.

Kant, Immanuel: ,Von den verschiedenen Rassen der Menschen', in: Ders.: *Werke in zehn Bänden.* Bd. 9. Hg. v. Wilhelm Weischedel. Darmstadt 1964, S. 11–30.

Katalog einer Autographen-Sammlung zur Geschichte der deutschen Litteratur seit Beginn des 18. Jahrhunderts. Hg. von dem Besitzer Alexander Meyer Cohn, Berlin 1886.

Koller, Christian: *Rassismus.* Paderborn 2009.

Mariss, Anne: „*A world of new things*". *Praktiken der Naturgeschichte bei Johann Reinhold Forster*. Frankfurt/M., New York 2015.

Nutz, Thomas: „*Varietäten des Menschengeschlechts*". *Die Wissenschaft vom Menschen in der Zeit der Aufklärung*. Köln u. a. 2009.

Rensch, Karl H.: ‚Wegbereiter der historisch-vergleichenden Sprachwissenschaft: Reinhold und Georg Forster als Erforscher der Sprachen des Pazifiks auf der zweiten Reise von Cook 1772–1775', in: *Georg-Forster-Studien III*. Kassel 1999, S. 221–243.

Vermeulen, Han F.: *Before Boas. The Genesis of Ethnography and Ethnolgy in the German Enlightenment*. Lincoln 2015.

Waldenfels, Bernhard: *Grundmotive einer Phänomenologie des Fremden*. Frankfurt/M. 2006.

René-Marc Pille

Das Offenbaren des Eigenen durch den fremden Blick.
Zu Chamissos Tagebuch der *Reise um die Welt*

> So komm, dass wir das Offene schauen,
> Dass ein Eigenes wir suchen, so weit es auch ist.
> Hölderlin, *Brot und Wein*

„Ich verabscheue Reisen und Forschungsreisende." – *Je hais les voyages et les explorateurs:* Mit diesem provokanten Satz beginnt ausgerechnet einer der berühmtesten Reiseberichte des 20. Jahrhunderts: *Traurige Tropen* von Claude Lévi-Strauss. „Trotzdem", fährt der Verfasser fort, „stehe ich im Begriff, über meine Expeditionen zu berichten".[1] Was der Ethnologe verwarf, war die in der Reiseliteratur längst zur Mode gewordene Vordergründigkeit des Erlebten, die die Gunst des Publikums so sehr genoss – ob als Leserschaft, ob als Zuhörerschaft von Vorträgen. Daher die rhetorische Frage:

> […] verdient eine armselige Erinnerung wie folgende: ‚Morgens um 5 Uhr 30 legten wir in Recife an, während die Möwen kreischten und eine Schar von Händlern, die südliche Früchte anboten, sich um das Schiff drängte', dass ich die Feder in die Hand nehme und sie festhalte?[2]

All dies wertet Lévi-Strauss als „Schlacke"[3] (*gangue*) ab. Nichtsdestotrotz hat er darauf verzichtet, seinen Reisebericht gleichsam zu „entschlacken", was gerade sowohl den belletristischen Reiz als auch die historische Tragweite desselben ausmacht, wo das Persönliche mit dem Sachlichen aufs glücklichste miteinander verwoben sind: Ob Reiseerinnerungen als „armselig" gelten, hängt ja nicht nur von den Erlebnissen ab, die aus dem Gedächtnis auftauchen, sondern auch von der Qualität des Erzählens…

Mit einem entgegengesetzten Vorhaben ergriff Chamisso die Feder, als er sich anschickte, im Winter 1834–35 über seine Weltreise zu berichten, die beinahe zwanzig Jahre zurücklag: Hier wurde Subjektivität nicht nur in Kauf genommen, sondern regelrecht beansprucht. Dies entsprach einem Zeitgeist, der seit den Erdumsegelungen Cooks „die „Reisebeschreibung" zu einer angesehenen, ob-

---

1 Lévi-Strauss 1988, S. 7.
2 Ebd.
3 Ebd.

ligaten Gattung gemacht"[4] hatte. Und gerade im biedermeierlichen Deutschland war seit dem Erscheinen von Goethes *Italienischer Reise* die Gattung erst recht zur Modelektüre geworden, was Heine als Verfasser der *Reisebilder* dazu veranlasste, mit solchen dichterischen Unternehmen zu kokettieren.

> Es gibt nichts Langweiligeres auf dieser Erde, als die Lektüre einer italienischen Reisebeschreibung – außer etwa das Schreiben derselben – und nur dadurch kann der Verfasser sie einigermaßen erträglich machen, dass er von Italien selbst so wenig als möglich darin redet.[5]

Chamissos Beteiligung als Naturforscher an der von Otto von Kotzebue geleiteten zweiten russischen Weltumsegelung (1815–1819) hatte zunächst ihren schriftlichen Niederschlag in der Form eines *Bemerkungen und Ansichten* betitelten wissenschaftlichen Berichts gefunden, der im dritten Band von Kotzebues 1821 in Weimar publizierter *Entdeckungsreise* steht.[6] Ein Lob auf Chamisso spendete in der Einleitung Admiral Krusenstern, ein Deutschbalte, der die erste russische Weltumsegelung (1803–1806) mitgeleitet hatte und seitdem mit der Vorbereitung der maritimen Expeditionen unter russischer Flagge beauftragt war:

> H[err] v. Chamisso aus Berlin [machte] die Reise als Naturforscher mit. Er war von den Professoren Rudolph und Lichtenstein, dem Kanzler als ein kenntnißvoller, seine Wissenschaft leidenschaftlich liebender Gelehrter empfohlen, und wie wahr diese Empfehlung, und wie glücklich die Wahl für den Lieutenant Kotzebue und für die Wissenschaft überhaupt ausgefallen ist, davon zeugt das vorliegende Werk.[7]

Erst 16 Jahre später verfasste der Naturforscher eine eigene Reisebeschreibung, die er aus verschiedenen, während der Expedition geschriebenen Aufzeichnungen, Berichten und Briefen zusammenstellte. Dieses rekonstruierte Tagebuch bildet, zusammen mit den neu aufgenommenen *Bemerkungen und Ansichten*, Chamissos *Reise um die Welt*, die am Anfang der 1836 beim Leipziger Buchhändler erschienenen Erstausgabe seiner gesammelten Werke steht.[8] Dass sich Chamisso verpflichtet fühlte, nochmals zur Feder zu greifen, lag nicht zuletzt – ungeachtet der lobenden Worte Krusensterns – an seiner Unzufriedenheit über Kotzebues Edition der Entdeckungsreise. „Was ich geschrieben", heißt es im Vorwort, „war von unzähligen, sinnzerstörenden Druckfehlern an vielen Stellen verfälscht und unverständlich; und dieselben in einem Errata anzuzeigen,

---

4 Sengle 1971–1980, Bd. 2, S. 239.
5 Heine 1981, S. 426.
6 Kotzebue 1821.
7 Ebd., Bd. 1, S. 12. Siehe Pille 2015.
8 Chamisso 1836. Erst seit der von Friedrich Palm, einem posthumen Schwiegersohn des Dichters, 1864 besorgten 5. Ausgabe hat sich der editorische Brauch durchgesetzt, bei Chamissos Werken die Lyrik und die Prosadichtung voranzustellen. Chamisso 1864.

wurde mir bestimmt abgeschlagen."[9] Nicht zu verachten war auch für den bescheidenen preußischen Beamten und Vater von sieben Kindern der in Aussicht gestellte Ertrag der Publikation, wie aus einem unveröffentlichten Brief Chamissos vom 12. Januar 1835 an den in Frankreich sesshaften Bruder Hippolyte hervorgeht:

> Ich schreibe meine Reise nieder, eine Erzählung ohne jeglichen wissenschaftlichen Apparat, ein Buch zum Lesen und nicht zum Studieren. – Sie wird zu meinen Werken gehören, um welche meine Buchhändler mich gebeten haben und für die sie mir das erste nennenswerte Honorar geben, das ich je bekommen habe. 1200 Rt (4800 Pfund) für vier Bände, wovon ich nur einen zu schreiben habe.[10]

Dem zum deutschen Dichter gewordenen Emigranten aus Frankreich ging es aber um viel mehr: Zum einen gab ihm dieses literarische Unternehmen, bei dem er „den Gelehrten ganz verleugnen"[11] wollte, die Gelegenheit, den historischen Abstand zu ermessen, der die Epoche der Weltreise von der eigenen Gegenwart trennte und somit die Umwälzungen zu verzeichnen, die sich nach dem Sturz Napoleons weltweit vollzogen hatten. Zum anderen ging es Chamisso, der seit einiger Zeit von einer schweren Lungenkrankheit heimgesucht war, die ihn zwei Jahre später hinwegraffen sollte, darum, die Bilanz eines Lebens zu ziehen, dessen roter Faden in der ständigen, teils schmerzhaften, teils schöpferischen Erfahrung mit der Fremde besteht. Gerade diese Verflechtung von historischer Objektivität und beanspruchter Subjektivität macht den dichterischen Reiz von Chamissos Tagebuch seiner *Reise um die Welt* aus: „Diese Weltumsegelung, schon veraltet", schrieb ihm Alexander von Humboldt, „hat durch ihre Individualität der Darstellung den Reiz eines neuen Weltdramas erhalten."[12] Daher darf dieses Meisterwerk deutscher Reiseprosa als das eigentliche literarische und historische Bekenntnis Chamissos betrachtet werden.

Worin besteht nun dieses Bekenntnis? Was offenbart der fremde Blick, sowohl vom Anderen als auch – rückwirkend – vom Eigenen?[13] Die Beobachtung „fremder" Sitten und Bräuche hat zwar eine lange Tradition, die über Marco Polo auf Herodot zurückgeht – die letztere Variante dieses Verfahrens ist aber relativ neu, denn die Verwendung der (allerdings fiktiven) Eingeborenen zum Zweck

---

9 Chamisso 1975, Bd. 2, S. 7.
10 „J'écris mon voyage, un narré dépouillé de tout appareil scientifica, un livre à lire et non à étudier. – Il fera partie de mes œuvres que m'on demandé mes libraires et dont ils me donnent le premier honoraire notable que j'ai encore perçu. 1200 Rt (4800 livres) pour quatre volumes dont je n'ai qu'un seul à écrire. " [Originalorthographie]. SBB, Nachl. Adelbert von Chamisso, Kasten 17, Nr. 20. Übers. des Verf.
11 Chamisso 1975, Bd. 2, S. 8.
12 Zit. nach: Chamisso 1856, Bd. 6, S. 146.
13 Siehe dazu die zahlreichen Aufsätze aus dem Katalog zur Ausstellung *Mit den Augen des Fremden*. Gesellschaft für interregionalen Kulturaustausch / Kreuzberg Museum 2004.

der im buchstäblichen Sinne *Verfremdung* der eigenen Welt geht erst auf die
Entdeckung der sogenannten „Neuen Welt " zurück: Sie setzt mit Montaignes
Kannibalen (1580) an und liefert mit Montesquieus *Perserbriefen* (1721) die
Matrix solcher literarisch-philosophischen Berichte. In der *Reise um die Welt*
werden zwei Insulaner aus der Südsee – in dem Fall reale Personen – zu diesem
Zweck verwendet: Zum einen ein gewisser Kadu aus der Karolinengruppe, der zu
Chamissos Informanten für sprachliche und ethnographische Fragen wurde,
zum anderen ein Häuptling der Radack-Inseln namens Rarick.[14] Letzterer wird
zum Protagonisten einer Episode, die Hofmannsthal, auf dessen literarischen
Geschmack man sich wohl verlassen darf, in sein *Deutsches Lesebuch* aufgenommen hat.[15] Als Medium des europäischen Forschungsreisenden vermittelt
hier der Eingeborene implizit eine existentielle Grunderfahrung, die Chamisso
immer wieder literarisch verarbeitet hat: Die des Exils als Aufbruch. In diesem
Abschnitt wird über die Besichtigung des Expeditionsschiffes „Rurick" durch
eine Schar Eingeborene unter der Führung ihres Häuptlings berichtet:

> Diese sinnreichen Schiffer, deren Kunst unsere Bewunderung erzwingt, schenkten
> natürlich dem Riesenbau unseres Schiffes die gespannteste Aufmerksamkeit. Alles
> ward betrachtet, untersucht, gemessen. Ein leichtes war es, die Masten hinan bis zu der
> Flaggenstange zu klettern, die Raae, die Segel, alles da oben zu besichtigen, und sich
> jubelnd im luftigen Netze des Tauwerks zu schaukeln. Aber ein anderes war es, sich dort
> durch das enge Loch hinunter zu lassen, und dem rätselhaften Fremden aus dem
> heiteren Luftreich in die dunkle Tiefe, in die Grauen erregende Heimlichkeit seiner
> gezimmerten Welt zu folgen. Das vermochten nur zuerst die Tapfersten, in der Regel die
> Fürsten; ich glaube der gute Rarick schickte einen seiner Mannen voran.[16]

Solcher Widerwillen findet bei Chamisso volles Verständnis:

> Wie könnte man doch einen dieser Insulaner, oder einen O-Waihier, gewohnt in der
> freien schönen Natur unter dem Baldachin seiner Kokospalmen der Herrlichkeit seiner
> Festspiele sich zu freuen, in die dunklen bei Tagesscheine halb und düster von Lampen
> erhellten Irrgänge eines unserer Schauspielhäuser hinein locken, und ihn bereden, in
> diesem unheimlichen, mördergrubenähnlichen Aufenthalt werde ein Fest bereitet.[17]

Freilich hat Chamisso nicht als Einziger den Gegensatz von geschlossenen und
offenen Räumen, der ja aus der Perspektive des Subjekts zu den anthropologischen Grunderfahrungen gehört, zum Gegenstand der Dichtung gemacht und

---

14 Beide sind nach kolorierten Lithographien von Ludwig Choris, dem Maler der maritimen
   Expedition, abgebildet in: Ebd., S. 30 (Kadu) und S. 153 (Rarick).
15 Chamisso, *Auf Radack*, in: Hofmannsthal 1926. Bd. 1, S. 317–323. Seine Auswahl unter den
   Autoren rechtfertigte der Herausgeber einleitend mit folgenden Worten: „Wir haben solche
   ausgesucht, deren Sprache und Tonfall uns besonders wahr schien, solche, bei denen der
   ganze Mensch die Feder geführt hat." Ebd, S. VII.
16 Chamisso 1975, Bd. 2, S. 152.
17 Ebd.

dabei den Akzent auf das befreiende Moment gelegt. Dies trifft beispielsweise für die Osterspaziergänger in Goethes *Faust* zu:

Sie feiern die Auferstehung des Herrn,
Denn sie sind selber auferstanden,
Aus niedriger Häuser dumpfen Gemächern,
Aus Handwerks- und Gewerbesbanden,
Aus dem Druck von Giebeln und Dächern,
Aus der Straßen quetschender Enge,
Aus der Kirche ehrwürdiger Nacht
Sind sie alle ans Licht gebracht.[18]

Und erst recht für die Gefangenen, die in der Oper Beethovens *Fidelio* im Chor singen:

O welche Lust, in freier Luft
Den Atem leicht zu heben!
Nur hier, nur hier ist Leben!
Der Kerker eine Gruft.[19]

Auch ist das Meer in seiner unermesslichen Weite als Ort der unbedingten Freiheit immer wieder besungen worden – ein Thema, das der junge Brecht in der *Ballade von den Seeräubern* lyrisch verarbeitet hat:

O Himmel, strahlender Azur!
Enormer Wind, die Segel bläh!
Lass Wind und Himmel fahren! Nur
Lasst uns um Sankt Marie die See![20]

Bemerkenswert ist bei Chamisso zunächst die Gewalt der Wörter, die wohl auf eine traumatische Erfahrung hindeuten: Der geschlossene Raum ist „grauenerregend" und kann nur einen „unheimlichen, mördergrubenähnlichen Aufenthalt" zur Folge haben. Damit steht er in Widerspruch zum Geist des Biedermeier, der den Rückzug in die Privatsphäre pries und die Häuslichkeit zur Tugend erhob. Dass jedoch diese vermeintlich heile Welt doppelbödig ist, das Heim auch unheimlich werden kann, der Familienkreis, um mit Goya zu sprechen, auch „Ungeheuer gebiert", dies alles hat Chamissos Dichtergefährte E.T.A. Hoffmann in seinen Erzählungen dokumentiert – man denke nur an den Sandmann, wo gleich zu Beginn ein gemütlicher Familienabend ins Entsetzliche mündet. Da müssen sich die Kinder, die beunruhigt ins Bett gehen, von der alten Wärterin anhören, wie grässlich der Sandmann ist, von dem die Rede war:

---

18 Goethe 1989, V. 921–928.
19 Beethoven, *Fidelio*, 1. Akt, 9. Auftritt. Finale.
20 Brecht, 1989–1998, Bd. 11, S. 85.

Das ist ein böser Mann, der kommt zu den Kindern, wenn sie nicht zu Bett gehen wollen und wirft ihnen Hände voll Sand in die Augen, dass sie blutig zum Kopf herausspringen, die wirft er dann in den Sack und trägt sie in den Halbmond zur Atzung für seine Kinderchen; die sitzen dort im Nest und haben krumme Schnäbel, wie die Eulen, damit picken sie der unartigen Menschenkindlein Augen auf.[21]

Ohne dass bei Chamisso die Unheimlichkeit des geschlossenen Raums solche monströsen Auswüchse erzeugt, sorgen bei der schon erwähnten Besichtigung des Schiffes gewisse Gegenstände zumindest bei den Insulanern für Befremden, die den Weg „in die dunkle Tiefe" des Schiffes gewagt haben und in der Kajüte zum ersten Mal eines Fernrohrs und eines Spiegels ansichtig werden:

Goethe sagt in den Wanderjahren: ‚Sehrohre haben durchaus etwas Magisches; wären wir nicht von Jugend auf gewohnt hindurch zu schauen, wir würden jedes Mal, wenn wir sie vors Auge nehmen, schaudern und erschrecken.'[22] Ein tapferer und gelehrter Offizier hat mir gesagt, er empfinde vor dem Fernrohre, was man Furcht zu nennen pflege, und müsse, um hindurch zu sehen, seine ganze Kraft zusammen nehmen. Der Spiegel ist ein ähnliches Zauberinstrument, das wir gewohnt geworden sind, und welches doch noch in der Märchen- und Zauberwelt seine Unheimlichkeit behält. Der Spiegel versetzte unsere Freunde in der Regel nach dem ersten Erstaunen in die ausgelassenste Lustigkeit. Doch fand sich auch einer, der sich davor entsetzte, schweigend hinaus ging und nicht wieder daran zu bringen war.[23]

Auf die Unheimlichkeit beider Gegenstände haben sowohl Chamisso als auch Hoffmann in ihren Erzählungen hingedeutet: Während des Gartenfestes, das zu Beginn von *Peter Schlemihl* stattfindet, zieht der mysteriöse graue Mann ein Fernrohr aus der Rocktasche,[24] und in der *Geschichte vom verlorenen Spiegelbild* erlebt der junge Erasmus, wie sein Spiegelbild zum Doppelgänger wird, der eine Schauer erregende Selbständigkeit erwirbt.[25]

All diese Erfahrungen der Insulaner mit der „gezimmerten Welt" der fremden Besucher veranlassen Chamisso zu einem impliziten Werturteil: Das Geschlossene erzeugt Zwänge und sorgt für Unbehagen, das Offene hingegen ist ein Ort der Freiheit. Gerade aus dieser Erfahrung hat sich seine Lyrik genährt: Dies trifft beispielsweise für sein vielgepriesenes Gedicht *Das Schloss Boncourt*, das man einerseits gleichsam „biedermeierlich" lesen kann, was die Zeitgenossen auch taten – namentlich der preußische Kronprinz Friedrich Wilhelm.[26] Man

---

21 Hoffmann 1983, S. 11.

22 Teil 1, Kap. 13 in der Erstausgabe der *Wanderjahre* (1821). Goethe 1991, S. 149.

23 Chamisso 1975, Bd. 2, S. 152.

24 Ebd., Bd. 1, S. 19. Bei Molières *Gelehrten Frauen* ist auch von einem Fernrohr die Rede, das „den Leuten Schrecken einjagt." („Cette longue Lunette à faire peur aux Gens"). *Les Femmes savantes*, acte II, scène 7, v. 565. Molière 2010, S. 565.

25 Hoffmann 1982, S. 346. Vgl. die ähnliche Szene im Film von Stellan Rye, *Der Student von Prag* (1913).

26 Vgl. dessen Brief an Chamisso vom 16. 5. 1836: „Ihre Strophen an Boncourt möcht' ich singen

kann aber auch bei der Deutung des Gedichtes den Akzent auf das befreiende Moment legen, das in der letzten Strophe zum Ausdruck kommt:

> Ich aber will auf mich raffen,
> Mein Saitenspiel in der Hand,
> Die Weiten der Erde durchschweifen,
> Und singen von Land zu Land.[27]

Der Verlust des Familienschlosses wurde von Chamisso in erster Linie dichterisch überwunden, ja dieser Verlust war, wie bei Chateaubriand und Eichendorff, ebenfalls Abkömmlinge des Landadels und Zeitgenossen der Französischen Revolution, eine der Bedingungen für seine Geburt zur Literatur.[28] Und was Chamissos Entwicklung von nun an bestimmte, auch nachdem ihm gelungen war, im materiellen Leben – d. h. als Botaniker in Berlin – Fuß zu fassen, war die ausgesprochene Neigung zu einem geistigen Nomadismus, der in schroffem Gegensatz zur Sesshaftigkeit seines Bruders Hippolyte steht: Während sich der Heimgekehrte, der zu den Honoratioren des restaurativen Frankreichs gehörte, in den letzten Jahres seines Lebens zurückzog, sowohl auf seine Besitzungen als auch in die Vergangenheit, als Erforscher der Familiengenealogie,[29] suchte der zum deutschen Dichter und liberalen Bürger gewordene Adelsemigrant immer wieder das Weite, das Offene und widmete sich zuletzt dem Studium der hawaiischen Sprache. Gewiss mag die Wahl des Forschungsgegenstands mit der brennenden Sehnsucht nach der Südsee zusammenhängen, die, wie aus den Briefen an den Bruder hervorgeht, der Berliner Winter beim kranken Chamisso hatte aufkommen lassen –, nichtsdestotrotz war eine solche Aufgeschlossenheit nicht neu, denn der deutsche Dichter aus Frankreich blieb Zeit seines Wanderlebens stets der Fremde zugewandt und erhob diese Neigung zum kognitiven Grundsatz, der das Erkennen des Eigenen ermögliche: Um beispielsweise das eigene Land zu erforschen, heißt es in einem Brief an Hippolyte, müsse man es verlassen.[30]

---

hören! schon beim Lesen gehen einem die Augen über und man gibt unwillkürlich Ihnen selbst den Segen zurück, welchen sie dem Acker auf der teuren Stelle zurufen." Zit. nach: Chamisso 1975, Bd. 1, S. 803.

27 Ebd., S. 193.

28 Vgl. Pille 1997.

29 Das Ergebnis dieser Arbeit ist eine gebundene Handschrift von 179 Seiten mit dem Titel *Sur la maison de Chamisso*. Staatsbibliothek zu Berlin – PK, Nachlass Adelbert von Chamisso, Kasten 33, Nr. 1.

30 „Et moi j'opine que l'on ne peut rien connaître et comprendre que par la comparaison, et que pour étudier sa patrie sous quelque rapport que ce soit, il faut en sortir." Brief vom 12. Mai 1828. Ebd, Kasten17, Nr. 21.

Quellen

Ungedruckte Quellen

Staatsbibliothek zu Berlin – PK, Nachl. Adelbert von Chamisso, Kasten 17, Nr. 20.
Staatsbibliothek zu Berlin – PK, Nachl. Adelbert von Chamisso, Kasten17, Nr. 21.
Staatsbibliothek zu Berlin – PK, Nachl. Adelbert von Chamisso, Kasten 33, Nr. 1.

Gedruckte Quellen

Brecht, Bertolt: *Werke. Große kommentierte Berliner und Frankfurter Ausgabe*. Hg. von
Werner Hecht u. a. 30 Bde. Berlin, Weimar, Frankfurt/M. 1989–1998.
Chamisso, Adelbert von: *Werke*. 4 Bde. Leipzig 1836.
Chamisso, Adelbert von: *Werke*. Vierte Auflage. 6 Bde. Berlin 1856.
Chamisso, Adelbert von: *Werke*. Fünfte vermehrte (und berichtigte) Auflage [besorgt von
Friedrich Palm]. Berlin 1864.
Chamisso, Adelbert von: *Sämtliche Werke in zwei Bänden. Nach dem Text der Ausgaben
letzter Hand und den Handschriften*. Textredaktion Jost Perfahl. Bibliographie und
Anmerkungen von Volker Hoffmann. München 1975.
Gesellschaft für interregionalen Kulturaustausch / Kreuzberg Museum (Hg.): *Mit den
Augen des Fremden. Adelbert von Chamisso – Dichter, Naturwissenschaflter, Weltrei-
sender*. Berlin 2004.
Goethe, Johann Wolfgang von: *Faust. Der Tragödie erster und zweiter Teil. Urfaust*. Hg. und
kommentiert von Erich Trunz. München 1989.
Goethe, Johann Wolfgang von: *Wilhelm Meisters Wanderjahre. Maximen und Reflexionen*.
Hg. von Gonthier-Louis Fink, Gerhart Baumann und Johannes John (= Johann Wolf-
gang Goethe, *Sämtliche Werke nach Epochen seines Schaffens. Münchner Ausgabe*. Hg.
von Karl Richter u. a. Bd. 17, München 1991).
Heine, Heinrich: *Reisebilder. Dritter Teil. Die Bäder von Lucca*. In: Heine, Heinrich.
Sämtliche Schriften in 12 Bänden. Hg. von Klaus Briegleb, Bd. 3. *Schriften 1822–1831*.
Hg. von Günter Häntzschel, Frankfurt/M, Berlin, Wien 1981.
Hoffmann, E.T.A.: ‚Die Geschichte vom verlorenen Spiegelbild‘ (= *Die Abenteuer der
Silvesternacht 4*), in: *Fantasiestücke in Callots Manier. Blätter aus dem Tagebuch eines
reisenden Enthusiasten*. Mit einer Vorrede von Jean Paul. Hg. von Hans-Joachim Kruse
und Rudolf Mingau, Berlin, Weimar 1982 (E.T.A. Hoffmann, *Gesammelte Werke in
Einzelausgaben*, Bd. 1), S. 331–349.
Hoffmann, E.T.A.: ‚Der Sandmann‘, in: *Nachtstücke*. Hg. v. dem Verfasser der Fantasie-
stücke in Callots Manier. Textrevision und Anmerkungen von Hans-Joachim Kruse.
Redaktion Rudolf Mingau. Berlin, Weimar 1983 (E.T.A. Hoffmann: *Gesammelte Werke
in Einzelausgaben*, Bd. 3), S. 11.
Hofmannsthal, Hugo von (Hg.): *Deutsches Lesebuch*. Zweite vermehrte Auflage. 2 Bde.
München 1926.
Kotzebue, Otto von: *Entdeckungs-Reise in die Süd-See und nach der Berings-Straße zur
Erforschung einer nordöstlichen Durchfahrt. Unternommen in den Jahren 1815, 1816,*

1817 und 1818, auf Kosten des Herrn Reichs-Kanzlers Grafen Rumanzoff auf dem Schiffe Rurick unter dem Befehle des Lieutenants der Russisch-Kaiserlichen Marine Otto von Kotzebue. 3 Bde. Weimar, verlegt von den Gebrüdern Hoffmann, 1821. Bd. 3 enthält S. 1–179 und 238–240 Chamissos wissenschaftlichen Reisebericht.

Lévi-Strauss, Claude: *Traurige Tropen.* Aus dem Französischen. Übersetzt von Eva Moldenhauer. Nachwort von Carlos Marroquin. Mit zahlreichen Abbildungen. Leipzig 1988.

Molière: *Œuvres complètes II.* Édition dirigée par Georges Forestier, avec Claude Bourqui [...]. Paris 2010 (Bibliothèque de la Pléiade).

Pille, René-Marc: ,Boncourt, Combourg, Lubowitz. L'image du château perdu chez Chamisso, Chateaubriand et Eichendorff', in: *Revue germanique internationale* (,Le paysage en France et en Allemagne autour de 1800') 7 (1997), S. 205–216.

Pille, René-Marc: ,Der Beitrag der Deutschbalten zu den ersten russischen Weltumseglungen. Bemerkungen zu Kotzebues Expedition 1815–1818', in: Sommerlat-Michas, Anne (Hg.): *Das Baltikum als Konstrukt (18.–19. Jahrhundert). Von einer Kolonialwahrnehmung zu einem nationalen Diskurs.* Würzburg 2015, S. 231–235.

Sengle, Friedrich: *Biedermeierzeit. Deutsche Literatur im Spannungsfeld zwischen Restauration und Revolution.* 3 Bde. Stuttgart 1971–1980.

Film

Rye, Stellan: *Der Student von Prag* (1913).

Stephan Zandt

Neue Horizonte des Geschmacks. Exotische Genussmittel und sinnliche Aufklärung bei Georg Forster

Ein enzyklopädisches Projekt: *Über die Leckereyen*

1780 erscheint in Stockholm eine Schrift des schwedischen Antiquars Bengt Bergius, die sich unter dem Titel *Tal om Läckerheter* dem Projekt einer Enzyklopädie exotischer Leckereien widmet, deren Spuren Bergius bis in die schwedischen Chroniken des Spätmittelalters verfolgt, ebenso wie er alles, was in den damaligen Reiseberichten zu diesem Gegenstand zu finden war, zusammenzutragen sucht. Bergius' Schrift ist dabei jedoch mehr als eine Übersicht pflanzlicher Leckereien, sie versucht gleichermaßen einen Beitrag zur Geschmacksfrage des 18. Jahrhunderts zu leisten.

Die Frage nach dem Geschmack und insbesondere nach dem guten Geschmack wurde im 18. Jahrhundert nicht nur vehement im Feld des Ästhetischen aufgeworfen, sondern ebenso auf dem Feld des Kulinarischen selbst, ein Umstand, dem nur selten Aufmerksamkeit geschenkt worden ist. Man kann in Bezug auf den Geschmack seit dem Ende des 17. Jahrhunderts unter den *gens de lettre* geradezu von einer Konjunktur von Küche und Kunst sprechen. Wie Emma Spary jüngst für Frankreich nachgewiesen hat, kann die Frage der Ernährung und die Problematisierung der Esslust für die Subjektivierungsfomen und Selbstverhältnisse der Aufklärung nicht unterschätzt werden.[1] Wenn sich dabei der entscheidende Wandel der europäischen Ernährung im zunehmenden Konsum neuer und exotischer Genussmittel vollzog,[2] bekommt jenes fast vergessene enzyklopädische Projekt Bergius' eine nicht unerhebliche Bedeutung und zumindest im deutschsprachigen Raum lässt sich ein eminentes Interesse an ihm verzeichnen. Der Weltreisende Reinhold Forster und sein Schwiegersohn Kurt Sprengel fertigten 1792 in Halle eine Übersetzung und Erweiterung von Bergius' unvollendetem Werk an, während Georg C. Lichtenberg bereits vier Jahre zuvor den Freund Georg Forster aufforderte, einen Auszug aus Bergius'

---

1 Spary 2012.
2 Vgl. ebd., S. 51.

Abhandlung zu erstellen.[3] Wenn auch der Auszug als solcher nie zu Stande kam, so hat die Schrift bei Forster doch maßgeblich den Anstoß dazu gegeben unter immensem Zeitdruck einige eigene Reflexionen über das Thema anzustellen, die 1789 unter dem Titel *Über Leckereyen* im *Taschenkalender* erschienen.

Aber auch jenseits individueller Konstellationen konnte der Gegenstand ein allgemeines Interesse verbuchen, besaßen doch die meisten der von Bergius aufgezählten Leckereien den Status des Luxuriösen, des Fremden und Exotischen und stellten schon deshalb für viele Leser eine kuriose Neuigkeit dar. Nur Wenige konnten wie der Autor behaupten in England Kokosnüsse probiert zu haben und auch für Bergius selbst stellte diese Erfahrung eine Ausnahme dar.[4] Zur Beschreibung und Erfassung all der Geschmackseindrücke, die die neuen fremden Genüsse versprachen, musste er sich auf das Urteil anderer verlassen: derjenigen, die weit gereist waren oder die über Nachrichten aus den fernen Weltgegenden verfügten.

Die Frage nach dem guten Geschmack war damit von einer Unsicherheit und einem Erfahrungsdefizit geprägt, die einerseits in der Vielzahl neuer Geschmackseindrücke begründet lagen, andererseits in der Tatsache, dass, aller Seltenheit und Exotik zum Trotz, jene seltenen Geschmackserlebnisse mehr und mehr einer breiter werdenden Schicht offen standen und sich hierdurch die Geschmacksurteile vervielfältigten. Wessen Urteil sollte man trauen, wenn der Geschmack nicht nur von den Objekten abhing, die selten genug einer Kostprobe unterzogen werden konnten, sondern auch eine Frage der Subjektivität darstellte und den Umständen des Schmeckens, der Erziehung und der Gewöhnung, ja der Übung unterlag? „Da so vielverschiedene Umstände den Geschmack verändern können", schreibt Bergius, „so kommt viel darauf an, was er für ein Mann war", der als „Reisebeschreiber uns über die Leckereyen der Länder Nachrichten gibt":

> [Ü]ber ähnliche Materien traue ich dem Urtheile solcher Personen mehr zu, die von hoher Geburt sind [...], den Gesandten führender Mächte [...] vornehmer Frauenzimmer [...], hellsehender Philosophen, Naturforscher und anderer Gelehrter [...] als dem Urtheile unachtsamer, unerfahrener und unwissender Leute als der Schiffer [...], Handwerksleute [...], der Bedienten [...] und gemeiner Soldaten [....].[5]

Wenn es insbesondere die gehobenen Schichten sind, denen ein Geschmacksurteil zugetraut wird, dann deshalb, weil sie überhaupt als einzige in der Lage waren, vermehrt jene Genussmittel zu konsumieren, die für die unteren Stände

---

3   Dass sich Lichtenberg selbst ebenso wie Forster für die Frage des Einflusses der Speisen auf den Menschen sowie die Aufklärung interessierte, wird deutlich, wenn er etwa in seinen *Sudelbüchern* die Frage stellt, „ob wir nicht einer gut gekochten Suppe die Luftpumpe und einer schlechten den Krieg oft zu verdanken haben" (Lichtenberg 2005, S. 19).

4   Vgl. Bergius 1792, S. 53 f.

5   Ebd., S. 26 f.

zum Teil unerreichbar waren. Die ständische Distinktion wird hier in direkter Weise als Geschmackswissen umgemünzt. Hinzu kommt, dass ein zuverlässiges Geschmacksurteil konsequent von jeglicher Interessiertheit des Magens abzusehen hat. Eine Einschätzung, die sich noch auf der Ebene des ästhetischen Geschmacksurteils findet, wie es Immanuel Kant in seiner *Kritik der Urteilskraft* auffassen sollte, wenn er jenen irokesischen Sachem, der in Paris den Garküchen den Vorzug vor jeder Kunst gab, mit dem Argument, dieser sei von der Notwendigkeit des Magens getrieben, jede Urteilsfähigkeit in Bezug auf den Geschmack abspricht.[6] Hunger und Durst führen ebenso wie Krankheit zu ganz absonderlichen Genüssen, wie auch Bergius aus eigener Erfahrung wusste. Im Frühling 1773 hatte Bergius Gelegenheit gehabt das Brot aus Fichtenrinde kosten zu dürfen, auf das die Hungerflüchtlinge aus Dalland in Stockholm aus Mangel an Getreide zurückgreifen mussten. Und nicht zuletzt die Reiseberichte waren voll von Schilderungen, in denen die Schiffbesatzungen sich auf Ratten oder gar die sprichwörtlichen Schuhsohlen stürzten, um etwas zu beißen zu haben.[7]

Dass der Hunger auf jenen Weltreisen jedoch nicht nur die unteren Ränge der Mannschaft betraf, sondern auch jene Personen von hoher Geburt, deren Urteil Bergius in Geschmacksfragen zu trauen entschieden hatte, wird *en detail* deutlich, wenn man den Forster'schen Schilderungen der Cook-Reise folgt. Bildeten die Weltreisen und der mit ihnen verbundene Welthandel erst die Möglichkeitsbedingung der exotischen Genüsse in Europa, Orte kulinarischer Höhenflüge waren diese Vermittlungsagenten des Geschmacks bei weitem nicht und die Folgen einer solchen Reise waren nicht zu unterschätzen: Georg Forster etwa litt sein Leben lang unter Magenbeschwerden, die er maßgeblich der Bordernährung auf der Cook-Reise zuschrieb. Sein Magen sei, so schreibt er 1776 an Philipp J. Spener, von „pökelfleisch und verfaultem Zwieback in grund verdorben".[8] Hunger und Geschmacksurteil lagen nicht so weit auseinander, wie es die europäischen Theoretiker des Geschmacks gerne gehabt hätten. Der Geschmack war unauflöslich mit den Fragen des Hungers und Magens verquickt oder doch zumindest nur durch eine immense Reinigungs- und Unterscheidungsarbeit von diesem zu trennen. Nur durch diese allein war der Geschmack als ein mündiger Geschmack – ganz im doppelten Sinne des Wortes – zu begründen. Und es ist diese Kunst der Trennung und Unterscheidung, die auf den grundlegenden ethischen und politischen Einsatz verweist, der immer wieder das Verhältnis zwischen Geschmack und Hunger, Luxus und Notwendigkeit, Eigenem und Fremden, zwischen höherem und niedrigerem Stand auslotet. Darauf wird zurückzukommen sein.

---

6 Kant 1913, S. 204f.
7 Bergius 1792, S. 4.
8 Forster, ‚Brief an J. K. Ph. Spener vom 17. September 1776‘, in: Ders. 1974, S. 52.

Über Leckereyen – Sinnlicher Geschmack und Aufklärung

Entgegen Bergius war Georg Forster selbst unter jene reisenden Connaisseurs zu zählen.[9] Ein Umstand der es ihm ermöglichte gegen eine bloß kompilatorische Lehnstuhl-Wissenschaft eine ganz eigene Erfahrungswissenschaft zu begründen. Schon die Form, in der Forster das Thema der Leckereien bearbeitet, ist hierfür symptomatisch. Weit entfernt davon eine ausufernde Abhandlung des Themas zu liefern,[10] wählt Forster den Ton der Konversation und mit dem Essay eine Form, die auf eine allgemeine Öffentlichkeit hin orientiert ist. Allzumal im Rahmen von Lichtenbergs *Göttinger Taschen-Calender*, einem Publikationsmedium, das, indem es wissenschaftliche Kenntnisse im gebildeten bürgerlichen Publikum zu popularisieren suchte, geradezu jene Kommunikationsprozesse fortsetzte und adressierte, die in den Salons und Kaffeehäuser ihren gemeinsamen Ort mit exotischen Leckereien wie Tee, Kaffee, Tabak und Zucker gefunden hatten.[11] Schon hierin bettet Forster seinen Aufsatz in einen sinnlichen Erfahrungsraum ein, der sich, wie vor allem Michael Ewert gezeigt hat, in der Gestaltung des Textes noch einmal potenziert, wenn er die vielfältigen sensuellen Geschmackserfahrungen sprachlich zu vermitteln und hierin jene sensualistische Wendung der Aufklärung selbst einzulösen sucht, die er mit seinem Essay behauptet.[12]

Der Einstieg, den Forster wählt, folgt dabei jedoch noch ganz den Direktiven des Textes von Bergius: Nachdem er zu Beginn die Frage geklärt hat, was lecker überhaupt heiße, – nämlich diejenigen Dinge, die eine geschmackliche Reizung des Gaumens und der dortigen „Nervenwärzchen" verursachten und das angenehme Gefühl einer behaglichen Existenz, in schnellen und auffallenden Veränderungen erneuerten –, kommt er auf das Problem der Diversität der Geschmäcker zu sprechen.[13] Entgegen Bergius, der das Problem vor allem als Problem der individuellen Subjektivität im europäischen Maßstab aufgeworfen hatte, stellt sich für den Weltreisenden Forster jenes auf der Ebene des Globalen.

---

9 Bergius selbst hatte Forster auf diese Weise gewürdigt, vgl. ders. 1792, S. 27.

10 Explizit setzt sich Forster von einem solchen Vorhaben ab und verweist denjenigen, der „etwa dernach neugierig seyn möchte, und seinem Magen etwas bieten" wolle, auf Bergius' Schrift, vgl. Forster, ‚Über Leckereyen', in: Ders. 1974, S. 165.

11 Dass Forsters Essay ganz in diesem Sinne gelesen werden konnte, wird etwa in einem Brief Charlotte von Lengefelds an Friedrich Schiller vom 22. Dezember 1789 deutlich, in dem sie im Anschluss an Forster humorvoll über den Einfluss der heimischen Torten auf den Charakter ihres Vaters und Bruders nachdenkt. Vgl. *Briefwechsel zwischen Schiller und Lotte* 1896, S. 182.

12 Ich möchte an dieser Stelle Michael Ewert für seine instruktiven Anmerkungen zu meinem Vortrag danken. Zu den sinnlich-textuellen Verfahren des Essays vgl. Ewert 2000; vgl. darüber hinaus jüngst v. a. Hahne 2015.

13 Forster, ‚Über Leckereyen', in: Ders. S. 164ff.

Die hierarchischen Kategorien der ständischen Ordnung werden auf die Opposition von Europäern und Nicht-Europäern gewendet.[14] Wenn Forster hierbei die Diversität an der unterschiedlichen „Organisation" der Körper festmacht, in der die gleichen Dinge unterschiedliche Wirkungen entfalten, und dementsprechend nach der „vorzüglichsten Organisation" des schmeckenden Körpers fragt, dann folgt er hierin ganz seinem Projekt einer physischen Anthropologie.

Dabei ist für Forster die Vielseitigkeit der Geschmackserfahrungen ebenfalls entscheidend, auch wenn er im Unterschied zu Bergius grundlegender ansetzt und in seiner Begründung des Geschmacks bis ins Tierreich und die Naturgeschichte ausgreift: Eine Vielfalt der Geschmackserfahrungen sei nicht erst für den gehobenen Europäer konstitutiv, sondern vielmehr dem Menschen als solchen eigen. Ihm komme in Geschmacksfragen der höchste Platz in der Naturordnung zu. Zwar hätten viele Tiere einen schärferen Geschmackssinn, wie Forster einräumt, nur sei eben dessen Varianz eingeschränkt. Forster greift hier ein Argument Jean-Jacques Rousseaus auf, der in seinem *Discours sur l'inégalité* die prinzipielle Offenheit des Menschen in Nahrungsfragen betont hatte und die *perfectibilité* des Menschen von seiner Nahrungswahl hatte ausgehen lassen.[15] War jedoch Rousseau davon überzeugt, dass jegliches allgemeine Urteil stets nur vom Naturzustand des Menschen aus beantwortet werden könne, so kehrt Forster dessen Argument um. Man müsse, wolle man zwischen den Menschen entscheiden, umgekehrt demjenigen den größten Geschmack zugestehen, dessen *physis* vollkommen entwickelt sei. Es gehe nicht, so Forster gegen Rousseau, um die Intensität des Eindrucks, sondern „[e]s gilt der Organisation den Vorrang zu geben, welche vor allen anderen zu einer gewißen Universalität der Empfindungen und der Verhältnisse vorbereitet ist".[16] Man müsse derjenigen harmonischen, die Gegensätze vereinigenden, und damit universellen menschlichen Natur den Vorzug einräumen, deren Keim sich durch die Entwicklung verfeinere. Eine Natur, die Forster, im Anschluss an Montesquieu und dessen Rezeption und Transformation der antiken Klimalehren, bei den Goten und, in deren Nachfolge, bei den zeitgenössischen Europäern ausmacht.

Aber es ist nicht nur die klimatische Mittelstellung der Europäer, die sie für ein allgemeines Urteil prädestiniert, sondern es ist die ungleich größere Möglichkeit zum Vergleich, die nicht zuletzt durch den Überseehandel und die Kolonien sowie deren Produkte zu Stande käme. „Die Richtigkeit der Vorstellungen steht in direktem Verhältnis zur Empfänglichkeit des Organs, multipliziert in die Zahl der vergleichenden Eindrücke",[17] so bringt es Forster prägnant und quasi ma-

---

14 Vgl. Hahn 2015, S. 252.
15 Vgl. Rousseau 1997, S. 99.
16 Forster, ‚Über Leckereyen', in: Ders. 1974, S. 176.
17 Ebd., S. 168.

thematisch auf den Punkt. Woraus er, die ständische Argumentation von Bergius auf eine globale Ebene hievend, folgert: „Nur der Europäer kann bestimmen was ein Leckerbissen sei, denn nur er […] ist im Besitz eines feinen unterscheidenden Organs, und einer durch vielfältige Uebung erhöhten Sinnlichkeit".[18] Insofern der Europäer dank seiner Expansionen eine ganze Bandbreite an Lebensmitteln zur Verfügung hat und diese wissenschaftlich zu untersuchen versteht, ist er als einziger in der Lage ein Geschmacksurteil mit Anspruch auf Allgemeinheit zu treffen. Ein Urteil, das sich zudem nicht aus der Notwendigkeit der Ernährung ableitet, sondern als dem Notwendigen enthobenes, aisthetisches Urteil gilt und an das Wohlleben und das frohe Dasein gekoppelt ist, das, so Forster gegen jeglichen lustfeindlichen Asketismus einer Pflicht- und Entbehrungsethik, zur Bestimmung des Menschen gehöre.[19]

Scheint bis zu diesem Punkt Forster noch in weiten Teilen Bergius zu folgen und in das Lob der zivilisierten europäischen Connaisseurs einzustimmen, so entfaltet er in der Folge das Problem des Zusammenhangs zwischen Erkenntnis und Geschmack noch einmal grundlegender. Den Thesen der französischen Sensualisten folgend, führt er die Erkenntnis überhaupt auf die durch Sinneseindrücke geweckten Bedürfnisse zurück.[20] Eine These, die sich auf der einen Seite vehement gegen ein abstraktes Denken verwehrt, das meint in Absehung von der Erfahrung und im Ausgang von apriorischen Grundsätzen allgemeine Begriffe formulieren zu können, wie es etwa Kant verkörperte, und das einem Weltreisenden wie Forster nur als „Sprung ins weite Blaue"[21] erscheinen konnte. Auf der anderen Seite richtet er sich jedoch gleichermaßen gegen ein bloßes körperliches Genießen der Magenfreuden, dem jegliche Reflexion abgeht. Die eigentliche Leckerei ist „nicht die Erfindung eines Hungrigen, sondern eine Folge des Nachdenkens über einen gehabten Genuß, ein Bestreben der Vernunft, die Begierde darnach durch andere Sinne wieder zu reizen […]".[22] Der Geschmack als Urteilsinstanz ist und kommt zustande nur durch eine „höhere Übung",[23] in der Sinnlichkeit und Vernunft sich notwendig verschränken. Und in diesem Sinne ist eine Entwicklung der Menschheit für Forster nur in einer Verschränkung und wechselseitigen Verfeinerung des Körpers wie des Geistes möglich. Die Geschichte der Menschen, ihre Kultivierung und Aufklärung ist dabei, so lautet Forsters Fazit, untrennbar mit dem Organ der Zunge verknüpft, die neben dem

---

18 Ebd.
19 Vgl. ebd., S. 169.
20 Vgl. Ewert 2000, S. 21.
21 Forster, ‚Über Leckereyen', in: Ders. 1974, S. 169.
22 Ebd., S. 173.
23 Ebd., S. 175.

Geschmack auch die Sprache hervorbringe und hierin „die menschliche Perfectibilität großentheils wesentlich"[24] in sich beschließe.

Hatte Bergius sich bloß um eine Enzyklopädie der kulinarischen Exotica bemüht, so kippt bei Forster das Thema der Leckereien in eine Genealogie des Denkens und des kulinarischen Genusses, deren Motor stets und überall die Experimentierfreude des Gaumens ist. Er ist „die Bedingung alles Guten, was der Menschengattung eignet und ohne die Schlemmer des alten Rom oder irgend einer freien Reichstadt in Schutz zu nehmen, müssen wir gestehen, daß man ihnen zum Teil emsigere Untersuchung der Natur aller Welttheile schuldig ist."[25]

Der Geschmack des reisenden Weltbürgers

Auf den ersten Blick könnte man meinen, Forster wiederhole und erweitere nur das ständische Argument Bergius' auf globaler Ebene. Aber so einfach ist Forsters Diskurs nicht zu haben. Schon bei der Distinktion zwischen mündigem Geschmack und Mageninteresse, die die ständige Semantik von ‚Oben' und ‚Unten' in der topologische Struktur des Körpers spiegelt, wendet sich Forster grundlegend gegen die Prämissen von Bergius. Zwar ist die geistig wie körperlich auszubuchstabierende „Neu-Gier" des leckeren Geschmacks nicht auf den Hunger des Magens zurückzuführen, aber sie lässt sich doch auch nicht einfach von diesem scheiden: Kultur und Natur sind nicht voneinander zu trennen, sie sind ganz im Gegenteil in einer fundamentale Wechselwirkung begriffen: Es gibt „einen fast unsichtbaren Consensus zwischen den Werkzeugen des Verstandes und denen der Verdauung".[26] Eine Verknüpfung, die sich für Forster an eben jenen gehobenen Ständen zeigt, die für Bergius gerade deren Trennung verkörperten. Und so getraut sich Forster mit einigem Humor den Zusammenhang zwischen Magengier und Geistesgröße gerade an der Fresslust des aufgeklärten Potentaten schlechthin zu exemplifizieren: Wer von den Physiologen dürfe sich vermessen zu behaupten, dass der Heldenmut und die Geistesblitze Friedrichs des Großen „von der übermäßigen Freßlust seines Magens" unabhängig wären, fragt Forster und zielt hierbei auf den ärztlichen Bericht seines Freundes Johann G. Zimmermann über die letzten Wochen Friedrichs II., der nachdrücklich den unmäßigen Appetit des Königs nach unverdaulichen Speisen beklagt hatte.[27] Die Zeilen über Friedrich II. verfolgen dabei einen systematischen Einsatz, wenn

---

24 Ebd. Michael Ewert hat an dieser Stelle zu Recht auf die deutlichen Bezüge zu Gottfried Herders *Ideen zur Philosophie der Geschichte der Menschheit* hingewiesen, vgl. Ewert 2000, S. 23.
25 Forster, ‚Über Leckereyen', in: Ders. 1974, S. 172.
26 Ebd., S. 171.
27 Ebd. Vgl. Zimmermann 1788, S. 32.

Forster die Fressgier des König damit verteidigt, dass die willkürliche Natur, jenseits des Ideals der Abstraktion nur unvollkommene Bildung hervorbringt und alles stets „in den eisernen Banden der Nothwendigkeit" hält. „[D]ie edlen Prädikate: Geistesgröße und Majestät [würden] nicht ohne Versetzung mit einer niederen Eigenschaft ausgestempel[t]" und „der größte König [müsse] vielleicht ein wenig lecker seyn, so wie seine Goldmünze Kupfer enthält".[28] Mehr noch: wenn man belegen könne, so Forster weiter, dass die Gefühle an der vermehrten oder geringeren Reizbarkeit der Nerven des Verdauungstraktes hingen und das Mitgefühl stets in Kombination mit einem empfindlichen Magen auftrete, „wie glücklich könnten sich die preußischen Untertanen schätzen, dass Nudelpasteten und Polenta Friedrich besser schmeckten, als sie ihm bekamen?"[29]

Setzt Forster mit Bergius den mündigen Geschmack vorher konsequent von der Notwendigkeit der Magenfülle ab, so sind es nun keineswegs etwa „die kleinen grünen afrikanischen Melonen", die Friedrich gegenüber dem staunenden Zimmermann zu loben weiß und die ihn hier als wahrlich lecker ausweisen könnten,[30] sondern es sind stattdessen üppige, schwer verdauliche und kaum durch geschmacklichen Reiz ausgezeichnete Polenta und Nudelpasteten, die Friedrich gleichermaßen zu genießen gewohnt war. Die Forster'sche Schilderung Friedrichs II. enthält hierin eine explizite Herrschaftskritik, wie Nina Hahn mit Verweis auf eine weitergehende neuzeitliche Bedeutung von ‚lecker' bemerkt hat: „Der Leckerhafte ist in diesem […] Sinne ein sündhafter, vor allem gieriger Mensch, der zu Maßlosigkeit und aus diesem Grunde zu Hinterhältigkeit neigt."[31] Noch plausibler wird diese Deutung, wenn man die Kritik an jenem anderen oft zitierten majestätischen Fresser hinzuzieht, die der Weltreisende Forster Jahre zuvor in Tahiti formuliert hatte und in der Forster die Bedeutung der Lebensmittel in den Statusritualen der polynisischen Aristokratie durchaus richtig erkannt hat, wenn auch zu Recht darauf hingewiesen wurde, dass er die *tapu*-Regeln, denen die Priester und Häuptlinge unterlagen, missverstand.[32] Jener große Fresser, der „für nichts als für den Bauch sorge" und „ein vollkommenes Bild phlegmatischer Fühllosigkeit" abgebe, wird für Forster zum Symptom einer grundlegenden Ungleichheit, die deutlich macht, dass nicht „alle Stände mehr oder minder, gleiche Kost"[33] gemein haben. Und Forster vergleicht die fremde Szenerie mit jenen „privilegierten Schmarotzer[n] in gesitteten Ländern, die sich mit dem Fette und Überflusse des Landes mästen, indeß die

---

28 Forster, ‚Über Leckereyen', in: Ders. 1974, S. 172.
29 Ebd.
30 Vgl. Zimmermann 1788, S. 73.
31 Hahn 2015, S. 250.
32 Vgl. hierzu Forster 2000, Bd. I, S. 164f., 446; Goldman 1970, S. 515–539, bes. 520. Zur dezidierten sozialen Bedeutung des Essens in Polynesien vgl. etwa Bell 1931.
33 Forster, ‚Reise um die Welt', in: Ders. 1965, S. 249.

fleisigen Bürger desselben im Schweiß seines Angesichts darben müßen".[34] Wenn Forster hierbei spekulativ den Untergang der Gleichheit in Tahiti mit jenen Fressern verknüpft, die „die Vorzüge einer großen Leibesgestalt [und] einer schönen Bildung"[35] genießen, so verkehrt sich das Fortschrittsnarrativ der gemeinsamen Entwicklung von Geschmack und Aufklärung in sein Gegenteil. Explizit stellt Forster in seinem Reisebericht die Frage, ob die Einführung des fremden, d. h. des europäischen Luxus, die Potentiale dieser Ungleichheit in Tahiti nicht zu verstärken helfe. Die Wissenschaft und Gelehrsamkeit der Europäer, die diese in emsiger Neu-Gier immer weiter in die Welt hinaustreibt, gehe, so Forster, auf Kosten der Glückseligkeit anderer und führt mit dem Luxus eine fundamentale Ungleichheit ein, die sie teuer zu stehen kommt.[36] Im Namen der Gaumenfreuden und deren Genuss sei man nur allzu leicht bereit, neben diversen Tier- und Pflanzenarten, Menschen zu opfern: „Wir haben zwar keinen römischen Pollio mehr, der seine Murränen mit Sklaven fütterte, damit sie ihm desto köstlicher schmeckten", betont Forster, bloß, um die gleiche Logik im zeitgenössischen Einsatz schwarzer Sklaven in den Zucker- und Kaffeeplantagen der Karibik wiederzuentdecken.[37] Und es ist gerade jener Zucker, der in seiner Süße und Harmonie bei Forster schlussendlich den Inbegriff der Leckerei darstellt und in der Ablösung des Honigs in Europa „selbst den ärmsten Volksklassen [...] beinahe unentbehrlich geworden."[38] Im gleichen Atemzug scheint jedoch gerade hier eine zweite Richtung auf, in der sich die ständische Ordnung des Geschmacks unterminieren lässt. Denn entgegen den Prämissen von Bergius bleiben bei Forster die ärmsten Klassen nicht nur auf die Notwendigkeiten des Hungers beschränkt, sondern haben ebenso wie die höheren Klassen an der Geschmacksbildung teil. Der europäische Bauer, so Forster, „[setzt] die beiden Indien in Contribution [...], um zu seinem Hirsebrey Zucker und Zimmt zu genießen!"[39]

Während sie auf der einen Seite schreiende Ungleichheit und Sklaverei hervorbringt, zeitigt die Ausbreitung der Leckereien auf der anderen Seite das Potential einer Gleichheit, die in der Lage ist, die ständische Distinktion des Geschmacks zu entwerten. Und man kann gar bestreiten, wie Forster gegen Ende

---

34 Ebd.
35 Ebd. Vgl. auch Forster, ‚Cook der Entdecker', in: Ders. 1985, 281.
36 Es ist vielfach auf jene Überlegungen Forsters hingewiesen worden, die eine mögliche zukünftige Revolution des Volkes, vom Anblick dieser aristokratischen Fresser ausgehen lassen, die ihr Echo auch in jenen Bemerkungen über den Tod Friedrichs II. finden. Zum engen Zusammenhang zwischen den Reiseerfahrungen Georg Forsters und seinen späteren revolutionären Positionen, auch mit Verweis auf diese Überlegungen vgl. Goldstein 2015, S. 100 ff.
37 Forster, ‚Über Leckereyen', in: Ders. 1974, S. 183 f. Zur Schilderung des römischen Gourmets vgl. Plinius Secundus d. Ä., Naturkunde 9, 77 (Plinius d. Ä. 1979, S. 60 f.).
38 Forster, ‚Über Leckereyen', in: Ders. 1974, S. 187.
39 Ebd., S. 170.

des Essays betont, dass dem Europäer das alleinige geschmackliche Urteilsrecht zukommt. Von einem globalen Standpunkt aus entwirft er eine vergleichende kulinarische Ethnologie, die entgegen der partikularen und lokalen Meinungen, eine allgemeine Sicht auf das wirft, was überall als lecker gelten kann. Dies ist die Perspektive des Weltreisenden, der überall die gleiche Lust am sanften Süßen wahrnimmt, eine Lust, die sogar die Grenzen der Menschengattung überschreitet und noch im auf die bloße Notwendigkeit reduzierten Tierreich zu finden ist. Eine Perspektive, die, so sehr sie den spezifischen Standpunkt des europäisch-kolonialen Weltbürgers nicht verleugnen kann, doch radikal den Anderen ihren Anteil und ihr Vermögen zum geschmacklichen Urteil und gleichermaßen zum Selbstdenken zurückerstattet, ebenso wie sie den Anteil des Fremden am eigenen Geschmack und Denken hervorhebt.

Quellen

Gedruckte Quellen

Bell, Francis L. S.: ‚The Place of Food in the Social Life of Central Polynesia', in: *Oceania* 2 (1931), S. 117–132.

Bergius, Bengt: *Über die Leckereyen*. Erster Theil. Aus dem Schwedischen mit Anmerkungen von D. Joh. Reinh. Forster u. D. Kurt Sprengel. Halle 1792.

Briefwechsel zwischen Schiller und Lotte. 1788–1805. Hg. u. erläutert v. Wilhelm Fielitz, Bd. 2. Stuttgart ³1896.

Ewert, Michael: ‚Literarische Anthropologie. Georg Forsters Leckereyen', in: Garber, Jörn (Hg.): *Wahrnehmung – Konstruktion – Text. Bilder des Wirklichen im Werk Georg Forsters.* Tübingen 2000, S. 20–30.

Forster, Georg: *A Voyage around the World.* 2 Bde. Hg. von Nicholas Thomas und Oliver Berghof. Honolulu 2000.

Forster, Georg: Reise um die Welt. 1. Teil. Bearb. von Gerhard Steiner, in: *Georg Forsters Werke. Sämtliche Schriften, Tagebücher, Briefe*, Bd. 2. Hg. v. der Deutschen Akademie der Wissenschaften zu Berlin. Berlin 1965.

Forster, Georg: Kleine Schriften zur Völker- und Länderkunde. Bearb. von Horst Fiedler, Klaus-Georg Popp, Annerose Schneider und Christian Suckow, in: *Georg Forsters Werke. Sämtliche Schriften, Tagebücher, Briefe*, Bd. 5. Hg. v. der Akademie der Wissenschaften der DDR. Berlin 1985.

Forster, Georg: Kleine Schriften zu Philosophie und Zeitgeschichte. Bearb. von Siegfried Scheibe, in: *Georg Forsters Werke. Sämtliche Schriften, Tagebücher, Briefe*, Bd. 8. Hg. v. der Akademie der Wissenschaften der DDR. Berlin 1974.

Forster, Georg: Briefe bis 1783. Bearb. von Siegfried Scheibe, in: *Georg Forsters Werke. Sämtliche Schriften, Tagebücher, Briefe*, Bd. 13. Hg. v. der Akademie der Wissenschaften der DDR. Berlin 1978.

Goldman, Irving: *Ancient Polynesian Society.* Chicago, London 1970.

Hahne, Nina: *Essayistik als Selbsttechnik. Wahrheitspraxis im Zeitalter der Aufklärung.* Berlin, Boston 2015.

Goldstein, Jürgen: *Georg Forster. Zwischen Freiheit und Naturgewalt.* Berlin 2015.

Kant, Immanuel: ‚Kritik der Urteilskraft‘, in: *Kants Gesammelte Schriften „Akademieausgabe“.* Bd. 5. Hg. von der Königlich Preußischen Akademie der Wissenschaften. Berlin 1913, S. 165–486.

Lichtenberg, Georg C.: *Sudelbücher.* Bd. 1. Hg. von Wolfgang Promies. München 2005.

Plinius Secundus d. Ä., Gaius: *Naturkunde: lateinisch-deutsch.* Buch IX: Zoologie: Wassertiere. Hg. und übers. von Roderich König in Zsarb. mit Gerhard Winkler, München 1979.

Rousseau, Jean-Jacques: *Diskurs über die Ungleichheit / Discours sur L'inégalité.* Kritische Ausgabe des integralen Textes. Mit sämtlichen Fragmenten und ergänzenden Materialien nach den Originalausgaben und den Handschriften neu editiert, übersetzt und kommentiert von Heinrich Meier. Paderborn u. a. [4]1997.

Spary, Emma C.: *Eating the Enlightenment. Food and the Sciences in Paris.* Chicago, London 2012.

Zimmermann, Johann G.: *Ueber Friedrich den Grossen und meine Unterredungen mit Ihm kurz vor seinem Tode.* Leipzig 1788.

Michael Schmidt

Reisender ohne Misere? Die prekäre Schreibsituation des Naturforschers Adelbert von Chamisso an Bord des russischen Forschungsschiffes ‚Rurik'. Versuch einer Rekontextualisierung

I

Es gibt zwei zeitgenössische Bildquellen[1], die den Reisenden Chamisso an Bord eines Wasserfahrzeugs zeigen. Eines ist die bekannte Karikatur aus der spitzen Feder E.T.A. Hoffmanns, die den Freund als einzigen Reisenden in einem besegelten Nachen plaziert, dessen mangelnde Hochseefähigkeit selbst dem maritimen Laien ins Auge sticht. Gar den Nordpol, wie eine Beischrift suggeriert, hätte Chamisso so gewiss nicht erreichen können. Gleichwohl drückt dieser Bildscherz die Enge und auch die Isoliertheit aus, die Chamisso tatsächlich an Bord des Expeditionsschiffes Rurik empfand, mit dem er drei Jahre lang die Erde umsegelte. Die andere Zeichnung erscheint realistischer und authentischer, denn sie stammt von einem Augenzeugen der Reise um die Welt, dem Maler Choris. Sie zeigt, neben vielen Details[2], Chamisso Pfeife rauchend und lesend in der erstaunlich aufgeräumten und geräumig wirkenden Kajüte der Rurik. Dass Chamisso die Gelassenheit, die er auf dieser Federzeichnung ausstrahlt, nicht empfand, weiß man aus seiner Reisebeschreibung, die gerade die Enge dieses Raumes hervorhebt:

> Zwei der Kojen gehören den Offizieren, die zwei anderen dem Doktor und mir. [...] Meine Koje und drei der darunter befindlichen Schubkasten sind der einzige Raum, der mir auf dem Schiffe angehört;[...] In dem engen Raume der Kajüte schlafen vier,

---

1 Beide finden sich in dem schönen Katalog Treziak 2004, S. 16 (Choris) und S. 52 (E.T.A. Hoffmann).

2 Diese schildert auch Chamisso, so dass die Authentizität der Zeichnung im Detail gesichert erscheint. Vgl. Chamisso 1972, S. 21: „Die Kajüte de Campagne ist beiläufig zwölf Fuß im Gevierte. Der Mast, an dessen Fuß ein Kamin angebracht ist, bildet einen Vorsprung darin. Dem Kamin gegenüber ist ein Spiegel, und unter dem, mit der einen Seite an der Wand befestigt, der viereckige Tisch. In jeglicher Seitenwand der Kajüte sind zwei Kojen befindlich, zu Schlafstellen eingerichtete Wandschränke, beiläufig sechs Fuß lang und dritthalb breit. Unter denselben dient ein Vorsprung der länge der Wand nach zum Sitz, und gibt Raum für Schubladen, von denen je vier zu jeder Koje gehören. Etliche Schemel vollenden das Ameublement."

wohnen sechs, und speisen sieben Menschen. Am Tische wird morgens um sieben Uhr Kaffee getrunken, mittags um zwölf gespeist und sodann das Geschirr gescheuert, um fünf Uhr Tee getrunken und abends um acht aus dem Abhub der Mittagstafel zum zweiten Male aufgetragen. Jede Malzeit wird um das doppelte verlängert, wenn ein Offizier auf dem Verdecke Wache hat.[3]

Es liegen hier also zwei unterschiedliche Dokumente zu ein und demselben Sachverhalt vor, die eine Rekontextuaisierung des literarisch-pragmatischen Erinnerungs-Textes im Vergleich mit einer anderen Quelle, einem Bild-Text, und damit die Ermittlung von Differenzen ermöglichen. Das Verfahren erinnert daran, dass es – zumindest als Möglichkeit – zu jeder literarischen Äußerung ein Anderes gibt, und verhindert eine allzu enge, gar unkritische Bindung des Lesers an die Perspektive des Erzählers. Jeder Leser der *Reise um die Welt* wird im Text gewisse Widersprüche entdecken, die er allein im Rückgriff auf den Text selbst nicht aufzulösen vermag. Nicht in allen Fällen werden Kenntnisse und kritisches Vermögen des Lesers in dieser Situation allein ausreichen; Leser sind auf Kommentare und, wenn diese nicht ausreichen, auf eigenständige Rekontextualisierungen angewiesen.

Chamisso hat, wen wundert's, die Arbeitsmöglichkeiten an Bord und speziell in dieser Kajüte als prekäre Schreibsituation verstanden und geschildert:

In den Zwischenzeiten nimmt der Maler mit seinem Reißbrett zwei Seiten des Tisches ein, die dritte Seite gehört den Offizieren, und nur wenn diese sie unbesetzt lassen, mögen sich die anderen darum vertragen. Will man schreiben oder sonst sich am Tische beschäftigen, muß man dazu die flüchtigen, karggezählten Momente erwarten, ergreifen und geizig benutzen; aber so kann ich nicht arbeiten.[4]

Der Ausdruck des Prekären ist von Martin Mulsow in die wissenschaftshistorische Diskussion eingeführt worden, wo er als Perspektive auf die „Gefährdung des Wissens im Menschen" auf das Wissen derer, die in Gefahr sind, die besondere Situation von kreuz- und querdenkerischen Autoren der frühen Neuzeit sowohl im Blick auf die Existenz wie auf das Schreiben neben den und gegen die herrschenden Diskurse im noch theologisch dominierten Wissenschaftsbetrieb der Zeit bezeichnet.[5] Es handelt sich gewissermaßen um ein Gegen-Konzept zu Ernst Blochs freilich viel älterem Entwurf vom deutschen Gelehrten ohne Misere, den dieser durch Christian Thomasius, einen Zeitgenossen der prekären Pietisten, verkörpert sah.[6]

Der Begriff der prekären Schreibsituation wird hier in einem weiteren Sinne,

---

3 Ebd., S. 21f.
4 Ebd., S. 22.
5 Vgl. Mulsow 2012.
6 Vgl. Bloch, 1953.

nämlich auf die existentielle, ausweglose Situation an Bord eines Schiffes verwendet.

Höchst prekär war das Schreiben an Bord eines kleinen Schiffes, weil dieses in den drei Jahren der Entdeckungsreise jederzeit vom Untergang mit Mann und Maus, mit den unterwegs gesammelten Objekten, mit Notizen, Manuskripten und deren Verfassern bedroht war. Und diese ständige Bedrohung durch den Tod war, zumindest auf der subjektiven Seite, wohl ungleich existentieller als die Gefahren, die frühneuzeitlichen Wissenschaftsautoren drohten. Dies gilt, obwohl einzelne dieser Denker hingerichtet worden sind und ihr Werk einer Vernichtung ausgesetzt war, so dass kaum auch nur Spuren davon bewahrt blieben. Prekär war das wissenschaftliche Schreiben an Bord durch das vollständige Fehlen einer Referenzbibliothek, aber auch durch nur scheinbar triviale Aspekte wie das ständige Schwanken des Schiffes, welche das Schreiben immer wieder durch Anfälle von Seekrankheit[7] des Autors beeinträchtigte – um von ebenfalls nur scheinbar nebensächlichen Aspekten wie dem drohenden Ausgehen von Schreibzeug wie Papier, Feder, Tinte und Bleistift zu schweigen. Hinzu kam eine Monotonie des Lebens mit geregelten dienstlichen Abläufen an Bord, aber auch eines Ausblicks auf die immer gleichen Weiten des Meeres, wo das Erscheinen eines Wales vielleicht über einen längeren Zeitraum die einzige Abwechslung war, Anlass dann zu wissenschaftlicher Neugierde und intensivem Nachdenken.[8]

Prekär war die soziale Situation Chamissos im Verhältnis zum Kapitän[9] und dessen russischer Mannschaft. Prekär war aber auch Chamissos Status als ein durch eine einzige kleine Publikation von allenfalls regionaler Bedeutung ausgewiesener Wissenschaftler. Um hier marginalisierend gleich einen weiteren Aspekt in diesem Kontext anzusprechen: die gern behauptete besondere Literarizität der beiden Reisebeschreibungen Chamissos, erschienen 1821[10] und

---

7   Vgl. Chamisso 1972, S. 21: „Ich lernte erst die Seekrankheit kennen, mit der ich unausgesetzt rang, ohne sie noch zu überwinden. Es ist aber der Zustand, in den dieseKrankheit uns versetzt, ein erbärmlicher. Teilnahmlos mag man nur in der Kajüte liegen, oder oben auf dem Verdecke, am Fuße des großen Mastes, wo näher dem Mittelpunkte der Bewegung dieselbe unmerklicher wird. Die eingeschlossene Luft der Kajüte ist unerträglich, und der bloße Geruch derselben erregt einen unsäglichen Ekel. Obgleich mich der Mangel an Nahrung, die ich nicht bei mir behalten konnte, merklich schwächte, verlor ich dennoch nicht den Mut."

8   Vgl. Federhofer 2012.

9   Dass Chamisso, der sich, anders als seine bürgerlichen Wissenschaftler-Kollegen, als ehemaliger preußischer Leutnant und als Aristokrat dem See-Leutnant von Kotzebue, ebenbürtig und gesellschaftlich gleichgestellt empfinden musste, sich von dessen Kommandeurs-Stellung an Bord sozial diskriminiert und durch dessen Vorschriften einer ungerechtfertigten sozialen Disziplinierung ausgesetzt gesehen haben mag, ist nicht von der Hand zu weisen, kann hier aber mangels belastbaren Materials nicht diskutiert werden. In vielen Darstellungen geht der Konflikt zwischen dem russischen Kapitän und dem deutsch-französischen Naturforscher ohnehin immer zugunsten des Letzteren aus.

10 Vgl. Chamisso 1821. Diesen dritten Teil der offiziellen, von Kotzebue verantworteten Rei-

1836[11], im Vergleich zu anderen, mehr pragmatischen Reisebeschreibungen ist
bislang vor allem im Bereich der stilistischen und narrativen Verfahren gesucht
und behauptet worden. Tatsächlich wurde Chamisso vom literarischen Feld aus,
als Autor des *Schlemihl*, und durch literarische Verbindungen, nämlich die des
Verlegers Hitzig[12] zu dem Schriftsteller August von Kotzebue[13], Vater des Kapitäns der Rurik, als „Naturforscher"[14] an Bord des Schiffes positioniert. In der
Reisebeschreibung bezeichnet er sich – *en passant* wohlgemerkt, und unter
anderem – als „Titular-Gelehrter"[15], ein Wort, das in den vergangenen Jahren von
Journalisten wie von Wissenschaftlern gern gebraucht, aber, soweit ich sehe, nie
hinterfragt worden ist. Dabei wird auch stets übersehen, dass er sich selbst auf
dem Titelblatt der ersten Version der Reisebeschreibung, der von 1821, selbst als
„Naturforscher" und also eben nicht als „Titulargelehrter" bezeichnet hat. Im
ersten Drittel des 19. Jahrhunderts scheint der Ausdruck kaum aufzutreten, wo
doch, ist die Tendenz kritisch. So schreibt der Berliner Wissenschaftsfunktionär
avant la lettre und Naturhistoriker Rudolphi, ein Biologe, der botanische und
zoologische Forschungen trieb, zu Beginn des Jahrhunderts : „Fast jeder Gelehrte hat seine Lieblingswissenschaft (d. h. sofern er nicht Titulargelehrter ist,
und gar keine Wissenschaft liebt) und nur in dieser wird er etwas leisten".[16]
Kritisch ist auch der Wortgebrauch durch Chamisso, der damit längst nach
Abschluss der Reise ausdrückt, dass die Titulargelehrten, als Nachfahren der
barocken Polyhistore[17] sowohl natur- wie geisteswissenschaftliche (etwa Sprach-
studien, ethnologische Aufzeichnungen usw.) Studien treibend, einer unterge-
gangenen Epoche der Wissenschaftsgeschichte angehörten und mittlerweile der
allgemeinen Ausdifferenzierung insbesondere der naturwissenschaftlichen Fächer zu wissenschaftlichen Disziplinen an den Universitäten folgend, durch
Teams von Experten ersetzt worden waren. So hatte die französische La Re-
cherche-Expedition, die zwischen 1838 und 1840 mit der gleichnamigen Fregatte
den vergleichsweise beschränkten Raum zwischen den Faröer-Inseln, Island und
Norwegen untersuchte, ausser einem naturwissenschaftlich gebildeten Militärarzt als Leiter der Expedition einen Physiker, einen Geologen, einen Botaniker,
einen Meteorologen und einen zoologischen Zeichner an Bord, außerdem als
regionale, mit den natürlichen Besonderheiten des zu erforschenden Raumes

---

sebeschreibung hat Chamisso bekanntlich in seiner Ausgabe der Reisebeschreibung von
   1836 wieder mit abgedruckt.
11 Wie Anm. 2. Vgl. auch Menza 1978.
12 Zu Hitzig vgl. die beiden biographischen Monographien Dorsch 1994 und Busch 2015.
13 Zu Kotzebue vgl. Stock 1978; Kaeding 1985; Simon 1998; Gebhardt 2003; Meyer 2005.
14 Vgl. Chamisso 1972, wie Anm. 7.
15 Vgl. Chamisso 1972, S. 9.
16 Rudolphi 1804, S. 3.
17 Vgl. ebd.

vertraute Experten zwei schwedische Physiker und einen schwedischen Zoologen sowie je einen norwegischen und dänischen Zoologen dabei. Für kulturwissenschaftliche Studien zeichnete der bekannte französische Reiseschriftsteller Xavier Marmier verantwortlich.[18] Hier handelte es sich also tatsächlich um eine Forschungsexpedition im modernen Sinne, an der ein ganzer Stab von Fach-Wissenschaftlern teilnahm, der auch einen entsprechenden wissenschaftlichen Output produzierte. Wenn man berücksichtigt, dass zu Beginn des Jahrzehnts beispielsweise preußische Schiffe von der Größe der Rurik zu von (nur) einem Wissenschaftler an Bord begleiteten Weltumseglungen aufbrachen[19], deutet sich an, dass Chamissos Reisebeschreibung im Übergang von zwei Epochen der wissenschaftlichen Schiffahrt erschien, was der Autor zwar wußte, aber nicht weiter thematisierte. Die Reise selbst war noch ganz im Geiste der Reisen James Cooks durchgeführt worden.[20]

Auch hier zeitigt Rekontextualisierung also Ergebnisse: die kommentatorische Hinterfragung eines einzelnen Ausdrucks in einem umfangreichen Text erscheint belanglos genug, für das Verstehen des Textes bedeutet sie nicht mehr, als dass dieser Ausdruck in diesem Text ironisch und kritisch gebraucht wurde. Sie bedeutet aber auch eine Kritik der Wissenschafts- und wissenschaftspublizistischen Sprache unserer Zeit. Sie erfolgt im Modus des hermeneutischen Zirkels, wie Gadamer[21] ihn entwickelt hat, indem sie den Begriff aus der Sphäre heutigen Verstehens in seinen ursprünglichen Kontext zurück verweist und so eine neue Runde des Verstehens eröffnet. Hier zeigt sich der scheinbar *en passant* gebrauchte Ausdruck gleichsam als Spitze eines Eisbergs im Text, der auf einen der großen wissenschaftlichen Transformationsprozesse der Zeit – die Disziplinierung der Wissenschaften nämlich – hinweist. Dieser Wandel war Chamisso nicht entgangen, auch wenn er ihn aus guten literarischen Gründen nicht weiter thematisiert: sein Text folgt den etablierten Standards des Genres der literarischen Reisebeschreibung, er ist weder ein wissenschaftskritischer noch ein wissenschaftshistorischer Text.

Bekanntlich blieb Chamissos Situation als Naturforscher, der die ihm verbleibende Lebenszeit von etwa zwanzig Jahren nicht ausschließlich, aber doch vor allem auch zur Aufarbeitung und Publikation der an Bord der Rurik gesammelten Fakten nutzte, sogar noch nach der Rückkehr von der Reise prekär. Dies zeigt nicht zuletzt die Reaktion der Fachwelt auf seine Salpen-Schrift[22], die ihm die Promotion durch die Berliner Universität und eine zunächst bescheidene Position am Berliner botanischen Garten eingetragen hatte. Das Unver-

---

18 Vgl. Knutsen / Posti 2002.
19 Vgl. Burmeister 1988.
20 Vgl. Görbert 2014.
21 Vgl. Gadamer 1965, S. 250 ff.
22 Vgl. Chamisso Berlin 1819.

ständnis der Fachwelt lässt sich nicht nur als Intrige[23], sondern vor allem als ein Verfehlen herrschender wissenschaftliche Diskurse durch den prekären Autor lesen.

II

Als Berliner Salonnière[24] wenig bekannt ist der preußische Generalleutnant, später Feldmarschall Neithardt von Gneisenau. In einem bislang unbekannten, undatierten Brief[25] aus dem Jahre 1818 überlegte er, wen er, neben u. a. Schleiermacher, dem Theoretiker der Berliner Geselligkeit, und den Savignys, die bereits zugesagt hatten, zu einer Abendgesellschaft bitten könne, und nennt auch den „Weltumsegler Chamisso, Verfasser des Peter Schlemihl". Dies ist vielleicht das erste Dokument, in dem der Weltumsegler vor dem Verfasser, vor dem Literaten genannt wird. Bekanntlich hat Chamisso dies aufgenommen, er bezeichnet sich in der Reisebeschreibung „als Naturforscher und Schriftsteller"[26], was eine Hintansetzung seiner literarischen Produktion bedeutet. Mehr noch, er hat diese Strukturvorgabe für seine Gesammelten Werke gebraucht, in denen der – freilich auch neu überarbeitete – Reisebericht vor den Gedichten und dem Schlemihl zu stehen kam. Und die Weidmannsche Buchhandlung hat diese Struktur in mehreren postumen Ausgaben der Gesammelten Werke beibehalten, als andere, konkurrierende Ausgaben längst das genuin literarische, das belletristische bzw. poetische Werk in die ersten Bände nach vorn gezogen hatten und damit eine aus anderen Klassikerausgaben bekannte Struktur adaptierten, die bis heute und noch für die bereits etwas betagten jüngsten Chamisso-Ausgaben gilt.

Damit, mit diesem Reisebericht Chamissos, wurde eine Entdeckungsreise nobilitiert, die weder besonders spektakulär verlief noch übermäßig erfolgreich war. Die Weltumseglung mit der Rurik war eine, die zweite oder dritte von insgesamt 33 russischen Weltumseglungen, was möglicherweise das geringe Interesse der Wissenschaftshistoriographie in Russland an diesem Thema erklärt. Und als Chamisso seinen Bericht 1836 publizierte, war bereits 1825 eine Serie von preußischen Weltumseglungen in Gang gesetzt, von denen heute kaum

---

23 Vgl. Dohle 2016.
24 Mit dieser Gender-Konfusion protestiere ich, im Anschluss an Barbara Hahn (Berlin 1997, S. 213–234), gegen eine vor allem auf narrative Quellen gestützte, briefliche Dokumente eher vernachlässigende Berliner Salon-Forschung. Fast alle der von Gneisenau genannten Namen finden sich auch in der grundlegenden Monographie von Wilhelmi, Berlin 1989. Sie zählen also zu den üblichen Verdächtigen.
25 Fundort: Loose Blätter Sammlung, Tromsdalen, Norwegen, Sign. Gnei 1818.
26 Chamisso 1972, S. [7].

mehr jemand etwas weiß[27]. Die Ungleichzeitigkeit des Textes, ein Indiz für seine prekäre Qualität, ist von der Forschung nicht übersehen worden, Gisela Menza hat ihn bereits 1978 als „Übergang[…] von der Spätromantik zur vorrealistischen Biedermeierzeit"[28] zu fassen versucht. Als Chamisso seinen Reisebericht in den Gesammelten Werken veröffentlichte, waren, dies soll hier nochmals betont werden, bereits gewisse Procedere etabliert, die nicht zuletzt die Rolle der Wissenschaftler an Bord von Entdeckungsreisen betrafen: es sollten Fachvertreter naturwissenschaftlicher Disziplinen sein, nicht länger wissenschaftliche Alleskönner, die Fauna, Flora, Ethnographie und möglichst auch Linguistik gleichzeitig traktierten. Chamissos Reisebeschreibung, die diesen Umstand in einer Bemerkung über Titulargelehrte ästhetisch reflektiert, ist also tatsächlich und nicht zuletzt, was ihre Rezeption betrifft, eine biedermeierliche zu nennen, da sie Verhältnisse beschreibt, die zum Zeitpunkt des Erscheinens so nicht mehr existierten.

Vieles war an Bord der kleinen Rurik nicht möglich; Chamisso hat die Enge an Bord der „Nußschale"[29] eindringlich beschrieben. Die Frage ist freilich, ob an Bord eines größeren Schiffes, das zu seiner Bedienung ungleich mehr Personal – 175 Mann an Bord der *Predpriantie* auf Kotzebues nächster Weltumsegelung[30] – erfordert hätte, wirklich mehr Platz gewesen wäre. Und tatsächlich hat er, allen Widerständen zum Trotz, zu denen auch das von Chamisso erwähnte, Sammlungen betreffende Gebot[31] gehörte, umfangreiche Naturaliensammlungen anlegen und zahlreiche Aufzeichnungen dazu machen können. Von Eschscholtz' Beiträgen und Choris' eindrucksvollen Illustrationen ganz zu schweigen. Unter diesem Aspekt hat die Entdeckungsreise, deren eigentliche Aufgabe, die Entdeckung eines Eingangs zur Nordwestpassage war, ihr Ziel also nicht verfehlt. Was die wissenschaftlichen Resultate angeht, verkörpert das vornehmlich, aber nicht ausschließlich Chamisso zu verdankende Ergebnis der Expedition[32] noch einmal einen Universalismus des Forschens, den das aufkommende positivistische Zeitalter nicht länger zulassen sollte.

Die Frage ist, ob die Enge, unter der Chamisso an Bord litt, tatsächlich die räumliche Enge eines kleinen, etwa 30 Meter langen und acht Meter breiten Schiffes war. Auch hier erscheinen Rekontextualisierungen möglich und gebo-

---

27 Vgl. Burmeister.
28 Wie Anm. 10.
29 Chamisso, wie Anm. 2, S. 20.
30 Vgl. Kotzebue: 1830. An Bord befanden sich als Forscher neben dem bewährten Eschscholtz der Physiker Emil Lenz, der Astronom Ernst Wilhelm Preuß und der Mineraloge Ernst Hoffmann, also ein bereits spezialisiertes Wissenschaftler-Team.
31 Wie Anm. 2, S. 22.
32 Gerechterweise muss man darauf hinweisen, dass Kotzebue zahlreiche Entdeckungen, Neuvermessungen und andere Arbeiten im geographischen Bereich gelangen.

ten. Chamisso erwähnt das angebliche Verbot Kotzebues, Sammlungen anzulegen:

> Der Kapitän protestiert beiläufig gegen das Sammeln auf der Reise, indem der Raum des
> Schiffes es nicht gestatte und ein Maler zur Disposition des Naturforschers stehe, was
> dieser begehre. Der Maler aber protestiert, er habe nur unmittelbar vom Kapitän
> Befehle zu empfangen.[33]

Die Betonung in dem Satz liegt wohl auf dem Wort „beiläufig". Es handelt sich
nicht um ein Verbot, sondern um einen Protest, der mit dem Hinweis auf den
beschränkten Schiffsraum pragmatisch begründet ist, aber eben der Tradition
widersprach, auf derartigen Reisen umfangreiche Sammlungen anzulegen, um
sie europäischen Akademien und Museen zur Verfügung zu stellen. Keineswegs
unvernünftig war auch Kotzebues Hinweis auf den Maler. Bedeutete er doch eine
über die graphische Erfassung der Beobachtungen zu gewährleistende Tendenz
zur Verschriftlichung der Forschungsergebnisse bereits an Bord, was, formal
gesehen, einen wissenschaftlichen Fortschritt impliziert: eine Vereinfachung des
Weges von der Erfassung eines Forschungsergebnisses hin zu dessen Publikation. Dies macht es auch unwahrscheinlich, dass die russischen Matrosen, die
zum Trocknen ausgebreitete Pflanzen über Bord geworfen haben sollen, dies auf
Anweisung des Kapitäns taten. Vermutlich machten sie sich einen Spaß auf
Kosten des Fremden, mit dem sie sich nicht verständigen konnten.

Die Textstelle weist also auf eine erhebliche Norm-Praxis-Differenz hin, die es
zu rekontextualisieren galt, da sich die von Kotzebue formulierte Norm offenbar
auf der Reise zugunsten der Praxis des Naturforschers verschob, der umfangreiche Sammlungen anlegen und nach der Rückkehr weitergeben konnte. Und
trotz seiner Vorbehalte gegen den pittoresken Stil Choris', der damit einem im
18. Jahrhundert zum Zwecke von Reisebeschreibungen entwickelten graphischen Muster folgte, scheint das Verhältnis von Naturforscher und Maler später
gut gewesen zu sein.

Über die Rurik existieren einige Legenden, unter andrem die, dass sie in
England[34] und als Kriegsschiff gebaut worden sei. Tatsächlich[35] wurde sie aber in
Åbo im seinerzeit zum Zarenreich gehörenden Großfürstentum Finnland gebaut
und zwar nicht als Kriegsschiff, sondern speziell zum Zwecke einer Weltumseglung.[36] Sie wurde nicht aus dem für Kriegsschiffe üblichen Eichenholz, son-

---

33 Wie Anm. 29.
34 Vgl. Donnert 2002, S. 856–867, S. 857.
35 Vgl. Kotzebue 1821, S. 9ff.
36 Damit unterschied sich die Rurik von den Schiffen James Cooks, der, nachdem sich Probleme
   mit den zunächst kommandierten Fregatten herausgestellt hatten, umgebaute Kohlenschiffe
   bevorzugte, die er bereits als junger Offizier der Handelmarine gefahren hatte. Diese waren
   geräumig, leicht und leicht zu segeln, aber eigentlich für den Küstenverkehr in der Nordsee
   ausgelegt.

dern, da alle Eichenstämme in Russland für die kaiserliche Marine reserviert waren, aus Fichte konstruiert. Sie erhielt, als sie fertig war, das Privileg, die russische Seekriegsflagge zu führen und hatte einige Kanonen an Bord, aber kein spezialisiertes Personal um diese zu bedienen. Die Mannschaft bestand aus freiwilligen Matrosen der Kriegsmarine, aber nicht aus Seesoldaten oder Schiffsartilleristen. Die Kanonen dienten also eher der Abschreckung arabischer oder chinesischer Piraten, auf ein Seegefecht mit einem anderen Kriegsschiff hätte sich die Rurik nicht einlassen können.

Das Fichtenholz machte die Rurik zu einem sehr leichten Schiff, das gegebenenfalls zwecks Reparatur von der Mannschaft, die aus zwanzig Matrosen bestand, an Land oder auch auf eine Eisscholle hätte gezogen werden können. Die Rurik hatte eine Brigg-Besegelung, was bedeutet, dass sie im Sturm bei gerefften oberen Segeln Stabilität und Manövrierfähigkeit bewahrte.[37] Sie hatte nicht die seinerzeit übliche Menagerie von unterwegs zu schlachtenden Haustieren an Bord, sondern erstklassige Konserven englischer Produktion. Auch die Instrumente waren in England gekauft worden. Man hatte also, trotz der großen Not in Russland nach den Befreiungskriegen, an nichts gespart.

Die Mannschaft war unter ihrem jungen Kapitän[38] fast 1000 Kilometer von Kronstadt über Sankt Petersburg nach Åbo marschiert, was sie gruppendynamisch zusammen geschweißt und dazu beigetragen haben dürfte, dass es, anders als auf den Schiffen Cooks eine Generation früher, nie zu disziplinarischen Problemen an Bord kam. Zu dem Gemeinschaftsgefühl dürfte der Umstand beigetragen haben, dass die Mannschaft in Åbo in sehr schlechten, stallähnlichen Quartieren untergebracht worden war, mit dem Bemerken, für Russen sei das allemal gut genug. Bekanntlich fuhr auch ein Schiffsarzt mit, der aber vornehmlich als Wissenschaftler tätig sein konnte.

Zu diesem Team stieß in Kopenhagen Chamisso, der nie zuvor ein Schiff betreten hatte, nicht russisch sprach, dann russisch lernte, um es schließlich aus Gründen einer persönlichen Abgrenzung, er selbst spricht von einer „Schranke"[39], doch nicht zu sprechen. Zu der räumlichen Enge kam also ein doppeltes

---

37 Chamisso bemerkte die Segeltüchtigkeit des Schiffes gleich zu Beginn der Reise im dänische Sund: „rascher segelnd, als die Kauffahrer um uns her, überholten wir schnell die vordersten, und ließen bald ihr Geschwader weit hinter uns. Der Augenblick war wirklich schön und erhebend." (Chamisso 1972, S. 23)

38 Zu Kotzebues Leistungen als Seefahrer und Entdecker vgl. den prägnanten Artikel in Henze 1993, S. 63 ff.

39 Vgl. Chamisso 1972, S. 37 f.: „Ich hatte mit Hilfe von Login Andrewitsch Russisch zu lernen angefangen; erst lässig unter dem schönen Himmel des Wendekreises, dann mit ernsterem Fleiße, als wir dem Norden zusteuerten. Ich hatte es so weit gebracht, mehrere Kapitel im Sarytscheff zu lesen, aber ich ließ mit gutem Bedacht von dem Beginnen ab, und lernte mich glücklich zu schätzen, daß die Sprache eine Art Schranke sei, die zwischen mir und der nächsten Umgebung sich zog. Ich habe auch nicht leicht etwas so schnell und so vollständig

Kommunikationsproblem gegenüber einer durch gemeinsame, nationale wie berufliche Kultur wie durch gemeinsame Erfahrung homogenen Gruppe, von der Chamisso sich dann auch noch bewusst dauerhaft ausschloss.

Man könnte an dieser Stelle auf eine gewisse Tradition gelehrter Kritik an den Bedingungen an Bord von Forschungsschiffen hinweisen. Bekannt sind die Auseinandersetzungen zwischen dem adligen Gelehrten Sir Joseph Banks und dem aus kleinbäuerlichen Verhältnissen stammenden Captain James Cook, den die britische Admiralität zugunsten des Schiffsführers entschied. Auch in dieser Auseinandersetzung ging es um die Frage, wie viel Platz dem reichen Naturforscher und seiner Entourage an Bord zur Verfügung stehen sollte bzw. konnte.

In der englischen Cook-Forschung hat auch der deutsche Weltreisende und Botaniker Reinhold Forster einen notorisch schlechten Ruf. Sie zeichnet, in der prägnanten Formulierung eines englischen Thriller-Autors, das Bild eines „streitsüchtigen und kleinlichen Mannes, der sich, kaum daß er an Bord gekommen war, schon über alles mögliche beschwerte."[40]

Dass es nicht ausschließlich um räumliche Enge, sondern um eine literarische Selbststilisierung Chamissos als prekärer Wissenschaftler ging, zeigt der Fall einer besonders prekären, dafür aber auch als besonders frei und unabhängig geltenden Gruppe von Wissenschaftlern: den gelehrten Wanderern[41], zu denen sich der junge Botaniker Chamisso selbst hätte zählen können. Tatsächlich schrieb er, als er auf der Reede von Swinemünde endlich wieder festen Boden unter den Füssen fühlte, ein Gedicht, in dem der heimgekehrte Welt- und Entdeckungsreisende sich zum „Wandrer"[42] stilisierte.

Ein vielleicht extremes Beispiel eines fahrenden prekären Botanikers bietet der deutsch-dänische Antiquar Martin Friedrich Arendt[43], der nach einem unbehausten Leben 1823 als 54jähriger in einem italienischen Strassengraben einem Schlaganfall erlag. Einen festen Wohnsitz scheint er als Erwachsener nie gehabt zu haben, er wohnte kürzer oder länger dort, wo er gerade einen Unterschlupf fand. Aufgrund seiner enormen Kenntnisse und seiner lebhaften Erzählweise scheint er vor allem die Solidarstrukturen der gelehrten Welt ausgeschöpft zu haben. Gutherren und Landpfarrer zählten ebenso zu seinen Gastgebern wie Professoren und hohe Standespersonen in Universitäts- und

---

verlernt, als mein Russisch. Es hat ganze Zeiten gegeben, wo ich während des Essens (ich nahm zufälliger Weise bei Tafel den mittleren Sitz ein) stumm und starr, den Blick fest auf mein Spiegelbild geheftet, gehüllt in meine Sprachunwissenheit, die Brocken in mich hinein würgte, allein wie im Mutterleib." Vgl. auch Lacan, Weinheim und Berlin 1986, S. 61–70.
40 MacLean 1973, S. 115.
41 Vgl. Albrecht und Kertscher, Tübingen 1999, und Sangmeister 2010, insbes. S. 113ff.
42 Vgl Chamisso 1972, S. 258: „Heimkehrt fernher, aus den fremden Landen,/ in seiner Seele tief bewegt der Wandrer;/ Er legt von sich den Stab und kniet nieder./ Und feuchtet Deinen Schoß mit stillen Thränen,/ O deutsche Heimat!"
43 Vgl. Sangmeister, wie Anm. 36, S. 142.

Residenzstädten. Goethespezialisten ist er vielleicht noch ob seiner schlechten Essmanieren im Haus Goethe bekannt. Er erhielt im späten 18. Jahrhundert von der dänischen Regierung den Auftrag, für die bekannte Flora Danica, die auch der dänischen Porzellanmalerei als Vorbild diente, die Pflanzenwelt Nord-Norwegens zu erforschen. Damit begann er wohl auch, doch dann interessierten ihn die Altertümer Skandinaviens mehr und aus dem Botaniker wurde ein anerkannter Runenforscher. Er könnte der botanische Besucher des von Chamisso im Reisebericht erwähnten Lappenpriesters gewesen sein. Zeitgenossen schildern ihn als eine abgerissene Gestalt mit Filzhut und einem langen Mantel, dessen Taschen mit Manuskripten und Zeichnungen vollgestopft waren. Fast dreißig Jahre lang hat er Europa zwischen Nordkap und Spanien und Italien zu Fuß bereist und das, wie es aussieht, klaglos.

Auch Chamisso scheint seine botanischen Fußreisen durch Deutschland und vor allem im Alpenraum klaglos ertragen zu haben, obwohl man sich kaum vorstellen kann, dass er nicht gelegentlich und ohne Wechselkleidung zu haben, bis auf die Haut nassgeworden ist, dass seine Botanisierkapsel und sein Mantelsack von deutschen Postkutschern nicht genau so lieblos behandelt worden sind wie seine Pflanzenbündel von russischen Matrosen an Bord der Rurik.

Doch geschahen alle diese Wanderungen, wenn man literarischen Darstellungen vertraut, in einer geradezu taugenichtshaften Heiterkeit, als hätten das moralische Gesetz und der Sternenhimmel glückliche Menschen aus den Wanderern gemacht; auch, wenn die Füße schmerzten und Mantel und Sohlen Löcher hatten.

Und genau dies thematisiert Chamisso in einem ursprünglich an seine Frau gerichteten, elegischen Liebeslied *Auf der Wanderschaft*, das er in der Schlemihl-Ausgabe von 1827 an prominenter Stelle, nämlich als zweiten Text der beigefügten Balladen und Lieder abdrucken ließ:

> Wohl wandert ich aus in trauriger Stund',
> Es weinte die Liebe so sehr.
> Der Fuß ist mir lahm, die Schulter mir wund,
> Das Herz, das ist mir so schwer.
> [...]
> Der Regen strömt, die Sonne scheint,
> es geht bergauf, es geht bergab, –
> [...].[44]

Hier geht es freilich nicht um die Selbststilisierung als prekärer Gelehrter, sondern um die Selbststilisierung als Liebender in der Tradition der Lebensreisen-Lyrik.

Indessen hatten auch nicht alle Naturalisten an Bord eines Expeditions-

---

44 Chamisso 1827, S. 130f., S. 130. Zum Kontext vgl. die Kommentare Volker Hoffmanns, Chamisso 1972, S. 802.

schiffes zu klagen. Die Weltreisen von Schiffen der Preußischen Seehandlung wurden bereits oben erwähnt. Eines dieser Schiffe war die Prinzess Louise, 1825 in Bremen gebaut. 30 Meter lang und acht Meter breit, mit 20 Mann Besatzung und einem Kommando-Stab von fünf Mann, war sie geradezu ein Schwesterschiff der Rurik. Indessen war sie möglicherweise als Vollschiff getakelt, dann wäre sie schneller gesegelt als das russische Schiff. Vermutlich als Konzession an den preußischen Militarismus hatte sie eine Kanone mehr an Bord als die Rurik.

Der Eindruck vom Schwesterschiff verstärkt sich noch auf der zweiten, von 1830 bis 1832 erfolgten, der insgesamt sechs Weltumseglungen der Louise, als sich an Bord außer der Stammbesatzung noch sieben auszubildende Seeleute befanden. Der Schiffsarzt Dr. Franz Meyen hatte zunächst als Apotheker das Botanisieren von der Pike auf gelernt, dann in Berlin Medizin und Botanik studiert und war Militärarzt geworden. Als junger Nachwuchswissenschaftler wurde er bereits 1828 in die Leopoldina aufgenommen. An Bord der Louise kam er auf Empfehlung eines der bekanntesten Headhunters seiner Zeit, nämlich Alexander von Humboldts. Er war tatsächlich ein Reisender ohne Misere, ein Wissenschaftler, der die an ihn gestellten Erwartungen zu erfüllen und sich nicht im wissenschaftlichen Kleinklein zu verzetteln pflegte.

Meyen sammelte seiner eigenen Darstellung nach 1349 Pflanzenarten, was etwas mehr als 50 % der Ausbeute Chamissos ausmacht, darunter 352 bis dahin noch unbekannte. Er publizierte 1834/35, also nur zwei Jahre nach der Heimkehr der Louise, einen umfangreichen Bericht *Reise um die Erde*.[45] Es grenzt an den Bereich des Doppelgängerischen, wenn auch er nach seiner Rückkehr von der Reise eine Schrift über Salpen veröffentliche.[46] Außerdem wurde er, publizistisch ein ungemein produktiver Mann, zum Extraordinarius für Botanik an der Berliner Universität ernannt. Nur sein früher Tod im Alter von 37 Jahren verhinderte eine weitere, vielversprechende Karriere. Ein Weltreisender ohne Misere, zweifellos und ohne Fragezeichen.

Wenn man die beiden Expeditionen miteinander vergleicht, zeichnet sich als Ergebnis ab, dass das russische Schiff tatsächlich einen, zunächst, mit dem dänischen Botaniker Wormskjøld, der ebenfalls sehr unzufrieden war und unterwegs ausschied, sogar zwei Wissenschaftler zu viel an Bord hatte. Das führte zu entsprechenden Unbequemlichkeiten. Indessen war das wissenschaftliche Ergebnis, von den Zeichnungen Choris' ganz zu schweigen, auch ungleich größer.

Der preußische König Friedrich Wilhelm III. soll Reformvorschläge des bereits in einem anderen Kontext erwähnten Militärs Gneisenau mit den knappen

---

45 Vgl. Meyen 1835.
46 Vgl. Dohle 2016.

Worten charakterisiert haben: Als Poesie gut.[47] Das Diktum könnte auch für Chamissos Reisebeschreibung zutreffen. Denn tatsächlich zählt zu den Besonderheiten dieser Reisebeschreibung, den Leser auf den Umstand aufmerksam zu machen, dass die Expeditionsschiffe der Zeit ein Teil des Aufschreibsystems um 1800, wie Friedrich Kittler[48] das genannt hat, mit spezifischen Bedingungen waren. Die vier Schubladen unter Chamissos Koje, drei für Chamisso, eine für Choris, waren ein primäres Archiv, ein Zwischenlager für die Sammlungen, bevor sie in andere, dauerhaftere Archive übergingen. Trotz der Enge wurden an Bord erste Sortier- und Registrierarbeiten sowie kontextualisierende Aufzeichnungen in Tage- und Notizbuchform durchgeführt. Diese Arbeiten unterlagen einer strengen Hierarchisierung. Herr der Rede war der Kapitän, der aufgrund seines monopolartigen Zugriffs auf Karten und bestimmte Instrumente wie Chronometer, Kompass und Sextant den Chronotopos Expeditionsschiff auch literarisch beherrschte, indem er alltäglich den Standpunkt des Schiffes in Zeit und Raum bestimmen konnte – d. h. aufschrieb. Mit dem Logbuch führte er das Hauptbuch des Schiffes, das später zur Grundlage des historischen Berichts, also der pragmatischen Reisebeschreibung wurde. Hier wurden der Reiseverlauf und nicht zuletzt die geographischen Entdeckungen dokumentiert, die angesichts damals noch zahlreicher weißer Flecken auf der Weltkarte ein wichtiger Zweck der darum so genannten Entdeckungsreisen waren. Auf der anderen Seite der Hierarchie, nämlich unten, standen die Matrosen, die wahrscheinlich zum Teil Analphabeten waren. Sie partizipierten nicht an dem Aufschreibsystem, persönliche Aufzeichnungen waren ihnen in der Regel verboten. Gelegentlich haben sie sich, wie beispielsweise der deutsche Heinrich Zimmermann, Teilnehmer der letzten Reise Cooks, über das Verbot hinweggesetzt; er veröffentlichte seine Aufzeichnungen 1791, was ihm den Titel eines churpfälzischen Leibschiffsmeisters eintrug.[49]

Nicht nur räumlich dazwischen, also zwischen der Kapitänskajüte und dem Schiffsraum der Matrosen, rangierten die Gelehrten, die aufgrund ihrer Ausbildung und beruflichen Erfahrungen besonders gut für das Aufschreiben geeignet waren. Sie hatten die meiste Schreibarbeit zu bewältigen und für ihre literarische Aufgabe unterschiedliche Lösungen zu finden. Eschscholtz, der auch auf der zweiten Weltumsegelung Kotzebues mit an Bord war, beschränkte sich im Reisebericht auf eine lange Liste botanischer Funde. Chamisso wählte einen schwierigeren Weg. Eigentlich ein Meister der kleinen Formen, verstellen seine beiden teils identischen Berichte im offiziellen Expeditionsbericht von 1822, also

47 Für den Kontext vgl. de Bruyn 2006; Das Zitat findet sich bei Neithardt von Gneisenau 1954, S. 260.
48 Vgl. Kittler 1985.
49 Vgl. Zimmermann 1791.

den *Bemerkungen und Ansichten*, und in der *Reise um die Welt* auch sprachlich den Blick auf all die kleineren, zum guten Teil in lateinischer Sprache veröffentlichten Studien, in denen er seine auf der Reise geleisteten Vorarbeiten abarbeitete, was ihm zur Lebensaufgabe wurde. Seine letztpublizierte wissenschaftliche Arbeit galt, nachdem er endlich in die Berliner Akademie aufgenommen worden war, den hawaiischen Sprachen, die entsprechenden Materialien hatte er auf der Weltreise gesammelt.[50] Nicht unerwähnt bleiben darf hier die Spur einer grossen Belesenheit von Expeditionsliteratur in der *Reise um die Welt*, die er sich vermutlich erst nach der Rückkehr aneignen konnte.

Die Serie kleiner naturwissenschaftlicher Schriften begann mit einem in deutscher Sprache veröffentlichten französischen Brief an den Grafen Rumjanzoff, den Patron der Weltumseglung, der bereits 1817, also noch während der Reise im Druck erschien. Unmittelbar nach seiner Rückkehr hat Chamisso kleinere Arbeiten zur Reise, historischer wie naturwissenschaftlicher Natur veröffentlicht, parallel zu seiner Arbeit am dritten Teil des Expeditionsberichts. Chamisso verweist zu Beginn des zweiten Teils der Reisebeschreibung selbst auf seine sehr zahlreichen Aufsätze in Schlechtendals *Linnaea*. Ein *Journal für die Botanik in ihrem ganzen Umfange*, wo „fortlaufend De plantis in expeditione Romanzoffiana observatis abgehandelt wird" und spricht in diesem Zusammenhang von einem eigenen Werk, das freilich nie zustande kam: „Ein selbstständiges Werk mit den nötigen Figuren konnte ohne fremde Unterstützung nicht herausgegeben werden."[51] Es war gerade dieses Werk, das Alexander von Humboldt in seinem Brief, vermutlich vom 10. Mai 1837[52], an Chamisso einforderte. Auch das, ein Werk, das nur in zahlreichen Fragmenten vorliegt und das gleichsam zwischen zwei gedruckten Werken, den *Bemerkungen* und der *Reise um die Welt* steht, repräsentiert ein Stück weit die Problematik der Aufschreibsysteme um 1800. Es existiert nicht und ist doch medial vermittelt; man könnte es, ein gerüttelt Maß an Pedanterie vorausgesetzt, vielleicht rekonstruieren. Es fällt unter den von Marie-Theres Federhofer für Chamisso eingeforderten erweiterten Werkbegriff.[53] Nur romantisch fragmentarisch in einer geheimnisvollen alten Sprache, dem Lateinischen, das als Wissenschaftssprache eben obsolet wird, und in verstaubten Heften einer längst vergessenen frühen Fach-Zeitschrift, *Linnaea*, erschlossen in einer am Vorabend der Schlacht bei Stalingrad erschienenen Bibliographie[54], weist es eine faszinierende Ähnlichkeit

---

50 Chamisso 1837.
51 Chamisso, Reise, wie Anm. 2, S. 260.
52 Staatsbibliothek zu Berlin – PK, Nachl. Alexander von Humboldt, Signatur Nachl. Adelbert von Chamisso, K. 28, Nr. 37; 8–9.
53 Vgl. Federhofer 2013a und Federhofer 2013b.
54 Vgl. Schmid 1942.

mit Werken auf, wie sie in vielfältigen Masken in den Werken Jorge Luis Borges auftreten.

Quellen

Ungedruckte Quellen

Tromsdalen, Norwegen, Sign. Gnei 1818 (Loose Blätter Sammlung).
Staatsbibliothek zu Berlin – PK, Nachl. Alexander von Humboldt, Signatur Nachl. Adelbert von Chamisso, K. 28, Nr. 37; 8–9.

Gedruckte Quellen

Albrecht, Wolfgang / Kertscher, Hans Joachim: (Hg.): *Wanderzwang – Wanderlust. Formen der Raum- und Sozialerfahrung zwischen Aufklärung und Frühindustrialisierung.* Tübingen 1999.
Bloch, Ernst: *Christian Thomasius. Ein deutscher Gelehrter ohne Misere.* Berlin 1953.
de Bruyn, Günter: *Als Poesie gut. Schicksale aus Berlins Kunstepoche 1786 bis 1807.* Frankfurt/M. 2006.
Burmeister, Heinz: *Weltumseglung unter Preußens Flagge. Die Königlich Preußische Seehandlung und ihre Schiffe.* Hamburg 1988.
Busch, Anna: *Hitzig und Berlin. Zur Organisation von Literatur (1800–1840).* Hannover 2015.
Chamisso, Adelbert von: Reise um die Welt mit der Romanzoffischen Entdeckungs-Expedition in den Jahren 1815–18 auf der Brigg Rurik Kapitän Otto v. Kotzebue, in: Volker Hoffmann /Jost Perfahl (Hg.): Adelbert von Chamisso: *Werke in zwei Bänden*, Bd. II. München 1972, S. 5–503.
Chamisso, Adelbert von: *Anmerkungen und Ansichten auf einer Entdeckungs-Reise[.] Unternommen in den Jahren 1815–1818 auf Kosten des Herrn Reichs-Kanzlers Grafen Romanzoff auf dem Schiffe Rurik unter dem Befehe des Lieutenants der russisch-kaiserlichen Marine Otto von Kotzebue von dem Naturforscher der Expedition [...].* Weimar 1821.
Chamisso, *Adelbertus de: De animalibus quibusdam e classe vermium Linnaeana in circumnavigatione terrae auspicante Comite N. Romanzoff duce Ottone de Kotzebue annis 1815.1816.1817.1818. peracta observatis. Fasciculus primus: De Salpa.* Berlin 1819.
Chamisso, Adelbert von: *Peter Schlemihl's wundersame Geschichte, mitgeteilt von A.v.C. Zweite mit den Liedern und Balladen des Verfassers vermehrte Ausgabe.* Nürnberg 1827.
Chamisso, Adelbert von: *Über die Hawaiische Sprache. Vorgelegt der Königlichen Akademie der Wissenschaften zu Berlin am 12. Januar 1837.* Leipzig 1837.
Dohle, Wolfgang: ‚Chamisso und seine Entdeckung des Generationswechsels bei den Salpen', in: Roland Berbig /Walter Erhart / Monika Sproll /Jutta Weber (Hg.): *Phan-*

tastik und Skepsis. Adelbert von Chamissos Lebens- und Schreibwelten. Göttingen 2016, S. 175–198.

Donnert, Erich: Russische Entdeckungsreisen und Forschungsexpeditionen in den Stillen Ozean im 18. und beginnenden 19. Jahrhundert, in: Ders. (Hg.): *Europa in der frühen Neuzeit. Festschrift für Günter Mühlpfordt.* Bd. 6: Mittel-, Nord- und Osteuropa. Köln, Weimar und Wien 2002, S. 856–867.

Dorsch, Nikolaus: *Julius Eduard Hitzig. Literarisches Patriarchat und bürgerliche Karriere. Eine dokumentarische Biographie zwischen Literatur, Buchhandel und Gericht der Jahre 1780–1815.* Frankfurt/M. 1994.

Federhofer, Marie-Theres: *Chamisso und die Wale. Mit dem lateinischen Originaltext der Walschrift Chamissos und dessen Übersetzung, Anmerkungen und weiteren Materialien.* o.O. 2012.

Federhofer, Marie-Theres: ‚Die „zarten Fäden" – Korrespondenz als Vernetzung. Am Beispiel eines unbekannten Btiefes Adelbert von Chamissos an Salomon Hirzel', In: Federhofer, Marie-Theres / Weber, Jutta (Hg.) Korrespondenzen und Transformationen. Neue Perspektiven auf Adelbert von Chamisso. Göttingen 2013, S. 175–194.

Federhofer, Marie-Theres: *Die literaturwissenschaftliche Sicht am Beispiel einiger Reise- und Forschungsberichte. I: Reisen an den Rand des Russischen Reiches. Die wissenschaftliche Erschließung der nordpazifischen Küstengebiete im 18. und 19. Jahrhundert.* Fürstenberg a. d. Havel 2013, S. 297–304

Gadamer, Hans-Georg: *Wahrheit und Methode. Grundzüge einer philosophischen Hermeneutik.* Tübingen 1965.

Gebhardt, Armin: *August von Kotzebue. Theatergenie zur Goethezeit.* Marburg 2003.

Görbert, Johannes: *Die Vertextung der Welt. Forschungsreisen als Literatur bei Georg Forster, Alexander von Humboldt und Adelbert von Chamisso.* Berlin, Boston 2014.

Hahn, Barbara: ‚Der Mythos vom Salon. Rahels Dachstube als historische Fiktion', in: Schultz, Hartwig (Hg.): *Salons der Romantik. Beiträge eines Wiepersdorffer Kolloquiums zur Theorie und Praxis des Salons.* Berlin 1997, S. 213–234.

Henze, Dietmar: *Enzyklopädie der Entdecker und Erforscher der Erde.* Bd. 3, Graz 1993, S. 63 ff.

Kaeding, Peter: *August von Kotzebue. Auch ein deutsches Dichterleben.* Berlin 1985.

Kittler, Friedrich: *Aufschreibsysteme 1800/1900.* München 1985.

Knutsen, Nils Magne / Posti, Per: *La Recherche. En ekspedisjon mot nord.* Tromsø 2002.

Kotzebue, Otto von: *Neue Reise Reise um die Welt in den Jahren 1823–24–25 und 26.* Berlin/ St. Petersburg 1830.

Lacan, Jacques: Das Spiegelstadium als Bildner der Ichfunktion, wie sie uns in der psychoanalytischen Erfahrung erscheint (1948). In: Ders.: *Schriften I.* Weinheim, Berlin 1986, S. 61–70.

MacLean, Alistair: *Der Traum vom Südland. Captain Cooks Aufbruch in die Welt von morgen.* München 1973.

Menza, Gisela: *Adelbert von Chamissos „Reise um die Welt mit der Romanzoffischen Entdeckungs-Expedition in den Jahren 1815–1818". Versuch eines Bestimmung des Werkes als Dokument eines Überganges von der Spätromantik zur vorrealistischen Biedermeierzeit.* Frankfurt/M., Bern, Las Vegas 1978.

Meyen, Franz Juluis Ferdinand: *Reise um die Erde[.] Ausgeführt auf dem königlich preussischen SeeHandlungsschiff Prinzess Louise, commandiert von Capitain W. Wendt, in den Jahren 1830, 1831 und 1832.* 2 Bde. Berlin 1835.

Meyer, Jörg F.: *Verehrt. Verdammt. Vergessen. August von Kotzebue. Werk und Wirkung.* Frankfurt/M. u. a. 2005.

Mulsow, Martin: *Prekäres Wissen. Eine andere Ideengeschichte der frühen Neuzeit.* Berlin 2012.

Gneisenau, Neithardt von: *Schriften von und über Gneisenau.* Hg. v. Fritz Lange. Berlin 1954.

Rudolphi, Karl Asmund : *Bemerkungen aus dem Gebiet der Naturgeschichte, Medicin und Thierarzneykunde: Auf einer Reise durch einen Theil von Deutschland, Holland und Frankreich gesammelt.* Berlin 1804.

Sangmeister, Dirk: *Seume und einige seiner Zeitgenossen. Beiträge zu Leben und Werk eines eigensinnigen Spätaufklärers.* Erfurt und Waltershausen 2010.

Schmid, Günther: *Chamisso als Naturforscher. Eine Bibliographie.* Leipzig 1942.

Simon, Heinz-Joachim: *Kotzebue. Eine deutsche Geschichte.* München 1998.

Stock, Frithjof: *Kotzebue im literarischen Leben der Goethezeit. Polemik, Kritik, Publikum.* Düsseldorf 1971.

Treziak, Ulrike von (Hg): *Mit den Augen den Fremden. Adelbert von Chamisso – Dichter, Naturwissenschaftler, Weltreisender.* Berlin 2004.

Wilhelmi, Petra: *Der Berliner Salon im 19. Jahrhundert (1780–1914).* Berlin 1989.

Zimmermanns von Wissloch in der Pfalz, Heinrich: *Reise um die Welt, mit Capitain Cook.* Mannheim 1791.

Schreiben

Was soll ich, kann ich dir, lieber Bruder, für eine Reise Beschreibung aus dem Ermel schütteln – schöne Berge, schöne Wälder, viele arten Palmen, jedoch die FeigenBäume, […] die Herren des Waldes – ein gutes volk.

–Chamisso–

Nikolas Immer

Chamisso in Chili. Zur Darstellungsprogrammatik in den *Bemerkungen und Ansichten auf einer Entdeckungs-Reise* (1821)

„Ich wollte, ich wäre mit diesen Russen am Nordpol!"[1] Mit diesem Ausruf Adelbert von Chamissos leitet sein Freund und Biograph Julius Eduard Hitzig den Abschnitt über Chamissos Weltreise ein, zu der der Dichter und Naturforscher am 15. Juli 1815 aufbricht und von der erst Ende Oktober 1818 zurückkehren wird.[2] Auslöser für seinen emphatischen Ausruf ist ein Zeitungsartikel, in dem von einer bevorstehenden Expedition unter russischer Leitung berichtet wird. Dank der Unterhandlungen Hitzigs erhält Chamisso schon bald darauf die Möglichkeit, an dieser Entdeckungsreise teilzunehmen. Und tatsächlich wird Chamisso am 12. Juni 1815 von „diesen Russen" zur Mitwirkung an der Expedition aufgefordert: Unterzeichnet ist der Brief von Admiral Adam Johann von Krusenstern, der nicht nur die erste russische Weltumseglung durchgeführt hatte, sondern auch als Bevollmächtigter des Finanziers und russischen Außenministers Nikolai Petrowitsch Romanzoff fungiert. Anzumerken ist, dass Chamisso diese glückliche Fügung auch dem Umstand verdankt, dass sich der ursprünglich für die Teilnahme vorgesehene Botaniker Carl Friedrich von Ledebour angeblich wegen seiner „schwache[n] Gesundheit" gegen eine Mitreise entschieden hatte.[3]

Chamisso beginnt, den weiterhin in Berlin lebenden Hitzig brieflich über seine wechselnden Reisestationen zu unterrichten. Auch wenn Chamisso durch seine Abreise die vorläufige Auflösung des Seraphinenordens verursacht hat,[4] bleibt er dem Freund doch auf diese Weise gedanklich verbunden. Am 25. Februar 1816 schreibt er Hitzig einen Brief aus der chilenischen Hafenstadt Talcahuano und teilt ihm nach einigen allgemeineren Beobachtungen mit: „Es giebt Zeiten, wo ich zu meinem armen Herzen sage: Du bist ein Narr, so müßig

---

1 Chamisso 1839, Bd. 5, S. 356 (= Hitzig 1839, Teil 1).
2 Zu Hitzigs Chamisso-Biographie vgl. Busch 2014, S. 101–118.
3 Chamisso 1839, Bd. 5, S. 356 (= Hitzig 1839, Teil1). Tatsächlich lehnte Ledebour „aus Unzufriedenheit mit der Ausstattung und den Bedingungen für die Forschung an Bord" (Maaß 2016, 67 f.) der Rurik die Teilnahme an der Expedition ab.
4 Vgl. Pravida 2015, S. 450–455.

umherzuschweifen! Warum bliebest du nicht zu Hause und studirtest etwas Rechtes, da du doch die Wissenschaft zu lieben vorgiebst?"[5] Die rhetorische Frage, warum er nicht in der Heimat geblieben sei, beantwortet Chamisso sofort selbst. Dabei entlarvt er die Annahme, dass er nur dort „etwas Rechtes" hätte studieren können, als „Täuschung" und versichert im Gegenzug: „ich athme doch durch alle Poren zu allen Momenten neue Erfahrungen ein".[6] Da sich diese „Erfahrungen" auch den gezielten wissenschaftlichen Beobachtungen verdanken, wird sichtbar, dass Chamisso durchaus davon überzeugt ist, in der Fremde „etwas Rechtes" zu studieren. Konsequent schließt der Brief mit der Ankündigung: „Meine Insekten werden für das Berliner Museum [sein], von allen Sämereien [ist] eine Partie für Berlin bestimmt."[7]

Nach dem Ende der Entdeckungsreise kann Chamisso jedoch nicht sofort mit der Ordnung der mitgebrachten Pflanzen beginnen. Er widmet sich zunächst der Ausarbeitung seiner *Bemerkungen und Ansichten*, die als dritter Teil des Reiseberichts *Entdeckungs-Reise in die Süd-See und nach der Berings-Straße* 1821 publiziert werden.[8] Obwohl Chamisso die Gestalt der Publikation missfällt, trägt er diese Kritik erst fünfzehn Jahre später publikumswirksam vor. Dem Leiter der Expedition, Otto von Kotzebue, wirft er vor, dass die Darstellung nicht nur durch zahlreiche Druckfehler, sondern auch durch eine fälschlich zugeschriebene Verfasserschaft signifikant entstellt werde.[9] Darüber hinaus beklagt Chamisso, dass die Öffentlichkeit seine *Bemerkungen und Ansichten* kaum wahrgenommen hätte. Diese Einschätzung basiert auf dem Umstand, dass Chamisso offenbar nur die Rezension der englischen Übersetzung kennengelernt hat, die 1822 in *The Quarterly Review* gedruckt wird.[10] Allerdings war schon wenige Monate zuvor eine Anzeige der *Entdeckungs-Reise* im *Intelligenzblatt der Jenaischen Allgemeinen Literaturzeitung* veröffentlicht worden.[11] Darin gibt der Verfasser einen Hinweis auf eine längere Besprechung, die pikanterweise von Johann Kaspar Horner stammt, der selbst an der Rurik-Expedition teilgenommen hatte.[12] In einer weiteren Rezension, die 1823 in der *Allgemeinen Literatur-Zeitung* erscheint, werden auch Chamissos *Bemerkungen und Ansichten* näher gewürdigt: „Alle diese theils längern, theils kürzern Aufsätze sind sowohl für den Geographen, als für den Naturforscher gleich interessant."[13] Schließlich wird sogar noch

---

5 Chamisso 1864, Bd. 6, S. 34. Zu diesen Reise-Briefen vgl. Busch / Görbert 2016, S. 111–142.
6 Ebd.
7 Ebd., S. 36.
8 Vgl. Chamisso 1821. Obgleich er die Bemerkungen und Ansichten schon 1819 vollendet, verzögert sich der Druck bis 1821. Vgl. Maaß 2016, S. 93–98.
9 Vgl. Chamisso 1836, Bd. 1, S. 1 f.
10 Anonym 1822, S. 341–364.
11 Anonym 1821, Sp. 580 f.
12 Horner 1821, S. 272–276. Zu Horner vgl. Federhofer 2012, S. 17, Anm. 41.
13 Anonym 1823, Sp. 334.

1830 eine Besprechung in den *Göttingischen gelehrten Anzeigen* publiziert, in der allerdings nur das Verdienst Otto von Kotzebues thematisiert wird.[14]

Da Chamisso keine Kenntnis von der Rezension in der *Allgemeinen Literatur-Zeitung* erlangt, schreibt er am 25. Juni 1825 an seinen Freund Louis de la Foye: „Manches von mir ist beachtet worden; nur meine Bemerkungen und Ansichten nicht, und doch steht meines Bedünkens sehr viel darin [...].“[15] Um diese Forschungsergebnisse nicht in Vergessenheit geraten zu lassen, beginnt Chamisso im Verlauf des Jahres 1834, den Expeditionsbericht unter dem schlichten Titel *Tagebuch* in grundsätzlich veränderter Form niederzuschreiben. Das *Tagebuch* und die *Bemerkungen und Ansichten* fasst er schließlich – in Anlehnung an Georg Forster – unter dem Titel *Reise um die Welt* zusammen, die in Band 1 und 2 der Werkausgabe von 1836 publiziert wird. Im Zuge des Neuabdrucks der *Bemerkungen und Ansichten* nimmt Chamisso allerdings einige Kürzungen und Ergänzungen sowie verschiedene Berichtigungen der angeführten Pflanzennamen vor.[16] Während die *Bemerkungen und Ansichten* von 1821 noch mit den Reisestationen „Teneriffa“, „Brasilien“ und „Chili“ beginnen, setzt die Neufassung von 1836 direkt mit dem ursprünglich dritten Abschnitt ein, der nun mit „Chile“ überschrieben ist.[17]

Auf der Grundlage der *Bemerkungen und Ansichten* von 1821 soll es im Folgenden darum gehen, nach der Darstellungsprogrammatik des vielfach als ‚nüchtern‘ apostrophierten Reiseberichts zu fragen. Ein solcher Ansatz lenkt unmittelbar auf das um 1800 vielfach diskutierte Problem angemessener Darstellbarkeit, das auch in der Reiseliteratur wiederholt problematisiert wird. Am Beispiel des Chile-Kapitels soll untersucht werden, wie Chamisso in naturkundlicher und kulturhistorischer Perspektive versucht, das Wissen über die erforschten Gebiete zu differenzieren und zu präzisieren.

I. Zum Darstellungsanspruch der *Bemerkungen und Ansichten*

Bekanntermaßen etabliert Georg Forster mit seiner *Reise um die Welt* die neue Gattung der ‚philosophischen Reisebeschreibung‘. Wie Yomb May in seiner aktuellen Forster-Monographie dargelegt hat, entwickelt er darin ein neuartiges Schreibverfahren, das als „innovative Form der Wissensinszenierung“ qualifiziert werden kann.[18] Dieser Darstellungsmodus zeichne sich vor allem dadurch aus, dass „das Sammeln von Erfahrungen und ihre literarische Gestaltung zu

---

14 Hn. 1830, S. 961–966.
15 Chamisso 1864, Bd. 6, S. 207.
16 Vgl. Chamisso 1836, Bd. 2, S. VIIf.
17 Vgl. Chamisso 1821, S. 7–17; Chamisso 1836, Bd. 2, S. 1–12.
18 May 2011, S. 157.

komplementären Formen der Wissensbildung" zusammengeführt werden.[19] Forster selbst profiliert dieses Ideal in der Vorrede zu seiner *Reise um die Welt*:

> Ein Reisender, der nach meinem Begriff alle Erwartungen erfüllen wollte, müßte Rechtschaffenheit genug haben, einzelne Gegenstände richtig und in ihrem wahren Lichte zu beobachten, aber auch Scharfsinn genug dieselben zu verbinden, allgemeine Folgerungen daraus zu ziehen, um dadurch sich und seinen Lesern den Weg zu neuen Entdeckungen und künftigen Untersuchungen zu bahnen.[20]

Mit dieser Forderung reagiert Forster insbesondere auf ältere Reisebeschreibungen, deren Verfasser „bis zum Unsinn nach *factis* jagten",[21] ohne jemals die gesammelten Details organisch zusammenzuführen. Gleichzeitig zeugt die Neuausrichtung der Wissenspräsentation von einem grundlegenden epistemischen Wandel, der gegen Ende des 18. Jahrhunderts einsetzt. Dieser von Foucault nachgewiesene Paradigmenwechsel erstreckt sich auf diverse Wissensbereiche und treibt wiederholt die Frage nach adäquaten Darstellungsverfahren hervor.[22] Am Beispiel von Alexander von Humboldts *Ansichten der Natur* (1808) hat Claudia Albes differenziert herausgestellt, wie in dieser Essaysammlung das Konzept einer „ästhetische[n] Behandlung naturhistorischer Gegenstände" entfaltet wird.[23] Entspricht dieser multiperspektivisch angelegte und zugleich sprachlich bildhafte Veranschaulichungsmodus dem populärwissenschaftlichen Gehalt der *Ansichten*,[24] verfährt Humboldt in seinem Bericht über die *Reise in die Aequinoctial-Gegenden* (1815–1832) deutlich nüchterner. Gleichwohl kann auch hier vor einer zumindest ‚ästhetisierten Behandlung naturhistorischer Gegenstände' die Rede sein, da er in der Einleitung schreibt: „Um meinem Werke mehr Mannichfaltigkeit zu geben, habe ich häufige Beschreibungen eingemischt. Zuerst folgen die Erscheinungen in der Ordnung, wie sie sich darboten; dann werden sie unter ihren individuellen Verhältnissen im Ganzen betrachtet."[25] Ebenso wie Forster setzt auch Humboldt auf das Darstellungsprinzip der literarischen Überformung, um ein breites Lesepublikum anzusprechen. Denn „[d]ie Mehrzahl der Leser", so ist sich Humboldt sicher, wird „wenig Lust haben, Reisende zu begleiten, die immer und unaufhörlich mit scientifischen Instrumenten und Sammlungen beladen sind."[26]

Als sich Chamisso nur wenige Jahre später mit der Ausarbeitung seiner *Bemerkungen und Ansichten* beschäftigt, variiert er diese Form der Beschreibung

---

19 Ebd.
20 Forster 1778–1780, Bd. 1, Vorrede [nicht paginiert].
21 Ebd.
22 Vgl. Foucault 1990.
23 Humboldt 1808, Bd. 1, S. VI (Vorrede). Vgl. Albes 2003, S. 209–233; Böhme 2001, S. 17–31.
24 Vgl. dazu ausführlich Albes 2003, S. 220–232.
25 Humboldt / Bonpland 1815–1832, Bd. 1, S. 36 (Einleitung).
26 Ebd.

auf individuelle Weise. In einem offenen Brief, den er an den Grafen Romanzoff richtet und im Januar 1819 im *Journal des Voyages* publiziert, gibt Chamisso nähere Auskunft über sein Darstellungskonzept. Zwar räumt er ein, vereinzelt auch subjektive Wahrnehmungen einfließen zu lassen, verpflichtet sich aber ansonsten auf den Anspruch „naturwissenschaftlicher Objektivität und inter-subjektiver Überprüfbarkeit".[27] Ausdrücklich schreibt er in seinem offenen Brief: „Von jedem Ort, in dessen Hafen wir vor Anker lagen, werde ich einen Artikel verfassen, der nur *objektive* Tatsachen enthalten wird und bar von Er-zählerischem ist. Ich werde allgemeine Beobachtungen und höchstens kleine Besonderheiten mitteilen."[28] Im Gegensatz zu Forster und Humboldt wendet sich Chamisso ausdrücklich gegen das Verfahren der literarischen Ästhetisie-rung, indem er seine Absicht unterstreicht, auf das Moment des ‚Erzählerischen' zu verzichten. Gleichzeitig will er den Leser nicht mit Detailwissen überfrachten und auch nicht ständig seine ‚scientifischen Instrumente' vor ihm ausbreiten. Vielmehr deutet er mit seinem Hinweis auf die „allgemeine[n] Beobachtungen" an, ein umfassendes Bild von den einzelnen Reisestationen vermitteln zu wol-len – vor allem in naturkundlicher und kulturhistorischer Hinsicht. Eine solche panoramatische Gesamtschau ähnelt schließlich der Darstellungstechnik des „Totaleindruck[s]",[29] die Humboldt bereits in seinen *Ansichten* propagiert hatte.

II. Zur Darstellungspraxis der *Bemerkungen und Ansichten*

Als Otto von Kotzebue und seine Crew die chilenische Hafenstadt Concepción am 12. Februar 1816 erreichen, müssen sie ernüchtert feststellen, dass dort die russische Flagge unbekannt ist, mit der sie sich erkennen zu geben versuchen.[30] Dieser Umstand lässt sich durchaus als Beleg für die „Randständigkeit" der Expedition werten, in deren Verlauf es letztlich nur gelingt, „eine einzige topo-graphische Erstentdeckung" im pazifischen Raum zu machen.[31] Die Einsicht, wiederholt in Regionen anzukommen, die bereits bereist und beschrieben wurden, mündet in ein – wie es Johannes Görbert treffend bezeichnet hat – „*epigonale[s]* Reiseschreiben".[32] Im Hinblick auf die Erschließung Chiles kön-nen in einem Verzeichnis deutscher Reiseberichte aus dem Jahr 1793 schon drei ins Deutsche übersetzte Darstellungen aufgezählt werden: Amédée-François Fréziers *Allerneueste Reise nach der Süd-See und denen Küsten von Chili, Peru,*

---

27 Osterkamp 2010, S. 47. Zu Chamissos Wissenschaftsanspruch vgl. Görbert 2014, S. 91–93.

28 Chamisso 1983, S. 13.

29 Humboldt 1808, Bd. 1, S. VI. Zu diesem Konzept vgl. Albes 2003, S. 215–221.

30 Vgl. Chamisso 1836, Bd. 1, S. 89.

31 Görbert 2014, S. 100.

32 Ebd., S. 96.

Brasilien (dt. 1718), Juan Ignacio Molinas *Versuch einer Naturgeschichte von Chili* (dt. 1786) und Felipe Gómez de Vidaures *Kurzgefaßte geographische, natürliche und bürgerliche Geschichte des Königreichs Chile* (dt. 1782).[33] Dieser exemplarische Überblick bestätigt, was der Rezensent der *Göttingischen gelehrten Anzeigen* generalisierend festhalten wird: „Die Zeiten sind vorbei, wo man Entdeckungsreisen in der Hoffnung unternehmen konnte, neue Länder außerhalb von Polarmeeren aufzufinden. [...] Dafür aber", so setzt er hinzu, „bleibt in den bereits entdeckten Ländern ein weites Feld für ihre genaue Erforschung in geographischer und naturhistorischer sowohl als ethnographischer Rücksicht offen."[34] Mit dieser Aussage ist das Ziel von Chamissos Forschungsbemühungen umrisshaft bezeichnet.

II.1. Die naturkundliche Perspektive

Der Abschnitt über Chile in den *Bemerkungen und Ansichten* beginnt mit einer Schilderung der Küste und der dort gesichteten Lebewesen. Neben den Walfischen, Delphinen und Robben findet auch der sogenannte ‚Birntragende Tang' Erwähnung, den der Botaniker Chamisso allerdings unter seinem lateinischen Namen „Fucus pyriferus" erwähnt.[35] Dabei verzichtet er auf eine nähere Beschreibung dieser Pflanzenart, die er erst in der illustrierten *Voyage pittoresque autour du monde* (1822) unter der Rubrik des „Fucus antarcticus" publiziert.[36] Als Herausgeber dieses Gemeinschaftswerks firmiert Ludwig Choris, der die Rurik-Expedition als Maler und Zeichner begleitet hatte. Im Gegensatz zu der *Naturgeschichte* von Molina, in der die Flora und Fauna Chiles in enzyklopädischer Ausführlichkeit behandelt wird, benennt Chamisso nur die Pflanzen und Tiere, die er tatsächlich gesehen hat.[37] Gleichzeitig nutzt er die eigenen Beobachtungen, um insbesondere Molinas Angaben zu diskutieren und präzisieren. Dieses Verfahren der kritischen Korrektur tritt am prägnantesten am Beispiel des „Guemul oder Huemul" oder „Equus bisulcus" zutage, das Molina in seiner Naturgeschichte beschreibt: „Das Guemul [...] ist ein Thier, welches vielleicht in eine besondere Gattung müßte gesetzt werden; ich habe es aber unter die Pferde

---

33 Vgl. Anonym 1793, S. 90f. Die genannten Werke sind: Frézier 1718 (Original: Frézier 1716), Molina 1786 (Original: Molina 1782), Vidaure 1782 (Original: Vidaure 1776).

34 Hn. 1830, S. 962.

35 Chamisso 1821, S. 12. Zum ‚Birntragenden Tang' vgl. Esper 1802, S. 28f.

36 Vgl. Choris 1822, S. 9: „On la trouve conjointement avec le Fucus *pyriferus Lin.* [...] dans la mer qui baigne le cap Horn et sur la côte du Chili aux environs de Talcaguano, où elle sert de nourriture à la classe indigente du peuple." Vgl. Maaß 2016, S. 148, Anm. 395, sowie S. 262. Zu den Illustrationen von Choris vgl. Sproll 2016, S. 143–174.

37 Chamisso betont unter anderem: „Wir sahen überhaupt keine wilde[n] Säugethiere" (Chamisso 1821, S. 14).

gesetzt, weil es außer dem Huf, der wie bey den wiederkäuenden Thieren gespalten ist, alle Gattungscharaktere derselben hat."[38] Um die Gültigkeit seiner Ausführung zu bekräftigen, beruft sich Molina auf das Zeugnis des Seefahrers Samuel Wallis, der dieses Tier allerdings mit einem Esel verglichen hatte.[39] Chamisso wiederum, der keinen Guemul zu Gesicht bekommt, stellt sofort die Existenz des Tieres in Frage:

> Der Name des Huemul oder Guemul [...] war Niemanden bekannt [...]. So müssen wir die wichtige Streitfrage, die Molina in dessen Betreff in der Zoologie angeregt hat, glücklichern Naturforschern zu beantworten überlassen. Aber dieser Schriftsteller scheint uns wenig Autorität in der Naturgeschichte zu verdienen.[40]

Mit diesem Kommentar zieht Chamisso nicht nur eine singuläre Beobachtung, sondern die gesamten Ergebnisse Molinas in Zweifel. In wissenschaftstrategischer Hinsicht scheint er damit genau die Autorität zu beanspruchen, die Molina noch innehat. Was dagegen den Huemul anbelangt, so veröffentlicht der Heidelberger Naturforscher Friedrich Leuckart 1825 einen längeren Artikel *Ueber das zweyhufige Pferd (Equus bisulcus) Molina's*, in dem er sogar auf Chamissos *Bemerkungen und Ansichten* zu sprechen kommt: „Ja, der wackere von Chamisso [...] berichtet uns, daß dieß Thier Niemanden bekannt war".[41] Leuckart selbst bleibt unentschieden, ob er an die Existenz dieses Lebewesens glauben soll, ordnet es aber vorsichtshalber den amerikanischen Kamelen zu.[42] Doch wie erst später entdeckt wird, gehört das Huemul, das weder den Pferden noch den Kamelen zuzurechnen ist, zur Gattung der Hirsche und ziert als Südandenhirsch noch heute das Staatswappen Chiles.

---

38 Molina 1786, S. 284. Vgl. auch Uf. 1788, S. 187.
39 Molina 1786, S. 284 f., Anm.: „Wir sahen hier ein Thier, welches dem Esel glich; es hatte aber gespaltene Füsse, wie wir hernach sahen, als wir seine Spur verfolgten. Es läuft so geschwind als ein Damhirsch. Es war dieses das erste vierfüßige Thier das wir in der Straße [gemeint ist die Magellanstraße] sahen, ausgenommen bey der Einfarth, wo wir Guanaco's sahen, die wir aber von den Patagonen nicht eintauschen konnten. Wir schossen nach diesem Thiere, aber ohne es zu treffen; wahrscheinlich ist es den europäischen Naturforschern unbekannt." Das Zitat finden sich in Hawkesworth 1773, Bd. 1, S. 168 f.
40 Chamisso 1821, S. 14. An anderer Stelle behauptet Chamisso erneut, dass Molina nicht präzise gearbeitet habe: „Wir sahen von Amphibien einen kleinen Frosch und eine kleine Eidechse, glauben aber auch außerdem eine Schlange, obgleich Molina deren keine aufzählt, wahrgenommen zu haben." (Ebd.) Im Gegensatz zu Chamissos falscher Behauptung erwähnt Molina in seiner *Naturgeschichte* durchaus eine chilenische Schlangenart („Coluber Aesculapii"). Vgl. Molina 1786, S. 192. Im ersten Teil seiner *Reise um die Welt* findet Chamisso dagegen nur lobende Worte für Molinas *Geschichte der Eroberungen von Chili durch die Spanier* (dt. 1791), der er sogar homerische Qualitäten zuschreibt. Vgl. Chamisso 1836, Bd. 1, S. 93.
41 Leuckart 1825, Sp. 368.
42 Vgl. ebd.

II.2.   Die kulturhistorische Perspektive

Im Oktober 1821 – und damit gut fünf Jahre nach Chamisso – erreicht der Forschungsreisende Basil Hall den Süden Chiles, wo er die Hafenstadt Talcahuano besucht. Dort begibt er sich zu „einigen niedrigen, grasigen Hügeln", hat von dort „eine schöne Aussicht über die Gegend" und wundert sich schließlich, dass diese nahezu „menschenleer" ist.[43] Der ortskundige Führer klärt ihn sofort darüber auf, dass die Ursache dafür in den vergangenen kriegerischen Auseinandersetzungen liege: „zuerst als die Chilier gegen die Spanier für ihre Freiheit kämpften, und endlich in dem Kriege zwischen den Chiliern und den araucanischen Indianern unter dem Räuber Benavides".[44] Mit diesen knappen Ausführungen fasst der Führer knapp 300 Jahre Landesgeschichte zusammen: Zum einen erinnert er an den Kampf der indigenen Einwohner, der sogenannten ‚Araukaner' (heute: Mapuche), gegen die spanischen Besatzer Mitte des 16. Jahrhunderts. Zum anderen verweist er auf den seit 1810 andauernden Unabhängigkeitskrieg, den die chilenischen Patrioten über mehrere Jahre hinweg gegen die spanischen Kolonialherren und gegen die chilenischen Royalisten führen, zu denen auch der genannte ‚Räuber' Vicente Benavides (1777–1822) gehört.

Bereits Chamisso geht in seinen *Bemerkungen und Ansichten* knapp auf diese „politische Krise" ein, bezieht aber die Position eines Beobachters, der „nüchtern zwischen die Parteien hintritt".[45] Gleichzeitig macht er auf die gravierenden Folgen des Bürgerkriegs aufmerksam: Während das Land, wie er schreibt, „in gefesselter Kindheit ohne Schifffahrt, Handel und Industrie" darbt, stellen die gegenwärtigen „Araucaner" nur noch ein Zerrbild „jener kriegerischen, wohlredenden, starken und reinen Nation [dar]".[46] Dieser Vergleich ermöglicht es Chamisso, die Geschichte des chilenischen Volks anzusprechen, wobei er sich erneut auf Molina bezieht. Bemerkenswerterweise würdigt er nun dessen *Geschichte der Eroberung von Chili* (dt. 1791), indem er sie als eine Darstellung bezeichnet, „die man nicht ohne Vorliebe lesen kann".[47] In diesem Zusammenhang kommt Chamisso auch auf die zentrale Quelle für die Historiographen zu sprechen, auf das von Alonso de Ercilla y Zúñiga verfasste, spanische Heldengedicht *La Araucana* (1569).[48] Damit ergänzt er die Ausführungen Molinas

---

43 Hall 1824–1825, Bd. 1, S. 257.
44 Ebd., Bd. 1, S. 258.
45 Chamisso 1821, S. 15.
46 Ebd., S. 15 f.
47 Ebd., S. 16. Chamisso bezieht sich hier (ebd., Anm. *) allerdings auf die italienische Vorlage von 1787 (Molina 1787).
48 Chamisso verweist in diesem Zusammenhang auf die dreibändige spanische Ausgabe, die

um einen entscheidenden Hinweis, der in seinem Kapitel über die chilenische Dichtkunst zwar darlegt, dass die „mehrsten Gedichte der Araukaner […] die Thaten ihrer Helden" behandeln,[49] der jedoch die kulturgeschichtliche Bedeutung des spanischen Heldengedichts verschweigt, das er in diesem Kontext durchaus hätte thematisieren können. Auch wenn der bekannte Literaturhistoriker Johann Joachim Eschenburg in der vierten Auflage seines *Entwurfs einer Theorie und Literatur der schönen Redekünste* (1817) kritisch vermerkt, dass der *Araucana* „bei manchen reizenden und unterhaltenden Beschreibungen […] das Interesse der Handlung, Lebhaftigkeit der Ausführung, Mannichfaltigkeit des Vortrags und Schicklichkeit der Dichtungen" fehle,[50] verweist Chamisso seinerseits darauf, dass schon Cervantes und Voltaire das Versepos ausdrücklich gewürdigt hätten.[51] Ferner unterstreicht er die Bedeutung der *Araucana* als „nationales Gedicht" Chiles,[52] die nicht zuletzt darin zu sehen ist, dass Ercilla die geschilderten ‚Araucaner' zu heldenmütigen Figuren stilisiert, die bereits dem Typus des ‚edlen Wilden' entsprechen.[53] Diese glorifizierende Tendenz kommt auch bei Chamisso zum Ausdruck, wenn er die Chilenen als ein Volk bezeichnet, das „auf der Stufe steht, wo der Mensch als solcher gilt, und in selbständiger Kraft und Größe hervortritt".[54] Damit trägt er zur Festschreibung eines Narrativs bei, das noch im Vorwort von Heinrich Müllers 1824 publizierter Erzählung *Janequeo, das Heldenmädchen von Chili* bekräftigt wird: Dass nämlich die „geistesstarken" ‚Araucaner' eine bewunderungswürdige Volksgemeinschaft verkörpern, die „die Freiheit und ihr Vaterland mit Enthusiasmus" lieben.[55]

III. Zur Darstellungstendenz der *Bemerkungen und Ansichten*

Es lässt sich feststellen, dass Chamisso seiner programmatischen Ankündigung, eine Reisedarstellung liefern zu wollen, die „bar von Erzählerischem ist", nicht im wörtlichen Sinne gerecht wird.[56] Denn selbstverständlich verknüpft er die einzelnen Beobachtungen auf narrative Weise, wenngleich er sich weitgehend darauf beschränkt, „*objektive* Tatsachen" zu präsentieren.[57] Mit dieser Akzen-

---

1805 bis 1807 in Gotha erschienen ist. Ein Auszug in deutscher Übersetzung wurde 1776 in der Zeitschrift *Iris* publiziert. Vgl. Ercilla 1776, S. 283–292.
49 Molina 1791, S. 83.
50 Eschenburg 1817, S. 214.
51 Vgl. Chamisso 1821, S. 17.
52 Ebd.
53 Vgl. Held 1983, S. 144.
54 Chamisso 1821, S. 16f.
55 Müller 1824, S. 5.
56 Chamisso 1983, S. 13. Vgl. auch Maaß 2016, S. 322–324.
57 Ebd.

tuierung des faktual Mitteilbaren distanziert er sich bewusst von einem Modus des Erzählens, in dem auch fiktionale Elemente in die Beschreibung einfließen können. Die in den *Bemerkungen und Ansichten* enthaltenen Schilderungen gründen folglich auf Chamissos persönlichen Erfahrungen und Wahrnehmungen, die allerdings nicht unvermittelt wiedergegeben, sondern mit bestehenden naturkundlichen, historiographischen und kulturgeschichtlichen Darstellungen kontextualisiert werden. Der Abgleich mit diesen Werken erlaubt es ihm wiederum, die eigene Position schärfer zu profilieren. Macht er gegenüber Molina seine Kompetenz als Naturforscher geltend, indem er die Existenz des Huemul in Zweifel zieht, baut er demgegenüber auf Molinas historiographischen Beschreibungen auf, wenn er die nationalgeschichtliche Bedeutung der Chilenen zu konturieren versucht. Um seine Ausführungen schließlich durch eine weitere Autorität zu beglaubigen, präsentiert Chamisso in der Folge seines Chile-Kapitels die ergänzenden Notizen des nicht näher identifizierbaren Pater Alday. Doch trotz dieses Darstellungsverfahrens ist den *Bemerkungen und Ansichten* kein großes Rezeptionsecho beschieden. Dazu mag nicht zuletzt beigetragen haben, dass Chamisso bereits in seiner Nachschrift von 1821 einige Beobachtungen als veraltet einstuft. Das betrifft nicht zuletzt seine Beschreibung Chiles: „Südamerika ist uns näher gerückt. Wichtige Werke und der tägliche Verkehr haben uns Brasilien eröffnet. Chile ist nicht mehr das Land, das wir gesehen; wir bringen ein Bild der Vergangenheit dar".[58] Angesichts dieser Einschätzung erstaunt es, dass sich Chamisso 15 Jahre später dafür entscheidet, dieses Kapitel nicht zu streichen, sondern es in den zweiten Teil seiner *Reise um die Welt* aufnimmt. Zu berücksichtigen bleibt, dass es hier mit der weitaus subjektiveren Chile-Beschreibung korrespondiert, die Chamisso im ersten Teil der *Reise um die Welt* liefert.[59] Neben zahlreichen Anekdoten enthält diese Schilderung auch den eingangs zitierten Brief, an dessen Ende der Austausch über die Reisebeschreibung schließlich selbstreflexiv eingeholt wird: „wir werden an meiner Reise Stoff auf lange Zeit zu sprechen haben, wenn schon die alten Anekdoten zu welken beginnen".[60]

---

58 Chamisso 1821, S. 238.
59 Im ersten Teil der *Reise um die Welt* heißt es ausdrücklich: „Ich verweise, was den Anblick anbetrifft, den die Küste von Chile bei Conception gewährt, auf den Aufsatz, welchen man unter den *Bemerkungen und Ansichten* finden wird, und der außerdem noch einige flüchtige Blicke und Notizen enthält." (Chamisso 1836, Bd. 1, S. 88).
60 Ebd., S. 106.

Quellen

Gedruckte Quellen

Albes, Claudia: ‚Getreues Abbild oder dichterische Komposition? Zur Darstellung der Natur bei Alexander von Humboldt‘, in: Albes, Claudia / Frey, Christiane (Hg.): *Darstellbarkeit. Zu einem ästhetisch-philosophischen Problem um 1800.* Würzburg 2003, S. 209–233.

[Anonym:] *Versuch einer Litteratur deutscher Reisebeschreibungen, sowohl Originale als auch Uebersetzungen; wie auch einzelner Reisenachrichten aus den berühmtesten deutschen Journalen.* Prag 1793.

[Anonym:] ‚Literarische Anzeigen. Ankündigungen neuer Bücher‘, in: *Intelligenzblatt der Jenaischen Allgemeinen Literatur-Zeitung* 73 (November 1821), Sp. 580f.

[Anonym:] ‚[Rez.] A Voyage of Discovery into the South Sea and Beering’s Straits [...]. London 1821‘, in: *The Quarterly Review* 26 (January 1822), S. 341–364.

[Anonym:] ‚[Rez.] Entdeckungsreise in die Südsee und nach der Beringsstraße [...]. Weimar 1821‘, in: *Allgemeine Literatur-Zeitung* 41 (Februar 1823), Sp. 321–326, 42 (Februar 1823), Sp. 329–336.

Böhme, Hartmut: ‚Ästhetische Wissenschaft. Aporien der Forschung im Werk Alexander von Humboldts‘, in: Ette, Otmar u. a. (Hg.): *Alexander von Humboldt – Aufbruch in die Moderne..* Berlin 2001, S. 17–31.

Busch, Anna: *Hitzig und Berlin. Zur Organisation von Literatur (1800–1840).* Hannover 2014.

Busch Anna / Görbert, Johannes: „Rezensiert und zurechtgeknetet‘. Chamissos Briefe von seiner Weltreise – Original und Edition in Gegenüberstellung‘, in: Berbig, Roland / Erhart, Walter / Sproll, Monika / Weber, Jutta (Hg.): *Phantastik und Skepsis – Adelbert von Chamissos Lebens- und Schreibwelten*, Göttingen 2016, S. 111–142.

Chamisso, Adelbert von: ‚Erster Brief über eine Expedition [1819]‘, in: Ders.: *... Und lassen gelten, was ich beobachtet habe. Naturwissenschaftliche Schriften mit Zeichnungen des Autors.* Hg. von Ruth Schneebeli-Graf. Berlin 1983, S. 13–20.

Chamisso, Adelbert von: *Bemerkungen und Ansichten auf einer Entdeckungs-Reise. Unternommen in den Jahren 1815–1818 [...].* Weimar 1821 (= Otto von Kotzebue: *Entdeckungs-Reise in die Süd-See und nach der Berings-Straße zur Erforschung einer nordöstlichen Durchfahrt [...].* Weimar 1821, Bd. 3).

Chamisso, Adelbert von: *Reise um die Welt mit der Romanzoffischen Entdeckungs-Expedition in den Jahren 1815–18 auf der Brigg Rurik, Kapitain Otto v. Kotzebue.* Erster Theil: *Tagebuch.* Zweiter Teil: *Bemerkungen und Ansichten.* Leipzig 1836 (= *Adelbert von Chamisso’s Werke.* Leipzig 1836, Bd. 1 u. 2).

Chamisso, Adelbert von: *Werke in sechs Bänden.* Hg. von Julius Eduard Hitzig. Leipzig 1839, Bd. 5 u. 6 (= *Leben und Briefe Adelbert von Chamissos.* Hg. von Julius Eduard Hitzig. Leipzig 1839, Teil 1 u. 2).

Chamisso, Adelbert von: *Werke.* 6 Bde. [Hg. von Friedrich Palm.] Fünfte vermehrte Auflage. Leipzig 1864.

Choris, Louis: *Voyage pittoresque autour du monde, avec des portraits de sauvages d'Amérique, d'Asie, d'Afrique, et des iles du grand océan; des paysages, des vues maritimes, et plusieurs objets d'histoire naturelle* [...]. Paris 1822.

[Ercilla y Zúñiga, Alonso de:] ‚Tegualda', in: *Iris* 6 (1776), S. 283–292.

Eschenburg, Johann Joachim: *Entwurf einer Theorie und Literatur der schönen Redekünste. Zur Grundlage bei Vorlesungen.* Vierte, abgeänderte und vermehrte Ausgabe. Berlin, Stettin 1817.

Esper, Eugenius Johann Christoph (Hg.): *Abbildungen der Tange mit beygefügten systematischen Kennzeichen, Aufführung der Schriftsteller, und Beschreibungen der neuen Gattungen.* H. 5. Nürnberg 1802.

Federhofer, Marie-Theres: ‚Chamisso und die Wale. Wissenstransfer in der Naturforschung des frühen 19. Jahrhunderts', in: Dies.: *Chamisso und die Wale. Mit dem lateinischen Originaltext der Walschrift Chamissos und dessen Übersetzung, Anmerkungen und weiteren Materialien.* Fürstenberg 2012, S. 9–32.

Forster, Georg: *Johann Reinhold Forster's* [...] *Reise um die Welt während den Jahren 1772 bis 1775* [...]. Vom Verfasser selbst aus dem Englischen übersetzt, mit dem Wesentlichsten aus des Capitain Cooks Tagebüchern und anderen Zusätzen für den deutschen Leser vermehrt. 2 Bde. Berlin 1778/1780.

Foucault, Michel: *Die Ordnung der Dinge. Eine Archäologie der Humanwissenschaften.* Aus dem Französischen von Ulrich Köppen. Frankfurt a.M. ^{9}1990.

Frézier, Amédée-François: *Relation du voyage de la mer du sud aux côtes du Chily et du Pérou, fait pendant les années 1712, 1713 et 1714.* Paris 1716.

Frézier, Amédée-François: *Allerneueste Reise nach der Süd-See und denen Küsten von Chili, Peru, Brasilien.* Hamburg 1718.

Görbert, Johannes: *Die Vertextung der Welt. Forschungsreisen als Literatur bei Georg Forster, Alexander von Humboldt und Adelbert von Chamisso.* Berlin, München, Boston 2014.

Hall, Basil: *Auszüge aus einem Tagebuche geschrieben auf den Küsten von Chili, Peru und Mexiko in den Jahren 1821, 1822 und 1823.* 2 Bde. Stuttgart, Tübingen 1824/1825.

Hawkesworth, John: *An Account of the Voyages undertaken by the order of his present Majesty for making Discoveries in the Southern Hemisphere, and succesively performed by Commode Byron, Captain Carteret, Captain Wallis and Captain Cook* [...], *drawn up from the Journals which were kept by the several Commanders, and from the Papers of Joseph Banks, Esq.* 3 Bde. London 1773.

Held, Barbara: *Studien zur Araucana des Don Alonso de Ercilla.* Frankfurt a.M. 1983.

Hn.: ‚[Rez.] Entdeckungsreise in die Südsee und nach der Behringsstraße [...]. Weimar 1821', in: *Göttingische gelehrte Anzeigen* (21. Juni 1830), 97. Stück, S. 961–966.

Horner, J.[ohann] C.[aspar]: ‚[Rez.] Entdeckungsreise in die Südsee und nach der Beringsstraße [...]. Weimar 1821', in: *Allgemeines Repertorium der neuesten in- und ausländischen Literatur* 3 (1821), Stück 4, S. 272–276.

Humboldt, Alexander von: *Ansichten der Natur.* Tübingen 1808.

Humboldt, Alexander von / Bonpland, Aimé: *Reise in die Aequinoctial-Gegenden des neuen Kontinents in den Jahren 1799, 1800, 1801, 1802, 1803 und 1804.* Stuttgart, Tübingen 1815–1832.

Leuckart, F.[riedrich] Sigism.[und]: ‚Ueber das zweyhufige Pferd (Equus bisulcus) Molina's', in: *Isis* 3 (1825), Sp. 362–368.

Maaß, Yvonne: *Leuchtkäfer & Orgelkoralle. Chamissos „Reise um die Welt mit der Romanzoffischen Entdeckungs-Expedition" (1815–1818) im Wechselspiel von Naturkunde und Literatur.* Würzburg 2016.

May, Yomb: *Georg Forsters literarische Weltreise. Dialektik der Kulturbegegnung in der Aufklärung.* Berlin, Boston 2011.

Molina, Juan Ignacio: *Saggio sulla storia naturale del Chili.* Bologna 1782.

Molina, Juan Ignacio: *Versuch einer Naturgeschichte von Chili.* Aus dem Italiänischen übersetzt, von J.[oachim] D.[ietrich] Brandis. Leipzig 1786.

Molina, Juan Ignacio: *Saggio sulla storia civile del Chili.* Bologna 1787.

Molina, J.[uan] I.[gnacio]: *Geschichte der Eroberung von Chili durch die Spanier.* Nach dem Italienischen. Leipzig 1791.

Müller, Heinrich: *Janequeo, das Heldenmädchen aus Chili. Eine Geschichte aus den Zeiten der Eroberung von Amerika.* Erster Theil. Quedlinburg, Leipzig 1824.

Osterkamp, Ernst: ‚Ein Wissenschaftler und Künstler. Adelbert von Chamisso', in: *Gegenworte. Hefte für den Disput über Wissen* 23 (2010), S. 46–49.

Pravida, Dietmar: ‚Seraphinenorden / Serapionsbrüder', in: *Handbuch der Berliner Vereine und Gesellschaften 1786–1815.* Hg. von Uta Motschmann. Berlin, München, Boston 2015, S. 450–455.

Sproll, Monika: „Das ist Natur!' – Adelbert von Chamissos Bildkritik an Ludwig Choris' *Voyage pittoresque* zwischen ästhetischem und wissenschaftlichen Anspruch', in: Berbig, Roland / Erhart, Walter / Sproll, Monika / Weber, Jutta (Hg.): *Phantastik und Skepsis – Adelbert von Chamissos Lebens- und Schreibwelten*, Göttingen 2016, S. 143–174.

Uf.: ‚[Rez.] J. Iganz Molina: Versuch einer Naturgeschiche von Chili. Leipzig 1786', in: *Allgemeine deutsche Bibliothek* 82 (1788), Stück 1, S. 180–188.

Vidaure, Felipe Gómez de: *Compendio Della Storia Geografica, Naturale, E Civile Del Regno Del Chile.* Bologna 1776.

Vidaure, Felipe Gómez de: *Kurzgefaßte geographische, natürliche und bürgerliche Geschichte des Königreichs Chile.* Aus dem Italienischen ins Deutsche übersetzt von C.[hristian] J.[oseph] Jagemann. Hamburg 1782.

Nils Jablonski

Vorausschauende Rückblicke und erinnernde Ankündigungen. Adelbert von Chamissos epistolarisches und notierendes Aufzeichnen auf der Weltreise 1815–1818

Vorsorgliches Schreiben

In einem Brief aus Teneriffa, wo die Rurik-Expedition während der Atlantik-Überquerung Ende Oktober 1815 anlandet,[1] *erinnert* Adelbert von Chamisso seinen Korrespondenzpartner Julius Eduard Hitzig daran, dass er „vorsorglich aus unserem wandernden Hause"[2] schreibe, um im Nachsatz bereits seinen nächsten Brief *anzukündigen*, denn erst aus Brasilien werde er über Teneriffa ausführlicher berichten können – was Chamisso später dann auch macht.[3] Exemplarisch steht diese Briefstelle, die sich zugleich als ein ‚vorausschauender Rückblick' und als eine ‚erinnernde Ankündigung' lesen lässt, für Chamissos Schreiben während der Weltreise, das sich als ein epistolarisches *und* ein notierendes Aufzeichnen durch deren Modalitäten strukturiert und organisiert.

Mittels eines Vergleichs des nachgelassenen Materials zur Weltreise mit den an Hitzig adressierten und später von ihm edierten Briefen sowie den nach der Expedition veröffentlichten Reisebeschreibungen lässt sich die Komplexität dieses Aufzeichnens rekonstruieren, das nicht nur auf die so produktiven wie widerständigen Möglichkeitsbedingungen von Chamissos ambulantem Schreiben während der Weltreise verweist, sondern auch veranschaulicht, inwiefern

---

1 „Am 28. [Oktober 1815] mittags um 11 Uhr ließen wir auf der Reede von Santa Cruz die Anker fallen", berichtet Chamisso in seinem *Tagebuch* (Chamisso 1981, S. 120). Die Fortsetzung der Reise in Richtung Brasilien datiert er auf den 1. November 1815 (vgl. ebd., S. 123).

2 Chamisso an Hitzig aus Teneriffa vom 22. September bzw. 4. Oktober 1815 (vgl. Chamisso, Adelbert von: ‚Briefe von Chamisso an Hitzig während der Reise um die Welt 1815 bis 1818', in: *Adelbert von Chamisso's Werke*, 6 Bd.e, hrsg. v. Julius Eduard Hitzig, Bd. 6/2: *Leben und Briefe von Adelbert von Chamisso*. Leipzig 1842 [2. Auflage], S. 1–74, hier: S. 29). Bei den durch Geviertstrich übereinandergesetzten Datumsangaben in den Briefen (was hier durch ‚bzw.' wiedergegeben ist) entspricht das oben stehende Datum dem zur Zeit der Weltreise im russischen Zarenreich gebräuchlichen julianischen und das unten stehende Datum dem gregorianischen Kalender, der erstgenanntem im 19. Jahrhundert um circa zwölf Tage vorausläuft (vgl. Busch / Görbert 2016, S. 132).

3 Vgl. Chamisso 1842, S. 33 ff.

das auf Basis der Notizen und ‚brieflichen Archive' verfasste Reisewerk (*Bemerkungen und Ansichten*, 1821 sowie *Reise um die Welt*, 1836) maßgeblich durch diese ‚vorausschauenden Rückblicke' und ‚erinnernden Ankündigungen' beeinflusst ist.[4]

Ausgehend vom Konzept der ambulanten Aufzeichnungsszene[5] sowie den damit eng verbundenen Schreibtechniken des Notierens[6] lässt sich nach dem wechselseitigen Bezug zwischen den epistolarischen und notierenden Aufzeichnungen fragen, zumal bereits die doppelte Darstellung der oben kurz erwähnten Teneriffa-Episode in einem der sogenannten ‚Reisetagebücher'[7] Chamissos sowie in seinen Briefen an Hitzig zeigt, inwiefern die schriftlichen Notate, Listen, Tabellen, Diagramme, Zeichnungen und Skizzen, die Chamisso während der Expedition in tagebuchartigen Journalen, diversen Notizbüchern sowie auf zahllosen Blättern festhält, zum wesentlichen ‚Navigationsinstrument' seines ambulanten Schreibens auf der Weltreise avancieren.

Anknüpfend an dieses Austarieren des besonderen Verhältnisses zwischen den Reisenotizen und -briefen hinsichtlich praxeologischer Differenzen und Variationen lassen sich die als *Tagebuch* betitelten und den ersten Teil der *Reise um die Welt* eröffnenden ‚literarischen' Reisebeschreibungen im Sinne der *critique génétique* genauer untersuchen. Dabei ist allerdings von einem Primat sowie einer (nicht bloß paratextuellen) Eigenständigkeit der Notizen auszugehen, die als Grundlage für viele Briefe Chamissos an Hitzig dienen. Ihrerseits erscheinen diese epistolarischen Aufzeichnungen als generative Fortführung *und* prozessuale Konsequenz von Chamissos notierendem Aufzeichnen, zumal er seine Briefe bereits während der Reise als potenzielles Material für einen möglicherweise einmal anzufertigenden Reisebericht einstuft und daher diesen vorausschauenden Rückblick gegenüber Hitzig erinnernd ankündigt: „Solche Briefe werden ein Mal für alle Mal nicht abgeschrieben und können es ihrer Natur nach nicht […]. Bewahre sie mir also zur Ansicht, wenn ich einmal wieder ruhig an Deiner Seite sitze und vielleicht über unsern Zug zu schreiben aufgefordert werde."[8]

---

4 Eine komplexe Verflechtung, die sich bis auf die narrative Mikroebene des Reisewerks erstreckt, was sich bspw. daran zeigt, dass die vorausschauenden Rückblicke und erinnernden Ankündigungen in den Aufzeichnungen mit den Pro- und Analepsen zu korrespondieren scheinen, die Johannes Görbert als dominantes Erzählverfahren im *Tagebuch* identifiziert (vgl.: Görbert Berlin 2014, S. 110 f.).
5 Vgl. Thiele 2010.
6 Vgl. Thiele [im Erscheinen].
7 Staatsbibliothek zu Berlin, Nachl. Adelbert von Chamisso, K. 33, Nr. 11, Bl. 1–91.
8 Chamisso 1842, S. 32.

Chamissos Aufzeichn(ung)en in medienkulturwissenschaftlicher Perspektive

Adelbert von Chamissos erhaltener, schriftlicher Nachlass befindet sich in insgesamt drei Beständen, von denen derjenige in der Handschriftenabteilung der Staatsbibliothek zu Berlin nicht nur als umfangreichster, sondern auch vollständigster gilt – insbesondere in Bezug auf die Aufzeichnungen von der Weltreise.[9] An diesem Material lässt sich Chamissos Praxis des ambulanten Schreibens als epistemisches Verfahren der Wissensfixierung und -generierung im Zeitalter der Manuskripte – also unter den kulturellen und medialen Bedingungen des Handschrift- und Buchdruckmonopols – evident machen.[10] Eine solch dezidiert medienkulturwissenschaftliche Perspektive fehlt bislang in der Chamisso-Forschung, deren klassisch-philologische Richtung in neueren Arbeiten zunehmend einen Fokus auf entstehungs- und mehr noch editionsgeschichtliche Hintergründe der Werke legt und den Dichter Chamisso als Naturforscher, Ethnologen und Reisenden in den Blick nimmt, um so vor allem die literarischen Werke in wissenschaftsgeschichtlicher Perspektive zu untersuchen.[11]

Da der gesamte Nachlass inzwischen digitalisiert, inhaltlich erfasst und online zugänglich ist, haben sich für die Forschung neue Perspektiven auf Chamisso und sein Werk ergeben: Zum einen bestärkt das im Berliner Nachlass vorhandene und sukzessive mit relevanten Beständen aus anderen Archiven assoziierte Material die Forderung nach einer vollständigen kritischen Briefausgabe[12] und zum anderen ermöglicht es, Chamissos ‚wildes Schreiben‘[13] gerade anhand seiner zahlreich vorhandenen Notizbücher sowie der in weiteren medialen Formen und Formationen erhaltenen Aufzeichnungen „als Quelle zu Leben und Werk, vor allem aber zur Arbeitsweise"[14] des Naturforschers und Dichters in

---

9 Vgl. Staatsbibliothek, Nachl. Adelbert von Chamisso. Der zweite Teilnachlass im Umfang eines Kastens mit 78 Briefen von Salomon Hirzel aus den Jahren 1830 bis 1838, die die Veröffentlichung von Chamissos Werken betreffen, befindet sich als „Nachlass 152 (Adelbert von Chamisso)" ebenfalls in der Staatsbibliothek; der dritte Teilnachlass im Märkischen Museum Berlin beinhaltet das Original-Manuskript zu *Peter Schlemihls wundersame Reise*. Weiteres Weltreise-Material befindet sich in der Handschriftensammlung des Freien Deutschen Hochstifts in Frankfurt am Main (vgl. Freies Deutsches Hochstift, Kasten Nr. 143 Adelbert von Chamisso). Neben Konzeptentwürfen zum Reisewerk in Deutsch und Französisch (ebd., Hs. 3346 und Hs. 3348) befinden sich dort auch zahlreiche Reisebriefe Chamissos, die von Hitzig zum Teil nicht in die Werkausgabe aufgenommen wurden (vgl. Busch 2013, S. 198–216).
10 Vgl. Krämer 2005, S. 23–57.
11 Vgl. hierzu u. a. die Monographien von Schlitt 2008; Görbert 2014; Maaß 2016.
12 Vgl. Busch 2013, S. 214.
13 Vgl. Erhart / Sproll 2016, S. 22.
14 Bienert 2013, S. 107.

Personalunion genauer zu untersuchen. Harry Liebersohn, Michael Bienert und Roland Berbig haben hier erste wesentliche Vorarbeiten geleistet.[15] Im Sinne von Michael Taussigs grundlegenden Überlegungen zu Feldforschungsnotizbüchern, die er als „eine Erweiterung des Selbst" für die/den Schreibende/n auffasst,[16] sind die Notizbücher in diesem Zusammenhang als „Medium eines körperlichen Akts des Schreibens" erkannt worden.[17]

An diesem Punkt setzt die literaturwissenschaftliche Schreibprozessforschung an.[18] Sie nimmt das Schreiben buchstäblich und betrachtet diese (körperliche) Aktivität prozessual als ein „nicht-stabiles Ensemble von Sprache, Instrumentalität und Geste",[19] das sich als zugleich widerständig und produktiv erweist. Mit seinem Konzept der Aufzeichnungsszene erweitert Matthias Thiele diesen Ansatz um eine medienwissenschaftliche und praxistheoretische Perspektive, wodurch sich Chamissos epistolarische und notierende Aufzeichnungen während der Weltreise als eine spezifische ambulatorische Praxis des Schreibens genauer untersuchen lassen.

Zurückblicken und Ankündigen

Die ambulante Aufzeichnungsszene wird als „ein variables Gefüge" durch fünf Faktoren konturiert und determiniert.[20] Hierzu zählen die von der/dem Schreibenden verwendete *Medientechnik* und *Sprache*, ihre/seine *Körperlichkeit*, der *Operationsraum* sowie der Aspekt der *Kopräsenz*. Diese erweist sich im Fall von Chamissos Schreiben immer als eine doppelte, denn nicht nur an-, sondern auch abwesende Andere beeinflussen sein Aufzeichnen:[21] Während Chamisso auf dem Schiff stets von seinen Mitreisenden umgeben ist, begleitet ihn sein wichtigster Korrespondenzpartner stets im Geiste. Julius Eduard Hitzig fungiert für Chamisso zudem nachgerade als ‚postalisches Relais', schließlich soll er all

---

15 Vgl. Liebersohn 1998; Bienert 2013; Berbig 2016.
16 Taussig 2011, S. 14.
17 Trekel 2016, S. 321.
18 Benjamin Fiechters Feststellung, dass die Handschrift „als sekundäre Funktion der Schrift, aber auch der Schreibprozess […] bisher nur marginalisiert in der Forschung untersucht worden" seien, trifft zwar im Besondern auf die Chamisso-Forschung zu, erweist sich im Allgemeinen aber als falsch, da sich die ‚Genealogie des Schreibens' seit geraumer Zeit der literaturwissenschaftlichen Erforschung genau solcher Aspekte der Kulturtechnik ‚Schreiben' widmet (vgl. Stingelin 2004).
19 Ebd., S. 14.
20 Thiele 2010, S. 90.
21 Vgl. ebd., S. 89f.

jenen, denen Chamisso nicht schreibt bzw. schreiben kann, all das mitteilen, „woran sie Antheil nehmen können".[22]

Wohl durchaus kalkuliert wird Hitzig dergestalt zugleich zum ‚Archivar' der Reisebriefe, auf die Chamisso zurückgreift, wenn er *nach* der Reise aufgefordert wird, seine „Denkschriften" zur Expedition zu verfassen.[23] Deshalb folgen die epistolarischen und notierenden Aufzeichnungen von der Weltreise auch nicht den üblichen „medialen Konfigurationen" eines instruierten Dokumentierens zum Zweck der späteren Publikation, wie es bei Forschungsreisen dieser Zeit üblich gewesen ist: Chamisso war nämlich nie aufgefordert, ein „lückenloses Tagebuch zu führen".[24] Überhaupt erst aus diesem Grund *kann* er notierend *und* epistolarisch aufzeichnen, so dass jene spezifische Doppelfunktion, die Anna Busch und Johannes Görbert für Chamissos Briefe an Hitzig herausarbeiten, auf seine *beiden* Aufzeichnungsweisen gleichermaßen zutrifft: Die Notizen wie auch die Briefe „zeichnen sich dadurch aus, dass sie sowohl die Funktion eines all-täglichen, durchaus gängigen Kommunikationsmittels übernehmen, als auch als Speicher naturwissenschaftlichen, literarischen, sozialen und historischen Roh-materials fungieren".[25]

Wenn Chamisso daher später ‚vorwortlich' im *Tagebuch* reflektiert, dass „[d]ieser Teil" seiner *Reise um die Welt* „vielleicht am besten während der Reise selbst geschrieben worden [wäre]",[26] verweist dies auf die Eigenart seines am-bulatorischen Aufzeichnens, das kein transitives Schreiben im Sinne des Ver-fassens eines kohärenten Textes ist. Vielmehr handelt es sich um ein intransitives Schreiben, das sich wie Roland Barthes' ‚*écriture'* „als Produktion ohne Produkt" und dadurch als besonders komplex erweist.[27]

Diese Komplexität lässt sich durch einen zweifachen Vergleich der publi-zierten Reisebriefe mit dem veröffentlichten Reisewerk sowie mit dem Nach-lassmaterial nachweisen. Auffällig sind im ersten Vergleichsfall zunächst Pas-sagen, die meistens wortgenau aus den Briefen ins *Tagebuch* übernommen worden sind. So wird aus der ‚unbedeutenden *Gesellschaft'*[28] auf der Fahrt von Berlin nach Hamburg eine Gruppe von ‚unbedeutenden *Passagieren'*[29] und die

---

22 Chamisso 1842, S. 31. Des Weiteren soll Hitzig die Zustellung von Briefen an Chamissos Angehörige übernehmen, wie es aus einer entsprechenden Anweisung in seinem Brief aus Brasilien im Dezember 1815 deutlich wird: „Lebe wohl, ich verlasse Dich spät in der Nacht, um noch ein Wort an meine Familie zu schreiben, welches Wort ich gleichfalls Deiner Besorgung zu überantworten denke." (Ebd., S. 37).
23 Chamisso 1981, S. 369.
24 Despoix 2009, S. 81.
25 Busch / Görbert 2016, S. 113.
26 Chamisso 1981, S. 85.
27 Barthes 2012, S. 9.
28 Vgl. Chamisso 1842, S. 3.
29 Vgl. Chamisso 1981, S. 92.

brieflichen Reflexionen zum Reisen mit der Postkutsche gehen später genauso in die literarische Darstellung ein wie die Mungo-Park-Anekdote, die Chamisso „allen Schnorkulanten, Fabulanten und Schnurrpfeifen zur Erbauung" in den Briefen aufgezeichnet haben will.[30] Im *Tagebuch* verzichtet er hingegen auf die selbstreferenzielle Kommentierung seiner erinnernden Ankündigung dieser „ergötzlich[en] Geschichte".[31]

Im Nachlass lassen sich in Bezug auf diesen Reiseauftakt nun Materialien finden, die „Chamissos spätere Schilderung der Ereignisse" im *Tagebuch* um „unerwartete Informationen" ergänzen, die zudem auch nicht in den Briefen enthalten sind.[32] Interessant ist in diesem zweiten Vergleichsfall, dass sich die notierenden mit den epistolarischen Aufzeichnungen verkoppeln und die einen durch die anderen kontextualisierbar werden: Der erste Brief an Hitzig ist auf den 15. Juli 1815 datiert und in Hamburg lokalisiert, ganz genau sogar auf die Uhrzeit „1/4 auf 11".[33] Der Nachlass enthält zwei Fundstücke aus diesem Zeitraum: Einmal handelt es sich um einen Eintrag in Chamissos Reisenotizheft aus Berlin vom 13. Juli 1815, worin er seine an diesem Tag gemachten naturwissenschaftlichen Beobachtungen dokumentiert.[34] Außerdem findet sich in seinem Notizheft zur Weltreise ein Eintrag aus Berlin sowie einer aus Hamburg, jeweils vom 15. Juli 1815, also vom Tag der Abreise aus der preußischen Hauptstadt, von dem auch der erste Brief an Hitzig datiert.[35] Notierendes und epistolarisches Aufzeichnen gehen hier gewissermaßen noch Hand in Hand; während der Reise avancieren dann aber vor allem die Briefe zu Chamissos bevorzugtem Aufzeichnungsmedium.

Ein weiteres Nachlass-Fundstück, das auf den Zeitraum des Reisebeginns datiert, ist ein Brief vom 15. Juli 1815 an Chamissos Bruder Hippolyte, der mit einem kryptisch-hermetischen Kurznotat schließt: „Je n'ai besoin de rien d'ici à mon retour – 3 ou 4 ans."[36] Aus dem Brief selbst geht nicht hervor, worauf sich diese Aussage konkret bezieht. Im Kontext von Chamissos übrigen vorangehenden und folgenden Aufzeichnungen ließe sich diese Reflexion aber auf seine noch zwei Tage zuvor veranstalteten Experimente beziehen und mit Blick auf den entscheidenden Einschnitt, den die Rurik-Expedition für sein bisheriges Leben bedeutet, als ein vorausschauender Rückblick auf die anstehende Reise lesen.

Dieses bislang nicht transkribierte oder in einer Edition veröffentlichte Do-

---

30 Chamisso 1842, S. 5.
31 Ebd.; im *Tagebuch* findet sich die Passage im Kapitel „Vorfreude" (vgl. Chamisso 1982, S. 92 f.).
32 Bienert 2013, S. 110.
33 Chamisso 1842, S. 3.
34 Vgl. Staatsbibliothek, Nachl. Adelbert von Chamisso, K. 9, Nr. 6, Bl. 3–4.
35 Vgl. ebd., K. 8, Nr. 6, Bl. 1.
36 Vgl. ebd., K. 17, Nr. 15, Bl. 2v.

kument ermöglicht einige weitere Rückschlüsse auf Chamissos Schreibpraxis während der Weltreise. So äußert er dem Bruder gegenüber die Hoffnung darauf, in Kamtschatka Nachricht von ihm und auch von Hitzig zu erhalten: „J'espère que je pourrai trouver de vos nouvelles au Kamtschatka l'hiver 16/17."[37] Zugleich weist Chamisso Hippolyte an, sich mit Hitzig, den er im Brief – wohl scherzhaft – als ‚criminel' betitelt,[38] über die spätere Korrespondenz abzustimmen. Ein ganz ähnlicher Hinweis wie der an den Bruder findet sich dann auch in Chamissos zweitem Brief an Hitzig vom 21. Juli 1815, worin er den Freund anweist, genauere Informationen für die Sendung von Briefen nach Kamtschatka von Otto von Kotzebues Vater einzuholen: „Wisse genauer von Kotzebue's Vater, wann Briefe an den Rurik in Kamtschatka von Euren Längen aus abgeschickt werden sollen [...]."[39]

Chamissos Briefe von der Reise, die er anfänglich nicht bloß an Hitzig verschickt, stehen also in engstem Bezug zueinander; zugleich dienen sie zur Organisation der hier anschaulich werdenden komplexen Korrespondenzstruktur: Zunächst wird Hippolyte angewiesen, sich mit Hitzig in Verbindung zu setzen, den Chamisso wiederum sechs Tage später bittet, die genauen zeitlichen Modalitäten der weiteren Reise in Erfahrung zu bringen, damit die briefliche Kommunikation mit dem geplanten Reiseverlauf koordiniert ist und weitergeführt werden kann. All dies erweist sich letztlich als ein vorausschauender Rückblick, da Chamisso sichergehen will, am anderen Ende der Welt Nachrichten aus der Heimat zu erhalten.

Wie sehr Chamisso genau darauf hofft, teilt er in seinem Brief „Aus Kamtschatka" an Hitzig mit, den er vor der dortigen Anlandung abzufassen beginnt. Darin heißt es noch zu Beginn: „vielleicht erwarten mich Briefe von Dir".[40] Nach dem langen, mit Anekdoten gespickten Bericht über den Verlauf der Pazifiküberquerung stellt Chamisso mit nachdrücklicher Enttäuschung fest: „Keine Post, keine Briefe für uns! Nur der düstre Nachklang Europäischer Nachrichten aus den Russischen Zeitungen, die ich noch nicht lesen kann und die keiner mir mitzuteilen sich befaßt!"[41] Nicht zuletzt aus diesem Grund stellen die Briefe Chamissos wichtigste Informationsquelle während der Reise dar, worauf er Hitzig nochmals in einer erinnernden Ankündigung über den geplanten nächsten Aufenthalt in Kamtschatka hinweist und entsprechend mahnt: „Wir werden aber auch im Herbst 1817 hier wieder mit heran kommen und dürfen selbst auf Antwort auf unsre heutigen Briefe hoffen. – Lieber Eduard! – schreibe

---

37 Vgl. ebd.
38 Vgl. ebd., Bl. 1r.
39 Chamisso 1842, S. 11.
40 Ebd., S. 41.
41 Ebd., S. 49.

mir ja – und vernachlässige nichts [sic!] mir auch Briefe aus Frankreich zu verschaffen."[42]

„Und die Erinnerungen hinter mir"[43]

Nach der Reise hat Chamisso seine Erinnerungen daran metaphorisch hinter und in Form seiner epistolarischen und notierenden Aufzeichnungen buchstäblich vor sich (liegen), um sie zweimalig als „Gedankenstütze" für seine Darstellungen der Reise zu nutzen.[44] In Bezug auf dieses Reisewerk hat sich die Forschung lange Zeit an der Gattungsfrage abgearbeitet. Die Dichotomie zwischen den eher (natur-)wissenschaftlichen *Bemerkungen und Ansichten* und der eher literarischen zweiteiligen *Reise um die Welt* wurde zuletzt durch die vielfach vertretene Hybriditäts-These relativiert. Gerade die *Reise um die Welt* erscheint bspw. für Assenka Oksiloff als „hybrid work", da es sich um einen Text handelt, den sie als „neither purely poetic nor purely scientific" einstuft.[45]

Angesichts der disparaten Aufzeichnungen, auf deren Basis das Reisewerk angefertigt wurde, erscheint diese Einschätzung gerechtfertigt, sofern man die

---

42 Ebd. Chamissos Wunsch erfüllt sich nicht, worauf er in seinem Brief an Hitzig vom 1. Januar 1818 Bezug nimmt: „Wisse, daß falls Du und andere mir nach Kamtschatka geschrieben, ich nichts erhalten – wir sind nicht dahin zurückgekehrt [...]." (Ebd., S. 60)

43 Ebd., S. 4.

44 Busch / Görbert 2016, S. 114.

45 Oksiloff 2004, S. 111. Die an die Reisewerke herangetragene Hybriditäts-These wirkt zudem auf die literaturwissenschaftliche Betrachtung von Chamissos Briefen zurück: So sprechen Busch / Görbert davon, dass Chamissos Briefe – die originalen mehr noch als die edierten – „den Eindruck eines ungebrochenen Bewusstseinsstroms" vermitteln, was vor allem durch die Verwendung von Gedankenstrichen anschaulich werde, die durch Hitzigs editorische Eingriffe für die Publikation der handschriftlichen Briefe aber zu großen Teilen verändert oder aber getilgt werden, sodass die Authentizität der veröffentlichten Briefe nur eine literarisch überformte und der Eindruck, dass es sich um „intime Privatkorrespondenz" handele, nur fingiert sei (Busch / Görbert 2016, S. 116). Der letzte Einwand ist sicherlich berechtigt; die Behauptung, dass die „Originalbriefe" aber einen „Einblick in Chamissos ungefilterte Innenwelt" (ebd.) böten und deshalb ‚authentisch' erschienen, ist allerdings zu relativieren: Erstens ist der narratologische Fachbegriff ‚Bewusstseinsstrom' eine denkbar schlechte Wahl zur Klassifizierung von ‚Authentizität'; zweitens sind Gedankenstriche kein hinreichendes Kriterium für jene Erzähltechnik, die hier offenbar mit dem sog. ‚inneren Monolog' verwechselt zu werden scheint; drittens sind Privatbriefe, die Bernhard Siegert zurecht als „schriftliche Kompromittierung eines Selbst" bezeichnet (Siegert 1993, S. 44), immer schon Selbst-Inszenierungen, worauf auch Görbert an anderer Stelle indirekt hinweist (vgl. Görbert 2013, S. 47); viertens ist das, was hier als Symptom eines ‚Bewusstseinsstroms' ausgegeben wird, eher auf Chamissos Privilegierung des Fragmentarischen zurückzuführen (vgl. Tautz 2014, S. 63). Gerade die Verwendung sog. „Notat-Operatoren" wie dem Gedankenstrich führt dazu, dass Chamissos Briefen jene „Spontaneität, Sprunghaftigkeit und Vorläufigkeit" eignet, die das Fragmentarische seiner notierenden Aufzeichnungen kennzeichnet (Thiele 2014, S. 181).

epistolarischen und notierenden Aufzeichnungen unter Berücksichtigung ihrer im Teneriffa-Brief an Hitzig erwähnten potenziellen ‚Zweckbestimmung' gewissermaßen als ‚Werkvorstufen' ansehen möchte – dies wird den Aufzeichnungen, wie schon Bienert herausstellt, aber nicht gerecht.[46] Geht man bei der textgenetischen Betrachtung des Reisewerks daher von einem Primat der Notizen sowie von ihrer Eigenständigkeit angesichts der durch sie unterlaufenen Kategorien ‚Werk' und ‚Text' aus,[47] dann erscheinen Chamissos Darstellungen weniger als Hybrid und vielmehr als Pfropfung.

Ausgehend von Jacques Derridas Pfropfungs-Metapher für die „wesentliche Iterierbarkeit",[48] also die „Wiederholbarkeit und Zitierbarkeit" von Zeichen,[49] entwickelt Uwe Wirth das Konzept einer Kulturtechnik des Pfropfens. Übertragen auf das Schreiben erscheint das Pfropfen als De- *und* Rekontextualisierung, wodurch mehrere einzelne Teile neu zusammengefügt werden. Das Ergebnis, das weniger ein Produkt, sondern auf Grund der performativen Qualität des Pfropfungsvorgangs vielmehr einen fortlaufenden Prozess darstellt, ist eben kein Hybrid, also eine bloße Vermischung,[50] wie es der „Gattungsmix" in Chamissos „Sammelsurium aus Portraits, Anekdoten, Reflexionen, Daten und Fakten" im Reisewerk angeblich sein soll.[51]

Wenn man in der hier aufgezeigten Perspektive mit Taussig davon ausgeht, dass Notizen zu einem Kurzschluss zwischen Sprache und schreibendem Subjekt führen,[52] dann entsprechen Chamissos epistolarische und notierende Aufzeichnungen jener Schnittstelle, an der bei der ursprünglich aus dem Bereich der Botanik stammenden Agrikulturtechnik der Pfropfung die Verbindung vollzogen wird.[53] Insofern erscheint die Analogisierung von Chamissos Notizbüchern mit dessen Botanisierungtrommel in diesem Zusammenhang mehr als gerechtfertigt,[54] zumal Chamissos Aufzeichnungspraxis den Fluchtpunkt für seine schriftstellerische wie naturwissenschaftliche ‚poiesis' bildet. Auch wenn es sich bei allem hier Dargelegten noch um vorläufige Hypothesen handelt, bestätigt sich in jedem Fall das, was Chamisso in einem seiner Briefe an Hitzig mit der erinnernden Ankündigung nachgerade metareflexiv resümiert: „[W]ir werden an meiner Reise Stoff auf lange Zeit zu sprechen haben".[55]

---

46 Bienert 2013, S. 107.
47 Vgl. Thiele 2014, S. 176.
48 Derrida 1988, S. 300.
49 Wirth 2011, S. 154.
50 Ebd., S. 11.
51 Müller 2016, S. 226.
52 Vgl. Taussig 2001, S. 18.
53 Vgl. Wirth 2011, S. 12.
54 Vgl. Bienert 2013, S. 111.
55 Chamisso 1842, S. 40.

Quellen

Ungedruckte Quellen

Staatsbibliothek zu Berlin – PK, Nachl. Adelbert von Chamisso, K. 8, Nr. 6, Bl. 1 (Notizheft der Weltreise).

Staatsbibliothek zu Berlin – PK, Nachl. Adelbert von Chamisso, K. 9, Nr. 6, Bl. 3–4 (Reisenotizheft).

Staatsbibliothek zu Berlin – PK, Nachl. Adelbert von Chamisso, K. 17, Nr. 15, Bl. 1^r, 2^v (Brief von Adelbert von Chamisso an Hippolyte de Chamisso).

Staatsbibliothek zu Berlin – PK, Nachl. Adelbert von Chamisso, K. 33, Nr. 11, Bl. 1–91 (Reisetagebuch).

Freies Deutsches Hochstift, Goethehaus Frankfurt, Kasten Nr. 143 Adelbert von Chamisso, Hs. 3346 (Zur Weltreise).

Freies Deutsches Hochstift, Goethehaus Frankfurt, Kasten Nr. 143 Adelbert von Chamisso, Hs. 3348 (Memoire zur Weltreise).

Gedruckte Quellen

Barthes, Roland: *S/Z*. Frankfurt a. M. 2012 [6. Auflage].

Berbig, Roland: ‚Chamissos Notizbuch 1828. Analytische Stichproben‘, in: Berbig, Roland / Erhart, Walter / Sproll, Monika / Weber, Jutta (Hg.): *Phantastik und Skepsis. Adelbert von Chamissos Lebens- und Schreibwelten*. Göttingen 2016, S. 305–311.

Bienert, Michael: ‚Botanisieren auf Papier. Ein Blick in Chamissos Notizbücher‘, in: Federhofer, Marie-Theres / Weber, Jutta: (Hg.): *Korrespondenzen und Transformationen. Neue Perspektiven auf Adelbert von Chamisso*. Göttingen 2013, S. 107–121.

Busch, Anna / Görbert, Johannes: ‚Rezensiert und zurechtgeknetet. Chamissos Briefe von seiner Weltreise – Original und Edition in Gegenüberstellung‘, in: Berbig, Roland / Erhart, Walter / Sproll, Monika / Weber, Jutta (Hg.): *Phantastik und Skepsis. Adelbert von Chamissos Lebens- und Schreibwelten*. Göttingen 2016, S. 111–142.

Busch, Anna: ‚Verwahre meine Briefe. Briefe sind Archive. Julius Eduard Hitzigs *Leben und Briefe von Adelbert von Chamisso*. Entstehungsgeschichte, Quellenlage, Programm, Rezeption‘, in: Federhofer, Marie-Theres / Weber, Jutta: (Hg.): *Korrespondenzen und Transformationen. Neue Perspektiven auf Adelbert von Chamisso*. Göttingen 2013, S. 198–216.

Chamisso, Adelbert von: *Reise um die Welt* [1. Teil: *Tagebuch*; 2. Teil: *Anhang/Bemerkungen und Ansichten*], in: Ders.: *Werke in zwei Bänden*. Hg. v. Werner Feudel und Christel Laufer, Bd. II: *Prosa*. Leipzig 1981, S. 81–650.

Chamisso, Adelbert von: ‚Briefe von Chamisso an Hitzig während der Reise um die Welt 1815 bis 1818‘, in: *Adelbert von Chamisso's Werke*, 6 Bde. Hg. v. Julius Eduard Hitzig, Bd. 6/2: *Leben und Briefe von Adelbert von Chamisso*. Leipzig 1842 [2. Auflage], S. 1–74.

Derrida, Jacques: ‚Signatur Ereignis Kontext‘, in: Ders.: *Randgänge der Philosophie*. Wien 1988, S. 291–314.

Despoix, Philippe: *Die Welt vermessen. Dispositive der Entdeckungsreise im Zeitalter der Aufklärung.* Göttingen 2009.

Erhart, Walter / Sproll, Monika: ‚Phantastik und Skepsis – Adelbert von Chamissos Lebens- und Schreibwelten‘, in: Berbig, Roland / Erhart, Walter / Sproll, Monika / Weber, Jutta (Hg.): *Phantastik und Skepsis. Adelbert von Chamissos Lebens- und Schreibwelten.* Göttingen 2016, S. 19–32.

Görbert, Johannes: ‚Das literarische Feld auf Weltreisen. Eine kultursoziologische Annäherung an Chamissos Rurik-Expedition‘, in: Federhofer, Marie-Theres / Weber, Jutta: (Hg.): *Korrespondenzen und Transformationen. Neue Perspektiven auf Adelbert von Chamisso.* Göttingen 2013, S. 33–50.

Görbert, Johannes: *Die Vertextung der Welt. Forschungsreisen als Literatur bei Georg Forster, Alexander von Humboldt und Adelbert von Chamisso.* Berlin 2014.

Krämer, Sybille: ‚Operationsraum Schrift. Über einen Perspektivwechsel in der Betrachtung der Schrift‘, in: Krämer, Sybille / Grube, Gernot / Kogge, Werner (Hg.): *Schrift: Kulturtechnik zwischen Auge, Hand und Maschine.* München 2005, S. 23–57.

Liebersohn, Harry: ‚Zur Kunst der Ethnographie. Zwei Briefe von Louis Choris an Adelbert von Chamisso‘, in: *Historische Anthropologie. Kultur, Gesellschaft, Alltag* 6, 3 (1998) S. 479–492.

Maaß, Yvonne: *Leuchtkäfer & Orgelkoralle. Chamissos ‚Reise um die Welt mit der Romanzoffischen Entdeckungs-Expedition‘ (1815–1818) im Wechselspiel von Naturkunde und Literatur.* Würzburg 2016.

Müller, Dorit: ‚Chamissos *Reise um die Welt*: Explorationen geographischer und literarischer Räume‘, in: Berbig, Roland / Erhart, Walter / Sproll, Monika / Weber, Jutta (Hg.): *Phantastik und Skepsis. Adelbert von Chamissos Lebens- und Schreibwelten.* Göttingen 2016, S. 211–229.

Oksiloff, Assenka: ‚The Eye of the Ethnographer: Adelbert von Chamisso's Voyage Around the World‘, in: Tautz, Birgit (Hg.): *Colors 1800 / 1900 / 2000. Signs of Ethnic Difference.* Amsterdam 2004, S. 101–121.

Schlitt, Christine: *Chamissos Frühwerk. Von der französischsprachigen Rokokodichtung bis zum* Peter Schlemihl *(1793–1813).* Würzburg 2008.

Siegert, Bernhard: *Relais. Geschicke der Literatur als Epoche der Post 1751–1913.* Berlin 1993.

Stingelin, Martin: ‚Schreiben. Einleitung‘, in: Ders. (Hg.): *‚Mir ekelt vor diesem tintenklecksenden Säkulum‘. Schreibszenen im Zeitalter der Manuskripte.* München 2004, S. 7–21.

Taussig, Michael: *Fieldwork Notebooks / Feldforschungsnotizbücher.* Ostfildern / Kassel 2011.

Tautz, Birgit: ‚Beobachten, Dokumentieren, Verdinglichen, Fabulieren: Wissen in Kotzebues und Chamissos Darstellungen Alaskas‘, in: *Zeitschrift für Germanistik.* Neue Folge. 24, 1 (2014), S. 55–67.

Thiele, Matthias: ‚Die ambulante Aufzeichnungsszene‘, in: *zfm* 3, 2 (2010), S. 84–93.

Thiele, Matthias: ‚Notizen. Zur Poetik, Politik und Genealogie der kleinen Prosaform Aufzeichnung‘, in: Autsch, Sabine / Öhlschläger, Claudia / Süwolto, Leonie (Hg.).: *Kulturen des Kleinen. Mikroformate in Literatur, Kunst und Medien.* Paderborn 2014, S. 165–192.

Thiele, Matthias: ‚Schreibtechniken des Notierens‘, in: Stingelin, Martin / Hoffmann, Ludger (Hg.): *Schreiben. Dortmunder Poetikvorlesungen von Felicitas Hoppe. Schreibszenen und Schrift – literatur- und sprachwissenschaftliche Perspektiven.* München [im Erscheinen].

Trekel, Lisa: ‚Adelbert von Chamissos *Das Dampfroß* – Das Notizbuch von 1828 als ‚Dichterwerkstatt“, in: Berbig, Roland / Erhart, Walter / Sproll, Monika / Weber, Jutta (Hg.): *Phantastik und Skepsis. Adelbert von Chamissos Lebens- und Schreibwelten.* Göttingen 2016, S. 319–325.

Wirth, Uwe: ‚Gepfropfte Theorie: Eine ‚greffologische‘ Kritik von Hybriditätskonzepten als Beschreibung von intermedialen und interkulturellen Beziehungen‘, in: Grizelj, Mario / Jahraus, Oliver (Hg.): *TheorieTheorie. Wider die Methodenmüdigkeit der Geisteswissenschaften.* Paderborn 2011, S. 151–166.

Wirth, Uwe: ‚Kultur als Pfropfung. Pfropfung als Kulturmodell. Prolegomena zu einer *Allgemeinen Greffologie* (2.0)‘, in: Ders. (Hg.): *Impfen, Pfropfen, Transplantieren.* Berlin 2011, S. 9–28.

Monika Sproll

Adelbert von Chamissos Weltreise in seinem Nachlass – Materialien und Aufschreibverfahren

1) Einleitung

Das unmittelbare Erleben und die Erfahrungen Adelbert von Chamissos auf seiner Weltreise 1815 bis 1818 sind bis heute nur über seine Reisebriefe bekannt.[1] Wie Chamisso seine Erfahrungen festhielt und bewertete und wie er sein Schreiben auf der Reise organisierte kann durch die Erschließung und Transkription seiner Weltreisematerialien in ersten Ergebnissen nachvollzogen werden. Die überlieferten Weltreisetagebücher, die im Zentrum von Chamissos Reiseschreiben stehen, zeigen ein sich auf der Reise schnell formierendes und systematisch ausdifferenzierendes Schreibprogramm, das die textuelle Grundlage aller künftigen Reisewerke Chamissos bereits in frühen Fassungen formuliert. Gleichzeitig sind die Weltreisetagebücher literaturwissenschaftlich selbst als ein Werk einzuschätzen, denn ähnlich wie Chamisso in seinen *Poetischen Hausbüchern* die lyrische Summe seines Lebens niedergelegt hat, inszeniert auch die über 20 Jahre anhaltende Beschäftigung mit seinen Weltreisetagebüchern eine durch spätere Schreibschichten und Beilagen sich fortsetzende eigenständige Werkpoetik.

2) Sammlungsauftrag und Schreibinstruktionen

Als Schriftsteller und Übersetzer verfügte Chamisso über eine Vielfalt von Textsorten und ihren Darstellungsverfahren, als Naturforscher über die Heuristik und die systematischen Vorgaben präziser Beschreibung. Doch erhielt er die lange gewünschte Gelegenheit zu einer Forschungsreise im Sommer 1815 mit der Aufforderung zu einem schnellen Aufbruch und ohne klare Beauftragung.

---

1 Chamisso 1856 [1839]. Zur Einschätzung dieser Briefe, ihrer Edition durch Julius Eduard Hitzig und zu einer Neuedition vgl. Busch 2013, Busch 2014, Busch / Görbert 2013, Busch / Görbert 2016.

Sammlungs- und Beobachtungstätigkeiten waren in der Geschichte der europäischen Erderkundungsfahrten eng verknüpft mit systematischen Regularien über ihre schriftliche Fixierung.[2] Von den übergeordneten Forschungszielen der Entdeckungsreise erfuhr Chamisso erst auf der Reise. So konnte er erst hier die Handlungsräume seines Forschens in der Beziehung zu den anderen beiden Naturforschern an Bord, Morten Wormskiold und Johann Friedrich Eschscholtz, klären, mit dem Kapitän Otto von Kotzebue aushandeln und schließlich hinsichtlich seiner Kompetenzen entwerfen und modifizieren. Während ein offizieller Sammlungsauftrag nicht schriftlich niedergelegt wurde, können die in Chamissos Nachlass erhaltenen Korrespondenzen vor und nach der Weltreise doch über spezifischere Interessen Auskunft geben.[3]

Reisebeschreibungen gehörten um 1800 zu den populären Prosaformen, die sowohl in Ausgaben für die Jugend als auch in zahlreichen Übersetzungen oder Auswahlausgaben sowie durch Rezensionszeitschriften breit rezipiert wurden. Noch vor seiner Entscheidung, Naturforscher zu werden, war Chamisso begeisterter Leser von Reiseberichten. Im Herbst oder Winter 1811 schwärmte er seinem Freund Louis de La Foye von der Südsee vor und schließt eine bereits topisch gewordene Zivilisationskritik daran an:

> hab ich dir schon gesagt daß ich für einige Geistes Nahrung reisebeschreibungen lese?
> – ich sehne mich nach schönem Sommer Lande, nach den Süd inseln – wo das Brot auf
> die Baumen wächst, wo man sich mit eitelm Sonnschein ankleiden kann – und wo keine
> salons sind, all unser Wesen ist mir in der Seele zu wieder ich fürchte mich schon vor
> einem Hause aus ahndung es mögte [fielleicht] ein Salon drin sein.[4]

Der Tausch vom Salongast zum Gast bei einer militärisch geführten Expedition, den Chamisso als Naturforscher an Bord der Rurik einging und auf den er in

---

2 Die Forschung zu den Instruktionen, den wissenschaftlichen Praxen und Bedingungen wissenschaftlicher Arbeitsformen auf Forschungsreisen wurde in den letzten Jahren stark bereichert. Einen Überblick gibt Philippe Despoix 2009 für das sogenannte zweite europäische Entdeckungszeitalter in seiner Studie *Die Welt vermessen. Dispositive der Entdeckungsreise im Zeitalter der Aufklärung*, S. 81–123, bezüglich des Notierens auf Reisen vgl. Anke te Heesen 2000, am Beispiel von Daniel Gottlieb Messerschmidt.

3 Insbesondere die Korrespondenzen mit seinen akademischen Lehrern Karl Asmund Rudolphi und Martin Hinrich Lichtenstein, aber auch mit den von Krusenstern beauftragten Naturkundlern wie etwa Karl Bernhard Trinius und Friedrich Ernst Ludwig von Fischer geben Auskunft über Sammlungsaufträge und -interessen, die einerseits auf Vollständigkeit von Sammlungen, andererseits auf die Klärung von Forschungsfragen abzielten. Desgleichen ist in ihnen die Sammlungspraxis thematisiert. Von diesen Korrespondenzen aus knüpft sich über weitere Wissenschaftlerbeziehungen ein Netz an Gelehrten, Sammmlungen und Forschungsinteressen, das Chamisso auf der Reise nutzen sollte. Vgl. zu Lichtenstein und Chamisso mit der Transkription der Briefquellen: MacKinney / Glaubrecht 2017 [in Vorbereitung], zu Chamissos Wissenschaftlerbeziehungen nach der Weltreise Sproll 2015.

4 Brief von Adelbert von Chamisso an Louis de La Foye (wahrscheinlich Genf, Herbst oder Winter 1811), in: Baillot 2015.

seiner *Reise um die Welt mit der Romanzoffischen Endeckungs-Expedition in den Jahren 1815–18 auf der Brigg Rurik Kapitän Otto v. Kotzebue.* **Tagebuch** abhebt, schlug sich nicht nur in der Zurücksetzung der wissenschaftlichen Ziele und Forschungstätigkeit nieder, etwa wenn beim Saubermachen des Schiffs Sammlungsbestände über Bord geworfen oder Vorschläge zur Routenänderung ignoriert wurden. Chamissos Erzählung weist sowohl zu Beginn als auch im Laufe der Reise auf einen fehlenden Forschungsauftrag hin:

> Er [Otto von Kotzebue, M.S.] übergab mir einen schmeichelhaften Brief vom Grafen Romanzoff und einen andern vom Herrn von Krusenstern, ließ mich übrigens vorläufig ohne Instruktion und Verhaltungsbefehle. Ich fragte vergebens darnach; ich ward über meine Pflichten [sic!] und Befugnisse nicht belehrt [...].[5]

Und auch, nachdem die Konkurrenzsituation auf dem Schiff zwischen den drei Naturforschern durch die Trennung von Wormskiold geklärt war, beklagte Chamisso, die für die Rurik-Expedition festgelegten Instruktionen, die Teil des vom Kapitän Kotzebue herausgegebenen Reiseberichts waren, auf der Reise nicht erhalten zu haben.[6]

Diese unsichere Konstellation stellte Chamisso überdies vor die Herausforderung, sich eine auf die Planungsunsicherheit variabel abzustimmende Aufschreibepraxis vorzunehmen, die gleichwohl einer eigenständigen wissenschaftlichen Programmatik folgen und für ihr Darstellungsziel naturkundliche wie ästhetische Regeln gewinnen und einsetzen konnte.[7] Wie umfassend seine Kenntnis der mit den im Forschungsdiskurs umlaufenden Praxisempfehlungen für das wissenschaftliche Notieren auf Reisen war, gehört zu den gegenwärtigen Forschungsinteressen.[8] Die an Bord vorgehaltene Arbeitsbibliothek bot Chamisso nicht nur Referenzen für seine Beobachtungen, sondern auch vorbildliche Beispiele für die Schreibpraxis auf Reisen.[9] Einige

---

5 Chamisso 1975, Bd. 2, S. 19.
6 Diese betrafen die astronomischen und physikalischen Untersuchungsformen, verfasst von Johann Kaspar Horner. Sie sind abgedruckt in Kotzebue 1821, Bd. 1, S. 73–91, vgl. Federhofer 2011, S. 163f. Zur Zielsetzung der Weltreise vgl. Bouditch 2004, Liebersohn 2006, Federhofer 2011, Federhofer 2012, S. 12–20, Müller 2016, zur Konkurrenzsituation und sozialen Ordnung vgl. Görbert 2013, Görbert 2014, Busch / Görbert 2016.
7 Vgl. Erhart 2015.
8 Vgl. MacKinney / Glaubrecht 2017 [in Vorbereitung] mit dem Hinweis auf Lichtenstein 2010 (1815). Das DFG-Projekt unter der Leitung von Walter Erhart und Matthias Glaubrecht „Die Aneignung des Weltwissens – Adelbert von Chamissos Weltreise (Materialerschließung, Transkription, Analyse)" wird von 2015–2018 an der Universiät Bielefeld und der Universität Hamburg durchgeführt. Zum Forschungsprojekt vgl. https://www.cenak.uni-hamburg.de/ak tuelles/projekte/chamisso-projekt.html [03.11.2016].
9 Vgl. für die Forschungspraxis Glaubrecht 2013, das Forschungsfeld der Meeressäuger die kommentierte Edition von Federhofer 2012, für die Weichtiere und insbesondere die Salpen die Untersuchungen von Glaubrecht / Dohle 2012 und Dohle 2016. – Die Erschließung der Gesamttitel der von Chamisso herangezogenen Bände der Bordbibliothek wird im Zuge der

Buchtitel nennt Adam Baron von Krusenstern in seinem Brief aus Sankt Petersburg an Chamisso im Sommer 1815:

> Ausser den Büchern welche ich hier habe auftreib[en] können und welche der Kanzler aus seiner Bibliothek gegebe[n] hat, habe ich aus London nach Plymouth folgende Bücher verlangt: Brown Florae australis prodromus, Hortus Kewensis die neueste Ausgabe, Turners Synopsis Fuci, und Forster Char. Gene. Plantar. Die wichtigsten und neuesten Reisebeschreibungen, so wie Die Sammlung der Reisen von Le Herp sind ebenfalls an Bord.[10]

Offenkundig hat Kotzebue Chamisso an einem unbestimmten, eher frühen Zeitpunkt der Reise naturkundliche Überblicksdarstellungen zu allen Reisestationen abgefordert. Aus ihnen entstand nach der Rückkehr mit der Anreicherung von Forschungsreferenzen und einigen Textüberarbeitungen – Umstellungen, Raffungen und Ausarbeitungen – das Manuskript des in Kotzbues Reisebericht erstpublizierten Überblickswerks *Bemerkungen und Ansichten*.[11] Die systematische Struktur dieser „Denkschriften", wie Chamisso sie nannte, war durch die großen Vorgängerreiseberichte etabliert.[12] So galt für die Darstellung von Reisestationen eine Strukturierung der Gegenstands- und Kulturbeschreibung, die aufsteigend vom Mineralogischen über die belebten Formen der Natur bis hin zu der Beschreibung von technischen Errungenschaften, der Sprache und überlieferten Mythen sowie der jeweiligen Gesellschaftsgeschichte reichte.[13] Dieses allumfassende systematische Programm gehörte unangefochten zum Selbstverständnis reisender Naturforscher, wurde zunehmend aber, gerade in einer Zeit schon vielfach ausdifferenzierter Wissensakkumulation, für die Nachfolger der berühmten Entdeckungsfahrer des 18. Jahrhunderts zu einer schwer abzutragenden Hypothek.[14] Eine ironische Reflexion auf die Systematik und die Universalität des Reisebeschreibens ist in einem Reisebillet dokumentiert, das Chamisso am 17. Dezember 1817 von seiner Exkursion in Tierra alta

---

Transkription der Weltreisetagebücher möglich, da Chamisso seine Referenzen auf die Forschungliteratur beim Schreiben angab.

10 Adam Johann Baron von Krusenstern an Chamisso, 15.07.[jul.]/27.07.[greg.]1815, SBB, Nachl. Adelbert von Chamisso, K. 28, Nr. 67, Bl. 5–6, hier Bl. 5v–6r.

11 In seiner Werkausgabe kürzte Chamisso diese Schrift um die Kapitel „Teneriffa" und „Brasilien", benutzte ihre Landschaftsbeschreibungen aber für die Ausarbeitung seines *Tagebuch der Reise um die Welt*.

12 Chamisso 1975, Bd. 2, S. 7.

13 Vgl. zu diesem „enzyklopädische[n] Forschungsprogramm" Görbert 2014, S. 23 ff. sowie die dort vorgestellte Foschung, vgl. die Zusammenfassung von Federhofer 2011: „Zu berücksichtigen waren geologische, botanische und zoologische Phänomene wie ethnologische oder linguistische Besonderheiten, und die anzuwendenden Methoden waren Verfahren der – heute würde man sagen – empirischen Feldforschung: Beobachten, Beschreiben, Aufzeichnen, Messen, Sammeln und Abbilden", S. 159.

14 Vgl. den Beitrag von Walter Erhart in diesem Band, auch Sproll 2015.

aus an den auf dem Schiff vor Cavite sich aufhaltenden Naturforscherkollegen Johann Friedrich Eschscholtz schickte:

> Was soll ich, kann ich dir, lieber Bruder, für eine Reise Beschreibung aus dem Ermel schütteln – schöne Berge, schöne Wälder, viele arten Palmen, jedoch die FeigenBäume, […] die Herren des Waldes – ein gutes volk.[15]

Im Rekurs auf seine 1814 publizierte Erzählung *Peter Schlemihls wundersame Geschichte*, die der Freund kannte, stellte Chamisso hier Eschscholtz zwar lässig die strukturellen Einheiten einer landeskundlichen Beschreibung vor Augen – gleich wie in der Novelle der Mann im grauen Rock einzelne Gegenstände aus seiner Rocktasche zieht –, über die spezifischen Formen und ihre Zusammenstellung verlor er jedoch kein einziges Wort.

3)   Chamissos Weltreisematerialien

Chamissos Weltreise in seinem Nachlass, das sind die zahlreichen und vielgestaltigen Dokumente, in deren Zentrum unzweifelhaft die zwei Reisetagebücher des Autors und Gelehrten stehen, die auf ihren je 90 Blatt zuzüglich 21 Beilagen unterschiedliche Schreibweisen und auch Zeichnungen, Listen und Einzelnotizen enthalten. Die Weltreisetagebücher zeigen sich in einem ersten Befund als ein bereits weit ausgereiftes Textmanuskript, das den erzählerischen wie den naturkundlichen Kern der Prosaschriften und der naturkundlichen Fachpublikationen schon ausformuliert. Die Bücher sind nicht eine Werkstatt versammelter Einzelnotizen, Listen und Zeichnungen, sondern schon textuell organisiert in der Zusammenstellung und Variation unterschiedlicher Textformen und Aufzeichnungsweisen. So hält Chamisso in ihnen bereits künftige Erzählsequenzen fest, wie bei der abenteuerlichen, als einzige Gefahr bewerteten Suche nach dem vermissten Kollegen Eschscholtz am 31. August[jul.]1816 / 12. September[greg.]1816: „Exkursion nach dem festen land, der Doctor wird vermißt. und mein NachtWandeln". Ein weiteres Beispiel findet sich als Nachtrag zu einer Delphinsektion am 11. September[jul.] / 23. September[greg.]1816: „– wie ich gestern zum ersten Mal gebadet".[16] Einblicke in den Ausarbeitungsprozess und in Chamissos Verfahren der Textübernahme, Textneuorganisation und Textaussparung im Blick auf das *Tagebuch der Reise um die Welt* und die *Bemerkungen und Ansichten* können diesen Befund

---

15 Adelbert von Chamisso an Johann Friedrich Eschscholtz, o. D. [ab 19.01.1818], aus Tierra Alta (Bai von Manila) nach Cavite, SBB, Nachl. Adelbert v. Chamisso, K. 7, Nr. 1, Bl. 44f., hier Bl. 44r.
16 SBB, Nachl. Adelbert v. Chamisso, K. 33, Nr. 11: Reisetagebuch I, Bl. 42v und Bl. 13r.

stützen und ziehen Fragen nach sich an das poetische Verfahren, dem Chamisso bei seinem Reiseschreiben folgte (Abb. 1).

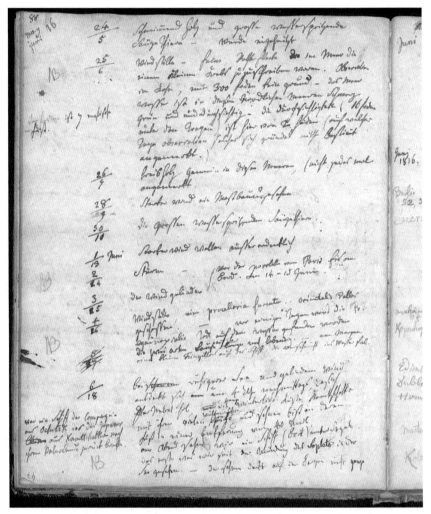

Abb. 1: Staatsbibliothek zu Berlin – PK, Nachl. Adelbert v. Chamisso, K. 33, Nr. 11: Reisetagebuch, Bl. 47r (CC BY-NC-SA)

Transkription

May 16	24/5	Schwimmend Holz und grosse wasserspritzende
juni		Saüge Thiere – Wurde eigeheitzt
NB	25/6	Windstille – Fucus, Rothe Flecke ~~die~~ im Meer die
		einem Kleinen Krebs zu zuschreiben waren. Observation
		im Kahn., mit 300 Faden kein grund – das Meer
der faden ist 7 englische		Wasser ist in diesen Nordlichen Meeren Schwarz
Fuß.		grün und undudurchsichtig – die durchsichtigtkeit (16 faden
		unter den Tropen) ist hier von 2 fäden (auf welcher
		Tage observation solches sich gründet nicht bestimmt
		angemerkt.)
	26/7	treibholz gemein in diesen Meeren, (nicht jedes mal
		angemerkt.
	28/~~29~~	Starker Wind ein Mastbaum[?] gesehen
	30/1~~0~~1	die grossen Wasserspritzenden Saügethiere.
	1/13 Juni	Starker Wind Wellen ausser ordentlich
NB	2/~~2~~14	Sturm –
	3/~~2~~15	der Wind gelinder [vor der parallele von Paris Eis am
		Bord. am 14–15 Juni.]
	4./~~2~~16.	Windstille, eine procellaria furcata. – orientalis Pallas
		geschossen. – vor einigen Tagen ward die Pr.
NB		aquinoxialis todt auf dem Wasser gefunden worden
	~~5/217~~	die zwei arten Laüse [auf ihr] länger noch lebendig.
		– am Morgen
		eine kleine Fringilla auf das Schiff. die verscheucht
		ins Wasser fiel
	6/18	bei ~~schonem~~ ruhigerer See und gelindem Wind
		endeckte sich ~~am~~ um 4 Uhr nachmittags, da≈sich
war ein Schiff		~~p~~[d]er Nebel hob, ~~und~~ die [ganze] winterlich Küste
der Compagnie		Kamtschatka
aus Ochotsk d~~er~~as		mit ihren vielen [vulkanischen] Pics und schnee biß an deren
die Japaner		Fuß in einer Entferung von 40 Meil,
~~Chine~~ aus Kamtschat-		am Abend sahen wir ein Schiff (Brik) unter Segel.
ka nach		Das erste was wir seit der Mündung des Laplato in der
ihrem Vater≈Lande		See gesehen. – der Schnee deckt auf den Bergen nicht ganze
zurück brachte.		
NB		

Die Weltreisetagebücher Chamissos beinhalten neben dem unvollständigen Entwurfstext des als *Bemerkungen und Ansichten* publizierten Berichts des Naturkundlers einen frühen Text des chronologischen Tagebuchs, in dem das an Zeit, Ort und Situationen gebundene Textmaterial seines mit 20jährigem Abstand publizierten *Tagebuch der Reise um die Welt* in vielfachen wörtlichen Übereinstimmungen schon niedergelegt ist. Dieser später noch erzählerisch angereicherte Text tritt in den Reisetagebüchern nicht nur durch sich summierende Einzelnotizen zusammen, sondern ist als eine chronologisch verlaufende, textuell angelegte vorläufige Erzählung lesbar, die schon in dieser ersten Fassung poetisch figuriert ist. Beide, die Reisetagebücher dominierenden Schreibformen werden von Chamisso alternierend in die Bücher eingetragen. Dieser Text weist zwar bereits durch seine Binnenstrukturierung auf das Entstehen unterschiedener Werke hin. Ihre gemeinsame Textgenese führt zu einer Revision der Poetik und der Wissensgeschichte von Chamissos Reiseschreiben. In ihr liegt der materiale und kreative Grund für die vielfach in der Forschung hervorgehobene Beobachtung, dass beide Werke trotz ihrer spezifischen Unterschiede auch durch übereinstimmende ästhetische Verfahren ausgezeichnet seien.[17]

Die Blankobücher hat Chamisso zusammen mit zwei weiteren Exemplaren in England eingekauft und, so legen es der lichtgedunkelte Einband und die Blätter nahe, drei davon auf der Reise benutzt. Alle vier Blankobücher – im Nachlass unter den Signaturen K. 33, Nr. 11, K. 33, Nr. 12, K. 34, Nr. 1 und K. 34, Nr. 2 abgelegt – sind im Umfang und ihrer Anfertigung identisch, pro Band sind in je sechs Lagen 15 Blatt gebunden. Die Pergamentbände tragen auf ihrem Schnitt eine stark verblasste bunte Marmorierung. Die Bücher befinden sich in einem guten Erhaltungszustand, zeigen dabei durchaus deutliche Gebrauchsspuren und sind an den Kanten leicht gebogen. Nur das vierte, vermutlich erst nach der Reise beschriebene Buch, ist noch elfenbeinweiß und nur leicht fleckig. Die auf das englische Papierformat 9 x 7 *inches* (*Small Post quarto*) beschnittenen Blätter tragen das zweiteilige Wasserzeichen der Papiermühle John Hayes, Padsole Mill, Maidstone, Kent[18]: Die Hauptmarke des Wasserzeichens zeigt ein gekröntes Wappen mit inliegendem Posthorn und die Initialen „IH" in lateinischer Schreibschrift. Die Gegenmarke führt in doppelstrichigen Antiqua-Versalien Papiermachernamen und Jahreszahl „JOHN HAYES 1812" (vgl. Abb. 2–5).[19]

Als Bestandteil des Nachlasses Adelbert von Chamisso wurden die Reisetagebücher 1937 bis 1938 von der Preußischen Staatsbibliothek aus dem Famili-

---

17 Vgl. zum Forschungsüberblick Brockhagen 1977, Dürbeck 2007, Federhofer 2013, Görbert 2014, Maaß 2016.

18 Zur Papiermühle in Maidstone, die 1799 von John Jayes und John Wise gekauft wurde, vgl. Shorter 1971, S. 186. Das Papier anderer Papierjahrgänge dieser Papiermacher, das von hoher Qualität war, findet sich u. a. noch in der Korrespondenz von John Keats, vgl. *John Keats Collection, 1814–1891: Guide* (MS Keats 1-6) der Houghton Library und Harvard College Library, Harvard University 2000 (http://oasis.lib.harvard.edu/oasis/deliver/ ~hou00062, Stand: 21. März 2016 [03.11.2016]), in den im *Morgan Library & Museum* aufbewahrten und technisch analysierten Briefen von Jane Austen (http://www.themorgan. org/blog/jane-austens-writing-technical-perspective, Thaw Conservation Center's Blog, 11.06.2009 [03.11.2016]) sowie auf drei Briefen von Thomas Jefferson, die in der *Library of Congress*, Washington D.C. archiviert sind, vgl. *The Thomas L. Gravell Watermark Archive 1996–*: WORD.155.1, WORD.322.1 und WORD.273.1 (www.gravell.org, Stand: 03.11.2016).

19 Die genauen Blattmaße der Bücher variieren leicht: Höhe 22,5 cm, Breite 17,8–18,2 cm. Im deutschen Buchwesen entspricht das Format damit gr. 8°: Groß-Oktav. Das zweiteilige Wasserzeichen (eins pro Bogenhälfte) umfasst in seiner Hauptmarke die Höhe von 13 cm. Seine Breite entspricht der Wappenbreite von 5,4 cm. Die Wappenhöhe selbst misst 11 cm. Die Gegenmarke ist bei dem Namen 1,8 cm hoch und 16,7 cm breit; die Jahreszahl bemisst sich in der Höhe auf 1,2 cm und in der Breite auf 4,2 cm. Die Siebmerkmale des Blattes lassen den Schatten der Kettlinien in einem Abstand von 25 mm deutlich erkennen.

Abb. 2: Staatsbibliothek zu Berlin – PK, Nachl. A. v. Chamisso: K. 33, Nr. 12: Reisetagebuch II, Bl. 2r (Ausschnitt) (Foto: Monika Sproll)

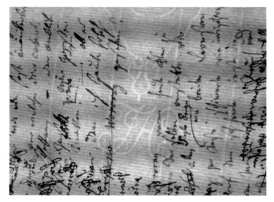

Abb. 3: Staatsbibliothek zu Berlin – PK, Nachl. A. v. Chamisso: K. 33, Nr. 12: Reisetagebuch II, Bl. 12v (Ausschnitt) (Foto: Monika Sproll)

enbesitz angekauft. In der Familienüberlieferung fand bereits eine von Julius Eduard Hitzig begonnene und von Friedrich Palm fortgesetzte Ordnung in Mappen statt. Der Potsdamer Archivar Hellmuth Rogge hat im Zuge seiner Beschäftigung mit Chamissos Prosa noch zu Beginn des 20. Jahrhunderts eine Bestandsaufnahme der Materialien angefertigt, deren Negativ-Fotokopie in einem Band in der Handschriftenabteilung der Staatsbibliothek zu Berlin verwahrt wird.[20] Hellmuth Rogge hat die handschriftlichen Notizbücher auf der Innenseite der Bucheinbände nummeriert; diese Nummerierung wurde bibliothekarisch ergänzt nach der Aufnahme in die Bibliothek. So finden sich teils

---

20 Mein Dank gilt Dr. Robert Giel (Handschriftenabteilung, Staatsbibliothek zu Berlin) für seine Unterstützung bei der Suche nach diesem Dokument.

Abb. 4 und 5: Staatsbibliothek zu Berlin – PK, Nachl. A. v. Chamisso: K. 33, Nr. 11: Reisetagebuch
I und K. 34, Nr. 1: Notizbuch (Ausschnitte zweier unbeschriebenen Blätter) (Foto Monika Sproll)

mehrere archivarisch-bibliothekarische Nummerierungen in den Büchern über-
einandergelagert.

Das erste Reisetagebuch ist in Hellmuth Rogges Zählung das 11. der handschriftlichen Bücher Chamissos, entsprechend findet sich der Eintrag aus seiner
Hand: „Reisetagebuch 1815–18. 11." im Einband des Buches. Chamisso hat mit
Tinte eine Seitenzählung nur bis Seite 100 vorgenommen, die im Zuge der Erschließung des Nachlasses in der Verbunddatenbank Kalliope durch eine Blei-
stiftfoliierung in umgekehrter Zählrichtung ersetzt wurde, die auch die neun
Blatt umfassenden acht Beilagen umfasst, um zukünftig eine eindeutige Zitier-
weise zu ermöglichen.[21] Chamisso beginnt das Buch mit der Abfahrt an Bord der
Rurik am 26. August[jul.] bzw. 07. September[greg.] 1815 und beschreibt die Tages-
ereignisse bis zum 3.[jul.] bzw. 15.[greg.] September 1816. Vom Buchende her trägt er
später seinen Überblick über den Kalifornienaufenthalt im Oktober 1816 ein.

---

21 Das Projekt der „Erschließung und Digitalisierung des Nachlasses Adelbert von Chamisso"
    wurde von Dr. Jutta Weber in der Handschriftenabteilung der Staatsbibliothek zu Berlin
    geleitet und von 2011–2014 von der Robert Bosch Stiftung finanziell ermöglicht. Der
    Nachlass wurde in der Kalliope Verbunddatenbank für Nachlässe, Autographen und Ver-
    lagsarchive der Staatsbibliothek zu Berlin für die Forschung tiefenerschlossen und ist über
    die Digitalisierten Sammlungen der Bibliothek frei zugänglich (www.kalliope.staatsbiblio
    thek-berlin.de/).

Das zweite Reisetagebuch weist einen Doppeleintrag auf der Einbandinnenseite durch Rogge und die Preußische Staatsbibliothek auf: „12. 2. Reisetagebuch 1815–18", da die Zählung als zweites Reisetagebuch durch die Bibliothek ergänzt wurde. Ebenfalls unter Rücksichtnahme auf zwölf Beilagen wurde der Seitenzählung Chamissos mit Tinte, die erst auf Blatt 3^r einsetzt, eine Blattzählung mit Bleistift beiseitegestellt. Chamisso umfasst hier die Daten vom 20. September$^{jul.}$ / 02. Oktober$^{greg.}$ 1816 bis zum 17. Oktober 1818, so dass sich sein Beginn zeitlich mit dem Kalifornienaufsatz des ersten Reisetagebuchs überschneidet. Nur diese beiden Reisetagebücher enthalten in einer ersten Fassung den überwiegenden Inhalt der beiden in großem zeitlichen Abstand voneinander publizierten Reisewerke.

Das dritte auf der Reise beschriebene Buch ist bislang unter dem Titel „Notizbuch" aufbewahrt. Es stellt kein eigentliches Reisetagebuch dar, sondern ist als ein Weltreisenotizbuch mit einige Seiten umfassenden und undatierten Notizen und Vokabellisten zwar auf der Reise begonnen, dann aber als ein Exzerptbuch naturwissenschaftlicher und kulturgeschichtlicher Literatur zu den Reiseländern bis mindestens 1823 fortgeführt worden. Diese hybride Funktion führte in der Überlieferungsgeschichte zunächst durch Rogge zu dem Eintrag „13. Reisetagebuch: 1815–18(?)", die Zählung als dreizehntes wurde hier zum „3." Reisetagebuch korrigiert. Das Buch, das sieben Beilagen enthält, wurde wegen einer früheren fehlerhaften Zählung ein zweites Mal foliiert.^{22} Es umfasst Notizen zur Entdeckungsgeschichte der Kontinente und Inseln, teilweise kommentierte und exzerpierte bibliographische Angaben zu Entdeckungsreisenden, Reiseberichten und sprachkundlichen und historiographischen Werken sowie Notizen, die Auskünfte Dritter enthalten. Chamissos Eintragungen umfassen dabei eigenständige Publikationen, Rezensionsorgane und Wochenzeitungen bis ins Jahr 1823. Sie zeugen damit von einem über die Abfassung der *Bemerkungen und Ansichten* hinausreichenden anhaltenden und auf Perspektivenvielfalt hin orientierten Interesse an der kultur- und naturkundlichen Wissensakkumulation seiner Zeit, das noch sein spätes Reisewerk charakterisieren wird. Bemerkenswert an dieser Zusammenstellung sind die Rücksicht auf die Zeugenschaft der aufgeführten Entdeckungsgeschichten und der Fokus auf Einzelphänomene wie Winde, Wolken und ihre Identifikation durch vergleichende Begriffe. Vom Buchende her notierte Chamisso jedoch offensichtlich während der Weltreise neben Vokabeln auch landeskundliche Informationen zu Hawai'i und Ratak. Diese letzten Buchseiten geben auch Zeugnis von der Verständigung mit den Bewohnern von Ratak, denn hier sind einzelne Sätze und ihre Übersetzung notiert: „WUAU NUE NUE MAKE MAKE TAMEIA MEIA", dar-

---

22 Die neue Foliierung ist durch einen Unterstrich kenntlich gemacht.

unter die Übersetzung mit dem Wiederholungsstrich für Tameiameia: „ich ~~liebe~~ [sehr] ~~sehr~~ [liebe]——" (Abb. 6).[23]

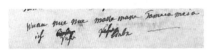

Abb. 6: Staatsbibliothek zu Berlin – PK, Nachl. A. v. Chamisso: K. 34, Nr. 1: Notizbuch, Bl. 89v (Ausschnitt) (CC BY-NC-SA)

Demgegenüber zeigt das vierte Buch, das „Notizbuch zur Botanik", offenkundig keine Reiseeintragungen, obwohl es in engem Bezug zur Pflanzensammlung der Weltreise steht. Rogges Eintrag beschreibt es als „14. Notizbuch. Collectaneen über wissensch. Fragen u. Literatur". In ihm legt Chamisso um das Jahr 1821 für die Erarbeitung einer „Nordischen Flor[a]" geographisch geordnete Pflanzenlisten seiner in den nördlichen Gebieten gesammelten Weltreisepflanzen an, die er durch Sammlungen etwa Jens Wilken Hornemanns mit isländischen Pflanzen ergänzen, beschreiben und publizieren wollte.[24] Die Listen blieben aber unvollständig und der Plan unausgeführt.

Zu den Materialien des Weltreiseschreibens gehören auch drei Notizhefte, die unsystematisch und synchron während der Fahrt geführt wurden. In ihnen hat Chamisso seine Beobachtungen gesichert und Erkenntnisse in kleinen textuellen Formen, Zeichnungen, botanischen Listen und Vokabeln präfiguriert. Ein braunrotes, 26 Blatt umfassendes fadengeheftetes Quartheft mit drei Beilagen gehört als *Notizheft zur Weltreise* dem Nachlass an.[25] Sein Papier trägt ein weit verbreitetes Pro-patria-Wasserzeichen und wurde durch die Bibliothek foliiert. Chamisso hat dieses Heft unmittelbar nach seiner Abreise benutzt und listete hier auf dem ersten Blatt mit Tinte Pflanzenarten am Wege über die Elbinseln in Hamburg bis Kopenhagen.[26] Seinen Besuch am 18. Juli 1815 im Privatmuseum des Kaufmanns Peter Friedrich Roeding dokumentierte er mit einer Aufzählung der dortigen Ausstellungsstücke und notierte sich die Namen der unterwegs angetroffenen Naturkundler. Nach einer unbeschriebenen Seite folgen Bleistiftnotizen zu Ulea, und im Folgenden wechseln nach einer ersten Einschätzung unter anderem naturkundliche Zeichnungen, Vokabeln und Notizen zu den Sandwichinseln, Kamtschatka und Chile. Farbspuren weisen darauf hin, dass Chamisso auch auf der Reise aquarelliert hat.

---

23 SBB, Nachl. A. v. Chamisso, K. 34, Nr. 1, Bl. 89v.
24 Vgl. Sproll 2015, S. 116–118, S. 118 den Auszug aus dem Brief Eysenhardts an Chamisso vom 10.01.1821.
25 SBB, Nachl. A. v. Chamisso, K. 8, Nr. 6: Notizheft zur Weltreise.
26 SBB, Nachl. Adelbert v. Chamisso, K. 8, Nr. 6. Irrtümlich trug Chamisso als Abreisetag den 15. September und nicht den Juli ein, in Worten „15. 7^ber 1815", die Notation „7^ber" entspricht dem September, vgl. Bl. 1r.

Der Wechsel des Schreibmaterials ist bei der Bewertung und Edition der Weltreisetagebücher und –notizhefte ein wichtiges Indiz für die Unterscheidung von Schreibschichten. Wie hier im Notizheft die chronologische Abfolge der Reisestationen mit Tinte niedergeschrieben ist, Notizen mit Bleistift dagegen eine Aufschreibesituation unterwegs nahelegen, können die Schreibschichten auch der Reisetagebücher in diese Richtung gedeutet und unterschieden werden. Doch gerade die Reisetagebücher zeigen darüber hinaus eine komplexere Schichtung der Eintragungen, da Chamisso zunächst in der Zeit seiner Ausarbeitung der *Bemerkungen und Ansichten*, dann aber noch bis 1835, bei Abfassung des *Tagebuch der Reise um die Welt*, Eintragungen, Korrekturen und Beilagen in die Bücher eingefügt hat. So finden sich hier mindestens zwei weitere Textschichten, deren vorläufige Analyse bislang eine Unterscheidung über die Schreibstoffe nahelegt.[27]

Eine mit diesem Notizheft übereinstimmende Eintragungsart zeigen zwei kleinerformatige Notizhefte der Weltreise, die offenbar immer wieder auf der Reise benutzt wurden.[28] Ihre insgesamt 56 Blatt tragen ein bislang nicht identifiziertes Wasserzeichen; ihr Umschlag ist grün, bedruckt und stark abgestoßen. Die Hefte sind teilweise verschmutzt und waren offensichtlich auch dem Wasser ausgesetzt. Chamisso hat hier schon die Vorbereitungszeit der Expedition mit dem Ankauf eines Chronometers dokumentiert. Auf der Reise dienten die Hefte für Notizen und Zeichnungen unterschiedlicher Art; die Eintragungen und Zeichnungen wurden mit Tinte und überwiegend mit Bleistift vorgenommen, einige Blätter enthalten auch Farbspuren. Über eine Zuordnung der Inhalte können der erste Datumseintrag, der 13. Juli 1815, sowie der letzte Datumseintrag „28 Monath auf≈der Reise" durch weitere Datierungen ergänzt werden.[29] Wie schon im ersten Reisetagebuch hat Chamisso das erste dieser Hefte von vorn und von hinten beschrieben, hat in beiden Lücken zwischen den Eintragungen

---

27 Auch die Ergänzungen von Beilagen in der Zeit nach Chamissos Tod müssen identifiziert werden. Chamissos Schreibschichten können erst nach der vollständigen Transkription der Weltreisenotizbücher und -hefte abschließend und auch in ihren Ausnahmen im Hinblick auf Chamissos Schreibgewohnheiten bewertet werden. In seinen später geführten Notizbüchern variiert Chamisso diese Schreibgewohnheit, denn hier finden sich vielfach mit Tinte überschriebene und so befestigte, und teils korrigierte Bleistiftverse seiner lyrischen Werke. Dieses Verfahren, schnell mit Bleistift eingetragene Notate später mit Tinte nachzuzeichnen, also auf den Bleistifttext denselben mit Tinte aufzuzeichnen, wobei der in Anspruch genommene Raum variieren kann, ist ein typisches Aufschreibeverfahren in Notizbüchern. Vgl. zu Chamissos Notieren Bienert 2013, Sproll 2013, Berbig 2016, Fiechter 2016, Trekel 2016, van Hauten 2016, Rauchhaus 2016. Auch andere SchriftstellerInnen, wie etwa Marie von Ebner-Eschenbach, verfuhren in Situationen schwer greifbarer Tinte in dieser Weise, vgl. Polheim 1995, S. 119f.

28 Sie sind unter eine gemeinsame Signatur gefasst und durchgängig foliiert worden: SBB, Nachl. Adelbert v. Chamisso, K. 9, Nr. 6.

29 SBB, Nachl. Adelbert v. Chamisso, K. 9, Nr. 6, Bl. 3r und Bl. 19v.

gelassen und so auch von der Mitte her geschrieben. Die Reisenotizhefte enthalten unter den Weltreisematerialien einen größeren Umfang an Zeichnungen, teils mit Farbangaben. Und neben Pflanzenlisten und Vokabeln steht auch Lyrisches, wie der Entwurf zu seinem Gedicht *Aus der Beeringstraße im Sommer 1816:* „die aus bewegter Brust ich sang die Lieder".[30] (Abb. 7)

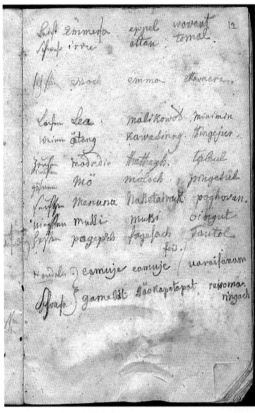

Abb. 7: Staatsbibliothek zu Berlin – PK, Nachl. A. v. Chamisso, K. 9, Nr. 6: Reisenotizheft, Bl. 12r (CC BY-NC SA)

Neben diesen Büchern und Notizheften gibt es in Chamissos Nachlass zwei, etwa 800 überwiegend Einzelblätter umfassende Kästen (Kasten 7 und 8), die in direktem Zusammenhang mit den zwei Prosawerken stehen, den *Bemerkungen und Ansichten* von 1821 einerseits, dem *Tagebuch. Reise um die Welt mit der Romanzoffischen Entdeckungs-Expedition in den Jahren 1815–18* von 1836 andererseits. Die hier versammelten Manuskriptstufen der *Bemerkungen und*

---

30 SBB, Nachl. Adelbert v. Chamisso, K. 9, Nr. 6, Bl. 31r.

Ansichten, handgezeichnete und mitgebrachte Karten, naturhistorische Zeichnungen, Exzerpte sowie Notizen sprachwissenschaftlichen, historiographisch-literarischen und naturkundlichen Inhalts belegen die zwanzigjährige anhaltende Beschäftigung Chamissos mit seiner Weltreise. Die einzelnen Blätter sind nicht nur unter sich disparat, sie beinhalten häufig in ihren kleinen Einheiten unterschiedliche Themen des Weltreisewerks. So hat Chamisso diese Blätter häufig mehrfach beschrieben, auch mit Versen und mit Briefentwürfen aus seiner weitgespannten Korrespondenz, und auch Alltags- und Berufsnotizen fehlen nicht. Unter ihnen liegen einige Reisebillets und Blätter mit der Chronologie der Rückreise von St. Petersburg. Ein besonderes Interesse verdienen die Manuskriptentwürfe und Notizen, die das naturhistorische, botanische und zoologische sowie das sprachwissenschaftliche Werk vorbereiten, die im Nachlass in den Kästen 9 und 10 und im Kasten 11 abgelegt sind, sowie nicht zuletzt das französischsprachige Manuskript der *Bemerkungen und Ansichten*, das Chamisso 1822 selbständig in Frankreich publizieren wollte.[31]

4)   Ausblick auf eine Poetik von Chamissos Reiseschreiben

Anders als Rahel von Varnhagen, die in ihrer Tagebuchpraxis unterschiedliche Textsorten chronologisch in verschiedene, parallel geführte Notizhefte eingetragen hat[32], unterschied Chamisso zu Beginn seiner Reise und auch im Reiseverlauf mehrheitlich über die Materialität Heft oder Buch die Manuskriptförmigkeit seiner Eintragungen. Das Beschreiben der Reisetagebücher formierte sich ab der ersten Reisestation Teneriffa in einer sich ausdifferenzierenden Schreiborganisation, in deren Gestaltung sich Chamissos Selbstverständnis als wissenschaftlich-literarischer Erzähler und Forscher abzeichnet.

Nach ersten, ausschließlich lateinischen Beobachtungen begann auf Teneriffa ein produktorientiertes Schreiben, das alternierend chronologisch und systematisch verfuhr, aber über Zeichnungen, Annotationen, Tabellen und Listen, Anmerkungen, Exzerpte und Forschungsverweise, Notizen, selbstreferenzielle Einschübe und innertextuelle Verweise die Ordnung dieser vielfältigen Text-

---

31 Das Manuskript, das von Hippolyte de Chamisso übersetzt und mit Korrekturen von Chamissos Hand versehen ist, liegt unter dem Titel *Materiaux Pour Servir à l'histoire Naturelle Recueillis par M. A. v. Chamisso pendant un voyage autours du monde exécuté en 1815. 1816. 1817 a 1818 par le Vaisseau le Rurick, sous le Commandement de M. Otto de Kotzbüe, aux frais et sous la protection de S. E. M. le Comte Worousow Grand Chancellier de l'Empire de Russie* in SBB, Nachl. A. v. Chamisso, K. 7, Nr. 5, Bl. 1–36.

32 Über diesen „existentiellen Grundkonflikt zwischen räumlichem und zeitlichem Prinzip" in den Tagebüchern und Aufzeichnungen Rahel Levin Varnhagens vgl. Isselstein 1995, S. 92.

sorten komplex ausdifferenzierte.[33] Wie andere Forschungsreisende der Zeit organisierte auch Chamisso sein Reiseschreiben durch eine Eintragungssystematik. So trug er Artbeschreibungen überwiegend lateinisch und auf aufgesparten Seiten ein und hob Eigennamen und geographische Namen sowie Fremdwörter in lateinischer Schreibschrift gegen die Kurrentschrift ab. Im Blick auf spätere naturkundliche Einzelpublikationen verknüpfte er Faktisches mit dem jeweiligen Beobachter oder empirische Messungen mit dem Akteur und mit den Beobachtungsumständen.

> am 20/†2 abends um $\frac{3}{4}$ auf 9 Uhr im CANAL zwischen TENERIFFA und CANARIA, wird eine LeuchtKugel gesehen die in einer Höhe von ungefähr 15.° über dem HORIZONT sich zu entzünden schien und ~~gegendenselben~~ PERPENDICULAR
>
> + hinter der Gebürgs masse des Pickes.   fallend ~~hinter~~ unter demselben $^+$ unterging. die Lichtspur war über 2 Minuten am Himmel zu sehen (?) – beobachtung des Steuermanns.[34]

Die Einteilung der Seiten mit Korrekturrand und Anmerkungsapparat diente zukünftigen Verifizierungen, Selbstkommentierungen und Korrekturen. Gleichzeitig nutzte Chamisso leer gebliebene Seiten wie etwa das zunächst unbeschriebene Vorsatzblatt des zweiten Reisetagebuchs für Notizen über Expeditionsvorgänger und ihre Werke, die Einbandinnenseite sogar für Zeichnungen und Vokabeln und durchkreuzte damit seine schriftliche Organisation.[35]

Chamissos Reiseschreiben kann aber auch als prozesshaft angesehen werden, insofern die Inhalte und Themen erst gefunden wurden, die Reisechronologie und damit auch die Dauer des Schreibens ins Offene gerichtet war, die eigene Perspektive und Erzählhaltung sich schreibend ausdifferenzierten. Ein weiteres Indiz für die prozesshafte Entwicklung einer Erzählhaltung in der ersten Reisezeit ist die allmähliche gedankliche Adressierung an eine Leserschaft, die mit Eintritt in den Naturraum Südamerikas den Bericht mit einem persönlich gefärbten Ausruf durchbricht: „Die Inseln TENERIFFA und S^{TA} CATHARINA liegen unter einer gleichen Breite, Jene in der Nördlichen Halbkugel, diese in der südlichen. Welch ein anderer Anblick gewährt jedoch in Beiden die Natur!"[36] Diese Entwicklung, die zumindest in der ersten Reisezeit auffällig ist, verflicht sich in den Reisetagebüchern mit der traditionell etablierten, aber erst anzueignenden Werkgestaltung naturkundlich-literarischen Erzählens.

Die Reisetagebücher sind ein hierarchisch vorgeordnetes Manuskript späterer Einzelwerke. Sie sind die frühe Summe, ein Archiv auszuarbeitender selb-

---

33 Zur Unterscheidung von produkt- und prozessorientiertem Schreiben vgl. die Arbeiten von Almuth Grésillon 1995 und 1999, Giurato 2016.
34 SBB, Nachl. Adelbert v. Chamisso, K. 33, Nr. 11, Bl. 85r.
35 Vgl. zur Textsorte der Notiz im Kontext der Schreibszenenforschung Thiele 2010.
36 SBB, Nachl. Adelbert v. Chamisso, K. 33, Nr. 11, Bl. 77v.

ständiger Schriften, deren gemeinsamer textgenetischer Ursprung von Chamisso in der Nachreisezeit absichtsvoll durch spätere Beilagen befestigt und ergänzt wird.[37] Als ein solcherart materiell komponiertes Manuskript können sie als ein eigenständiges Reisewerk Chamissos verstanden werden, denn nur hier hat Chamisso seine später sich in Einzelpublikationen auseinandertretenden Reisewerke in einer für die Überlieferung bestimmten Komposition niedergelegt. Und sein Text belegt die für das Verhältnis von Wissenschaft und Literatur faszinierende Konstellation und die Notwendigkeit, diese späteren Werke, seien sie literarisch, sprachhistorisch oder naturkundlich, von ihrer Genese zu ihren Publikationen in einem „prozessorientierten Werkbegriff" zu vereinen.[38]

Erklärungen zur Transkription

Die Transkription gibt alle orthographischen Eigenheiten Chamissos buchstabengetreu wieder. Kurrentschrift wird recte, Antiqua wird in Kapitälchen dargestellt.
≈: bezeichnet die Zusammenschreibung zweier Wörter durch Nichtabsetzen der Feder
[]: bezeichnet Einfügung oberhalb oder unterhalb der Zeile, im Wort oder am Rand: Bsp. Mittag*[s]*linie

Quellen

Ungedruckte Quellen

Staatsbibliothek zu Berlin – PK, Nachl. Adelbert von Chamisso, K. 7, Nr. 1 (Adelbert von Chamisso an Johann Friedrich Eschscholtz, o. D. [ab 19. 01. 1818], aus Tierra Alta [Bai von Manila] nach Cavite).
Staatsbibliothek zu Berlin – PK, Nachl. Adelbert von Chamisso, K. 8, Nr. 6 (Notizheft zur Weltreise).
Staatsbibliothek zu Berlin – PK, Nachl. Adelbert von Chamisso: K. 9, Nr. 6 (Reisenotizheft).
Staatsbibliothek zu Berlin – PK, Nachl. Adelbert von Chamisso: K. 28, Nr. 67 (Adam Johann Baron von Krusenstern an Adelbert von Chamisso, 15.07.[jul.]/27.07.[greg.] 1815).

---

37 Die Beschreibung aller in die Bücher eingelegten und teils eingeklebten Beilagen ist erst nach der Transkription der Weltreisetagebücher möglich und wird im Zuge einer Untersuchung der in den Büchern vorhandenen späteren Schreibschichten vorgenommen.
38 Vgl. Federhofer 2013, S. 301.

Staatsbibliothek zu Berlin – PK, Nachl. Adelbert von Chamisso: K. 33, Nr. 11 und 12 (Reisetagebuch I und II).

Staatsbibliothek zu Berlin – PK, Nachl. Adelbert von Chamisso: K. 34, Nr. 1 und Nr. 2 (Notizbuch und Notizbuch zur Botanik).

Gedruckte Quellen

Berbig, Roland: ,Chamissos Notizbuch 1828. Analytische Stichproben', in: Berbig, Roland / Erhart, Walter / Sproll, Monika / Weber, Jutta (Hg.): *Phantastik und Skepsis – Adelbert von Chamissos Lebens- und Schreibwelten.* Göttingen 2016, S. 305–312.

Bienert, Michael: ,Botanisieren auf Papier. Ein Blick in Chamissos Notizbücher', in: Federhofer, Marie-Theres / Weber, Jutta (Hg.): *Korrespondenzen und Transformationen. Neue Perspektiven auf Adelbert von Chamisso.* Göttingen 2013, S. 107–121.

Brockhagen, Dörte: ,Adelbert von Chamisso', in: Martino, Alberto (Hg.): *Literatur in der sozialen Bewegung. Aufsätze und Forschungsberichte zum 19. Jahrhundert.* Tübingen 1977, S. 373–423.

Bouditch, Lioudmila: ,Die Romanzow-Expedition. Der russische Blick auf die „Reise um die Welt"', in: Bździach, Klaus (Hg.): *Mit den Augen des Fremden. Adelbert von Chamisso – Dichter, Naturwissenschaftler, Weltreisender.* Im Auftrag der Gesellschaft für interregionalen Kulturaustausch e.V. Berlin. Berlin 2004, S. 91–104.

Busch, Anna: *Hitzig und Berlin. Zur Organisation von Literatur (1800–1840).* Hannover 2014.

Busch, Anna: „„Verwahre meine Briefe, Briefe sind Archive." Julius Eduard Hitzigs Leben und Briefe von Adelbert von Chamisso: Entstehungsgeschichte, Quellenlage, Programm, Rezeption', in: Federhofer, Marie-Theres / Weber, Jutta (Hg.): *Korrespondenzen und Transformationen. Neue Perspektiven auf Adelbert von Chamisso.* Göttingen 2013, S. 195–216.

Busch, Anna / Görbert, Johannes: ,Rezensiert und zurechtgeknetet.' Chamissos Briefe von seiner Weltreise – Original und Edition in Gegenüberstellung, in: Berbig, Roland / Erhart, Walter / Sproll, Monika / Weber, Jutta (Hg.): *Phantastik und Skepsis – Adelbert von Chamissos Lebens- und Schreibwelten.* Göttingen 2016, S. 111–142.

Busch, Anna / Görbert, Johannes: „„Schlemiel kommt wieder." Unveröffentlichte Briefe von Adelbert von Chamisso vom Ende seiner Weltreise', in: *Zeitschrift für Germanistik*, Neue Folge, 23, 1 (2013), S. 134–142.

Chamisso, Adelbert von: *Sämtliche Werke in zwei Bänden.* Nach dem Text der Ausgaben letzter Hand und den Handschriften. Textredaktion Jost Perfahl. Bibliographie und Anmerkungen von Volker Hoffmann. München 1975.

Chamisso, Adelbert von: *Werke.* Hg. v. Julius Eduard Hitzig. 6 Bde. 3. verm. Aufl., Berlin 1852–1856.

Despoix, Philippe: *Die Welt vermessen. Dispositive der Entdeckungsreise im Zeitalter der Aufklärung.* Göttingen 2009.

Dohle, Wolfgang: ,Adelbert von Chamisso und seine Entdeckung des Generationswechsels bei den Salpen', in: Berbig, Roland / Erhart, Walter / Sproll, Monika / Weber, Jutta (Hg.):

Phantastik und Skepsis – Adelbert von Chamissos Lebens- und Schreibwelten. Göttingen 2016, S. 175–198.

Dürbeck, Gabriele: *Stereotype Paradiese. Ozeanismus in der deutschen Südseeliteratur 1815–1914.* Tübingen 2007.

Erhart, Walter: „Beobachtung und Erfahrung, Sammeln und Vergleichen" – Adelbert von Chamisso und die Poetik der Weltreise im 18. und 19. Jahrhundert', in: Epple, Angelika / Erhart, Walter (Hg.): *Die Welt beobachten. Praktiken des Vergleichens.* Frankfurt/ M., New York 2015, S. 203–233.

Federhofer, Marie-Theres: *Chamisso und die Wale. Mit dem lateinischen Originaltext der Walschrift Chamissos, und dessen Übersetzung, Anmerkungen und weiterer Materialien.* Norderstedt 2012.

Federhofer, Marie-Theres: ,Die literaturwissenschaftliche Sicht am Beispiel einiger Reise- und Forschungsberichte', in: Kasten, Erich (Hg.): *Reisen an den Rand des Russischen Reiches: Die wissenschaftliche Erschließung der nordpazifischen Küstengebiete im 18. und 19. Jahrhundert.* Fürstenberg / Havel 2013, S. 297–304.

Federhofer, Marie-Theres: „Fremdes Land" – „altes Europa": Kamčatka in den Reisebeschreibungen Otto von Kotzebues und Adelbert von Chamissos', in: Federhofer, Marie-Theres / Ordubadi, Diana: *Adam Johann von Krusenstern, Georg Heinrich von Langsdorff, Otto von Kotzebue, Adelbert von Chamisso. Forschungsreisen auf Kamtschatka. Auszüge aus den Werken.* Norderstett 2011, S. 157–180, verfügbar unter: http://www.si berian-studies.org/publications/langcham.html [03.11.2016].

Fiechter, Benjamin: ,Tinte und Blei: Überlegungen zur Wertigkeit von Schreibgeräten', in: Berbig, Roland / Erhart, Walter / Sproll, Monika / Weber, Jutta (Hg.): *Phantastik und Skepsis – Adelbert von Chamissos Lebens- und Schreibwelten.* Göttingen 2016, S. 313–318.

Glaubrecht, Matthias: ,Naturkunde mit den Augen des Dichters – Mit Siebenmeilenstiefeln zum Artkonzept bei Adelbert von Chamisso', in: Federhofer, Marie-Theres / Weber, Jutta (Hg.): *Korrespondenzen und Transformationen. Neue Perspektiven auf Adelbert von Chamisso.* Göttingen 2013, S. 51–76.

Glaubrecht, Matthias / Dohle, Wolfgang: ,Discovering the alternation of generations in salps (Tunicata, Thaliacea): Adelbert von Chamisso's dissertation „De Salpa" 1819 – its material, origin and reception in the early nineteenth century', in: *Zoosytematics and Evolution* 88, 2 (2012), S. 317–363.

Görbert, Johannes: ,Das literarische Feld auf Weltreisen. Eine kultursoziologische Annäherung an Chamissos Rurik-Expedition', in: Federhofer, Marie-Theres / Weber, Jutta (Hg.): *Korrespondenzen und Transformationen. Neue Perspektiven auf Adelbert von Chamisso.* Göttingen 2013, S. 33–50.

Görbert, Johannes: *Die Vertextung der Welt. Forschungsreisen als Literatur bei Georg Forster, Alexander von Humboldt und Adelbert von Chamisso.* Berlin, Boston 2014.

Grésillon, Almuth: *Literarische Handschriften. Einführung in die ,critique génétique'.* Bern u. a. 1999.

Grésillon, Almuth: „Über die allmähliche Verfertigung von Texten beim Schreiben", in: Raible, Wolfgang (Hg.): *Kulturelle Perspektiven auf Schrift und Schreibprozesse. Elf Aufsätze zum Thema ,Mündlichkeit und Schriftlichkeit'.* Tübingen 1995, S. 1–36.

Isselstein, Ursula: ,Leitgedanken und Probleme bei der Textkonstitution von Rahel Levin Varnhagens Tagebüchern und Aufzeichnungen', in: Golz, Jochen (Hg.): *Edition von autobiographischen Schriften und Zeugnissen zur Biographie*, Tübingen 1995, S. 83–96.

Kotzebue, Otto von: *Entdeckungs-Reise nach der Süd-See und der Berings-Straße zur Erforschung einer nordöstlichen Durchfahrt unternommen in den Jahren 1815, 1816, 1817 und 1818, auf Kosten Sr Erlaucht des Herrn Reichs-Kanzlers Grafen Rumanzoff auf dem Schiffe Rurick, unter dem Befehle des Lieutnants.* 3 Bde. Weimar 1821.

Lichtenstein, Hinrich: ,Instructionen für die auswärtigen Reisenden und Sammler (1815)', in: Moritz, Ulrich / Pufelska, Agnieszka / Zischler, Hanns (Hg.): *Vorstoss ins Innere – Streifzüge durch das Berliner Museum für Naturkunde.* Berlin 2010, S. 27–45.

Liebersohn, Harry: *The Travelers' World. Europe to the Pacific.* Cambridge 2006.

Maaß, Yvonne: *Leuchtkäfer & Orgelkoralle. Chamissos ,Reise um die Welt mit der Romanzoffischen Entdeckungs-Expedition' (1815–1818) im Wechselspiel von Naturkunde und Literatur.* Würzburg 2016.

MacKinney, Anne / Glaubrecht, Matthias: ,Academic practice par excellence: Martin Hinrich Carl Lichtenstein's role in Adelbert von Chamisso's career as naturalist', in: *IASL* 42, 2 (2017) [in Vorbereitung].

Müller, Dorit: ,Chamissos *Reise um die Welt:* Explorationen geographischer und literarischer Räume', in: Berbig, Roland / Erhart, Walter / Sproll, Monika / Weber, Jutta (Hg.): *Phantastik und Skepsis – Adelbert von Chamissos Lebens- und Schreibwelten.* Göttingen 2016, S. 211–229.

Polheim, Karl Konrad: ,Die Tagebücher der Marie von Ebner-Eschenbach und ihre Edition', in: Golz, Jochen (Hg.): *Edition von autobiographischen Schriften und Zeugnissen zur Biographie*, Tübingen 1995, S. 119–122.

Rauchhaus, Moritz: ,Chamissos Listen', in: Berbig, Roland / Erhart, Walter / Sproll, Monika / Weber, Jutta (Hg.): *Phantastik und Skepsis – Adelbert von Chamissos Lebens- und Schreibwelten.* Göttingen 2016, S. 333–338.

Shorter, Alfred H.: *Paper Making in the British Isles: An Historical and Geographical Study.* Newton Abbot 1971.

Sproll, Monika: „„schwärmend in fremdartiges mich umzusehen" – Chamissos Korrespondenzen im Januar 1821', in: *Chamisso. Viele Kulturen, eine Sprache* 9 (2013), S. 15–18.

Sproll, Monika: ,Weltwissen und ästhetische Identität – Merkmale einer *Generation Schlemihl* in den wissenschaftlichen Briefen Adelbert von Chamissos', in: Jahnke, Selma / Le Moël, Sylvie (Hg.): *Briefe um 1800 – Zur Medialität von Generation.* Berlin 2015, S. 103–134.

te Heesen, Anke: ,Naturgeschichte in curru et via: die Aufzeichnungspraxis eines Forschungsreisenden im frühen 18. Jahrhundert', in: *N. T. M. Zeitschrift für Geschichte der Wissenschaften, Technik und Medizin* 8 (2000), S. 170–189.

Thiele, Matthias: ,Die ambulante Aufzeichnungsszene', in: *Zeitschrift für Medienwissenschaft* 2, 3 (2010), S. 84–93.

Trekel, Lisa: ,Adelbert von Chamissos *Das Dampfroß* – Das Notizbuch von 1828 als „Dichterwerkstatt"', in: Berbig, Roland / Erhart, Walter / Sproll, Monika / Weber, Jutta (Hg.): *Phantastik und Skepsis – Adelbert von Chamissos Lebens- und Schreibwelten.* Göttingen 2016, S. 319–326.

van Hauten, Tabitha: ,Strategien der poetischen Produktion. Adelbert von Chamissos *Mordthal*-Entwurf im *Briefjournal 1828*', in: Berbig, Roland / Erhart, Walter / Sproll, Monika / Weber, Jutta (Hg.): *Phantastik und Skepsis – Adelbert von Chamissos Lebens- und Schreibwelten*. Göttingen 2016, S. 327–332.

Internetquellen

Baillot, Anne (Hg.): *Briefe und Texte aus dem intellektuellen Berlin um 1800*, Berlin: Humboldt-Universität zu Berlin. Brief von Adelbert von Chamisso an Louis de La Foye (wahrscheinlich Genf, Herbst oder Winter 1811). Hg. v. Anna Busch, Sabine Seifert. Bearb. v. Lena Ebert, http://tei.ibi.hu-berlin.de/berliner-intellektuelle/manuscript? Brief049ChamissoandeLaFoye, Stand: 13. März 2015 [01.11.2016].

CeNak, Universität Hamburg, https://www.cenak.uni-hamburg.de/aktuelles/projekte/cha misso-projekt.html [03.11.2016].

Giurato, Davide: „Schreiben", in: Gabler, Hans Walter / Bohnenkamp-Renken, Anne (Hg.): *Kompendium der Editionswissenschaften*, Universität München, http://www.edkomp. uni-muenchen.de/CD1/frame_edkomp_DG.html [01.11.2016].

John Keats Collection, 1814–1891 (MS Keats 1–6). Houghton Library und Harvard College Library, Harvard University 2000, http://oasis.lib.harvard.edu/oasis/deliver/~hou00 062, Stand: 21. März 2016, [03.11.2016].

Kalliope Verbunddatenbank für Nachlässe, Autographen und Verlagsarchive, Staatsbibliothek zu Berlin, www.kalliope.staatsbibliothek-berlin.de [03.11.2016].

Mosser, Daniel W., Ernest W. Sullivan II, with Len Hatfield and David H. Radcliffe: *The Thomas L. Gravell Watermark Archive 1996–*, University of Delaware: WORD.155.1, WORD.322.1 und WORD.273.1., www.gravell.org [03.11.2016].

Thaw Conservation Center's Blog (The Morgan Library & Museum), 11.06.2009: ,Jane Austen's Writing: A Technical Perspective', http://www.themorgan.org/blog/jane-aus tens-writing-technical-perspective [03.11.2016].

Dominik Erdmann

„Wenn ich Zeit und Ruhe hätte etwas vernünftiges zu schreiben" – Anmerkungen zu Alexander von Humboldts Journal der Englandreise 1790

1. Vorbemerkung

Bekanntlich fertigte Alexander von Humboldt auf seinen zwei großen Reisen, derjenigen durch Süd- und Mittelamerika wie auch der russisch-sibirischen, zum Teil sehr umfangreiche Reiseaufzeichnungen an. Diese Journale, die ihm als Grundlage für spätere Ausarbeitungen und Publikationen dienten, reicherte er über einen langen Zeitraum hinweg mit weiteren Aufzeichnungen, Randbemerkungen, eingeklebten und eingelegten Notizen an.[1] Die Journale haben sich bis heute an verschiedenen Orten erhalten und sie zählen unzweifelhaft zu den eindrücklichsten und mithin zu den bekanntesten Zeugnissen der handschriftlichen Hinterlassenschaft Alexander von Humboldts.

Weit weniger bekannt ist hingegen, dass Humboldt auch auf seiner ersten größeren Auslandsreise, die ihn 1790 zusammen mit Georg Forster entlang des Rheins in die Niederlande, nach England und auf dem Rückweg durch das revolutionäre Paris führte, Aufzeichnungen in einem Reisejournal festhielt. Dieses Journal wird heute in der Biblioteka Jagiellońska in Krakau aufbewahrt und ist gleich in mehrfacher Hinsicht herausragend:[2] Erstens da es sich um das älteste erhalten gebliebene Reisejournal Humboldts handelt. Zwar hat er mit Sicherheit bereits auf der Studienreise, die ihn in Gesellschaft Steven Jan van

---

1 Humboldts Journale der amerikanischen Reise wurden 2013 von der Staatsbibliothek zu Berlin – Preußischer Kulturbesitz erworben, vollständig digitalisiert und der Öffentlichkeit zugänglich gemacht. Vgl. hierzu: http://humboldt.staatsbibliothek-berlin.de/werk/ (abgerufen 1.9.2016). Der größere Teil der Journale der russisch-sibirischen Reise befindet sich im Besitz der Humboldt-Nachfahren, ein kleiner Teil allerdings auch in den so genannten *Kollektaneen zum Kosmos*, Humboldts Materialsammlung für seine späten Schriften, die in der Handschriftenabteilung der Staatsbibliothek zu Berlin aufbewahrt werden und gleichfalls in Gänze digital zugänglich sind. Vgl.: SBB-PK IIIA Nachl. Alexander von Humboldt, gr. Kasten 4, Nr. 50a; 1–157. http://resolver.staatsbibliothek-berlin.de/SBB0001932F00000000 (abgerufen 1.9.2016). Zu den Journalen der russisch-sibirischen Reise vgl. Honigmann, 2014.
2 Biblioteka Jagiellońska, Kraków aus der Autographen-Sammlung der ehem. Preussischen Staatsbibliothek zu Berlin, Humboldt Alexander von Radowitz 6255.

Abb. 1: Umschlag von Humboldts Journal der Englandreise. (Biblioteka Jagiellońska, Kraków aus der Autographen-Sammlung der ehem. Preussischen Staatsbibliothek zu Berlin, Humboldt Alexander von Radowitz 6255. [Ohne Foliierung])

Geuns' 1789 ebenfalls den Rhein hinunter führte, Aufzeichnungen angefertigt.[3] Sie dürften Humboldt als Grundlage seiner ersten eigenständigen Publikation, den *Mineralogischen Beobachtungen über einige Basalte am Rhein*,[4] gedient haben. Allem Anschein nach hat sich Humboldts damals angelegtes Journal aber nicht erhalten. Zweitens ist das englische Journal daher außergewöhnlich, da es in Hinsicht auf den Verlauf der Reise wie auch auf die Erfahrungen und Beobachtungen, die Humboldt während dieser machte, nahezu nichts enthält. Dieser Umstand ist schon deshalb bemerkenswert und erklärungsbedürftig, da Humboldt diese Reise zusammen mit einem der seinerzeit wohl bekanntesten Reiseschriftsteller unternimmt, sie ihn zu vielen herausragenden Sehenswürdigkeiten und berühmten Zeitgenossen führt, er in das damals fortschrittlichste und am stärksten industrialisierte Land der Welt reist und er zu guter Letzt auf dem Rückweg im revolutionären Paris weilt. Bis heute wird aus diesem Grund in der biographischen Literatur immer wieder die Ansicht vertreten, dass die Englandreise einen Meilenstein in Humboldts Entwicklung zum Forschungs-

---

3 Vgl. hierzu: Kölbel / Terken 2007.
4 Humboldt 1790.

reisenden und Reiseschriftsteller darstellt. Das Journal lässt eine solch weitreichende Interpretation der Englandreise allerdings kaum zu.

Seine inhaltliche Dürftigkeit ist mit Sicherheit eine Erklärung dafür, warum das Journal in der Humboldt-Forschung bisher so gut wie nicht wahrgenommen wurde und auch die folgenden Auseinandersetzungen mit Humboldts Aufzeichnungen der Englandreise beziehen sich weniger auf den Inhalt, als vielmehr auf die Äußerlichkeiten des Journals. Es geht im Wesentlichen um die spezifische Materialität des Manuskripts, um die *äußere*, die *graphische Dimension*[5] der Aufzeichnungen. Eine Annahme, die dabei nahegelegt wird, ist die, dass Humboldt sich bei der Verschriftlichung der Reise konventionalisierter Schreibverfahren bedient. Sie lassen sich auf die damals gerade eben noch rezipierte Textgattung der Apodemik zurückführen, in der umfassende Reiseinstruktionen niedergelegt sind. Betrachtet man das Dokument aus diesem Blickwinkel, richtet sich der Zweck der Aufzeichnungen des englischen Journals von vornherein weniger auf die aufgezeichneten Inhalte als auf den Akt der Aufzeichnung selbst. Insofern lässt sich das Journal weniger als konkrete Reisebeschreibung, denn viel grundlegender, als Fingerübung im Aufzeichnen von Reisen deuten. Derart ist es als ein Dokument zu betrachten, das Humboldts Aneignung von Verfahren des Schreibens zeigt, die es ihm überhaupt erst ermöglichen, seine Erfahrungen und Beobachtungen festzuhalten und für spätere Überarbeitungen und Auswertungen nutzbar zu machen. Abschließend wird daher nahegelegt, dass sich einzelne der hier vorgestellten Schreibverfahren in Humboldts Journalen der amerikanischen Reise wiederfinden und sich also in Hinblick auf die Äußerlichkeit der Aufzeichnungen strukturelle Verbindungen zwischen dem englischen und den amerikanischen Reisejournalen aufzeigen lassen. Damit ist allerdings dezidiert *nicht* gesagt, dass das englische Journal als kalkulierte Probe der amerikanischen aufzufassen sei. Zum einen, da es zum Zeitpunkt der Abfassung des englischen Journals noch unklar ist, ob Humboldt sich zum Forschungsreisenden und Reiseschriftsteller entwickelt und zum anderen, da die Vielfalt und Komplexität der Schreibverfahren und Inhalte, die sich in den amerikanischen Reisejournalen finden, sehr viel umfänglicher ist als im englischen.

---

5 Ich lehne mich hier an die Überlegungen von Stephan Kammer und Davide Giuriato zur Relevanz von Schreibmaterialien in literarischen Schreibprozessen an. Vgl. Giuriato / Kammer 2007, S. 7–24.

2.   Zur Überlieferungsgeschichte des englischen Reisejournals

Humboldts englisches Reisejournal war ehemals Teil der umfangreichen Autographensammlung des preußischen Generalleutnants Joseph Maria von Radowitz. Die Sammlung wurde 1864 von der Königlichen Bibliothek in Berlin erworben. Der Kaufvertrag, der zwischen Radowitz' Witwe und der Bibliothek
vereinbart wurde, beinhaltete die Klausel, dass die vollständige Zahlung erst
nach der Katalogisierung des Bestandes erfolgen sollte. Der hierauf von Christian Wilhelm Hübner-Trams geschriebene Katalog lag 1864 in drei Bänden vor.[6]
Er ist heute die einzige Quelle, aus der die Tektonik der Sammlung erschlossen
werden kann, da sie noch im ausgehenden 19. Jahrhundert entsprechend der
damaligen archivarischen Praxis aufgelöst und die Briefe und Manuskripte in die
allgemeine Autographensammlung der Königlichen Bibliothek, die so genannte
Sammlung Autographa, integriert wurden.[7] Zusammen mit weiteren Beständen
der Handschriftenabteilung der Bibliothek wurde auch diese Sammlung 1941
aus Berlin ausgelagert und gelangte nach Schloss Fürstenstein in Schlesien.[8]
Damit lag die Sammlung Autographa nach dem Krieg auf polnischem Gebiet und
wurde 1946 in die Biblioteka Jagiellońska nach Krakau gebracht, wo sie sich
seither und in ihr das englische Reisejournal Humboldts befindet.

Wie genau das Journal in Radowitz Sammlung gelangte, ist indes unklar. Aus
dem von Hübner-Trams geschriebenen Katalog und auch aus zwei Briefen
Humboldts an Radowitz, die gleichfalls in Krakau verwahrt werden,[9] geht allerdings hervor, dass Humboldt Radowitz mehrmals größere Handschriften-
sammlungen schenkte, in denen Autographen von berühmten Zeitgenossen,
aber auch von ihm selbst enthalten waren. Wie sich an anderen Beispielen zeigen
lässt, beabsichtigte Humboldt durch dieses Vorgehen, Exemplare seiner originalen Handschrift für die Nachwelt zu erhalten. Die Annahme liegt daher nahe,
dass es sich auch im Fall des englischen Reisejournals um eine Schenkung
handelt, die wir Humboldts ausgeprägtem Nachlassbewusstsein zu verdanken
haben.

---

6 Vgl.: Hübner-Trams 1864.
7 Vgl. hierzu die Einleitung in: Döhn 2005, S. 9–37. Hier vor allem S. 13. Vgl. auch: Weber 2011,
   S. 399–407. Hier: S. 402.
8 Vgl. hierzu Schochow 2003, S. 47–49 und 118.
9 Vgl. Alexander von Humboldt an Joseph Maria von Radowitz, o. O. 30.1.1850. Biblioteka
   Jagiellońska, Kraków aus der Autographen-Sammlung der ehem. Preussischen Staatsbiblio-
   thek zu Berlin, Humboldt Alexander von Radowitz 6270. Sowie: Alexander von Humboldt an
   Joseph Maria von Radowitz, o.O., o.D. Biblioteka Jagiellońska, Kraków aus der Autographen-
   Sammlung der ehem. Preussischen Staatsbibliothek zu Berlin, Humboldt Alexander von
   Radowitz 6273. Ich danke Monika Jaglarz aus der Handschriftenabteilung der Biblioteka
   Jagiellońska für den Hinweis auf diese Briefe.

3. Beschreibung des Journals

Bei dem englischen Journal handelt es sich um ein fragmentarisch erhaltenes Heft im Quartformat. Wie es scheint, ist im Lauf der Zeit lediglich der Rückumschlag verloren gegangen. Das Heft besteht aus zwei Lagen eines relativ festen grauen Papiers mit insgesamt 30 Blatt (60 Seiten). Dem Wasserzeichen nach handelt es sich um ein Pro-Patria-Papier eines bisher nicht identifizierten Herstellers mit dem Beizeichen „H & G". Aufgeklebt auf den vorderen, erhalten gebliebenen Umschlag findet sich das Etikett mit der Aufschrift Humboldts „Reise. 1790. England." (vgl. Abb. 1) Ferner wurde hier später die Katalognummer der Sammlung Radowitz („6255") mit Bleistift notiert. Von den 60 Seiten des Heftes sind lediglich 21 mit Feder und Tinte beschrieben. Der Rest ist leer. Auf 17 Seiten notiert Humboldt Beobachtungen, Exzerpte und Literaturhinweise. Drei Seiten am Ende des Hefts entfallen auf ein alphabetisches Register. Auf der letzten Seite findet sich zudem ein botanischer Index der in dem Journal genannten Pflanzen. Humboldt paginierte die ersten 16 Seiten seines Journals, der Rest blieb ohne Zählung.

Alle Blätter des Heftes wurden vertikal in zwei Hälften gefaltet. Humboldt beschreibt mit seiner raumgreifenden und deutlichen Jugendhandschrift, einer deutschen Schreibschrift, jeweils die linke Hälfte der Blätter, die rechte dient als Rand und ist Anmerkungen und Ergänzungen vorbehalten.

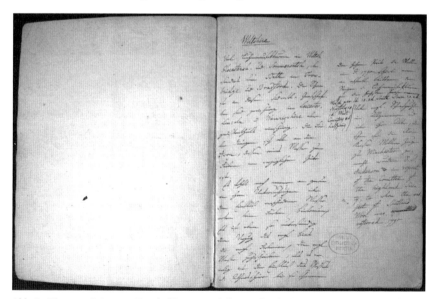

Abb. 2: Die erste Seite von Humboldts Journal der Englandreise mit Notizen zur Grafschaft Wiltshire. (Biblioteka Jagiellońska, Kraków aus der Autographen-Sammlung der ehem. Preussischen Staatsbibliothek zu Berlin, Humboldt Alexander von Radowitz 6255. [Ohne Foliierung])

Allerdings finden sich solche lediglich auf vier Seiten. Es handelt sich um Korrekturen oder Ergänzungen des links geschriebenen, die Humboldt vermutlich sofort hinzusetze. Lediglich die lange Anmerkung auf der ersten Seite, weist eine Ergänzung auf, welche der Position, dem Schriftduktus und der etwas dunkleren Tinte zufolge vermutlich später hinzugesetzt wurde (vgl. Abb. 2). Zwei weitere Randbemerkungen, mit Bleistift geschrieben, sind verblasst und heute nicht mehr lesbar. Ferner sind auf einigen Seiten Fragezeichen mit Bleistift am Rand notiert. Allerdings lässt sich von ihnen nicht sagen, ob sie von Humboldt selbst stammen.

Das Schriftbild ist überaus klar und geordnet. Humboldt gliedert den Text meist nach Ortsnamen, die mittig notiert und unterstrichen sind. Nur eine Passage im Text ist durch eine Unterstreichung hervorgehoben. Ferner finden sich einige kleinere Sofortkorrekturen und eine längere gestrichene Passage im Text. Auffallend ist eine Lücke im Geschriebenen: Auf die ersten fortlaufend beschriebenen 16 Seiten folgen 23 unbeschriftete Seiten, bevor Humboldt erneut eine Seite halb beschreibt.

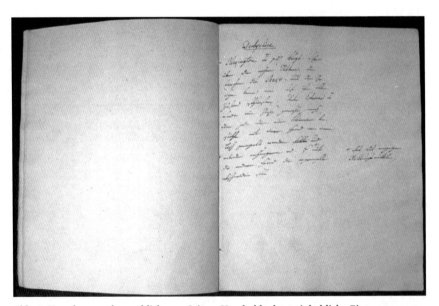

Abb. 3: Umgeben von leer gebliebenen Seiten: Humboldts letzte inhaltliche Eintragungen zur Grafschaft Derbyshire. (Biblioteka Jagiellońska, Kraków aus der Autographen-Sammlung der ehem. Preussischen Staatsbibliothek zu Berlin, Humboldt Alexander von Radowitz 6255. [Ohne Foliierung])

Darauf folgen wiederum 15 leere Seiten, dann das alphabetische Register (vgl. Abb. 5) und zuletzt der botanische Index. Über die Bedeutung der Lücke lässt sich nur spekulieren. Möglicherweise wollte Humboldt zwischen die Abschnitte weitere Aufzeichnungen eintragen, wozu es dann nicht mehr gekommen ist.

4. Zum Forschungsstand und zur Editionslage des Journals

Erstmals ausführlich besprochen werden das Journal und die englische Reise Humboldts von Julius Löwenberg im ersten Band der 1872 erschienenen *Wissenschaftlichen Biographie* Humboldts.[10] Er hatte noch Einsicht in das Original und legt im Anhang der Biographie eine erste, allerdings teils fehlerhafte Transkription des Hefts vor.[11]

Die kommentierte Transkription des englischen Reisejournals, die 2008 in der Humboldt Fachzeitschrift *HiN – Alexander von Humboldt im Netz* erschien, tritt mit dem Anspruch auf, die Fehler der wissenschaftlichen Biographie zu beheben.[12] Die Grundlage der damals angefertigten Edition war allerdings nicht das Original, sondern eine Kopie von diesem, die lediglich die beschriebenen Seiten des Heftes umfasst. Das Editorenteam konnte damals also nicht wissen, dass sich zwischen den Aufzeichnungen Humboldts immer wieder leere Blätter finden. Die genaue Verteilung des Geschriebenen und der Charakter des Manuskripts gehen aus dieser Transkription folglich nicht genau hervor. Ein Abgleich der Transkription mit dem Original förderte zudem einige kleinere Transkriptionsfehler zu tage. Eine gesicherte Textgrundlage fehlt folglich bis heute.

Die Interpretation des Journals und die Beurteilung der Bedeutung der Reise für Humboldt setzt gleichfalls 1872 bei Löwenberg ein. Im Textteil der *Wissenschaftlichen Biographie* hebt dieser hervor:

> Das vorerwähnte Fragment des Tagebuches, „Reise 1790. England", gibt ein vortreffliches Zeugniss von der staunenswerthen Vielseitigkeit des jugendlichen Reisenden. Es enthält mineralogische, botanische, landwirthschaftliche, gewerbliche, technische, culturhistorische Beobachtungen und Notizen […] verschiedenen Inhalts […].[13]

Gemessen an dieser Aussage könnte man meinen, dass es sich bei dem Journal um eine umfängliche und ausführliche Dokumentation der Reise handelt. Während bei Löwenberg noch der Abdruck des Tagebuchs ein Korrektiv bietet, haben die nachfolgenden Biographen das Heft dann nicht mehr zur Kenntnis genommen. Gleichwohl wurden auch hier der Charakter der Aufzeichnungen

---

10 Vgl. Löwenberg 1872, S. 97–103.
11 Ebd. S. 290–292.
12 Kölbel 2008, S. 10–23.
13 Löwenberg 1872, S. 102–103.

und die Bedeutung der Reise oft und zum Teil ausführlich besprochen. Das geschieht unter Rückgriff auf die genannten früheren Biographien und zumeist auch auf Forsters Briefe, Tagebücher und seine *Ansichten vom Niederrhein*.[14] Dabei führt die mangelnde Konsultierung der Originalquellen Humboldts zu verzerrten Deutungen, von denen jene von Douglas Botting möglicherweise nur am weitesten geht, wenn er suggeriert:

> Für Humboldt wird die Reise zur Offenbarung. Unter Forsters Führung entging ihm nicht das Geringste: Kunst und Natur, Vergangenheit und Gegenwart, das Lebendige und das Tote, Politik und Wirtschaft, Fabriken und Hafenanlagen, Parks und Observatorien, alles wurde eingehend, hieb- und stichfest sozusagen, mit peinlicher Genauigkeit untersucht. […] Wohin er auch immer fuhr, überall notierte er sich Fakten über die Wirtschaft der Insel […].[15]

Ähnlich emphatische Beschreibungen der Reise und ihrer Bedeutung für Humboldt finden sich bis in die aktuelle biographische Literatur zu Humboldt.[16] Solch weitreichende Interpretationen lassen sich anhand der konkret überlieferten Zeugnisse von der Reise aber kaum gewinnen.

Mindestens teilweise geht diese epochale Deutung der Reise allerdings auf Selbstzeugnisse Humboldts zurück. Neben der oft zitierten Äußerung, dass er selbst Sand zum noch unvollendeten Freiheitstempel der Pariser gekarrt habe,[17] die aus einem Brief an Friedrich Heinrich Jacobi hervorgeht, den Humboldt

---

14 So auch im Fall der ansonsten eher nüchternen und von der Tendenz her aufschlussreichen Interpretation bei Hanno Beck in seiner zweibändigen Humboldt-Biographie. Indem er den ersten Band im Untertitel als „von der Bildungsreise zur Forschungsreise" beschreibt, betont er in einleuchtender Weise die unterschiedlichen Charaktere der früheren von den späteren Reisen. Ob die konkrete Charakterisierung der Englandreise als Kavalierstour allerdings zutrifft, sei dahingestellt. Auf die Aufzeichnungen Humboldts kommt Beck allerdings nur ganz am Rande zu sprechen, indem er lediglich erwähnt: „Er führt ein Tagebuch […]." (S. 26). Auf eine genauere Auseinandersetzung mit Beck wird hier daher verzichtet. Vgl.: Beck 1959, S. 25–29.

15 Botting 1974, S. 16.

16 Vgl. etwa: Wulff 2015, S. 18–19.

17 Vgl.: Alexander von Humboldt an Friedrich Heinrich Jacobi, Hamburg 3.1.1791 (Jahn / Lange 1973, S. 116–119). Neben dem Schreiben an Jacobi findet sich eine Reihe weiterer, nach der Englandreise geschriebener Briefe, in denen Humboldt diese erwähnt. Die Bezugnahmen stehen hier aber mehr am Rand und im Kontext von Humboldts Karriereplanung. Bei den meisten dieser Briefe handelt es sich um Empfehlungsschreiben in eigener Sache, die Humboldt als Begleitschreiben zur Übersendung seiner *Mineralogischen Beobachtungen über einige Basalte am Rhein* verfasste. In diesem Kontext referiert er z. B. in den Briefen an Abraham Gottlob Werner, Dietrich Ludwig Gustav Karsten, Joseph Banks und einigen weiteren über seine geologischen Beobachtungen während der Reise, insbesondere der Basaltvorkommen in England. Zum Teil, so etwa im Brief an Karsten, scheint Humboldt die Informationen hierzu seinem englischen Journal zu entnehmen. Keines der Schreiben enthält jedoch eine ausführliche Schilderung der Reise. Aus der erhalten gebliebenen Korrespondenz Humboldts nach der Reise lässt sich ihre Bedeutung für ihn kaum ermessen.

allerdings erst ein halbes Jahr nach seiner Rückkehr aus England schrieb, finden sich Bezugnahmen auf die Reise vor allem in Humboldts autobiographischen Texten.[18] Auch diese verfasst er retrospektiv in teils erheblichem zeitlichen Abstand zur Reise und in gänzlich veränderten Lebensumständen. Sie lassen sich daher nicht unkritisch als Dokumente zur Beurteilung ihrer Wichtigkeit für Humboldt heranziehen.

Unter den Selbstzeugnissen Humboldts ragt in Bezug auf die Reise eine fragmentarische autobiographische Skizze heraus, die er 1801 während seines Aufenthalts in Santa Fe de Bogotá,[19] vermutlich im Haus von José Celestino Mutis,[20] in eines der Hefte seines amerikanischen Reisejournals schrieb.[21] In der Tat handelt es sich bei ihr um Humboldts ausführlichste Stellungnahme zur Bedeutung der Reise für ihn. Er schildert sie hier erstmals als Wendepunkt in seinem Leben im Modus einer Adoleszenzkrise. Sich selbst beschreibt Humboldt als einen schwärmerischen Jüngling, der einsame Strandspaziergänge „längst der grünen buschigten Dünen am Haager Meersstrande" macht, und dem „der Anblick der Amsterdamer Schiffswerften" die „warme Phantasie mit ersehnten Gestalten ferner Dinge"[22] erfüllt. Die Wände seines Londoner Zimmers sind „mit den Kupfern eines ostindischen Schiffes ausgeziert, das in einem Sturme unterging." Beim morgendlichen Anblick dieser Schiffbruchszene, einem für die Ästhetik des Erhabenen typischen Topos,[23] fließen ihm oft „Heiße Tränen [...]" über die Wangen"[24] und Humboldt schildert, er habe damals damit geliebäugelt, sich als Matrose oder Schreiber anheuern zu lassen. Mehrmals betont er, die Reise habe bei ihm eine „melancholische Stimmung"[25] erzeugt, doch folgt zu guter Letzt eine Wendung und Läuterung. Humboldt schließt die Skizze mit den Worten:

> Meine Reise mit Forster in das Gebirge von Derbyshire vermehrte jene melancholische Stimmung. Das Dunkel der Casteltoner Hölen verbreitete sich über meine Phantasie.

---

18 Vgl. zu Humboldts Selbstzeugnissen: Biermann 1989.
19 Den ersten Abdruck dieser autobiographischen Skizze besorgten Kurt R. Biermann und Fritz G. Lange in der Festschrift zur Wiederkehr des 100. Geburtstags Alexander von Humboldts. Biermann und Lange geben hier einen Überblick über Humboldts Selbstzeugnisse. Die Skizze von 1801 behandeln die Autoren dabei – im Gegensatz zu der im Folgenden vorgelegten Interpretation – als authentisches autobiographisches Zeugnis und stellen es unter die Überschrift „Mein Weg zum Naturwissenschaftler und Forschungsreisenden", womit sie Humboldts teleologische Perspektive auf den eigenen Lebensweg fortschreiben. Vgl. Biermann / Lange 1969.
20 Vgl. hierzu die Vorbemerkung zur spanischen Übersetzung von Humboldts Autobiographie in Gutiérrez 2016, S. 28.
21 Vgl.: SBB-PK IIIA Nachl. Alexander von Humboldt (Tagebücher) VII a/b Bl. 134v–136v.
22 Ebd. 135v.
23 Vgl. hierzu z. B.: Corbin 1990, S. 161–181.
24 SBB-PK IIIA Nachl. Alexander von Humboldt (Tagebücher) VIIa/b Bl. 136r.
25 Ebd. sowie 136v.

Ich weinte oft, ohne zu wissen warum, und der arme Forster quälte sich zu ergründen, was so dunkel in meiner Seele lag. Mit dieser Stimmung kehrte ich über Paris nach Mainz zurück. *Ich hatte entfernte Pläne geschmiedet.*[26]

Die autobiographische Skizze schrieb Humboldt elf Jahre nach den eigentlichen Ereignissen und unter dem Eindruck einer weiteren Reise, von der er damals bereits ahnen konnte, dass sie sein Ansehen als bedeutenden Forschungsreisenden nachhaltig prägen würde. Es ist unschwer zu erkennen, dass es sich um eine dramaturgisch aufbereitete Re-Lektüre der eigenen Erfahrung zu einem späteren Zeitpunkt und gleichsam von höherer Warte handelt. Vielleicht wollte Humboldt daher nicht, dass diese Szene gelesen werde. Jedenfalls fügte er als er die autobiographischen Skizze 35 Jahre später, im November 1836, erneut las, am Rand die Anmerkung hinzu: „nie drucken zu lassen" (vgl. Abb. 4).[27]

Gleichwohl, wenn auch nie wieder so ausführlich wie hier, wird Humboldt fortan die Reise in allen weiteren autobiographischen Äußerungen als epochales Ereignis schildern. Sowohl in den 1806 verfassten „Mes confessions",[28] wie auch in dem autobiographischen Artikel für Brockhaus' Real-Enzyklopädie,[29] der noch zu Lebzeiten in der Zeitschrift *Die Gegenwart* erschien, wiederholt Humboldt die Einschätzung, die Englandreise stelle einen entscheidenden biographischen und intellektuellen Wendepunkt, sowie den Vorläufer aller später unternommenen Reisen dar. Damit integrierte er sie retrospektiv in eine kohärente Erzählung, mit der er beabsichtigt, sein Werden zum Naturforscher und Forschungsreisenden zu beschreiben.

5. Die schriftlichen Überreste der Reise: Humboldts Briefe und der Inhalt des Reisejournals

Offensichtlich hat sich Humboldts eigene Deutung der Reise in der biographischen Literatur durchgesetzt. Konsultiert man aber die faktisch überlieferten Zeugnisse, so zeichnet sich ein etwas anderes Bild ab. Das trifft sowohl auf das Journal wie auch auf die wenigen erhalten gebliebenen Briefe zu, die Humboldt von der Reise an die Daheimgebliebenen schrieb.[30] Von ihnen wird hier nur auf

---

26 Ebd. [Hervorhebung D.E.].
27 Ebd., 134v.
28 Vgl.: Rilliet 1868, S. 180–190.
29 Humboldts Beitrag wurde zu Lebzeiten noch in der von Heinrich Brockhaus herausgegebenen Zeitschrift *Die Gegenwart* publiziert. Vgl.: Brockhaus 1853, S. 749–762. Der Abdruck in der elften Auflage der Real-Enzyklopädie erfolgte in leicht veränderter Form. Vgl.: N.N. 1866, S, 145–151.
30 In den Jugendbriefen Humboldts finden sich lediglich sechs Briefe Alexander von Humboldts, die er von der Reise an Freunde und Verwandte sandte. Je einen Brief schreibt er an

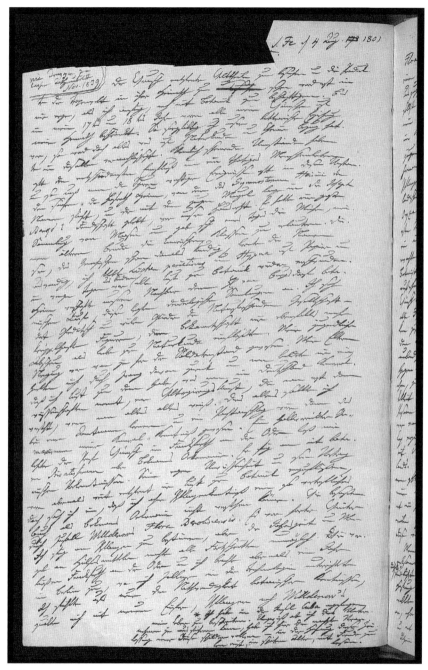

Abb. 4: Erste Seite von Humboldts 1801 in Santa Fe de Bogotá geschriebenen Autobiographischen Skizze mit dem Zusatz „nie drucken zu lassen" in der linken oberen Ecke. (SBB-PK IIIA Nachl. Alexander von Humboldt (Tagebücher) VII a/b Bl. 134v)

einen Brief näher eingegangen, den Humboldt in Etappen zwischen dem 15. und 20. Juni 1790 in Castleton und Oxford verfasste und an seinen Jugendfreund Wilhelm Gabriel Wegener sandte. Dieser Brief ist charakteristisch für den Umfang an Informationen, die sich aus Humboldts Korrespondenz über die Reise gewinnen lassen.

Anders als zu erwarten, beginnt Humboldt den Brief am 15. Juni nicht mit Ausführungen zur Reise, sondern mit einer weitläufigen Erörterung von Wegeners aktueller Lebenslage. Hieran schließen sich Bemerkungen über Johann Friedrich Zöllner und eine kleine Charakterskizze Wilhelm von Humboldts an. Erst am Ende der ersten Schreibphase an diesem Brief kommt er auf seine gegenwärtigen Erfahrungen und die Reise zu sprechen. Nach einer Schreibunterbrechung von vier Tagen fährt er dann fort:

> Neues über England, mein Bester, erwartest Du nicht von mir. Ueber ein so bereisetes Land ist es schwer etwas neues zu sagen; aber individuelle Eindrükke, die theilte ich Dir gern mit, wenn ich Zeit und Ruhe hätte etwas vernünftiges zu schreiben. Desto mehr Stoff behalten wir zu künftigen Gesprächen. Forster, mein Reisegefährte wird unsere Reise beschreiben. Ich habe die Beschreibung Stückweise gelesen. Sie ist schön geschrieben. Ich glaube, sie wird Aufsehen in der Welt machen. Seine Urtheile aber halte ich gar nicht für die meinigen. Wir haben sehr verschiedene Gesichtspunkte, die Sachen zu betrachten.[31]

Natürlich lässt sich aus Humboldts Äußerungen gegenüber Wegener gleich eine ganze Reihe von Gründen ableiten, die die Spärlichkeit der Aufzeichnungen im englischen Journal erklären: Zeitnot und Kräfteökonomie auf der einen, Vorrang der Reisebeschreibung Forsters, der ja von vornherein beabsichtigte, seine Aufzeichnungen zu publizieren, auf der anderen Seite. Diese Aspekte und jener, dass Humboldt nicht ohne weiteres etwas Originelles zu den vielen existierenden Reiseberichten aus England hätte hinzufügen können, sind einleuchtende Erklärungen für die Dürftigkeit der Aufzeichnungen. Sie erklären aber nicht, warum Humboldt dennoch anfing, ein eigenes Journal zu verfassen.

Während Humboldt in dem zitierten Brief an Wegener, sowie in einem zweiten, den er am 17. Juni 1790 aus London an Paul Usteri schreibt, wenigstens flüchtig auf einige Eindrücke und Erlebnisse, auf Besuche bei bekannten Per-

---

Johann Gabriel Wegener und an Paul Usteri. Daneben lässt sich aus drei weiteren Briefen Wilhelm von Humboldts an Caroline von Dacheröden ableiten, dass auch er mehrere Briefe von der Reise empfing. Aus einem weiteren Schreiben, welches Alexander von Humboldt am 23.9.1790, also nach der Reise, erneut an Wegener schrieb, geht überdies hervor, dass er während der Reise auch einen Brief an Carl Ludwig Willdenow gesendet hatte. Wie es scheint, ist dieser Brief aber nicht überliefert. Vgl.: Alexander von Humboldt an Johann Gabriel Wegener, Hamburg 23.9.1790. In: Jahn / Lange 1973, S. 196–107.

31 Alexander von Humboldt an Wilhelm Gabriel Wegener, Castleton 15.6.1790 und Oxford 20.6.1790. In: Jahn / Lange 1973, S. 93.

sönlichkeiten und die Reiseroute eingeht, lässt sich aus seinem Journal über all dies schlicht nichts erfahren. Der Duktus des Geschriebenen ist nüchtern und sachlich und die Notizen, die er macht, beziehen sich nicht auf einen Reise*verlauf*, sondern auf einzelne Orte. Dabei sind seine Aufzeichnungen inhaltlich durchaus vielfältig, wenn auch ungleich gewichtet: Vorrangig notiert Humboldt technisch-ökonomische Aspekte, die sich überwiegend auf die Schafzucht, die Wollproduktion und die Tuchmanufakturen konzentrieren. Auch seine botanischen Aufzeichnungen stehen in diesem Zusammenhang. Humboldt macht Angaben zur Verbreitung von Kardengewächsen, die zeitgenössisch noch bei der Aufbereitung von Wollfasern zum Einsatz kamen, und notiert ausführlich seine Beobachtungen zum Vorkommen von Färberpflanzen, allen voran zur Verbreitung von Flechten. Dabei sind die Bemerkungen zur Botanik Englands überaus aufschlussreich für die Perspektive, unter der Humboldt auf die ihn umgebende Natur blickt:

> An den Kalkwänden der Heights of Abraham und an dem lover's Walk an den Derwent (dem old Bath gegenüber) sah ich mit dem schönen Hypnum crista castrensis (womit der ganze bruch bei Göttingen bedeckt ist) dann Lich[en] capperatus und L. calcareus, und der Verrucaria pertusa Willd. auch das Lich. tartareus, dem völlig ähnlich das ich in Teutschland vor Hannover sahe. Das L. tartareus wird häufig in Yorkshire und im Peak von Derbysch. gesamelt, nach Manchester gebracht und dort in die Färbereien verkauft. Es giebt mit Urin präparirt […] eine schöne purpurrothe Farbe, bei der man die theuren Erd- und Kräuterorseille […] entbehren kann.[32]

Humboldt fährt fort, dass die genannten Färberpflanzen im ganzen nördlichen Europa wild wachsen, die Farbstoffe aber gleichwohl aus Unkenntnis darüber weiterhin teuer aus Holland und England importiert würden und schließt mit der Bemerkung: „Das cryptogam[ische] Studium ist nicht so unwichtig als man es gewöhnlich glaubt. Bei einer guten Staatswirtschaft muß auch das Steinmoos mit zum Nationalreichthum beitragen. –"[33] Der Fokus der botanischen Beobachtung und Aufzeichnungen ist folglich auf den Nutzwert der Pflanzen gerichtet, wobei der Ersatz von Importen bzw. die Substitution von teuren (ausländischen) durch billigere (inländische) Rohstoffe im Vordergrund steht. Humboldts Wahrnehmung der englischen Flora entpuppt sich folglich als prototypisch kameralistisch-merkantilistischer Blick auf die Umwelt. Aus inhaltlicher Perspektive ist das Journal demnach ein Dokument der Ausbildung Humboldts zum nützlichen Staatsdiener[34] und es wundert daher auch kaum, dass es formal jenen Berichten und Protokollen gleicht, die Humboldt wenige

---

32 Biblioteka Jagiellońska, Kraków aus der Autographen-Sammlung der ehem. Preussischen Staatsbibliothek zu Berlin, Humboldt Alexander von Radowitz 6255. [Ohne Foliierung].
33 Ebd.
34 Vgl. hierzu: Klein 2015, S. 13–25.

Jahre später im Auftrag des Preußischen Staates über Steingutfertigung, Porzellan- und Glasherstellung verfassen wird.[35]

Neben den botanischen Aufzeichnungen enthält das Journal auch einige geographisch-mineralogische Notizen zu den Basaltvorkommen in England sowie zu den mittelenglischen Kalksteinhöhlen in Derbyshire, die Humboldt besuchte. Unzweifelhaft lassen sich diese Notizen auf Humboldts damalige intensive Beschäftigung mit dem Basalt zurückführen, aus der auch die bereits benannte Schrift über die Mineralogie der Basalte am Rhein hervorging. Zugleich weisen sie aber schon auf seine bergmännischen Studien in Freiberg voraus, die er im Rahmen seiner Ausbildung im Jahr nach der Reise aufnehmen wird.

Ganz am Rand finden sich ferner einige historische Bemerkungen über England, etwa über die Verlagerung der Handelszentren von West- nach Ostengland und zu den rauen Sitten der Bewohner von Derbyshire im frühen Mittelalter. Während die ersten noch ganz in das Bild des kameralistischen Protokolls passen, fallen die letzteren allerdings etwas aus dem Rahmen, indem sie auf ein Gesetz Edward I. referieren, wonach „jeder, der eine Bleimiene bestöhle mit einer Hand an einen Tisch genagelt werden ~~solle~~ und entweder verhungern oder als einziges Rettungsmittel, mit der anderen Hand die angenagelte abschneiden soll."[36] Natürlich ist diese Stelle hier nicht allein auf Grund ihrer Derbheit zitiert. Sie gibt vielmehr Aufschluss über einen weiteren wichtigen Aspekt des Journals. Denn einige der in ihm niedergelegten Informationen beruhen nicht auf eigenen Beobachtungen Humboldts, sondern stellen Exzerpte aus der damals aktuellsten Literatur über England dar. Im oben zitierten Fall handelt es sich um die 1789 publizierte Schrift *A View of the Present State of Derbyshire* von James Pilkington.[37] Wie zu seiner Zeit üblich, hatte Humboldt sich das Wissen um die bereisten Länder noch vor, spätestens aber auf der Reise angelesen und dabei die einschlägigen Werke zur Hand genommen, zum Beispiel auch Karl Philipp Moritz' *Reisen eines Deutschen in England*,[38] auf die er im oben zitierten Brief an Wegener verweist. Offensichtlich hatte sich Humboldt – wie dies in den damals einschlägigen Reiseratgebern überall empfohlen ist – für seine Reise gut präpariert.

---

35 Vgl. hierzu: Hülsenberg / Schwarz 2012, Hülsenberg / Schwarz 2014 und Hülsenberg / Schwarz 2016.

36 Biblioteka Jagiellońska, Kraków aus der Autographen-Sammlung der ehem. Preussischen Staatsbibliothek zu Berlin, Humboldt Alexander von Radowitz 6255. [Ohne Foliierung].

37 Pilkington 1789. Humboldts ,Exzerpt' der Sitten der Bewohner von Derbyshire findet sich – wie er dies selbst, jedoch in abgekürzter Gestalt vermerkt – im zweiten Band auf Seite 57.

38 Vgl.: Moritz 1783.

6. Die äußere Form des Journals

Dieser Umstand lässt sich auch in Hinblick auf die äußere Gestaltung seines Journals konstatieren. Betrachtet man es aus diesem Blickwinkel, so lassen sich auch hier die Einflüsse von Reiseratgebern, genauer den damals eben noch rezipierten Apodemiken nachweisen. Auf antiken Vorbildern fußend und im 16. Jahrhundert im Kontext des Neuhumanismus zu einer verbreiteten Traktatliteratur ausgearbeitet, trat die Apodemik mit dem Anspruch auf, das Reisen umfassend zu methodisieren.[39] Hierzu hielten die Apodemiken Instruktionen zu allen denkbaren Aspekten des Reisens bereit. Zusätzlich zur Definition und Erörterung der Nützlichkeit des Reisens, wie der Frage, wer überhaupt reisen solle, beinhalten Texte dieser Gattung umfassende praktische Hinweise. Diese erstrecken sich von den adäquaten Reisevorbereitungen über Empfehlungen für geeignete Bekleidung, Ernährung und die Erhaltung der Gesundheit auf Reisen, dem Verhalten in fremden Regionen bis hin zu Vorschlägen, wie mit Einheimischen Gespräche zu führen sind und zahlreichen weiteren Themen.[40] Neben diesen praktischen Ratschlägen nehmen Vorschläge zur Systematisierung der Beobachtung und Beschreibung von Reisen eine zentrale Stelle ein. Dafür halten vor allem frühneuzeitliche Apodemiken, die noch auf eine enzyklopädische Verzeichnung des Wissens zielen, umfangreiche Fragenkataloge bereit. Derartig topisch gegliederte Schemata, die den Blick des Beobachters führen und seine Aufzeichnungen von vornherein gliedern, finden sich vereinzelt noch bis zum Ende des 18. Jahrhunderts. Allerdings hatten sie sich in den damals bereits veränderten epistemologischen Kontexten, in denen bekanntlich ganz andere Ordnungen des Wissens privilegiert wurden, überlebt: Sie fanden bei Humboldt keine Anwendung mehr und dementsprechend lässt sich der Einfluss der apodemischen Literatur auf sein englisches Reisejournal auch nicht an den aufgezeichneten Inhalten oder der Gliederung der Themen nachweisen.

Anders liegt dies jedoch bei der äußeren Gestaltung der Reiseaufzeichnungen. Denn auch dazu, wie und mit welchen Mitteln die auf Reisen gemachten Beobachtungen und Erfahrungen zu Papier zu bringen sind, enthalten Apodemiken ausführliche Hinweise. Leopold Berchtold, der Autor einer damals populären Apodemik, des sogenannten *Patriotic traveller*[41] etwa empfiehlt:

---

39 Vgl. allgemein zur Geschichte der apodemischen Literatur: Brenner 1989. Vgl. auch: Stagl 2002. Speziell in Hinblick auf die Methodisierung des wissenschaftlichen Reisens Vgl.: Siebers 2002, S. 29–49. Siebers macht hier unter anderem darauf aufmerksam, dass gegen Ende des 18. Jahrhunderts, kurz bevor sich die Textgattung endgültig überlebt, die Neuerscheinungen von Reiseinstruktionen nochmals stark zunimmt.

40 Vgl. etwa: Klauß 1989, S. 40–42.

41 Vgl.: Berchthold 1789. Vgl. auch: Bruns 1791. Zur Bedeutung dieses Textes vgl. ferner: Stagl 1991, S. 213–223.

An inquisitive traveller should never be without paper, pen, and ink, in his pocket, because annotations made with lead pencils are easily obliterated, and thus he is often deprived of the benefit of his remarks. Travellers ought to commit to paper whatever they find remarkable, hear, or read, and their sensations on examining different objects; it is advisable to do it upon the spot, if the time, the place, and the circumstances will admit of it.[42]

Derartige Hinweise auf die Methode und Praxis der Reiseaufzeichnung finden sich in zahlreichen Apodemiken der Zeit. Wie Berchtold – und wie im Journal an den verblassten Randnotiz in Bleistift zu sehen zu Recht – warnt auch Franz Posselt vor der Verwendung des Bleistifts und empfiehlt stattdessen tragbare Schreibfedern, in denen in einer Kapsel allzeit Tinte enthalten ist.[43] Dabei ist die Tragbarkeit des Schreibgeräts natürlich die Voraussetzung des bei Berchtold und vielen anderen Autoren wiederholten Hinweises, die Aufzeichnungen möglichst ‚im Angesicht der Dinge' anzufertigen. Die Aufwertung des mit eigenen Augen Gesehenen und vor Ort Notierten ist ein Topos der späten apodemischen Texte und ein Element, das für Humboldts spätere Reiseaufzeichnungen bekanntlich von maßgeblicher Bedeutung ist: Vielfach verweist er in seinen Ausarbeitungen der amerikanischen Reisejournale auf seine Augenzeugenschaft und unterstreicht so die Autorität des Geschilderten.

Dabei erstrecken sich die Hinweise zur äußeren Einrichtung des Reisejournals bis in die Einteilung der Schreibfläche. Im *Patriotic traveller* (hier zitiert nach der 1791 erschienenen deutschen Übersetzung von Paul Jakob Bruns) findet sich der Hinweis, unbedingt Ränder freizulassen, damit man den Aufzeichnungen später „noch immer seine Gedanken in Noten hinzufügen könne."[44] Ein Vorschlag, den Humboldt offensichtlich befolgt. Ebenso wird empfohlen, am Ende des Journals alphabetische Register zur Erschließung des Inhalts anzulegen. Karl Theodor von Dalberg schreibt hierüber:

> Es gibt auch eine andere sehr nützliche und bequeme Art seine Beobachtungen in Ordnung zu bringen; und diese besteht darin, wenn man sie nach einer alphabetischen Ordnung einrichtet. [...] Es ist hierzu hinreichend, täglich mit einem Wort in einem kleinen Register in alphabetischer Ordnung, mit Zurückweisungen, die Punkte, worauf sich ihre Beobachtungen beziehen, zu bemerken. [...] Das so eben erwähnte Register, wird den Gebrauch, den Sie von Kentnissen, die Sie werden erlangt haben, [...] ungemein erleichtern. Ich merke freilich wohl, daß dies etwas pedantisch scheinen wird, aber es wird nichts desto weniger nützlich sein.[45]

---

42 Berchthold 1789, Bd. 1, S. 43.
43 Vgl.: Posselt 1795, Bd. 2, S. 293–294.
44 Bruns 1791, S. 39.
45 Dalberg 1783, S. 404–405.

Betrachtet man das englische Journal Humboldts rein äußerlich, scheint spätestens mit dem Blick auf das Register, das er am Ende einfügt, klar auf der Hand zu liegen, dass er sich bei dessen Gestaltung an Empfehlungen orientierte, wie sie in der zeitgenössischen Apodemik bereitgehalten werden. Die Frage, auf welchen Text er dabei zurückgreift, ist allerdings wohl kaum zu klären und vermutlich auch weit weniger interessant als der Umstand, dass er sich an tradierte Vorlagen anlehnt. Vermutlich hat Humboldt zum Erlernen derartiger Schreibverfahren aber auch gar nicht erst zu einem Buch greifen müssen: Sie konnten, wie etwa in August Ludwig von Schlözers Reise- und Zeitungs-Kollegium, das dieser zwischen 1777 und 1795 regelmäßig in Göttingen gab, auch auf anderen Wegen vermittelt und angeeignet werden.

Indes dürfte deutlich geworden sein, dass es sich bei dem englischen Journal mehr um eine Einübung der Verfahren des Aufzeichnens einer Reise handelt, denn um das konsequente Projekt der Verschriftlichung der Erfahrungen und Eindrücke, die Humboldt während seiner Englandreise mit Forster machte. Vielleicht am deutlichsten tritt dies an dem Register des Journals zu tage. Wie Dahlberg es bereits andeutete, hat es tatsächlich einen etwas pedantischen Charakter, wäre es doch wohl kaum von Nöten gewesen, den überaus übersichtlichen Inhalt des Journals zu erschließen.

Abb. 5: Erste Seite des alphabetischen Registers des englischen Reisejournals Humboldts. (Biblioteka Jagiellońska, Kraków aus der Autographen-Sammlung der ehem. Preussischen Staatsbibliothek zu Berlin, Humboldt Alexander von Radowitz 6255. [Ohne Foliierung])

Faktisch bleiben denn auch mehr als die Hälfte der Buchstaben des Alphabets des Registers ohne Eintrag. Dass diese Übung indes nicht fruchtlos geblieben ist, zeigt sich daran, dass Humboldt derartige Register in vielen der Hefte seines amerikanischen Reisejournals anlegte.[46] Offenkundig wiederholt er hier ein Format, das er im englischen Journal für uns erstmals greifbar erprobt.

7.   Schlussbemerkung

Um was für eine Textgattung es sich bei dem englischen Reisejournal genau handelt, lässt sich abschließend nicht eindeutig klären: Inhaltlich ist es im Stil eines kameralistischen Protokolls oder Notizbuches verfasst, hat aber keineswegs den Charakter eines Tagebuchs und auch nur ansatzweise den Charakter der Aufzeichnung einer Reise. Äußerlich hingegen nimmt es die Form eines Reisejournals an, indem es sich an hergebrachte Vorlagen der Reiseaufzeichnung anlehnt. Nicht zuletzt markiert Humboldt es durch seine Titelaufschrift als Journal einer Reise. Gleichwohl handelt es sich nicht um ein ‚reines‘ Format, sondern um eine Mischform. Genau dieser Umstand erlaubt es aber auch, das Heft als einen Versuch zu werten, als eine Schreibübung, in der sich Humboldt im Aufzeichnen von Beobachtungen, d. h. im verschriftlichen empirischer Erfahrung übt.

Offensichtlich fertigt er diese Aufzeichnungen formal und inhaltlich entlang erlernter Muster an. Dass sich von diesen noch Spuren in späteren Aufzeichnungen finden lassen, macht die Bedeutsamkeit dieses Dokuments aus, lässt es sich doch so als ein Element in der Genese von Humboldts Schreibverfahren begreifen. Allerdings – wie geschildert – als ein Dokument, das es konsequent zu historisieren gilt: Das Journal ist keineswegs – wie es Humboldt selbst und im Anschluss an ihn die spätere Biographik glauben machen möchte – ein Baustein innerhalb einer folgerichtigen Entwicklung; keine kalkulierte Probe für antizipierte, bedeutsamere Aufzeichnungen. Im Gegenteil: Betrachtet man die unmittelbaren Zeugnisse der Reise, so spricht sehr wenig für die Annahme, dass die Englandreise eine plötzliche Wendung im Leben Humboldts herbeigeführt hat und noch weniger für die Annahme, dass sie den entscheidenden Schritt in einer konsequenten Entwicklung zum Naturforscher, Forschungsreisenden und Rei-

---

46 Solche Register finden sich – um nur Beispiele zu nennen – in: SBB-PK IIIA Nachl. Alexander von Humboldt (Tagebücher) II und VI, Bl. 164r–164v. Sowie in: SBB-PK IIIA Nachl. Alexander von Humboldt (Tagebücher) III, Bl. 99r–99v. Sowie in: SBB-PK IIIA Nachl. Alexander von Humboldt (Tagebücher) IV, Bl. 143r–148r. Sowie in: SBB-PK IIIA Nachl. Alexander von Humboldt (Tagebücher) V, Bl. 54r–54v. Vgl. auch den „Index général de mes MSS", den Humboldt am 4.12.1805 zu schreiben begann und der formal nach demselben Schema gestaltet ist: SBB-PK IIIA Nachl. Alexander von Humboldt (Tagebücher) V, Bl. 37r–49r.

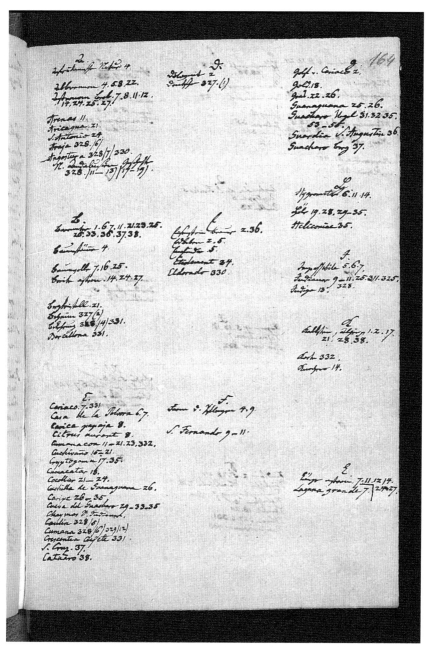

Abb. 6: Register aus Humboldts Tagebuch II und VI der amerikanischen Reise (SBB-PK IIIA Nachl. Alexander von Humboldt (Tagebücher) II und VI, Bl. 164r

seschriftsteller darstellt. Auch wenn damals bereits naheliegt, dass er, als theoretisch wie praktisch gleichermaßen hochbegabter, privilegierter junger Adliger
die besten Chancen hat, als nützlicher Staatsdiener im Kameralfach Karriere zu
machen, ist zum Zeitpunkt als Humboldt das englische Journal schreibt schlicht
noch ungewiss, was er zukünftig machen wird. Gerade diese Ungewissheit ist
ihrerseits aber auch eine mögliche Erklärung für die formal-inhaltlichen Inko-
härenzen des Journals: Es ist eben kein Dokument das Humboldt als fertig
ausgebildeten, souveränen Autor vorführt, sondern eines, das seine praktische
Ausbildung und Selbstbildung, sein Suchen, sein Ausprobieren und auch sein
Finden von Formen und Verfahren des Schreibens zeigt, die es ihm später ermöglichen werden, seine Erfahrungen und Beobachtungen, sein Reisen zu verschriftlichen. Dass er dabei in seinen späteren Aufzeichnungen nicht nur einige
der hier vorgestellten Schreibverfahren aktualisiert, sondern auch auf Alterna-
tiven zurückgreift, die sich medientechnisch und -historisch anders herleiten
lassen, und die Humboldt auch in anderen Zusammenhängen erlernt haben mag,
darauf kann an dieser Stelle nur hingewiesen werden.

Quellen

Ungedruckte Quellen

Biblioteka Jagiellońska, Kraków aus der Autographen-Sammlung der ehem. Preussischen
    Staatsbibliothek zu Berlin, Humboldt Alexander von Radowitz 6255.
Biblioteka Jagiellońska, Kraków aus der Autographen-Sammlung der ehem. Preussischen
    Staatsbibliothek zu Berlin, Humboldt Alexander von Radowitz 6273 (Alexander von
    Humboldt an Joseph Maria von Radowitz, o. O., o. D.).
Biblioteka Jagiellońska, Kraków aus der Autographen-Sammlung der ehem. Preussischen
    Staatsbibliothek zu Berlin, Humboldt Alexander von Radowitz 6270 (Alexander von
    Humboldt an Joseph Maria von Radowitz, o. O. 30. 1. 1850).
Staatsbibliothek zu Berlin – PK, Nachl. Alexander von Humboldt, gr. K. 4, Nr. 50a; 1–157.
Biblioteka Jagiellońska, Kraków aus der Autographen-Sammlung der ehem. Preussischen
    Staatsbibliothek zu Berlin, Humboldt Alexander von Radowitz 6255.
Staatsbibliothek zu Berlin – PK, Nachl. Alexander von Humboldt (Tagebücher) II und VI,
    Bl. 164r–164v.
Staatsbibliothek zu Berlin – PK, Nachl. Alexander von Humboldt (Tagebücher) III,
    Bl. 99r–99v.
Staatsbibliothek zu Berlin – PK, Nachl. Alexander von Humboldt (Tagebücher) IV,
    Bl. 143r–148r.
Staatsbibliothek zu Berlin – PK, Nachl. Alexander von Humboldt (Tagebücher) V,
    Bl. 54r–54v.
Staatsbibliothek zu Berlin – PK, Nachl. Alexander von Humboldt (Tagebücher) VII a/b.

Gedruckte Quellen

Beck, Hanno: *Alexander von Humboldt. Band I – Von der Bildungsreise zur Forschungsreise 1769–1804.* Wiesbaden 1959.

Berchthold, Leopold: *An Essay to direct and extend the Inquiries of Patriotic Travellers: with further Observations on the Means of preserving the Life, Health, & Property of the unexperienced in their Journies by Land and Sea.* 2 Bde. London 1789.

Biermann, Kurt R.: Alexander von Humboldt – *Aus meinem Leben. Autobiographische Bekenntnisse.* Leipzig ²1989.

Biermann, Kurt R./ Lange, Fritz G.: ‚Alexander von Humboldts Weg zum Naturwissenschaftler und Forschungsreisenden‘, in: *Alexander von Humboldt – Wirkendes Vorbild für Fortschritt und Befreiung der Menschheit.* Berlin 1969, S. 87–102.

Botting, Douglas: *Alexander von Humboldt – Biographie eines grossen Forschungsreisenden.* München 1974.

Brenner, Peter J.: *Der Reisebericht: Die Entwicklung einer Gattung in der deutschen Literatur.* Frankfurt/M. 1989.

Brockhaus, Heinrich (Hg.): *Die Gegenwart – Eine enzyklopädische Darstellung der neuesten Zeitgeschichte für alle Stände.* Bd. 8, 1853, S. 749–762.

Bruns, Paul Jakob/ Berchtold, Leopold: *Anweisung für Reisende, nebst einer systematischen Sammlung zweckmässiger und nützlicher Fragen.* Aus dem Englischen des Grafen Leopold Berchtold. Mit Zusätzen von Paul Jakob Bruns. Braunschweig 1791.

Corbin, Alain: *Meereslust. Das Abendland und die Entdeckung der Küste.* Berlin 1990.

Dalberg, Karl Theodor von: ‚Schreiben des Freyherrn von D... an den Grafen von S... über die beste Art mit Nutzen zu reisen. 1782‘ in: Bernoulli, Johann: *Johann Bernoulli's Sammlung kurzer Reisebeschreibungen* 9 (1783), S. 385–414.

Döhn, Helga: *Die Sammlung Autographa der ehemaligen Preussischen Staatsbibliothek zu Berlin. Autographenkatalog auf CD-ROM.* Wiesbaden 2005.

Giuriato, Davide/ Kammer, Stephan: ‚Die graphische Dimension der Literatur? Zur Einleitung‘, in: Giuriato, Davide/ Kammer, Stephan (Hg.): *Bilder der Handschrift. Die graphische Dimension der Literatur.* Frankfurt/M. 2007, S. 7–24.

Gutiérrez, Alberto Gómez: ‚Autobiografía de Alexander von Humboldt escrita en Bogotá‘, in: *Humboldtiana – Neogranadia.* Bogotá 2016, S. 28–41.

Hübner-Trams, Christian Wilhelm: *Verzeichniss der von dem verstorbenen Preussischen General-Lieutenant J. von Radowitz hinterlassenen Autographen-Sammlung.* 3 Bde. Berlin 1864.

Humboldt, Alexander von: *Mineralogische Beobachtungen über einige Basalte am Rhein. Mit vorangeschickten, zerstreuten Bemerkungen über den Basalt der älteren und neueren Schriftsteller.* Braunschweig 1790.

Honigmann, Peter: ‚Alexander von Humboldts Journale seiner russisch-sibirischen Reise 1829‘, in: *HiN – Alexander von Humboldt im Netz. Internationale Zeitschrift für Humboldt-Studien* 15, 28 (2014), S. 68–77, verfügbar unter: http://dx.doi.org/10.18443/192 [01.9.2016].

Hülsenberg, Dagmar / Schwarz, Ingo (Hg.): *Alexander von Humboldt. Gutachten zur Steingutfertigung in Rheinsberg 1792.* Berlin 2012.

Hülsenberg, Dagmar / Schwarz, Ingo (Hg.): *Alexander von Humboldt. Gutachten und Briefe zur Porzellanherstellung 1792–1795*. Berlin 2014.

Hülsenberg, Dagmar / Schwarz, Ingo (Hg.): *Alexander von Humboldt. Gutachten und Briefwechsel zur Glasherstellung 1792–1797*. Berlin 2016.

Jahn, Ilse / Lange, Fritz G. (Hg.): *Die Jugendbriefe Alexander von Humboldts 1787–1799*. Berlin 1973.

Klauß, Jochen: *Goethe unterwegs – Eine kulturgeschichtliche Betrachtung*. Weimar 1989.

Klein, Ursula: *Humboldts Preußen. Wissenschaft und Technik im Aufbruch*. Darmstadt 2015.

Kölbel, Bernd / Terken Lucie (Hg.): *Steven Jan van Geuns. Tagebuch einer Reise mit Alexander von Humboldt durch Hessen, die Pfalz, längs des Rheins und durch Westfalen im Herbst 1789*. Berlin 2007.

Kölbel, Bernd u. a.: ‚Das Fragment des englischen Tagebuches von Alexander von Humboldt‘ in: *HiN – Alexander von Humboldt im Netz. Internationale Zeitschrift für Humboldt-Studien* 9, 16 (2008), S. 10–23, verfügbar unter: http://dx.doi.org/10.18443/105 [12.9.2016].

Löwenberg, Julius: ‚Alexander von Humboldt. Seine Jugend und ersten Mannesjahre‘, in: Bruhns, Karl (Hg.): *Alexander von Humboldt. Eine wissenschaftliche Biographie*. Bd. 1. Leipzig 1872, S. 97–103.

Moritz, Karl Philipp: *Reisen eines Deutschen in England im Jahr 1782: in Briefen an Herrn Direktor Gedike*. Berlin 1783.

N.N.: (Art.) ‚Humboldt (Friedr. Heinr. Alexander, Freiherr von)‘, in: *Allgemeine deutsche Real-Enzyklopädie für die gebildeten Stände: Conversations-Lexikon*. Bd. 8. Leipzig [11]1866, S. 145–151.

Pilkington, James: *A View of the Present State of Derbyshire. With an Account of its Most Remarkable Antiquities. Illustrated by an Accurate Map and Plates*. 2 Bde. London 1789.

Posselt, Franz: *Apodemik oder die Kunst zu reisen. Ein systematischer Versuch zum Gebrauch junger Reisenden aus den gebildeten Ständen überhaupt und angehender Gelehrten und Künstler insbesondere*. 2 Bde. Leipzig 1795.

Rilliet, Albert: ‚Lettres d’Alexandre de Humboldt à Marc-Auguste Pictet (1795–1824.)‘, in: *Le Globe. Revue Genevoise de Géographie* 7 (1868), S. 129–204.

Schochow, Werner: *Bücherschicksale. Die Verlagerungsgeschichte der Preußischen Staatsbibliothek*. Berlin 2003.

Siebers, Winfried: ‚Darstellungsstrategien empirischen Wissens in der Apodemik und im Reisebericht des 18. Jahrhunderts‘, in: Zimmermann, Christian von (Hg.): *Wissenschaftliches Reisen – reisende Wissenschaftler. Studien zur Professionalisierung der Reiseformen zwischen 1650 und 1800. Cardanus – Jahrbuch für Wissenschaften* 3 (2002), S. 29–49.

Stagl, Justin: ‚Der „Patriotic Traveller“ des Grafen Leopold Berchtold und das Ende der Apodemik‘, in: Griep, Wolfgang (Hg.): *Sehen und Beschreiben. Europäische Reisen im 18. und frühen 19. Jahrhundert*. Heide 1991, S. 213–223.

Stagl, Justin: *Eine Geschichte der Neugier. Die Kunst des Reisens 1550–1800*. Wien 2002.

Weber, Jutta: ‚Die Netzwerke Alexander von Humboldts. Ein Erschließungsprojekt‘, in: Baillot, Anne (Hg.): *Netzwerke des Wissens. Das intellektuelle Berlin um 1800*. Berlin 2011, S. 399–407.

Wulff, Andrea: *The Invention of Nature. The Adventures of Alexander von Humboldt, the Lost Hero of Science*. London 2015.

Johannes Görbert

Aufzeichnen, Umformulieren, Weiterdichten. Humboldts Reisewerk und Chamissos Lyrik als Palimpseste am Beispiel der Erzählung von *La Piedra de la Madre*

Eine Erzählung aus Humboldts Amerikareise soll dazu dienen, um Transfers zu erhellen, die sich in seinem Werk in Tagebuch und Reisebericht und in Relation zu einem Gedicht von Chamisso abspielen.[1] Mithilfe von Genettes intertextualitätstheoretischem Ansatz einer *„palimpsestuösen"* Lektüre soll zweierlei deutlich werden.[2] Erstens gilt es, ähnliche und unterschiedliche Zugänge zu einem konvergenten Erzählsubstrat aufzuzeigen. Zweitens soll dargelegt werden, wie das Gedicht – und zwar, ohne dass Chamisso Humboldts Tagebuch kannte – Elemente des Eintrags wieder stärker macht, die der Reisebericht noch abgeschwächt hatte.

1.   Aufzeichnen

Am 30. April 1800 hört Humboldt auf dem Atabapo eine, wie er im Tagebuch vermerkt, „fürchterliche Erzählung". „Diese Geschichte muß meiner Reisebeschreibung einverleibt werden" (290 f.), ermahnt Humboldt sich selbst bereits vor Ort. Anlass des Eintrags ist eine Flussbank, die der Mönch Zea, der Humboldt begleitet, als *La Piedra de la Madre* („Der Stein der Mutter") bezeichnet. Nachdem sich Humboldt über die Benennung erkundigt, erschließt sich ihm die Überlieferung des tragischen Schicksals einer indigenen Frau. Diese als ‚Guahiba' bezeichnete Angehörige der Wayapopihíwi, einer Nation der Orinoko-Parima-Kulturen, zählte zu den zahlreichen Opfern der gewaltsamen Missionierung in Hispanoamerika. Ihr Leiden beginnt, als Handlanger sie gefangen nehmen und sie von ihren Kindern trennen, die in den Missionsstationen als

---

1 Zitate aus den drei Texten werden mit Seitenzahlen in Klammern im laufenden Text nachgewiesen, nach den Editionen Humboldt 2000, S. 290 f. (Tagebuch), Humboldt 1991, Bd. 2, S. 1022 ff. (Reisebericht), Chamisso 1975, Bd. 1, S. 414 ff. (Gedicht). Aus Gründen der besseren Lesbarkeit wird die *Relation Historique* in Übersetzung zitiert. Vgl. für den Originalwortlaut Humboldt / Bonpland 1819[–1821], S. 410 ff.
2 Genette 1993, S. 533.

Sklaven arbeiten sollen. Mehrfach gelingt ihr die Flucht und die Rückkehr zu ihrer Familie, bevor sie aufs Neue überwältigt und misshandelt wird, u. a. auf benannter Flussbank. Alle Kräfte, die sie aufwendet, um ihre Kinder zu befreien, nützen ihr letztlich wenig. „Man ergriff sie von neuem und sandte sie in [eine] andere Mission, ohne weiter von ihrem Schicksal zu wissen", so schließt Humboldt seine Aufzeichnung der mündlichen Erzählung, welche die Sympathien ganz klar in Richtung der ‚Guahiba' lenkt. Sie wird im Tagebuch als idealtypische Repräsentantin ihres Geschlechts hervorgehoben. Humboldt fragt: „Wo ist [...] ein Beispiel ähnlichen weiblichen Muts, ähnlicher mütterlicher Liebe?" (290 f.)

Entgegengesetzt dazu übt Humboldt schärfste Kritik an der Rolle der Missionare. Ihren „Menschenraub" bezeichnet er als „Schandthat", die bei ihm „Schauder" auslöst (290 f.). Besonders schwer wiegt, dass die Missionare ihre Aktion nicht einmal bereuen, ja dass sie sich ihm gegenüber damit sogar brüsten: „Der Mönch, unser Begleiter, erzählte ohne Schüchternheit mit Gelächter; so unverschämt unmoralisch dieses Mönchsgesindel!" (290) An gleicher Stelle lassen Humboldt die Taten der Missionare an weltimmanenten und -transzendenten Mächten zweifeln: „Das, König v[on] Spanien, das sind deine Mönche, und es giebt eine Gottheit, die solchen Frevel ungeahndet läßt!" Eindringlich schockiert zeigt sich das Tagebuch von der Kälte, mit der die Kolonisatoren den Indigenen jegliche Emotionen absprechen, wie „Insektensammler, welche versichern, daß die Käfer das Spießen nicht fühlen, um sie desto besser zu martern." „Vielleicht wird die Menschheit einst gerochen!" (291), so verbindet Humboldt seinen Eintrag zumindest an einer Stelle mit der Hoffnung auf zukünftige Gerechtigkeit für die Opfer. Seine Position steht fest: Einer aufrichtig um ihre Kinder kämpfenden Mutter steht ein geistlicher Expansionismus gegenüber, der vor grausamer Gewalt nicht zurückschreckt.

2. Umformulieren

In der *Relation Historique* löst Humboldt den Anspruch des Tagebuchs ein, das Gedächtnis an die ‚Guahiba' wachzuhalten, ja ihr Schicksal erst ins Bewusstsein der Öffentlichkeit zu rücken. Auch hier führt er den Fall als „rührendes Beispiel von Mutterliebe" an, der den „schmerzlichsten Eindruck" (1022) auf ihn gemacht habe. Trotzdem kann von einer Entsprechung zwischen Tagebuch und Reisebericht kaum die Rede sein.[3] Schon die ungefähre Verdreifachung des Textumfangs zeigt an, dass es Humboldt um ein „*Basteln*" auf Basis des Diariums geht, bei dem die Zielfassung möglichst „komplexer und reizvoller" ausfallen soll: „[E]ine neue Funktion legt sich über eine alte Struktur und verschränkt sich

---

3 Clark / Lubrich 2012, S. 7 sprechen ähnlich von einer „repositioning of the narrative voice".

mit ihr, und die Dissonanz zwischen diesen beiden gleichzeitig vorhandenen Elementen verleiht dem Ganzen einen Reiz."[4] Dazu zählt zunächst die Hinzufügung zahlreicher Details, wie schon der neugefasste Anfang zeigt. Aus der schlichten „entrada" im Tagebuch wird im Reisebericht einer jener „feindlichen Einfälle [...] welche sowohl die Religion als auch die spanischen Gesetze verbieten" (1023); eine Formulierung, die Humboldts Kritik mit dem Hinweis auf Rechtsverstöße zusätzlich stützt. Zudem füllt die *Relation Historique* Leerstellen des Tagebuchs auf: Am Beginn etwa durch Angaben zu Aufenthaltsorten und Tätigkeiten der Familie zum Zeitpunkt des gewaltsamen Zugriffs oder durch den komparatistischen Verweis auf ähnliche Praktiken der „Menschenjagd" in Afrika. Zudem entscheidet sich Humboldt für Straffungen von Einzelpassagen. Während sich die ‚Guahiba' im Tagebuch noch mit dem Vater über die Befreiung der Kinder berät, entfällt dieses Detail im Reisebericht: Sicherlich, um ihre Einzelleistung noch stringenter zu heroisieren (vgl. 1023 mit 290). Die wohl wichtigste Umstellung betrifft den Schluss der Erzählung, den die *Relation Historique* aus einem späteren Tagebucheintrag interpoliert. Bleibt das Ende in der früheren Fassung noch offen, lässt der Reisebericht keinen Deutungsspielraum mehr. Als die Kolonisatoren die ‚Guahiba' in eine Mission bringen, von der aus keine Aussicht mehr auf eine Rückkehr zu ihrer Familie besteht, entscheidet sie sich zu einem Hungerstreik, der zu ihrem Suizid führt. „Dort", so der Reisebericht, „wies sie alle Nahrung von sich und starb, wie die Wilden in großem Jammer tun." (1025)

Angesichts dieses noch tristeren Ausgangs der Erzählung wirkt es zunächst erstaunlich, dass Humboldt in der *Relation Historique* die Missionare abwägender beurteilt. In den hinzugefügten Rahmenkommentaren deutet auch erst wenig darauf hin. Humboldt steigt nun ein mit Grundsatzkritik an der europäischen Zivilisation und ihrem Kolonialismus. Das Andenken an den ‚Stein der Mutter' so Humboldt, untermauere „den moralischen Verfall unseres Geschlechts", sowie „den Gegensatz zwischen der Tugend des Wilden und der Barbarei des zivilisierten Menschen" (1023). Was zunächst nach harscher Kritik aussieht, entpuppt sich beim zweiten Hinsehen als abgefederter Rekurs auf den philosophischen *Mainstream* zu Humboldts Gegenwart, hier auf Schriften Rousseaus. So sehr die Denkfiguren des ‚Edlen Wilden' und des Zivilisationsverfalls zuerst nach Provokation aussehen, so stark beziehen sie letztlich eine Position, die um 1800 als *Common Sense* in der aufklärerischen Gelehrtenrepublik galt.[5] Im abschließenden Kommentar wählt Humboldt seine Worte ebenfalls mit Bedacht. Ihm sei es nicht darum zu tun, länger „bei der Schilderung individuellen Unglücks" zu verweilen, das schließlich „überall" vorkomme, „wo

---

4 Genette 1993, S. 532.
5 Vgl. zur „proximity of Humboldt's report to Rousseau's thought" auch Mornin 1997, S. 218.

es Herren und Sklaven gibt, wo zivilisierte Europäer unter dumpfen Völkern leben." Er beschränke sich darauf, „anzudeuten, was in den bürgerlichen und religiösen Einrichtungen mangelhaft oder der Menschheit verderblich erscheint." Der Fall zeige, „wie notwendig es ist, daß das Auge des Gesetzgebers über dem Regiment der Missionare wacht", dass es also in der Macht der Kolonialverwaltung liege, Unrecht im Namen des Christentums zu verhindern (alle Zitate 1026). Während Humboldt die Missionare im Tagebuch noch als ‚unmoralisches Gesindel' beschimpft, hält er die Leser hier dazu an, das Leid der ‚Guahiba' als Makel eines unzureichend regulierten Staatswesens zu betrachten. Dessen Mängel schätzt er als durchaus behebbar ein, wobei er eine reformierte Rechtsausübung als Königsweg zu einem ‚humaneren' Kolonialismus erklärt.

Gründe für diese Diskrepanz zwischen Tagebuch und Reisebericht lassen sich an den Unterschieden zwischen dem „inoffiziellen" und dem „offiziellen" Humboldt der Amerikareise festmachen.[6] Denn während die Diarien nicht für die Publikation gedacht waren und erst postum veröffentlicht wurden, zielte die *Relation Historique* von vornherein auf eine breite zeitgenössische Leserschaft, einschließlich der Schutzpatrone der Amerikareise im spanischen Königshaus. Frontalkritik ausgerechnet gegenüber den Machthabern zu äußern, die Humboldt den Zutritt zu ihren Kolonien gewährt hatten, verbot sich folglich. Humboldt „kannte die Grenzen, die ihm die Mächtigen […] gesetzt hatten und überschritt sie nicht, weder während seiner amerikanischen Reise, noch später." Ähnliches galt für die Missionare, zu denen Humboldt eine höchst ambivalente Beziehung unterhielt. Einerseits dienten sie ihm als unersetzliche „Helfer und Informationsquelle[n]"; andererseits führten gerade sie ihm die „Schattenseiten des Kolonialsystems" vor Augen. Beides zeigt sich in der Passage im Reisebericht. Einerseits belegt sie die Brutalität, mit der die Missionare zu Werke gingen. Andererseits verdeutlicht sie, dass Humboldt den Fall „aus dem Munde von Franziskanern erfuhr" (1026), d. h. ohne ihre Auskunft das Schicksal der Frau gar nicht hätte bekanntmachen können. Da Humboldt außerdem eine Reihe von Missionaren als achtbar einschätzte, verhielt er sich ihnen gegenüber in seinen Texten zumindest äußerlich loyal. Aus all dem resultiert ein diplomatisches Vorgehen, zu dem es gehört „Konflikte zu vermeiden und sich mit offener Kritik an den herrschenden politischen Zuständen, vor allem an der Missachtung der Menschenrechte, zurückzuhalten." Wo Humboldt in seinem privaten Tagebuch seiner Empörung explizit Ausdruck verlieh, verlangte die sensible publizistische Konstellation seines Reiseberichts nach vorsichtigeren Formulierungen. Seine Kritik am politischen *Status Quo* wurde darin zwar nicht vollständig getilgt, wohl aber sorgfältig verklausuliert.

---

6 Siehe für sämtliche Zitate aus der Sekundärliteratur in diesem Absatz Holl 2001, S. 56 f., 60, 74.

3. Weiterdichten

1828 veröffentlicht Chamisso sein Gedicht „Der Stein der Mutter oder der Guahiba-Indianerin" über die Erzählung.[7] Humboldt hat sich in einem Brief postwendend für die Neufassung bedankt. Darin hebt er die „Art der Celebrität" hervor, die Chamisso der „einfachen Erzählung" verliehen habe. Dessen „schlummerndes dichterisches Talent" sieht Humboldt „erweckt" und vergisst nicht zu erwähnen, dass der Intertext seinerseits „von einem Weltumsegler" stammt.[8] Umgekehrt zollt auch Chamisso Humboldt Tribut. Bevor er sein Gedicht anfertigt, schreibt er die Passage komplett ab;[9] und bei der Publikation zitiert er seine Quelle exakt, mit Nachweis von Autor, Werk, Buch, Kapitel, Ausgabe, Band und Seitenzahl. Genauer lässt sich Hypertextualität, beim dem sich ein Hypertext einem einzigen Hypotext exklusiv verpflichtet fühlt, kaum belegen. Bereits hier steht fest, dass es Chamisso um einen ernsthaft-seriösen, nicht etwa um einen spielerisch-parodistischen Umgang mit seiner Vorlage geht. Zudem zielt sein Gedicht weniger darauf ab, im Rückgriff auf die *Relation Historique* „etwas Anderes auf dieselbe Weise" sondern „dasselbe anders" zu sagen. Es handelt sich um das Verfahren einer intertextuellen Transposition, für die folgende Faustregel gilt: ähnlicher Inhalt, andere Form.[10] Auch inhaltliche Deviationen Chamissos von Humboldt erklären sich zu einem Großteil aus einer modifizierten Formensprache.

Überhaupt kann die Textgestalt des Gedichts als sehr repräsentativ für Chamissos Lyrik gelten. Schon dass sich sein Gedicht nicht etwa der ‚freien' Imagination, sondern einer Nachdichtung verdankt, passt zum Verfahren eines „literarische[n] Stoffverkehrs", bei dem Vorlagen aus dem „Papier-, Gedanken- und Poesiehandel" wie volkstümliche Stoffe, Zeitungsartikel oder eben Reiseberichte zur Basis für Chamissos Schreiben avancierten.[11] Auch für die von Thomas Mann für Chamisso herausgestellte „wahr[e] Sucht nach starken, ja gräßlichen Gegenständen", seinem „Verlangen nach objektiven Erfahrungen aus dem Gebiete des Abnormen und Greuelhaften" kommt ihm die Erzählung stark entgegen: Schildert sie doch in einer nüchternen, von empirischen Details unterfütterten Diktion brutalste Themen wie Sklaverei, Folter, Entführung und

---

7 Für Nachdichtungen von weiteren Autoren vgl. Clark / Lubrich 2012, S. 45 ff. und Luitpold 1961, S. 82 ff.
8 Nachlass Chamisso, K. 28, Nr. 37, Bl. 2 f.
9 Vgl. Mornin 1997, S. 217.
10 Vgl. Genette 1993, S. 17. An anderer Stelle betont Genette, dass es „keine *unschuldige* Transposition" geben kann, „keine, die nicht auf die eine oder andere Weise die Bedeutung ihres Hypotexts modifiziert" (S. 403).
11 Chamisso 1975, Bd. 2, S. 673.

Selbstmord.[12] Überdies vertragen sich genretypische Forderungen nach einem ‚authentischen' Erzählen im Reisebericht bestens mit Chamissos Zielen, „deutlich" und „klar" zu sein, was „Persönlichkeiten, Örtlichkeiten und Tatbestand" in seinen Gedichten anbelangt.[13] Mehr noch: Wie die Einleitung des Gedichts demonstriert, entfaltet Chamisso nicht nur exakt die Rahmenkoordinaten für Handlung, Schauplatz und Figuren, sondern richtet sich darüber hinaus – wie Humboldt in seinem Reisewerk – nach der Tradition der *Relationes*, der klassischen Weltreiseberichte. Jeder Ort wird nach einer Hierarchie von Fachdisziplinen eingeführt.[14] Auf allgemeine Angaben zu Geographie und Klima („die Ebnen in der heißen Zone", „Der Orinoko und der Amazone") folgen Details in Sachen Botanik und Zoologie („Urwald", „Moskitos") und schließlich Anthropologie („Der Mensch" als „armer, unbedachter Gast" in der „riesenhaft unbändigen Natur"; alle Zitate 414). Somit bleibt festzuhalten, dass Chamisso die wissenschaftlich-narrative Präzision von Humboldts Reisebericht in seinem Text nicht etwa ‚dichterisch frei' subvertieren, sondern konservieren möchte. Damit erweist er sich hier wie überhaupt als ein Autor, „der auch als Lyriker ein Erzähler blieb".[15]

Chamissos gleichsam ‚typisches' Vorgehen, seinen Hypertext in Terzinen zu bringen, lässt anfangs ebenfalls eine engere Anlehnung an Humboldts Hypotext vermuten. Schließlich bedient er sich damit einer „Strophenform, die den epischen Charakter seiner Versgeschichten und ihren Anspruch auf repräsentative Gültigkeit der Handlung unterstützt."[16] Tatsächlich macht es zunächst den Eindruck, als handele es sich hier vor allem um „Reimarbeit" bzw. um eine „leichte Intensivierung der Erzählung", bei der es darauf ankommt, „durch möglichst geringfügige Umstellungen (Weglassungen, Hinzufügungen, Umkehrungen) die Rede an den Rhythmus […] anzupassen und am rechten Ort die Wörter […] einzuführen oder freizulegen, die einen Reim bilden sollen".[17] So spricht in der Mikrostruktur des Gedichts einiges dafür, dass Chamisso lediglich Details verändert, damit sie in das Format von Jamben mit einem festen Reimschema (aba bcb cdc etc.) passen. Einige Einzelheiten schmückt er dabei aus, trotz aller Faktentreue. Ist der Familienvater bei Humboldt auf „Fischfang" (1023) unterwegs, „verfolgt" er bei Chamisso „den Jaguar" (414); ist die ‚Guahiba' bei Humboldt im Boot „[l]eicht gefesselt" und bei Tag unterwegs (sie sieht „nach der Richtung der Sonne", 1024), verlegt Chamisso ihre Entführung in die Nacht („sie spähte nach den Sternen") und schildert ihre Fesseln als so fest, dass

---

12 Mann 1960, S. 44f.
13 Chamisso 1975, Bd. 2, S. 695.
14 Vgl. Görbert 2014, S. 24.
15 Osterkamp 2015, S. 34.
16 Koschorke 2009, S. 697.
17 Genette 1993, S. 296.

sie sich ihrer nicht mehr „entledigen" kann, sondern sie „plötzlich kräft'gen Strebens [...] sprengt" (415f.). Auch Gewaltszenen und Suizid erscheinen breiter ausgeführt; es zeigt sich besagtes Faible für Grausames, das etwa Eichendorff als „absichtlich[e] Effektmacherei" des Lyrikers moniert hat.[18] Die Makrostruktur der Erzählung behält Chamisso jedoch bei, in einer Form, die als eine der epischsten innerhalb der Lyrik gilt.

Und doch liegt in der Transformation zu Terzinen der Schlüssel für die Differenzqualität, die Hypertext und Hypotext voneinander unterscheidet. Auf eine Formel gebracht, lässt sich zwischen einem ‚prosaischen Pragmatismus' im Reisebericht und einem ‚poetischen Fatalismus' im Gedicht differenzieren. Denn während Humboldts Prosa die Akteure als grundsätzlich handlungsfähig und den Fall als einen behebbaren kolonialistischen Fehlschlag interpretiert, setzt Chamisso hier typischerweise Terzinen dazu ein, um eine rücksichtslos „voranschreitende Handlung in einem großen Spannungsbogen auf die unvermeidliche Katastrophe zuzuführen."[19] Wo Humboldts Text auf fähige Entscheidungsträger hofft, die das Leid in den Kolonien mindern können, wird die Kolonialverwaltung bei Chamisso mit keinem Wort erwähnt. Stattdessen dominiert bei ihm „der eigenmächtige Gang der Dinge [...] als etwas Unerbittliches [...], das der Einzelne zu ertragen hat."[20] Dies zeigt sich vor allem in der Figurencharakterisierung. Sowohl die Missionare als auch die ‚Guahiba' sind bei Chamisso Getriebene in einer Situation, aus der es kein Entrinnen gibt. Während bei Humboldt die Missionare nur nach den Gesetzen handeln müssten, um moralisch integer zu sein, erweisen sie sich bei Chamisso als willfährige Werkzeuge von korrumpierten Rechtsordnungen. „Des heil'gen Ordens Satzungen erlauben,/Gewaltsam zu der Völker Heil zu schalten" (415), so dehnt das Gedicht die Kritik am Missionswesen auf allzu bereitwillig befolgte Regeln aus, die christliche Glaubensnormen aufs Gröbste verletzen.[21] Auch die bei Humboldt unhinterfragte Autorität der Mönche als Auskunftsquellen ist bei Chamisso stark beschädigt. Seine Missionare verstummen im Text mehrfach. So heißt es an einer Stelle über einen Mönch: „Er aber schwieg, und schlug die Augen nieder [...] Red hinfort/Dem ihn Befragenden zu stehn, vermied er" (416f.). Diese stockende Informationsvermittlung lässt darauf schließen, dass die Missionare im Gedicht sowohl die Handlungs- als auch die Erzählhoheit über ihre Taten eingebüßt haben.

Ähnliche Akzentverschiebungen lassen sich auch in der Darstellung der

---

18 Zit. n. Chamisso 1975, Bd. 2, 695. Siehe zur „Aggressivität, mit der Chamisso [...] Schauer- und Verbrechensmotive einsetzte, um die Wirkung seiner Verse [...] zu steigern" auch Koschorke 2009, S. 698.
19 Osterkamp 2015, S. 39.
20 Koschorke 2009, S. 698.
21 Vgl. ähnlich Mornin 1997, S. 220.

‚Guahiba' finden.[22] Humboldt schildert sie „als aktiv[en], rational[en] und selbstbestimmt handelnden Menschen", dessen Agieren sich rational durch das „alles dominierend[e] Motiv" der Mutterliebe erklären lässt.[23] Anders Chamisso. Bei ihm schöpft die Frau die Kraft für ihre beeindruckenden Flucht- und Rettungsversuche eher aus irrationalen Antrieben. In seinem Gedicht erscheint sie als „Rasende", als „Verzweifelnde" (415), deren Handeln „seltsam planlos" ausfällt. Nunmehr ist die ‚Guahiba' irritierenderweise nicht mehr allein durch die Liebe zu ihren Kindern, sondern auch durch den Wunsch, sterben zu wollen, motiviert. „Immer stärker dringt nun – [...] gerade aufgrund der fehlenden Begründung umso unheimlicher – der Todesdiskurs in das Gedicht ein". Zu dieser „Gemengelage"[24] zählt auch, dass plötzlich das Motto „Freiheit oder Tod" (415) auftaucht, das Revolutionäre in Frankreich und auch in Griechenland zu Chamissos Gegenwart im Mund führten.[25] Die ‚Guahiba' als patriotische Freiheitskämpferin: Auch das ist eine Modellierung, die Humboldts Vorlage fernliegt. Wo die Figur in der *Relation Historique* noch selbständig-nachvollziehbar handelt, erscheint sie in „Der Stein der Mutter" als Getriebene, die durch einander überkreuzende Motive zermürbt wird: durch ihre Mutterliebe ebenso wie durch ihre diffusen Todes- und Freiheitstriebe. Schlussendlich unterwirft auch sie sich einem Geschehen, bei dem es auf die „unaufhaltsame Zerstörung *alles* zwischenmenschlich Geordneten [...] durch die objektive Zeit" ankommt.[26] Wirkt ihr Elend nach Humboldts Pragmatismus noch vermeidbar, betont Chamissos Fatalismus das Unausweichliche des Vorfalls. Grammatikalisch unterstrichen wird diese Hilflosigkeit der Akteure durch eine „Vermeidung der aktiven Formen und Bedeutungen" zugunsten von Passivkonstruktionen.[27]

Eine besondere Pointe gewinnt Chamissos Gedicht dadurch, dass es, bei allen Unterschieden, in der Schärfe seiner Anklage paradoxerweise wieder mehr mit Humboldts Tagebuch als mit dessen Reisebericht korrespondiert. Obwohl Chamisso diese Vorlage niemals zu Gesicht bekommen konnte, zeigt sich sein Gedicht ganz ähnlich empört über das Missionarsregiment. Der „voltairianisch[e] Pfaffenhaß", zu dem sich Humboldts Tagebuch steigern konnte, ist bei Chamisso eben nicht wie in der *Relation Historique* „an die Zügel der Urteilskraft" gelegt.[28] Stattdessen konzentriert sich der Text auf das, wie es das Gedicht

---

22 Chamissos Interesse für eine ‚subalterne' Hauptfigur ist ebenfalls typisch für seine Lyrik. Siehe Langner 2008, S. 275: „Den einfachen Leuten, den Unterdrückten gehört seine Sympathie."
23 Ullrich 2015, S. 58ff.
24 Alle Zitate ebd., S. 59f.
25 Vgl. zu Chamissos Philhellenismus, der hier durchschimmert, Langner 2008, S. 276f.
26 Matt 1997, S. 176.
27 Ullrich 2015, S. 62.
28 Osterhammel 1999, S. 126.

selbst beschreibt, was aus Humboldts „Buche schaurig widerhallt" (417) – mit einer Sprache, die der Drastik des Tagebuchs, nicht der Mäßigung des Reiseberichts nahesteht. Selbst das eingefügte revolutionäre Motto folgt, im größeren intertextuellen Maßstab betrachtet, durchaus einer gewissen Logik, besuchte Humboldt Hispanoamerika doch „in seiner großen Wendeepoche vom Kolonialsystem zur Unabhängigkeit", ein Umwälzungsprozess, den er inoffiziell deutlicher, offiziell vorsichtiger kommentierte.[29] Die Begriffe des Palimpsests bzw. der Hypertextualität treffen folglich den Transfer von Humboldts Reiseliteratur zu Chamissos Lyrik im Kern. Quintessenz ist die Überlagerung von Schriften, deren „ursprünglicher Text durch einen anderen ersetzt wurde, ohne daß der ursprüngliche gänzlich verschwunden, vielmehr unter dem neuen noch lesbar ist: ein bildhafter Beleg dafür, daß sich unter einem Text stets ein weiterer verbergen kann, der selten ganz getilgt ist".[30]

Quellen

Ungedruckte Quellen

Staatsbibliothek zu Berlin – PK, Nachl. Adelbert von Chamisso, K. 28, Nr. 37, Bl. 2f.

Gedruckte Quellen

Chamisso, Adelbert von: *Sämtliche Werke in zwei Bänden.* Hg. v. Jost Perfahl und Volker Hoffmann. München 1975.
Clark, Rex / Lubrich, Oliver (Hg.): *Transatlantic Echoes. Alexander von Humboldt in World Literature.* New York 2012.
Genette, Gérard: *Palimpseste. Die Literatur auf zweiter Stufe.* Frankfurt/M. 1993.
Görbert, Johannes: *Die Vertextung der Welt. Forschungsreisen als Literatur bei Georg Forster, Alexander von Humboldt und Adelbert von Chamisso.* Berlin 2014.
Holl, Frank: ‚Alexander von Humboldt – Geschichtsschreiber der Kolonien', in: Ette, Ottmar / Bernecker, Walther R. (Hg.): *Ansichten Amerikas. Neuere Studien zu Alexander von Humboldt.* Frankfurt/M. 2001, S. 51–78.
Humboldt, Alexander von / Bonpland, Aimé: *Voyage aux régions équinoxiales du Nouveau Continent, fait en 1799, 1800, 1801, 1802, 1803 et 1804. Relation historique.* Bd. 2. Paris 1819[–1821].
Humboldt, Alexander von: *Reise in die Äquinoktial-Gegenden des Neuen Kontinents.* Hg. v. Ottmar Ette. 2 Bde. Frankfurt/M. 1991.

---

29 Ebd., S. 119.
30 Genette 1993, unpaginiert [vor dem Inhaltsverzeichnis].

Humboldt, Alexander von: *Reise durch Venezuela. Auswahl aus den amerikanischen Reisetagebüchern.* Hg. v. Margot Faak. Berlin 2000.

Koschorke, Albrecht: ‚Adelbert von Chamisso. Das lyrische Werk', in: Arnold, Heinz Ludwig (Hg.): *Kindlers Literatur Lexikon.* Bd. 3. Stuttgart ³2009, S. 697–699.

Langner, Beatrix: *Der wilde Europäer. Adelbert von Chamisso.* Berlin 2008.

Luitpold, Josef: ‚Die Guahiba-Mutter', in: Ders.: *Genius des standhaften Herzens.* Wien 1961.

Mann, Thomas: ‚Chamisso', in: Ders.: *Gesammelte Werke in dreizehn Bänden. Bd. IX: Reden und Aufsätze 1.* Hg. v. Hans Bürgin und Peter de Mendelssohn. Frankfurt/M. 1960, S. 35–57.

Matt, Peter von: ‚Adelbert von Chamisso', in: Ders.: *Die verdächtige Pracht. Über Dichter und Gedichte.* München 1998, S. 171–178.

Mornin, Edward: „Wie verzweifelnd die Indianer pflegen": American Indians in Chamisso's Poetry', in: *Seminar* 33 (1997), S. 213–227.

Osterhammel, Jürgen: ‚Alexander von Humboldt: Historiker der Gesellschaft, Historiker der Natur', in: *AKG* 81 (1999), S. 105–131.

Osterkamp, Ernst: ‚Adelbert von Chamisso. Ein Versuch über den Erfolg', in: *PEGS* 84 (2015), S. 30–47.

Ullrich, Heiko: „„Wer rettet die subalterne Frau vor den Dichtern und Denkern?" Humboldts *Voyage aux régions équinoxiales* und Chamissos *Der Stein der Mutter'*, in: *IaJG* 9 (2015), S. 53–69.

Sammeln

Welche Bäume! Kokospalmen, 50 bis 60 Fuß hoch! […] Denke nur, daß dies Land so unbekannt ist, daß ein neues Genus welches Mutis […] erst vor 2 Jahren publizirte, ein 60 Fuß hoher weitschattiger Baum ist. Wir waren so glücklich, diese prachtvolle Pflanze […] gestern schon zu finden. Wie groß also die Zahl kleinerer Pflanzen, die der Beobachtung noch entzogen sind? Und welche Farben der Vögel, der Fische, selbst der Krebse (himmelblau und gelb)! Wie die Narren laufen wir bis itzt umher; in den ersten drei Tagen können wir nichts bestimmen, da man immer einen Gegenstand wegwirft, um einen andern zu ergreifen. Bonpland versichert, daß er von Sinnen kommen werde, wenn die Wunder nicht bald aufhören.

–Humboldt–

Tobias Kraft

Gefundene Dinge, verbundenes Wissen. Humboldts Netzwerkwissenschaft im Zeichen ihrer Sammlungen

Wundersames Sammeln

Am 16. Juli 1799 betreten Alexander von Humboldt und sein Reisegefährte, der französische Arzt und Botaniker Aimé Bonpland, zum ersten Mal amerikanischen Boden.[1] Es ist der Auftakt zur berühmten fünfjährigen Forschungsreise durch die amerikanischen Tropen der Karibik und Südamerikas, durch Mexiko und die Vereinigten Staaten von Amerika. Aus der Hafenstadt Cumaná, in der Provinz Tierra Firme des Vizekönigreichs Neu-Granada, schreibt Alexander an seinen Bruder Wilhelm von Humboldt die berühmten Zeilen:

> Welche Bäume! Kokospalmen, 50 bis 60 Fuß hoch! […] Denke nur, daß dies Land so unbekannt ist, daß ein neues Genus welches Mutis […] erst vor 2 Jahren publizirte, ein 60 Fuß hoher weitschattiger Baum ist. Wir waren so glücklich, diese prachtvolle Pflanze […] gestern schon zu finden. Wie groß also die Zahl kleinerer Pflanzen, die der Beobachtung noch entzogen sind? Und welche Farben der Vögel, der Fische, selbst der Krebse (himmelblau und gelb)! Wie die Narren laufen wir bis itzt umher; in den ersten drei Tagen können wir nichts bestimmen, da man immer einen Gegenstand wegwirft, um einen andern zu ergreifen. Bonpland versichert, daß er von Sinnen kommen werde, wenn die Wunder nicht bald aufhören.[2]

Aus diesen Zeilen spricht der Enthusiasmus eines glücklichen Reisenden, der seinem Bruder nicht ohne Stolz verkünden will, dass das Wagnis der großen Reise eine gute Entscheidung war. Die Investition der Reisekosten und -strapazen, die Risiken sowie die vermeintlichen und tatsächlichen Gefahren[3] scheinen sich schon in den ersten Stunden nach der Ankunft in einem überwältigenden Reichtum an Objekten auszuzahlen; Objekte, die entweder gerade erst von den Gelehrten in die Registratur des Naturwissens aufgenommen

---

1 Für ihre anregenden Überlegungen und die kritische Begleitung meiner Arbeit an diesem Aufsatz danke ich ganz herzlich Julian Drews und David Blankenstein.
2 Humboldt 1993, S. 42.
3 Vgl. hierzu die aufschlussreiche Lektüre der Tagebücher, die Julian Drews in diesem Band vorgelegt hat.

worden waren – *frische* Dinge also – oder hierfür nun vorbereitet werden konnten. Und doch war es mehr als der Wunsch nach Akkumulation des Neuen: Mit der Ankunft erfüllt sich ein Lebenstraum des damals 30-jährigen welthungrigen Preußens, und so fährt Alexander fort:

> Aber schöner noch als diese Wunder im Einzelnen, ist der Eindruck, den das Ganze dieser kraftvollen, üppigen und doch dabei so leichten, erheiternden, milden Pflanzennatur macht. Ich fühle es, daß ich hier sehr glücklich sein werde und daß diese Eindrücke mich auch künftig noch oft erheitern werden.[4]

In der Anrufung der wundervollen und überreichen, ja geradezu spendierfreudigen Natur evoziert Humboldt ein Tropenbild, wie es Leser des 18. Jahrhunderts in den Schilderungen der Pazifikinseln durch Georg Forster als Begleiter von James Cook[5] oder im Roman *Paul et Virginie* (1788) von Bernardin de Saint-Pierre finden konnten.[6] Zugleich hören wir in der leitmotivischen Anrufung des Wundersamen der Neuen Welt das ferne Echo der ersten europäischen Ankunft in den amerikanischen Tropen. Im ersten seiner vier Briefe an das spanische Königspaar schreibt Christoph Kolumbus am 15. Februar 1493:

> Auf jener Insel aber, die […] Hispaniola getauft wurde, befinden sich mächtige und schöne Berge, weite Flächen, Auen und fruchtbarste Felder, die ebenso als Weideland wie auch als Bauflächen genutzt werden können. […] doch wer all das nicht gesehen hat, kann es kaum glauben. […] Die Insel Hispaniola ist außerdem reich an verschiedenen Sorten Gewürzen sowie an Gold und anderen Metallen.[7]

Durch seine Lektüren, gerade auch denen der Werke des italienischen Seefahrers, wusste Humboldt sehr wohl: Das Sammeln – auch das räuberische – im Angesicht tropischer Maßlosigkeit ist eine alte europäische Idee. Der in der Humboldt-Forschung längst kanonische Brief an den Bruder Wilhelm verweist aber nicht nur auf die Tropen als Topos europäischer Sehnsucht und Begierde, sondern auch auf ein Grundproblem des Sammelns und der wissenschaftlichen Suche nach neuem Wissen: „in den ersten drei Tagen können wir nichts bestimmen, da man immer einen Gegenstand wegwirft, um einen andern zu ergreifen". Die Fülle der Dinge verhindert zunächst deren Formalisierung, Gliederung und Interpretation.

Humboldts Problem war ein Grundproblem explorativer Forschung jener Zeit: Die Wucht des Neuen oder vermeintlich Neuen erschwert die Auswahl und vernebelt das Urteil. Die Irritation, die die vermeintlichen Wunder auslösen,

---

4 Humboldt 1993, S. 42.
5 Bitterli 2004, S. 384.
6 Ette 1991, S. 1592.
7 Kolumbus 2006, S. 19 (dt. Übersetzung). Auf die vielfältigen Bezüge zwischen Humboldt und Kolumbus hat Ottmar Ette hingewiesen (Ette 2008, S. 38–39, Ette 2009, S. 235–237) sowie jüngst Julian Drews (Drews 2016).

kann Wissenschaft verhindern; sie kann sie aber auch erst befeuern, inspirieren und provozieren. So lässt sich der lustvolle Ton, den Humboldt in seinen Bruderzeilen anklingen lässt, auch lesen als Ausdruck jener Erweiterung des intellektuellen Horizonts, für den die amerikanische Reise in der wissenschaftlichen Biographie Alexander von Humboldts so exemplarisch stehen sollte. Doch so weit war Humboldt bei der Ankunft in Cumaná natürlich nicht, und es bleibt die Frage: Was will man eigentlich sammeln, wenn alles neu erscheint? „Marvelous possessions", wie sie der Literaturwissenschaftler Stephen Greenblatt in seiner berühmten Studie nennt, akkumulieren eben zunächst bloß Gegenstände, produzieren aber noch kein Wissen.[8]

Humboldt war dieses Problem völlig bewusst. In der Einleitung zu seinem Reisebericht, den er 1814 erstmals auf Französisch als *Relation historique* der *Voyage aux régions equinoxiales du Nouveau Continent* veröffentlicht, schreibt er über das Verhältnis von Sammlungsobjekt und Erkenntnisinteresse:

> [...] préférant toujours à la connoissance des faits isolés, quoique nouveaux, celle de l'enchaînement des faits observés depuis long-temps, la découverte d'un genre inconnu me paroissoit bien moins intéressante qu'une observation sur les rapports géographiques de végétaux, sur les migrations des plantes *sociales*, sur la limite de hauteur à laquelle s'élèvent leurs différentes tribus vers la cime des Cordillères.[9]

Man könnte zusammenfassend sagen: Das rastlose Sammeln ist wertlos ohne leitende Idee, ohne Forschung, die die Objekte, Daten und Kontexte des Sammelns aufgreifen und in Beziehung zueinander setzen kann. Es lohnt sich also, den Geschichten der von Humboldt gesammelten Objekte ein wenig nachzugehen, um zu verstehen, wie sich Akkumulation und Diffusion des Gefundenen zu den Synthesezielen der Humboldt'schen Wissenschaft verhalten.

Objekte sammeln und zirkulieren lassen

Akkumulation und Diffusion

In einem kürzlich veröffentlichten, auf Anfang 1830 datierten Brief an den jungen Forschungsreisenden und Pflanzengeographen Julius Ferdinand Meyen bemerkt Humboldt am Ende einiger Ausführungen zu Messmethoden auf Reisen: „Wenn Sie Sich meiner freundlichst erinnern wollen so sammeln Sie mir

---

8 Zur Anrufung des Wunderbaren und seiner begrifflichen Verarbeitung in den frühen europäischen Reiseberichten vgl. Greenblatt 1998, S. 34.
9 Humboldt / Bonpland 1814[−1817], S. 2−3.

Pflanzen die ich in Ihrem Namen an Prof Kunth geben werde[.]"[10] Humboldts knapper und für seine Arbeitsweise typischer Hinweis zeigt: nicht das Sammeln selbst interessierte ihn, sondern die größtmögliche Zirkulation der Sammlungsobjekte sowie deren möglichst rasche Veröffentlichung, besonders im Falle botanischer Specimen, die in den Händen seines Freundes und Kollegen Carl Sigismund Kunth in verlässlicher Regelmäßigkeit ihren Weg in die Fachliteratur fanden. Die Sammlungsobjekte selbst besitzen zu wollen, war ihm ein völlig fremder Gedanke. In den an Marc Auguste Pictet gesandten autobiographischen ‚Mes confessions' schreibt er:

> Je m'occupai en France, pendant huit mois, de l'arrangement de mes collections et dessins [...]. Je n'ai conservé aucune collection pour moi. Une collection de 6,000 espèces de plantes a été placée au Musée à Paris; une autre de doubles a été donné à M. Wildenow; les minéraux ont été donné [sic!] au cabinet du Roi à Berlin.[11]

Natürlich konnten nicht alle Sammlungen unmittelbar in Forschungsfragen eingebunden und in publizierbaren Formaten verarbeitet werden, sondern mussten eine sichere Verwahrung in dafür geeigneten Institutionen finden. Darüber hinaus galt für Humboldt wie für viele seiner forschenden Zeitgenossen das Ideal einer Wissensvermittlung in breitere Bevölkerungsschichten, sei es durch öffentlichkeitswirksame Vorträge, durch die Gründung wissenschaftlicher Vereine und Gesellschaften oder durch die museale Präsentation naturhistorischer Objekte. Für dieses Ziel der Verbindung aus „Spitzenforschung" und Breitenbildung steht bekanntermaßen die Lebensleistung beider Humboldt-Brüder. Das 19. Jahrhundert ist zudem jene Zeit, in der die individuellen Anstrengungen zum Aufbau und zur Nutzbarmachung wissenschaftlicher Spezialsammlungen einen zunehmend institutionellen Rahmen durch Forschungseinrichtungen, Sammlungskabinette sowie Museen und deren Archive erhalten. In Europa kam es zu einem regelrechten Wettrennen bei der Akquise bedeutender Forschungssammlungen. Hierbei spielten staatspolitische Motive[12] zum Aufbau zentraler Kulturleuchttürme ebenso eine Rolle wie humanistisch-bürgerliche Vorstellungen von Volksbildung und sozialem Wandel und wurden zur Grundemphase musealer Praxis und Wissenskultur.[13] Eine *ordentliche* Sammlung, Ergebnis des ernsten Studiums einer jungen, zunehmend professionelleren Wissenschaftlergeneration, und der Aufbau dem Gemeinwohl verpflichteter wissenschaftlicher Gesellschaften und staatlicher Institutionen: Diese Anstrengungen galten der Arbeit am kulturellen Kapital, wurden zum

---

10 Alexander von Humboldt an Franz Julius Ferdinand Meyen. Berlin, Sonnabend, [Anfang 1830], Bl. 1v in Humboldt 2016.
11 Humboldt 1868, S. 188.
12 Osterhammel 2009, S. 37–41.
13 Vgl. Kretschmann 2006, S. 70–72.

Kernmerkmal für gesellschaftlichen Fortschritt[14] und waren Ausdruck „einer globalen Bewegung zur Repräsentation materieller Kultur".[15] Gegenüber dem in diesen Fragen immer wieder zögerlichen preußischen Staat war Humboldt über Jahrzehnte hinweg als Makler eigener und anderer wissenschaftlicher Sammlungen äußerst aktiv.[16] Als „urältester der noch lebenden Landreisenden" setzte er sich selbst in seinem Todesjahr noch in einem Brief an den Kultusminister Bethmann-Hollweg für den Erhalt der Schlagintweit-Sammlungen ein und schloss seine Ausführungen mit einer Warnung, die offensichtlich auf jenes Wettrennen anspielte, bei dem Preußen nicht zurückfallen durfte: „Mögen unserem deutschen Vaterlande diese geognostischen Sammlungen verbleiben, nach denen Cambridge und Oxford freilich lüstern sind!"[17]

Die entscheidende Bewegung in Humboldts Umgang mit für die Wissenschaft relevanten Dingen ist also nicht jene, die man dem Eingangszitat aus der Ankunft in Cumaná noch unterstellen kann. Es geht nicht um den Besitz des wundersamen Gegenstands, etwa für die private Gelehrtensammlung oder das Kuriosenkabinett. Objekte in Humboldts Hand wurden in Bewegung gesetzt, in die Zirkulation und den Austausch mit wissenschaftlichen Akteuren und Institutionen gebracht. Humboldt sammelte nicht für die Kammer, sondern beförderte, wo er konnte, die „Verwandlung der Objekte in Material der Wissenschaften",[18] wie es Jürgen Osterhammel so treffend für die moderne Wissenschaftspraxis des 19. Jahrhunderts und die Geburt der modernen Museenlandschaft formulierte. Das Bewahren, Erschließen und Bereitstellen überließ Humboldt den Orten organisierten Sammelns: den Bibliotheken, Archiven und Museen,[19] deren Entstehung und Wachstum er besonders seit seiner Rückkehr aus Paris nach Berlin äußerst aktiv beförderte.[20]

---

14 Kretschmann 2006, S. 72.
15 Osterhammel 2009, S. 40.
16 Vgl. etwa die zahlreichen Korrespondenzen zur Förderung von Wissenschaftlern durch Beantragung finanzieller Mittel für den Ankauf forschungsrelevanter Sammlungen, etwa aus der Ägyptologie, der Altertumskunde, der Geologie und Mineralogie, der Ethnographie, Botanik oder Zoologie in Humboldt 1985.
17 Humboldt 1985, S. 181.
18 Osterhammel 2009, S. 40.
19 Vgl. Osterhammel 2009, S. 31 f.
20 Es ist bekannt, dass sich Humboldt zum Zeitpunkt seiner Rückkehr 1827 den Ausbau der Forschungsinfrastruktur und Wissenschaftskultur seiner Heimatstadt zum erklärten Ziel gemacht hatte. Beispielhaft hierfür stehen sein programmatischer Brief an den Verleger Samuel Heinrich Spiker (Humboldt / Spiker 2007, S. 63), seine Rolle in der Ausrichtung der Versammlung Deutscher Naturforscher und Ärzte in Berlin 1828 sowie seine erfolgreichen Bemühungen um den Neubau eines astronomischen Observatoriums in der Berliner Lindenstraße (vgl. Knobloch 2003). In seiner „zukunftsweisenden Eröffnungsrede" (Engelmann 1970, S. 182) weist Humboldt auf die Jugend dieser städtischen und gesellschaftlichen Entwicklung hin: „In der Nähe der Versammlungsorte, welche […] für ihre allgemeinen und besondern Arbeiten vorbereitet worden, erheben sich die Museen, welche der Zergliede-

Wie also kamen Objekte, die Humboldt selbst von seinen Forschungsreisen mitbrachte, in die Berliner Sammlungen? Gerade unter den Vorzeichen des im Berliner Stadtzentrum entstehenden Humboldt-Forums und einer sich im Berliner Raum zunehmend vernetzenden Institutionenlandschaft sammlungsbasierter Einrichtungen[21] lohnt es durchaus, diese Frage anhand der (Bewegungs-)Geschichte exemplarischer Objekte anzugehen und die Möglichkeiten ihrer heutigen Vernetzung zu skizzieren.

Beispiel Skulpturen: die russische Vase

Die fast einjährige Reise, die Alexander von Humboldt als rund 60-jähriger Mann und gestandener Wissenschaftler von Weltrang 1829 durch Russland, Sibirien und Vorderasien unternahm, stand von Beginn an unter der Patronage des russischen Kaisers Nikolaj I. Die historischen Gegebenheiten wollten es, dass sich zu jener Zeit der preußische und der russische Hof besonders nahe waren. Durch die Heirat zwischen Nikolaj und der preußischen Prinzessin Charlotte war der preußische König Friedrich Wilhelm III. seit 1825 Nikolajs Schwiegervater. Die Einladung, die Humboldt über den russischen Finanzminister Georg von Cancrin erreichte, im Auftrag und unter Schutz des Kaisers das russische Reich bereisen zu dürfen, kam also nicht ganz zufällig.[22] Für Humboldt erfüllte sich damit ein lang gehegter Traum. Dennoch stand die russische Reise unter ganz anderen Vorzeichen als jene 30 Jahre zuvor unternommene Expedition in die amerikanischen Tropen. Zunächst hatte sich ihr Protagonist selbst verändert, war vom 30-jährigen Ausnahmetalent zur international gerühmten Ikone der Wissenschaft und zum gefeierten Autor gereift. Dazu kamen gänzlich andere Umstände und Ansprüche: Humboldts Reise war vom Hof finanziert, also interessegeleitet und als Auftragsreise zu verstehen. Mit Christian Gottfried Ehrenberg und Gustav Rose, seinem Assistenten Seifert sowie einem Feldjäger und Bergbeamten[23] hatte er einen ganzen Tross an Begleitern und war lange nicht so beweglich und flexibel wie noch drei Jahrzehnte zuvor. Wissenschaftlich hatte man sich früh auf weitreichende Arbeitsteilung verständigt. Und schließlich war

---

rungskunst, der Zoologie, der Oryktognosie und der Gebirgskunde gewidmet sind. Sie liefern dem Naturforscher einen reichen Stoff der Beobachtung und vielfache Gegenstände kritischer Discussionen. Der größere Theil dieser wohlgeordneten Sammlungen zählt, wie die Universität zu Berlin, noch nicht zwei Decennien; die ältesten, zu welchen der botanische Garten (einer der reichsten in Europa) gehört, sind in dieser Periode nicht bloß vermehrt, sondern gänzlich umgeschaffen worden." (Humboldt 1828, S. 9)

21 Vgl. hierzu ausführlicher das Schlusskapitel.
22 Vgl. Werner / Suckow 2009, S. 106 f.
23 Humboldt 2009, S. 92.

die Einladung an Humboldt mit dem Auftrag einhergegangen, dieser möge doch bitte umfangreiche Edelmetallvorkommen nachweisen. Russland hatte im Bergbau und in der Montanwirtschaft viel vor und war angewiesen auf wissenschaftliche Expertise von Weltrang. Cancrin schreibt ihm:

> Es hängt ganz von Ew Hochwohlgeboren ab, wohin in welchen Richtungen, zu welchen Zwekken Sie die Reise vornehmen wollen. Der Wunsch der Regierung ist einzig die Wißenschaft zu befördern, und, so weit es angeht, der Gewerbsamkeit Rußlands besonders im Bergfach dabei zu nüzzen. […] Sobald Ew Hochwohlgeboren hier die Reiseroute näher bestimmt haben, kann eine Anleitung verfertigt werden, was an ieden Orten besonders der Aufmerksamkeit werth ist, auch werden Ihnen alle ferner nöthigen Notizen mitgetheilt werden.[24]

Damit war der Zweck der Reise klar umrissen. Es gehört sicherlich zu Cancrins diplomatischem Geschick, Humboldt im selben Brief zugleich völlige Freizügigkeit und totale Kontrolle durch die russische Regierung zu suggerieren. Eine wichtige Freiheit aber gesteht Cancrin ohne Einschränkung zu: Humboldt hatte mit diesem Brief die offizielle Erlaubnis, wissenschaftliche Sammlungen nach eigenem Interesse während der Reise anzulegen und außer Landes zu führen: „Es ist nicht den geringsten Schwürigkeiten unterworfen wenn Ew Hochwohlgeboren Mineralien und andere Seltenheiten samlen wollen und hängt die Verfügung darüber lediglich von Ihnen ab.“[25]

Als wäre all das nicht genug, schenkte Nikolaj Humboldt eine überaus prächtige und wertvolle Vase aus der berühmten Steinschleiferei von Kolywan (Abb. 1).[26] An seinen Bruder schreibt Alexander aus St. Petersburg im Dezember 1829 am Ende seiner Reise: „Er [Nikolaj I.] hat mich mit herzlichen Zeichen der Wertschätzung überhäuft. […] Ich habe einen Zobelpelz von 5000 Papierrubeln erhalten und eine Vase wie die schönsten des Palastes (mit dem Sockel sieben Fuß hoch!), die man auf 35000 oder 40000 Papierrubel schätzt.“[27] Damit war die Vase ungefähr viermal so viel wert wie Cancrin für die Finanzierung von Humboldts gesamter Forschungsreise veranschlagt hatte, eine auf immerhin acht Monate angelegte Expedition über rund 19.000 km, bei der mehr als 12.000 Pferde zum Einsatz kamen.[28]

Das außergewöhnlich wertvolle Geschenk erinnerte Humboldt als symboli-

---

24 Humboldt 2009, S. 93.
25 Ebd.
26 Für eine ausführliche Darstellung der Schenkung im Kontext von Humboldts Reise und Rückkehr nach Berlin vgl. Werner / Suckow 2009, S. 102.
27 Humboldt 2009, S. 237.
28 Vgl. Humboldt 2009, S. 52. Vasen als bedeutende Geschenke waren keine Seltenheit im diplomatischen Verkehr zwischen den europäischen Königshäusern. Humboldt musste selbst mehrfach solche Übersendungen für seinen König organisieren, vgl. Werner / Suckow 2009, S. 102f.

Abb. 1: Aventurin-Vase, Staatliche Museen zu Berlin, Alte Nationalgalerie (Mit freundlicher
Genehmigung von Jules, flickr, https://flic.kr/p/dzdRX6)

sches Pfand auch an seine Verpflichtungen gegenüber dem russischen Zaren, der
auf ein großes wissenschaftliches Werk zur Auswertung der kostspieligen
Russland-Reise wartete. Humboldt selbst stellte zunächst nur ein rasches Dossier
zusammen, seine zweibändigen *Fragmens de géologie et de climatologie asiatiques* erschienen bereits 1831. Sie waren aber, wie Petra Werner zu Recht betont,
nicht viel mehr als eine „eilige zusammengestellte Sammlung von Vortragsma-
nuskripten und selbständigen Artikeln".[29] Erst rund 15 Jahre später sollten das
Reisewerk von Gustav Rose und Humboldts große Studie *Asie centrale* wirklich
erscheinen.

Die Vase durfte Humboldt behalten, doch ihre Überführung nach Berlin war
kompliziert und bedurfte der Vermittlung von Humboldts Bankier Joseph
Mendelssohn sowie des preußischen Gesandten Ferdinand von Galen. Schließlich erreichte die Vase sicher die preußische Hauptstadt. Humboldt, der sich
wenig aus Privatbesitz machte, übergab das Zaren-Geschenk sofort an die Königlichen Sammlungen und erwirkte, dass sie im gerade eröffneten Alten Mu-

---

29 Werner / Suckow 2009, S. 107.

seum aufgestellt wurde. 1876 kam sie zur Eröffnung der Alten Nationalgalerie dann an ihren heutigen Platz.[30]

Die Vase war nicht der einzige russische *Stein*, der als Folge von Humboldts Forschungsreise in die Berliner Bestände überging. Cancrin hatte in seinem Einladungsschreiben ja explizit darauf hingewiesen, dass Humboldt völlige Freiheit in der Anlage seiner eigenen wissenschaftlichen Sammlung hatte. Sie wuchs während der Reise zum Teil durch Geschenke (Abb. 2), zum Teil durch die mineralogischen Untersuchungen des Forschungsteams Humboldt-Ehrenberg-Rose und wurde im Zuge des Vasentransports in mehreren Kisten vollständig an die Königlichen Sammlungen übergeben. Vor allem die Arbeiten von Gustav Rose trugen in den späteren Jahren dazu bei, die russischen Gesteinsproben näher und in einzelnen Fällen auch erstmals wissenschaftlich zu bestimmen.[31]

Abb. 2: Smaragd-Kristall, Geschenk des Zaren Nikolaj an Alexander von Humboldt. Größe 13x6 cm. Museum für Naturkunde Berlin (CC BY-SA 4.0, http://coll.mfn-berlin.de/u/MFN_MIN_2000_8675.html)

Neben Steinen verdankt das wissenschaftliche Berlin der russisch-sibirischen Reise auch mehrere asiatische Bücher und Handschriften, die heute in der Staatsbibliothek zu Berlin – Preußischer Kulturbesitz aufbewahrt werden und schon kurz nach ihrer Ankunft in der Berliner Wissenschaftslandschaft für heftige Gelehrtenzwiste im Feld der noch jungen Sinologie sorgen sollten, in die sich Humboldt schließlich genötigt sah vermittelnd einzugreifen.[32]

Beispiel Schrift und Kunst(handwerk): die altamerikanischen Kulturen

Alexander von Humboldts Interesse für sprachkundliche Originalquellen anderer Kulturen, etwa historische Grammatiken und Wörterbücher, Hand-

---

30 Werner / Suckow 2009, S. 108f.
31 Bautsch 2014, S. 136ff.
32 Vgl. Walravens (2017). Zu Humboldts Verteidigung des Orientalisten Karl Friedrich Neumann in der *Spenerschen Zeitung* vgl. Schwarz 2007, S. 23 sowie Humboldt / Spiker 2007, S. 67–69 und 255–261.

schriften oder Codices, galt drei Jahrzehnte zuvor während seiner Amerika-Reise den schriftlichen Zeugnissen und frühkolonialen Überlieferungen der altamerikanischen Zivilisationen. Seinem Bruder Wilhelm übergab er 18 historische Grammatiken zum Nahuatl, Otomí, Huasteca, Mixteca, Totonaco, Cora, Muisca und Quechua.[33] Neben Wilhelm von Humboldt arbeiteten auch Friedrich Schlegel, Franz Bopp und Johann Severin Vater mit diesem wichtigen Forschungsmaterial aus Übersee. Aus heutiger Sicht lässt sich daher sagen: „die Ankunft von Alexanders Sammlung amerikanischer Sprachmaterialien in Europa [ist] ein absolut entscheidendes Ereignis für die Entstehung der neuen Sprachwissenschaft zu Beginn des 19. Jahrhunderts".[34]

Die historischen Sprach- (Grammatiken) und Schriftzeugnisse (Codices) dienten einem sprachtheoretisch und sprachhistorischen Forschungsinteresse an den Universalien von Sprachaufbau und -entwicklung. Doch waren sie ebenso bedeutende Primärquellen für eine Schlüsselfrage europäischer Anthropologie, die vor dem Hintergrund der *Disputa del Nuovo Mondo*[35] die Alte- und Neue Welt-Kulturen auf ihren historischen Stellenwert in der Kulturgeschichte der Menschheit befragte. Gegen den Geist der Zeit widersprechen die Humboldt-Brüder der verbreiteten Meinung – etwa bei La Condamine –, die (vermeintliche) Armut der amerikanischen Sprachen belege eine Armut in der geistigen Entwicklung der amerindischen ‚Völker' (und nicht etwa ‚Zivilisationen').[36] Diese Position steht ganz im Einklang mit Humboldts kulturhistorischer Grundlagenforschung, deren berühmtestes Beispiel freilich die zwischen 1810 und 1813 publizierten Texte und Tafeln der *Vues des Cordillères et monumens des peuples indigènes de l'Amérique* darstellen.

Die insgesamt 69 Tafeln (und dazu verfassten 62 Texte) beleuchten eine ganze Reihe der von Humboldt untersuchten Codices, dienen aber auch der Präsentation und Analyse zahlreicher Landschaftsansichten und bedeutender Kulturmonumente[37] vor allem der aztekischen und inkaischen Hochkulturen.

Neben vielen anderen Objekten findet sich in diesem Natur- und Kulturatlas auch eine mesoamerikanische Grabbeigabe (Abb. 3 und 4): ein Ohrpflock aus der Gegend um Michoacán, den Humboldt aus zwei Gründen besonders bewunderte. Zum einen aufgrund seiner äußerst feinen Verarbeitung, die er sich allein handwerklich kaum erklären konnte. Zum anderen aufgrund des vulkanischen Ursprungs seines Materials. Der Ohrpflock, den Humboldt noch

---

33 Humboldt / Bonpland 1814[-1817], S. 504. Vgl. Ringmacher 2016, S. 6f.
34 Trabant 2012, S. 68.
35 Vgl. Gerbi 2010.
36 Vgl. Humboldts Äußerungen in Humboldt 1993, S. 212.
37 Das diskursive Verhältnis von „monumens" als zugleich Kultur- und Naturmonument bzw. -denkmal beleuchtet äußerst aufschlussreich der Beitrag von Cettina Rapisarda in diesem Band.

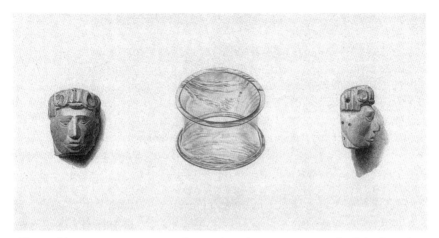

Abb. 3: Tafel 66, ‚Tête gravée en pierre dure par les Indiens Muyscas; Bracelet d'obsidienne'. In: Humboldt [1810-]1813 (Gemeinfrei, Getty Research Institute)

Abb. 4: Alexander von Humboldt, Humboldt-Ohrpflock. Spätklassik, Mexiko, Michoacan. Obsidian. Ident. Nr.: IV Ca 229. Ethnologisches Museum, Staatliche Museen zu Berlin. Foto: Claudia Obrocki (CC BY-NC-SA 4.0, http://www.smb-digital.de/eMuseumPlus?service=ExternalInterface&module=collection&objectId=62027)

fälschlicherweise als Armring bezeichnete, gehört heute wie so viele andere amerikanische Archäologica zu den Beständen des Ethnologischen Museums. Und doch zeigt er exemplarisch das für Humboldt und insbesondere für die *Vues des Cordillères* typische Zusammenführen von natur- und kulturwissenschaftlichem Erkenntnisinteresse.[38]

---

38 Zum Verhältnis von Forschungsperspektive und Sammlungsobjekt unter dem Aspekt einer „Musealisierung präkolumbianischer Objekte" vgl. den Beitrag von David Blankenstein in diesem Band. Blankensteins Analyse von Humboldts Umgang mit dem alt-peruanischen Meißel als Beispiel für eine naturwissenschaftlich gestützte kulturhistorische Analyse zeigt

Beispiel Erde und Stein: der Vulkan Jorullo

Vulkanisch bleibt es auch beim letzten Objekt dieser kurzen Reise durch Humboldts Dinge. Es handelt sich um die Aufzeichnungen, Skizzen und Naturalien rund um das Vulkangebirge des Jorullo – wie der Ohrpflock ebenfalls in Michoacán zu finden –, das der preußische Forscher auf einer seiner vielen Exkursionen in das Umland von Mexiko-Stadt, Zentrum des Vizekönigreichs Neu-Spanien, im Herbst 1803 zum ersten Mal zu sehen bekommen sollte. „Nous arrivames aux Playas de Jorullo le 18 Sept l'après midi", schreibt Humboldt in sein Tagebuch: „De forts orages, des tonneres affreux et une pluye a verse [...]. Incertitude. Tout le monde se refusait de nous accompagner à la bouche, on nous parla d'un vent chaud qui en souflait et qui brulait le visage."[39]

Die dramatische Szenerie, das Abenteuerliche der wissenschaftlichen Unternehmung, wird von Humboldt hier nicht ohne Grund so effektiv aufgerufen. Die Berglandschaft, die sich vor den Reisenden im strömenden Regen erhob, war zum Zeitpunkt von Humboldts Besuch nicht einmal fünfzig Jahre alt. Am 29. September 1759 hatte sich hier in nur einer Nacht eine geologische Revolution ereignet, die das gesamte, bis dahin äußerst fruchtbare Umland verwüsten sollte. Aus Gesprächen mit den Bewohnern der jungen Vulkanregion rekonstruiert Humboldt das Geschehene:

> On vit de loin se gonfler la terre, s'élever comme les vagues de la mer, vomissant du feu et des laves par une infinité de ces petits cônes. Dans le Cañaveral un peu à l'est de la maison de l'Hacienda sortit de la terre un promontoire immense, qui comme s'expliquent les vieillards, témoins de loin de ces horreurs, leur paraissait un château inflammé.[40]

Auch während Humboldts Besuch verursacht der junge Berg bei den Bewohnern des Umlands noch panische Angst. Noch immer rauchen die Kegel des neuen Gebirges, ist die aufgebrochene Erde übersät mit tausenden heißen, mannshohen Basaltkegeln. Die Aufzeichnungen des Tagebuchs lassen vermuten, dass Humboldt unmittelbar im Anschluss an den nicht ungefährlichen Auf- und Abstieg am Jorullo die erste ausgearbeitete topographische Skizze von der Vulkanlandschaft anfertigt (Abb. 5). Sie ist bereits ausgesprochen detailliert und

---

äußerst anschaulich, wie Humboldts Wissenschaftsverständnis den Umgang mit den mitgebrachten Objekten veränderte und das erkenntnistheoretische Potenzial „vernetzter Objekte" (S. 272) offenlegt.

39 Staatsbibliothek zu Berlin – PK, Nachl. Alexander von Humboldt (Tagebücher), IX, Bl. 50r-50v. Eindrucksvoll erfasst 1834 der von Humboldt geförderte Landschaftsmaler Johann Moritz Rugendas die Jorullo-Szenerie, indem er die beiden Schlüsselmomente der Humboldt'schen Erzählung in glühende Bilder übersetzt: den explosionsartigen Ausbruch und den gefahrvollen Aufstieg zum zerrissenen Kraterrand des weiterhin aktiven, jungen Vulkans (gute Reproduktionen der Abbildungen finden sich in Holl 2005, S. 116 und 123).

40 Staatsbibliothek zu Berlin – PK, Nachl. Alexander von Humboldt (Tagebücher), IX, Bl. 48v.

schon mit einer Legende versehen. Als wichtigstes Zeugnis der Besteigung und ihrer unmittelbaren Erkenntnisgewinne steht die im Angesicht der Vulkane gefertigte Zeichnung für Humboldts heuristische Annäherung an die Ursachen und Entstehungsbedingungen vulkanischer Gebirge und Gesteinsschichten am Beispiel dieser so exemplarischen Landschaft.[41]

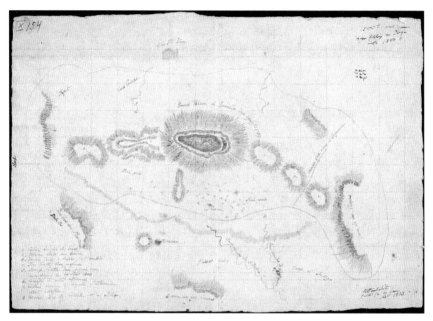

Abb. 5: Skizze des Vulkans Jorullo. In: Staatsbibliothek zu Berlin – PK, Nachl. Alexander von Humboldt (Tagebücher), IX, 154r (CC BY-NC-SA 3.0, Digitalisierte Sammlungen der Staatsbibliothek zu Berlin – PK, http://resolver.staatsbibliothek-berlin.de/SBB0001527C00000315)

Die breitere Öffentlichkeit erfuhr von den Ergebnissen dieser vulkanologischen Feldforschung zum ersten Mal in dem bereits erwähnten Natur- und Kulturatlas *Vues des Cordillères et monumens des peuples indigènes de l'Amérique.* Hier widmet Humboldt dem Jorullo eine der insgesamt 69 Bildtafeln (Abb. 6).

Die nach Humboldts Skizze von Friedrich Wilhelm Gmelin in Rom gezeichnete und von Louis Bouquet in Paris 1812 gestochene Tafel XLIII zeigt hingegen nicht die Draufsicht der Vorlage, sondern vielmehr eine Landschaftsdarstellung, die gleichsam vom Rand der ungeheuren Erhebungsfläche aus die vulkanischen Formationen in den Blick nimmt. In der dünnen Linie, die Humboldt auf seiner Tagebuchskizze um die Bergkette des Jorullo zieht, können wir das Ausmaß der Erhebung erahnen, die der Vulkanausbruch von 1759 ausgelöst hatte und deren

---

41 Für eine ausführliche Studie der Jorullo-Expedition unter dem Aspekt einer „Heuristik der Geologie" vgl. Kraft 2016.

Abb. 6: Tafel XLIII, ‚Volcan de Jorullo'. In: Humboldt [1810-]1813 (Gemeinfrei, Getty Research Institute)

geologische Schichtung die Tafel aus den *Vues des Cordillères* so vorteilhaft in Szene setzt.

Erst in der endgültigen Ausarbeitung der Humboldt'schen Skizze als Mittelteil der Tafel „Plan Du Volcan De Jorullo" des *Atlas géographique et physique du Nouveau Continent* aber wird der außergewöhnliche Charakter dieser seit seiner Entstehung von der Bevölkerung nur „Malpaís" genannten vulkanischen Trümmerlandschaft deutlich. Das erstmals 1817 in der dritten von zahlreichen zwischen 1808 und 1838 erscheinenden Lieferungen des Atlas abgedruckte Kartenblatt ist mehr als bloß eine hochwertige Gravur der Vorlage aus Humboldts Tagebüchern (Abb. 7). Humboldt kündigt diese Arbeit bereits 1811 im zweiten Band seines *Essai politique sur le royaume de la Nouvelle-Espagne* an und erläutert hier das Bildprogramm der Tafel als Landschaftsbild (oben), geographische Karte (Mitte) und Landschaftsprofil (unten).[42]

---

42 Vgl. Humboldt 1811, Bd. 2, S. 297. Eine hochinteressante und bereits kartographisch wie künstlerisch sehr ausgearbeitete Zwischenstufe zwischen Tagebuch und Atlas-Karte findet sich in der historischen Kartensammlung der Real Academia de la Historia in Madrid (Real Academia de la Historia – Colección: Departamento de Cartografía y Artes Gráficas, C-001-079). Sie zeigt deutlich, wie sich in Humboldts Entwurf noch landschaftsdarstellerische und geologische Perspektive überlappen; eine visuelle Vermischung, die das fertige Profil dann zugunsten der eindeutig landschaftsmalerischen Darstellungen des Jorullo-Gebirges

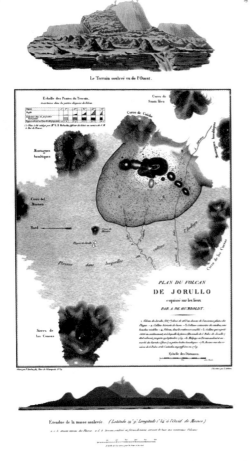

Le Terrain soulevé vu de l'Ouest.

Etendue de la masse soulevée. (Latitude 19° 9'. Longitude 1°44' à l'Ouest de Mexico.)

Abb. 7: Tafel XXIX, ‚Plan du volcan de Jorullo' In: Humboldt 1814–1834[–1838] (Mit freundlicher Genehmigung der Universität Potsdam)

Noch im vierten Band des *Kosmos*, schon kurz vor seinem Tod, widmet Humboldt den Erlebnissen und Forschungsergebnissen rund um die Jorullo-Expedition einen ausführlichen Bericht, der die Prominenz dieses Naturereignisses für den Fortschritt vulkanologischer Erkenntnisse ebenso unterstreicht wie er den eigenen Anteil daran betont:

---

zurücknimmt. Darüber hinaus ließen sich noch eine ganze Reihe weiterer Jorullo-Skizzen aus dem Tagebuch-Nachlass hier ergänzen, etwa mehrere Zeichnungen der rauchenden, mannshohen Vulkankegel, die Humboldt offensichtlich geologisch wie ästhetisch sehr interessierten.

In der Reihe der mexicanischen Vulkane ist das größte und, seit meiner amerikanischen Reise, berufenste Phänomen die Erhebung und der Lava-Erguß des neu erschienenen Jorullo. Dieser Vulkan, dessen auf Messungen gegründete Topographie ich zuerst bekannt gemacht habe, bietet durch seine Lage zwischen den beiden Vulkanen von Toluca und Colima, und durch seinen Ausbruch auf der großen Spalte vulkanischer Thätigkeit, welche sich vom atlantischen Meere bis an die Südsee erstreckt, eine wichtige und deshalb um so mehr bestrittene geognostische Erscheinung dar. Dem mächtigen Lavastrom folgend, welchen der neue Vulkan ausgestoßen, ist es mir gelungen tief in das Innere des Kraters zu gelangen und in demselben Instrumente aufzustellen.[43]

Doch auch im Fall der Jorullo-Expedition beschränkte Humboldt seine Forschungsfragen nicht allein auf geowissenschaftliche Untersuchungen. Im 1811 veröffentlichten *Essai politique sur le royaume de la Nouvelle-Espagne* informiert er seine Leser ebenso über seine botanisch-pflanzengeographische Arbeit im Feld wie über die nach der Rückkehr erfolgte Aufteilung der zentralmexikanischen Sammlungsobjekte auf die Standorte Berlin und Paris: „Les productions volcaniques de ce terrain bouleversé se trouvent dans le cabinet de l'École des mines à Berlin. Les plantes cueillies dans les environs font partie des herbiers que j'ai déposés au Muséum d'histoire naturelle à Paris."[44]

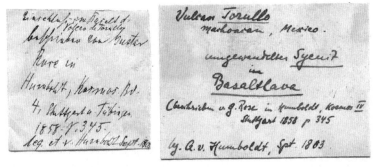

Abb. 8: Etikett mit der Beschreibung eines pyrometamorph überprägten blasigen Syenit-Xenolith in Basaltlava, gefunden von Humboldt am Jorullo und beschrieben von Rose im vierten Band des Kosmos. Museum für Naturkunde Berlin, Mineralogische Sammlung (CC BY-SA 3.0, http://coll.mfn-berlin.de/u/MFN_PET_2013_03495.html)

Der Landschaftsleser Humboldt verbindet in seiner Jorullo-Forschung auf für ihn programmatische Weise die Mineralogie und kartographisch erfasste Topographie eines rezenten Vulkangebirges mit dem erdgeschichtlichen Erkenntnisinteresse des Geologen und dem pflanzengeographischen Blick des botanischen Feldforschers. Die Objekte, die er auf diese Weise nach Europa mitbringt (beispielhaft Abb. 8 und 9), zeigen in ihrer Summe, wie sich die For-

---

43 Humboldt 1845–1862, Bd. 4, S. 334.
44 Humboldt 1811, Bd. 1, S. 297.

schungsergebnisse seiner Reisen sowohl auf unterschiedliche Werke (und wissenschaftliche Disziplinen) verteilen als auch zugleich eng aufeinander bezogen bleiben.

Abb. 9: Helianthus auriculatus, Mexico, Jorullo, Humboldt & Bonpland. Herbarium Berolinense – Virtual Herbarium, Botanischer Garten und Botanisches Museum Berlin (CC BY-SA 3.0, http://herbarium.bgbm.org/object/BW16463010)

Die Berliner Edition Humboldt digital

Die im Kontext der Jorullo-Episode gezeigten Manuskriptseiten der Reisenotizen und Kartenskizzen sind ein sehr kleiner Teil jenes großen Korpus aus Manuskripten, das in der seit 2015 an der Berlin-Brandenburgischen Akademie der Wissenschaften unter dem Projektnamen „Alexander von Humboldt auf Rei-

sen – Wissenschaft aus der Bewegung" entstehenden Hybrid-Edition von
Humboldts handschriftlichem Nachlass editionsphilologisch bearbeitet wird.
Die Texte und Kontexte der Berliner *edition humboldt*[45] geben einen Einblick in
jene Werkstatt des Wissens, die sich erst durch die Aufarbeitung des Autoren-
nachlasses wirklich erschließen lässt und Lektürewege in die Vorbereitung,
Überarbeitung und (gelegentlich) Überwindung des publizierten Werkes erlaubt. Das Beispiel der Jorullo-Expedition, einmal in ihren werk-, text- und
objektbasierten Kontext gestellt, erlaubt darüber hinaus zahlreiche Einblicke in
das visuelle Denken Alexander von Humboldts. Ihre Edition (die freilich noch
aussteht) wird den Weg der autobiographischen, ethnographischen und geo-
wissenschaftlichen Feldnotizen und Raumskizzen des Tagebuchs über die wissenschaftliche Landschaftsmalerei zum geographischen Atlanten aufzeigen
können. Sie erhellt eine Ideengenese, die über die Möglichkeiten einer klassischen Werk- und Textgenese hinaus die Arbeit an einer Fragestellung im Kontext
eines breiten wissenschaftlichen Horizonts erlaubt, ohne doch die einzelnen
Komponenten dieser gedanklichen Entwicklung auf ihre Bindeglied-Funktion in
einer Kette hin zum fertigen Modell zu reduzieren. Schließlich ist der geistige
Weg der Wissenschaft nur selten so linear, auch und gerade nicht bei Humboldt.

Für das Berliner Editionsprojekt sind Objektverbindungen wie die hier gezeigten Beispiele eine ideale Materialbasis, um Humboldts Netzwerkwissen-
schaft im Rahmen einer wissenschaftlichen Edition sicht- und benutzbar zu
machen. Zum einen erschließt das Vorhaben mit den methodischen Grundlagen
einer (noch jungen) digitalen Editionsphilologie den handschriftlichen Teil von
Humboldts Sammlungen: die Reisetagebücher, Arbeitsmanuskripte, Notizzettel
und Korrespondenzen des Berliner und Krakauer Nachlasses.[46] Zum anderen
birgt die Arbeit an diesen für die Humboldt-Forschung so grundlegenden Texten
die Möglichkeit – und das sollte das ausführlichere Jorullo-Beispiel zeigen –, eine
umfassendere Verknüpfung und Zusammenführung vermeintlich unzusam-
menhängender Sammlungsbestände von Humboldts großer Amerika-Reise
aufzuzeigen und in der (digitalen) Edition exemplarisch zusammenzuführen.
Erweitern wir den hier verwendeten Sammlungsbegriff um Humboldts publi-
ziertes Werk, so sind natürlich auch die Atlanten als Teil der exklusiven Rara-
Sammlung der Kartenabteilung der Berliner Staatsbibliothek bedeutende
Sammlungsobjekte und in gleicher Weise Teil dieser semantischen Verweis-
struktur. Die mineralogischen Proben, die Humboldt vom Jorullo wie von vielen
anderen seiner Reisestationen in den Amerikas sowie in Russland und Sibirien
mitbrachte, liegen wiederum in der geologischen Sammlung des Museums für

---

45 http://edition-humboldt.de.
46 Zur Geschichte dieser beiden bedeutenden und für das Berliner Editionsvorhaben grundlegenden Nachlassbestände vgl. Erdmann / Weber 2015.

Naturkunde. Und das Humboldt'sche Herbar, das, wie das Beispiel (Abb. 9) zeigen sollte, auch von der Jorullo-Expedition profitierte, liegt in ganz wesentlichen Teilen in den Berliner und Pariser Sammlungen, die zu beachtlichen Teilen bereits über Digitalisate-Kataloge des Muséum nationale d'Histoire naturelle sowie des Digitalen Herbariums des Botanischen Museums Botanischer Garten Berlin verfügbar gemacht wurden und mit der Berliner Edition verknüpft und eingehender erforscht werden können. Erst die institutionsübergreifende Bereitstellung digitaler Reproduktionen dieser wie zahlreicher anderer Sammlungsbestände in Datenbanken, Repositorien und „Digitalisierten Sammlungen" schafft die Voraussetzung für die Digitalisierung der Zusammenhänge, für die digitale Kuratierung der Objekte und der mit ihnen verbundenen Wissens- und Wissenschaftsgeschichte in einer digitalen Edition der Texte.

Kosmos Berlin – Forschungsperspektive Sammlungen

Das Bewusstsein für die Geschichte der wissenschaftlichen Sammlungsbestände sowie ihrer zahlreichen objektbasierten Verbindungen jenseits der durch Institutionen getrennten Wissensordnungen und Taxonomien ist in jüngster Zeit deutlich gestiegen. Das gilt besonders für die Berliner Institutionenlandschaft. Hier hat sich 2015 unter Koordination des Botanischen Gartens – Botanisches Museum Berlin die Initiative „Kosmos Berlin – Forschungsperspektive Sammlungen" gegründet, die derzeit ein Konzept zur historischen Erforschung der Berliner Sammlungsbestände erarbeitet und bereits durch gemeinsame Veranstaltungen wie eine Ringvorlesung aktiv geworden ist.[47]

Auch wenn es sich dabei um eine ortsgebundene Initiative handelt, gehen der Umfang und die wissenschaftshistorische Bedeutung ihrer Fragestellung doch weit über Berlin hinaus. Das sollten die hier kurz vorgestellten und in den Kontext von Humboldts Forschungsreisen und Forschungspublikationen gestellten Objekte zeigen. Ihre Welthaltigkeit zeigt sich ebenso in ihrer Provenienz und Herkunftsgeschichte als Ergebnis der großen hemisphärischen Forschungsreisen nach Amerika und Asien als auch in jenen europäischen, regionalen und lokalen Bedeutungsschichten, die ihre Überführung in europäische Sammlungen im 19. Jahrhundert entfaltete und die wir aus diesen Kontexten heraus ihnen heute zuschreiben. In dieser Spannung äußern sich ihre jeweils spezifische Geschichtlichkeit, ihr Wert und ihr Nutzen für heutige kulturwissenschaftliche Forschung und wissenschaftshistorische Analyse.

Sicher bildet der hier durch das Interesse an Humboldt vorgegebene Rahmen nur einen winzigen Ausschnitt aus den möglichen Fragestellungen, For-

---

47 Vgl. hierzu http://www.forschungsperspektive-sammlungen.de.

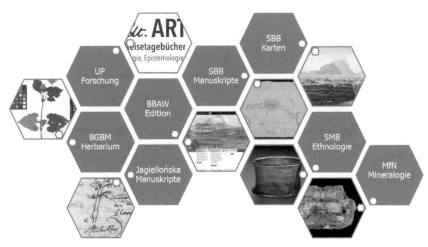

Abb. 10: Schematische Skizze verschiedener Sammlungsbestände und Forschungsvorhaben im Kontext der Verbundinitiative „Kosmos Berlin – Forschungsperspektive Sammlungen" (Grafik: Tobias Kraft)

schungsperspektiven und Erzählungen, die sich anhand der Objekte (speziell) der Berliner Sammlungsbestände und anhand der Werke und des Wirkens der Berliner Sammler entwickeln lassen. Doch zeigen die hier vorgestellten Beispiele – in zweifellos knappen Schlaglichtern – einen Weg auf, die zahlreichen, noch wenig erforschten Geschichten der Objekte, Repräsentanten und Institutionen der Berliner Wissenschaftslandschaft des 19. Jahrhundert in einem neuen Licht zu sehen. Das gilt besonders für die Darstellungs- und Analysemöglichkeiten, die sich durch die Digitalisierung der Objekte, Texte und Kontexte (etwa historischer Daten) ergeben, können sie doch entscheidend dazu beitragen, die Berliner Forschung des 19. Jahrhundert in ihren lokalen, regionalen und (zweifellos bei Humboldt) globalen Zusammenhängen neu zu entdecken.

Quellen

Ungedruckte Quellen

Staatsbibliothek zu Berlin – PK, Nachl. Alexander von Humboldt (Tagebücher), IX.
Real Academia de la Historia – Colección: Departamento de Cartografía y Artes Gráficas, C-001–079. Profilkarte von Alexander von Humboldt ‚Viage á el ynterior del Cráter del Volcán de Jorullo' [1804–1805], 39,2 x 62,5 cm, verfügbar unter: http://bibliotecadigi tal.rah.es/dgbrah/i18n/consulta/registro.cmd?id=12512 [24.02.2017].

Gedruckte Quellen

Bautsch, Hans-Joachim: ‚Mineralogische Ergebnisse der Reise von Christian Gottfried Ehrenberg, Alexander von Humboldt und Gustav Rose‘, in: Aranda, Kerstin / Förster, Andreas / Suckow, Christian (Hg.): *Alexander von Humboldt und Russland. Eine Spurensuche*. Berlin, Boston 2014, S. 133–145.

Bitterli, Urs: *Die ‚Wilden‘ und die ‚Zivilisierten‘. Grundzüge einer Geistes- und Kulturgeschichte der europäisch-überseeischen Begegnung*. München [3]2004.

Drews, Julian: ‚(Auto)biographisches Schreiben in Alexander von Humboldts *Examen critique*‘, in: Ette, Ottmar / Ders. (Hg.): *Horizonte der Humboldt-Forschung. Natur, Kultur, Schreiben*. Hildesheim, Zürich, New York 2016, S. 79–95.

Engelmann, Gerhard: ‚Alexander von Humboldts kartographische Leistung‘, in: Lehmann, Edgar (Hg.): *Wissenschaftliche Veröffentlichungen des Geographischen Instituts der Deutschen Akademie der Wissenschaften (bisher Deutsches Institut für Länderkunde)*. Neue Folge 27/28. Leipzig 1970, S. 5–21.

Erdmann, Dominik / Weber, Jutta: ‚Nachlassgeschichten. Bemerkungen zu Humboldts nachgelassenen Papieren in der Berliner Staatsbibliothek und der Biblioteka Jagiellońska Krakau‘, in: *HiN – Alexander von Humboldt im Netz. Internationale Zeitschrift für Humboldt-Studien* 16, 31 (2015), S. 58–77, verfügbar unter: http://dx.doi.org/10.18443/223 [11.02.2017].

Ette, Ottmar: ‚Der Blick auf die Neue Welt‘, in: Alexander von Humboldt: *Reise in die Äquinoktial-Gegenden des Neuen Kontinents*. Hg. v. Ottmar Ette. Bd. 2. Frankfurt/M., Leipzig 1991, S. 1563–1597.

Ette, Ottmar: ‚Die Fehler im System und die Kunst des Scheiterns. Alexander von Humboldt oder das Glück, niemals anzukommen‘, in: Ingold, Felix Phillip / Sánchez, Yvette (Hg.): *Fehler im System. Irrtum, Defizit und Katastrophe als Faktoren kultureller Produktivität*. Göttingen 2008, S. 35–51.

Ette, Ottmar: ‚Nachwort‘, in: Alexander von Humboldt: *Geographischer und physischer Atlas der Äquinoktial-Gegenden des Neuen Kontinents. Unsichtbarer Atlas aller von Alexander von Humboldt in der ‚Kritischen Untersuchung‘ aufgeführten und analysierten Karten*. Frankfurt/M. 2009, S. 227–241.

Gerbi, Antonello: *The Dispute of the New World. The History of a Polemic, 1750–1900*. Pittsburgh 2010 [*La Disputa del Nuovo Mondo*, 1973].

Greenblatt, Stephen: *Wunderbare Besitztümer. Die Erfindung des Fremden: Reisende und Entdecker*. Berlin 1998.

Holl, Frank (Hg.): *Alejandro de Humboldt. Una nueva visión del mundo*. Barcelona, Madrid 2005.

Humboldt, Alexander von: *Vues des Cordillères et monumens des peuples indigènes de l'Amérique*. Paris [1810–]1813.

Humboldt, Alexander von: *Essai politique sur le royaume de la Nouvelle-Espagne*. 5 Bde. Paris 1811.

Humboldt, Alexander von / Bonpland, Aimé: *Voyage aux régions équinoxiales du Nouveau Continent, fait en 1799, 1800, 1801, 1802, 1803 et 1804. Relation historique*. Bd. 1. Paris 1814[–1817].

Humboldt, Alexander von: *Atlas géographique et physique des régions équinoxiales du Nouveau Continent, fondé sur des observations astronomiques, des mesures trigonométriques et des nivellemens barométriques.* Paris 1814–1834[–1838].

Humboldt, Alexander von: *Rede, gehalten bei der Eröffnung der Versammlung deutscher Naturforscher und Ärzte in Berlin, am 18ten September 1828.* Königliche Akademie der Wissenschaften. Berlin 1828, verfügbar unter: http://www.deutschestextarchiv.de/humboldt_versammlung_1828 [24.02.2017].

Humboldt, Alexander von: *Kosmos. Entwurf einer physischen Weltbeschreibung.* 5 Bde. Stuttgart, Tübingen 1845–1862.

Humboldt, Alexander von: ‚Lettres d'Alexandre de Humboldt à Marc Auguste Pictet (1795–1824)‘, in: *Le Globe* 7 (1868), S. 129–204.

Humboldt, Alexander von: *Vier Jahrzehnte Wissenschaftsförderung. Briefe an das preußische Kultusministerium 1818–1858.* Hg. v. Kurt-R. Biermann. Berlin 1985.

Humboldt, Alexander von: *Briefe aus Amerika 1799–1804.* Bearbeitet von Ulrike Moheit. Berlin 1993.

Humboldt, Alexander von: *Briefe aus Russland 1829.* Hg. v. Eberhard Knobloch, Ingo Schwarz und Christian Suckow. Berlin 2009.

Humboldt, Alexander von / Spiker, Samuel Heinrich: *Briefwechsel.* Hg. v. Ingo Schwarz unter Mitarbeit von Eberhard Knobloch. Berlin 2007.

Knobloch, Eberhard: „„Es wäre mir unmöglich nur ein halbes Jahr zu leben wie er": Encke, Humboldt und was wir schon immer über die Berliner Sternwarte wissen wollten‘, in: Hamel, Jürgen / Knobloch, Eberhard / Pieper, Herbert (Hg.): *Alexander von Humboldt in Berlin. Sein Einfluß auf die Entwicklung der Wissenschaften.* Augsburg 2003, S. 27–57.

Kolumbus: *Der erste Brief aus der Neuen Welt. Lateinisch/deutsch. Mit dem spanischen Text des Erstdrucks im Anhang.* Hg. v. Robert Wallisch. Stuttgart 2006.

Kraft, Tobias: ‚Erdwissen im Angesicht der Berge. Die Vulkanlandschaft der Jorullo-Ebene als Heuristik der Geologie‘, in: Ette, Ottmar / Drews, Julian (Hg.): *Horizonte der Humboldt-Forschung. Natur, Kultur, Schreiben.* Hildesheim, Zürich, New York 2016, S. 97–124.

Kretschmann, Carsten: *Räume öffnen sich. Naturhistorische Museen im Deutschland des 19. Jahrhunderts.* Berlin 2006.

Osterhammel, Jürgen: *Die Verwandlung der Welt. Eine Geschichte des 19. Jahrhunderts.* München ²2009.

Ringmacher, Manfred: ‚Wilhelm von Humboldt und die amerikanischen Sprachen‘, in: Humboldt, Wilhelm von: *Einleitende und vergleichende amerikanische Arbeiten.* Hg. v. Manfred Ringmacher unter Mitarbeit von Ute Tintemann mit Beiträgen von Jenne Klimp und Frank Zimmer. Paderborn 2016, S. 1–20.

Schwarz, Ingo: ‚Einführung‘, in: Humboldt, Alexander von / Spiker, Samuel Heinrich: *Briefwechsel.* Hg. v. Ingo Schwarz unter Mitarbeit von Eberhard Knobloch. Berlin 2007, S. 11–27.

Trabant, Jürgen: *Weltansichten. Wilhelm von Humboldts Sprachprojekt.* München 2012.

Walravens, Hartmut: ‚Zu den von Alexander von Humboldt aus Russland mitgebrachten Büchern‘, in: *HiN – Alexander von Humboldt im Netz. Internationale Zeitschrift für Humboldt-Studien* 18, 34 (2017), S. 97–147, verfügbar unter http://dx.doi.org/10.18443/246 [12.06.2017].

Werner, Petra / Suckow, Christian: ‚Die geheime Biographie der Dinge. Eine Vase als Prachtgeschenk des russischen Zaren an Alexander von Humboldt', in: *Jahrbuch der Berliner Museen* Neue Folge, 51 (2009), S. 101–109.

Internetquellen

Humboldt, Alexander von: *Korrespondenz mit Franz Julius Ferdinand Meyen.* Hg. v. Petra Werner unter Mitarbeit von Ingo Schwarz und Tobias Kraft, in: *edition humboldt digital*, hg. v. Ottmar Ette. Berlin-Brandenburgische Akademie der Wissenschaften. Berlin 2016, verfügbar unter: http://edition-humboldt.de/briefe/index.xql?person= H0014181 [12.06.2017].

David Blankenstein

Sammeln als kollektive Praxis – Alexander von Humboldt und die Musealisierung präkolumbianischer Objekte in Europa

„Sie werden auch in den Kisten goldene Medaillen, alte Mexikanische Statuen und ein Federgemälde finden."[1] Dies schreibt Humboldt im März 1805 an Dietrich Ludwig Gustav Karsten, den Kustoden des Mineralogischen Kabinetts, dem er gerade sieben Kisten mit Gesteinen, aber eben auch anderen Objekten, von Paris aus gesandt hat. Aus heutiger Sicht mag Alexander von Humboldts Entscheidung, Objekte, die ganz offensichtlich menschengemacht sind, mitsamt vieler Gesteinsproben an eine naturhistorische Sammlung zu übergeben, befremdlich oder gar fehlgeleitet erscheinen, als bloße Reduzierung des Artefakts auf seine materiellen Eigenschaften, Proben von Obsidian, Serpentin, Metall – Objekte die sich in die mineralogische Taxonomie einzufügen haben.[2] Erst weit nach Humboldts Ableben, mit der Gründung des Völkerkundemuseums, wurden im Übrigen die letzten Humboldt'schen Artefakte aus dem naturhistorischen Kontext der Mineraliensammlung herausgenommen.[3] Dass Humboldt mit der Übergabe der Artefakte an Karsten allerdings keine Abwertung der kulturellen Bedeutung menschengemachter Objekte zugunsten ihrer materiellen Qualitäten intendierte, zeigt schon ein Blick in die fünf Jahre später, 1810, erschienenen *Vues des Cordillères*, in denen er ihnen den Platz unter den *monuments des peuples indigènes de l'Amérique*, so der weitere Titel des im wahrsten Sinne monumentalen Werks, zurückgibt.[4] Die Humboldt'schen Mitbringsel aus Amerika eignen sich als Ausgangspunkt einer Geschichte sich ergänzender und zusammenwirkender Wissens-Praktiken, in der sich das Sammeln und der Aufbau von Sammlungen, die naturwissenschaftliche Analyse und die kulturhistorische Einordnung gegenseitig bedingen und ergänzen. Es geht im Folgenden darum, Humboldts Umgang mit dem Artefakt beispielhaft zu untersu-

---

1 Humboldt an D. L. G. Karsten, Paris, 10.3.1805, ABBAW, NL A. v. Humboldt, Nr. 22, zit. nach Nöller 2002.
2 Es drängt sich dabei der Gedanke an Schillers Aussage über Humboldt als „Verstandesmenschen ohne Einbildungskraft" auf, s. Schwarz 2003.
3 Vgl. Nöller 2002.
4 Siehe dazu auch Cettina Rapisardas Beitrag in diesem Band.

chen und dabei die Entstehung von Deutungsebenen vor dem Hintergrund naturwissenschaftlicher Erforschung und kulturhistorischer Interpretation in den Blick zu nehmen, als eine Geschichte die die Objekte erst in Gänze für die Öffentlichkeit erschließt. In einem zweiten Abschnitt soll die Perspektive erweitert werden, nicht mehr auf Humboldt als Sammler, sondern als Mittler, und somit als Schlüsselfigur, die er für die Verankerung präkolumbianischer Objekte im kulturhistorischen Bewusstsein Europas war.

Zwischen Naturwissenschaft und Kulturgeschichte, zwischen Amerika und Europa

An einem kleinen, unscheinbaren und bisher wenig beachteten Gegenstand, den Humboldt aus Amerika mitbrachte, lässt sich darüber Aufschluss gewinnen, wie die Betrachtung und Untersuchung eines solchen Objekts in verschiedene Richtungen fruchtbar gemacht werden konnte, wie Erkenntnisse und Beiträge verschiedener Wissenschaftler und Gelehrter aus den Bereichen der Naturwissenschaften und der Kulturgeschichte zum Grundstock neuer Erkenntnisse wurden. Es handelt sich um einen etwa 12 cm langen Flachmeißel mit keilartiger Schneide und relativ kleiner Schlagfläche, der heute zu den Beständen des Ethnologischen Museums Berlin gehört.[5] Humboldt hatte das Werkzeug, das offenbar in einer Silbermine der Inka aus präkolumbianischer Zeit in Vilcabamba bei Cuzco gefunden worden war, von einem Missionar namens Narcissus Gilbar aus Lima geschenkt bekommen.[6] Anders als den meisten der von ihm mitgebrachten Objekte widmet Humboldt ihm in seinen *Vues des Cordillères* weder ein eigenes Kapitel, noch eine Abbildung. Jedoch erwähnt er es in dem Kapitel über das Haus des Inka in Cañar (zu Tafel XX). Hier beschreibt er es als „kostbare[s] Instrument", dass er „glücklich nach Europa gebracht" habe, und betont damit zwar nicht dessen ästhetische Qualität, aber doch einen weit über den Materialwert hinausgehenden Wert als menschengemachtes Objekt, mit der Bezeichnung „Instrument" sogar als Träger einer Funktion.[7] In den *Vues des Cordilleres* dient der alt-peruanische Meißel zunächst als Beleg für Humboldts „der landläufigen Meinung" widersprechenden Auffassung, die Inka hätten keine Metallwerkzeuge, sondern nur Kieselsteinäxte zur Materialbearbeitung

---

5 Staatliche Museen zu Berlin – Preußischer Kulturbesitz, Ethnologisches Museum, Ident.-Nr. VA 2694.

6 Gilbar hatte offenbar nicht nur Humboldt Gegenstände beschafft, auch Harold T. Wilkins berichtet über ganze Sammlungen von Manuskripten (book of the Panos). Wilkins 1946, S. 147.

7 Humboldt 2004, S. 22 u. S. 153f.

zur Verfügung gehabt. Doch schon zuvor ließ er die Beschaffenheit des Instruments mit naturwissenschaftlichen Methoden überprüfen.

Im Nachlass Alexander von Humboldts in der Krakauer Jagiellonen-Bibliothek hat sich ein handschriftliches Gutachten des französischen Chemikers Louis-Nicolas Vauquelin über das peruanische Werkzeug erhalten, das Humboldt ihm schon bald nach seiner Rückkehr nach Europa zur Analyse überlassen hatte.[8] Dem Text dieses Gutachtens lässt sich zunächst ein Impuls entnehmen, der Humboldt zur Analyse des Metallwerkzeugs bewegt haben mag. Sein spürbar hohes Gewicht habe ihn zu der Vermutung verleitet, dass außer dem hauptsächlichen Kupfer auch ein Goldanteil in der Legierung vorhanden sei, merkt Vauquelin darin an, ein „soupçon très naturel".[9] Wenngleich die chemische Analyse der Metallprobe Humboldts Annahme nicht bestätigen kann, und das hohe spezifische Gewicht letztlich ein Rätsel bleibt, so birgt die Zusammensetzung der Legierung (94 Teile Kupfer, 6 Teile Zinn und geringe Spuren von Silber, also eine Bronzelegierung) Raum für einen Vergleich, den Vauquelin in einer Fußnote seines Gutachten zieht. Er erwähnt nämlich ein weiteres von ihm untersuchtes Stück: „On a analysé dernièrement une hache antique de cuivre trouvé en France et remise par Mr. Dupont de Némours."[10] Der Chemiker stellt damit einen Bezug her zwischen Metallverarbeitungstechniken des alten und des neuen Kontinents, auf der Grundlage der chemischen Zusammensetzung und der daraus resultierenden Qualität des Materials, die wiederum seine Funktionalität bedingt.

Mit dem Verweis auf die materielle Beschaffenheit der gallischen Axt war eine Verbindung zu einer antiquarischen bzw. archäologischen Tradition hergestellt, die Humboldt gerade recht kam und mit der er argumentieren konnte: „Caylus hat von Peruanischem gestählten Kupfer geträumt", schreibt er an Karstens im eingangs zitierten Brief, und verweist damit auf den sechsbändigen *Recueil d'Antiquités, Egyptiennes, Etrusques, Grecques Et Romaines.*[11] Mit diesem Werk hatte Anne-Claude-Philippe de Caylus, dessen Reisen ihn ebenfalls bis hinter die Grenzen Europas geführt hatten, ab 1752 Grundlagen für eine im Gegensatz zur textbasierten antiquarischen Tradition objektbezogene wissenschaftliche archäologische und kunsthistorische Auseinandersetzung mit den Schätzen der

8 Biblioteka Jagiellonska, Kraków, Nachl. Alexander von Humboldt, Bd. 2, Bl. 68–69. Ich danke Dominik Erdmann für weiterführende Hinweise zum Manuskript und der Handschriftenabteilung der Staatsbibliothek für die freundliche Überlassung von Abbildungen des Dokuments. Humboldt kannte Vauquelin schon einige Jahre, vor seiner Abreise nach Amerika hatten beide gemeinsam Versuche durchgeführt und 1798 einen Artikel publiziert („Notice sur la cause et les effets de la dissolubilité du gaz nitreux dans la solution du sulfate de fer", *Ann. Chimie* 28 (an VII), Nr. 2, S. 181–188).
9 Biblioteka Jagiellonska, Kraków, Nachl. Alexander von Humboldt, Bd. 2, Bl. 68.
10 Ebd., Bl. 69.
11 Caylus 1752–1764.

Antike geschaffen. Im ersten Band analysiert er unter anderem die material-
technischen Aspekte antiker Metallobjekte, und zwar ebenso wie später Humboldt in Kooperation mit Chemikern. Ein Kuriosum inmitten der von Caylus
untersuchten antiken Artefakte, die fast ausnahmslos aus dem Mittelmeerraum
stammten, ist eine bronzene Axtklinge mit halbmondförmiger Schneide aus
eben dem Land, in dem Humboldt sich den Bronzemeißel zu verschaffen wusste.
Das Produkt peruanischer Schmiede wird von Caylus abgebildet und kurz beschrieben, was an sich schon aufsehenerregend genug ist.[12] Doch noch wichtiger
ist die Tatsache, dass der große Antikensammler und -forscher des 18. Jahrhunderts die Axt dort in den Kontext metallurgischer Untersuchungen römischer Waffen stellt. Caylus hatte einen ganz ähnlichen Weg wie später Humboldt
beschritten, um Aufschluss über antike Metalle zu gewinnen und hatte den
Chemiker Claude-François Geoffroy mit Untersuchungen zu römischen Waffen
aus Kupfer beauftragt.

Während Caylus sich in der Bezugnahme auf das amerikanische Objekt auf
dessen Beschaffenheit beschränken musste, und (wie bei den Beispielen aus dem
Mittelmeerraum) davon ausging, dass die Waffen aus gehärtetem Kupfer be-
stünden, gelang es Humboldt dank Vauquelin zu zeigen, dass die Eigenschaften
des Materials, aus dem die Funktionalität des Gegenstandes resultiert, nicht von
einem wie auch immer gearteten Härtungsprozess, sondern der besonderen
Form der Legierung, herrührte. So kann er ausgehend vom Artefakt in seinem
Essai politique sur le royaume de la Nouvelle-Espagne nicht nur über die
Schmiedetechnik in präkolumbianischer Zeit räsonieren, sondern auch die
überkommene Auffassung über das Metall korrigieren.[13] Es scheint, er verweise
vor allem auf Caylus und auf Cornelius Pauw, der sich in seinen *Recherches
philosophiques sur les Américains* (Bd. 2, S. 154 f.) auf diesen bezieht, wenn er im
Essai schreibt:

> Plusieurs savans distingués, mais étrangers aux connoissances chimiques, ont prétendu
> que les Mexicains et les Péruviens avoient un secret particulier pour donner une trempe
> au cuivre, et pour le convertir en acier. Il n'est pas douteux que les haches et d'autres
> outils mexicains ne fussent presque aussi tranchans que des instrumens d'acier ; mais
> c'est à l'alliage avec l'étain et non à la trempe, qu'ils devoient leur extrême dureté.[14]

Sowohl im *Essai politique sur le royaume de la Nouvelle-Espagne* als auch in den
Vues des Cordillères setzt Humboldt seinen Befund im Sinne einer kulturhistorischen Einordnung um, allerdings mit Unterschieden im Detail: Während er im
ersteren eine Kontextualisierung in Bezug auf Erzvorkommen, ihre Ausbeutung,
die Verarbeitung und den Gebrauch vornimmt und letztlich mit einer geologi-

---

12 Caylus 1752–1764, Bd. 1, T. LXI u. S. 168.
13 Humboldt 1811, Bd. 2, S. 485.
14 Ebd., vgl. auch Humboldt 2004, S. 159 f.

schen Betrachtung schließt, verbindet er mit dem Vergleich in den *Vues des Cordillères* eine konkretere zivilisatorisch-kulturhistorische Wertung, die sich aus der Materialanalyse des Artefakts und vergleichbaren europäischen Funden ergibt:

> Dieses schneidende Kupfer der Peruaner ist beinahe identisch mit dem der gallischen Äxte, die sich zum Holzschlagen ebenso gut eignen, wie wenn sie aus Stahl wären. Im Anfang der Zivilisation der Völker wurde überall auf dem alten Kontinent der Gebrauch von mit Zinn vermischtem Kupfer (aes [Erz], χαλκός [chalkós, Metall]) dem von Eisen vorgezogen, selbst da, wo letzteres seit langem bekannt war.[15]

Humboldt war mit Caylus' Werk seit langem gut vertraut. Er hatte in seiner ersten Veröffentlichung, *Mineralogische Beobachtungen über einige Basalte am Rhein*, mehrfach auf den *Recueil d'Antiquités* zurückgegriffen, um im Rahmen seiner Plinius-Lektüre Aufschluss über die materielle Beschaffenheit antiker Skulpturen zu erhalten. So wirkt es nur plausibel, dass Humboldt durch Caylus von der Möglichkeit – sogar Notwendigkeit – überzeugt war, das Material eines Artefakts zu erforschen, nicht nur um eine Materialgeschichte zu schreiben, sondern als unverzichtbaren Bestandteil einer Kulturgeschichte.[16]

Es war nach 1800 in der Tat nicht mehr die Einführung der chemischen Analyse in die antiquarisch-archäologische Forschung, die für Verwunderung oder Skepsis sorgte, sondern vielmehr das Unterlassen der gründlichen Untersuchung mit naturwissenschaftlichen Verfahren. So kritisiert schon 1811 Adolphe Dureau de La Malle in seiner *Économie politique des Romains* die Arbeiten Boeckhs und Letronnes: „Ces savants distingués ont négligé d'introduire dans cette question de métaux l'élément scientifique et minéralogique qui la domine entièrement et qui peut seul en donner une solution satisfaisante."[17] Und erwähnt als positives Beispiel die von Humboldt veranlasste Analyse des peruanischen Meißels, die diesem erlaubt habe, ihn aufgrund seiner materiellen Qualitäten mit der in Europa genutzten Bronze zu vergleichen.

Die Techniken der naturwissenschaftlichen Analyse stellten also einen neuen Maßstab für den kulturanthropologischen, antiquarischen und archäologischen Vergleich der Neuen mit der Alten Welt bereit. Humboldt hat diese Verfahren nicht erfunden, konnte sie aber prominent ausbreiten und folglich dazu beitragen, Objekte aus der außereuropäischen Welt diskursiv mit denen der europäischen Antike zu verbinden. So wurde diesen Objekten über den Umweg der

---

15 Humboldt 2004, S. 154.
16 Es sei an dieser Stelle darauf verwiesen, dass auch Johann Joachim Winckelmann die Chemie als probates Hilfsmittel der archäologischen Forschung betrachtete, zumindest legt dies sein Bedauern nahe, dass an den Pigmenten antiker Malerei keine chemischen Untersuchungen gemacht worden waren. Vgl. Berger 1904, S. 65.
17 Dureau de La Malle 1811, S. 51.

Naturgeschichte letztlich der Weg ins Museum inmitten einer nicht mehr nur europäischen, sondern globalen Antike gewiesen.

Humboldt und die Sammlungen präkolumbianischer Kunst in Europa

Der Weg dorthin war allerdings lang, nicht nur mangels Willen, sondern vor allem mangels Material. Erste nennenswerte Sammlungen kamen mit der Unabhängigkeit Mexikos ab den 1820er-Jahren, durch den Aufbau ökonomischer Beziehungen zwischen den neu entstehenden Staaten und den europäischen Staaten und Gesellschaften. Diese Beziehungen lösten wirtschaftlich einen regelrechten Mexiko-Hype aus und führten Personen verschiedenster Berufe, Fähigkeiten und Interessen nach Amerika: Bergbauingenieure, Händler, Künstler unter anderem, darunter auch solche, die aufschrieben, zeichneten und sammelten, was ihnen an Zeugnissen präkolumbianischer Kulturen vor Augen kam. Die Geschichte der Sammler amerikanischer Artefakte und der Sammlungen, die in jener Zeit Europa erreichten, ist erst in den letzten Jahren ausführlicher und vor allem in einem transnationalen Kontext untersucht worden. Dabei haben sich Einblicke in die Netzwerke ergeben, die sich zwischen europäischen Mexikobesuchern, der Elite des Landes sowie US-Amerikanischen Konsuln, Geschäftsleuten und Gelehrten gebildet haben und damit auf die globale Dimension der Sammlungsgeschichte verweisen.[18]

Alexander von Humboldt war – obgleich zu jener Zeit in Europa – Teil dieser Netzwerke. Er kannte nicht nur einige der Reisenden bereits bevor sie sich auf den Weg machten, ermutigte sie zu ihren Unternehmungen, oder erreichte eine Förderung derselben, sondern wurde auch über reisende Sammler auf dem Laufenden gehalten, etwa in einem Brief von Lucas Alamán, dem mexikanischen Innen- und Außenminister, der am 4. November 1825 Humboldt über Reisende und ihre Qualifikationen unterrichtete.[19] Zu einem der ersten in den zwanziger Jahren nach Europa gelangten mexikanischen Artefakte, der Skulptur eines alten Mannes, die sich heute im Musée du Quai Branly befindet, verfasste Humboldt eine kleine Notiz, am Rande eines Empfehlungsbriefes, den der Sammler Tabary, von dem nichts weiteres bekannt ist, aus den USA mitbrachte, und in dem Humboldt notiert:

---

18 Die Literatur dazu ist bislang nicht besonders umfangreich. Vgl. etwa Bleichmar / Mancall 2013, darin spezieller Teil IV ‚European Collections of Americana in the Eighteenth and Nineteenth Centuries‘; weiterhin Riviale 1996; Vorwort im Katalog Marie-France Fauvet-Berthelot, ‚Préface‘, in: Dies. 2015.

19 Lucas Alaman an Alexander von Humboldt, Mexico, 04. 11. 1825 Leipzig, Universitätsbibliothek, Slg. Römer/A/9.

Le morceau de sculpture, rapporté par M. Tabary des environs de Papantla, m'a paru d'un grand intérêt : il porte tous les caractères de l'ancien style aztèque et appartient à un genre de monuments allégoriques qui sont devenus extrêmement rares dans le pays même.

Paris, ce 1er juin 1825   Al. de Humboldt[20]

Stil – Allegorie – und absolute Seltenheit: Humboldt braucht nicht viele Worte, um der Skulptur aus seiner Perspektive Werte zuzuschreiben, mit denen sie gegen die Konkurrenz auf dem Markt der Antiken gewappnet war. Vielleicht noch wichtiger war sein „grand intérêt" – denn Humboldts Interesse war eine Währung, der in der Hoffnung auf Stellen, Posten, Gelder und wie wir sehen werden auch auf Ankäufe von Sammlungen großer Wert beigemessen wurde. Mit dieser Währung wurde gehandelt, als bald erste größere Sammlungen aus Mexiko Europa erreichten. Die erste die in dieser Hinsicht großes Aufsehen erregte war die des englischen Showman William Bullock, der 1823 sechs Monate in Mexiko gereist war und in Bezug auf das Zusammentragen von Sammlungen außerordentlich umtriebig gewesen war. Von dieser Sammlung soll weiter unten noch einmal die Rede sein, hier sei nur darauf hingewiesen, dass die Tatsache, dass der europäische Inselstaat nach Bullocks Rückkehr und der Publikation von Antonio del Rios Bericht über die Ruinen von Palenque einen Wissensvorsprung vor den Franzosen besaß, in Paris für Unruhe sorgte.[21]

An der vor allem durch die Pariser *Société de Géographie* lancierten Aufholjagd war Humboldt nicht unbeteiligt. Als der Geograph und Teilnehmer der „Expédition d'Egypte" Edmé Jomard 1826 im Namen der *Société de Géographie* eine Preisaufgabe zur archäologischen Erforschung der Relikte präkolumbianischer Kulturen konzipierte, konsultierte er Alexander von Humboldt mit der Bitte um Vorschläge. Im von der Forschung bislang erstaunlicherweise unberücksichtigten Antwortschreiben Humboldts, das wenig später fast eins zu eins in die Formulierung der Preisaufgabe übernommen wurde, zählt Alexander von Humboldt nicht nur die ihm bekannten antiken Stätten auf, allen voran Palenque, sondern skizziert auch ein kleines Forschungsprogramm, das einigen Aufschluss darüber gibt, was er sich von den forschenden Reisenden erhoffte:

[…] N'y aurait-il pas à recommander spécialement :

De rechercher les bas-reliefs qui représentent les adorations d'une croix (l'un est gravé dans del Rio). J'en possède un autre dessin, d'un monument de Palenqué encore inédit que je vous transmets.

---

20 Archives du Musée du Quai Branly, Série I.2 : Département Amérique – Musée de l'Homme (Paris) – [MH. Laboratoire d'ethnologie. Département Amérique] – dossiers de collection D003138/41204. Notes sur une statue en grès (71.1932.10.17). Der Brief von Pascalis, sowie die Notiz von Humboldt sind abgedruckt bei Reichlen 1943, S. 180.
21 Prévost Urkidi 2009.

D'examiner spécialement ce que les traditions du pays rapportent sur l'âge de ces monuments, et s'il est bien prouvé que les figures qui ont un style d'imitation presque européen, sont antérieures à la conquête ;

De recueillir tout ce que l'on sait sur le Votan ou Wodan des Chiapanais, qui semblable à Odin et Bouddha préside à un jour de la petite période (Boud-Var) Wednesday. Voyez mes monuments, tome I., p. 383, in-8°. [...]

Eine äußerst knapp gehaltene Apodemik, die die basale Konfiguration des forschenden Reisens enthält: „rechercher [...] examiner [...] recueillir". Diese Praktiken sollten laut Humboldt Grundlage für etwas sein, das über den Kontext *in situ* hinausgeht: die vorgebliche Anbetung des Kreuzes in Palenque, die Klärung des Alters der Relikte, um über mögliche europäische Einflüsse seit der Conquista Aufschluss zu erhalten und der Mythos des Votan, den Humboldt schon in den *Vues des Cordillères* mit dem germanischen Odin/Wotan und Buddha in Verbindung gebracht hatte, verweisen auf die Möglichkeit transatlantischer und globaler Kulturphänomene. An dem Interesse für diese Zusammenhänge lässt sich die Frage nach dem Ursprung der amerikanischen indigenen Bevölkerung herauslesen, aber auch der Versuch, davon unabhängig Strukturanalogien zwischen verschiedenen Kulturen nachzugehen, hier jedoch nicht im Sinne der Techné, wie im Falle des Meißels, sondern im Bereich des Mythos. Als Adressaten lassen sich für die formulierte Aufgabe des Suchens, Untersuchens und Sammelns schließlich nicht nur die Reisenden identifizieren, sondern all jene Personen und Institutionen, die diese Praktiken betreiben, also auch die Forschercommunity in Europa und die Museen als Orte der Sammlung.

Die von Humboldt skizzierte und von der *Société de Géographie* auf dem alten wie auf dem neuen Kontinent verbreitete Preisaufgabe führte über die gut 13 Jahre ihres Bestehens, zu einer Fülle von Dokumentationen antiker Stätten und Artefakte, von denen einige sehr bekannt geworden sind, wie die *Antiquités mexicaines* des Abbé Baradère, welche die Resultate der noch vom spanischen König Karl IV. finanzierten Expeditionsreisen Guillaume Dupaix' publizierten, die *Voyage pittoresque et archéologique dans la province d'Yucatan pendant les années 1834 et 1836* von Jean-Frédéric Waldeck, oder die von Humboldt lobend rezensierte und bevorwortete *Voyage pittoresque et archéologique dans la partie la plus intéressante du Mexique par C. Nebel, Architecte*. Aber die Initiative führte auch dazu, dass Objekte aus Amerika nach Europa kamen: am 25. Februar 1832 bewarb Alexander von Humboldt die Sammlung des Deutschen Maximilian Franck, dem von den Kustoden des Louvre explizit geraten worden war, ihn aufzusuchen, um ein Statement zu der Sammlung zu erhalten, das Humboldt ihm auch gab:

C'est une véritable satisfaction pour moi de pouvoir donner à Mr. Franck un témoignage de l'estime que méritent ses longues et dispendieuses recherches sur les antiquités mexicaines. La collection des objets recueillis par M. Franck porte tout le caractère primitif du style aztèque ; elle renferme comme terra cotta qui nous restent de la Grèce, cette variété de formes toutes significatives dont l'étude peut avancer l'histoire des mythes du Nouveau Monde. L'acquisition de cette collection précieuse serait surtout importante pour la France, à cause des analogies et des dissemblances que les idoles offrent, en les comparant aux monumens égyptiens. Ayant été sur les lieux, connaissant les difficultés qu'on trouve à vaincre pour réunir les objets, je dois être plus frappé de la variété et de l'intérêt de la collection de Mr Franck. Je me plais à ajouter que les cahiers de dessins de cet artiste mériteroient bien, de ne pas être séparé des objets mêmes, ces dessins étant par leur exactitude et par la nouveauté des formes, supérieurs à tout ce qu'une longue étude des antiquités mexicaines n'a offert jusqu'ici.[22]

Eine große Sammlung von knapp 500 Objekten, die Humboldt zufolge ihre Berechtigung neben den Erzeugnissen des antiken Griechenlands hätten – vorsichtig genug ist er allerdings, vor allem die Materialanalogie zu betonen – und neben den kurze Zeit zuvor in den Louvre eingezogenen ägyptischen Antiken im Musée Charles X, mit denen sie auf Übereinstimmungen und Unterschiede hin untersucht werden könnten. Es ist durchaus aussagekräftig, dass Humboldt beharrlich auf die europäische und ägyptische Antike verweist, denn er macht sich für eine Verortung der Objekte im Bereich der Antiken stark, und das zu einer Zeit, als im Louvre mit dem Musée Dauphin schon ein Sammlungsbereich existierte, der ethnographische Objekte aus der Welt außerhalb Europas neben Schiffsmodellen der Kolonialmacht ausstellte. Nicht mal zwei Jahre zuvor hatte der Generaldirektor des Louvre Auguste de Forbin schon eine ihm angebotene Sammlung mexikanischer Antiken mit dem Schicksal bedroht dort zu enden, wo das Publikum sie in einem Kontext der Verherrlichung der französischen Marine sehen konnte, der die Produkte „wilder Völker" beigesellt waren.[23] Es wäre wohl kaum im Sinne Humboldts gewesen, sie dort als exotische Objekte zu sehen.

Humboldts Beitrag zur Erwerbsgeschichte der mexikanischen Sammlungen des Louvre wurde dadurch allerdings erst 1850 sichtbar, als im Louvre neben dem Musée égyptien und dem kurz zuvor gegründeten Musée assyrien das Musée mexicain, später Musée américain eröffnet wurde. Dennoch erinnerte man sich an Humboldts Anschub mit verspäteter Wirkung im Katalog des

---

22 Alexander von Humboldt an Maximilian Franck, Paris, 25.2.1832, Paris, Archives des musées nationaux (jetzt Pierrefitte-sur-Seine, Archives nationales), A6, 1832, 3 avril.

23 „Je crois qu'il serait utile, instructif et intéressant de joindre ces objets à ceux de même nature qui font déjà partie du musée dauphin." Dies schreibt Forbin 1830 über die Sammlung Latour Allard, die zunächst nicht angekauft wurde und erst 1850, dann allerdings als bedeutender Grundstock des im selben Jahr eröffneten „Musée mexicain" im Louvre. Vgl. zu Latour-Allard, Fauvet-Berthelot / López Luján / Guimarães 2007.

Museums, wo es heißt: „Il suffit de dire qu'ils ont été appréciées très favorablement par M. Humboldt."[24]

Pole der Wahrnehmung

Ottmar Ette hat in Bezug auf Humboldts *Vues des Cordillères* von einem „Musée imaginaire" gesprochen, einer von Humboldt betriebenen Vernetzung von Objekten, im Bild und im Text. Hier konnte beispielhaft gezeigt werden, dass Humboldt auch für das konkrete Museum aktiv geworden ist. Und natürlich nahm Humboldt den Raum zwischen dem papierenen Werk und dem Museum ebenso ernst.

> Je me plais à ajouter que les cahiers de dessins de cet artiste mériteroient bien, de ne pas être séparé des objets mêmes, ces dessins étant par leur exactitude et par la nouveauté des formes, supérieurs à tout ce qu'une longue étude des antiquités mexicaines m'a offert jusqu'ici.[25]

Maximilian Franck, von dem hier die Rede ist, hatte nicht seine eigene Sammlung dokumentiert, sondern etwa 600 Objekte, in aller Sorgfalt auf Papier gezeichnet, aus dem Nationalmuseum in Mexiko, aus privaten Kabinetten und eine Sammlung, die der amerikanische Arzt und Politiker Joel Robert Poinsett für die Philosophical Society of Philadelphia zusammengetragen hatte, 600 Objekte, die für europäische Forscher nur schwerlich erreichbar geblieben wären. Er hatte damit eine Vernetzung von Sammlungsobjekten auf dem Medium des Papiers betrieben. Humboldts *Vues des Cordillères* sind in ihrer Quellenlese in amerikanischen und europäischen Sammlungen ebenfalls das Bindeglied nicht nur zwischen Objekten, sondern auch – das wird deutlich angesichts der Ernsthaftigkeit mit der Humboldt die Provenienz der Objekte und die Sammler verzeichnet – verschiedenen Diskursen des Sammelns und Wissensdiskursen im Kontext der Objekte, die sich in den Band einordnen, und zum Teil eines Humboldt'schen Diskurses werden. Darin sind sie, wenn nicht ein Metamuseum, zumindest so etwas wie eine Sonderausstellung, die Gesammeltes in einem neuen Sicht- und Bedeutungszusammenhang arrangiert, in dem sich neues Wissen konstituieren kann. Gefordert hat er die Vernetzung von Sammlungen mit dem Medium des Papiers auch von anderen, wenn er zum Beispiel schreibt: „Es wäre wünschenswert, daß irgendeine Regierung die Überreste der alten amerikanischen Zivilisation auf ihre Kosten veröffentlichen ließe;" und die absolute Notwendigkeit vernetzter Objekte für die Erkenntnis beschreibt:

---

24 Longpérier 1851.
25 Wie Fußnote 22.

[D]enn erst durch die Vergleichung mehrerer Zeugnisse wird man den Sinn dieser teils astronomischen, teils mystischen Allegorien erraten können. Wären uns von allen griechischen und römischen Altertümern nur ein paar behauene Steine oder einzelne Münzen erhalten geblieben, so wären dem Scharfsinn der Altertumsforscher selbst die einfachsten Anspielungen entgangen. Wieviel Licht hat nicht das Studium der Basreliefs in das der Münzen gebracht![26]

Auf der anderen Seite des Papiers liegt die immersive Erfahrung der Ausstellung. Der zuvor genannte William Bullock, der 1823 auf Alexander von Humboldts Spuren in Mexiko naturhistorische Objekte und Antiken sammelte, hatte den Ehrgeiz und die Möglichkeiten, aus dem Text- und Bildrepertoire eine Raumerfahrung zu machen. In seiner *Egyptian Hall* in London, dem damals wichtigsten Privatmuseum der Stadt, in dem er unter anderem schon römische, ägyptische und lappländische Ausstellungen arrangiert hatte, stellte der Museumsunternehmer nach seiner Rückkehr seine Sammlungen aus, in einem Zyklus von drei Ausstellungen: *Ancient Mexico*, *Modern Mexico* und *Ancient and Modern Mexico*.[27] Der Teil zum alten Mexiko bot spektakuläre Objekte, nicht nur echte Antiken und Codices – zum Teil von der mexikanischen Regierung entliehen – sondern auch kolossale Gipsabformungen von Skulpturen aus Mexiko-Stadt und Modelle von antiken Stätten, die er mit erheblichem Aufwand hatte anfertigen lassen. Die Ausstellungen, flankiert von einem in mehrere Sprachen übersetzten Reisebericht – dessen französische Version sogar ein „Atlas historique" mit Abbildungen von Landschaften, archäologischen Stätten, Karten von Mexiko-Stadt und Antiken beigefügt war – sowie Katalogen zu jeder der Ausstellungen, wurden europaweit wahrgenommen, auch von Humboldts Verleger, der im Vorwort der zweiten Auflage des *Essai politique sur le Royaume de la Nouvelle-Espagne* auf die Exponate zu sprechen kam, die ein „voyageur plein de zèle" nach London gebracht hatte, und die sich größtenteils in den *Vues des Cordillères* abgebildet befänden.

In der Tat sind die vielfachen Verweise Bullocks auf Humboldt in seinem Reisebericht wie in den Katalogen nicht mal notwendig, um die Ausstellungs-Installation als eine Art Transposition dessen im dreidimensionalen Raum zu verstehen, was Humboldt mit den Tafeln der *Vues des Cordillères* in zwei Dimensionen realisiert hatte. Sie bot dem Medium gemäß ganz andere Möglichkeiten: Wenn die *Vues des Cordillères* für erhebliches Aufsehen unter den Eliten ihrer Zeit gesorgt haben, so haben sie doch sicher nicht 50.000 Menschen in kurzer Zeit Beispiele der präkolumbianischen Kunst vor Augen geführt, nicht in der gesellschaftlichen Breite des Publikums, das man in der *Egyptian Hall* erwarten durfte und erst recht nicht so eindrucksvoll wie es die 1:1 Kopien ko-

---

26 Humboldt 2004, S. 110.
27 Vgl. Pearce 2008, S. 17–35.

lossaler Skulpturen waren. Humboldt hat die Ausstellung nicht gesehen, es wäre nur zu interessant gewesen, sein Urteil dazu zu erfahren. Der Eifer, mit dem er 1825/26 die Ägyptische Galerie Guiseppe Passalacquas in Paris besuchte, die mit ihrer Grabkammer ebenfalls auf Immersionseffekte setzte, und die er auch der preußischen Königsfamilie, Schinkel und anderen zeigte – belegt, dass er nicht immun war gegen den Effekt einer solchen Ausstellung, die als Medium anders als Papier von ihren Besuchern Bewegung erforderte, Räumlichkeit und Monumentalität direkt vermittelte.[28]

Trotz der Tatsache, dass er die Ausstellung nicht sah, verbindet die Geschichte Bullock, die Sammlung und Humboldt. Als Bullock seine Sammlung nach Ende der Ausstellung verkaufen wollte, um erneut nach Mexiko zu gehen, richtete er sich schriftlich an den in Paris lebenden preußischen Gelehrten:

> As I am about to close my exhibition here preparatory to leaving this country and fixing in Mexico, I offer to you the Ancient Antiquities, I collected in the country with so much labour and difficulty during my residence there.

> I am inclined to send this proposition to you as the person most capable of appreciating their value in an antiquarian point of view, and therefore as the one in whose hands I should most like to see them placed and who from experience must be aware of the trouble I must have had in obtaining so many specimens. Great as I found this difficulty it is now for the future [unleserlich] insurmountable, the government of Mexico through their minister Alamen [Lucas Alamán] having issued a decree preparatory to their forming for themselves a grand national Museum that no more subjects of this description shall be supposed to leave the country.[29]

Leider ist unbekannt, ob oder was Humboldt Bullock antwortete, der von Bullock erhoffte Ankauf blieb jedenfalls aus. Vielleicht reichte aber bei späteren Verhandlungen der Hinweis aus, dem in der französischen Hauptstadt so gut vernetzten Doyen der mexikanischen Antike liege ein Angebot vor, um Verhandlungsdruck auszuüben: letztlich wurde dadurch die mexikanische Antike noch an einem anderen Ort Europas institutionell etabliert, als sich Bullock mit dem großen Universalmuseum Englands, dem British Museum, einig wurde.[30]

---

28 Vgl. dazu auch Savoy 2015, S. 233–260.
29 William Bullock an Alexander von Humboldt, Herefordshire Archive and Records Centre, F58/1, Lackington Letter Book, fol. 17.
30 Costletoe 2006, S. 287 f.

Quellen

Ungedruckte Quellen

Archiv der Berlin-Brandenburgischen Akademie der Wissenschaften: NL A. v. Humboldt, Nr. 22.

Archives des musées nationaux (jetzt Pierrefitte-sur-Seine, Archives nationales), Paris: A6, 1832, 3 avril.

Archives du Musée du Quai Branly, Série I.2: Département Amérique – Musée de l'Homme (Paris) – [MH. Laboratoire d'ethnologie. Département Amérique] – dossiers de collection D003138/41204, Notes sur une statue en grès (71.1932.10.17).

Biblioteka Jagiellonska, Kraków: Nachl. Alexander von Humboldt, Bd. 2.

Herefordshire Archive and Records Centre, Hereford: F58/1, Lackington Letter Book, fol. 17.

Leipzig, Universitätsbibliothek: Slg. Römer/A/9.

Staatliche Museen zu Berlin – Preußischer Kulturbesitz, Ethnologisches Museum, Ident.-Nr. VA 2694.

Gedruckte Quellen

Berger, Ernst: *Die Maltechnik des Altertums. Nach den Quellen, Funden, chemischen Analysen und eigenen Versuchen.* München 1904.

Bleichmar, Daniela / Mancall, Peter C. (Hg.): *Collecting Across Cultures. Material Exchanges in the Early Modern Atlantic World.* Philadelphia 2013.

Caylus, Anne Claude Philippe de: *Recueil d'Antiquités, Egyptiennes, Etrusques, Grecques et Romaines.* 6 Bde. Paris 1752–1764.

Costletoe, Michael P.: ‚William Bullock and the Mexican Connection', in: *Mexican Studies/Estudios Mexicanos* 22, 2 (2006), S. 275–309.

Dureau de La Malle, Adolphe-Jules-César-Auguste: *Économie politique des Romains.* Bd. 1. Paris 1811 [1840].

Fauvet-Berthelot, Marie-France / López Luján, Leonardo / Guimarães, Susana: ‚Six personnages en quête d'objets. Histoire de la collection archéologique de la Real Expedición Anticuaria en Nouvelle-Espagne', in: *Gradhiva. Revue d'anthropologie et d'histoire des arts (Voir et reconnaître. L'objet du malentendu)* 6 (2007): S. 104–126.

Fauvet-Berthelot, Marie-France: ‚Préface', in: Dies. (Hg.): *Aztèques. La collection de sculptures du musée du quai Branly.* Paris 2015.

Humboldt, Alexander von: *Essai politique sur le Royaume de la Nouvelle-Espagne.* 5 Bde. Paris 1811.

Humboldt, Alexander von: *Ansichten der Kordilleren und Monumente der eingeborenen Völker Amerikas.* Hg. v. Ottmar Ette und Oliver Lubrich. Frankfurt/M. 2004.

Humboldt, Alexander von / Vauquelin, Louis-Nicolas: ‚Notice sur la cause et les effets de la dissolubilité du gaz nitreux dans la solution du sulfate de fer', in: *Annales de Chimie ou Recueil de Mémoires concernant la Chimie et les Arts qui en dépendent* 28, 2 (1798), S. 181–188.

Longpérier, Adrien de: *Notice des Monuments exposés dans la salle des Antiquités américaines (Mexique, Pérou, Chili, Haïti, Antilles) au Musée du Louvre*. Paris, 1851.

Nöller, Renate: ‚Jade aus Amerika und weitere Grünsteinobjekte von Alexander von Humboldt aus dem Berliner Mineralienkabinett', in: *HiN – Alexander von Humboldt im Netz. Internationale Zeitschrift für Humboldt Studien* 3, 4 (2002), verfügbar unter: http://dx.doi.org/10.18443/26 [11.02.2017].

Pearce, Susan: ‚William Bullock. Collections and exhibitions at the Egyptian Hall, London, 1816–25', in: *Journal of the History of Collections* 20, 1 (2008), S. 17–35.

Prévost Urkidi, Nadia: ‚Historiographie de l'américanisme scientifique français au XIXe siècle: le „prix Palenque" (1826–1839) ou le choix archæologique de Jomard', in: *Journal de la société des américanistes* 95, 2 (2009), S. 117–149.

Reichlen, Henry: ‚Note sur l'origine d'une sculpture mexicaine du Musée de l'Homme', in: *Journal de la Société des Américanistes* 1, 35 (1943), S. 177–180.

Riviale, Pascal: *Un siècle d'archéologie française au Pérou (1821–1914)*. Paris 1996.

Savoy, Bénédicte: ‚Tatkräftiges Mitmischen. Alexander von Humboldt und die Museen in Paris und Berlin', in: Blankenstein, David / Leitner, Ulrike / Päßler, Ulrich / Savoy, Bénédicte (Hg.): *„Mein zweites Vaterland…" – Alexander von Humboldt und Frankreich*. Berlin 2015, S. 233–260.

Schwarz, Ingo: ‚„Ein beschränkter Verstandesmensch ohne Einbildungskraft" Anmerkungen zu Friedrich Schillers Urteil über Alexander von Humboldt', in: *HiN – Alexander von Humboldt im Netz. Internationale Zeitschrift für Humboldt Studien* 4, 6 (2003), S. 1–8, verfügbar unter: http://dx.doi.org/10.18443/38 [11.02.2017].

Wilkins, Harold T.: *Mysteries of Ancient South America*. London u.a. 1946.

Cettina Rapisarda

Ein neuer Blick auf Denkmäler – Alexander von Humboldts *Vues des Cordillères et Monumens des Peuples Indigènes de l'Amérique*

Der Titel V*ues des Cordillères et Monumens des Peuples Indigènes de l'Amérique*[1] war durch die Erwähnung von Monumenten im zeitgenössischen Kontext von programmatischer Brisanz. Für das Buch, das zunächst nur ein Begleitband mit Illustrationen, ein *Atlas pittoresque* zum Reisebericht sein sollte, wurde somit eine nicht unbedeutende Aufgabenstellung formuliert. Dass Humboldt eine solche Signalwirkung des Titels intendierte, zeigt folgende Tatsache: Gegenüber der ersten Auslieferung von 1810 – mit dem Titel *Monumens des Peuples de l'Amérique* – spezifizierte er diesen 1813 für die endgültige Ausgabe: „*des Peuples Indigènes*"[2]. Damit bereits begegnete er jenen Vorurteilen, die den amerikanischen Urbevölkerungen Kultur- und Geschichtslosigkeit zuschrieben. Humboldts Buch widersprach solchen Vorstellungen: Es präsentierte anschaulich zahlreiche Beispiele, die in Europa zum Teil gänzlich unbekannt waren, und weitere, die bisher nur am Rande in Berichten und historischen Aufrissen Erwähnung gefunden hatten.[3] Der Band bot zunächst einen einfachen Zugang, denn fast alle der – Landschaften und Monumenten gewidmeten – 62 Bild-Text-Einheiten sind relativ kurz und können jeweils einzeln gelesen werden. Gleichwohl werden durch Humboldts „fragmentarische und die einzelnen Textbausteine stark vernetzende Schreibweise"[4] übergreifende Fragestellungen, Thesen und Argumentationslinien durchgängig entwickelt, und es gelingt ihm auf diesem Weg, ein neues Bild präkolumbianischer Kulturen zu vermitteln. Humboldts Text ist nicht nur aufgrund seines Materialreichtums ein frühes und richtungweisendes Werk der Altamerikanistik, sondern hat in seiner Replik auf weit-

---

1 Humboldt 1810[–1813], für die deutsche Übersetzung beziehe ich mich auf Humboldt 2004.
2 Fiedler / Leitner 2000, S. 136.
3 Unter den Autoren, mit denen Humboldt sich in diesem Zusammenhang seinerseits auseinandersetzte, seien nur Francisco Javier Clavijero, Lorenzo Boturini und Charles Marie de La Condamine, die im Bezug auf Denkmäler unmittelbar zu nennen sind, erwähnt (vgl. auch Löschner 1985).
4 Ette 2004, S. 14. Ottmar Ette hat dargelegt, wie „zwischen Bildtexten und Textbildern zusätzlich inter- und transmediale Beziehungsgeflechte" leitend sind (Ette 2009, S. 227).

verbreitete abwertende Denkmuster einer fundamentalen Umorientierung den Weg gebahnt. Es ist als „Grundlegung eines neuen Diskurses über die Neue Welt" zu verstehen, mit dem entscheidende Inferioritätsthesen aus der Literatur des 18. Jahrhunderts widerlegt werden,[5] es initiiert ein neues Modell der kulturellen Verortung, bei der „die indigenen Völker unter das aufklärerische Konzept der Menschheitsgattung und der Universalgeschichte gebracht" werden,[6] und kann als eine „Neuvermessung der kulturellen Landschaft der eingeborenen Völker Amerikas"[7] bezeichnet werden.

In seiner Anlage sind die *Vues des Cordillères* ein Werk, das zu einer nicht nur linearen Lesart auffordert, denn die Diskontinuität[8] im Aufbau ist offensichtlich und wird auch nicht durch die Parabel eines Reiseverlaufs (der ja ohnehin meistens eine relativ willkürliche Ordnung vermittelt) verdeckt. Humboldt selbst erläutert im Vorwort die Gesamtanlage seines Buches nur mit der Erklärung, er habe vor allem keine „systematische Abhandlung"[9] zu verfassen beabsichtigt. Bezogen auf seine Überlegungen zu Monumenten wird bei der Lektüre des Buches deutlich, dass dessen konzeptionelle Voraussetzung einen Freiraum für unterschiedliche Denkexperimente eröffnet. Die Leserschaft ist zur Teilhabe an Denkbewegungen eingeladen, zu denen sie durch die häufigen Wechsel und Unterbrechungen der Argumentationslinien aufgefordert wird. Im Rahmen einer Systembildung wäre die widerspruchsfreie, in sich geschlossene Definition eines Denkmals*begriffs* gefordert, während hier durchaus mehrere Modelle und Auffassungen nebeneinander gestellt und verglichen oder auch neu entworfen werden können. Die Anlage des Buches ermöglicht, dass jede Texteinheit das Terrain für neue Reflexionen eröffnet.

---

5 Ottmar Ette hat für die *Vues des Cordillères* unter anderem gezeigt, wie Humboldt auf „eine Entkräftung der in der Literatur des 18. Jahrhunderts verbreiteten These von einer ‚verspäteten' [...] Entwicklung Amerikas abzielte" (vgl. Ette 2004, S. 13 f.). Und Humboldt weist in diesem Zusammenhang auch die These von G.-L. Leclerc de Buffon zurück, nach der von Merkmalen der amerikanischen Tierpopulationen auf die Kultur der Völkerschaften zu schließen sei, was Gerbi als erstes, leitendes Argument in der Debatte um die Neue Welt hervorgehoben hat (vgl. Gerbi 2000, S. 9 ff. sowie Humboldt 2004, S. 13; Humboldt 1810[-1813], S. XIII).

6 So definiert Hartmut Böhme, der kürzlich seine bedeutenden, verstreut publizierten Beiträge zu Alexander von Humboldt zusammengeführt bzw. erneut aufgegriffen hat (Böhme 2016, S. 441).

7 Kraft 2014, S. 165.

8 Im Aufbau, der Themenverteilung und der Argumentationsformen wird das Buch durch eine „offene Sequenz diskontinuierlicher Bewegungen" charakterisiert (vgl. Ette 2009, S. 227).

9 Humboldt 2004, S. 5: „discours soutenu" (Humboldt 1810[-1813], S. III).

I

Für das französische „monumens", dem im Deutschen sowohl das Wort „Monument" als auch „Denkmal" entsprach, gilt es zunächst, die zeitgenössischen Verwendungen zu rekonstruieren. Im Fall Humboldts ist eine synonyme Benutzung von „Monument" und „Denkmal" dadurch belegt, dass eine deutschsprachige Vorstudie zu seinem auf Französisch verfassten Buch den Titel trug: *Ueber die Urvölker von Amerika und die Denkmähler welche von ihnen übrig geblieben sind.*[10] In einer damals dominanten Bedeutung, auf die Humboldts Titel sich bezogen, waren mit diesen Worten vornehmlich „Altertümer"[11] gemeint, „materielle Relikte einer ‚antiken' Kultur"[12]. Demgegenüber sind wir heute beeinflusst durch eine noch im Städtebild erkennbare Denkmalskultur, die sich bedeutend später, im Laufe des 19. Jahrhunderts herausbilden sollte. Erst dann kam es zur „Blüte" eines vornehmlich patriotisch orientierten Denkmalkults[13] und dominierte eine Auffassung von Denkmal, die ihrerseits mittlerweile als obsolet verabschiedet worden ist: „Das Denkmal wird als ein in der Öffentlichkeit errichtetes Werk definiert, das an vorbildliche Personen oder Ereignisse erinnert und daraus einen Anspruch seiner Urheber und einen Appell an die Gesellschaft ableiten soll".[14]

Als Gemeinsamkeit lässt sich für beide Denkmalsauffassungen der Zeitaspekt hervorheben, der jeweils an der Vergangenheit oder an der Zukunft orientiert ist. Diesen Aspekt erkennt man auch in den vier Definitionen des *Grimmschen Wörterbuchs der Deutschen Sprache*, wonach „Denkmal" u. a. sowohl Relikte „aus der vorzeit" als auch „eine zur erinnerung bestimmte sache" bezeichnen konnte,[15] wobei selbstverständlich mit einer Wertschätzung von Relikten aus der Vergangenheit in der Regel die Aufgabe von deren Erhalt für die Zukunft ver-

---

10 Humboldt 1806.

11 So auch der Titel seines bedeutend später, mit Bezug auf Carl Nebels Werk *Voyage pittoresque et archéologique dans la partie la plus intéressante du Mexique* (1836) verfassten Textes *Mexicanische Alterthümer*, der das Themenfeld der *Vues des Cordillères* erneut aufgreift (Humboldt 1835).

12 Böhme 2016, S. 441.

13 Vgl. Scharf 1984, besonders die Kapitel ‚Denkmalbegriff' und ‚Denkmal: Nationalbewegung und Nationalstaat – Blüte und Niedergang des Staatsdenkmals'.

14 In seinem programmatischen Text hat Peter Bloch die Verabschiedung eines solchen Denkmalskonzepts damit begründet, dass der „Anspruch auf zeitlose Allgemeingültigkeit", der diesem innewohne, keinen Bestand mehr haben könne (Bloch 1977, S. 25 und S. 30).

15 Genannt werden vier Bedeutungen: „1. *bauwerke, säulen, statuen, gemälde, grabhügel, bestimmt das andenken an eine person oder eine sache zu erhalten, an ein groszes ereignis, z. b. an eine gewonnene schlacht.* […] *2. eine zur erinnerung bestimmte sache.* […] *3. erhaltene schriftliche werke der vorzeit.* […] *4. ganz oder zum theil erhaltene bauwerke, bildhauerarbeiten aus der vorzeit.* […]" (Grimm / Grimm 1856).

bunden wird.[16] Humboldt seinerseits dachte sehr wohl auch an eine Zukunft weiterführender Studien und an den Erhalt der von ihm dargestellten Altertümer, zumal er gleich eingangs in den *Vues des Cordillères* beklagte, zahlreiche Monumente seien „vom Fanatismus zerstört oder infolge sträflichen Leichtsinns dem Verfall preisgegeben worden".[17] Dass in verschiedenen Wortverwendungen Denkmal mit dem Anspruch auf Würde und Respekt, sozusagen als kleinster gemeinsamer Nenner, verbunden wird, zeigt sich gerade in diesem Aspekt der Erinnerungs- bzw. Erhaltenswürdigkeit.[18] In den *Vues des Cordillères* klingt der Aspekt der Würde auf sprachlicher Ebene meist nur in einer nicht emphatischen Formulierung an, wenn es heißt, die vorgestellten Beispiele seien durchaus der *Aufmerksamkeit* würdig.[19]

Würde und Bedeutsamkeit spielen auch bei einem anderen, ebenfalls spezifisch historischen Sprachgebrauch die entscheidende Rolle: Denkmal und Monument konnten sozusagen als Modeworte mit großer Flexibilität verwendet werden und waren geeignet, in unterschiedlichen und je neuen Verbindungen adaptiert zu werden. Bei Humboldt finden wir ebenfalls entsprechende Verwendungen: So bezeichnete er 1789 beispielsweise im emphatischen Stil der Empfindsamkeit Briefe als „Denkmähler [...] jugendliche[r] Freuden und Leiden"[20] oder wählte 1845, als er den Zuhörern seiner Vorlesungen das Werk *Kosmos* widmete, die Formulierung: „schwaches Denkmal meiner Dankgefühle"[21].

---

16 Alois Riegl hat in seiner richtungsweisenden Studie zwischen einem künstlerischen und einem historischen Wert sowie einem „Alterswert" unterschieden, insofern sich ein jeweils unterschiedlicher Umgang mit den Objekten ergibt, also Restaurierung oder der Erhalt der gealterten Form gewünscht werden. Riegl hebt den Zeitaspekt der Gegenwart hervor: „[...] nicht den Werken selbst kraft ihrer ursprünglichen Bestimmung kommt Sinn und Bedeutung von Denkmalen zu, sondern wir moderne Subjekte sind es, die ihnen dieselben unterlegen." (Riegl 1903, S. 9 ff. und S. 7).

17 Humboldt 2004, S. 4; „tant de monumens détruits par le fanatisme ou tombés en ruine par l'effect d'une coupable insouciance" (Humboldt 1810[-1813], S. II).

18 Das deutsche Wort „Denkmal" ist zuerst bei Martin Luther nachweisbar, er prägte es als Übersetzung von „mnemosynon" bzw. „monumentum".

19 Humboldt schreibt beispielsweise „sont dignes de notre attention" (Humboldt 1810[-1813], S. 2); „unserer Aufmerksamkeit würdig" (Humboldt 2004, S. 18).

20 In einem Brief an Wilhelm Gabriel Wegener vom 27. 2. 1789 (Jahn / Lange 1973, S. 44).

21 Humboldt 2004a, S. 5.

II

Angesichts der Vielzahl und Vielschichtigkeit der in den *Vues des Cordillères* entwickelten Diskurse verwundert es nicht, dass auch das Wort Monument unterschiedlich eingesetzt wird.[22] Dies wird umso verständlicher, wenn man die unterschiedlichen Erfahrungs- und Bearbeitungsschritte genauer betrachtet, die von den Vorbereitungen über die Reise zu den anschließenden Recherchen und Schreibphasen die endgültige Textfassung von 1813 bestimmt haben.[23] In der hier gebotenen Kürze sind einzelne Textstellen aus den unveröffentlichten *Amerikanischen Reisetagebüchern* heranzuziehen, und in diesem Zusammenhang ist auch Humboldts *Italienisches Tagebuch* von 1805 relevant.[24] Es bietet Informationen aus der Zeit, in der Humboldt seinen Bruder in Rom besuchte und dort mit Vorarbeiten für die *Vues des Cordillères* beschäftigt war. Bekannt ist in diesem Zusammenhang vor allem, dass Humboldt dortigen Künstlern mehrere Kupferstiche für das Buch in Auftrag gegeben hatte.[25] Aber auch für seine Argumentation konnte es nicht ohne Folgen bleiben, dass er sich in der monumentalen Stadt *par excellence*, dem „ewigen Rom" befand. Wenngleich es zutrifft, dass in den *Vues des Cordillères* der Name von Johann Joachim Winckelmann an keiner Stelle genannt wird,[26] so belegt die kenntnisreiche und durchaus polemische Erwähnung im *Italienischen Tagebuch*[27] Humboldts Beschäftigung mit jenem Autor, der wie kein anderer die Vorstellung von dem, was als Denkmal gelten könne, geprägt hatte. Maßgeblich war dafür nicht nur etwa ein Werk wie *Monumenti antichi inediti* (1767), als *Alte Denkmäler der Kunst* übersetzt 1791/ 1792 erschienen, in dem Winckelmann im Rahmen historischer Aufrisse genaue Beschreibungen und dann, soweit möglich, Erklärungen und Beurteilungen zu

---

22　In diesem Sinn hat Ottmar Ette bereits auf die „Vieldeutigkeit des Titelbegriffs *monumen* als Zeugnis, Dokument, Denkmal und Kunstwerk" hingewiesen (Ette 2004, S. 17).

23　Exemplarisch hat Ulrike Leitner für einen Text (zur Tafel VII: *Pyramide von Cholula*) die verschiedenen Phasen der Entstehung unter Einbeziehung der Tagebücher dargestellt (Leitner 2010, S. 130 ff.).

24　Zur Bedeutung von Humboldts *Italienischem Tagebuch* ist auf zahlreiche Publikationen von Marie-Noëlle Bourguet zu verweisen, u. a. Bourguet 2011 und Bourguet 2016.

25　Vgl. dazu: Werner 2013, S. 19 ff.

26　Helga von Kügelgen hat überzeugend dargestellt, wie vielfältig die Winckelmann-Bezüge in den *Vues des Cordillères* sind, allerdings kann ich ihrer These, sie seien von Humboldt affirmativ gemeint, nicht folgen (Kügelgen 2009, S. 108). Auf die Bedeutung Winckelmanns hatten bereits Oliver Lubrich und Ottmar Ette hingewiesen (vgl. Lubrich / Ette 2004, S. 408).

27　Die namentliche Nennung Winckelmanns findet sich im Zusammenhang mit dessen Bewertung unterschiedlicher Marmorarten und dessen Berater Cardelli: „Horrendum dictu. Der berühmte Scarpellino Cardelli u. Winkelmann behaupten, der Parische Marmor sei feinkörnigste aller […]" (Staatsbibliothek zu Berlin – PK, Nachl. Alexander von Humboldt (Tagebücher), II und VI, Bl. 12v). Diese Passage hat Marie-Noëlle Bourguet bereits einmal kommentiert (Bourguet 2004, S. 49 f.).

bisher noch unbeachtet gebliebenen Artefakten lieferte. Dieses Verfahren konnte auch Humboldt als vorbildlich gelten.

Mit Winckelmann war jedoch vor allem eine Auffassung von Monumenten verbunden, die als seine besondere Leistung der breiten Öffentlichkeit bekannt war und als solche etwa von Christian Gottlob Heyne lobend hervorgehoben worden war: Die Bezeichnung Monument wurde auf herausragende Kunstwerke bezogen, anhand derer Winckelmann sein Ideal antiker Schönheit entwickelte und die er sehr erfolgreich kanonisierte; es handelte sich bekanntlich um die Plastiken von „Laokoon, Apoll, Niobe u. s. w."[28]. Von diesem zu seiner Zeit dominanten Denkmalverständnis grenzt Humboldt sich in den *Vues des Cordillères* entschieden ab.[29] Allerdings verfährt er dabei nicht ohne argumentative Vorsicht, wie sich in beiden Vorworten des Buches zeigt; die erste Auslieferung des Werks enthielt 1810 einige Seiten der Einführung, hinzu kam später ein auf 1813 datiertes, weiteres Vorwort.[30] Humboldt ist hier als ein Autor erkennbar, der den Erwartungs- und Kenntnishorizont seiner Leserschaft sehr wohl berücksichtigt und geschickt einbezieht. Er spricht zunächst von Monumenten, die als Kunstwerken unsere Bewunderung „durch die Harmonie und Schönheit der Formen, durch den Genius, der sie erdacht hat",[31] erwecken, und benennt somit Winckelmanns Modell. Mit einer solchen Hommage formulierte er keinen neuen oder für sein Werk leitenden Gedanken, wenngleich nichts dagegen spricht, dass auch er eine solche Form der Bewunderung durchaus geteilt haben wird. Im Kontext seines Buches dient diese Hommage an vorherrschende Vorstellungen ganz offensichtlich dazu, seine Leserschaft vorzubereiten und sie aufzufordern, zu den vertrauten Seh- und Urteilsgewohnheiten Abstand zu gewinnen. Denn, so fährt Humboldt fort, die im Buch vorgestellten Denkmälern seien nach anderen

---

28 Heyne 1778, S. 17 und S. 13.

29 Oliver Lubrich hat darauf hingewiesen, dass die klassische Antike in Humboldts Amerikaschriften sehr wohl präsent ist, und zwar vorrangig, indem Amerika „antikisiert" wird (Lubrich 2000, S. 179). Vor dem Hintergrund der von Winckelmann geprägten ästhetisch-kulturellen Kanons der Epoche ließe sich dieses Verfahren Humboldts nicht zuletzt als eine weitere Strategie der Aufwertung des Neuen Kontinents verstehen. Hartmut Böhme hat in diesem Zusammenhang auf eine andere Argumentationsstrategie Humboldts hingewiesen, bei der das dominante idealisierte Antikenbild durch das einer „pluralisierten Antike" ersetzt wurde (Böhme 2016, S. 433 ff.).

30 Oliver Lubrich hat sehr genau die Argumentationen Humboldts in beiden Vorworten vergleichend analysiert, worauf hier verwiesen werden soll (vgl. etwa in: Lubrich 2009a 175 f., Lubrich 2014, S. 48 f.). Allerdings bleibt bei meiner Lesart, die Humboldts Argumentationsstrategien nachzuvollziehen sucht, die These fraglich, ob wir von einem grundlegenden Erkenntnisgewinn und Positionswandel Humboldts zwischen 1810 und 1813 ausgehen müssen. Dies gilt umso mehr, als Humboldt noch 1835 seine Argumentation von 1810 wieder aufgreift, wie Lubrich selbst zu bedenken gibt (Lubrich 2009a, S. 177 f.).

31 Humboldt 2004, S. 17; „par l'harmonie et la beauté des formes, c'est par le génie avec lequel ils sont conçus" (Humboldt 1810[–1813], S. 1).

Maßstäben zu beurteilen und „*nur* als historische Monumente"[32] zu verstehen. Alles weist m. E. darauf hin, dass die im Buch verstreuten Formulierungen, die auf eine Unterscheidung von Monumenten als Kunstwerken oder als Dokumenten zurückzuführen sind und eine negative Bewertung altamerikanischer Denkmäler zu signalisieren scheinen – wie sie sich mit dem hier zitierten „nur" assoziieren ließe –, nicht unmittelbar mit der Autorintention gleichzusetzen sind. Bedacht werden sollte in diesem Zusammenhang, wie weitreichend die Aussagekraft der von Humboldt vorgestellten Denkmäler ist und welches Licht seine Darstellung auf die altamerikanischen Gesellschaften wirft, die das Buch als *Hoch*kulturen erkennbar werden lässt. Im Vergleich dazu ist ein „nur" ästhetischer Wert dieser Artefakte allerdings ein vergleichsweise unwichtiger Aspekt, von dem zumeist abgesehen werden kann. Im Übrigen hatte bereits Wilhelm von Humboldt, der in seinem Antikenbild durchaus Winckelmann verpflichtet war, sich in vergleichbarer Weise von dessen Perspektive auf Denkmäler distanziert: Denn, während er die Prämissen der eigenen Arbeit darstellte, erklärte er zugleich, dass „falsche Beurtheilungen der Alten" dadurch entstanden seien, dass „Ueberreste des Alterthums" häufig allein in ihrer „ästhetischen" Qualität beachtet würden; der ästhetische „Nutzen" sei für Altertumsforscher „überaus wichtig, aber nicht der Einzige"[33].

Zu Alexander von Humboldt Argumentationsstrategie gehörte es offenbar, in den vorbereitenden Passagen seines Werks vor allem das Terrain für seine anschließenden Darlegungen vorzubereiten, und nicht vorab seine Hauptthesen zu formulieren; auf ein resümierendes Nachwort wurde ebenfalls verzichtet. Um seine Leserschaft für eine möglichst durch Vorurteile nicht verstellte Sichtweise zu gewinnen, wählte Humboldt in seinem Vorwort von 1813 einen anderen Argumentationsansatz als 1810. Nun stellte er die Dokumente der altamerikanischen Kulturen in einen sowohl geographisch als auch historisch erweiterten Kontext:

> Die Asiatische Gesellschaft zu Kalkutta hat helles Licht in die Geschichte der Völker Asiens gebracht. Die Monumente Ägyptens, heutzutage mit vortrefflicher Genauigkeit beschrieben, sind mit den Monumenten der entferntesten Länder verglichen worden, und meine Forschungen über die eingeborenen Völker Amerikas erscheinen zu einer Zeit, da man nicht mehr alles als der Aufmerksamkeit unwürdig betrachtet, was von dem Stil abweicht, von dem die Griechen uns unnachahmliche Vorbilder hinterlassen haben.[34]

---

32 Humboldt 2004, S. 17, Hervorhebung von mir. „[…] ne peuvent être considérés que comme des munumens historiques" (Humboldt 1810[-1813], S. 1).
33 Humboldt 1903, S. 256.
34 Humboldt 2004, S. 4f.; „La société de Calcutta a répandu une vive lumière sur l'histoire des peuples de l'Asie. Les monumens de l'Égypte, décrits de nos jours avec une admirable exactitude, ont été comparés aux monumens des pays les plus éloignés, et mes recherches sur

Der Abschluss dieser Passage belegt nochmals, dass eines der Denkmodelle, von dem Humboldt sich immer wieder abgrenzt, das Antikenideal Winckelmanns ist. Seine polemische Verabschiedung von dessen programmatischer Schrift *Gedanken über die Nachahmung der griechischen Werke in der Malerey und Bildhauerkunst* von 1755/1756 ist an dieser Stelle unüberhörbar.

Zwar äußert sich Humboldt in den *Vues des Cordillères* entschieden zu Gunsten der von ihm vorgestellten amerikanischen Monumente, aber dies geschieht in enger Verbindung zu den Erörterungen über einzelne Artefakte, Gebäude oder Bilderhandschriften, und tatsächlich scheint ihn dabei der rein ästhetische Aspekt nur am Rande zu interessieren. Im Anschluss an eine überaus detaillierte Erörterung und im Rahmen des Textteils, der der weitaus umfangreichste des Buches ist, formuliert er die Bilanz seiner Studien. Humboldts Stellungnahme, die für das Nachwort, das es in diesem Werk nicht gibt, geschrieben zu sein scheint, steht am Ende der langen Ausführungen zum mexikanischen Sonnenstein – Tafel XXXIII, *Basaltrelief, den mexikanischen Kalenderstein darstellend* – der damals als Kalenderstein bezeichnet wurde und erst vor Kurzem bei Bauarbeiten am großen Platz von Mexiko aufgefunden worden war:

> Ein Volk, das seine Feste nach der Bewegung der Gestirne richtete und seinen Festkalender in ein öffentliches Monument gravierte, hatte wahrscheinlich eine höhere Zivilisationsstufe erreicht als die, welche Pauw, Raynal und selbst Robertson, der klügste der Geschichtsschreiber Amerikas, ihm zugestanden. Diese Autoren sahen jeden Zustand des Menschen als barbarisch an, der sich von demjenigen Kulturtypus entfernt, den sie sich nach ihren systematischen Ideen gebildet haben. Diese scharfen Unterscheidungen zwischen barbarischen und zivilisierten Nationen können wir nicht gelten lassen.[35]

In dieser eindeutigen Positionsbestimmung, in der Humboldt sich zu wichtigen Vertretern der sogenannten Debatte um die Neue Welt äußert, betont er auch, dass dieser Stein nicht nur als Monument gelten könne, weil darin in einer dichten und vielschichtigen Darstellung weitreichende kulturelle Errungenschaften einer Zivilisation Ausdruck gefunden haben, sondern zudem auch, weil er als Monument bereits konzipiert und entsprechend an einem zentralen Ort

---

les peuples indigènes de l'Amérique paroissent à une époque où l'on ne regarde pas comme indigne d'attention tout ce qui s'éloigne du style dont les Grecs nous ont laissé d'inimitables modèles" (Humboldt 1810[-1813], S. III).

35 Humboldt 2004, S. 233 f.; „Un peuple qui régloit ses fêtes d'après le mouvement des astres, et qui gravoit ses fastes sur un monument public, étoit parvenu sans doute à un degré de civilisation supérieur à celui que lui ont assigné Pauw, Raynal, et même Robertson, le plus judicieux des historiens de l'Amérique. Ces auteurs regardent comme barbare tout état de l'homme qui s'éloigne du type de culture qu'ils se sont formé d'après leurs idées systématiques. Nous ne saurions admettre ces distinctions tranchantes en nations barbares et nations civilisées" (Humboldt 1810[-1813], S. 194).

positioniert worden war, weil ihm diese Funktion für die Zeitgenossen und, so vermutlich die Intention der Erschaffer, für kommende Generationen zugewiesen wurde.[36]

Indem Humboldt auf den früheren Standort des sogenannten Kalendersteins hinweist, entsteht eine Querverbindung zu seinen Ausführungen zu Tafel III *Ansicht des großen Platzes von México.* In diesem Text beschreibt er den zu seiner Zeit aktuellen Zustand des Platzes, aber weckt zugleich die historische Erinnerung an längst nicht mehr vorhandene monumentale Bauten aus präkolumbianischer Zeit. Mit Bezug auf den Platz, wo nun die Kathedrale und der Palast des Vizekönigs standen, bringt der Text durch eine Reihe von Benennungen und Erklärungen die Leser dazu, gleichzeitig auch den Palast des Königs *Axayacatl* oder das einstmalige religiöse Zentrum, den großen Tempel von *Mexitli* zu imaginieren. Im Sinne dieses Verfahrens können wir auch den Kalenderstein aus Tafel XXIII imaginär wieder in sein ursprünglich vorgesehenes Umfeld übertragen. Was an dessen Stelle zu Humboldts Zeit den Platz dominierte, beschreibt er sehr genau: das erst 1803 errichtete Reiterdenkmal von König Karl IV. Wie Humboldt über dieses Standbild berichtet, bei dessen Aufstellung er selbst anwesend gewesen war, zeigt seine kritische und differenzierende Perspektive auf Denkmäler, auf ihre Funktion und Historizität. Er unterscheidet eindeutig zwischen dem ästhetischen Wert – den er für diese Bronzestatue, die er als Kunstwerk schätzt, nicht höher ansetzen könnte – und deren politisch-historischer Funktion einer Machtdemonstration an zentralem Ort. Nur indirekt bringt er zur Sprache, dass sich in der Bevölkerung Ablehnung zeigt. Darüber wird nur in Bezug auf einen allerdings nicht ganz unbedeutenden Aspekt berichtet, dass nämlich eine Annährung an die Statue und an die ihr zugeordneten vier Brunnen verhindert worden sei: „Das Oval [...] ist von vier Brunnen umgeben und, zum großen Mißfallen der Eingeborenen, durch vier Tore geschlossen, deren Gitter mit Bronze verziert sind"[37]. Und nicht ohne politischen Hintersinn vergleicht Humboldt das Denkmal mit dem Reiterstandbild von Ludwig XIV., „[...], das auf der Pariser Place Vendôme *stand*"[38] und von dem bekannt war, dass dies nur bis zur Französischen Revolution der Fall gewesen war. Das Reiterstandbild war seit römischen Zeiten eine überlieferte Form des Herrscherdenkmals, und es hätte nahegelegen, das Standbild von Mexiko mit älteren historischen Beispielen – insbesondere dem berühmtesten erhaltenen Reitermonument, von Marc Aurel

---

36 Nach Riegls Unterscheidungen wäre von einem „gewollten Denkmal" zu sprechen (Riegl 1903, S. 6f.).

37 Humboldt 2004, S. 27; „L'ovale [...] est entouré de quatre fontaines, et fermé, au grand déplaisir des indigènes, par quatre portes, dont les grilles sont ornées en bronze" (Humboldt 1810[-1813], S. 8).

38 Humboldt 2009, S. 27, Hervorhebung von mir; „la statue équestre de Louis XIV, qui étoit à la Place Vendôme, à Paris" (Humboldt 1810[-1813], S. 8).

auf dem Kapitol in Rom – zu vergleichen. Dass Humboldt daran gedacht hatte, und unter dem ästhetischen Aspekt der von ihm geschätzten Bronzestatue, belegt eine entsprechende Tagebuchnotiz.[39] Umso aussagekräftiger ist es, dass Humboldt in den *Vues des Cordillères* einen Vergleich mit dem Philosophenkaiser vermeidet, denn die politische und historisch orientierte Aussagekraft seines Textes zum *Großen Platz von Mèxico* wäre damit relativiert worden. Seine Auseinandersetzung mit antiken Vorbildern war in den *Vues des Cordillères*, wie dargestellt wurde, mit anderen Fragestellungen verknüpft. Dennoch kommt er in diesem Buch auf das Kapitol von Rom zu sprechen, wenngleich in einem Zusammenhang, der zunächst überrascht: Im Text zu Tafel XVI, *Ansicht des Chimborazo und des Carihuairazo.*

III

Humboldt hatte in seinem Widmungsschreiben an Goethe die *Vues des Cordillères* als „[…] pittoreskes Werk über die Denkmäler und Reste alter Zivilisation des Menschengeschlechts in Amerika" angekündigt, womit seine Auffassung von Denkmälern im Sinne von Altertümern nochmals verdeutlicht, und zugleich ein neuer Aspekt benannt wird: „Natur und Kunst sind in meinem Werke eng verschwistert"[40]. Humboldts hier metaphorisierend vollzogenen Überschreitung und Missachtung der konventionellen Grenzen der Bereiche von Natur und Kultur,[41] ist die Voraussetzung für ein neues Verständnis von Denkmälern. Denn in den *Vues des Cordillères* finden sich frühe Überlegungen, die zu einem damals absolut innovativen Gedanken führten, der heute selbstverständlich erscheint, dass nämlich auch im Bereich der Natur von Denkmäler gesprochen werden könne.[42] In seinem Text *Ansicht des Chimborazo und des Carihuairazo* schreibt Humboldt bezogen auf den Chimborazo:

---

39 Die Tagebuchaufzeichnung vom November 1803 lautet: „Das Leben und die Schönheit des Pferdes ist unbeschreiblich schön – ächt Andalusische Race und so munter fortschreitend, so ungezwungen u. edel. Der König gebietend, herrschend, und dabei milde u. gütig wie Marc Aurel." (Staatsbibliothek zu Berlin – PK, Nachl. Alexander von Humboldt (Tagebücher), VIII, Bl. 46r; vgl. Humboldt 2003, Bd. 1, S. 339f.).

40 Brief vom 3. Januar 1810 (Humboldt 1909, S. 304).

41 Dazu sei auf die Studien von Ottmar Ette hingewiesen, zuletzt: Ette 2016.

42 Noch für Riegl war dies ein abwegiger Gedanke, zu dem er sich nur in einer Fußnote äußerte: Ein neuer Zug des „modernen Kulturlebens" sei eine Tendenz, die sich „bis zur Forderung gesetzlichen Schutzes für ‚Naturdenkmale' und damit zur Einbeziehung selbst anorganischer Stoffmassen in den Kreis der schutzbedürftigen Individuen gesteigert" habe (Riegl 1909, S. 24).

Er sondert sich von den benachbarten Gipfeln ab und erhebt sich über die gesamte Kette der Anden wie jener majestätische Dom, Werk des Genius von Michelangelo, über die antiken Monumente rings um das Kapitol.[43]

Der Vergleich eines Berges mit Menschenwerk ist hier umso gewagter, weil gerade Michelangelo genannt wird, dessen Genie als so herausragend galt, dass er als einziger den Meistern der Antike gleichgesetzt wurde, und zwar auch von Winckelmann.[44] Humboldt verweist hier auf einen Ort, der grundlegend für die Metapher von Rom als *caput mundi*, als Haupt bzw. Hauptstadt der Welt war: das Kapitol.[45] Seine Darstellung bezieht sich auf die Welt der Antike, insofern die Ruinen aus römischer Zeit genannt werden, darüberhinaus wird aber in dem Wort „Dom" auch eine religiöse Dimension angedeutet. Dies kann – metaphorisch – zweifellos als Betonung der herausragenden Bedeutung des Kapitols[46] gedeutet werden, aber die Passage wäre so gelesen wenig stimmig: Denn auf dem Kapitolshügel befindet sich die Basilika Santa Maria in Aracoeli, und dass diese kein Werk Michelangelos war, wusste Humboldt selbstverständlich. Eine aussagekräftige Bedeutung erhält diese Textstelle erst, wenn man in einer metonymischen Erweiterung oder in einer imaginären Überblendung das andere monumentale Gebäude hinzunimmt, das mit Michelangelos Namen verbunden ist: den Petersdom, also die bedeutendste Kirche und das symbolische Zentrum der Christenheit.

Es gibt noch einen weiteren Text in den *Vues des Cordillères*, der verdeutlicht, dass es Humboldt hier darum ging, der These von der Zentralität Roms und der römischen Antike im Sinne einer Horizonterweiterung, die in einem durchaus vielschichtigen und weitreichenden Sinne geographisch fundiert war, zu widersprechen. Zu Tafel XLII, zum *Vulkan Cayambe* schreibt Humboldt: „Der Gipfel des Cayambe wird vom Äquator durchquert. Man mag diesen kolossalen Berg als eines jener ewigen Monumente betrachten, durch welche die Natur die großen Einteilungen der Erdkugel gekennzeichnet hat"[47].

---

43 Humboldt 2004, S. 138; „[…] il se détache des cimes voisines; il s'élève sur toute la chaîne des Andes, comme ce dôme majestueux, ouvrage du génie de Michel-Ange, sur les monumens antiques qui environnent le Capitole" (Humboldt 1810[-1813], S. 107).

44 Er schreibt in den *Gedanken zur Nachahmung*: „Michael Angelo ist vielleicht der einzige, von dem man sagen könnte, daß er das Alterthum erreichet" (Winckelmann 1756, S. 17).

45 In einer ausführlicheren Untersuchung plane ich, die weitreichenden Konsequenzen von Humboldts Position darzustellen. Die von ihm hier zurückgewiesene These von Rom als „Hauptstadt der Welt" war nämlich zu seiner Zeit keineswegs inaktuell, wenngleich sie selbstverständlich nicht im politischen Sinne gedeutet wurde.

46 Zur Bedeutung des Kapitols für die Zentrums-Metaphorik Roms verweise ich auf die Studie Beat Wolfs, die sich auf Literatur der Antike und des lateinischen Mittelalters bezieht (Wolf 2010, S. 156ff.).

47 Humboldt 2004, S. 307; „La cime du Cayambe est traversée par l'équateur. On peut considérer cette montagne colossale comme un de ces monumens éternels par lesquels la nature a marqué les grandes divisions du globe terrestre" (Humboldt 1810[-1813], S. 242).

Entscheidend ist der Hinweis auf den Äquator, der den Cayambe durchquert und der die geographische Ordnung markiert, durch die die unterschiedlichen Klima- und Vegetationszonen der Erde, und somit auch unterschiedliche Lebensräume der Menschen entscheidend bestimmt werden. Dass Berge schon wegen ihrer Größe und Höhe die Vorstellungskraft der in ihrer Nähe lebenden Bevölkerungen beschäftigen und zudem auch ganz konkret, etwa als Orientierungspunkte eine wichtige Bedeutung einnehmen, gehörte zu den Themen Humboldts. Dies zeigt ein Beispiel aus seinen Tagebuchaufzeichnungen, das aus dem Jahr 1799 und also der Anfangsphase seiner Reise stammt. Darin bezieht er sich auf die Seefahrt und notiert: „Der Pic von Teyde, der Terceirische Insel-Pico, der Pic von Orizawa in Mexico, das Gebirge am Cap Finisterre, der Pan d'assucar bei Montevideo sind die großen Monumente, welche die Natur gleichsam der Schiffart zur Orientirung errichtet hat"[48].

Zwar wird in den publizierten Schriften diese Bezeichnung der Berge als Monumente nicht explizit entwickelt. Gleichwohl skizziert das Tagebuchzitat Humboldts Grundgedanken zu diesem Thema: Dass als Monument auch bezeichnet werden könne, was einer Gemeinschaft zur wichtigen Orientierung dient oder ein kollektives Wissen repräsentiert.[49] Diese in der Tagebuchpassage genannten Berge bezeichnet er in seiner *Relation historique* als „balises naturelles"[50], was als „natürliche Orientierungspunkte" oder „Bojen" für Seefahrer zu verstehen ist. Wenn er dagegen an anderer Stelle den Cayambe als Monument bezeichnet, so ist dies mit seinen Argumentationslinien der *Vues des Cordillères* verbunden und also in einen neuen Kontext eingefügt. Denn im Unterschied zur Metaphorik eines Zentrums, mit der die Bedeutung des Kapitols oder Roms als Repräsentant der Antike traditionell hervorgehoben wurde, steht dieser monumentale Berg bei Humboldt für ein entgegengesetztes, beide Hemisphären umspannendes räumliches und kulturelles Bezugssystem.

---

48 Staatsbibliothek zu Berlin – PK, Nachl. Alexander von Humboldt (Tagebücher), I, Bl. 14r. Vgl. auch Humboldt 2000, S. 79.

49 Es geht also nicht um den Akt, mit dem ein „gewolltes Denkmal" konzipiert wurde, sondern um den Akt der kollektiven Rezeption, bei dem einem Objekt eine wichtige Funktion zugewiesen und besondere Würde verliehen wird.

50 Die genannten Berge „[...] servent de balises pour diriger le pilote que est dépourvu de moyens propres à déterminer la position du vaisseau par l'observation de l'astre; tout ce qui a rappórt à la visibilité de ces balises naturelles intéresse la sûreté de la navigation" (Humboldt 1814[–1817], S. 98).

IV

Humboldts Denkansatz, von Denkmälern auch im Bereich der Natur zu sprechen, kann nicht als vollkommen neu gelten. Bisher war aber in diesem Zusammenhang nur mit Bezug auf ein hohes Alter von Monumenten die Rede, und zwar im Kontext von Überlegungen über die Unterschiedlichkeit verschiedener historischer, prähistorischer und geologisch-erdgeschichtlicher Zeitdimensionen. In diesem Sinne schrieb beispielsweise Horace-Bénédict de Saussure über einige große Gesteinsbrocken auf dem Berg Saleve, es handle sich um „monumens inconnus", übersetzt als „stillschweigende Denkmale", die von einer der großen Erdkatastrophen zeugten.[51] Bei Johann Friedrich Blumenbach findet sich auf seinem Gebiet eine vergleichbare Formulierung, wenn er in einem Privatbrief an Johann Heinrich Merck auf fossile Knochenfunde bezogen den Ausdruck wählt: „[…] diese merkwürdigen Denkmäler einer ehemaligen andren Verfassung unsrer Erde"[52]. Beide Formulierungen werden jedoch von den Autoren nicht weiter ausgeführt und finden sich an eher verborgenen Textstellen. Humboldt allerdings konnte sie durchaus gekannt haben. Er hatte die Werke des von ihm bewunderten de Saussure gründlich gelesen und von Blumenbach, mit dem er seit seiner Göttinger Zeit im Austausch stand, hatte er eine solche Bezeichnung möglicherweise einmal gehört haben können. Jedoch sind Humboldts eigene Überlegungen mit diesem relativ eng umschriebenen Denkmalverständnis nicht gleichzusetzen, obwohl es auch bei ihm Passagen gibt, in denen er zumindest teilweise ähnlich argumentiert.

Zur Tafel LXIX der *Vues des Cordillères*, zum Drachenbaum von La Orotava von Teneriffa, stellt Humboldt im letzten Satz des Buches die These auf, „[…] daß der Drachenbaum von La Orotava älter ist als die meisten Monumente, die wir in diesem Werk beschrieben haben"[53]. Wenngleich auch hier auf ein hohes Alter hingewiesen wird, eröffnen sich damit andere Perspektiven, denn es geht um das Alter eines lebenden Organismus[54] und den Vergleich zwischen den Zeitdimensionen, die für unterschiedliche Lebewesen Geltung haben. Zudem hatte Humboldt bereits in einer anderen Schrift noch einen weiteren Aspekt einbe-

---

51 Die Passage lautet: „[…] ces rochers, qui préservés pendant tant de milliers d'années, sont demeurés en silence les monumens inconnus d'une des plus grande catastrophes qu'ait essuyé notre globe." (Saussure 1787, S. 228; Saussure 1781, S. 190).

52 Brief an Johann Heinrich Merck vom 2. Januar 1784 (Merck 1835, S. 413). Diese Textstelle wurde offenbar später bekannt, da sie in Grimmsche Wörterbuch der Deutschen Sprache vermerkt wurde (Grimm / Grimm 1856).

53 Humboldt 2004, S. 384; „il est probable que le drangonnier de l'Orotava est plus ancien que la plupart des monumens dont nous avons donné la descriptin dans cet ouvrage" (Humboldt 1810[-1813], S. 298).

54 Hier verbindet sich die Denkmalsthematik mit der Frage nach dem Prinzip der Lebenskraft (vgl. dazu Ette 2009, S. 225f.).

zogen: die kulturell-gesellschaftliche Bedeutung eines solchen Denkmals. Diese Parallelstelle findet sich in den *Ideen zu einer Physiognomik der Gewächse*, also einem Text, den er bereits zuvor – 1808 im ersten Band der *Ansichten der Natur* – publiziert hatte.

Dort ging es nicht nur um weitere aufgrund ihres Alters monumentale Bäume,[55] sondern Humboldt merkte auch an, dass der Drachenbaum von den Ureinwohnern Teneriffas, den Guanchen verehrt wurde. Die entsprechende Passage erklärt m. E. aber auch, warum er diesen Gedanken nicht in sein Werk über die Kultur indigener Urvölker aufgenommen hat. Nicht nur führte dieses Beispiel in einen anderen geographischen Raum, sondern Humboldt mag befürchtet haben, dass damit neue abwertende Vorstellungen hätte verknüpft werden können und ein auf die Natur bezogener Kult als Indiz für weniger entwickelte Zivilisationsstufen hätte gewertet werden können. In seiner Argumentationslinie der *Ansichten der Natur* ist er offensichtlich bemüht, einen solchen Gedanken erst gar nicht aufkommen zu lassen, wenn er schreibt: Der Drachenbaum war „den Eingeborenen heilig wie der Oelbaum in der Burg zu Athen, oder die Ulme zu Ephesus"[56]. Humboldt macht also im selben Satz, in dem er diese Information gibt, auch deutlich, dass ein solcher Baum nicht nur die Bewunderung dieser indigenen Bevölkerung – ebenso wie offenkundig das größte Interesse von Naturforschern im allgemeinen sowie insbesondere von ihm selbst – weckte, sondern dass die Guanchen sich damit keineswegs von den Vertretern der griechischen Hochkultur der Antike unterschieden. Obwohl die Passage, in der Humboldt das Thema des Drachenbaums in den *Vues des Cordillères* wieder aufgreift, vergleichsweise kurz ist, so wird ihr doch durch die Position am Ende eines Werks über Monumente eine deutlich größere Bedeutung verliehen. Der Text, in dem Humboldt ohne weitere Ausführungen diesen Baum dem Kreis der Monumente zuordnet, erscheint an exponiertem Ort. Angesichts der Tatsache, dass sein dort formulierter Gedanke sich durchaus von den zeitgenössischen Denkmalsauffassungen unterschied, ist eine solche ausdrückliche Hervorhebung signifikant. Trotzdem ist die Drachenbaumpassage in der Positionierung am Ende der *Vues des Cordillères* eben schwerlich als ein Abschluss zu bezeichnen, denn darin wird vielmehr ein Freiraum für ungewöhnliche Überlegungen erkennbar. Diese Passage kann als Ausblick und als

---

55 Er schreibt: „In den Tropen ist ein Wald von Hymeneen und Caesalpinien vielleicht das Denkmal von einem Jahrtausend." (Humboldt 1808, S. 180). Diese Stelle aus der ersten Ausgabe der *Ansichten der Natur* wird er für die dritte Ausgabe korrigieren in: „[...] vielleicht das Denkmal von mehr als einem Jahrtausend" (Humboldt 1849, Bd. 2, S. 21).

56 Humboldt 1808, S. 180. Ich werde in einer späteren Studie auf diesen Themenbereich weiter eingehen und u. a. die Passagen in Humboldts Reisebericht einbeziehen, in denen er die Verehrung und den Schutz der Mimose Zamang de Guayre im Dorf Turmero beschreibt (vgl. Humboldt / Bonpland 1819[–1821], S. 58 f. und Humboldt 1991, S. 622 f.).

Aufforderung gelesen werden, in weiteren neuen Perspektiven die Überlegungen des Buches fortzuführen.

Quellen

Ungedruckte Quellen

Staatsbibliothek zu Berlin – PK, Nachl. Alexander von Humboldt (Tagebücher), I.
Staatsbibliothek zu Berlin – PK, Nachl. Alexander von Humboldt (Tagebücher), II und VI.
Staatsbibliothek zu Berlin – PK, Nachl. Alexander von Humboldt (Tagebücher), VIII.

Gedruckte Quellen

Bloch, Peter: ‚Vom Ende des Denkmals‘, in: Piel, Friedrich / Traeger, Jörg (Hg.): *Festschrift für Wolfgang Braunfels*. Tübingen 1977, S. 25–30.

Böhme, Hartmut: ‚1810. Alexander von Humboldts *Vues des Cordillères et Monumens des Peuples Indigènes de l'Amerique*‘, in: Borgards, Roland u. a. (Hg.): *Kalender kleiner Innovationen. 50 Anfänge einer Moderne zwischen 1755 und 1856*. Würzburg 2006, S. 265–275.

Böhme, Hartmut: *Natur und Figur. Goethe im Kontext*. Paderborn 2016.

Bourguet, Marie-Noëlle: ‚Notes romaines. Le ‚voyage d'archive‘ d'Alexander von Humboldt‘, in: *Ètudes Germaniques* 66 (2011), S. 21–44.

Bourguet, Marie-Noëlle: ‚Un voyage peut en cacher un autre : le carnet d'Italie d'Alexander von Humboldt‘, in: Ette, Ottmar / Drews, Julian (Hg.): *Horizonte der Humboldt-Forschung. Natur, Kultur, Schreiben*. Hildesheim, Zürich, New York 2016, S. 207–233.

Ette, Ottmar: ‚Die Ordnung der Weltkulturen. Alexander von Humboldts Ansichten der Kultur‘, in: *HiN – Alexander von Humboldt im Netz. Internationale Zeitschrift für Humboldt-Studien* 5, 9 (2004), S. 13–32, verfügbar unter: http://dx.doi.org/10.18443/50 [27.12.2016].

Ette, Ottmar: *Alexander von Humboldt und die Globalisierung*. Frankfurt/M., Leipzig 2009.

Ette, Ottmar / Drews, Julian (Hg.): *Horizonte der Humboldt-Forschung. Natur, Kultur, Schreiben*. Hildesheim, Zürich, New York 2016.

Ette, Ottmar: ‚Natur und Kultur: Lebenswissenschaftliche Perspektiven Humboldtscher Wissenschaft‘, in: Ders. / Drews, Julian (Hg.): *Horizonte der Humboldt-Forschung. Natur, Kultur, Schreiben*. Hildesheim, Zürich, New York 2016, S. 13–51.

Fiedler, Horst / Leitner, Ulrike: *Alexander von Humboldts Schriften. Bibliographie der selbständig erschienenen Werke*. Berlin 2000.

Geiger, Ludwig (Hg.): *Goethes Briefwechsel mit Wilhelm und Alexander v. Humboldt*. Berlin 1909.

Gerbi, Antonello: *La disputa del Nuovo Mondo. Storia di una polemica (1750–1900)*. Nuova edizione a cura di Sandro Gerbi. Mailand 2000.

Heyne, Christian Gottlob: *Lobschrift auf Winkelmann* [sic]. Leipzig 1778.

Humboldt, Alexander von: ‚Ueber die Urvölker von Amerika und die Denkmähler welche von ihnen übrig geblieben sind‘, in: *Neue Berlinische Monatsschrift* 15. 03. 1806, S. 177–208 (vgl. auch den Nachdruck in: Lubrich 2009).

Humboldt, Alexander von: *Ansichten der Natur.* Tübingen 1808.

Humboldt, Alexander von: *Vues des Cordillères et Monumens des Peuples Indigènes de l'Amérique.* Paris 1810[–1813].

Humboldt, Alexander von: *Voyage aux régions équinoxiales du Nouveau Continent, fait en 1799, 1800, 1801, 1802, 1803 et 1804. Relation historique.* Bd. 1. Paris 1814[–1817].

Humboldt, Alexander von: *Voyage aux régions équinoxiales du Nouveau Continent, fait en 1799, 1800, 1801, 1802, 1803 et 1804. Relation historique.* Bd. 2. Paris 1819[–1821].

Humboldt, Alexander von: ‚Mexicanische Alterthümer‘, in: *Annalen der Erd-, Länder- und Völkerkunde* 11, 4 (1835), S. 321–325 (vgl. auch den Nachdruck in: Lubrich 2009).

Humboldt, Alexander von: *Ansichten der Natur.* Dritte verbesserte und vermehrte Ausgabe. 2 Bde. Stuttgart, Tübingen 1849.

Humboldt, Alexander von: *Reise in die Äquinoktial-Gegenden des Neuen Kontinents.* Hg. v. Ottmar Ette. 2 Bde. Frankfurt/M. ²1999.

Humboldt, Alexander von: *Reise durch Venezuela. Auswahl aus den amerikanischen Reisetagebüchern.* Hg. v. Margot Faak. Berlin 2000.

Humboldt, Alexander von: *Reise auf dem Río Magdalena, durch die Anden und Mexico.* Hg. v. Margot Faak. Zweite, durchgesehene und verbesserte Auflage. 2 Bde. Berlin 2003.

Humboldt, Alexander von: *Ansichten der Kordilleren und Monumente der eingeborenen Völker Amerikas.* Hg. v. Ottmar Ette und Oliver Lubrich. Frankfurt/M. 2004.

Humboldt, Alexander von: *Kosmos. Entwurf einer physischen Weltbeschreibung.* Ediert und mit einem Nachwort versehen von Ottmar Ette und Oliver Lubrich. Frankfurt/M. 2004a [1845–1862].

Humboldt, Wilhelm von: ‚Über das Studium des Alterthums, und des griechischen insbesondere (1793)‘, in: Ders.: *Gesammelte Schriften.* Hg. von der König Preußischen Akademie der Wissenschaften. Bd. 1. Berlin 1903, S. 255–281.

Jahn, Ilse / Lange, Fritz G. (Hg.): *Die Jugendbriefe Alexander von Humboldts 1787–1799.* Berlin 1973.

Kraft, Tobias: *Figuren des Wissens bei Alexander von Humboldt. Essai, Tableau und Atlas im amerikanischen Reisewerk.* Berlin, Boston 2014.

Kügelgen, Helga von: ‚Klassizismus und vergleichendes Sehen in den *Vues des Cordillères*‘, in: *HiN – Alexander von Humboldt im Netz. Internationale Zeitschrift für Humboldt-Studien* 10, 19 (2009), S. 105–124, verfügbar unter: http://dx.doi.org/10.18443/131 [27. 12. 2016].

Leitner, Ulrike: ‚Über die Quellen der mexikanischen Tafeln der ‚Ansichten der Kordilleren‘ im Nachlass Alexander von Humboldts‘, in: *HiN – Alexander von Humboldt im Netz. Internationale Zeitschrift für Humboldt-Studien* 11, 20 (2010), S. 121–134, verfügbar unter: http://dx.doi.org/10.18443/139 [27. 12. 2016].

Löschner, Renate: ‚Alexander von Humboldts Bedeutung für die Altamerikanistik‘, in: Hein, Wolfgang-Hagen (Hg.): *Alexander von Humboldt. Leben und Werk.* Ingelheim am Rhein 1985, S. 249–262.

[Merck, Johann Heinrich:] *Briefe an Johann Heinrich Merck von Goethe, Herder, Wieland und anderen bedeutenden Zeitgenossen mit Merck's biographischer Skizze.* Darmstadt 1835.

Lubrich, Oliver: „„Wie antike Bronzestatuen". Zur Auflösung des Klassizismus in Alexander von Humboldts amerikanischem Reisebericht', in: *Arcadia* 35,2 (2000), S. 176–191.

Lubrich, Oliver / Ette, Ottmar: ,Nachwort', in: Humboldt, Alexander von: *Ansichten der Kordilleren und Monumente der eingeborenen Völker Amerikas.* Hg. v. Ottmar Ette und Oliver Lubrich. Frankfurt/M. 2004, S. 407–422.

Lubrich, Oliver: „„Überall Ägypter". Alexander von Humboldts orientalistischer Blick auf Amerika', in: *Germanisch-Romanische Monatsschrift* 54,1 (2004), S. 19–39.

Lubrich, Oliver (Hg.): *Alexander von Humboldt, Ueber die Urvölker von Amerika und die Denkmähler welche von ihnen übrig geblieben sind. Anthropologische und ethnographische Schriften.* Hannover 2009.

Lubrich, Oliver: ,Stufen, Keime, Licht. Alexander von Humboldt als Ethnograph und Anthropologe', in: Ders. (Hg.): *Alexander von Humboldt, Ueber die Urvölker von Amerika und die Denkmähler welche von ihnen übrig geblieben sind. Anthropologische und ethnographische Schriften.* Hannover 2009a, S. 167–190.

Lubrich, Oliver: ,Reiseliteratur als Experiment', in: *Zeitschrift für Germanistik* 24,1 (2014), S. 36–54.

Riegl, Alois: *Der moderne Denkmalskultus. Sein Wesen und seine Entstehung.* Wien, Leipzig 1903.

Scharf, Helmut: *Kleine Kunstgeschichte des deutschen Denkmals.* Darmstadt 1984.

Saussure, Horace Bénédict de: *Voyages dans les Alpes précedés d'un essai sur l'histoire naturelle des environs de Genève.* Genf 1787.

Saussure, Horace Bénédict de: *Reisen durch die Alpen nebst einem Versuche über die Naturgeschichte der Gegenden von Genf.* Leipzig 1781.

Werner, Petra: *Naturwahrheit und ästhetische Umsetzung. Alexander von Humboldt im Briefwechsel mit bildenden Künstlern.* Berlin 2013.

Winckelmann, Johann Joachim: *Gedanken über die Nachahmung der Griechischen Werke in der Malerey und Bildhauerkunst.* Zweite, vermehrte Auflage. Dresden, Leipzig 1756.

Wolf, Beat: *Jerusalem und Rom: Mitte, Nabel – Zentrum, Haupt. Die Metaphern „Umbelicus mundi" und „Caput mundi" in den Weltbildern der Antike und des Abendlands bis in die Zeit der Ebstorfer Weltkarte.* Bern, Berlin u. a. 2010.

Internetquellen

Bourguet, Marie-Noëlle: *Écriture du voyage et construction savante du monde. Le carnet d'Italie d'Alexander von Humboldt* (Max-Planck-Institut für Wissenschaftsgeschichte, Berlin 2004), verfügbar unter: http://pubman.mpiwg-berlin.mpg.de/pubman/item/escidoc:643416:4 [27.12.2016].

Grimm, Jacob / Grimm, Wilhelm: *Wörterbuch der deutschen Sprache* (Auslieferung 1856, Bd. 2, Sp. 941 bis 942), verfügbar unter: http://www.woerterbuchnetz.de/DWB?lemma=denkmal [14.2.2016].

Transfer

Ihre Abhandlung, die gedrukte, werde ich mit Interesse lesen so wie ich für den Penguin gehorsamst danke.

–Humboldt–

Brigitte Hoppe

Erfahrungsaustausch zwischen den Naturhistorikern und Forschungsreisenden Chamisso und Martius

Zum Zustand der Naturforschung um 1800

Der hauptsächlich den Dichter würdigende Biograph René Riegel nannte Chamisso „un apôtre de la nature",[1] eine Bezeichnung, die häufig auf die über ein Dutzend zählenden Schüler von Linné angewandt wird, die ähnlich den biblischen Aposteln durch den Meister in alle Weltgegenden ausgesandt wurden,[2] um die noch weithin unbekannte Vegetationsdecke nebst der Fauna und den Heimat- und Wohngebieten der Lebewesen der Erde systematisch zu erforschen. An diese Tradition schlossen sich die beiden jungen Naturforscher an, Adelbert von Chamisso (1781–1838) auf einer Weltumsegelung 1815–1818 und der 13 Jahre jüngere Carl Friedrich Philipp Martius (1794–1868) auf einer Expedition nach Brasilien 1817–1820. Beide hatten im Stil des Systematikers der „Drei Naturreiche" ihren Weg in die Naturkunde angetreten und sich in ihrem mit Abenteuerlust gepaarten Wissensdrang unerschrocken auf gefahrvolle Forschungsreisen begeben. Wenige Jahre nach ihrer Rückkehr nach Europa begann ihr brieflicher Austausch. Dessen Entwicklung von der kollegialen Erörterung naturhistorischer Probleme zu Mitteilungen der gegenseitigen persönlichen Anteilnahme soll geschildert werden.

Der Briefwechsel und die Briefpartner

Die Korrespondenz zwischen Chamisso und Martius, die in deren Nachlässen in der Staatsbibliothek in Berlin und in der Bayerischen Staatsbibliothek in München aufbewahrt wird, blieb bisher unbeachtet. Die hier ausgewerteten Schreiben, sieben Stück von jedem Autor und von Chamisso zusätzlich eine zweiseitige

---

1 Riegel 1934, Bd. 2, S. 421.
2 Zur Aussendung der jungen Botaniker und deren Benennung als „Apostel" vgl. Mägdefrau ²1992, S. 53 ff. sowie Wagenitz / Lack 2012–2015, S. 6.

Liste mit botanischen Mitteilungen, bilden ihrer Anzahl nach eine spärliche Korrespondenz, die jedoch inhaltsreich ist. Sie gibt Aufschluss über den Entstehungsprozess wissenschaftlicher Werke und vermittelt Einblicke in Charaktereigenschaften beider Persönlichkeiten. Beide Naturforscher erhielten als Anerkennung ihrer hoch geschätzten Sammelleistungen Anstellungen an wissenschaftlichen Einrichtungen. Chamisso wurde bekanntlich 1819 zum 2. Kurator am Königlichen Botanischen Garten in Berlin ernannt,[3] dem der frühere, 1812 verstorbene Direktor Carl Ludwig Willdenow (1765–1812) ein bedeutendes Herbarium anzufügen vermochte.[4] Martius, der bereits vor seiner Forschungsreise als Mitarbeiter am 1812 neu errichteten Königlichen Botanischen Garten an der Akademie der Wissenschaften in München angestellt worden war, wurde 1821 ordentliches Mitglied der Akademie und 2. Konservator an der Botanischen Sammlung; gleichzeitig wurde er zum Ritter geadelt. Nach der räumlichen Verlegung der Ludwig-Maximilians-Universität von Landshut nach München erhielt er die Professur für Botanik (1826–1854) und übernahm 1832 die Leitung sämtlicher Botanischer Anstalten in München.[5]

Zu Beginn des Briefwechsels 1823 waren beide Botaniker beruflich und sozial ungefähr gleichgestellt; beide begannen mit der wissenschaftlichen Aufarbeitung der gesammelten Materialien. Beide Naturforscher hatten Notizen, tabellarische Aufzeichnungen sowie Skizzen und Zeichnungen über die Geographie der bereisten Gegenden, über Vorkommen und Einzelheiten der mannigfaltigen Gestalten sowie der Lebensweisen von Pflanzen und Tieren mitgebracht. Mineralien und Gesteinsproben, Tausende von gepressten, getrockneten Pflanzen, Hunderte von Bälgen und Präparaten von Tieren sowie zahlreiche Objekte und Dokumente zu ethnologischen und linguistischen Studien hatten sie gesammelt.[6] Chamisso veröffentlichte nach der Gepflogenheit der Naturwissenschaftler einzelne Ergebnisse seiner Ausbeute in Zeitschriftenartikeln.[7] Nach einer kurzen Notiz 1818 beschrieb er die zusammen mit dem mitreisenden Arzt Johann Friedrich Eschscholtz (1793–1831) erzielte, am meisten gewürdigte Entdeckung des Generationswechsels bei Salpen (*Tunicata*) 1819.[8] An dem

3 Vgl. außer Biographien in Nachschlagewerken Möbius 1918–1919, S. 289–292; Schmid 1942, S. 7–27; Rudnick 1978, S. 82; Feudel [3]1988, S. 128; Fischer 1990, S. 70.
4 Wagenitz / Lack 2012–2015, S. 6, 284–288.
5 Mägdefrau 1966, S. V–XVII; ders. 1971, S. 7–15; ders. 1990, S. 310–312; Merxmüller 1968, S. 79–96; Sanders 1974, S. 148f.
6 Zu Chamisso vgl. u. a. Schmid 1942, v. a. S. 35–84; Glaubrecht 2013, S. 56, 59–84. – Zu Martius vgl. außer in der biographischen Literatur (Anm. 5) Mägdefrau 1966, S. XVIf.; Wuschek 1990; Kellner / Büchler / Schumacher 1990, S. 1–56.
7 Bibliographie in Schmid 1942, S. 34–80.
8 Chamisso 1819; vgl. Schmid 1942, S. 36; einen Neudruck der Veröffentlichung enthält: Schneebeli-Graf 1983, S. 55–62. – Bisher hob die Biologiegeschichtsschreibung v. a. diese

aufwändigen Tafelband von 1822 des Zeichners und Lithographen Louis Choris (1795–1828), der die Expedition begleitet hatte, beteiligte sich Chamisso mit Zeichnungen und zugehörigen Texten.[9] Hierin stellte er die neu entdeckte Art einer brasilianischen Cocospalme erstmals dar.[10] Dasselbe Objekt, das er zu Ehren des russischen Mentors der Weltreise, damals Außenminister, Graf Nikolaj Petrovič Rumjančev (1754–1826) *Cocos Romanzoffiana* Cham. nannte (heute: *Syagrus romanzoffiana* (Cham.) Glassman, *Arecaceae*), beschrieb er danach eingehend, unter Ergänzung von zuvor durch den Bearbeiter der von Alexander von Humboldt gesammelten südamerikanischen Pflanzen, Carl Sigismund Kunth (1788–1850),[11] vermissten Merkmale, in der Zeitschrift *Flora oder Botanische Zeitung* von 1823.[12] Dieser Beitrag zur brasilianischen Pflanzenkunde, in dem Chamisso auch einzelne Algen (*Fucus species*) erwähnte, rief Martius auf den Plan, der sich vornahm, umfangreiche brasilianische Pflanzengruppen in einzelnen Werken bekannt zu machen.

1823–1824: kollegialer Austausch von Pflanzen und Kenntnissen als Grundlage von Publikationen

Martius hatte die durch Linné benannten Kryptogamen in Arbeit und sammelte ergänzende Materialien hierzu sowie zu seinem Werk über brasilianische Palmen. Die Gegenstände beider Werke gaben Anlass zum ersten Briefwechsel zwischen den Botanikern 1823 und 1824. Der erste Brief von Martius ist bis jetzt nicht aufgetaucht; sein Datum, der „12.09.1823", und der Inhalt sind jedoch aus dem ersten erhaltenen Antwortschreiben von Chamisso vom 5.10.1823 zu entnehmen.[13] Dieser versprach, die von Martius gewünschten, an der Küste Brasiliens gesammelten Algen baldmöglichst zu senden. Gleichzeitig schloss der eifrige Botaniker Chamisso seinerseits eine Bitte an: Er bat Martius um Herbarpflanzen und Mitteilungen zu brasilianischen Arten der Gattung der Laichkräuter *Potamogeton species*; denn 17 Vertreter dieser Gattung (mit Unterarten) hatte er in einem eigenen Heft von 13 Seiten unter dem Titel *Annotationes*

Leistung Chamissos hervor; vgl. u. a. Geus 1972, S. 159–164; Glaubrecht / Dohle 2012, S. 317–363.

9   Choris 1820–1822; zur eingehenden Beschreibung der Beiträge Chamissos vgl. Schmid 1942, S. 40–42.

10 Choris 1820–1822, S. 5–7, Tafeln 5 u. 6 mit der Unterschrift „dessiné d'après nature par A^bert de Chamisso".

11 Zu Kunth vgl. Stafleu 1978, S. 267f.

12 Chamisso 1823, S. 225–229.

13 Chamisso an Martius, Berlin 05.10.1823; Martiusiana II. A. 2, Chamisso, [Brief 1], S. [1]– [3].

Quaedam ad Floram Berolinensem C. S. Kunthii beschrieben, das als Anhang zur 3. Auflage des Verzeichnisses der auf den Friedländischen Gütern gepflegten Gewächse 1815 veröffentlicht worden[14] und während seines Aufenthalts bei der Familie von Itzenplitz in Cunersdorf entstanden war.[15] Der dienstlichen Aufgabe des 2. Kurators am Herbarium, die zu versendenden brasilianischen Algen zusammenzustellen, scheint Chamisso nur zögernd nachgekommen zu sein; denn Martius mahnte die Sendung in seinem Schreiben vom 12. 11. 1823 an.[16] In diesem Brief schnitt er ein weiteres Thema an, das den Briefwechsel auch im folgenden Jahr 1824 beherrschte. Er begann in dieser Zeit seine Materialien über tropische Palmen zu ergänzen, denen Chamisso mit seiner 1822 und 1823 veröffentlichten, neu entdeckten Palme *Cocos Romanzoffiana* Cham. eine Martius unbekannt gebliebene Art hinzugefügt hatte. Deren korrekte botanische Beschreibung veranlasste Martius, die „literarische Gesinnung" Chamissos zu loben und ihm im folgenden Brief vom 7. 10. 1824 zu versprechen, diese Beschreibung unter dem Namen Chamissos wiederum in seiner geplanten *Historia Palmarum* abzudrucken.[17] In demselben umfangreichen Schreiben (7. 10. 1824) überschüttete Martius den Weltreisenden Chamisso geradezu mit Fragen zu dessen Beobachtungen über Vorkommen und Verbreitung der Palmen sowie über Verwendungen und sogar über versteinerte Palmen. Chamissos sorgfältige Antworten, z. T. mit Literaturangaben, in einer besonderen Liste ohne Datierung ordnete Martius in seine Materialsammlung ein und wertete die Mitteilungen an mehreren Stellen seiner späteren Veröffentlichung aus. Aufgrund des Inhalts kann das Schreiben jetzt dem Brief von Martius vom 07. 10. 1824 zugeordnet werden und auf das Ende desselben oder den Anfang des folgenden Jahres datiert werden.[18]

1833–1835: nach persönlicher Begegnung weiterer Pflanzenaustausch und persönliche Mitteilungen zu Befinden und Arbeitsalltag

Nach 1824 entstand eine mehrjährige Pause im Briefwechsel bis 1833. Aber in dieser Zeit fand eine persönliche Begegnung in Berlin statt, an die Martius 1833 erinnerte. Der Anlass muss die unter der Geschäftsführung von A. v. Humboldt

---

14 Vgl. Schmid 1942, S. 33.
15 Sproll 2014, bes. S. 13 ff.
16 Martius an Chamisso, München 12. 11. 1823; Nachl. Adelbert von Chamisso, K. 29, Nr. 23, Bl. 2–3.
17 Martius an Chamisso, München 07. 10. 1824; Nachl. Adelbert von Chamisso, K. 29, Nr. 23, Bl. 4–5.
18 Chamisso an Martius, s. l. et a.; Clm 27378, no. 8 [1 Bl. in 4°, r et v].

abgehaltene 7. Versammlung Deutscher Naturforscher und Ärzte 1828 in Berlin gewesen sein, die beide Naturforscher besuchten,[19] und an der auch der Münchener Botaniker Joseph Gerhard Zuccarini (1797–1848) teilnahm, mit dem Chamisso ebenfalls Pflanzen austauschte. Von 1833 an nannten sich beide Briefpartner in der Anrede und der abschließenden Grußformel „Freund". Von nun an teilten sie sich neben Fachlichem auch persönliche Anliegen mit.

Die inzwischen nach dem Weggang von Dietrich Franz Leonhard von Schlechtendal (1794–1866)[20] an Chamisso 1832 übertragene Verantwortung für das Königliche Herbarium in Berlin führte dazu, dass überwiegend Fragen des Pflanzenaustauschs erörtert wurden. Hauptsächlich die Bearbeitung einer in beträchtlicher Artenvielfalt in der Krautregion der tropischen Wälder vorkommenden Pflanzenfamilie beschäftigte beide Reisende: die *Melastomataceae* oder die zu den Myrtenartigen (*Myrtales*) gehörenden Schwarzmundgewächse, die damals noch im Anschluss an die durch den Begründer der Familie Antoine Laurent de Jussieu (1789) aufgestellte Bezeichnung „Melastomae" (nach *Melastoma* L.) oder *Melastomeae* DC. (Melastomaceen) genannt wurden. Chamisso bat am 04.08.1833, ihm „brasilianische Melastomen" zur Bearbeitung zu überlassen,[21] und wiederholte seine Bitte nach mehreren Wochen, indem er am 15.09.1833 Martius bat, ihm möglichst alle verfügbaren Genera der „Melastomen" zu übersenden, wofür er zu ermittelnde Dubletten zu überlassen versprach.[22] Martius hatte gleich in seinem ersten Brief vom 18.08.1833 den zum 1. Kustos aufgestiegenen Chamisso um Fortsetzung der Zusammenarbeit zwischen den Herbarien in Berlin und München gebeten. Nachdem er gleichzeitig versprochen hatte, Chamissos Bitte vom 04.08.1833 nachzukommen,[23] erfüllte Martius sein Versprechen im November großzügig, indem er am 20.11.1833 eingehende Erläuterungen zur Sendung von Exemplaren verschiedener Tropenreisender – auch aus seinem Privatherbarium – und mehrere Manuskripte

---

19 Martius an Chamisso, München 18.08.1833; Nachl. Adelbert von Chamisso, K. 29, Nr. 23, Bl. 6–7, Bl. 7r: Im „Postscriptum" bezog sich Martius auf die Begegnung „in einem Bierkeller in Berlin". – In der Korrespondenz nach 1833 wurden mehrmals Versammlungen der Gesellschaft deutscher Naturforscher und Ärzte als Gelegenheiten zur persönlichen Begegnung erwähnt. – Bei der 7. Versammlung 1828 in Berlin trugen sich Martius, Chamisso und Zuccarini eigenhändig in die Liste der Teilnehmer ein; *Amtlicher Bericht über die Versammlung deutscher Naturforscher und Ärzte zu Berlin im September 1828*. Berlin 1829, S. 13 r, 25r. – Chamisso nahm wiederum an der Versammlung 1830 in Hamburg teil, *Amtlicher Bericht* [...] 1830–31, S. 21.
20 Zu von Schlechtendal vgl. Wunschmann 1890, S. 351–353.
21 Chamisso an Martius, Berlin 04.08.1833; Martiusiana II. A. 2, Chamisso, [Brief 3], S. [1]–[3].
22 Chamisso an Martius, Berlin 15.09.1833; Martiusiana II. A. 2, Chamisso, [Brief 4], S. [1]–[2].
23 Martius an Chamisso, München 18.08.1833; Nachl. Adelbert von Chamisso, K. 29, Nr. 23, Bl. 6–7.

mit den vorangegangenen Bestimmungen anderer Autoren hinzufügte. Er erlaubte Chamisso, wenn er mehr als drei Exemplare von einer Art vorfände, dürfe er ein Exemplar dem Berliner Herbarium einverleiben. Er übertrug Chamisso als erste Aufgabe, die Bestimmung der Gattungen vorzunehmen nach der damals neuesten Spezialabhandlung zu dieser Familie in dem 1828 publizierten *Prodromus Systematis Naturalis Regni Vegetabilis [...]* von Augustin-Pyrame DeCandolle (1778-1841); eine Arbeit, die er selbst aus „Zeitmangel" noch nicht durchgeführt habe.[24] Da Martius diese Materialien nach zwei Monaten noch nicht gesandt hatte, wurde Chamisso ungeduldig und sandte einen „diplomatisch" formulierten Brief, in dem er die Sorge um den Verbleib seiner beiden Bittbriefe kundtat. Dieses Schreiben vom 24.11.1833[25] muss sich mit dem Transport der ersehnten Arbeitsmaterialien, die am 20.11.1833 abgesandt wurden, gekreuzt haben. Sie sind wohlbehalten angelangt und bildeten die Grundlage für eine der letzten umfangreichen Veröffentlichungen von Chamisso. Die Bearbeitung eines Teils der übersandten Objekte, Chamisso nannte sein Produkt ein „Fragment" (1835 an Martius), konnte im 9. und 10. Jahrgang der Zeitschrift *Linnaea* 1834-1835/36 erscheinen,[26] welches Organ von Schlechtendal seit 1833 herausgab, während Chamisso viele Texte lieferte und an den Korrekturen fremder Artikel mitwirkte. Den Rest der Herbarpflanzen ließ er nach einer Rückforderung vom 23.04.1835 nach zwei Monaten im Juni 1835 an Martius zurückgehen.[27]

Martius widmete sich unter Einbeziehung von Berliner Beständen weiteren Pflanzengruppen, etwa Vertretern der damaligen „Kryptogamen". Sie wurden im gesamten Briefwechsel erwähnt. Martius hatte Chamisso im Herbst 1823 wiederholt um Algen von der brasilianischen Küste gebeten, die dieser seinem Kollegen zuerst versprach und schließlich auch zusandte.[28] Sie waren Teil einer reichhaltigen Sammlung, aus der er ebenfalls die 1821-1822 veröffentlichten Werke des schwedischen Botanikers Carl Adolph Agardh (1785-1859) durch

---

24 Martius an Chamisso, München 20.11.1833; Nachl. Adelbert von Chamisso, K. 29, Nr. 23, Bl. 8–9. – Vgl. DeCandolle 1828, S. 99–202: „Melastomaceae"; das Vergleichen der Pflanzensammlung mit dem Inhalt dieses umfangreichen Teils des Werks, zu dem Martius ebenfalls Herbarpflanzen aus Brasilien beigesteuert hatte, war auch für Chamisso eine zeitraubende Aufgabe.

25 Chamisso an Martius, Berlin 24.11.1833; Martiusiana II. A. 2, Chamisso, [Brief 5], S. [1]–[3].

26 Chamisso 1834, S. 368f., 445–447 und 1835–36, S. 217f.

27 Chamisso an Martius, Schöneberg bei Berlin 16.06.1835; Martiusiana II. A. 2, Chamisso, [Brief 6], S. [1]–[2].

28 Chamisso an Martius, Berlin 05.10.1823; Martiusiana II. A. 2, Chamisso, [Brief 1], S. [1]–[2]. – Martius an Chamisso, München 12.11.1823; Nachl. Adelbert von Chamisso, K. 29, Nr. 23, Bl. 2–3.

Exemplare bereichert hatte.[29] „Des H[errn] Chamisso Tange [hauptsächlich *Fucaceen*], welche aus Zufall zurückgeblieben waren, […]", ließ Martius mit einer undatierten Notiz zurückgehen,[30] die spätestens 1835–1836 verfasst wurde (nach der großen Rücksendung und dem letzten Brief von Klotzsch und Chamisso vom 16.06.1835). Außerdem erhielt Martius vom Berliner Herbarium 1823 „Farrenkräuter", die er über den seit 1815 als Professor der Botanik an der Universität Berlin wirkenden Johann Heinrich Friedrich Link (1767–1851) angefordert hatte.[31] Nach deren Verbleib erkundigte sich Chamisso im August 1833,[32] worauf Martius am 20.11.1833 um Aufschub der Rückgabe und zugleich um zusätzliche Farnwedel von bestimmten Arten bat; denn die Bestimmung sei wegen der zahlreichen Synonyme höchst langwierig.[33] Die Rückkunft der Farne zusammen mit anderen Herbarpflanzen bestätigte der Mitarbeiter und spätere Nachfolger von Chamisso Johann Friedrich Klotzsch (1805–1860) in dessen Auftrag am 16.06.1835.[34]

Der erste Teil des Chamisso-Martius-Briefwechsels (1823–1824) war geprägt von der Auswertung der gesammelten Materialien, dem gemeinsamen Interesse an damals aktuellen botanischen Gebieten und dem Respekt vor der wissenschaftlichen Leistung des anderen. Beide hatten eine offizielle wissenschaftliche Stellung erlangt. Martius hatte zudem durch die königliche Auszeichnung mit dem Adelstitel eine Anerkennung erfahren, die ihn in denselben sozialen Rang erhob, wie ihn Chamisso von Geburt an innehatte.

Im zweiten Teil des Briefaustauschs 1833–1835 wandelte sich die Anrede in den Schreiben beider Partner, die von nun an einander als „Freund" bezeichneten, während außer den dienstlichen Anliegen auch persönliche Begebenheiten erwähnt wurden. Martius übertrug Chamisso Grüße an andere Berliner

---

29 Agardh Bd. I, 1. 1821 und Bd. I, 2. 1822, zu Objekten aus der Sammlung Chamissos vgl. u. a. Bd. I, 1, S. 20, 49.

30 Martius [s. l. et a.]; Nachl. Adelbert von Chamisso, K. 29, Nr. 23, Bl. 1.

31 Link an Martius, Berlin 03.09.1823; Martiusiana II. A. 2, Link, [Brief Nr. 1], S. [1] Link schrieb u. a.: „[…] Wegen der Farrenkräuter wird die Sache keine Schwierigkeiten haben. Vielleicht hat jetzt Schlechtendal schon deswegen geantwortet. Den ich darüber noch nicht gefragt habe."

32 Chamisso an Martius, Berlin 04.08.1833; Martiusiana II. A. 2, Chamisso, [Brief 3], S. [2] Chamisso fragte u. a.: „Aber was machen unsere Farrenkräuter, die schon seit so langer Zeit auf Reisen sind, um ihrer Erziehung die Krone aufzusetzen?"

33 Martius an Chamisso, München 20.11.1833; Nachl. Adelbert von Chamisso, K. 29, Nr. 23, Bl. 8–9, Bl. 8v: „Was soll ich aber nun sagen, um mich wegen der immer noch verzögerten Rücksendung Ihrer Farren zu entschuldigen? Glauben Sie, diese Last liegt schwer auf mir, umso schwerer, als ich immer noch nicht durch das Gewirre der heillosen Synonyme hindurch gedrungen bin, und täglich sehe, wie sehr mich die Vergleichung vieler Ex[emplare] erleichtert."

34 Chamisso und Klotzsch an Martius, Schöneberg bei Berlin 16.06.1835; Martiusiana II. A. 2, Chamisso, [Brief 6], Begleitschreiben von „[Johann] Fr[iedrich] Klotzsch", S. [1]. – Zu Klotzsch vgl. Wunschmann 1882, S. 233f.

Naturhistoriker wie J. H. F. Link. Zu dem die Mikrofauna auf mehreren Forschungsreisen ins Ausland erkundenden Christian Gottfried Ehrenberg (1795–1876) pflegten beide Briefpartner ein freundschaftliches Verhältnis, so dass beide sich zu dessen Charakter und Familienereignissen äußerten (04. 08. 1833, 13. 01. 1834).[35] Im Spätsommer 1833 erzählte Chamisso in seinem launigen, an Metaphern reichen Stil von seinem in Berlin verbrachten Aufenthalt; denn er sei „nun zur Auster geworden" und „habe die Anker geworfen" und fügte hinzu: „[…] bin viel mehr auf Sand geraten, von dem mich flott zu machen, es mir an Willens- und Geldes Kraft fehlt". Er tröstete sich damit, dass ihn in der ihm nun zur Leitung übertragenen Institution in Berlin auswärtige „Zugvögel" besucht hätten.[36] Unter diesen war kein Geringerer als Robert Brown (1773–1858), der damals (seit 1827) Kustos an den botanischen Sammlungen des British Museum in London war und zuvor an einer mehrjährigen wissenschaftlichen Expedition nach Australien teilgenommen hatte (1801–1805).[37] Diese Mitteilung spricht sowohl für die kollegiale Wertschätzung Chamissos als auch für die der Berliner botanischen Einrichtungen. In demselben Schreiben vom 15. 09. 1833 beklagte sich Chamisso jedoch über das schlechte Wetter in Berlin. Nach einem Sommer mit niedrigen Temperaturen stellte er fest: „[…] ist der Herbst nicht minder traurig, seine gelben Blätter, seine Nebel wirken auf mich ein wie auf ein Saiten Instrument, ich bin verstimmt". Und er bittet niedergeschlagen seinen Freund: „halten Sie mich in gutem Angedenken".[38] Trotz der im folgenden Brief vom 24. 11. 1833 wiederum beklagten Grippeerkrankung, die ihn bei Alltagsgeschäften stark behindere, denn „Husten ist jetzt die Freie Kunst, die ich treibe", entwarf er noch Pläne zur Bearbeitung der „Melastomen" (= *Melastomataceae*).[39] Diese konnte er nur teilweise erfüllen, wie er in seinem letzten Brief 1835 an Martius unter Rücksendung der inzwischen zur Verfügung überlassenen Materialien gestehen musste. Der Begleitbrief zu dieser Sendung wurde durch den Assistenten von Chamisso J. F. Klotzsch verfasst, der darin mitteilte, dass Chamisso im Begriff sei, zur Kur nach Schlesien abzureisen. Das angefügte persönliche Schreiben vom 16. Juni 1835 wirkt wie ein Abschiedsbrief, den Chamisso mit den Worten schloss: „Verehrtester Freund, ich bin ein Invalid, bin verbraucht und abgethan. Halten Sie das Leben fest, so lange Sie können und behalten Sie mich in

35 Chamisso an Martius, Berlin 04. 08. 1833; Martiusiana II. A. 2, Chamisso, [Brief 3], S. [2]. –
Martius an Chamisso, München 13. 01. 1834; Nachl. Adelbert von Chamisso, K. 29, Nr. 23,
Bl. 10–11, Bl. 10r.
36 Chamisso an Martius, Berlin 15. 09. 1833; Martiusiana II. A. 2, Chamisso, [Brief 4], S. [2].
37 Vgl. Mabberley 1985.
38 Chamisso an Martius am 15. 09. 1833, wie in Anm. 36.
39 Chamisso an Martius, Berlin 24. 11. 1833; Martiusiana II. A. 2, Chamisso, [Brief 5], S. [2]f.

gutem Angedenken. A. v. Chamisso."[40] Er erwähnte nicht mehr die durch Martius im Frühjahr 1835 an ihn ergangene Einladung, an den „theuren Dichter und Naturforscher an der Spree", zu einer Genesungskur mit Botanisieren im Alpenvorland.[41]

Gemeinsame Eigenschaften: Neigung zur Dichtkunst und Bekenntnis zu einem alter Ego

Der Briefwechsel macht offensichtlich, dass sich die Freundschaft zwischen Chamisso und Martius nicht auf den für die Zeit so typischen Freundschaftskult der Romantik reduzieren lässt, sondern sich über das kollegiale Verhältnis hinaus auf gemeinsame Neigungen und Fähigkeiten gründete. In den ersten Briefen vom August 1833, die nach einer persönlichen Begegnung geschrieben wurden, taucht in den unter „PS." angefügten Zeilen beider Briefpartner ein Name auf, der bisher nicht identifiziert wurde. Wer war die rätselhafte Person „Freund Suitram"? Der Nachsatz in Chamissos Brief vom 4. August 1833, der sehr förmlich adressiert war mit „Seiner Hochwohlgeboren / Herrn von Martius / Doctor, Professor und Ritter / In München", aber die Anrede trug „Verehrter Freund", lautete: „Darf ich Sie bitten, meinem andern Collegen Svitram die Hand freundlichst von mir zu drücken". Als „AvCh" folgte ein verschnörkelter, lang gezogener Schriftzug (Abb. 1).[42] Die Nachschrift des Antwortbriefs von Martius vom 18. August 1833, der die ebenfalls förmliche Adresse trug, „Sr. Hochwohlgebohren [!] dem Herrn / Doctor Ritter von Chamisso / Berlin", lüftete einen Teil des Geheimnisses, indem Martius schrieb:

> So eben geht mein Freund Suitram von mir. Er sagte, daß er vor mehreren Jahren in einem Bierkeller in Berlin mit dem verstorbenen [E. T. A.] Hoffmann und einem Ihrer spe[cie]llsten Freunde, dem liebenswürdigen Schlehmil [!] bekannt geworden sey, als dieser gerade sich mit Pflanzen beschäftigte, die er aus den Andes [!] gebracht hatte, und jene Bekanntschaft habe ihn selbst aufgemuntert, sich auch etwas mit Botanik zu beschäftigen.
>
> Nun bittet er Sie durch mich, dem H[errn] Schlemihl recht viel Schönes zu melden.
>
> Leben Sie wohl! / Ihr treuergebenster [!] Freund Martius.[43]

---

40 Chamisso an Martius, Schöneberg bei Berlin 16.06.1835; Martiusiana II. A. 2, Chamisso, [Brief 6], S. [2].

41 Martius an Chamisso, München 23.04.1835; Nachl. Adelbert von Chamisso, K. 29, Nr. 23, Bl. 12–13, Bl. 12v.

42 Chamisso an Martius, Berlin 04.08.1833; Martiusiana II. A. 2, Chamisso, [Brief 3], S. [3], vgl. Abb. 1.

43 Martius an Chamisso, München 18.08.1833; Nachl. Adelbert von Chamisso, K. 29, Nr. 23, Bl. 6–7, Bl. 7r.

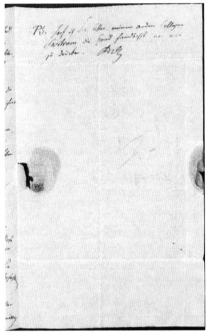

Abb. 1: Adelbert v. Chamisso, aus einem Brief an C. F. Ph. v. Martius, Berlin 04. 08. 1833, S. 3: „P.
S." mit der Unterschrift „AvCh."; Bayerische Staatsbibliothek München, Abteilung Handschriften und Alte Drucke: Martiusiana II. A. 2. Chamisso, Adelbert von.

Eindeutig wird der Name „Suitram" durch Martius selbst in einem anderen,
bisher kaum beachteten Dokument in seinem Nachlass gedeutet. Ein inhalts-
und umfangreiches Manuskript in zwei Bänden in Quartformat, dessen erstes
Drittel in seiner eigenen Handschrift und dessen übriger Teil in einer durch ihn
selbst veranlassten Abschrift in wohlgestalteter deutscher Sütterlin-Schrift
überliefert ist, enthält Texte in Reimen. Der früheste Text ist auf 1809 datiert, der
Hauptteil beginnt im Jahr 1821, also nach der Rückkehr von der Brasilien-Ex-
pedition, und dürfte in den folgenden Jahren ergänzt worden sein. Der gesamte
Inhalt bezieht sich auf Lebenserinnerungen, die überschrieben sind „Suitrams
Fahrten". In der durch Martius nach Abschluss, möglicherweise um 1850, verfassten Einführung in Prosa löst er selbst das Rätsel der Bezeichnung gleich im
ersten Satz auf: „Suitrams, des umgestülpten Martius Fahrten […]".[44] Beide
Briefpartner, Martius und Chamisso, bekannten sich also seit ihrer persönlichen
Begegnung in Berlin zu einem „alter Ego", einer erdichteten Figur, in der Ei-
genschaften und Erlebnisse, wie die Erfahrungen mit der fremden Natur, der

---

44 Martius: *Suitrams Fahrten*, Thl. 1; Martiusiana I. B. 1.4, 1, S. [1]v: Einführung, vermutlich
um 1850.

Wirklichkeit sowie damit verbundene Empfindungen und Bewertungen miteinander verschmolzen. Der literarisch begabte Martius erläuterte den Inhalt und die formale Gestaltung seiner Texte folgendermaßen:

> Suitrams, [...], Fahrten sollten die Entwicklungsgeschichte eines Naturforschers schildern: – politisch, religiös, ästhetisch u[nd] wissenschaftlich. Da die Aufgabe größer als der Dichter, so verließ sie dieser noch bevor er ins Alter getreten, da man klug wird (40 J[ahre]). Die Ideale der Jugend: Liebe, Freundschaft, Freiheit, Forschergenossenschaft, Forscherweihe [... etc. etc.] wurden verdichtet zu idealen (Angelica, Carl, Leopold) oder wirklichen (Ludwig, Adalbert) Gestalten. Die Erfüllung des Ideals (Angela) erscheint, soweit das Gedicht geführt worden, nur verschleiert, während die bestimmenden Lebensereignisse symbolisch in den Welttheilen, im Wendekreis, im Aequator [... etc. etc.] zu Meditation aufrufen. –[45]

Denkmäler einer Freundschaft

Als eine der beiden „wirklichen Gestalten" trat neben dem inzwischen verstorbenen Jugendfreund „Ludwig"[46] „Adalbert" auf. Damit konnte kein anderer als der durch die Reiseerlebnisse geistesverwandte Freund Chamisso gemeint sein, dem ein literarisches Denkmal gesetzt wurde. Aus dem Inhalt der ausführlichen, dieser Figur gewidmeten Textstelle bestätigt sich diese Zuweisung eindeutig; sie lautet im Auszug wie folgt (Abb. 2):

> Was Adalbert fortan mit Suitram einet, Ist jene frohe Geistersympathie,
> Die Gleiches fühlt und Gleiches glaubt und meinet.
> Im Handeln, selbst bewußtlos, strebt sie nie,
> Was je der Sinn des treuen Freunds verneinet.
> Der jungen Herzen reine Harmonie

---

45 Ebd. – In diesem Artikel können nicht alle der genannten Personennamen kommentiert werden. Festgestellt sei jedoch, dass sich Martius in seinen höheren Lebensjahren von seinen Versuchen, wichtige Erlebnisse in poetischer Form mitzuteilen, distanzierte, aber ohne die Bedeutung der inhaltlichen Mitteilungen zu verwerfen. Die zeitliche Grenze, die er sich dabei mit dem 40. Lebensjahr selbst setzte, war 1834. Möglicherweise sind die Teile, die „Adalbert" erwähnen, in den 1830er Jahren, als sich die Freundschaft vertiefte, oder kurz nach dem Tod von Chamisso 1838 entstanden.

46 „Ludwig" war ein Jugendfreund von Martius aus der Schulzeit in Erlangen. Er und seine Schwester fielen als Jugendliche durch ihre äußere Erscheinung als Albinos auf. Dieses erwähnte Martius in einem eigens diesem bereits 1814 verstorbenen Freund gewidmeten „Gesang", den Martius mit „Berufung" überschrieb und auf 1821 datierte. Als Anmerkung konnte er auf die von „Ludwig" nach einem Medizinstudium verfasste medizinische Dissertation von 1812 verweisen, die das Phänomen dieser Geschwister betrachtete; vgl. Sachs 1812 und Martius: *Suitrams Fahrten*, Thl. 1; wie in Anm. 44, S. [2]r. Martius datierte die Schrift versehentlich auf 1810. Die Schrift von G. T. L. Sachs wird bis zur Gegenwart beachtet, weil darin erstmals Beobachtungen über das neurophysiologische Phänomen der Synästhesie glaubhaft dokumentiert wurden; vgl. Jewanski / Day / Ward 2009, S. 293–303.

Soll sich durch Freud und dräuende Gefahren
Im Wechsellauf des Schicksals oft erwahren.
Den Freunden zeigt der Sterne hohe Bahn,
Des Wolkenzuges farbig regsam Spiel,
Im Wogenblau der stille Ocean,
Von Freuden und von hohen Wundern viel.
Lautlos belebt den klaren Wasserplan
Der Thiergestalt bunt seltsames Gewühl: [...][47]

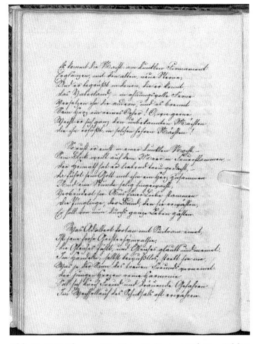

Abb. 2: C. F. Ph. von Martius: *Suitrams Fahrten*, Thl. 1, unveröffentlichtes Manuskript in zeit-genössischer Reinschrift von fremder Hand, um 1850; Bayerische Staatsbibliothek München, Abteilung Handschriften und Alte Drucke: Martiusiana I. B. 1. 4. 1, Bl. 50v.

In der Fortsetzung auf mehreren Seiten werden einige Beobachtungen und Objekte der zoologischen Arbeiten von Chamisso aufgeführt, wobei Martius sogar naturhistorische Anmerkungen zur Erklärung von einem Laien nicht geläufigen Eigenschaften der Objekte hinzufügte: „Fregatten [*Fregata aquila* L., Fregattvogel, ein Schwimmvogel] [...] Medusen [marine Nesseltiere, frei schwimmend] [...], fliegende Fische [...], verästete Corallen, ein Thier, doch starr der Pflanze Haft verfallen [...]". Danach erst werden Pflanzen erwähnt.[48]

---

47 Martius: *Suitrams Fahrten*, Thl. 1; wie in Anm. 44, Zitat Bl. [50]v.
48 Ebd., Bl. [51]r ff.; zu den im Gebiet der Südsee heimischen „Fregatten" merkte Martius an:

Dieser derart glühend, verwoben mit den eigenen Naturerlebnissen geschilderten Freundschaft setzte auch Chamisso ein Denkmal: der Dichter und Naturforscher verlegte es jedoch in den Bereich der Botanik in seiner letzten größeren Arbeit zur systematischen Einordnung der in den Tropen beheimateten Schwarzmundgewächse (heute *Melastomataceae*). Diese hatte Martius zu den „herrschenden Familien" im Amazonasgebiet gezählt[49] und dementsprechend viele Vertreter an Chamisso entliehen, der sie mit den ebenfalls in großer Anzahl während vieler Jahre in Brasilien gesammelten, dem Berliner Herbarium durch Friedrich Sellow[50] übergebenen Exemplaren vereinigte. In seiner umfangreichen, in der *Linnaea* ab 1834 erschienenen Schrift benannte Chamisso drei neue Gattungen der *Melastomataceae*,[51] denen bis zur Gegenwart weitere Arten zugewiesen wurden.[52] Dem Brauch Linnés folgend bildete er die lateinischen Bezeichnungen der Genera nach den Namen von Personen, die dadurch geehrt werden sollten. Mitunter erläuterte Chamisso die Benennung eines durch ihn begründeten Genus. Der Gattungsname „Svitramia Cham.", mit dem die Art „Svitramia pulchra Cham." bezeichnet wurde, die in durch Martius und Sellow gesammelten Exemplaren vorlag und als nur im brasilianischen Bundesstaat Bahia vorkommend charakterisiert wurde, wurde jedoch nicht erklärt. Die Bedeutung dieses Namens dürfte auch den meisten Zeitgenossen außer Martius selbst verborgen geblieben sein; denn Martius gebrauchte sein „Pseudonym" nur selten in Briefunterschriften an einzelne, ihm persönlich nahe stehende Kollegen. Es ist z. B. in einem Brief vom 11. Juli 1857 an den Basler Botaniker Carl Friedrich Meissner (1800–1874), der an der durch Martius begründeten und herausgegebenen *Flora Brasiliensis* mitarbeitete, zu finden.[53] Einer solchen Mitarbeit des Botanikers Chamisso versuchte sich Martius noch in seinem

---

„Medusenartige Thiere, die eine buntschillernde Blase, wie ein Segel, ausspannen." – Damit beschrieb er ein auffälliges Merkmal der männlichen Tiere, die mit einem schwarzen Gefieder und einem stark vergrößerten hellroten Kehlsack ausgestattet sind, den sie während der Balz ballonartig aufblähen; sie fliegen dicht auf der Wasseroberfläche dahin, um ihre Nahrung, hauptsächlich „Fliegende Fische", zu fangen.

49 Spix / Martius Bd. 3, 1966 [1831], S. 1374: „Melastomen".

50 Die höchst erfolgreiche naturhistorische Forschungsreise des in Berlin ausgebildeten Gärtners und Botanikers Friedrich Sellow (1789–1831) bereicherte vor allem die naturkundlichen Sammlungen und den Botanischen Garten in Berlin; vgl. Zischler / Hackethal / Eckert / Museum für Naturkunde Berlin 2013, bes. S. 43, 97–111, 217–219, 221–229, 231–235.

51 Chamisso 1834, S. 445–447.

52 Zur Gattung *Svitramia* Cham. konnten erst in den vergangenen Jahrzehnten weitere Arten hinzugefügt werden: ‚Svitramia hatschbachii Wurdack'; vgl. Wurdack 1973, S. 1 f.; Romero 2003, S. 403–413.

53 Martius an Meissner, Zürich 11. 07. 1857; UB Basel, Handschriftenabteilung: G III 3: Nr. 41: 2, S. [3]. – Der Brief wurde während einer Dienstreise nach Genf verfasst; Martius vermerkte zusätzlich seine Heimatadresse in der Umgebung von München, „Schlehdorf, Post Murnau".

letzten Brief von 1835 zu versichern.[54] Sie kam aber mit dem leidenden Chamisso nicht mehr zustande.

Ergebnisse im Überblick

Der Briefwechsel zwischen Chamisso und Martius, beide von einer Forschungsreise in überseeische Regionen zurückgekehrt und an aufstrebenden wissenschaftlichen Einrichtungen in Berlin bzw. München tätig, diente dem Austausch von Pflanzen und Kenntnissen. Die gesammelten Objekte sollten fachkundig identifiziert, beschrieben und mittels geplanter Publikationen in das Wissenskorpus eingebracht werden. Nach der persönlichen Begegnung in Berlin, sicherlich 1828 anlässlich der Versammlung Deutscher Naturforscher und Ärzte, nahmen persönliche Mitteilungen zu. Die Schreibweise, die 1823–1824 von gegenseitiger Hochschätzung des kenntnisreichen Fachkollegen getragen sehr förmlich war, wandelte sich 1833–1835 in einen herzliche Freundschaft bekundenden Stil. Als Grundlage ihrer engen, verständnisvollen Freundschaft bekannten sich beide, der Dichter und der Liebhaber der Dichtkunst, zu einem selbst erfundenen „alter Ego". Beide setzten dem Freund eine Art literarisches Denkmal: Chamisso würdigte den Botaniker Martius durch die Benennung eines neuen Genus einer brasilianischen Pflanze mit dessen vertraulichem „Pseudonym"; Martius bezog den mit dem Vornamen benannten Freund als naturkundlichen Reisegefährten in seinen persönlichen, in Reimen verfassten Erlebnisbericht ein. So wirft der Briefwechsel ein neues Licht sowohl auf die wissenschaftliche Tätigkeit als auch auf die persönliche Beziehung der beiden Naturforscher.

Quellen

Ungedruckte Quellen

Bayerische Staatsbibliothek München, Abteilung für Handschriften und Alte Drucke: Clm 27378, no. 8; Martiusiana II. A. 2, Chamisso, [Briefe 1–6].
Bayerische Staatsbibliothek München, Abteilung für Handschriften und Alte Drucke: Martiusiana II. A. 2, Link [Heinrich Friedrich], [Brief 1].
Bayerische Staatsbibliothek München, Abteilung für Handschriften und Alte Drucke: Martiusiana I. B. 1. 4, 1. *Suitrams Fahrten*, Thl. 1.

---

54 Martius an Chamisso, München 23.04.1835; Nachl. Adelbert von Chamisso, K. 29, Nr. 23, Bl. 12–13, Bl. 12v.

Bayerische Staatsbibliothek München, Abteilung für Handschriften und Alte Drucke: Martiusiana I. B. 1. 4, 2. *Suitrams Fahrten*, Thl. 2.

Staatsbibliothek zu Berlin – PK, Nachl. Adelbert von Chamisso, K. 29, Nr. 23, Bl. 1–13.

Universitätsbibliothek Basel, Handschriftenabteilung: G III 3: Nr. 41: 2 (Briefe von Carl Friedrich Philipp von Martius, München, an Carl Friedrich Meissner, Basel, Schweiz; Brief 2).

Gedruckte Quellen

Agardh, Carl Adolph: *Species algarum rite cognitae*, Bd. 1, T. 1. Greifswald 1821; Bd. 1, T. 2. Lund 1822.

Bartels, J. H. / Fricke, J. C. G. (Hg.): *Amtlicher Bericht über die Versammlung deutscher Naturforscher und Ærzte in Hamburg im September 1830*. Hamburg 1831.

Brennecke, Detlef (Hg.): *Kotzebue, Otto von: Zu Eisbergen und Palmenstränden. Mit der „Rurik" um die Welt 1815–1818*, Bd. 1–3. Lenningen 2004 [Weimar 1821].

Chamisso, Adelbert von: *De animalibus quibusdam e classe vermium Linnaeana [...]. Fasc. I. De Salpa*. Berlin 1819.

Chamisso, Adelbert von: ‚Bemerkungen und Ansichten auf einer Entdeckungsreise unternommen in den Jahren 1815–1818‘, in: Kotzebue, Otto von: *Entdeckungs-Reise in die Süd-See [...]*. Bd. 3.Weimar 1821.

Chamisso, Adelbert von: ‚Correspondenz. 1. Der Voyage pittoresque [...] ist nunmehr beendiget. Paris 1822‘, in: *Flora oder Botanische Zeitung* 6, 1/15 (1823), S. 225–229.

Chamisso, Adelbert von: *Reise um die Welt mit der Romanzoffischen Entdeckungs-Expedition in den Jahren 1815–1818 auf der Brigg Rurik, Capitän Otto v. Kotzebue*. 2 T. in 1 Bd. T. 1. *Tagebuch*. T. 2. *Anhang: Bemerkungen und Ansichten. Nachtrag*. Berlin [um] 1835.

Chamisso, Adelbert von: *Reise um die Welt mit der Romanzoffischen Entdeckungs-Expedition in den Jahren 1815–1818 auf der Brigg Rurik, Capitän Otto v. Kotzebue*. 2 T. in 1 Bd. T. 1. *Tagebuch*. T. 2. *Anhang: Bemerkungen und Ansichten. Nachtrag*. Leipzig 1836.

Chamisso, Adelbert von: ‚De Plantis in Expeditione speculatoria Romanzoffiana et in Herbariis Regiis Berolinensibus observatis dicere pergit Adelbertus de Chamisso. Melastomaceae Americanae‘, in: *Linnaea* 9 (1834), S. 368f., 445ff.; *Linnaea* 10 (1835–1836), S. 217f.

Choris, Louis: *Voyage pittoresque autour du monde [...]*. Accompagné de descriptions par M. le Baron Cuvier, et M. A. de Chamisso, [...]. Paris 1820–1822.

DeCandolle, Augustin-Pyrame : *Prodromus Systematis Naturalis Regni Vegetabilis [...]*. Paris 1828.

Feudel, Werner: *Adelbert von Chamisso. Biographie, Leben und Werk*, 3. Aufl. Leipzig 1988.

Fischer, Robert: *Adelbert von Chamisso. Weltbürger, Naturforscher und Dichter*. Berlin, München 1990.

Geus, Armin: ‚Der Generationswechsel‘, in: *Medizinhistorisches Journal* 7 (1972), S. 159–173.

Glaubrecht, Matthias: ‚Naturkunde mit den Augen des Dichters – Mit Siebenmeilenstiefeln zum Artkonzept bei Adelbert von Chamisso‘, in: Federhofer, Marie-Theres / Weber,

Jutta (Hg.): *Korrespondenzen und Transformationen. Neue Perspektiven auf Adelbert von Chamisso.* Göttingen 2013, S. 51–84.

Glaubrecht, Matthias / Dohle, Wolfgang: ‚Discovering the Alternation of Generations in Salps (Tunicata, Thalaciacea): Adelbert von Chamisso's Dissertation on ‚De Salpa' from 1819 and its Reception in the Early Nineteenth Century', in: *Zoosystematics and Evolution* 88/2 (2012), S. 317–363.

Humboldt, Alexander von / Lichtenstein, Hinrich [Martin Carl] (Hg.): *Amtlicher Bericht über die Versammlung deutscher Naturforscher und Ærzte in Berlin im September 1828.* Berlin 1829.

Jewanski, J. / Day, S. / Ward, J.: ‚A Colorful Albino: The First Documented Case of Synaesthesia, by Georg Tobias Ludwig Sachs in 1812', in: *Journal of the History of the Neurosciences* 18/3 (2009), S. 293–303.

Kellner, Stephan / Büchler, Anne / Schumacher, Rolf: *Die Nachlässe von Martius, Liebig und den Brüdern Schlagintweit in der Bayerischen Staatsbibliothek.* Wiesbaden 1990.

Kotzebue, Otto von : *Entdeckungs-Reise in die Süd-See und nach der Berings-Straße zur Erforschung einer nordöstlichen Durchfahrt.* 3 Bde. Weimar 1821.

Mabberley, David John: *Jupiter Botanicus. Robert Brown of the British Museum.* Braunschweig 1985.

Martius, Carl Friedrich Philipp von: *Historia Naturalis Palmarum.* 3 Bde. München 1823–1850.

Mägdefrau, Karl: ‚Leben und Werk des Botanikers Carl Friedrich Philipp von Martius (1794–1868)', in: Spix, Johann Baptist von / Martius, Carl Friedrich Philipp von: *Reise in Brasilien in den Jahren 1817–1820.* Hg. v. Karl Mägdefrau. Bd. 1. Stuttgart 1966 [München 1823], S. V–XVII.

Mägdefrau, Karl: ‚Dem Gedenken an Carl Friedrich Philipp von Martius', in: *Oberbayerisches Archiv* 93 (1971), S. 7–15.

Mägdefrau, Karl: ‚Martius, 1) Carl Ritter v.', in: Historische Kommission bei der Bayerischen Akademie der Wissenschaften (Hg.): *Neue Deutsche Biographie.* Bd. 16. Berlin 1990, S. 310–312.

Mägdefrau, Karl: *Geschichte der Botanik. Leben und Leistung großer Forscher.* 2. Aufl. Stuttgart 1992.

Merxmüller, Hermann: ‚Carl Friedrich Philipp von Martius', in: *Sitzungsberichte der bayerischen Akademie der Wissenschaften, mathematisch-naturwissenschaftliche Klasse* 1968 (1969), S. 79–96.

Riegel, René: *Adalbert de Chamisso. Sa vie et son œuvre.* 2 Bde. Paris 1934.

Romero, Rosana: ‚Four new Species of Svitramia Cham. (Melastomaceae, Melastomeae) from Minas Gerais Brazil', in: *Kew Bulletin* 58/2 (2003), S. 403–413.

Rudnick, Dorothea: ‚Chamisso, Adelbert von', in: Gillispie, Charles Coulston (Hg.): *Dictionary of Scientific Biography,* Suppl. 1 = Vol. 15. New York 1978, S. 81–83.

Sachs, Georg Tobias Ludwig: *Historia naturalis duorum Leucaethiopum, auctoris ipsius et sororis eius.* Sulzbach 1812 [zugleich medizinische Dissertation der Universität Erlangen].

Sanders, A. P. M.: ‚Martius, Karl Friedrich Philipp von', in: Gillispie, Charles Coulston (Hg.): *Dictionary of Scientific Biography.* Bd. 9. New York 1974, S. 148f.

Schmid, Günther: *Chamisso als Naturforscher. Eine Bibliographie.* Leipzig 1942.

Schneebeli-Graf, Ruth (Hg.): *Adelbert von Chamisso: … Und lassen gelten, was ich beobachtet habe, naturwissenschaftliche Schriften mit Zeichnungen des Autors.* Berlin 1983.

Spix, Johann Baptist von / Martius, Carl Friedrich Philipp von: *Reise in Brasilien in den Jahren 1817–1820.* 3 Bde. Hg. v. Karl Mägdefrau. Stuttgart 1966 [München 1823–1831].

Sproll, Monika: *Adelbert von Chamisso in Cunersdorf.* Frankfurt/O. 2014.

Stafleu, Frans A.: ‚Kunth, Carl Sigismund‘, in: Gillispie, Charles Coulston (Hg.): *Dictionary of Scientific Biography.* Suppl. 1 = Bd. 15. New York 1978, S. 267 f.

Wagenitz, Gerhard / Lack, Hans Walter: ‚Carl Ludwig Willdenow, ein Botanikerleben in Briefen‘, in: *Annals of the History and Philosophy of Biology* 17 (2012–2015), S. 1–289.

Wunschmann, Ernst: ‚Klotzsch, Johann Friedrich‘, in: *Allgemeine Deutsche Biographie* 16 (1882), S. 233 f.

Wunschmann, Ernst: ‚Schlechtendal, Diederich Franz Leonhard von‘, in: *Allgemeine Deutsche Biographie* 31 (1890), S. 351–353.

Wurdack, John Julius: ‚*Svitramia hatschbachii* Wurdack‘, in: *Boletin de Museu Botanico Municipal* 10 (1973), S. 1 f.

Wuschek, Erwin: *Die Beiträge des Botanikers Carl Friedrich Philipp von Martius (1794–1868) zur Pharmakognosie und zur Erforschung tropischer Nutzpflanzen, mit einer Bearbeitung seines ‚Systema Materiae Medicae Vegetabilis Brasiliensis‘ von 1843.* Naturwissenschaftliche Dissertation der Ludwig-Maximilians-Universität München 1990.

Zischler, Hanns / Hackethal, Sabine / Eckert, Carsten / Museum für Naturkunde Berlin (Hg.): *Die Erkundung Brasiliens. Friedrich Sellows unvollendete Reise.* Berlin, Köln 2013.

Julia Bayerl

Tierzeichnungen Alexander von Humboldts und deren Verwendung im amerikanischen Reisewerk sowie in den zoologischen Schriften von Franz Julius Ferdinand Meyen und Johann Jakob von Tschudi

In den Amerikanischen Reisetagebüchern und in den Nachlassdokumenten Alexander von Humboldts,[1] die in der Handschriftenabteilung der Staatsbibliothek zu Berlin – PK aufbewahrt werden, befinden sich zahlreiche Tierzeichnungen, die der Forschungsreisende während seines Aufenthalts in Amerika zwischen 1799 und 1804 vor Ort mit Bleistift, Feder oder in Kombination beider Zeichenmittel auf Papier angefertigt hatte.

In diesem Beitrag wird ausgehend von einem bisher unveröffentlichten Konvolut von 18 Zeichnungen[2] aus dem Nachlass deren Nutzung und Zirkulation an ausgewählten Beispielen rekonstruiert und kontextualisiert. Denn die Bilder und Notizen waren nicht nur die Grundlagen und Belege für Humboldts eigene wissenschaftliche Argumentation, sondern wurden später vom Zeichner selbst an jüngere Forscher, die Zoologen Franz Julius Ferdinand Meyen (1804

---

1 Zum Begriff Nachlass und dessen Geschichte vgl. Erdmann / Weber 2015.
2 Das Ausgangsmaterial dieser Untersuchung bilden 18 Zeichnungen, die Humboldt im August 1844 Johann Jakob von Tschudi schenkte. 14 Bilder dieser Schenkung befinden sich in einer von Tschudi eigenhändig beschrifteten Mappe, die unter der Signatur Autogr. I/2107 in der Staatsbibliothek zu Berlin – PK aufbewahrt wird: Ein Krokodilskopf (Autogr. I/2107-1), anatomische Darstellungen des Gehirns eines Krokodils (Autogr. I/2107-2), ein Faultier mit Jungem (Autogr. I/2107-3), Zähne und Kieferknochen eines Faultiers (Autogr. I/2107-4), anatomische Details des Kopfes und eines Organs des Krokodils (Autogr. I/2107-5), Anatomie eines Krokodils (Autogr. I/2107-6), Anatomie des Kopfes eines Zitterrochens (Autogr. I/2107-7), Anatomie des Mittelmeer-Zitterrochens (Autogr. I/2107-8), die Anatomie einer Eidechse, gezeichnet in einem Champan (Boot) auf dem Rio Magdalena (Autogr. I/2107-9), Kopf eines Pauxi (Autogr. I/2107-10), Fisch Astroblepus Grixalvii (Autogr. I/2107-11), Fisch Pimelodes cyclopum (Autogr. I/2107-12), Fisch Piranha (Autogr. I/2107-13a), Fisch Palometa (Autogr. I/2107-14). Außerhalb des Verbundes dieser Mappe gibt es vier weitere Bilddokumente, die durch eine handschriftliche Notiz Tschudis auf den jeweiligen Blattrückseiten als Teil der Schenkung ausgewiesen wurden und die heute ebenfalls im Nachlass der Berliner Staatsbibliothek – PK aufbewahrt werden: die Zeichnung eines Pinguins (Autogr. I/2105,3), einer Ohrenrobbe (Autogr. I/2105,2), eines Faultier-Herzens, gezeichnet von Louis Francisco de Rieux (Autogr. I/2108) und des Weichtiers „Dagysa notata", gezeichnet von Aimé Bonpland (Autogr. I/2109). Ausführliche Angaben zu diesen sowie zu allen weiteren ungedruckten Quellen finden sich im Quellenverzeichnis.

Tilsit – 1840 Berlin) und Johann Jakob von Tschudi (1818 Glarus – 1889 Lichtenegg), verliehen und verschenkt. Sie geben Aufschluss darüber, welche Bilder Humboldt von seiner Amerikareise mitbrachte und wie er mit diesem Material umging. Zusätzlich steht der Bild- und Ideenaustausch der drei Forschungsreisenden über die amerikanische Fauna beispielhaft für Humboldts Förderung von Nachwuchswissenschaftlern sowie für deren Herangehensweisen an die Tierwelt der Äquinoktialgegenden. Dadurch lassen sich Rückschlüsse auf den Wandel von Denkkollektiven und Denkstilen zweier aufeinander folgender Generationen ziehen.[3] Welche unterschiedlichen Beobachtungen und Erfahrungen haben beide Reisende in ihrer jeweiligen Zeit mit der peruanischen Tierwelt gemacht und wie spiegeln sich diese in Texten und Bildern wieder? Aufschlussreich für diese Fragen wird die bisher unpublizierte epistolarische Korrespondenz zwischen Humboldt und Tschudi sein sowie ein Brief Humboldts an Meyen, der durch das an der Berlin-Brandenburgischen Akademie der Wissenschaften angesiedelte Editionsprojekt „Alexander von Humboldt auf Reisen – Wissenschaft aus der Bewegung"[4] erschlossen wurde.

1. Aufzeichnen – Humboldts Zeichnungen von 1799 bis 1804 als Vorlagen für die Bildtafeln des zoologischen Reisewerks (1811–1833)

Humboldt benutzte einige seiner in Amerika geschaffenen Zeichnungen als Skizzen, Entwürfe und unmittelbare Vorzeichnungen[5] für die Druckgrafiken seiner zoologischen Schriften. Bei Cotta gab er in mehreren Lieferungen ab 1806 zunächst einen Band in deutscher Sprache mit dem Titel *Beobachtungen aus der Zoologie und vergleichenden Anatomie*[6] heraus. Das zoologische Reisewerk in französischer Sprache erschien in einem ersten Band 1811 und wurde mit einem zweiten Band im Jahr 1833 unter dem Titel *Recueil d'observations de Zoologie et d'Anatomie comparée,* der in Paris bei Smith und Gide verlegt wurde, abgeschlossen.[7] Die beiden letzteren Bände enthielten zusammen 57 Bildtafeln mit

---

3 Zu den Begriffen „Denkstil" und „Denkkollektiv" vgl. Fleck 1983, S. 168: „Alles Erkennen ist ein Prozeß zwischen dem Individuum, seinem Denkstil, der aus der Zugehörigkeit zu einer sozialen Gruppe folgt, und dem Objekt."

4 Humboldt, Alexander von: *Korrespondenz mit Franz Julius Ferdinand Meyen.* Hg. v. Petra Werner unter Mitarbeit von Ingo Schwarz und Tobias Kraft, in: *edition humboldt digital,* hg. v. Ottmar Ette. Berlin-Brandenburgische Akademie der Wissenschaften. Berlin 2016, verfügbar unter: http://edition-humboldt.de/briefe/index.xql?person=H0014181 [12.06.2017].

5 Zur Terminologie und den Funktionen von Zeichnungen vgl. Koschatzky 1980, S. 306–308.

6 Humboldt / Bonpland 1806.

7 Humboldt / Bonpland 1811–1833. Zur Publikationsgeschichte der zoologischen Partie vgl. Fiedler / Leitner 2000, S. 170–181.

schwarz-weißen und handkolorierten Kupferstichen. Bei diesen Druckgrafiken handelte es sich um Werke, die Künstler und Kupferstecher im Auftrag Humboldts anfertigten.[8] Viele der Grafiken beruhten dabei auf seinen eigenhändigen Zeichnungen, was in den unter den Bildtafeln angebrachten Adressen stets vermerkt wurde. An Bildunterschriften wie „Dessiné d'après une Esquisse de Mr de Humboldt" (Gezeichnet nach einer Skizze von Herrn von Humboldt; Übersetzung JB) oder „Humboldt del[ineavit]" (Humboldt hat es gezeichnet; Übersetzung JB) wird deutlich, bei welchen Druckgrafiken die Künstler auf Humboldts Zeichnungen zurückgriffen. Zusätzlich sammelte er auch Zeichnungen anderer Forscher und Wegbegleiter, so beispielsweise von Aimé Bonpland und Louis Francisco de Rieux.[9]

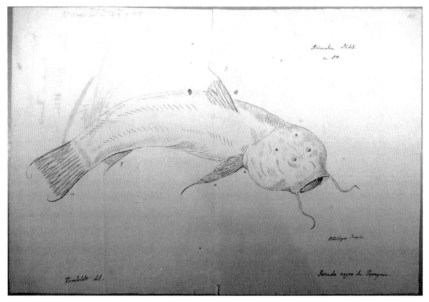

Abb. 1: Humboldt, Alexander von: o. T., beschriftet mit „Astroblepus Grixalvii. Pescado negro de Popayan", o. J. [1801], Tinte und Bleistiftvorzeichnung auf Papier, Blattgröße 22,3 x 33,5 cm, Staatsbibliothek zu Berlin – PK, Nachl. Alexander von Humboldt, Autogr. I/2107–11, Bl. 11r. Fotografie: Julia Bayerl. (Staatsbibliothek zu Berlin – PK, CC BY-NC-SA).

Für die in Kupfer gestochene Darstellung der Fische „Pimelodus Cyclopum" und „Astroblepus Grixalvii" auf Tafel VII im zoologischen Reisewerk[10] schuf Hum-

---

8 Zu Humboldts zoologischen Zeichnungen in seinen wissenschaftlichen Publikationen und zu seiner Zusammenarbeit mit bildenden Künstlern, Kupferstechern und Verlegern vgl. Werner 2013, S. 49–66.

9 Staatsbibliothek zu Berlin – PK, Autogr. I/2109, I/2108.

10 Humboldt 1811–1833, Pl. VII.

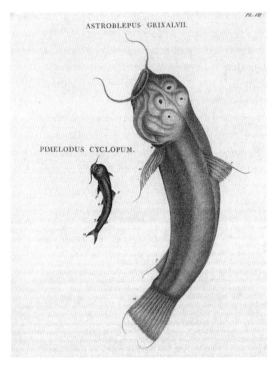

Abb. 2: Humboldt, Alexander von: Pl. VII. Astroblepus grixavlii und Pimelodus cyclopum. Humboldt del. 1801, gedruckt 1811, Kolorierter Kupferstich auf Papier, Blattgröße 25,4 x 33,8 cm, in: Humboldt / Bonpland 1811–1833, Bd. 1, Tafel VII. Reproduktion aus: Werner 2013, S. 65, Abb. 24.

boldt die unmittelbaren Vorzeichnungen[11] mit Bleistift und Tinte, deren lineare Umrisse und Binnenschraffuren vom Kupferstecher in das andere Medium übertragen und mittels Punktiermanier plastisch modelliert werden mussten. Anschließend wurden die Druckgrafiken von Hand koloriert und typographisch beschriftet. Besonders in den Details wie der feinen, gezackten Schuppenstruktur an den Flossen des „Pescado negro de Popayan" lässt sich die direkte Übernahme der vom Zeichner vorgegebenen Elemente durch Einritzung mit dem Grabstichel in die Kupferplatte und Punktierung der Schattenwerte mit Hilfe eines Roulettes erkennen. Auch in Umriss und Proportionen stimmt die Vorzeichnung Humboldts mit der im Tiefdruckverfahren produzierten Grafik größtenteils überein. Dass sich beide Abbildungen spiegelverkehrt zueinander verhalten deutet zusätzlich auf eine Nutzung der Zeichnung als Druckvorstufe hin.

Anders als bei staatlich veranlassten Expeditionen war die Reise von Hum-

---

11 Staatsbibliothek zu Berlin – PK, Autogr. I/2107–11 und I/2107–12.

boldt und Aimé Bonpland privat organisiert und finanziert.[12] Sie konnten sich
weder Reisezeichner noch Sekretäre oder Kopisten leisten und mussten deshalb
selbst Hand an Bleistift und Feder legen, um ihre Eindrücke und Ideen bildlich
festzuhalten.[13] Oft waren Skizzen die einzigen Nachweise der Beobachtungen vor
Ort, denn im feucht-heißen Klima der Tropen verfaulten viele Tierpräparate und
Pflanzensammlungen. Bei der Überfahrt nach Europa war es zudem unsicher, ob
die unter Deck lagernden Kisten mit den Sammlungen am Hafen ankommen
würden, denn aufgrund kriegerischer Auseinandersetzungen zwischen den
Kolonialmächten sowie der Gefahr durch Unwetter erreichten zahlreiche Schiffe
ihren Zielhafen nicht.[14] Die Zeichnungen, die Humboldt während der Reise
anfertigte und immer mit sich führte, waren deshalb sein größter Schatz. Sie
erfüllten mnemotechnische, epistemologische, ästhetische und kommunikative
Funktionen und wurden zur Grundlage für die im publizierten Reisewerk verwendeten Texte und Bildtafeln. Als papierener Ersatz für Tierpräparate konnten
die Zeichnungen neuer Spezies den Wert von Holotypen einnehmen[15] und als
dokumentarisch fixierte Bilddaten auf losen Blättern, in Heften oder auf Zetteln
verschickt, zwischen Kollegen ausgetauscht und als visuell aussagekräftige
wissenschaftliche Argumente eingesetzt werden.[16]

Häufig tauschte Humboldt seine Skizzen mit Kollegen aus seinem weit ge-
spannten Netzwerk in Briefen aus, zeigte Ihnen seine Tagebuchaufzeichnungen
und bat um ihre Meinungen. Im Zeitalter vor der technischen Reproduzier-
barkeit musste der seit seiner Jugend im Zeichnen geübte Forscher eigene und
fremde Bilder mehrmals kopieren und abzeichnen, bevor er sie weitergab und
verschickte. Diese Kopistentätigkeit lässt sich im Vergleich einer Bleistiftskizze
aus dem Nachlass mit einer Federzeichnung aus den Amerikanischen Reisetagebüchern belegen.

In Tagebuch III befindet sich eine Federzeichnung eines Zitteraals im Quer-
schnitt, die mit Bleistift vorgezeichnet und mit Tinte fixiert wurde[17] – dasselbe
Motiv befindet sich als Bleistiftskizze mit etwas abweichenden Hilfslinien zur
Beschriftung auch im Nachlass auf einem kleineren Zettel.[18]

---

12 Zur zwischen 1799 und 1804 unternommenen Amerikanischen Reise und den Tagebüchern
   Alexander von Humboldts vgl. Faak / Suckow 2000; Faak 2002; Humboldt 2003, Bd. 1.
13 Zu Humboldt als „Selbstschreiber", seinem Abschreiben und Kopieren vgl. Thiele 2016,
   S. 332.
14 Vgl. Fiedler / Leitner 2000, S. 170.
15 Vgl. Wittmann 2008, S. 52 f.
16 Latour prägte dafür den Begriff „immutable mobiles". Vgl. Latour 1986 und Hoffmann 2008,
   S. 10 sowie Wittmann 2008, S. 52.
17 Staatsbibliothek zu Berlin – PK, Nachl. Alexander von Humboldt (Tagebücher) III, S. 139,
   67v.
18 Staatsbibliothek zu Berlin – PK, Nachl. Alexander von Humboldt, Großer Kasten 6, Nr. 24 a,
   Bl. 12r. Es ist durchaus denkbar, dass es noch mehr Vorstudien und Zeichnungen zu diesem

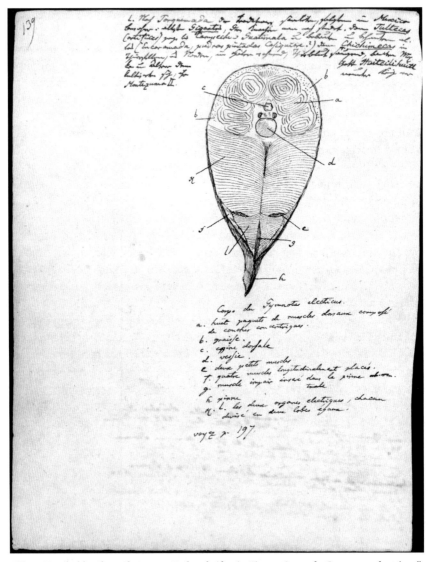

Abb. 3: Humboldt, Alexander von: o.T., beschriftet in Tinte: „Corps du Gymnotus electricus",
o. J. [um 1799], Tinte und Bleistiftvorzeichnung auf Papier, Blattgröße 22,3 x 17,3 cm, Staatsbibliothek zu Berlin – PK, Nachl. Alexander von Humboldt (Tagebücher), Tagebuch III, S. 139,
Bl. 67v (CC BY-NC-SA).

Querschnitt durch den Zitteraal gibt, die heute verloren sind. Welche der Zeichnungen als
Vorlage für den Druck der Tafel X des *Recueil d'observations de Zoologie et d'Anatomie
comparée* (Humboldt 1811–1833, Bd. 1) diente und von dem Künstler Leopold Müller ver-
bessert, dem Kupferstecher Bouquet in Kupfer eingraviert und bei Langlois gedruckt wurde,
lässt sich somit nicht eindeutig bestimmen.

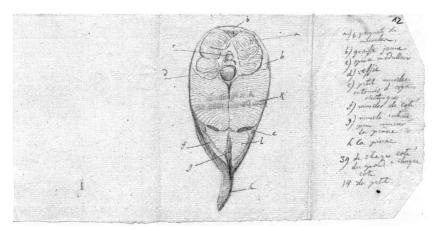

Abb. 4: Humboldt, Alexander von: o. T., [Zitteraal im Querschnitt], o. J. [um 1799], Bleistift auf Papier, Staatsbibliothek zu Berlin – PK, Nachl. Alexander von Humboldt, Großer Kasten 6, Nr. 24a, Bl. 12r (CC BY-NC-SA).

Die Doppelung des identischen Sujets lässt vermuten, dass Humboldt sich absichern wollte um seine wissenschaftlich wertvollen Bilder und damit seine Forschungsergebnisse zu bewahren. Auch in Briefen verbreitete er kleine einfache Skizzen und teilte Forschungsergebnisse mit, wohl aus Angst, sein Wissen könne verloren gehen. Zu einer Zeit, als die Daguerrotypie[19] noch nicht erfunden war, konnten Handzeichnungen die vor Ort angefertigt worden waren, wichtige Hinweise zur Identifikation einer Spezies oder zu distinktiven Merkmalen eines Tieres geben. Wie die freigelassene weiße Fläche um viele Zeichnungen im Tagebuch und im Nachlass sowie handschriftliche Anmerkungen Humboldts über die Vergrößerung der Skizzen zeigen, dachte Humboldt bereits während des Zeichnens an die spätere Nutzung der Zeichnungen als Druckvorlagen. Für sein eigenes zoologisches Reisewerk nutzte er jedoch nicht alle Zeichnungen des hier untersuchten Konvoluts. Diese stellte er anderen Forschern zur Verfügung.

19　Für die spätere Verwendung der Daguerrotypie und anderer Vorläufer der Fotografie auf Forschungsreisen sowie Humboldts Rolle bei der Begutachtung und Förderung dieser neuen Bildtechniken und seinen Briefwechsel mit William Henry Fox Talbot vgl. Dewitz und Matz 1989, S. 41–59.

2.   Aufheben – Meyen und die Zeichnung des Humboldt-Pinguins im Juli 1833

Ein junger Zoologe, dem Humboldt einige Aufzeichnungen und Skizzen zur Weiterverwendung anvertraut hatte, war Franz Julius Ferdinand Meyen. Humboldt hatte ihm einzelne Blätter und ein Reisejournal geschickt und wollte eines davon, die Bleistiftskizze eines Pinguins, zurück. In einem Brief vom 8. Juli 1833 erkundigt er sich nach dem Verbleib der restlichen Seiten und bedankt sich für die Zusendung einer Publikation Meyens sowie die Rücksendung der Pinguinskizze:

> Ihre Abhandlung, die gedrukte, werde ich mit Interesse lesen so wie ich für den Penguin gehorsamst danke. Sie haben doch noch die folio-Blätter meines Journals? Ich habe Chapitre 29 meiner Reise Volume III p. 557 (edition 4to) die Beobachtungen von Callao von 1826 aus Höflichkeit Rivero und Pentland zugeschrieben. Pentland behauptet er habe sie allein gemacht. Wer kann von hier aus entscheiden. Wenn auch die Beobachtungen von Lima nicht gleichzeitig sind so würde eine genaue Reduction der Temperatur doch zur Vergleichung der Höhe von Lima die wir auf anderen Wegen kennen dienen. Wollen Sie mir A und B. zürüksenden so soll Herr Oltmanns für Sie die etwas weitläufige Rechnung übernehmen. Mit innigster Hochachtung Ihr Al Humboldt. Sonnabends.[20]

Aufgrund des Hinweises auf den Pinguin lässt sich vermuten, dass dieser im Juli 1833 bereits aus dem Verbund von Papierbögen oder einem der während der Reise geführten thematischen Hefte herausgeschnitten war, was die etwas schiefen und unregelmäßigen Schnittkanten des Blattes erklären kann.[21]

Wie hat Meyen mit Humboldts Skizzen und Aufzeichnungen gearbeitet? Vermutlich kopierte er sowohl Humboldts handschriftliche Notizen als auch dessen Bleistiftskizze. Im Jahr 1834, also ein Jahr nach der Rücksendung des Pinguin-Blattes und auch ein Jahr nach dem Erscheinen von Humboldts letzter Lieferung des zoologischen Reisewerks, veröffentlichte Meyen eine Abbildung des Humboldt'schen Pinguins auf Tafel 21 in seinem Werk *Beiträge zur Zoologie, gesammelt auf einer Reise um die Erde*.[22]

Im Vergleich mit Humboldts Skizze lassen sich Analogien in Kopf- und Körperhaltung beider Tierdarstellungen erkennen. In der vierten Abhandlung dieses Buches schreibt Meyen über den Vogel:

---

20 Alexander von Humboldt an Franz Julius Ferdinand Meyen. Berlin, 08.07.1833, Bl. 1v–2r.
21 Zur kodikologischen Untersuchung der Tagebücher und einer Lagenaufstellung vgl. Bispinck-Roßbacher 2016.
22 Meyen 1834.

Abb. 5: Humboldt, Alexander von: o. T. [Pinguin], beschriftet mit „MSS p. 462. Humboldt del. Callao Nov. 1802. Paxaro niño Callao Chencoy", 1802, Bleistift auf Papier, Staatsbibliothek zu Berlin – PK, Autogr. l/2105–3, Bl. 3r (CC BY-NC-SA).

Dieser ausserordentlich schöne Pinguin, welchen wir häufig im Hafen von Callao gesehen haben, ist schon von Herrn Alexander von Humboldt bei seinem Aufenthalte in jenem Hafen beobachtet worden; und wir haben daher den ausgezeichneten Vogel mit dem Namen seines ersten Beobachters belegt. Möge man dieses als einen kleinen Beitrag zu dem grossen Monumente ansehen, welches sich jener grosse Naturforscher auf dem neuen Festlande gesetzt hat. Aus dem Reise-Journale des Herrn Alex. von Humboldt, welcher die Güte gehabt hat, uns dasselbe zur Benutzung zu übergeben, theilen wir noch die Beobachtung mit, dass zwischen Männchen und Weibchen kein

Abb. 6: Meyen, Franz Julius Ferdinand, Tafel XXI, Spheniscus Humboldtii nov. sp., Mischtechnik aus Lithographie und Kupferstich, in: Meyen 1834.

Unterschied herrscht. Das Thier wird in der Gefangenschaft so ausserordentlich zahm, dass es auf den Höfen der Indier den Kindern gleich einem Hunde nachläuft.[23]

Bis heute trägt dieser Schwimmvogel den wissenschaftlichen Namen „Spheniscus humboldti" in Verbindung mit dem Autorenkürzel MEYEN, 1834, der ihn in obigem Zitat erstmals wissenschaftlich beschrieben und nach seinem Erstbeobachter Humboldt benannt hatte. Wie Petra Werner betont, hatte Meyen auch Zugriff auf die Aufzeichnungen anderer Forschungsreisender wie u. a. Adelbert von Chamisso (1781–1838). Zudem benutzte er für seine Darstellung des Pinguins ein Präparat (vgl. Werner 2017, S. 156f.), was die im Unterschied zu Humboldts Bleistiftzeichnung exaktere Wiedergabe der Schnabelform, der Augen und des Gefieders erklärt. Scheinbar kombinierte Meyen die Detailstudien des Präparats mit Humboldts Bleistiftskizze, die den Vogel auf einem Stein stehend in seinem natürlichen Habitat darstellt, um beim Betrachter den Eindruck einer vor Ort angefertigten Beobachtung und Zeichnung nach einem

---

23 Vgl. Ebda., S. 111.

lebendigen Tier zu erwecken und die künstliche Konstruktion der Bildkomposition und die Inszenierung des Vogels in den Hintergrund treten zu lassen (zum Konstruktionscharakter wissenschaftlicher Bilder vgl. Heßler 2006, S. 18f.). Auf Basis der Illustration und Beschreibung Meyens sollten nachfolgende Zoologen den Typus des Humboldt-Pinguins identifizieren können.

Meyen durfte die auf einem ausgeschnittenen losen Blatt abgebildete Zeichnung Humboldts nicht behalten, denn dieser wollte sie zunächst noch aufheben. Erst für Johann Jakob von Tschudi hat Humboldt das Blatt, das er in der Zwischenzeit vielleicht in einer Mappe oder, wie aus Bildern seiner Arbeitszimmer bekannt ist, in einem Karton aufbewahrt hatte, wieder hervorgeholt. Damit wird die Handlungskette des Aufzeichnens, Aufhebens und Weitergebens von Bildern fortgesetzt.

3. Weitergeben – Humboldts Schenkung an Tschudi im August 1844

Der Schweizer Forschungsreisende, Zoologe, Linguist und Diplomat Johann Jakob von Tschudi studierte in Zürich, Leiden, Neuchâtel und Paris,[24] wobei er sich im Windschatten früherer reisender Forscher wie Forster, Chamisso und Humboldt sah und dennoch Neues entdecken wollte.

Mit diesem Problem setzte er sich in seiner ersten Publikation auseinander, der *Monographie der schweizerischen Echsen*, die 1837 erschien. So schreibt er in der Einleitung: „Es scheint vielleicht manchem Naturforscher überflüssig, dass hier noch einmal schon längst bekannte Thiere aufgezählt und beschrieben werden sollen."[25] Um die taxonomischen Listen, die in Anlehnung an Carl von Linnés Nomenklatur das alles dominierende Paradigma auf dem Gebiet der Naturgeschichte waren, zu erweitern, fügte er dem Textband zwei Bildtafeln bei.

Auch in seiner zweiten Publikation des Jahres 1838 setzte Tschudi auf die Kombination von Text, Bild und Erklärung der Tafeln. Seine Abhandlung über *Batrachier*, also über froschartige Amphibien und Fossilien dieser Arten, enthält sechs Bildtafeln mit jeweils mehreren Figuren. In der Einleitung zu diesem Werk, die Tschudi in Paris im Jardin des Plantes am 30. November 1837 schreibt, kündigt der zwanzigjährige junge Forscher seine zukünftigen Pläne an: eine große Reise vom Alpenland bis hin zu den Andenregionen, wobei die knappe Zeit keine weiteren Orte zulässt: „Ich bedaure sehr die Museen von Berlin und Wien nicht besucht zu haben, wovon ich durch meine ganz nahe bevorstehende, für das Museum in Neuchâtel unternommene, naturhistorische Reise um die

---

24 Vgl. Graf 1988, S. 176f. und S. 183.
25 Tschudi 1837, S. 3.

Erde auf dem französischen Schiffe „Edmond", Capitain Chaudière, verhindert wurde."[26]

Möglicherweise konnte Tschudi damals im Jardin des Plantes bereits Alexander von Humboldt begegnen, denn dieser lebte im November 1838 in der Pariser Rue des Petits Augustins n. 3 und vollendete sein *Examen critique de l'histoire de la géographie du Nouveau Continent.*[27]

Wie bei Humboldt 1799 begann die Reise Tschudis im Jahr 1838 mit der Überquerung des Atlantischen Ozeans. Anders als sein berühmter Vorgänger nahm Tschudis Schiff nicht den kurzen Seeweg über Teneriffa, sondern einen langen Umweg um das Kap Horn herum nach Chile, Valparaiso und schließlich in die Peruanische Hafenstadt Callao, von wo aus er sich in die Hauptstadt Lima begab. Genau in dieser Stadt war auch Alexander von Humboldt im Jahr 1802, also exakt 36 Jahre vor Tschudi. Politisch hatte sich Peru stark verändert: es war 1825 unabhängig von Spanien geworden und noch immer prägten rivalisierende Caudillos und instabile politische Verhältnisse das Land.[28] Tschudi bereiste Peru fünf Jahre lang von 1838 bis 1843.

Ein Jahr nach seiner Rückkehr erhielt der damals 26 Jahre junge Tschudi im Sommer 1844 einen Brief des 75 Jahre alten Alexander von Humboldt.

> Ich bin nur zu glüklich, theurester Herr von Tschudi, Ihnen etwas anzubieten, was Ihnen nüzlich sein kann. Fischen Sie in dem alten Sumpfe, aber behandeln Sie mich mit Nachsicht. Was vielleicht einiger Aufmerksamkeit werth ist, mag sein
> 1) Meckels Beschreibung der Schädel, die ich mit gebracht und die in Paris liegen. Sie können das MSS behalten.
> 2) meine Zeichnung u. Beschreibung der Phoca der Insel San Lorenzo bei Callao. Es ist eine Otaria. Ich nannte sie Phoca aurita 1802, lange ehe Peron die [??] Phoquen beschrieben. Ich denke, die meinige ist die einzige Otaria der Tropen.
> 3) Zeichnung und Beschreibung des Pinguin von Callao, wohl auch der einzige der Tropen. Ich mach Ihnen gern ein Geschenk mit beiden Umrissen, der Phoca u. Aptenod. von meiner Hand.
> Fische, Affen, Conchyllien sind von mir und Valenciennes in meinem Recueil d' obs. zoologiques beschrieben, die ich selbst nicht besize, die Sie aber kennen, da schöne Exemplare auf der Bibliothek liegen. Die 2 Bände enthalten wenig, aber ich schmeichle mir, daß das wenige ziemlich sicher ist. Die ganzen Manuskripte, ausser dem Memoire von Meckel, geben Sie mir wohl vor Ihrer Abreise zurük. Es wird mir eine Freude sein, einen so vortreflichen Zoologen wieder zu empfangen, aber schreiben Sie mir den Tag vorher, wann ich die Ehre haben soll, Sie zu sehen von 1 h bis 2 h.
>
> Ihr Al. Humboldt Mittwochs[29]

---

26 Tschudi 1838, S. 7.
27 Vgl. Schwarz 2001–2015.
28 Vgl. Graf 1988, S. 177 ff.
29 Für die Bereitstellung der von „Lü[lfing], 28. 3. 1961" erstellten Transkriptionen der Briefe

Wirft man einen Blick auf die Rückseiten der im Brief erwähnten Blätter mit Ohrenrobbe und Pinguin, so entdeckt man eine handschriftliche Notiz, die von Tschudi namentlich signiert wurde und mit dem Vermerk „Geschenk von Herrn Alexander von Humboldt. Berlin den 17. August 1844" versehen worden ist. Der undatierte Brief muss folglich vor oder zeitgleich mit dieser Datums- und Ortsangabe der Schenkung verfasst worden sein, also in Berlin rund um den 17. August 1844. Neben den im Brief erwähnten Zeichnungen der Ohrenrobbe und des Pinguins sind 16 weitere Blätter überliefert, von denen jedes einzelne ebenfalls auf der Versoseite von Tschudi signiert wurde.

Tschudi bewahrte 14 dieser zoologischen Bilder in einem mittig gefalteten Bogen Papier (27 cm hoch x 21 cm breit) auf, den er eigenhändig beschriftete: „Originalzeichnungen von Alexander von Humboldt. Geschenk vom Verfasser 17. August 1844. J. J. v. Tschudi."[30]

Wie der Brief belegt, bestand das Geschenk aus „dem alten Sumpfe" ursprünglich aus einem umfangreicheren Teil älterer Dokumente und Zeichnungen. Bis heute erhalten ist ein Konvolut von insgesamt 18 Zeichnungen. Nach Tschudis Tod befand es sich in der Sammlung Rudolf Tschudis (1884–1960) in der Universitätsbibliothek Basel, wurde 1990 durch die Autographenhandlung J. A. Stargardt versteigert (Kat. 1990, Nr. 566) und von der Staatsbibliothek Berlin – Preußischer Kulturbesitz erworben.[31] Die Zeichnungen werden daher heute in der Handschriftenabteilung aufbewahrt.[32]

Humboldts Brief mit der Aussage „wieder zu empfangen" belegt, dass er und Tschudi sich tatsächlich vor Tschudis Reise in Paris kennengelernt hatten. Vermutlich hatte Tschudi Humboldt in einem nicht überlieferten Brief darum gebeten, ihm das Bildmaterial seiner Amerikareise zur Vorbereitung einer Beschreibung der Tierwelt Perus zu schicken. Als der Brief Humboldts mit der Schenkung ankam, hatte Tschudi für dieses Buch schon Vorarbeit geleistet. Die Aufzeichnungen und Skizzen Humboldts waren also zur Ergänzung und Überprüfung Tschudis eigener Erkenntnisse gedacht.

Tschudi publizierte seine Beobachtungen über die peruanische Tierwelt in den *Untersuchungen über die Fauna Peruana*, die zwischen 1844 und 1846 in mehreren einzelnen Lieferungen bei Scheitlin und Zollikofer in Sankt Gallen gedruckt und verlegt wurden. Neben zoologischen Beschreibungen peruanischer Tiere enthielt dieser 890 Seiten umfassende Band 76 Bildtafeln. Die Li-

---

danke ich Herrn Ingo Schwarz von der Berlin-Brandenburgischen Akademie der Wissenschaften.

30 Staatsbibliothek zu Berlin – PK, Autogr. I/2107.

31 Vgl. Verzeichnis der Zeichnungen und Notiz von Margot Faak in den Transkriptionen der Briefe der Alexander-von-Humboldt-Forschungsstelle in der BBAW.

32 Siehe Fußnote 2.

thographien wurden in St. Gallen im Institut von J[ohann?]. Tribelhorn nach Zeichnungen von J. Werner und Jos. Dinkel ausgeführt und teilweise koloriert.

Vergleicht man die Tafeln in Tschudis *Fauna Peruana* mit Humboldts Zeichnungen so findet sich nur ein einziges Bild, das Ähnlichkeiten mit einer Humboldtzeichnung aufweist. Es ist die Ohrenrobbe, die beide Male im Profil dargestellt wurde. Insbesondere bei den hinteren Schwanzflossen lassen sich Parallelen wie zum Beispiel die kleinen Zehennägel erkennen.

Abb. 7: Humboldt, Alexander von: o. T. [Ohrenrobbe], beschriftet mit „Phocae nov. Spec. p. 462. Callao Nov. 1802", 1802, Tinte mit Bleistiftvorzeichnung auf Papier, Staatsbibliothek zu Berlin – PK, Autogr. I 2105–2, Bl. 2r (CC BY-NC-SA).

Mit der Trennung von Abbild und bezeichnendem Text sowie der Profildarstellung des Tieres in Seitenansicht stehen Tschudis Bildtafeln in einer Traditionslinie, die sich bereits seit der Renaissance entwickelt hatte und auch bei Humboldt und Meyen fortgesetzt wurde. Sie standen im Zeichen des „Paradigma[s] der *Illustration*."[33] Erst im 19. Jahrhundert trat eine neue Form narrativ ausgeschmückter Tierszenen in die Bildbände der zoologischen Bestimmungs-

---

33 Mersch 2006, S. 408.

OTARIA ULLOAE — Tschudi.

Abb. 8: Tschudi, Johann Jakob von: Tafel VI, Otaria Ulloae – Tschudi, Jos. Dinkel fec., Lith. Inst. v.
J. Tribelhorn in St. Gallen, 1844, Farblithographie, in: Tschudi 1844–1846, verfügbar unter:
http://dx.doi.org/10.5962/bhl.title.60791 [14.11.2016] (Public Domain, Biodiversity Heritage
Library).

bücher, die im deutschsprachigen Raum vor allem durch *Brehms Thierleben*
populär und massenhaft verbreitetet wurde.[34]

Die anderen Tierzeichnungen aus Humboldts Geschenk finden in Tschudis
Band keine Verwendung. Dies mag sicher auch darin begründet sein, dass die
von Humboldt abgebildeten Tiere nicht alle aus dem Vizekönigreich Peru
stammen, sondern auch aus dem Vizekönigreich Neugranada, dem Generalka-
pitanat Venezuela und dem italienischen Mittelmeer. Und den Pinguin von der
Küste Perus hatte, wie oben erläutert, bereits Franz Julius Ferdinand Meyen 1834
publiziert.

Das symbolische Kapital, das Tschudi aus der Schenkung Humboldts ziehen
konnte, bestand weniger im wissenschaftlichen Innovationswert von Humboldts
bereits bekannten und größtenteils publizierten Aussagen über die Tiere Perus,
sondern vor allem in der Möglichkeit, von dem wissenschaftspolitisch ein-
flussreichen Forschungsreisenden mit guten Kontakten zu weltweiten Akademien karrierefördernd unterstützt zu werden.

Humboldt wiederum zog seinen Nutzen aus aktuellen Nachrichten über die
von Tschudi bereiste Äquinoktial-Gegend. Zum Dank für die Zeichnungen

---

34 Vgl. Chansigaud 2009.

schickte Tschudi sein vorläufiges Manuskript der *Fauna Peruana* an Humboldt. Dieser erwidert den Dank in einem Brief vom 16. 1. 1846[35] und stellt Nachfragen. Humboldt, der in jener Zeit in Berlin und Potsdam den zweiten Band seines *Kosmos*[36] vorbereitete, bittet den jungen Schweizer Kollegen um mehr Informationen zur geographischen Verbreitung der wilden Lamas.

> In dem ich Ihnen, theurester Herr von Tschudi, mit wenigen Zeilen, aber mit nicht minderer herzlicher Wärme meinen Dank darbringe für Ihr meisterhaftes zoologisches Werk der Fauna Peruana, bitte ich Sie, mich mit wenigen Worten gütigst über die Oertlichkeit des wilden Lama zu belehren. [...] Was Sie von der Nichtbegattung der Arten unter einander sagen, ist sehr, sehr interessant.[37]

Der Antwortbrief Tschudis ist nicht bekannt, aber im publizierten Werk geht der Nachwuchswissenschaftler ausführlich auf das Thema der Nichtbegattung und geographischen Verbreitung der wilden Lamas ein.[38] Weniger als fünf Monate nach Erhalt von Humboldts Brief verfasste Tschudi im Wiener Botanischen Garten am 1. Juli 1846 die Vorrede zu seinem Werk über die Tiere Perus.[39] Er widmete die *Fauna Peruana* seinem Vorbild: „Seiner Excellenz dem wirklichen Geheimrath, Freiherrn Alexander von Humboldt."[40]

Der Begriff „Vorbild" gewinnt in dieser Rekonstruktion der Verwendung und Zirkulation von Tierzeichnungen Humboldts eine doppelte Bedeutung. Im materiellen Sinn steht das Vorbild als Skizze für den Ausgangspunkt einer Reihe von gedruckten Nachbildern der Zeichnungen, die als Druckgrafiken in den Publikationen Humboldts, Meyens und Tschudis erscheinen. Die Bewegungen des Bildträgers Papier in den Händen der Wissenschaftler, Künstler und befördernden Briefboten nehmen hier ganz konkrete Gestalt an.

Im metaphorischen Sinn verweist das Vorbild auf Humboldts Eigenschaft als Förderer der Wissenschaften und des Nachwuchses und die Rezeption seines in den Zeichnungen verbildlichten Denkstils. Die Handlungskette Aufzeichnen[41], Aufheben[42] und Weitergeben[43] lässt sich, wie Ulrike Ottingers filmische Auseinandersetzung mit Chamissos Aufzeichnungen gezeigt hat, bis heute fortsetzen: die Vorbilder sind zu Bewegtbildern geworden.

---

35 Staatsbibliothek zu Berlin – PK, Autogr. I/2105–6.
36 Humboldt 1845–1862. Band 2 publizierte Humboldt 1847.
37 Staatsbibliothek zu Berlin – PK, Autogr. I/2105–6.
38 Vgl. Tschudi 1844–1846, S. 235–237.
39 Ebda., Vorrede.
40 Ebda., ohne Seitenangabe, Widmungsblatt.
41 Alexander von Humboldt Amerikanische Reisetagebücher.
42 Humboldt 1811–1833 und Meyen 1833.
43 Tschudi 1844.

Quellen

Ungedruckte Quellen

Staatsbibliothek zu Berlin – PK, Nachl. Alexander von Humboldt (Tagebücher) I.

Staatsbibliothek zu Berlin – PK, Nachl. Alexander von Humboldt (Tagebücher) III.

Staatsbibliothek zu Berlin – PK, Nachl. Alexander von Humboldt, Großer Kasten 6, Nr. 24 a, Bl. 12r: Querschnitt durch einen Zitteraal. Bleistift auf Papier, beschriftet mit Bleistift.

Staatsbibliothek zu Berlin – PK, Autogr. I/2105–2: Ohrenrobbe. Tinte auf Papier, mit Tinte beschriftet: „ Phocae nov. Spec. p. 462. Callao Nov 1802" sowie mehreren lateinischen und griechischen Kleinbuchstaben. Auf der Rückseite ein Vermerk mit Tinte: „Geschenk von Alexander von Humboldt. Berlin 17. 8. 1844 Tschudi".

Staatsbibliothek zu Berlin – PK, Autogr. I/2105–3: Pinguin. Bleistift auf Papier, mit Tinte beschriftet: „MSS p. 462. Humboldt del. Callao Nov. 1802. Paxaro niño, Callao, Chancoy" Auf der Rückseite ein Vermerk mit Tinte: „Geschenk von Herrn Alexander von Humboldt. Berlin 17. August 1844 Tschudi".

Staatsbibliothek zu Berlin – PK, Autogr. I/2105–6: Brief von Alexander von Humboldt an Johann Jakob von Tschudi, Berlin, 16. 01. 1846. 1 Br., 1 S. u. Adr., Doppelbl. Ränder beschädigt., z. T. unleserlich.

Staatsbibliothek zu Berlin – PK, Autogr. I/2107: Mappe, beschriftet von Johann Jakob von Tschudi: „Originalzeichnungen von Alexander von Humboldt Geschenk vom Verfasser 17 August 1844 J. J. v. Tschudi". Mittig gefalteter Bogen, 27 cm hoch x 21 cm breit. Darin enthalten:

– Autogr. I/2107–1: Krokodilskopf in Seitenansicht. Bleistift auf Papier, Blattgröße 9 x 12,5 cm, beschriftet mit Tinte: „1."

– Autogr. I/2107–2: Anatomische Darstellungen des Gehirns eines Krokodils. Bleistift auf Papier, Blattgröße 22 x 14,5 cm, mit Tinte beschriftet: „Table IV. Anatomie du Crocodile f.1. f.2. f. 3", mit Bleistift beschriftet „ de 11 jours", „cerveau", „par dessous".

– Autogr. I/2107–3: Dreizehenfaultier (Bradypus Tridactylus) mit Jungem. Bleistift auf Papier, mit Tinte beschriftet: „MSS. p. 8. Bradypus Tridactylus. Table V.".

– Autogr. I/2107–4: Zähne und Kieferknochen des Faultiers. Bleistift auf Papier, Blattgröße 28 x 22,5 cm, mit Tinte beschriftet: „MSS. p. 9., Table VI. Bradyp. Tridactyl., Maxilla superior fig. 1.2. inferior fig. 3.4. Dens mol. ant. maxillae inferioris f 5., Humboldt fec. 1801".

– Autogr. I/2107–5: Anatomische Details eines Darms (?) und eines Kopfes. Tinte auf Papier, Blattgröße 20,5 x 14,9 cm, mit Tinte beschriftet: „Tab. VII, f 1., a, b, f 2. la tête".

– Autogr. I/2107–6: Anatomie des Krokodils. Tinte mit Bleistiftvorzeichnung auf Papier, Blattgröße 28,5 x 22 cm, mit Tinte beschriftet: „Tab. VIII. Anatomie. Crocodile" und Großbuchstaben „A B C D E F G H".

– Autogr. I/2107–7: Anatomische Skizze des Gehirns eines Zitterrochens aus Cumana. Tinte und Bleistiftzeichnung auf Papier, Blattgröße 20,3 x 25,7 cm, mit Tinte beschriftet: „Cerveau de la Torpille de Cumana, Humboldt 1800." sowie mehreren lateinischen und griechischen Kleinbuchstaben.

- Autogr. I/2107-8: Organe des Mittelmeer-Zitterrochens. Bleistift auf Papier, Blattgröße 24,4 x 19 cm, mit Tinte beschriftet: „Raya torpedo. a. les ouies entre lesquels passent les 5 gros nerfs. b. Nerf qui borde l'organe électrique. c. epine dorsale. d. cerveau à 4 tubercules. e. Reseau hexangulaire de l'organe électr.", daneben spätere Notiz mit Tinte: „gehört nach D. Henle zum Trigeminus aber ein Zweig der nicht zum electr. Organ, sondern zum Haut und zum Schleimröhren-System gehört", unten Rechts: „à Civita Vechia Juin 1805" und Kleinbuchstaben.
- Autogr. I/2107-9: Anatomie einer Eidechse (Lacerta Iguana). Bleistift auf Papier, Blattgröße 16,2 x 14,5 cm, mit Tinte beschriftet: „Lacerta Iguana", 6 mit Kleinbuchstaben beschriftete Figuren, unten rechts: „dessiné dans le Champan. R. Magd."
- Autogr. I/2107-10: Kopf eines Pauxi-Vogels. Tinte mit Bleistiftvorzeichnung auf Papier, Blattgröße 11 x 15,8 cm, mit Tinte beschriftet: „Pauxi des. Xibaros. rostrum sine cera, MSS. p. 460".
- Autogr. I/2107-11: Fisch (Astroblepus grixalvii). Tinte mit Bleistiftvorzeichnung auf Papier, Bl. mittig gefaltet, gesamte Blattgröße 22,3 x 33,5 cm, mit Tinte beschriftet: „Animalia MSS. n. 54. Astroblepus grixalvii. Humboldt del. Pescado negro de Popayan". Publiziert als Tafel VII in Humboldt / Bonpland 1811–1833.
- Autogr. I/2107-12: Fisch (Pimelodus cyclopum). Bleistift auf Papier, Blattgröße 14 x 22,5 cm, mit Bleistift beschriftet: „Prenadilla de Quito", mit brauner Tinte beschriftet: „n. 67, Pimelodes cyclopum". Publiziert als Tafel VII in Humboldt / Bonpland 1811–1833.
- Autogr. I/2107-13a: Fisch Piranha. Bleistift auf Papier, Blattgröße 19 x 28 cm, mit Tinte beschriftet: „Serra-Salme. Poisson Caribe" Oben rechts mit Bleistift beschriftet: „il faudra l'agrander en la copiant" und darunter „la seconde espece de Piraya de Margrat". Unten mittig mit Tinte: „N'est ce pas plutot un Sierra Salmo Cuv. II p 165 qu'un Myletes. II. p 167. Piraya Margr. 165" Rechts neben der Skizze steht in brauner Tinte: „Le Poison Caribe de l'Orenoque. […]". Publiziert als Tafel XLVII in Humboldt / Bonpland 1811–1833.
- Autogr. I/2107-14: Fisch Palometa. Bleistift auf Papier, Blattgröße 19 x 20,5 cm, mit Tinte beschriftet: „Myletes Palometa" und: „ce poisson s'appelle Pacu chez les Tamanaques. Je ne l'ai plus trouvé dans les cabaines des Indiens au dessous des cataractes de l'Orenoque" und daneben „Palometa. Corps large, oval, […]".

Staatsbibliothek zu Berlin – PK, Autogr. I/2108: Herz eines Faultiers. Bleistift auf Papier, Blattgröße 30 x 20,5 cm, mit Tinte beschriftet: „Bradypus tridactylus Table IV. MSS p. 8. Louis de Rieux fec. 1801" Auf der Rückseite ein Vermerk mit Tinte: „Geschenk von Humboldt 17.8.44 Tschudi".

Staatsbibliothek zu Berlin – PK, Autogr. I/2109: Weichtier „Dagysa notata". Bleistift und Tinte auf Papier, mittig gefaltetes Blatt, Gesamte Blattgröße 22 x 34 cm, mit Tinte beschriftet: „Dagysa notata […]." Auf der Rückseite ein Vermerk mit Tinte: „Notiz von Bonpland Geschenk von Alexander von Humboldt 17.8.44 Tschudi".

Gedruckte Quellen

Bispinck-Roßbacher, Julia: ‚Ein Blick in die Tiefe – Kodikologische und materialtechnologische Untersuchungen an den Manuskripten Alexander von Humboldts', in: Ette, Ottmar / Drews, Julian (Hg.): *Horizonte der Humboldt-Forschung. Natur, Kultur, Schreiben.* Hildesheim, Zürich, New York 2016, S. 193–206.

Chansigaud, Valérie: *Histoire de l'illustration naturaliste. Des gravures de la Renaissance aux films d'aujourd'hui.* Paris 2009.

Dewitz, Bodo von / Matz, Reinhard (Hg.): *Silber und Salz. Zur Frühzeit der Photographie im deutschen Sprachraum 1839–1860. Kat. Ausst. 150 Jahre Photographie.* Köln, Heidelberg 1989.

Erdmann, Dominik / Weber, Jutta: ‚Nachlassgeschichten – Bemerkungen zu Humboldts nachgelassenen Papieren in der Berliner Staatsbibliothek und der Biblioteka Jagiellońska Krakau', in: *HiN – Alexander von Humboldt im Netz. Internationale Zeitschrift für Humboldt-Studien* 16, 31 (2015), S. 58–77, verfügbar unter: http://dx.doi.org/10.18443/223 [02.01.2017].

Faak, Margot: *Alexander von Humboldts amerikanische Reisejournale. Eine Übersicht.* Berlin 2002.

Faak, Margot / Suckow, Christian: ‚Einleitung', in: Humboldt, Alexander von: *Reise durch Venezuela. Auswahl aus den amerikanischen Reisetagebüchern.* Hg. v. Margot Faak. Berlin 2000, S. 11–31.

Fiedler, Horst / Leitner, Ulrike: *Alexander von Humboldts Schriften. Bibliographie der selbständig erschienenen Werke.* Berlin 2000.

Fleck, Ludwik: ‚Schauen, sehen, wissen (1947)', in: Schäfer, Lothar / Schnelle, Thomas (Hg.): *Ludwik Fleck: Erfahrung und Tatsache. Gesammelte Aufsätze,* Frankfurt/M. 1983, S. 147–174.

Graf, Robert: ‚Nachwort', in: Graf, Robert (Hg.): *Johann Jakob von Tschudi: Reiseskizzen aus Peru,* Leipzig 1988, S. 176–187.

Heßler, Martina: ‚Einleitung. Annäherung an Wissenschaftsbilder', in: Heßler, Martina (Hg.): *Konstruierte Sichtbarkeiten. Wissenschafts- und Technikbilder seit der Frühen Neuzeit,* München 2006, S. 11–40.

Hoffmann, Christoph: ‚Festhalten, Bereitstellen. Verfahren der Aufzeichnung', in: Hoffmann, Christoph (Hg.): *Daten sichern. Schreiben und Zeichnen als Verfahren der Aufzeichnung,* Zürich 2008, S. 7–20.

Humboldt, Alexander von / Bonpland, Aimé: *Beobachtungen aus der Zoologie und vergleichenden Anatomie: gesammelt auf einer Reise nach den Tropen-Ländern des neuen Kontinents, in den Jahren 1799, 1800, 1801, 1802, 1803 und 1804, von Al. von Humboldt und A. Bonpland.* Tübingen 1806.

Humboldt, Alexander von / Bonpland, Aimé: *Recueil d'observations de Zoologie et d'Anatomie comparée.* 2 Bde. Paris 1811–1833.

Humboldt, Alexander von: *Kosmos. Entwurf einer physischen Weltbeschreibung.* 5 Bde. Stuttgart, Tübingen 1845–1862.

Humboldt, Alexander von: *Reise auf dem Río Magdalena, durch die Anden und Mexico. Aus seinen Reisetagebüchern.* Zweite, durchgesehene und verbesserte Auflage. 2 Bde. Berlin 2003.

Koschatzky, Walter: *Die Kunst der Zeichnung. Technik, Geschichte, Meisterwerke.* Salzburg und Wien 1980.

Mersch, Dieter: ‚Naturwissenschaftliches Wissen und bildliche Logik‘, in: Heßler, Martina (Hg.): *Konstruierte Sichtbarkeiten. Wissenschafts- und Technikbilder seit der Frühen Neuzeit.* München 2006, S. 405–420.

Meyen, Franz Julius Ferdinand: *Beiträge zur Zoologie, gesammelt auf einer Reise um die Erde. Und W. Erichson's und H. Burmeister's Beschreibungen und Abbildungen der von Herrn Meyen auf dieser Reise gesammelten Insecten. Mit 41 theils Kupfer- theils Steindrucktafeln.* Bonn 1834.

Thiele, Matthias: ‚Im Angesicht der Dinge: Ambulatorische Aufzeichnungspraktiken und Schreibtechniken des Notierens bei Alexander von Humboldt mit Seitenblicken auf Georg Forster, Thomas Jefferson und Adelbert von Chamisso‘, in: Ette, Ottmar / Drews, Julian (Hg.): *Horizonte der Humboldt-Forschung. Natur, Kultur, Schreiben.* Hildesheim, Zürich, New York 2016, S. 319–348.

Tschudi, Johann Jakob von: *Monographie der schweizerischen Echsen.* Neuchâtel 1837.

Tschudi, Johann Jakob von: *Classification der Batrachier. Mit Berücksichtigung der fossilen Thiere dieser Abtheilung der Reptilien.* Neuchâtel 1838.

Tschudi, Johann Jakob von: *Untersuchungen über die Fauna Peruana.* St. Gallen 1844–1846.

Werner, Petra: *Naturwahrheit und ästhetische Umsetzung. Alexander von Humboldt im Briefwechsel mit bildenden Künstlern.* Berlin 2013.

Wittmann, Barbara: ‚Das Porträt der Spezies. Zeichnen im Naturkundemuseum‘, in: Hoffmann, Christoph (Hg.): *Daten sichern. Schreiben und Zeichnen als Verfahren der Aufzeichnung,* Zürich 2008, S. 47–72.

Internetquellen

Alexander von Humboldt auf Reisen – Wissenschaft aus der Bewegung. Edition Humboldt digital. Hg. v. Ottmar Ette. Berlin-Brandenburgische Akademie der Wissenschaften. Berlin, verfügbar unter: http://avhr.bbaw.de [24.02.2017].

Humboldt, Alexander von: *Korrespondenz mit Franz Julius Ferdinand Meyen.* Hg. v. Petra Werner unter Mitarbeit von Ingo Schwarz und Tobias Kraft, in: *edition humboldt digital,* hg. v. Ottmar Ette. Berlin-Brandenburgische Akademie der Wissenschaften. Berlin 2016, verfügbar unter: http://edition-humboldt.de/briefe/index.xql?person= H0014181 [12.06.2017].

Latour, Bruno: ‚Visualisation and Cognition: Drawing Things Together‘ (1986), verfügbar unter: http://www.bruno-latour.fr/sites/default/files/21-DRAWING-THINGS-TOGETHER-GB.pdf [26.11.2014].

Schwarz, Ingo: *Alexander von Humboldt Chronologie.* Unter Mitarbeit von Ulrike Leitner, Regina Mikosch und u.a. Berlin-Brandenburgische Akademie der Wissenschaften. Berlin 2001–2015, verfügbar unter: http://avh.bbaw.de/chronologie [14.11.2016].

Werner, Petra: ‚Franz Julius Ferdinand Meyen: gefördert und frühvollendet. Zwischen Poesie und totem Zoo.‘, in: HiN – Alexander von Humboldt im Netz. Internationale Zeitschrift für Humboldt-Studien 18, 34(2017), S. 148–165, verfügbar unter: http://dx. doi.org/10.18443/247 [13.06.2017].

Gabrielle Bersier

Picturing the Physiognomy of the Equinoctial Landscape: Goethe and Alexander von Humboldt's *Ideen zu einer Geographie der Pflanzen*

Not long after meeting Goethe and Schiller in Jena, Alexander von Humboldt took off in 1799 with the French botanist Aimé Bonpland on his five-year-long journey to South and Central America, through what are now Venezuela, Columbia, Equator, Peru, Cuba, and Mexico. News of his adventurous trip through the crocodile-filled river system of the South American interior, from the Orinoco to the tributaries of the Amazon, and reports of his historic ascent and measurement of the Chimborazo, the majestic volcano near Quito, then believed to be the highest mountain on earth, trickled from Humboldt's letters into French and German contemporary journals.[1] Back in Paris, Humboldt immediately began to assemble his huge collection of field samples and to present selected results of his expedition to academic and salon audiences, while completing his *Essay on the Geography of Plants*, the first of the twenty-nine volumes on his American journey that would grow into a decade-consuming publishing enterprise.

Goethe's early praise for Alexander von Humboldt's versatility stands miles apart from the harsh judgment cast by Schiller upon the young scientist as: "Ein beschränkter Verstandesmensch ohne Einbildungskraft,"[2] which has left traces

---

1 For a selective survey of the publication of Humboldt's letters in French and German periodicals and newspapers between 1799 and 1804, including the *Journal de Physique*, the *Magasin encyclopédique*, the *Annales du Musée d'histoire naturelle*, the *Moniteur*, the *Annalen der Physik*, the *Jenaische Allgemeine Literatur-Zeitung (JALZ)*, *Neue Berlinische Monatschrift*, and *Allgemeine geographische Ephemeriden*, among other publications, see Hey'l 2007, p. 196ff. The earliest summative account of the trip, *Notice d'un voyage aux tropiques*, was published by Humboldt's friend Jean-Claude Delamétherie in the *Journal de Physique* 1804/12, 59, p. 122ff. Goethe's main source of information on the Humboldt-Bonpland's journey was the *Allgemeine geographische Ephemeriden*, the first geographical journal in German, edited by Friedrich Justin Bertuch and Adam Christian Gasparin in Weimar.

2 Goethe to Johann Friedrich Unger, March 28, 1797: "ich habe Niemanden gekannt der mit einer so bestimmt gerichteten Thätigkeit eine solche Vielseitigkeit des Geistes verbände" (WA IV/12, p. 79f.). For the full quote in Schiller's letter to Christian Gottfried Körner, August 6, 1797, see *Schillers Werke* 29, p. 111ff., and Schwarz's 'Anmerkungen zu Friedrich Schillers Urteil' 2003, p. 4ff.

in Daniel Kehlmann's bestseller *Die Vermessung der Welt*. His life-long fascination with the traveler, whom he would alternately call the "Hauptwanderer" and the "Welteroberer,"[3] was on display in his review of Humboldt's first essay on tropical plants, *Ideen zu einer Physiognomik der Gewächse*.[4] Not only would it inspire poems, letters, journal entries, and the narrative of his *Tag- und Jahreshefte 1807*, it even penetrated the realm of his novel *Die Wahlverwandtschaften*,[5] where the historical name of the explorer in Ottilie's diary clashes with the onomastic puzzle of the fictional characters. And, more explicitly even, an homage to Humboldt would be inscribed into Goethe's comparative image of the *Höhen der alten und neuen Welt*, the main object of this inquiry.

As scrupulously as the genesis of Goethe's comparative landscape has been tracked,[6] and as methodically as the gaps in our knowledge of its publication history have been filled,[7] the historiographical scholarship has left important aspects in want of critical scrutiny. The following under-addressed issues are examined in the present study: the epistemological and linguistic divergence between Humboldt's French original of the *Essay on the Geography of Plants* and the German translation used by Goethe, the physiognomical aspects of Humboldt's text foregrounded in Goethe's visual interpretation, and the pictorial mode of symbolic representation that sets off Goethe's imaginary landscape from Humboldt's bimedial *Tableau physique*.

On March 16, 1807, the German version of *Ideen zu einer Geographie der Pflanzen* arrived in Weimar. Its frontispiece engraving after a drawing by Bertel Thorvaldsen was decorated with a naked Apollo unveiling the many-breasted statue of the ephesian nature goddess 'Artemis Multimammia', the celebrated Diana of Goethe's 1812 parable *Gross ist die Diana der Epheser*.[8] The iconic image of the unveiled Artemis/Isis, a popular representation of the relationship of science and nature, displayed at its foot a tablet inscription to the *Metamorphosis of Plants*, subscripted with a dedication to "Göthe."[9] (fig. 1) "Greatly honored,"

---

3 Goethe's letter to Wilhelm von Humboldt, October 28, 1826, in: Geiger 1909, p. 267; Goethe to Carl Friedrich Zelter, October 5, 1831, "Unser Welteroberer ist vielleicht der größte Redekünstler," WA IV/49, p. 106.

4 Goethe published the short review, with excerpts from *Ideen zu einer Physiognomik der Gewächse*, in: JALZ 1806/62, March 14, p. 489 ff. (WA II/7, p. 93 ff.).

5 Goethe, *Die Wahlverwandtschaften*, "Aus Ottiliens Tagebuch" [II/7]: "Wie gern möchte ich nur einmal Humboldten erzählen hören," (MA 9, p. 457).

6 See Goethe: *Tagebücher*, WA III/3, p. 199 ff; documentation in: LA I/11, p. 159 ff., LA II/2, p. 660 ff., LA II/9B, p. 274 ff.; LA II/8 A, p. 193 ff., MA 9, p. 911 ff. and 1397 ff.

7 See Beck / Hein 1989; Nickel 2000, p. 673 ff.; Wyder 2004, p. 141 ff.

8 Hein 1983, p. 131; Goethe: *Gross ist die Diana der Epheser* 1812, MA 9, p. 59 f.

9 See frontispiece to Humboldt 1807b, fig. 1; see Böhme (2002, p. 174) for Humboldt's original intention to dedicate his essay to Schiller. As pointed out in Hadot (2006, p. 248 f.), Goethe's own interpretation of the emblem, reasserted in his 1825 quatrains *Genius, die Büste der Natur enthüllend* (WA I/4, p. 137), took issue with the trope of the unveiling of Nature to uncover her

Fig. 1: [Apollo unveiling the Ephesian Artemis], frontispiece by Bertel Thorwaldsen / Louis Bouquet in: Humboldt / Bonpland 1807, with dedication "An Göthe," black-and-white engraving (permission of Beinecke Library).

as he later avowed, by such public recognition of his symbiotic achievements – poetic, philosophical, and scientific –, Goethe spent a good part of the following weeks studying Humboldt's essay.[10] What made the work so absorbing for the poet-scientist who also celebrated the unity of nature amidst its diversity, was the fact that the *Geography of Plants* not only documented in great detail the organic luxuriance of the tropical-equatorial regions, with their astounding wealth of plant and animal species in the midst of majestic land forms, but that it also celebrated the diverse manifestations of nature's vitality in a dynamic prose that often echoed the vivid imagery of his own nature poetry.

---

secrets, insisting instead on the reverence for the phenomenological encounter with the natural world. His tactful acknowlegment to Humboldt in *Zur Morphologie* 1820/I, 2 (MA 12, p. 105) conveys a certain reluctance at wholeheartedly endorsing his use of the emblem: "wodurch er andeutet, daß es der Poesie auch wohl gelingen könne den Schleier der Natur aufzuheben; und wenn er es zugesteht, wer wird es leugnen?"

10 Goethe: *Tag- und Jahreshefte 1807* (WA I/36, p. 8 f.); Goethe to A. v. Humboldt, April 3, 1807: "Ich habe den Band schon mehrmals mit großer Aufmerksamkeit durchgelesen [...]" (Geiger 1909, p. 299).

Written for a European audience, Humboldt's short treatise made ongoing, systematic comparisons between the geology, flora, and fauna of the New and the Old World, pointing to the similarities and unique character of the observed phenomena. While intently focused on exact measurements, Humboldt did not limit himself to quantifications and taxonomies, but attempted to link his painstaking empirical investigation with insights into the general laws of nature, perceived as an interactive whole. That his expedition had been undertaken with the aim of unearthing the hidden connection between inanimate and animate nature is affirmed in several German letters, prior to his much-quoted confession to Caroline von Wolzogen. From Madrid, Humboldt had written to David Friedländer on April 11, 1799:

> Ich werde Pflanzen und Thiere sammeln, die Wärme, die Elasticität, den magnet[ischen] und electr[ischen] Gehalt der Atmosphäre untersuchen, sie zerlegen,[…] – aber dies alles ist nicht der Zweck meiner Reise. Mein eigentlicher, einziger Zweck ist, das Zusammen- und Ineinanderweben aller Naturkräfte zu untersuchen, den Einfluß der toten Natur auf die belebte Thier- und Pflanzenschöpfung.[11]

From La Coruña, his June 6, 1799 letter to Karl Maria Ehrenbert von Moll repeated the same objective.

> Ich werde Pflanzen und Fossilien sammeln […] nützliche astronomische Beobachtungen machen […] die Luft chemisch zerlegen.– Diess alles ist aber nicht Hauptzwek [sic] meiner Reise. Auf das Zusammenwirken der Kräfte, den Einfluss der unbelebten Schöpfung auf die belebte Thiere [sic]- und Pflanzenwelt, auf diese Harmonie sollen stäts meine Augen gerichtet seyn.[12]

Yet after his return, the letter of May 14, 1806 to Caroline von Wolzogen retreated back to animistic metaphors to divine a mysterious, quasi mystical, breath-of-life infusing inorganic and organic nature:

> In den Wäldern des Amazonenflusses, wie auf dem Rücken der hohen Anden erkannte ich, wie von einem Hauche beseelt, von Pol zu Pol nur ein Leben ausgegossen ist in Steinen, Pflanzen und Tieren und in des Menschen schwellender Brust. Überall ward ich von dem Gefühle durchdrungen, wie mächtig jene Jenaer Verhältnisse auf mich gewirkt, wie ich, durch Goethes Naturansichten gehoben, gleichsam mit neuen Organen ausgerüstet worden war![13]

A philosophical undercurrent runs through the German translation of the essay on the geography of plants, the only one of his works that Humboldt singlehandedly translated from French into German. As observed by Bettina Hey'l in

---

11 Jahn / Lange 1973, p. 657.
12 Moheit 1993, p. 33.
13 Biermann 1985, p. 180.

her cross-linguistic synopsis,[14] the *Ideen zu einer Geographie der Pflanzen* is not merely a literal transposition but a textual commentary, hence its significant augmentation in size in relation to the French original.[15] Starting with the title – *Ideen zu einer Geographie der Pflanzen*, rather than 'Essay' or 'Abhandlung,' whose philosophical resonance echoes Herder's *Ideen zu einer Philosophie der Geschichte der Menschheit* or Schelling's *Ideen zu einer Philosophie der Natur* – the expanded theoretical preface of the German version expresses Humboldt's hope that the kind of cumulative empirical research that he has engaged in might be reconciled at a future point with a nature-philosophical theory of the interaction of physical processes.[16]

> Dem Felde der empirischen Naturforschung getreu, dem mein bisheriges Leben gewidmet ist, habe ich auch in diesem Werke die mannichfaltigen Erscheinungen mehr neben einander aufgezählt als sie in ihrem innern Zusammenwirken geschildert. Dieses Geständnis, [...] soll zugleich auch darauf hinweisen, dass es möglich seyn wird, einst ein Naturgemälde ganz anderer und gleichsam höherer Art naturphilosophisch darzustellen. [...][17]

In an implied critique of French mechanical philosophy, Humboldt professes his alliance with Schelling's rejection of atomistic physics to shed light on "phenomena hitherto beyond scientific reach, such as organism, warmth, magnetism and electricity."

> Wer kann daher auch frohern und innigern Antheil, als ich, an einem System nehmen, das, die Atomistik untergrabend, und von der auch von mir einst befolgten einseitigen Vorstellungsart, alle Differenz der Materie auf bloße Differenz der Raumerfüllung und Dichtigkeit zurückzuführen, entfernt, helles Licht über Organismus, Wärme, magnetische und elektrische, der bisherigen Naturkunde so unzugängliche, Erscheinungen zu verbreiten verheißt?[18]

Humboldt's retrospective assessment is more tentative than the ambitious declaration of purpose articulated prior to his departure to the tropics. The antimechanistic line of demarcation drawn between his dynamic approach to physics and the Cartesian tradition is forcefully accentuated, but his ambitious scientifico-philosophical objectives are now projected into the future. Yet, here and there, themes and motifs of German 'Naturphilosophie' emerge on the surface of the German translation. While the French essay is careful not to

---

14 Bettina Hey'l, whose abridged cross-linguistic synopsis highlights the literary qualities of the German adaptation (2007, p. 311 ff.), also cites Humboldt's Schelling references.
15 The Parisian Schoell quarto edition of the *Essai* has a length of 155 pages, while the Tübingen Cotta edition of *Ideen* totals 182 pages.
16 The Schelling reference added to the German preface is also mentioned in: Bies 2012, p. 274.
17 Humboldt 1807b, p. IV.
18 Ibid., p. VI.

overstretch the limits of experimental science, and is critical of hypotheses and conjectures, the German text probes below the empirical surface, to connect observation to inference and to link experiential knowledge to intuitive hints and cultural implication, or empiricism to polar nature philosophy. Such speculative forays, conveyed in the philosophical code word of the age, "ahnden" or "Ahndung" ["to intuit" or "intuition"],[19] which expand the epistemological limits of the French original into romantic territory, make Humboldt's *Ideen zu einer Geographie der Pflanzen* a revealing intercultural document. And yet, as much as Humboldt is eager to integrate his fieldwork into the German context, he also shields himself against the temptation to generalize his local, partial insights on electricity, magnetism, or chemistry into definite pronouncements regarding a comprehensive law of polarity. His efforts to link his field research to a comprehensive philosophy of nature, combined with his resistance to the speculative fever that was invading all fields of inquiry in the late Romantic era, just when the rupture between empirical and speculative approaches had been sealed by Schelling, the founder of 'Naturphilosophie' himself,[20] placed him in close affinity to Goethe's inductive approach to science, and must have been especially endearing to the author of the physiological *Farbenlehre*, positioned as he was at a historical juncture where he had become estranged from his former Jena scientific and literary allies.

In the course of the eighteenth century, a metaphysical question dealing with the ontology of life occupied the Western scientific world to gradually converge on physiological processes.[21] Deepened in Germany by Caspar Friedrich Wolff and Johann Friedrich Blumenbach's exploration of the epigenetic principle of organic development, the quest for the secret of organic life, hovering as a metaphysical riddle behind Goethe's plant metamorphosis,[22] was pictured by Blumenbach's student Humboldt as a vitalistic allegory in *Die Lebenskraft oder der rhodische Genius*,[23] and identified as a chemical property of organic matter in his galvanic experiments *Versuche über die gereizte Muskel- und Nervenfaser*.[24] After witnessing the vital force manifest itself in the vegetal and animal bio-organisms of the tropical and equinoctial environment with a power unseen anywhere else, Humboldt endows his German descriptions with an energy and a volition that is absent from his French original. On occasion, the verbal agency injected into his German text transforms the neutral substantive "nature" into

---

19 For Humboldt's use of "ahnden" or "Ahndung", see ibid.: pp. 21, 108, and 175.
20 See Marcus / Schelling (eds.): *Jahrbücher der Medizin als Wissenschaft* 1806–07, and the connected discussion in: Tsouyopoulos 1978, p. 229 ff.
21 See the chapter "The Organic Structure of Beings" in: Foucault 1970, p. 226 ff.
22 Goethe, *Die Metamorphose der Pflanzen*, MA 12, p. 29–68.
23 Humboldt 1826, p. 187 ff.
24 Humboldt 1797.

animated participial phrases – "die allbelebende," "die bildende," or "die gestaltende Natur"[25], while elsewhere, its ubiquity seems to point to the intentionality of all organic life: "So ist Leben in allen Räumen der Schöpfung verbreitet."[26]

A third variation in the German translation of the essay on plant geography that left its mark on Goethe's pictorial transposition is carried over from Humboldt's first German lecture on tropical plant physiognomy.[27] The ancient term of 'physiognomy' behind Giambattista della Porta's book of magic signatures *De humana physiognomonia* (1586) had been revived in the late 18th century in Johann Caspar Lavater's *Physiognomische Fragmente*, in order to read correspondences between external facial features and internal moral characteristics.[28] As applied by Humboldt to vegetal categorization, physiognomy was a sensory approach to the description of individual plants and plant groups grounded in individual receptivity that could function in dual ways,[29] both as a propaedeutic to the pictorial representation of landscape, and as a visual signifier of a link between plant forms and the invisible dynamism that determined their emergence. As a visual indicator of a correspondence between visible features and internal processes, Humboldt's multivalent term at the crossroads of aesthetics and science communicated his quest for a link between organic and inorganic nature, thus addressing his broader scientific and philosophical goals. By focusing on the connection between the visible and the invisible, biotic and abiotic factors, organic structures and environmental parameters, or nature and climate, Humboldt's physiognomical approach translated in secular terms Lavater's reading of facial features as a book of divine secrets.[30] The most comprehensive elaboration of the potential of Humboldt's physiognomical method to encompass the complex web of connections between vegetal forms and ecological laws would be provided much later in his concluding commentary to the 1849 edition of *Ansichten der Natur,* at a time when the fundamentals of his plant physiognomy had acquired some measure of scientific authority:[31]

> Die Physiognomie der Gewächse soll nicht ausschließlich bei den auffallenden Kontrasten verweilen, welche die großen Organismen einzeln betrachtet darbieten; sie soll

---

25 Humboldt 1807b, pp. 2, 124, and 143.

26 Ibid., p. 76.

27 See note 4 for Goethe's review of *Ideen zu einer Physiognomik der Gewächse* and its excerpts of Humboldt's characterizations of plant physiognomy.

28 On the epistemology of Johann Caspar Lavater's *Physiognomische Fragmente,* see Blumenberg 1989, p. 163.

29 See Hagner in: Campe / Schneider 1996, p. 435.

30 "La nature entière n'est-elle pas Physiognomie? tout n'est-il pas surface et contenu? corps et âme? effet extérieur, et faculté interne? principe invisible, et fin visible?," cited in: Hoppe 1990, p. 81.

31 For a well-documented historical overview see Hoppe 1990, pp. 77–102.

sich an die Erkenntnis der Gesetze wagen, welche die Physiognomie der Natur im allgemeinen, den landschaftlichen Vegetations-Charakter der ganzen Erdoberfläche, den lebenden Eindruck bestimmen, welche die Gruppierung kontrastierender Formen in verschiedenen Breiten- und Höhen-Zonen hervorbringt.[32]

It is noteworthy that the former disciple of Lavater, Goethe, chose in his review of the *Ideas on Plant Physiognomy* to excerpt Humboldt's artistically crafted formal characteristics that parallel his own, highly visual, morphological approach. The physiognomic features of tropical plant forms, from banana and palm form to orchid and lichen, which the French *Essai* only briefly enumerated in one paragraph, are elaborated in the much lengthier, two-page-long German section of the *Ideen*, which paraphrases the earlier essay on plant physiognomy. Humboldt's lively prose is best exemplified in his German depiction of the cactus form with its beautiful flowers "breaking out" of a seemingly lifeless prickly shell: "aus der fast unbelebt scheinenden Masse ausbrechenden Blumen,"[33] that lends visual expression to the mysterious interaction between internal dynamism and outward aesthetic form.

Humboldt's physiognomic approach, coupled with his repeated invitations to landscape painters to travel to the tropics to study their vegetation in nature made the absence of illustration in the German version of his essay all the more noticeable. Whereas the large *Tableau physique des régions équinoxiales* was folded inside the French original, the German text was bare of visual representation, an omission that Goethe complained about in his March 18, 1807 letter to his publisher Cotta.[34] His April 3, 1807 letter to the author reiterated his discontent, expressing the wish that he could have taken with him on his journey an artist like Jakob Philipp Hackert, whose biography and letters on landscape painting he was busy editing.[35] His own creative response to the challenge was to draw a sketch that transmuted Humboldt's altitudinal comparisons into a bipartite visualization of mountain heights and vegetation zones of the Andes and the Alps, thus transforming the scripted geographical information into a compelling visual scenery.[36]

If we juxtapose the French title of Humboldt's essay with his German translation, another linguistic variant comes to the fore that also points to the pictorial

---

32 Humboldt 1849, vol. 1, p. 242f.
33 Humboldt 1807b, p. 128.
34 Goethe to Cotta, March 18, 1807, WA IV/19, p. 285.
35 Goethe to A. v. Humboldt, April 3, 1807: "Seines gleichen hätte ich wohl in Ihrer Gesellschaft den tropischen Ländern gewünscht." (Geiger 1909, p. 301); 'Über Landschaftsmalerei', in: Goethe, *Philipp Hackert*, MA 9, pp. 847–860.
36 Goethe, *Tagebücher*, March 17, 1807: "Landschaft mit dem Maßstabe der Berghöhen nach Humboldts Angabe"; March 28, 1807: "Die Humboldtische Reise durchdacht"; March 31, 1807: "Fingirte Landschaft zu dem Humboldtischen 1. Theil bey Ermangelung seines Durchschnitts" (WA III/3, p. 199ff.).

direction of Goethe's transmedial operation. The expanded French title, *Essai sur la géographie des plantes, accompagné d'un tableau physique des régions équinoxiales, fondé sur des mesures exécutées, depuis le dixième degré de latitude boréale jusqu'au dixième degré de latitude australe, [...] par Al. de Humboldt et A. Bonpland*, is transposed into German as: *Ideen zu einer Geographie der Pflanzen nebst einem Naturgemälde der Tropenländer, Auf Beobachtungen und Messungen gegründet, welche vom 10ten Grade nördlicher bis zum 10ten Grade südlicher Breite, [...] angestellt worden sind, von Al. von Humboldt und A. Bonpland.* (fig. 2a/2b) The chief lexical divergence centers on the translation of the French word 'tableau' into the German compound 'Naturgemälde'. The French term 'tableau', whose eighteenth-century use by both scientists and artists had spread with the application of printed illustrations to instruction, encompassed a dual semantic field that could denote either a graphically condensed scientific chart – a didactic table – or an artistic composition – a framed painting.[37] Throughout the essay, Humboldt repeats the word 'tableau' in leitmotiv fashion to refer indifferently either to the sum of his collected data or to his cross-section plate of the Chimborazo. The German 'Naturgemälde' does not have the same broad semantic applicability, but refers literally or figuratively to a painting based on nature. Whereas the French title foregrounds the mathematical exactitude that sanctions the scientific validity of the field project, the German translation bridges the semantic gap between the artistic term 'Naturgemälde' and the original 'tableau' by preceding the objective data calculation: "Messungen," by the subjective element of sensory perception: "Beobachtungen." The conflation of aesthetic and scientific approaches implied in Humboldt's German title was actualized by Goethe, the poet of the concrete, who sketched the explorer's comparison of the South American and European vegetation zones as a landscape in Claude Lorrain's neoclassical style or, in close correlation with his concurrent biographical project, in the manner of the German landscape painter Philipp Hackert.[38] The water coloring of the drawing was entrusted to his artistic collaborator Johann Heinrich Meyer.[39]

Thus Humboldt's essay on plant geography was transformed into a holistic image of equatorial and temperate plant physiognomy, which juxtaposed altitude and vegetation zones of the "new" with the "old" world inside a single

---

37 For tableau as a didactic medium in the French Enlightenment see Graczyk 2004; Romanowski 2009, pp. 157–92.

38 As noted in: Wyder 2004, p.145, the tentative formulations ("fingirte Landschaft," "erfundne Landschaft," "ideale Landschaft") in the 1807 journal entries and letters give evidence of Goethe's search for a generic designation for his landscape creation, which the *Tag- und Jahreshefte 1807* later went on to name "eine symbolische Landschaft" (WA I/36, p. 9).

39 Goethe, Tagebuch, March 29, 1807: "Illuminirte indessen Hofrath Meyer die fingirte Landschaft zu Humboldts Reisen." (WA III/3, p. 201).

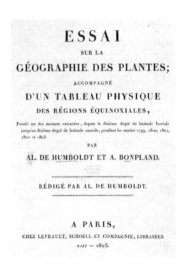

Fig. 2a/2b: French and German title pages of Humboldt / Bonpland 1807a and Humboldt / Bonpland 1807b (courtesy of Botanicus Digital Library).

pictorial frame. (fig. 3) Its vertical points of reference, scaled in French 'toises', integrated the geographical data on respective elevation, while reducing the abundant numbers and names of the essay to a minimum discreetly added to the right- and left-hand borders of the picture.[40] On the right side, whose cliff faces are bathed in the light of the rising sun, the four Andean volcanoes, Chimborazo, Antisana, Cotopaxi, and Tungurahua, are placed in decreasing order of height above the 5,000 meter line; across on the lower left side, the three Alpine mountain tops, the Mountblanc, Schreckhorn, and Wetterhorn, and the Sicilian volcano of the Aetna, are identified in descending order of elevation below the 5,000 meter line. The precise numerical data in Humboldt's geographical essay is blended into the global aesthetic impression produced by the vegetal physiognomy, where green color masses stand for vegetation zones, while the climatic difference between new and old world is enhanced by the contrast between the illuminated and the shaded half of the symmetrical composition. The chromatic distribution of Goethe and Meyer's visual interpretation also projects into a vivid color gradation of green, yellow-white, and blue surfaces the central zonal thesis of Humboldt's essay, namely that the growth of vegetation spreads 2,200 meters higher in the equinoctial zones of South America than in the temperate European regions, whereas the width of the snow region is twice thinner in the Andes than in the Alps.[41] The difference in the respective levels of vegetation and eternal

---

40 See Maisak 1996, Nr. 159, p. 217 for an excellent quality color reproduction of the Goethe / Meyer landscape.

41 A. v. Humboldt 1807b, p. 36f. and 40.

snow and their hidden climatological parameters is illustrated by the proportional distribution of the green tree masses that cover the lower bottom third of the left side of the picture, stretching upward through two thirds of its right side. Miniature building outlines inserted into their respective elevation suggest how the altitudinal difference of vegetation level also affects human habitation. The farm hut, or "Viehmeierei," below the summit of the Antisana volcano, mentioned several times by Humboldt to indicate that in the equatorial zone human settlement extends above four thousand meters,[42] is placed in direct line of sight across from the summit of the Schreckhorn on the left side, at that time the most fearsome mountain of the Bernese Alps. Further down, to illustrate the height of the high plateaus of the Americas, the Peruvian town of Micui-pampa is juxtaposed with the top of the Etna, while the larger cities of Quito and Mexico with its surrounding lakes, face the Gotthard summit and the Gotthard hospice, then the highest outpost of human habitation in Europe.

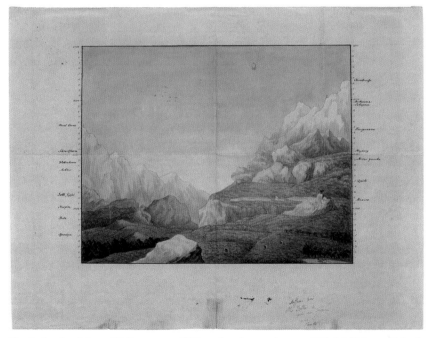

Fig. 3: Goethe, Johann Wolfgang von: 'Höhen der alten und neuen Welt bildlich verglichen', pencil drawing by Goethe, water coloring by Johann Heinrich Meyer, Weimar 1807, 35,4 x 47 cm, Nr. 853 (permission of Freies Deutsches Hochstift).

---

42 Ibid., pp. 170 and 178.

Not all tree shapes blend into physiognomical masses. As Goethe's published description would later point out,[43] his composition reserved a special place for a botanical peculiarity singled out in Humboldt's *Ideen* as a striking expression of the vital power of tropical-equinoctial plant life.

> Ein einziger Palmbaum der Andeskette bietet die wundersame Erscheinung dar, daß er, von allen anderen Arten seiner Familie entfernt, erst in der Höhe der Scheideck und des Gotthards-Passes beginnt, und sich mit üppigem Wuchse fast bis zu der doppelten Höhe der Schneekoppe verbreitet. [...] Diese Wachspalme (Ceroxylon andicola) haben wir in den Andes von Quindiu und Tolimada, zwischen Eichen und Wallnußbäumen, in einer Berghöhe von achtzehnhundert bis zwei tausend achthundert Meter (zwischen 900 und 1500 Toisen) beobachtet.[44]

Perched on top of a rocky mountain ridge at an altitude of more than 2,000 meters above sea level, the small but visible dark shape of Humboldt's wax palm tree rises up in front of a densely forested background. To draw attention to a phenomenon that visualizes the interrelation between plant growth and its ecological environment, Goethe's commentary inserted an explanatory note, "der höchsten Palme gab ich einen in die Augen fallenden Platz,"[45] and placed the Andean palm tree across from the snow line and the barren Gotthard summit where the vantage point of the observer is situated.

Embedded in Goethe's neoclassical composition, there are several contemporary icons that he alludes to as amusing elements of his design.[46] These are not merely cartoonish sketches, but easily identifiable signifiers that highlight the salient points of Humboldt's essay. The hot-air balloon floating high above the highest summits of the Cordilleras represents the exploits of the French chemist Louis Joseph Gay-Lussac who had just become the highest man on earth on September 16, 1804, when his hot-air balloon reached the altitude of 7,016 meters above sea level. Underneath the balloon pictograph, approaching the summit of the Chimborazo, a tiny figure of the second highest man on earth, Alexander von Humboldt, waves to the small shape of Horace-Bénédict de Saussure standing slantways below him on top of the Mount Blanc. Interestingly, the only element at odds with the peacefulness of the idyllic scenery is a monstrous crocodile head in the right-hand bottom of the picture, which might stand as an ironic substitute for the placid cattle figures in the foreground of Philipp Hackert's Italian landscapes. The threat embodied in the deceiving immobility of crocodiles – which Humboldt's German text had highlighted in the addendum,

---

43 Goethe to Friedrich Johann Justin Bertuch, April 8, 1813, in: *Allgemeine geographische Ephemeriden* 1813/4, MA 9, p. 911 ff.
44 Humboldt 1807b, p. 60.
45 Goethe to Bertuch, April 8, 1813, MA 9, p. 916.
46 See also commentary in: Wyder 2005, p. 150.

"die unbeweglich, wie kolossale Statuen von Erz, mit offenem Rachen am Fuße des Conocarpus liegen"[47] – the latent demonic monstrosity of nature captured in Goethe's visual sketch, might quite literally signify what Ottilie alluded to in her much discussed diary aphorism in *Die Wahlverwandtschaften:* "No one can walk with impunity under palm trees," or: "Es wandelt niemand ungestraft unter Palmen."[48]

Rather than opposing Humboldt's rigorous measurements, Goethe's fictional landscape bridges the gap between science and art by making Humboldt's physiognomical approach to vegetal distribution the medium of his aesthetic representation. His visualization of the zonal contrast between southern and northern hemispheres not only provides a compelling example of Goethe's eidetic gift of visualization, it also impresses us creatures of the digital age through its semiotic mode of representation. By freely combining a number of pictorial devices, from manipulation of image outline, size, and spatial disposition, to symbolic coloring and icons, he drastically reduced the need for graphically scripted, verbal information. Thus his pictorial invention worked in many ways like a model of digital imaging, in that it transmuted scientific explanation into a coded visual language of spatial relations, size proportions, and chromatic symbolism, creating a new semiotic idiom that appealed to sensory perception, or 'aisthesis', as eighteenth-century aestheticians called it, as a window on 'noesis', cognitive and analytical information processing.[49]

Although Goethe had asked Humboldt to send a copy of his picture back to him with corrections, no trace of Humboldt's response has been found, giving rise to speculations about the absent letter.[50] But the *tableau physique des régions équinoxiales,* the famous folio-size geographical plate etched in 1807 and folded inside the French edition of the *Essai sur la géographie des plantes,* provides concrete evidence of Goethe's and Humboldt's divergent approach to the visual representation of knowledge. (fig. 4) As Humboldt's overall goal is exactitude and comprehensiveness of information, the design of his 'tableau' combines the tabular and pictorial components of the term inside a single frame. By contrast to the economy of verbal information for the sake of aesthetic holism in Goethe's landscape, the word-image proportion is reversed in Humboldt's profusely worded display of vegetal growth in the equinoctial regions, which Ottmar Ette

---

47 Humboldt 1807b, p. 163.
48 Goethe, *Die Wahlverwandtschaften,* MA 9, II/7, p. 457. Variants to this literal reading can be found in the colorful survey of the historical reception of the elusive saying in: Schulz 1998, p. 48–75, or in its covert biographical reading in: Böhme 2002, pp. 176–92.
49 See Adler / Wolff 2013.
50 Against the conjecture in: Beck / Hein (1989, p. 41f.) that Goethe may have disposed of Humboldt's critical response, Böhme (2002, p. 175f.) argues simply and more convincingly for Humboldt's diplomatic silence about Goethe's pictorial experiment.

has rightfully dubbed as an "iconotext."[51] Flanked on each side by informational columns, the central mountain panel of the Chimborazo is bipartite, both pictorial and diagrammatic: the altitudinal physiognomy of the volcanic vegetation colorfully illustrated on the left side of the mountain opens up on the right to a densely scripted cross-section profile, inside which a total of 250 plant names are arranged according to zonal distribution. On each side of the central mountain panel are columns of numbers and words – eleven on the left and nine on the right – that occupy one half of the total plate[52] and list the abiotic factors – altitudinal, meteorological, chemical, physical, and physiological – that combine to affect biological life.[53] The "transgeneric" mode of representation, to use Tobias Kraft's formula for Humboldt's feat in formal experimentation,[54] disrupts the organic harmony of the pictorial composition, but it arrests the viewer's attention on the explicative dimension of the table, on its discursive exposition of the invisible factors that determine the emergence of the visible organic forms. Since nothing in nature can be studied in isolation, Humboldt considered the inclusion of those multivariate factors to be crucial to making explicit the connectivity of plant life to its environment, an interplay that remains implicit in Goethe's strictly visual mode of representation. Wasn't studying such ecological interaction of living and non-living phenomena the stated goal of his American expedition? The juxtaposition of columns of data with the visual and scripted display of plant zonal distribution leaves to the viewer the task of deciphering and interpreting the interactive laws inscribed in the design. For all its graphic mastery, Humboldt's plate points not only to a representational challenge, but to a conceptual one, as his project of a comprehensive, interactive philosophy of nature would remain a work in progress.

Humboldt himself struggled with the medial dilemma, conceding in his German description of his tableau to an irreconcilable conflict between the factual precision and the aesthetic effect of the whole. "Alles was geometrische Genauigkeit erheischt, ist dem Effekt entgegen. [...] Aber in dieser geographischen Vorstellung sollten zwey sich oft fast ausschließende Bedingungen zugleich erfüllt werden, Genauigkeit der Projection und malerischen Effect."[55] While Goethe's landscape resolved the issue through drastic data reduction and inventive design, Humboldt subsequently opted for the predominantly visual style of his *Vues des Cordillères et monumens [sic] des peoples indigènes de l'Amérique*, where the text not seldom serves as a mere explanatory caption to the

---

51 Ette 2009, p. 209.
52 See Romanowski 2009, p. 163.
53 For complete English translation of the text of Humboldt's *Tableau physique*, see also Romanowski, p. 145 ff.
54 Kraft 2014, p. 23, and his discussion of the plate on p. 151 ff.
55 Humboldt 1807b, p. 43 f.

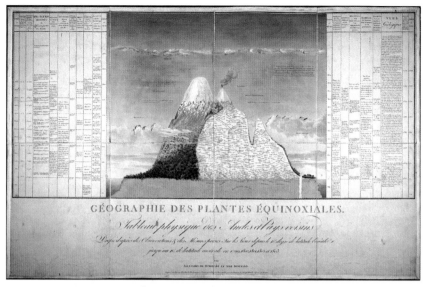

Fig. 4: 'Géographie des Plantes Équinoxiales. Tableau physique des Andes et Pays voisins', design and composition by Humboldt, drawing by Schönberger/Turpin, engraving by Bouquet, Paris 1805, 37 x 80,5 cm, in: Humboldt / Bonpland 1807a (courtesy of Biodiversity Heritage Library, www.biodiversitylibrary.org).

lavishly produced images, a total of 67 etchings and reproductions. His January 3, 1810 letter to Weimar, which presented his new "picturesque atlas" as a symbiosis of nature and art, rings in its defensive and reverential tone as a direct response to Goethe's objection to the lack of illustration in the German edition of the geographic essay: "Natur und Kunst sind in meinem Werk eng verschwistert. Möchten Sie mit der Bearbeitung nicht ganz unzufrieden sein, möchten Sie in einzelnen Ansichten sich selbst, Einfluß Ihrer Schriften auf mich, Einfluß Ihrer herrschenden Nähe erkennen!"[56]

Goethe's landscape might have been forgotten, were it not for the interest of the Weimar businessman and publisher Friedrich Justin Bertuch, who decided a few years later to include Goethe's comparative mountain view in his geographical periodical, the *Allgemeine geographische Ephemeriden*, which regularly reported on the published outcomes of the Humboldt-Bonpland expedition.[57] Bertuch, who recognized the vital role of illustrations for the spread of geographic knowledge, sought Goethe's collaboration in preparing a printable

---

56 A. v. Humboldt to Goethe, January 3, 1810, in: Geiger 1909, p. 304.
57 Goethe's use of Bertuch's *Ephemeriden* as a reference source to Humboldt's travels is documented in his handwritten notes: LA II/8 A, MA 12, p. 22 ff., and mentioned in his diary in connection with his intensive reading of Humboldt's *Ideen:* March 29, 1807: "Geographische Ephemeriden in Bezug auf Humboldts Reise durchgegangen." (WA III/3, p. 202).

model of his landscape. Between January and April 1813, a new drawing based on the original design was executed by the engraver Johann Christian Starcke, then corrected by Goethe, and a finely tuned aquatint etching was prepared for publication.[58] Starcke's black-and-white print, with its famous caption *Höhen der alten und neuen Welt bildlich verglichen*, appeared on the title page of the May 1813 issue of Bertuch's geographic periodical, along with Goethe's lengthy description of the origin and purpose of his composition.[59] (fig. 5) An engraved dedication stone to Alexander von Humboldt in the foreground of the picture requited the explorer for his earlier recognition. The plate was so successful that Bertuch had it reprinted in a separate edition in both uncolored and colored formats.[60] In that often reprinted version of Goethe's landscape, the black-and-white tint of the etched illustration accentuates the outlines of the topographical formations, moving the focus from plant physiognomy to mountain height comparison, a generic shift reflected in Goethe's designation of the new picture as a comparative altitudinal chart, a "tableau" rather than an imaginary landscape.

Soon after, the General Direction of Press and Publishing in Paris, where Bertuch's publication was sent, asked for permission to make their own copy with minor changes adapted for a French public. From the French capital where he was again residing, Humboldt himself participated in the adaptation of the illustration for commercial purpose,[61] a fact which says more about his friendly reception of Goethe's visual creation than his much quoted critical statement in his 1854 letter to Georg von Cotta.[62] The French etching of Goethe's picture, titled *Esquisse des Principales Hauteurs des deux continens* [sic], *dressée par Mr. de Göthe, Conseiller intime du Duc de Saxe Weimar d'après l'ouvrage de Mr. de Humboldt, publié en 1807 sous le titre d'Essai sur la Géographie des plantes,* was published in the autumn of 1813 in both colored and black-and-white renditions.[63] (fig. 6) Consistent with Humboldt's sense of precision, the new image adds landmarks, amends the altitude measurements, and substantiates them with additional scripted data that fill the right and left margins of the picture. Gay-Lussac's hot-air balloon is moved to the left, to float above the Alps, while the tiny shape of a condor flies above the Humboldt figure climbing towards the summit of the Chimborazo. The boundary of perpetual snow is clearly indicated by a straight horizontal line and shift of color. The wax palm tree, which Goethe had purposefully placed in a conspicuous spot, is shifted to a less visible location

---

58 See Nickel 2000, p. 677 f.; LA II/8 A, p. 301 ff.
59 Goethe to Bertuch, April 8, 1813, MA 9, p. 915 ff.; aquatint print in MA 9, p. 912 f.
60 See Nickel 2000, p. 678 ff.; Maisak 1996, p. 216 ; Beck / Hein 1989, p. 42 ff.
61 See Nickel 2000, p. 681.
62 Humboldt to Georg von Cotta, June 24, 1854, in: Biermann 1985, p. 28.
63 See Maisak 1996, p. 218.

Fig. 5: Goethe, Johann Wolfgang von: 'Höhen der alten und neuen Welt bildlich verglichen', etching by Johann Christian Starcke, aquatint print, 34,6 x 38, 8 cm, in: Goethe 1813, p. 3 (permission of Thüringer Universitäts- und Landesbibliothek).

and identified by a note in the margin. While the ominous crocodile head – presumably an affront to French taste – has been deleted, the comparative chart does retain Goethe's friendly counter-dedication to Humboldt inscribed on the bottom rock. The added information and the enhanced precision of topographical outlines may make Humboldt's modified picture a more reliable geographical medium, but they also diminish the aesthetic impact of the whole image by calling the viewer's attention to its appended explanatory captions.

As abundantly documented by Margrit Wyder, a number of copies and imitations of the French *Esquisse* were engraved and published in France and Great Britain, soon beginning to incorporate the outlines of the Himalayan mountain range and finding their way into the geographical atlases of the time.[64] Although Alexander von Humboldt is credited with having inspired the comparative geographical chart genre, Goethe's intermedial inventiveness played a decisive role in the design of what became the "comparative view" of mountains as a new tool of geographic popularization. What started as a sketching exercise by the

---

64 See thorough documentation in: Wyder 2004, p. 153 ff.

Fig. 6: Goethe, Johann Wolfgang von / Humboldt, Alexander von: *Höhen der alten und neuen Welt bildlich verglichen / Esquisse des Principales Hauteurs des deux Continens.* Direction de l'Imprimerie et Librairie, Paris 1813, colored etching 23,5 x 30 cm (permission of Freies Deutsches Hochstift).

armchair traveler, and a didactic aid to his weekly scientific lectures to the ladies of the Weimar court, the use of visually compelling imaging techniques substituting for textual data, evolved into one of the most influential media of nineteenth-century geographic dissemination and subsequent computer visualization.

Sources

Print

Achenbach, Sigrid: *Kunst um Humboldt. Reisestudien aus Mittel- und Südamerika von Rugendas, Bellermann, und Hildebrandt im Berliner Kupferstichkabinett.* Berlin / München 2009.

Adler, Hans / Wolff, Lynn L. (eds.): *Aisthesis und Noesis. Zwei Erkenntnisformen vom 18. Jahrhundert bis zur Gegenwart*. München 2013.

Beck, Hanno / Hein, Wolfgang-Hagen: *Humboldts Naturgemälde der Tropenländer und Goethes ideale Landschaft. Zur ersten Darstellung der Ideen zu einer Geographie der Pflanzen. Erläuterungen zu fünf Profil-Tafeln in natürlicher Größe*. Stuttgart 1989.

Bertuch, Friedrich Justin / Gasparin, Adam Christian (eds.): *Allgemeine geographische Ephemeriden*. 51 vols. Weimar 1798–1816.

Bies, Michael: *Im Grunde ein Bild. Die Darstellung der Naturforschung bei Kant, Goethe und Alexander von Humboldt*. Göttingen 2012.

Biermann, Kurt-R. (ed.): *Alexander von Humboldt. Aus meinem Leben. Autobiographische Bekenntnisse*. 2nd ed. München 1989.

Biermann, Kurt-R. : 'Goethe in vertraulichen Briefen Alexander von Humboldts', in: *Goethe-Jahrbuch* 102 (1985), pp. 11–33.

Blumenberg, Hans: *Die Lesbarkeit der Welt*. Frankfurt/M. 1989.

Böhme, Hartmut: 'Goethe und Alexander von Humboldt. Exoterik und Esoterik einer Beziehung', in: Osterkamp, Ernst (ed.): *Wechselwirkungen. Kunst und Wissenschaft in Berlin und Weimar im Zeichen Goethes*. Bern, Berlin, Brüssel 2002, pp. 167–192.

Ette, Ottmar: *Alexander von Humboldt und die Globalisierung. Das Mobile des Wissens*. Frankfurt/M. 2009.

Ette, Ottmar: *Weltbewußtsein. Alexander von Humboldt und das unvollendete Projekt einer anderen Moderne*. Weilerswist 2002.

Fiedler, Horst / Leitner, Ulrike: *Alexander von Humboldts Schriften. Bibliographie der selbständig erschienenen Werke*. Berlin 2000.

Foucault, Michel: *The Order of Things. An Archaeology of the Human Sciences*. Trans. of *Les Mots et les Choses*. New York 1970. (Reprint New York: Vintage, 1994).

Geiger, Ludwig (ed.): *Goethes Briefwechsel mit Wilhelm und Alexander von Humboldt*. Berlin 1909.

Goethe, Johann Wolfgang von: *Die Schriften zur Naturwissenschaft*. Deutsche Akademie der Naturforscher. Ed. Kuhn, Dorothea et al. Weimar 1947–2014. (LA)

- II, 2: *Zur Meteorologie und Astronomie*. Ed. Nickel, Gisela. Weimar 2005.
- II, 8 A: *Zur Geologie und Mineralogie von 1806 bis 1820*. Ed. Engelhardt, Wolf von. Weimar 1997.
- II, 9B: *Zur Morphologie von 1796 bis 1815*. Ed. Kuhn, Dorothea. Weimar 1986.
- III, 1: *Verzeichnisse*. Ed. Röther, Bastian / Monecke, Uta. Weimar 2014.

Goethe, Johann Wolfgang von: *Sämtliche Werke nach Epochen seines Schaffens*. Ed. Richter, Karl et al. 21 vols. München 1985–1998. (MA)

- Vol. 9: *Epoche der Wahlverwandtschaften 1807–1814*. Ed. Siegrist, Christoph et al. München 1987.
- Vol. 12: *Zur Naturwissenschaft überhaupt, besonders zur Morphologie*. Ed. Becker, Hans J. München 1989.

Goethe, Johann Wolfgang von: *Goethe: Scientific Studies*. Ed. and trans. Miller, Douglas. New York 1988.

Goethe, Johann Wolfgang von: *Werke. Im Auftrag der Großherzogin von Sachsen*. 143 vols. Weimar 1887–1919. (Reprint: München 1987) (WA)

Goethe, Johann Wolfgang von: *Höhen der alten und neuen Welt bildlich verglichen. Ein Tableau vom Hrn. Geh. Rath v. Göthe mit einem Schreiben an den Herausg. der A. G. E* in: *Allgemeine geographische Ephemeriden* 41, 1 (1813), pp. 3–8.

Graczyk, Annette: *Das literarische Tableau zwischen Kunst und Wissenschaft.* München 2004.

Hadot, Pierre: *The Veil of Isis. An Essay on the History of the Idea of Nature. Trans. of Le Voile d'Isis. Essai sur l'histoire de l'idée de Nature.* Cambridge, London 2006.

Hagner, Michael: 'Zur Physiognomik bei Alexander von Humboldt', in: Campe, Rüdiger / Schneider, Manfred (eds.): *Geschichten der Physiognomik. Text, Bild, Wissen.* Freiburg/ Br. 1996, pp. 431–452.

Hein, Wolfgang-Hagen: 'Die ephesische Diana als Natursymbol bei Alexander von Humboldt', in: Dilg, Peter (ed.): *Perspektiven der Pharmaziegeschichte.* Festschrift für Rudolf Schmitz zum 65. Geburtstag. Graz 1983, pp. 131–146.

Helbig, Holger: 'Der "Bezug auf sich selbst". Zu den erkenntnistheoretischen Implikationen von Goethes Naturbegriff', in: *Goethe-Jahrbuch* 124 (2007), pp. 48–59.

Hey'l, Bettina: *Das Ganze der Natur und die Differenzierung des Wissens. Alexander von Humboldt als Schriftsteller.* Berlin, New York 2007.

Helmreich, Christian: 'Theorie und Geschichte der Naturwissenschaft bei Goethe und Alexander von Humboldt', in: *Goethe-Jahrbuch* 124 (2007), pp. 167–177.

Hoppe, Brigitte: 'Physiognomik der Vegetation zur Zeit von Alexander on Humboldt', in: Lindgren, Uta (ed.): *Alexander von Humboldt. Weltbild und Wirkung auf die Wissenschaften.* Köln, Wien 1990, pp. 77–102.

Humboldt, Alexander von: *Views of Nature.* Ed. Walls, Laura Dassow / Jackson, Stephen P.. Trans. Person, Mark W. Chicago 2014.

Humboldt, Alexander von: *Views of the Cordilleras and Monuments of the Indigenous Peoples of the America. A critical edition.* Ed. Kutzinski, Vera M. / Ette, Ottmar. Trans. Poynter, J. Ryan. Chicago 2012.

Humboldt, Alexander von: *Ansichten der Natur.* 3rd ed. 2 vols. Stuttgart, Tübingen 1849.

Humboldt, Alexander von: 'Die Lebenskraft oder der rhodische Genius, eine Erzählung' [1795], in: Ders.: *Ansichten der Natur.* 2nd ed. Stuttgart, Tübingen 1826, pp. 187–200.

Humboldt, Alexander von: *Ansichten der Natur.* Tübingen 1808.

Humboldt, Alexander von: *Ideen zu einer Physiognomik der Gewächse.* Tübingen 1806. (New edition with annotations in: *Ansichten der Natur mit wissenschaftlichen Erläuterungen.* Stuttgart, Tübingen 1808, pp. 157–278.)

Humboldt, Alexander von: *Versuche über die gereizte Muskel- und Nervenfaser nebst Vermuthungen über den chemischen Process des Lebens in der Thier- und Pflanzenwelt.* 2 vols. Posen, Berlin 1797.

Humboldt, Alexander von / Bonpland, Aimé: *Essay on the Geography of Plants.* Ed. Jackson, Steven T., trans. Romanowski, Sylvie. Chicago 2009.

Humboldt, Alexandre de / Bonpland, Aimé: *Essai sur la géographie des plantes, accompagné d'un tableau physique des régions équinoxiales, fondé sur des mesures exécutées, depuis le dixième degré de latitude boréale jusqu'au dixième degré de latitude australe, pendant les années 1799, 1800, 1801, 1802, et 1803.* Paris 1807a.

Humboldt, Alexander von / Bonpland, Aimé: *Ideen zu einer Geographie der Pflanzen nebst einem Naturgemälde der Tropenländer.* Tübingen, Paris 1807b.

Kraft, Tobias: *Figuren des Wissens bei Alexander von Humboldt. Essai, Tableau und Atlas im amerikanischen Reisewerk*. Berlin, Boston 2014.

Jahn, Ilse / Lange, Fritz G. (eds.): *Die Jugendbriefe Alexander von Humboldts. 1787–1799*. Berlin 1973.

Jahn, Ilse / Kleinert, Andreas (eds.): *Das Allgemeine und das Einzelne – Johann Wolfgang von Goethe und Alexander von Humboldt im Gespräch*. Stuttgart 2003.

Lavater, Johann Caspar: *Physiognomische Fragmente zur Beförderung der Menschenkenntniß und Menschenliebe*. Leipzig, Winterthur 1775–1778. (Ed. Siegrist, Christoph. Stuttgart 1986)

Lubrich, Oliver (ed.): *Alexander von Humboldt. Das graphische Gesamtwerk*. Darmstadt 2014.

Maisak, Petra: *Johann Wolfgang Goethe. Zeichnungen*. Stuttgart 1996.

Mitchell, Timothy F.: *Art and Science in German Landscape Painting 1770–1840*. Oxford 1994.

Moheit, Ulrike (ed.): *Alexander von Humboldt. Briefe aus Amerika*. Berlin 1993.

Nickel, Gisela: 'Höhen der alten und neuen Welt bildlich verglichen: Eine Publikation Goethes im Bertuchs Verlag', in: Kaiser, Gerhard R. / Seifert, Siegfried (eds.): *Friedrich Justin Bertuch (1747–1822). Verleger, Schriftsteller und Unternehmer im klassischen Weimar*. Tübingen 2000, pp. 673–688.

Romanowski, Sylvie: 'Humboldt's Pictorial Science. An Analysis of the *Tableau physique des Andes et pays voisins*', in: Humboldt, Alexander von / Bonpland, Aimé: *Essay on the Geography of Plants*. Ed. Jackson, Steven T., trans. Romanowski, Sylvie. Chicago 2009, pp. 157–192.

Schiller, Friedrich: *Schillers Werke*. Nationalausgabe. Historisch-kritische Ausgabe. 54 vols. Ed. Oellers, Norbert et al. Weimar 1943–2003.

Schmuck, Thomas: 'Humboldt in Goethes Bibliothek', in: *HiN – Alexander von Humboldt im Netz. International Review for Humboldt Studies* 17, 32 (2016), pp. 63–81, available at: http://dx.doi.org/10.18443/236 [12/29/2016].

Schwarz, Ingo: '"Ein beschränkter Verstandesmensch ohne Einbildungskraft": Anmerkungen zu Friedrich Schillers Urteil über Alexander von Humboldt', in: *HiN – Alexander von Humboldt im Netz. International Review for Humboldt Studies* 4, 6 (2003), pp. 1–8, available at: http://dx.doi.org/10.18443/38 [12/29/2016].

Schultz, Gerhard: '"Es wandelt niemand ungestraft unter Palmen": Über Goethe, Alexander von Humboldt und einen Satz aus den *Wahlverwandtschaften*', in: Ders.: *Exotik der Gefühle. Goethe und seine Deutschen*. München 1998, pp. 48–75.

Seamon, David / Zajonc, Arthur (eds.): *Goethe's Way of Science: A Phenomenology of Nature*. Albany, NY 1998.

Werner, Petra: *Übereinstimmung oder Gegensatz? Zum widersprüchlichen Verhältnis zwischen A. v. Humboldt und F.W. J. Schelling*. 2nd ed. Berlin 2000.

Wyder, Margrit: 'Vom Brocken zum Himalaja. Goethes *Höhen der alten und neuen Welt* und ihre Wirkungen', in: *Goethe-Jahrbuch* 121 (2004), pp. 141–61.

Kristina Skåden

Scientific Relations and Production of Knowledge: Hertzberg, Goethe, and Humboldt

Niels Hertzberg (1759–1841) lived in *Ullensvang,* a small rural place on the west coast of Norway. His farm was sandwiched between *Sørfjorden,* an inlet fjord of the larger *Hardangerfjorden,* and *Hardangervidda,* the mountain area dividing western Norway from eastern Norway. Hertzberg served as a Protestant priest. His first love was probably God and the family, his second love was science. In 1825, he published the map entitled *Høiderne av de hidtil maalte Bjerge i Norske eller Rhinlandske Födder,* or in my translation, *The Heights of the Previously Measured Mountains in Norwegian or Rhineland feet.*[1]

It is a well-known argument that maps are immutable mobiles, artefacts that move around but keep their shape, and have the capacity to make an argument, to mobilize, and to dominate on a large scale.[2] The aim of this article is to provide snapshots of how Hertzberg and his map participated in the production of an intellectual space and in the production of knowledge. I will do this by drawing on theoretical resources from science and technology studies (STS).[3] I am particularly interested in how, and to what extent, Hertzberg was influenced by Johann Wolfgang von Goethe's (1749–1832) map *Höhen der alten und neuen Welt bildlich verglichen.* I will investigate this by closely reading both maps, and by focusing on their production and reception history. Thereby, I add an unknown network relation to the familiar contact between Goethe and Alexander von Humboldt (1769–1859). The argument is that this history of knowledge – Hertzberg's version of mapping – constituted, and was a result of, an intellectual space in the so-called periphery of Europe, which evolved through transnational knowledge networks with participating experts from at least Germany, France, Norway, England, and the Americas.[4]

---

1 I owe special thanks to Benedicte Gamborg Briså at the National Library of Norway for finding and discussing two copies of the map.
2 Latour 1986, pp. 10–13.
3 Latour 1988.
4 An earlier version of this paper was presented at the 3rd International Chamisso Conference,

Hertzberg also published an 8-page introduction to the map. On the front page, he addressed an audience by dedicating the map to young students at the Norwegian University.[5] These students were a quite new category in Norwegian society; the first Norwegian University in Christiania (later renamed Oslo) was founded 1811 in the conglomerate state of Denmark-Norway. In 1814, after the Napoleonic Wars, the Danish Kingdom was on the losing side. The terms of the Treaty of Kiel put the Kingdom under pressure to cede Norway to Sweden. In the Norwegian-Swedish union, Norway kept its constitution from 1814, and most of its own independent institutions. At the time Hertzberg published the map/text, the main task of the university was to ensure Norwegian independence, and stand against a cultural and political convergence between Norway and Sweden.[6] Hertzberg was a member of the first Norwegian Parliament (1814), and thus well informed about politics and societal issues. If we interpreted Hertzberg's dedication in relation to this political situation, we may understand his dedication as an attempt to place himself into the institutionalized production of an imagined national space. Simultaneously, the text and the map argued that heterogeneous knowledge networks outside of the university framework contributed to constitute the national space.

While working on the map, Hertzberg sought to hang it in his living room along with some Norwegian landscape prospects. Probably during the summer of 1822, a student came to visit, and surprised him by insisting on taking the drawing back to Christiania. Half a year later on January 11, 1823, Hertzberg received a letter from a scientist, writing that he then had two different versions of Goethe's map. They were both in every respect significantly inferior to Hertzberg's map. In addition, Goethe's map did not contain Norwegian elevations. However, the scientist wanted to complement Hertzberg's map with more measurements, to make it, as he put it, "even more perfect".[7] Hertzberg was pleased; he wrote an introduction to the map, but time passed without anything happening. After numerous inquiries, the scientist finally replied orally by proclaiming that the map had too many similarities with Goethe's map. He wanted to refrain from supporting the release of the map. Nevertheless, Hertzberg funded the printing himself despite the scientist's change of mind.[8] Before returning to Hertzberg's narrative of the mapping, I will establish a relation between Humboldt, Goethe, and his map relevant for the current analysis.

Berlin State Library, 25–27 February 2016. I am grateful to the participants and to the editors of this book for their comments.
5 Hertzberg 1825, p. 1.
6 Collet 2011, p. 242.
7 Hertzberg 1824, p. 5.
8 Hertzberg 1825, pp. 5–6.

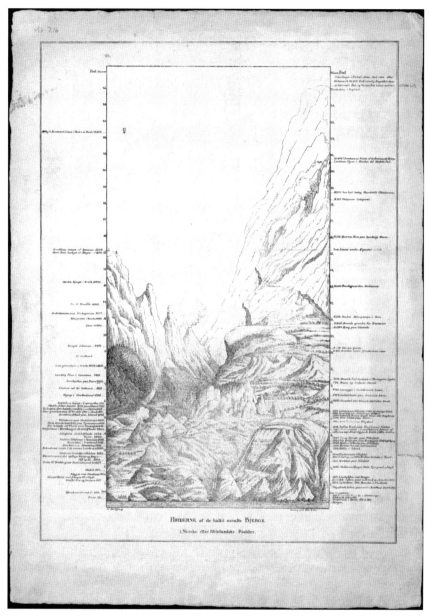

Ill 1: Niels Hertzberg draws and published the map *Høiderne av de hidtil maalte Bjerge i Norske eller Rhinlandske Födder*, (The Heights of the Previously Measured Mountains in Norwegian or Rhineland feet) in 1825 (NB Map 216, 1).

Making botanic and mountain space

Humboldt and the French botanist Aimé Bonpland's voyage 1799–1804 to the
Americas led to international fame, an extraordinary scientific career, and ex-
tensive scientific publication, popular writing and lectures.[9] The event considered the most spectacular of the trip took place July 23, 1802, when Humboldt,
Bonpland, Montufár, and a native guide nearly reached the top of Chimborazo,
the volcano estimated as the tallest mountain in the world.[10] The small and first
volume of Humboldt's scientific travel reports was *Ideen zu einer Geographie der
Pflanzen, nebst einem Naturgemälde der Tropenländer* [Essay on the Geography
of Plants]. Together with the integrated tableau, *Geographie der Pflanzen in den
Tropen-Ländern: ein Naturgemälde der Anden* [Geography of Equatorial Plants:
Physical Tableau of the Andes and the Neighboring Countries], a pictorial representation of physical, ecological, and societal properties arrayed along an el-
evational gradient, it provided science a new lens, "a geographic lens."[11] The
Tableau was visual knowledge production, showing the profile of the two
mountains, Chimborazo and Cotopaxi, systematically filled with names of individual plant species and vegetation zones from sea level to snowline, flanked by
columns of numbers and words.[12] The *Essay/Tableau* was expounding observations and measurements made during the voyage by applying the concept
Pflanzengeographie. Humboldt wrote that the science of the Geography of Plants
existed up to that time in name only.

> This is the science that concerns itself with plants in their local association in the
> various climates. This science, as vast as its object, paints with a broad brush the
> immense space occupied by plants, from the regions of perpetual snows to the bottom
> of the ocean, and into the very interior of the earth, were there subsist in obscure caves
> some cryptogams that are as little known as the insects feeding upon them.[13]

By observation, measurement, and multivariate analysis Humboldt was aiming
to create a new holistic science, a more general system for knowledge that sought
to go beyond problems of classification.[14]

Goethe received the *Essay* in Weimar from Humboldt in March 1807, but the
Tableau arrived first in the beginning of May.[15] Just days after the *Essay* appeared,
inspired by the chapter *Höhen der vornehmsten Berge auf der Erde*, he drew a

---

9 Osterhammel 1999, pp. 106–108.
10 Jackson 2009, p. 14.
11 Ibid., p. 4.
12 'Tableau physique des Andes et pays voisins', in: Humboldt / Bonpland 1805.
13 English translation from: Jackson / Romanowski 2009, p. 64. The original German version,
    see: Humboldt / Bonpland 1807, pp. 2–3.
14 Romanowski 2009, pp. 178–179.
15 Wider 2004, pp. 142–143.

sensuous, symbolic representation of mountain heights.[16] Goethe also mapped conventionally; however, in this particular case he turned numbers of elevations into a pictorial landscape map. He arranged the mountains in two landscape formations, Europe, the Old World on the left, and the Americas, the New World, on the right. Mountains and places Goethe saw or climbed during his three trips to Switzerland represented the European side.[17] At the *Weimar Mittwochsgesellschaft für Damen* in April, and on other occasions during the summer, he presented the map with success. It was received as a relevant didactic tool.[18] F. J. Bertuch, the leader of the *Geographische Anstalt* in Weimar, printed a new version of Goethe's map, entitled *Höhen der alten und neuen Welt bildlich verglichen,* in his geographical journal *Allgemeine Geographische Ephemeriden* (1813).[19] Goethe's approach, being "ein Augenmench," (an eye-person), observing and watching, was contributing to anthropogeographical thoughts about the relation between human life in the past and the present and the nature of different countries.[20] Published as a separate edition and in different versions, among others in French and England, with and without a reference to Goethe's original map, the landscape map matured to a new genre of maps.[21]

Too many similarities

Hertzberg admitted having seen Goethe's map; nevertheless, he argued that he for a long time worked on comparing heights. His original project was to shape mountain heights in wax in the right proportion placed on a horizontal surface. On the first Christmas day 1806, a hurricane disrupted him by demolishing his house, and destroying the scientific equipment he had collected for over twenty years.[22] Instead of mapping and waxing, he rebuilt the farm. There are no known sources telling which version of Goethe's map Hertzberg actually knew, but there is one more reference to Goethe in addition to the one in the introduction. Hertzberg asked his friend Christian Frederik Gotfred Bohr about a representation of the world's heights he had just seen. Bohr assumed it was the map made by Goethe using data collected by Humboldt, Saussure, and others. Bohr

---

16 Goethe 1813, pp. 5–7.
17 Wider 2009, p. 19. See also Wider 2004.
18 Mazzolini 2004, pp. 11–12.
19 Beruch / Goethe 1813, pp. 3–8. See the article of Gabrielle Bersier in in this volume.
20 Schmitthenner 1937, p. 166.
21 Bailly / Besse / Palsky 2014. Güttler 2014.
22 Hertzberg 1825, p. 3.

himself owned a version of this map.[23] It is likely Hertzberg saw Bohr's map as well; thus, Bohr was a fellow in science from Bergen, exchanging knowledge of meteorology, mountaineering, and measurement.[24]

There are several parallels between Hertzberg's and Goethe's maps; however, Hertzberg transformed one or another of Goethe's map to a Norwegian version by withdrawing, adding, and reframing signs. By depicting 89 elevations into a drawn landscape, Hertzberg wanted to compare and give an overview of measured heights in Norway and in the world. He described the map as a per- spective map of heights. Rather than mapping space top-down, he made use of, like Goethe, a frontal view. Like Goethe, he mapped egocentrically, in other words, putting the culture that produced the map in the center.[25] On the lower section, the motif resembles Hertzberg's vernacular view. The foreground marking the sea level is a narrow strip of water that echoes the fjord in front of Hertzberg's parsonage.[26] In the background, mountain formations dominate. Two steep hillsides divide the upper section. On the left flanks, Mont Blanc reaches a height of 15,218 Norwegian/Rhineland feet; on the right flank, sig- nificantly higher, Himalaya reaches 25,705 feet. Until 1815–1817, the heights of Himalaya were unknown, thus Himalaya was not included on Goethe's map. The mapping of Himalaya was one selling point made by Hertzberg, and the 41 Norwegian elevations were another selling point. Hertzberg adopted Goethe's cheerful idea of drawing tiny figures on the map illustrating scientific achieve- ments: Gay Lussa's air balloon, de Saussure who was the first man to reach the summit of Mont Blanc, Humboldt next to the top of Chimborazo, and the French traveler Maynard on Monte Rose.

At first glance, it appears as if the mountains were the main subject of Hertzberg's map, but a closer look reveals his botanical gaze. Hertzberg com- pared growing conditions by combining information from Humboldt's trip (the upper tree line) with botanic knowledge about Norway (tree line for the birch on the mountain *Fillefjell*), and his own innovative agricultural practice. Very small details are the fruit trees in *Hardanger*, on the map recognizable as two dark, small, round dots. Hertzberg was famous for planting fruit trees, and particularly for his two cherry trees. Hertzberg expresses his version of the geography of plants in relation to a particular concern with snow. Different snowlines and his measurements of the glacier *Folgefonden* illustrated where the vegetation ended.[27] Thus, the map was a visualization of Hertzberg's publications on me-

---

23 I want to thank Niels Voje Johannsen for sharing his research concerning the relation between Bohr and Hertzberg. Letter from Gottfried Bohr to Niels Hertzberg, 22 May 1822. NB, Ms 4°.
24 Johansen / Jørgensen / Pettersen 2009, pp. 39–46.
25 Brotton 2012, p. 9.
26 Hertzberg 1825, Map 216, 1 and 2.
27 Hertzberg 1818.

Ill 2: Within the diameter of the two cheery trees in Hertzberg's garden there was place for 140 people (image copyright: O. Væring Eftf. AS).

teorology, and on biological conditions in his region. Moreover, the map anticipated a later argument, that *Hardanger* was of special interest for research and art because there it was possible to observe natural-science objects such as a "fjord," a "waterfall," a "mountain," and a "glacier." One view showed how nature turns from chaos and death to life.[28] One way of getting access to this laboratory of nature was by replacing the existing small path over *Hardangervidda* with a road for riding and driving horses, he argued.[29]

Ill 3: Hertzberg's cheery trees (see inserted red circle) were marked on his map, and part of his research of geography of plants (Section of NB Map 216, 1).

---

28 Hertzberg 1828.
29 Skåden 2013, pp. 51–85.

Producing space for science

Hertzberg made his own way into the making of science. During the previous 30 years, he often had a barometer in his hand, measuring mountain heights and glaciers, especially in his home area, Hertzberg writes in the introduction to the map.[30] Hence, he refers to his own skills, to empirical observations, and to his fate in life. According to Hertzberg's published autobiography, a text he partly uses for clarifying his education and position as an amateur scientist, his choice of career was forced on him. To make a long story short, and maybe too simple, in his childhood a theology student taught him for a while some French and English, strolling in nature, and drawing maps. At the age of 19, Hertzberg went to study theology at the only university in the Danish-Norwegian state in Copenhagen. Because of his father's difficult economic situation, he unfortunately had to return home after just eight months. At home, he mapped the area *Findaas,* and thereby earned enough for again visiting Copenhagen with yet another self-made map in his luggage. By showing this map to Geheimråd Hielmstiern at the Scientific Society, he hoped to qualify for a positon as surveyor assistant at the Danish Geodetic Survey. However, the professor told the young Hertzberg the realities of life: "Your father [also a priest] has written me, he wants you to take the lowest degree in theology and thereby become his associate."[31]

Nevertheless, Hertzberg developed significant skills in mapping. In a published article about meteorological observation, the use of barometers and thermometers, and the measuring of Norwegian heights, he narrates how he activated skills described in the books *Vollständige und auf Erfahrung gegründete Beschreibung von allen sowohl bisher bekannten als auch einigen neuen Barometern, wie sie zu verfertigen, zu berichtigen und übereinstimmend zu machen, dann auch zu meteorologischen Beobachtungen und Höhenmessungen anzuwenden* (1784), and *Vollständige und auf Erfahrung gegründete Anweisung die Thermometer zu verfertigen* (1781) by the German cleric and natural scientist Johann Friedrich Luz. Hertzberg transformed reading instructions for making barometers and thermometers into scientific craftsmanship and made instruments for his own and others' use, such as for Bohr in Bergen.[32]

Furthermore, Hertzberg explains how he was doing science by collecting heights described by travelers crossing the Alps: Professor Jens Esmark, the geologist Leopold von Buch, Christian Smith, Gotfred Bohr, Christopher Hansteen, Baltazar Mathias Keihau, Christian P. B. Boeck, Carl Friedrich Naumann, Wilhelm Maximilian Carpelan, and others. The STS historian Asdal ar-

30 Hertzberg 1825, p. 3.
31 Hertzberg 1835, p. 209.
32 Hertzberg 1813, pp. 173–186.

gues that "the archive, or more broadly the textual materials that [...] historians work with, can be approached as a form of field from where historians seek to tease out the practices of the past. Hence, 'the archive' is the historian's version of fieldwork."[33] This corresponds directly to Hertzberg. His version of fieldwork meant to read written sources about how measurement of elevations came about. Hertzberg participated in a local knowledge culture that explored facts and methods by analyzing travel books, scientific literature, newspapers, and journals. In 1823, Hertzberg counted 3,533 books on moral, historical, and economic subjects in his county.[34] The correspondence between Bohr and Hertzberg is an example of how local scientific practice was combined with international research; here Bohr's own local measurements in Bergen are inserted into a table along with Humboldt's measurements of Chimborazo.[35]

Ill 4: In a letter Gottfried Bohr send to Niels Hertzberg June 15, 1818 he listed in the same table his own measurements of heights in Bergen together with Humboldt's measurement of Chimborazo (NB Ms.4° 1106:A).

Hosting foreigners and tourists became a way of getting in touch with the wider world, and this guest house activity evolved Hertzberg's mapping. Hertzberg logged his foreign visitors, and thus documented that famous scientists were guests. In the years before Hertzberg published the map, the German geologist and paleologist Leopold von Buch, who had been in the Alps with Humboldt, stayed several days in September 1806. In 1810, the mineralogist Vargas Bedemar came, and in June 1821, the German mineralogist, physicist, and mathematician Carl Friedrich Neumann stayed at Hertzberg's farm.[36] These visits led to some correspondence linking the west Norwegian amateur scientists to the republic of letters – networks of correspondence and travel between scientific academies that stretched across many continents.

Most likely, Christopher Hansteen (1784–1873) was the anonymous scientist who rejected Hertzberg's map. He was the first Norwegian professor in applied

33 Asdal 2014, p. 311.
34 Hertzberg 1835, p. 241.
35 Letter from Gottfried Bohr to Niels Herztberg, 15 June 1818, NB Ms 4° 1106.
36 Riis 1884, pp. 2–26.

mathematics, published *Untersuchungen über den Magnetismus der Erde* (1819), and became famous for a two-year expedition through Russia to locate the second Siberian Pole (1828). With this expedition, he was confronting a long European research tradition on terrestrial magnetism defended, among others, by Alexander von Humboldt. His work was conserved with the survey and mapping of the new nation of Norway.[37] The summer of 1821, he visited Hertzberg, and later Hertzberg supported him with meteorological observations, which Hansteen sent to Professor Schumacher in Altona.[38] Hertzberg scientific practice was a reminiscence of the very particular Nordic phenomenon, the enlightened cleric; he was a civil servant, and participated in a clerical network that served as "scientific field assistants" to an information system needed to run the conglomerate kingdom of Denmark-Norway.[39] Hansteen's rejection of Hertzberg's map was one way of turning production of knowledge into a more institutionalized practice and thereby limiting the capacity of Hertzberg's map to authorize the non-professional intellectual space he achieved at the rural west coast of Norway.

Sources

Archival sources

National Library of Norway, Map 216, 1 and 2 (Hertzberg, Nilse: *Høiderne av de hidtil maalte Bjerge I Norske eller Rhinlandske Födder, Christiania 1825*, lithograph, 34 x 47.9 cm).

National Library of Norway (NB) (Letter from Gottfried Bohr to Niels Hertzberg, 22 May 1822, Ms 4).

National Library of Norway (Letter from Gottfried Bohr to Niels Herztberg, 15 June 1818, Ms 4° 1106:A).

Letter from Hertzberg to Christopher Collin and Simon Olaus Wolff, 8 April 1822, 4° 2365:D:3, National Library of Norway.

Print

Asdal, Kristin: 'Versions of Milk and Versions of Care: The Emergence of Mother's Milk as an Interested Object and Medicine as a Form of Dispassionate Care', in: *Science in Context*, 27, 2 (2014), pp. 307–331.

---

37 Enebakk 2014, p. 587.
38 Letter from Hertzberg to Christopher Collin and Simon Olaus Wolff, 8 April 1822. NB, 4° 2365:D:3.
39 Eliassen 2009, p. xi.

Bailly, Jean-Christophe / Besse, Jean-Marc / Palsky, Gilles: *Le monde sur une feuille. Les tableaux comparatifs de montagnes et de fleuves dans les atlas du XIXe siècle.* Lyon 2014.

Brotton, Jerry: *The History of the World on Twelve Maps.* London 2012.

Collet, John Peter: *1811–1870: Universitetet i nasjonen.* Oslo 2011.

Eliassen, Knut O.: 'Introduction', in: Andersen, Håkon W. / Brenna, Brita / Njåstad, Magne / Wale, Astrid (ed.): *Aemula Lauri. The Royal Norwegian Society of Sciences and Letters, 1760–2010.* Sagamore Beach 2009.

Enebakk, Vidar: 'Hansteen's magnetometer and the origin of the magnetic crusade', in: *BJHS* 47, 4 (2014), pp. 587–608.

Goethe, Johann W. von: 'Höhen der alten und neuen Welt bildlich verglichen', in: *Geographische Ephemeriden* 41 (1813), pp. 3–8.

Goethe, Johann W. von: 'Esquisse des Principales Hauteurs des Deux Continens [1813]', in: Mentelle, Edme / Brun, Malte (ed.): *Géographie mathématique, physique et politique de toutes les parties du monde. Atlas.* Paris 1804. Available at http://www.davidrumsey.com/luna/servlet/s/zgif7a [07.12.2016].

Goethe, Johann W.: 'Schreiben des Hrn. G. R. v. Göthe an den Herausgeber', in: *Geographische Ephemeriden* 41 (1813), pp. 5–8.

Güttler, Nils: *Das Kosmoskop. Karten und ihre Benutzer in der Pflanzengeographie des 19. Jahrhunderts.* Göttingen 2014.

Hertzberg, Niels: 'Mine 15aarige meterologiske Observasjoner, som endnu continuere' and 'Om Barometer, og Thermometer, Observasjoner og nogle Fjeldes Høide', in: *Historisk-Philosophiske Samlinger* 1 (1813), p. 16 and pp. 173–186.

Hertzberg, Niels: 'Noget om Kingservigs Præstegjed i Hardanger', in: *Budstikken* 86/87 (1818).

Hertzberg, Niels: 'Noget om Sneebræen Folgefond I Søndhordlehn og Hardangers Fogderie', in: *Budstikken* 90/91 (1818).

Hertzberg, Niels: *De Unge ved Norges Universitet Studerende Academiske Borgere helliges dete perspectiviske Høide-kart.* Christiania 1825.

Hertzberg, Niels: 'Indsendt', in: *Morgenbladet* 336 (1828).

Hertzberg, Niels: 'Biographie', in: Breton, R. N.: *Excursions in New South-Wales, western Australia and Van Diemens Land During the Years 1830, 31, 32, 33.* Bergen 1835, pp. 207–289.

Humboldt, Alexander von / Bonpland, Aimé: *Essai sur la Géographie des Plantes accompagné d'un tableau physique des régions équinoxiales. Fondé sur des mesures exécutées, depuis le dixième degré de latitude boréale jusqu'au dixième degré de latitude australe, pendant les années 1799, 1800 1801, 1802 et 1803.* Paris 1805. 'Tableau physique' available at http://www.davidrumsey.com/luna/servlet/s/nwgq0l [07.12.2016].

Humboldt, Alexander von / Bonpland, Aimé: *Ideen zu einer Geographie der Pflanzen: nebst einem Naturgemälde der Tropenländer, Auf Beobachtungen und Messungen gegründet, welche vom 10ten Grade nördlicher bis zum 10ten Grade südlicher Breite, in den Jahren 1799, 1800, 1801, 1802 und 1803 angestellt worden sind.* Tübingen, Paris 1807.

Humboldt, Alexander von / Bonpland, Aimé: 'Essay on the Geography of Plants', in: Jackson, Stephen T. / Romanowski, Sylvie (ed.): *Essay on the Geography of Plants.* Chicago, London 2009, pp. 47–155.

Jackson, Stephen. T.: 'Introduction: Humboldt, Ecology, and the Cosmos', in: Jackson, Stephen T. / Romanowski, Sylvie (ed.): *Essay on the Geography of Plants.* Chicago, London 2009, pp. 1–52.

Johansen, Nils V. / Jørgensen, Magnus / Pettersen, Bjørn R.: *Christian Fredrik Gotfred Bohr – mannen som opplyste Bergen.* Bergen 2009.

Latour, Bruno: 'Visualisation and Cognition: Drawing Things Together', in: Long, Elizabeth / Kuklick, Henrika (ed.): *Knowledge and Society Studies in the Sociology of Culture Past and Present.* Greenwich 1986, pp. 1–40.

Latour, Bruno: *Science in Action. How to Follow Scientists and Engineers through Society.* Cambridge MA 1988.

Mazzolini, Renato G.: 'Bildnisse mit Berg: Goethe und Alexander von Humboldt', in: *HiN – Alexander von Humboldt im Netz. Internationale Zeitschrift für Humboldt-Studien* 5, 8 (2004), pp. 28–52, available at http://dx.doi.org/10.18443/47 [07. 12. 2016].

Osterhammel, Jürgen: 'Alexander von Humboldt: Historiker der Gesellschaft, Historiker der Natur', in: *Archiv für Kulturgeschichte* 81 (1999), pp. 105–132.

Riis, C.P.: 'Reisende i Hardanger i prost N. Hertzbergs embedstid', in: *Den norske Turistforenings Årbok for 1884.* Kristianina 1884, pp. 19–26.

Romanowski, Sylvie: 'Humboldt's Pictorial Science: An Analysis of the *Tableau physique des Andes et pays voisins*', in: Jackson, Stephen T. / Romanowski, Sylvie (ed.): *Essay on the Geography of Plants.* Chicago, London 2009, pp. 157–197.

Schmitthenner, Heinrich: 'Carl Ritter und Goethe', in: *Geographische Zeitschrift*, 43, 5 (1937), pp. 161–175.

Skåden, Kristina: *Vegarbeid. Transnasjonale relasjoner i perioden 1800–1942: Tre eksempler,* PhD thesis. University of Oslo, 2013.

Wider, Margrit: 'Vom Brocken zum Himalaja. Goethes 'Höhen der alten und neuen Welt' und ihre Wirkung', in: *Goethe-Jahrbuch 2004.* 121 (2004), pp. 141–164.

Wider, Margrit: 'Höhen der alten und neuen Welt – Goethes Beitrag zum Genre der vergleichenden Höhendarstellung', in: *Cartographica Helvetica* 39 (2009), pp. 11–26.

Web

Wider, Margit: Hypermedia-Modell zu Goethes Höhen der alten und neuen Welt, 2004, available at http://www.goethe-gesellschaft.ch/webh/hoehenbild.htm [07. 12. 2016].

Ute Tintemann

Die Erforschung (Zentral-)Asiens: Julius Klaproth und Alexander von Humboldt

In diesem Beitrag soll mit Julius Klaproth ein Forschungsreisender der Zeit um 1800 vorgestellt werden, der im Gegensatz zu Alexander von Humboldt, Adelbert von Chamisso oder Georg Forster vergleichsweise unbekannt geblieben ist. Mit Humboldt verband Klaproth das tiefe Interesse an der Geographie und Historiographie Asiens. Im Folgenden sollen zunächst Klaproths Leben und seine Reisen vorgestellt werden, um dann auf dessen wissenschaftlichen Austausch mit Alexander von Humboldt näher einzugehen.

Zur Biographie Klaproths

Klaproth wurde am 11. Oktober 1783 in Berlin geboren, und er ist in dieser Stadt aufgewachsen.[1] In seiner Jugend war er unter anderem mit Chamisso befreundet.[2] Die überwiegende Zeit seines Lebens verbrachte er jedoch außerhalb Berlins, zunächst von 1804 bis 1811 als Wissenschaftler an der Akademie der Wissenschaften in St. Petersburg und dann von 1815 bis zu seinem Tod 1835 als Privatgelehrter in Paris. Gemeinsam mit Jean-Pierre Abel-Rémusat gilt er als einer der Begründer der Ostasienwissenschaften in Europa.

Klaproths Interesse an Asien entwickelte sich bereits im Jugendalter: Mit 14 Jahren begann er, sich im Selbststudium das Chinesische anzueignen, und mit 19 gründete er mit dem *Asiatischen Magazin* seine erste Zeitschrift. Die Vermittlung unterschiedlichster historischer, sprachlicher und geographischer Informationen über Asien – durch eigene Texte, durch Übersetzungen oder als Herausgeber – sah Klaproth als zentrale Aufgabe seiner Gelehrtentätigkeit an.[3] Darüber hinaus besaß er nach Einschätzung seines Pariser Kollegen Clerc de

---

1 Zu Klaproths Biographie und Werk vgl. Lundbæk 1995 und Walravens 1999a.
2 Zu Klaproths und Chamissos Freundschaft im Umfeld des Nordsternbundes (1804–1805) vgl. Walravens 1999b, S. 135–151.
3 Klaproths umfangreiches Werk wurde von Hartmut Walravens bibliographisch erfasst und beschrieben. Vgl. Walravens 1999a, S. 65–167.

Landresse die umfangreichste Privatbibliothek asiatischer und vor allem chinesischer Literatur seiner Zeit.[4]

Einen großen Teil dieser Bibliothek erwarb Klaproth in den Jahren 1805 bis 1809 auf zwei Reisen durch das russische Reich, d.h. durch Sibirien, die Mongolei, den Kaukasus und Georgien. Er bereiste diese Gebiete bereits viele Jahre, bevor Alexander von Humboldt 1829 seine eigene Russlandreise realisieren konnte.[5]

Klaproths erste Reise (1805–1807): Die Gesandtschaftsreise nach China

Dem in Diensten des russischen Zarenhauses stehenden polnischen Grafen Jean Potocki verdankte Klaproth nicht nur seine Anstellung an der St. Petersburger Akademie der Wissenschaften, sondern nach eigenen Angaben ebenfalls die wissenschaftliche Ausrichtung seiner Studien.[6] Potocki wählte Klaproth 1805 zudem als einen der Wissenschaftler aus, die wie er selbst die Gesandtschaftsreise des russischen Zarenhauses unter der Leitung des Grafen Jurij Golovkin nach Peking begleiten sollten.[7] Es handelte sich dabei um die erste Gesandtschaft, die nach 60jähriger Unterbrechung von russischer Seite aus nach China führte. Sie erreichte ihr Ziel – Peking – jedoch nicht: Für das Scheitern der Reise machten sowohl Potocki als auch Klaproth in späteren Berichten in erster Linie Jurij Golovkin verantwortlich.[8] Dieser habe sich nicht, weder im Vorfeld noch während der Reise, über die Gepflogenheiten im Umgang mit dem chinesischen Kaiserhaus informiert und durch seinen Umgang mit den chinesischen Beamten das Scheitern der Reise herbeigeführt.

Die Gesandtschaft brach im Mai 1805 in mehreren Gruppen in St. Petersburg auf.[9] Die Wissenschaftler um Potocki reisten über die gängige Route der Handelsreisen der Zeit, d.h. über Moskau, Kasan, Perm, Jekaterinburg, Tobolsk, Tomsk, Krasnojarsk zum gemeinsamen Treffpunkt aller Teilnehmer der Gesandtschaft nach Irkutsk und anschließend zum russisch-chinesischen Grenzort Kjachta. Nach zweimonatiger Wartezeit durfte die Gesandtschaft dann am

---

4 Zum Umfang und zur Bedeutung von Klaproths Bibliothek vgl. Landresse 1839.
5 Zu Humboldts Russlandreise vgl. bspw. Humboldt 2009b.
6 Vgl. Klaproth 1829, S. VIf.
7 Vgl. die Rekonstruktion der Gesandtschaftsreise in Kotwicz 1991, speziell zur personellen Besetzung ebd., S. 45f.
8 Vgl. die Berichte Potockis (2004, S. 221–250) und Klaproths (1809 in Walravens (Hg.) 1999, S. 187–203).
9 Vgl. Klaproths Beschreibung der Reiseroute in seinem Brief an Johann Friedrich Cotta vom 24.01.1814 in Walravens (Hg.) 1999, S. 60–63.

1. Januar 1806 bis nach Urga, dem heutigen Ulan Bator in der Mongolei, weiterreisen. Die Reise endete dort, weil der Gesandte Golovkin sich nicht dem
geforderten Zeremoniell – dem neunmaligen Kotau vor dem leeren Kaiserstuhl –
unterwerfen wollte, so dass die Gesandtschaft am 29. Januar 1806 wieder nach
Kjachta zurückkehren musste. Klaproth und Potocki fanden im Rückblick mehr
oder weniger harte Worte für diese Niederlage, denn die monatelange Fahrt
durch das russische Reich war äußerst strapaziös und aufwendig. Klaproth
schildert die Mühen der Reise indirekt, wenn er davon berichtet, wie die als
Gastgeschenk für den chinesischen Kaiser gedachten großen Spiegel transpor-
tiert wurden:

> Bey diesen Spiegeln ist es merkwürdig, daß sie, obgleich von ungeheurer Größe, doch
> alle glücklich zur Art bis nach Urga [...] gekommen sind, nur auf der Rückreise zer-
> brachen einige. Wer die Knüppeldämme in Rußland, die Passage über den Ural und
> über die Krasnojarkischen und Baikalischen Gebirge kennt, der könnte dies fast für
> unmöglich halten.[10]

Erschwerend kam hinzu, dass der letzte Teil der Reise von Kjachta nach Urga
mitten im Winter bei Temperaturen von bis zu minus 28 Grad zurückgelegt
wurde, wie Jean Potocki berichtete.[11]

Obwohl auch Klaproths Schilderungen über den letzten Teil der Reise von
Irkutsk bis Urga und die Ereignisse vor Ort in der ersten Person Plural verfasst
sind und folglich nahelegen, dass er das Beschriebene selbst erlebt hat, übernahm er diese Informationen lediglich aus zweiter Hand von Potocki.[12] Klaproth
blieb in Irkutsk, wie aus einem Brief an den ständigen Sekretär der St. Petersburger Akademie hervorgeht, weil sich für seine Studien ungeahnte Möglichkeiten ergaben:[13] Es gelang Klaproth nämlich, in Irkutsk „eine vollständige
Chinesische Bibliothek"[14] zu erwerben, und er konnte sich mit Unterstützung
eines dort gestrandeten Japaners in dessen Sprache einarbeiten. Diese Optionen
mögen ihn bewogen haben, auf eine Weiterreise zu verzichten, zumal die chinesische Seite verlangt hatte, die Teilnehmer der mehr als 240köpfigen Gesandtschaft um die Hälfte zu reduzieren.[15] Der Verzicht auf die Weiterreise
scheint sich für Klaproth in wissenschaftlicher Hinsicht tatsächlich ausgezahlt zu
haben, denn er berichtete, dass „ich hier zwei Werke ausgearbeitet, die die ersten

---

10 Klaproth (1809) in Walravens (Hg.) 1999, S. 192.
11 Vgl. Potocki 2004, S. 231.
12 Vgl. auch Kotwicz 1991, S. 53.
13 Vgl. Klaproths Brief an Nikolaus Fuß, 10.03.1806 in Walravens (Hg.) 2002, S. 144. Vgl. auch
    Potocki 2004, S. 257: „Monsieur Klaproth est donc resté à Irkutsk, et il y a composé un
    dictionnaire analytique des caractères Chinois".
14 Klaproth an Johann Friedrich Cotta, 24.01.1814 in Walravens (Hg.) 1999, S. 60. Vgl. auch
    „Klaproths chinesische Bibliothek im Jahr 1811" in Walravens 1999a, S. 227f.
15 Vgl. Kotwicz 1991, S. 53.

ihrer Art sind, nämlich ein Japonisches Wörterbuch[16] und ein Chinesisches *par ordre de matières*"[17].

Als die Gesandtschaft nach ihrem Misslingen wieder in Irkutsk eintraf, kehrte Klaproth nicht mit dieser nach St. Petersburg zurück, sondern blieb weiterhin dort, um sich seinen chinesischen und japanischen Studien zu widmen. Im Sommer 1806 bat er den Sekretär der St. Petersburger Akademie der Wissenschaften, in das unter Peter dem Großen gegründete russisch-orthodoxe Kloster in Peking entsandt zu werden.[18] Er hätte dort immerhin mindestens fünf der eigentlich von chinesischer Seite aus für einen solchen Aufenthalt vorgesehenen zehn Jahre bleiben müssen. Dass er dazu bereit gewesen wäre, unterstreicht sein tiefes Interesse an der chinesischen Sprache und Kultur.

Nachdem Klaproth keine Antwort auf sein Gesuch erhielt, entschied er sich dafür, allein zurückzureisen, und zwar „längs der Chinesischen Gränze und dem Altaischen Gebirge, bis zum See Saisan in der Dsungarei, und von da auf und längs dem Irtisch, über Imsk, Ischim, Jekaterinenburg, Perm, Kasan und Moskau nach St. Petersburg."[19] Den Grenzort Kjachta besichtigte er ebenfalls, wie sowohl seinen eigenen Angaben als auch den Berichten Potockis zu entnehmen ist.[20]

Im Januar 1807 traf Klaproth nach 21monatiger Abwesenheit wieder in St. Petersburg ein. Während seiner langen Reise sammelte er in erster Linie geographische, historische, sprachliche und ethnographische Informationen über die bereisten Gebiete und vertiefte seine eigenen Sprachkenntnisse. Schon auf der Hinfahrt nahm er bei dem mitreisenden Dolmetscher, Anton Wladikin, der nach Klaproths Aussage 16 Jahre in Peking gelebt hatte, Unterricht im Chinesischen und Mandschurischen, also der Sprache der in China regierenden Kaiserfamilie.[21]

Darüber hinaus nutzte Klaproth jede Begegnung mit Reisenden und Personen vor Ort, um Informationen über ihm noch nicht bekannte und bis dahin teilweise nicht oder nur unzureichend beschriebene Sprachen zu sammeln. Dass er auf diese Weise gearbeitet hat, geht aus seinen Veröffentlichungen dieser Sprachdaten hervor, in denen sich häufig Angaben über die Herkunft derselben finden. Außerdem kaufte Klaproth alle Dokumente und Bücher über das Chinesische und die Sprachen und Kulturen, die ihm unterwegs begegneten.

Dass Klaproth auch als Geologe die Wissenschaftler der Gesandtschaft unterstützen konnte, wird von ihm selbst an keiner Stelle erwähnt, jedoch von Jean Potocki beschrieben. Dieser sagt, dass „Klaproth, quoique philologue, est en

---

16 Unveröffentliches Manuskript. Vgl. Walravens 1999a, S. 207.
17 Vgl. Klaproths Brief an Nikolaus Fuß, 2.06.1806 in Walravens (Hg.) 2002, S. 145.
18 Vgl. ebd., S. 146f.
19 Klaproth an Johann Friedrich Cotta, 24.01.1814 in Walravens (Hg.) 1999, S. 60f.
20 Vgl. Klaproth 1829, S. VI.
21 Klaproth 1809 in Walravens (Hg.) 1999, S. 192.

même temps très versé dans la chimie et la physique. Ce sont des sciences qu'il a sucées avec le lait dans la maison paternelle.«[22]

Klaproths zweite Reise (1807–1809): Der Kaukasus und Georgien

Nach seiner Rückkehr nach St. Petersburg wurde Klaproth wegen seiner Verdienste nicht nur zum Hofrat ernannt, sondern im selben Jahr auf eine weitere Expedition in den Kaukasus und nach Georgien gesandt. Während er auf der ersten Reise in der Wahl seiner Untersuchungsgegenstände relativ frei war, wurde er für die Kaukasusreise von Jean Potocki und anderen Mitgliedern der St. Petersburger Akademie mit umfangreichen Instruktionen ausgestattet. Klaproth sollte unter anderem „die Nachrichten früherer Reisenden in den Kaukasus prüfen, sie bestättigen [sic!], berichtigen oder widerlegen."[23] Hintergrund der Reise waren handfeste politische, insbesondere auch von Jean Potocki unterstützte Interessen des russischen Zarenhauses.[24] Dieses wollte vertiefte Informationen über die von russischer Seite teilweise gerade erst eroberten Gebiete im Kaukasus und Georgien erhalten, und zwar insbesondere über die Vielzahl der dort lebenden, teilweise nomadisierenden Völkerschaften.

Klaproth fuhr in Begleitung eines Studenten, der ihm als Dolmetscher für das Russische dienen sollte, und einiger Bediensteter am 15. September 1807 in St. Petersburg los und reiste über Moskau und Charkow zunächst in die Hauptstadt der Kosaken, Nowotscherkassk, durch die Don-Steppen nach Georgievsk, dem heutigen Karatschajewsk, von dort weiter über den mehr als 5.000 m hohen „Tau Berg", d.h. den Dychtau, durch die kleine Kabardaih nach Mosdok und weiter nach Tiflis. Dort hielt er sich von Januar bis März 1808 auf und unternahm einige strapaziöse Ausflüge in die umliegenden Täler. Die ungünstigen Umstände – Russland befand sich in kriegerischen Auseinandersetzungen mit Persien, grassierende Infektionskrankheiten und die Aufforderung aus St. Petersburg, die Reise abzubrechen – führten dazu, dass Klaproth sich im August 1808 wieder auf die Rückreise machte. Er kam schwer krank im Januar 1809 in St. Petersburg an – allein, denn seine Reisegefährten waren auf dem Rückweg in Mosdok verschiedenen Krankheiten erlegen. Den Verlauf dieser Reise hat Klaproth in seinem zweibändigen Bericht *Reise in den Kaukasus und nach Georgien* geschil-

---

22 Jean Potocki an Adam J. Czartoryski, Tomsk, 9.8.1805 in Potocki 1991, S. 221. Klaproth war der Sohn des berühmten Berliner Chemikers Martin Heinrich Klaproth (1743–1817).
23 Klaproth 1814, S. III.
24 Vgl. Beauvois 1978, S. 177. Potocki selbst hatte zwischen 1797 und 1798 eine Reise in den Kaukasus unternommen. Vgl. Potocki 1829.

dert.[25] Er hat dort auch die erhaltenen Instruktionen für die Reise sowie seine Antworten hierauf abgedruckt.[26]

Da Klaproth in der Nachfolge Leibniz' die Ansicht vertrat, dass die Kenntnis der Sprachen und der Sprachvergleich eines der wichtigsten Mittel seien, um die unterschiedlichen Völkerschaften voneinander abzugrenzen[27], hat er zu diesem Zweck umfangreiche Sprachsammlungen angelegt, die er in einem Anhang dokumentierte.[28]

Im zweiten Band der Kaukasusreise publizierte Klaproth zudem die auf seine erste Reise zurückgehenden „Bemerkungen über die chinesisch-russische Gränze"[29]. Dieser Text hätte Bestandteil eines Reiseberichts über die Chinareise sein sollen, für deren Publikation Klaproth trotz intensiver Bemühungen keinen Verlag fand. Werbend schrieb er beispielsweise am 24. Januar 1814 an den Verleger Johann Friedrich Cotta.

> Die seit langer Zeit zwischen Rußland und China bestehenden Handelsverhältnisse werden durch mein Werk in das hellste Licht gesetzt, und ich schmeichle mir, der erste Europäer zu sein, der über die inneren Einrichtungen und über die eigentliche Staatsverfassung des Chinesischen Reichs, aus authentischen Quellen, unverfälschte Nachrichten geben kann. [...] Seit sechzehn Jahren habe ich die Chinesische Sprache und Litteratur studirt und der Zufall hat mich in den Besitz einer vollständigen Chinesischen Bibliothek gesetzt, die nebst der Selbstansicht, die einzige Quelle ist aus der ich geschöpft habe.[30]

In dieser langen Passage schildert Klaproth, was seine eigene Arbeitsweise auch im Hinblick auf seine von Alexander von Humboldt geschätzten Werke ausmacht, nämlich die Nutzung arabischer, georgischer, indischer und vor allem chinesischer Quellen für die historiographische, geographische und ethnographische Forschung.

Wissenschaftlicher Austausch über Asien: Klaproth und Alexander von Humboldt

Im Hinblick auf die in China entstandenen Werke zur Geschichte und Geographie wird Alexander von Humboldt 30 Jahre später in seinem Werk über Zentralasien zu einer ähnlichen Einschätzung wie Klaproth gelangen, wenn er

---

25 Vgl. Klaproth 1812–1814, I, S. V–IX.
26 Ebd., S. 1–57.
27 Vgl. Klaproth 1823, S. VII.
28 „Kaukasische Sprachen. Mit besonderen Seiten von Seite 1 bis 288" (Klaproth 1812–1814, II, Anhang).
29 Klaproth 1812–1814, II, S. 403–480.
30 Klaproth an Johann Friedrich Cotta, 24.01.1814 in Walravens (Hg.) 1999, S. 60.

schreibt, „daß der geschichtlichen und geographischen Literatur Chinas eine hohe Wichtigkeit beizulegen sei."[31] Erst „De Guignes (der Vater), Abel-Rémusat und Klaproth" haben, so Humboldt, auf diese Literatur aufmerksam gemacht. Die Europäer hätten sich zunächst nur für die chinesischen „Dramen, Romane und leichten Gedichte" interessiert,

> während man die kostbaren Dokumente allzu sehr vernachlässigte, welche die chinesische Literatur in geographischen und statistischen Beschreibungen großer Provinzen, in Angaben der Klimate und Kulturen, in Diskussionen über die Lage und Richtung der Gebirgsketten, über die Verteilung des ewigen Schnees und über die Ausdehnung der Wassersysteme enthält.[32]

Zu einer ähnlichen Einschätzung war Klaproth bereits 1823 in dem Aufsatz „Würdigung der asiatischen Geschichtschreiber [sic!]" in seinem Werk *Asia Polyglotta* mit Bezug auf eine vergleichende Verortung der asiatischen Sprachen und Völker gelangt.[33] Hier komme den chinesischen Quellen eine besondere Bedeutung zu, denn die Leistungen der chinesischen Dynastien auf diesem Gebiet bestehen laut Klaproth darin, „nicht nur die Geschichte der Kaiser und Fürsten, sondern auch Geographie, Landeseinrichtung, Statistik, Gesetze und Biographie berühmter Männer [zu] begreifen. Kein Volk der Erde hat etwas derselben ähnliches zur Seite zu stellen."[34]

Da Alexander von Humboldt sich das Chinesische, d. h. „diese Sprache, mit der mein Bruder so vertraut war [...] leider nicht aneignen konnte",[35] war er auf die Zuarbeit anderer und insbesondere die von Klaproth angewiesen. Dessen Wissen und Werke nahm er schon seit den 1810er Jahren nicht nur zur Kenntnis, sondern erkannte auch deren Qualität. Aus diesem Grund zählten Alexander und Wilhelm von Humboldt zu den Förderern Klaproths. Wilhelm von Humboldt verschaffte ihm 1816 eine Professur in Bonn, die Klaproth nicht antrat, die ihm aber ein Leben als Privatgelehrter in Paris ermöglichte. Und Alexander setzte sich immer wieder bei seinem Verleger Johann Friedrich Cotta dafür ein, dass Klaproth dort seine kostspieligen Publikationen veröffentlichen konnte.[36] Darüber hinaus nahmen Alexander und Wilhelm von Humboldt immer wieder Klaproths Expertise für ihre eigenen Forschungen in Anspruch.

So nutzte Alexander vor als auch nach seiner sechsmonatigen Russlandreise

---

31 Humboldt 2009a, S. 24.
32 Die letzten drei Zitate ebd., S. 20.
33 Vgl. Klaproth 1823, S. 1–18.
34 Ebd., S. 12.
35 Humboldt 2009a, S. 20. Zu Wilhelm von Humboldts Beschäftigung mit dem Chinesischen vgl. Messling 2008, S. 190–202.
36 Vgl. Tintemann 2014, S. 104 und 106 f.

im Jahr 1829 die Erfahrungen Klaproths für die Vorbereitung und Auswertung seiner eigenen Reise.[37]

Klaproths Expertise findet auch in Humboldts Publikationen einen deutlichen Widerhall, und zwar unter anderem im ersten Band der nach der Asienreise 1831 veröffentlichten *Fragmens de géologie et de climatologie asiatiques*. Dort finden sich in dem Aufsatz „Mémoire sur les chaînes des montagnes et les volcans de l'Asie intérieure"[38] sowohl zahlreiche Verweise auf dessen Werke[39] als auch in den Fußnoten zahlreiche Kommentare Klaproths[40].

Auf Humboldts Abhandlung folgen dann als „Notes et additions au mémoire précédent"[41] zwei kürzere Aufsätze Klaproths, und zwar die „Description du Mont Altai, extraite de la *Grande géographie de la Chine*"[42] sowie die Abhandlung „Phénomènes volcaniques en Chine, au Japon, et dans d'autres parties de l'Asie orientale"[43]. Diese Texte druckte Humboldt 1843 erneut in seinem Werk *Asie Centrale* ab[44], kritisierte jedoch, dass „Herr Klaproth die leidige Gewohnheit hatte, in den *Fragmens asiatiques* die Quellen, aus denen er schöpfte, nie eigens anzugeben."[45] Humboldt teilt mit, dass sein Freund Stanilas Julien „sich mit lebhaftem Eifer der mühsamen Aufsuchung der Originalstellen" gewidmet „und die Übersetzung, wo sie unbestimmt oder falsch war, berichtigt"[46] habe.

Es soll an dieser Stelle lediglich erwähnt werden, dass bei einem Vergleich der Textfassungen der *Asie Centrale* mit denen der *Fragmens Asiatiques* folgendes auffällt: Humboldt hat in der 12 Jahre späteren Fassung der *Asie Centrale* generell quellenkritischer gearbeitet und – wo möglich – in den Fußnoten kommentierend mehrere Stimmen nebeneinander gestellt.

Alexander von Humboldt bezog sich jedoch nicht nur auf Klaproths Schriften, sondern ebenfalls auf dessen kartographischen Werke, für die er in seinen Briefen sowie in seinen Publikationen stets lobende Worte fand.[47] Klaproth hat

---

37 Beispielsweise hat ihm Klaproth 1828 einen unpublizierten Aufsatz über die innerasiatischen Bergketten zur Verfügung gestellt (vgl. Humboldt 1831, I, S. 81).

38 Dieser Aufsatz erschien 1830 in der von Klaproth herausgegebenen Zeitschrift *Nouvelles Annales des Voyages* (48, S. 217–316).

39 Humboldt zitiert vor allem aus Klaproths *Mémoires relatifs à l'Asie* (Klaproth 1824–1828), den *Tableaux historiques de l'Asie* (Klaproth 1826) und der *Asia Polyglotta* (Klaproth 1823).

40 Vgl. die „notes savantes de M. Klaproth" (Humboldt 1831, I, S. 164) auf den Seiten 14f., 16f., 20, 26, 59, 63, 80 und 100–108.

41 Humboldt 1831, I, 184.

42 Vgl. Humboldt 1831, S. 185–194.

43 Ebd., S. 195–235.

44 Die deutsche Übersetzung erschien 1844 und erneut in überarbeiteter Form in Humboldt 2009a.

45 Humboldt 2009a, S. 25.

46 Ebd.

47 Vgl. beispielsweise die Briefe Alexander von Humboldts an Klaproth, Walravens (Hg.) 2002, S. 122f.

mehr als 40 Kartenwerke[48] zu Asien veröffentlicht, die überwiegend auf einer Auswertung historischer Quellen beruhen. Allein im zweiten Band der von Alexander, aber auch Wilhelm von Humboldt sehr geschätzten *Tableaux historiques de l'Asie* finden sich 27 großformatige Karten, die die politische Aufteilung Asiens vom 6. Jahrhundert vor Christus bis 1825 nachzeichnen.[49]

Zum Abschluss soll noch erwähnt werden, dass Klaproth nicht nur Alexander von Humboldt Manuskripte und Karten zur Weiterwendung zur Verfügung gestellt hat. Wenn Humboldt an Carl Ritter schreibt, dass Klaproth sehr großzügig mit seinen Materialien umgehe[50], so trifft das auch auf Klaproths Sprachsammlungen zu. Diese hat er beispielsweise Johann Severin Vater für den vierten Band der umfangreichsten Sprachenzyklopädie der Zeit um 1800, dem *Mithridates oder Allgemeine Sprachkunde* zur Verfügung gestellt.[51]

Schlussbemerkung

„Was bleibt von der Reise?", fragte die Ausstellung *Weltreise. Forster – Humboldt – Chamisso – Ottinger* in ihrem letzten Kapitel:[52] Alexander von Humboldt und Klaproth brachten eine Fülle an Materialien und neuen Erkenntnissen von ihren Reisen mit und widmeten in den folgenden Jahrzehnten ihre Gelehrtentätigkeit der Aufarbeitung dieser Materialien. Während Humboldt ebenso wie Forster und Chamisso zu den großen Forschungsreisenden ihrer Zeit zählen, werden Klaproths Leistungen auf diesem Gebiet nur selten anerkannt. Obwohl Klaproth einerseits sehr großzügig im Umgang mit seinem Wissen und mit seinen Materialien war, führte er andererseits sehr viele Fehden gegen seine Zeitgenossen, u. a. gegen Jean-François Champollion, dessen Ergebnisse bei der Entzifferung der ägyptischen Hieroglyphen er im Laufe der Jahre immer stärker anzweifelte.[53] Besonders Klaproths „Ätzigkeit"[54] machte ihn bei seinen Zeitgenossen unbeliebt, er galt und er gilt bis heute als umstritten. Die zeitgenössische Rezeption wird vielfach durch das vernichtende Urteil Raymond Schwabs in seinem Buch *La Renaissance Orientale* (1950/2014) und dessen englische Übersetzung (1984) bestimmt. Schwab hatte Klaproth vorgeworfen, mit der Begriffsprägung „in-

---

48 Vgl. die Auflistung von Klaproths veröffentlichten und unveröffentlichten Karten in Walravens 1999a, S. 215–226.
49 Klaproth 1826, Band 2.
50 Alexander von Humboldt an Carl Ritter, Anfang Februar 1833 in Humboldt 2010, S. 42.
51 Vgl. bspw. die Danksagungen Vaters für das zur Verfügung gestellte Material in Adelung / Vater 1817, S. 102, S. 136, S. 138, S. 141 S. 194, S. 218.
52 Vgl. Ausstellungskatalog, Band 2, 2015, S. 189–227.
53 Vgl. Peuckert 2009, S. 65.
54 Alexander von Humboldt an Karl vom Stein zum Altenstein, 3. 01. 1832 in Walravens 1999a, S. 42.

dogermanisch" für die indoeuropäische Sprachfamilie, die er diesem fälschlicherweise zuschreibt, gleichsam dem Nationalsozialismus vorgearbeitet zu haben.[55] Dadurch habe Klaproth zugleich dem Ansehen der Société Asiatique geschadet, deren aktives (Gründungs-)Mitglied Klaproth war. Seit 1999 hat zumindest im deutschsprachigen Raum Hartmut Walravens durch die Veröffentlichung bibliographischer Arbeiten und Teile des Briefwechsels sowie einzelner Texte den Blick erneut auf Klaproths umfangreiches – zum Teil noch unpubliziertes und über verschiedene Bibliotheken verstreutes – Werk gelenkt, das es noch zu entdecken gilt.

Quellen

Gedruckte Quellen

Adelung, Christoph / Vater, Johann Severin: *Mithridates oder allgemeine Sprachkunde mit dem Vater Unser als Sprachprobe in bey nahe fünfhundert Sprachen und Mundarten.* Band 4. Berlin 1817.

Ausstellungskatalog: *Weltreise. Forster – Humboldt – Chamisso – Ottinger.* Hg. von der Staatsbibliothek zu Berlin zu Berlin Preußischer Kulturbesitz anlässlich der Ausstellung. Band 2. Hg. von Jutta Weber und Michael Fürst. Berlin 2015.

Beauvois, Daniel: ‚Un Polonais au service de la Russie: Jean Potocki et l'expansion en Transcaucasie. 1804–1805'. In: *Cahiers du Monde russe et soviétique* 1978/19.1, S. 175–189.

Humboldt, Alexander von: *Fragmens de géologie et de climatologie asiatiques.* 2 Bde. Paris 1831.

Humboldt, Alexander von: *Zentral-Asien: Untersuchungen zu den Gebirgsketten und zur vergleichenden Klimatologie.* Nach der Übersetzung Wilhelm Mahlmanns aus dem Jahr 1844. Hg. von Oliver Lubrich. Frankfurt/M. 2009a.

Humboldt, Alexander von: *Briefe aus Russland.* Hg. von Eberhard Knobloch, Ingo Schwarz und Christian Suckow. Berlin 2009b.

Humboldt, Alexander von: *Carl Ritter. Briefwechsel.* Hg. von Ulrich Päßler unter der Mitarbeit von Eberhard Knobloch. Berlin 2010.

Klaproth, Julius: *Die russische Gesandtschaft nach China im Jahre 1805.* Leipzig 1809. Wiederabgedruckt in Walravens (Hg.) 1999, S. 187–235.

Klaproth, Julius: *Reise in den Kaukasus und nach Georgien unternommen in den Jahren 1807 und 1808.* 2 Bde. Halle und Berlin 1812–1814.

Klaproth, Julius: *Geographisch-historische Beschreibung des östlichen Kaukasus, zwischen den Flüssen Terek, Aragwi, Kur und dem Kaspischen Meere.* Weimar 1814.

Klaproth, Julius: *Asia Polyglotta.* 2 Bde. Paris 1823.

Klaproth, Julius: *Mémoires relatifs à l'Asie, contenant des recherches historiques, géographiques et philologiques sur les peuples de l'Orient,* 3 Bde. Paris 1824–1828.

---

55 Vgl. Schwab 2014, S. 257 f. Vgl. auch Tintemann 2015, S. 119–122.

Klaproth, Julius: *Tableaux historiques de l'Asie, depuis la Monarchie de Cyrus jusqu'à nos jours.* 2 Bde. Paris / Stuttgart 1826.

Klaproth, Julius: Préface. In: Potocki 1829, Bd. 1, S. I–XI.

Klaproth, Julius: ,Description du Mont Altaï, extraite de la Grande Géographie de la Chine.' In: Humboldt 1831, Bd. 1, S. 187–194.

Klaproth, Julius: ,Phénomènes volcaniques en Chine, au Japon et dans d'autres parties de l'Asie orientale.' In: Humboldt 1831, Bd. 1, S. 195–235.

Kotwicz, Władysław: *Die russische Gesandtschaftsreise nach China 1805: zu Leben und Werk des Grafen Potocki. Nebst Ergänzungen aus russischen und chinesischen Quellen.* Hg. von Hartmut Walravens. Berlin 1991.

Landresse, Clerc de: Notice Préliminaire. In: *Catalogue des livres composant la bibliothèque de feu M. Klaproth. Deuxième Partie.* Paris 1839, S. III–XII.

Lundbæk, Knud: ,The Establishment of European Sinology 1801–1815.' In: Clausen, Søren et al. (Hg.): *Cultural Encounters: China, Japan, and the West. Essays Commemorating 25 Years of East Asian Studies at the University of Aarhus.* Aarhus 1995, S. 15–54.

Messling Markus: *Pariser Orientlektüren. Zu Wilhelm von Humboldts Theorie der Schrift.* Paderborn 2008.

Peuckert, Sylvia: ,Jan Potocki und das alte Ägypten im universalgeschichtlichen Denken um 1800'. In: *Zeitschrift für ägyptische Sprache und Altertumskunde* (ZÄS) 2009/136, S. 57–83.

Potocki, Jean: *Voyage dans les Steps d'Astrakhan et du Caucase. Histoire primitive des peuples qui on habité antérieurement ces contrées.* Hg. von Julius Klaproth. 2 Bde. Paris 1829.

Potocki, Jean: *Au Caucase et en Chine (1797–1806).* Paris 1991.

Potocki, Jean: *Œuvres II.* Hg. von François Rosset und Dominique Triaire. Louvain / Paris / Dudley, MA 2004.

Schwab, Raymond: *La Renaissance Orientale.* Paris [1950] 2014 [engl. Übersetzung: *The Oriental Renaissance.* New York 1984].

Tintemann, Ute: ,Julius Klaproths Mithridates-Projekt, Alexander von Humboldt und das Verlagshaus Cotta.' In: *HiN – Alexander von Humboldt im Netz. Internationale Zeitschrift für Humboldt-Studien* 15, 29 (2014), S. 102–110, verfügbar unter: http://dx.doi.org/10.18443/202 [11.02.2017].

Tintemann, Ute: ,Julius Klaproth und die ethnographisch-linguistische Beschreibung des asiatischen Kontinents'. In: Krämer, Philipp / Lenz, Markus A. / Messling, Markus (Hg.): *Rassedenken in der Sprach- und Textreflexion. Kommentierte Grundlagentexte des langen 19. Jahrhunderts.* München 2015, S. 189–126.

Walravens, Hartmut: *Julius Klaproth (1783–1835). Leben und Werk.* Wiesbaden 1999a.

Walravens, Hartmut: *Zur Geschichte der Ostasienwissenschaften in Europa. Abel-Rémusat (1788–1832) und das Umfeld Julius Klaproths (1783–1835).* Wiesbaden 1999b.

Walravens, Hartmut (Hg.): *Julius Klaproth (1783–1835). Briefe und Dokumente.* Wiesbaden 1999.

Walravens, Hartmut (Hg.): *Julius Klaproth (1783–1835). Briefwechsel mit Gelehrten, größtenteils aus dem Akademiearchiv in St. Petersburg.* Wiesbaden 2002.

Ausblick

Aber schöner noch als diese Wunder im Einzelnen, ist der Eindruck, den das Ganze dieser kraftvollen, üppigen und doch dabei so leichten, erheiternden, milden Pflanzennatur macht. Ich fühle es, daß ich hier sehr glücklich sein werde und daß diese Eindrücke mich auch künftig noch oft erheitern werden.

–Humboldt–

Ottmar Ette

Welterleben / Weiterleben. Zur Vektopie bei Georg Forster, Alexander von Humboldt und Adelbert von Chamisso

1. Georg Forster (1754–1794)

Weltgeschichte und Vektopie

Im Jahre 1774 hat kein Geringerer als Johann Gottfried Herder in seiner Schrift *Auch eine Philosophie der Geschichte zur Bildung der Menschheit* sehr pointiert jene ungeheure Bewegung beschrieben, die wir mit dem Begriff der zweiten Phase beschleunigter Globalisierung belegen dürfen[1] und die eine sich von Europa aus über die gesamte Welt ausbreitende Dynamik auslöste, welcher die Philosophie selbst im weltpolitisch marginalen deutschsprachigen Raum keineswegs fremd gegenüberstand. Denn sie wurde ihrerseits von der Wucht einer Dynamik erfasst, die sie schnell – Jahrzehnte vor Hegel – in weltgeschichtliche Fragestellungen trieb. Sahen sich nicht die Wissenschaften und viele Wissenschaftler in einen Bewegungstaumel versetzt, der rasch die tableauförmige Anordnungsmöglichkeit des Wissens überforderte und am Ausgang des 18. Jahrhunderts das Ende der Naturgeschichte[2] heraufführen sollte?

Diese sich in der zweiten Hälfte des *Siècle des Lumières* – und hier bildeten die siebziger und achtziger Jahre einen deutlichen Höhepunkt aus – stetig beschleunigende Dynamik, diese Vektorisierung aller Dinge und aller Sinne machte zweifellos das entscheidende Epochenmerkmal aus. Folglich konnte Johann Gottfried Herder mit gutem Grund und mit bewegten, bisweilen aufgewühlten Worten gerade auf die damalige Leitgattung der Reiseberichte und die in ihnen zutage geförderte Fülle an Materialien nicht ohne ein Augenzwinkern verweisen.

Unsere Reisebeschreibungen mehren und bessern sich; alles läuft, was in Europa nichts zu tun hat, mit einer Art philosophischer Wut über die Erde – wir sammeln „Materialien aus

---

1 Vgl. hierzu Ette 2012.
2 Vgl. Lepenies 1978.

aller Welt Ende" und werden in ihnen einst finden, was wir am wenigsten suchten, Erörterungen der Geschichte der wichtigsten menschlichen Welt.[3]

Der junge Georg Forster war zweifellos einer jener hochgradig vektorisierten Protagonisten, die in dieser Expansionsgeschichte des Wissens – und nicht ohne ‚philosophische Wut' – das aussagekräftigste Material in Umlauf zu setzen verstand. Doch stand er den von Herder ironisch auf den Punkt gebrachten Entwicklungen keineswegs unkritisch gegenüber. Vielmehr versuchte er, in seinem schriftstellerisch-philosophischen Schaffen grundlegende Einsichten zur Epistemologie des Wissens über die außereuropäische Welt zu entwickeln, um damit sein Erleben der Welt – und nicht allein „der wichtigsten menschlichen Welt"[4] so zu erweitern, dass daraus ein neues, grundlegend erweitertes Weltverstehen und Welterleben sich herausbilden konnten. Nicht umsonst heftete sich der junge Alexander von Humboldt an seine Spuren; und nicht umsonst erwies ihm Adelbert von Chamisso noch in den Titelformulierungen seines Reisewerkes eine sichtbare Hommage.

In seiner auf London, den 24. März 1777 datierten ‚Vorrede' zu seiner *Reise um die Welt* hat der junge Georg Forster die epistemologische Positionierung seines Reiseberichts vorgestellt und damit zugleich Eckdaten für einen ebenso reisetheoretischen wie reiseliterarischen Paradigmenwechsel am Ausgang des 18. Jahrhunderts festgehalten.

> Die Philosophen dieses Jahrhunderts, denen die anscheinenden Widersprüche verschiedener Reisenden sehr misfielen, wählten sich gewisse Schriftsteller, welche sie den übrigen vorzogen, ihnen allen Glauben beymaßen, hingegen alle andere für fabelhaft ansahen. Ohne hinreichende Kenntniß warfen sie sich zu Richtern auf, nahmen gewisse Sätze für wahr an, (die sie noch dazu nach eigenem Gutdünken verstellten,) und bauten sich auf diese Art Systeme, die von fern ins Auge fallen, aber, bey näherer Untersuchung, uns wie ein Traum mit falschen Erscheinungen betrügen. Endlich wurden es die Gelehrten müde, durch Declamation und sophistische Gründe hingerissen zu werden, und verlangten überlaut, daß man doch nur Thatsachen sammeln sollte. Ihr Wunsch ward erfüllt; in allen Welttheilen trieb man Thatsachen auf, und bey dem Allem stand es um ihre Wissenschaft nichts besser. Sie bekamen einen vermischten Haufen loser einzelner Glieder, woraus sich durch keine Kunst ein Ganzes hervorbringen ließ; und indem sie bis zum Unsinn nach *Factis* jagten, verloren sie jedes andre Augenmerk, und wurden unfähig, auch nur einen einzigen Satz zu bestimmen und zu abstrahiren; so wie jene Mikrologen, die ihr ganzes Leben auf die Anatomie einer Mücke verwenden, aus der sich doch für Menschen und Vieh nicht die geringste Folge ziehen läßt.[5]

Mit der ihm eigenen kritischen Klarsichtigkeit wendet sich Georg Forster hier im Grunde gegen zwei einander konträr gegenüberliegende Positionen der Wis-

---

3 Herder 1967, S. 89.
4 Ebd.
5 Forster 1983, S. 16f.

senschaftsgeschichte nicht nur des 18. Jahrhunderts. Zum einen lehnt er vehement die Werke jener *philosophes* ab, die sich – wie etwa der Holländer Cornelius de Pauw in seinen *Recherches philosophiques sur les Américains* oder der Franzose Guillaume-Thomas Raynal in seiner *Histoire des deux Indes* – zu Richtern über den Wahrheitsgehalt von Reiseberichten und anderen Texten aufschwangen, ohne doch jemals selbst den Fuß auf außereuropäischen Boden gesetzt und Reisen unternommen zu haben und die von ihnen für zutreffend oder falsch gehaltenen Schriften aus einer empirisch fundierten Kenntnis vor Ort beurteilen zu können. Ihnen fehlte ein sinnliches, körperliches, hautnahes Erleben einer Welt, die sie – gleichsam als Philologen *avant la lettre*[6] – allein durch die Lektüre von Texten doch bestens zu kennen glaubten.

Die Berliner Debatte um die Neue Welt, die mit der Veröffentlichung des ersten Bandes der *Recherches philosophiques* 1768 einsetzte und ihren ersten Höhepunkt in dem scharfen Schlagabtausch vom 7. September 1769 mit der Gegen-Rede von Antoine-Joseph Pernetty vor der Berliner Akademie erreichte, hatte diese grundlegende Problematik der *armchair travellers* einer auch außereuropäischen Leserschaft in aller Konsequenz vor Augen geführt[7]. Georg Forster war auf der Höhe der Debatten seiner bewegten Zeit und wusste zweifelsfrei, dass gerade die neuweltlichen Leser der beiden europäischen *philosophes* diese Unkenntnis der Verhältnisse vor Ort vehement angeprangert und eine empirische Vertrautheit auch und gerade der europäischen Gelehrten mit ihren außereuropäischen Gegenständen eingefordert hatten. Allein auf eine philologische Textkenntnis war ein Wissen von der Welt nicht länger zu stützen – auch wenn die *géographes de cabinet* wie die besten Kartographen ihrer Zeit, etwa ein D'Anville, der sich niemals weiter als vierzig Meilen von Paris entfernte, auch weiterhin die Erdoberfläche kartierten, ohne sie jemals gesehen zu haben[8]. Doch dies war, folgen wir Georg Forster, nur die Hälfte des Problems.

Denn auf der anderen Seite distanzierte sich Forster auch von einer empirisch ausgerichteten Faktensammlerei, die ohne Sinn und Verstand vonstatten ging und gleichsam ,mikrologisch' sich in den unwichtigsten Details verirrte, eine – wie Forster nahelegt – Fliegenbeinzählerei betrieb und dabei jene Gesamtheit aus den Augen verlor: jene Welt, die in ihren inneren Zusammenhängen dem Verfasser der *Reise um die Welt* doch so sehr am Herzen lag. Nicht umsonst wird der Begriff der ,Welt' bei Georg Forster stets in seiner etymologisch ,menschhaltigen' Bedeutung als eine Totalität verstanden, die nur als Ganzes zu erfassen

---

6 Vgl. hierzu Ette 2013.
7 Vgl. zur Berliner Debatte neuerdings den Potsdamer Tagungsband von Bernaschina / Kraft / Kraume 2015.
8 Vgl. hierzu Broc 1975, S. 34.

ist. Auf ein Erleben dieser Totalität zielte sein Welterleben, wie es reiseliterarisch in seinen Schriften zum Ausdruck kommt.

Ihm selbst war es auf und nach der Weltumsegelung mit James Cook keineswegs darum gegangen, möglichst viele isolierte ‚Fakten' aneinanderzureihen, sondern tunlichst die vor Ort gemachten Beobachtungen in größere Zusammenhänge einzuordnen, ohne dabei auf jene chimärischen ‚Systeme' zu verfallen, die ohne empirische Grundlage eine nur auf Bezügen zu anderen Texten aufbauende Textwissenschaft – eine Art Philologie im negativen Sinne – betrieben. Georg Forster ging es weder um Systeme noch um Fliegenbeine: Es ging ihm in seinen Forschungen und in seinem Denken – wie nach ihm und in seinen Fußstapfen auch Alexander von Humboldt – schlicht ums Ganze[9].

Georg Forster hatte bekanntlich zusammen mit seinem Vater Reinhold James Cook auf dessen zweiter Reise um die Welt begleitet und war, da ihm dies anders als seinem Vater vertraglich nicht untersagt war, zum Verfasser des im Jahre 1777 zunächst in englischer Sprache und von 1778 bis 1780 dann in deutscher Bearbeitung erschienenen – und von Alexander von Humboldt so geschätzten – Berichts seiner *Reise um die Welt*[10] geworden. Die enorme Resonanz dieses ebenso umfangreichen wie ästhetisch ausgefeilten Reiseberichts verwandelte Georg Forster in Deutschland rasch in die emblematische Figur des Weltreisenden schlechthin.

Und Forster blieb, auch im globalen Maßstab, auf der Höhe des Zeitgeschehens. In seiner im Jahre 1791 – also nach der Französischen Revolution – veröffentlichten Schrift über ‚Die Nordwestküste von Amerika', nahm er den scheinbar marginalen Handel im Norden des amerikanischen Kontinents zum Anlass, sich grundlegenderen Überlegungen zu stellen, die in gewisser Weise bereits eine Bilanz der zweiten Phase beschleunigter Globalisierung zogen.

> Der Zeitpunkt nähert sich mit schnellen Schritten, wo der ganze Erdboden dem Europäischen Forschergeiste offenbar werden und jede Lücke in unseren Erfahrungswissenschaften sich, wo nicht ganz ausfüllen, doch in so weit ergänzen muß, daß wir den Zusammenhang der Dinge, wenigstens auf dem Punkt im Äther den wir bewohnen, vollständiger übersehen können.[11]

Mit dem Ausfüllen aller „Lücken" sind die Spielräume für jene Utopien, die im Zeichen von Thomas Morus' *Utopia* aus dem Jahre 1516 im Kontext der ersten Phase beschleunigter Globalisierung entstanden, längst deutlich kleiner geworden und zunehmend geschwunden. Forsters Bemerkungen machen ganz nebenbei darauf aufmerksam, dass der schwindende Raum für den *u-topos* am Ausgang des 18. Jahrhunderts eine Situation entstehen lässt, in welcher nun

---

9 Vgl. hierzu auch den Aufsatz von Schmitter 1992.
10 Vgl. hierzu Steiner 1983, S. 1015.
11 Forster 1985b, S. 390.

nicht mehr der Raum, sondern die Zeit zur Projektionsfläche des Ersehnten, zumindest aber zum Erprobungsmittel des Erdachten wird: Die Uchronie[12] entsteht und findet in Louis-Sébastien Merciers *L'an 2440*[13] ihren epochemachenden und bis in George Orwells vergangene Zukunftswelten fortwirkenden literarischen Ausdruck.

Zugleich aber verknüpft Georg Forster in der soeben angeführten Passage zwei Isotopien miteinander, die im Titel der vorliegenden Überlegungen anklingen. Zum einen Verweist er auf eine zunehmend vollständigere, durch die europäischen Reisenden bewerkstelligte Kenntnis der Welt im Lichte der Erfahrungswissenschaften, auf die Herder bereits angespielt hatte; und zum anderen auf die Tatsache, dass sich dadurch auch das Leben an einem bestimmten „Punkt im Äther" durch die wachsenden Einsichten in den „Zusammenhang der Dinge" verändere – und dies gewiss nicht allein auf einer Ebene wissenschaftlich überprüfbaren Wissens.

Der Hinweis auf den veränderten Kenntnisstand insbesondere der europäischen Wissenschaft als Resultat jenes Expansionsprozesses, der durch die verstärkte Zirkulation und Aufhäufung der unterschiedlichsten Wissensbereiche zum Ende des naturgeschichtlichen Tableaus beigetragen hatte, verändert nicht allein wissenschaftliche Epistemologien, sondern auch das Leben und Erleben einer Welt, die für die Zeitgenossen wesentlich weiter geworden ist. Nicht nur sei „unsere jetzige physische und statistische Kenntniß von Europa zur Vollkommenheit gediehen, sondern auch die entferntesten Welttheile" aus dem Schatten hervorgetreten, „in welchem sie noch vor kurzem begraben lagen"[14]. Um es mit einem Humboldtschen Begriff zu sagen: Das Weltbewusstsein[15] hatte sich im Kontext der zweiten Phase beschleunigter Globalisierung längst zu verändern begonnen.

Die Lichtmetaphorik der Aufklärung wirft ein deutliches Licht auf Forsters eigenen Standpunkt: Die Fahrten von James Cook an die Nordwestküste Amerikas hätten viele neue Erkenntnisse gebracht, so dass „ohne ihn wohl schwerlich der Pelzhandel zwischen China und dieser neuentdeckten Küste zu Stande gekommen und zwischen den Höfen von Madrid und London eine Kollision desfalls entstanden wäre"[16]. Noch hatte die erst 1799 gegründete Russisch-Amerikanische Handelskompagnie, ohne deren Existenz es nicht zur Weltreise Adelbert von Chamissos gekommen wäre, nicht in diese Verhältnisse eingegriffen. Seit dem Ende des Siebenjährigen Krieges war in ganz Europa aber das Bewusstsein dafür gewachsen, dass sich lokale Auseinandersetzungen rasch in

---

12　Vgl. hierzu Krauß 1987 und ders. 1988.
13　Vgl. Jurt 1987 / 1988 sowie ders. 2012.
14　Forster 1985b, S. 393.
15　Vgl. Ette 2002.
16　Forster 1985b, S. 395.

regionale, ja in globale Konflikte verwandeln konnten, die gerade auch im außereuropäischen Raum – wie der langanhaltende Prozess der *Independencia* nur
wenige Jahrzehnte später in der amerikanischen Hemisphäre zeigen sollte – zu
fundamentalen Umwälzungen führen oder zumindest beitragen konnten. Die
Problematik globaler Konvivenz hatte längst aufgehört, eine abstrakte philosophische Frage zu sein.

Und gerade deshalb blieb sie eine brennende philosophische Herausforderung. Gewiss: Durch derartige weltweite Interessenkollisionen ausgelöste kriegerische Konflikte stehen nicht im Vordergrund von Forsters geradezu pro-
phetischen weltgeschichtlichen Betrachtungen. Die von ihm konstatierte enorme Beschleunigung ließ Forster vielmehr darauf schließen, dass eine neue
geschichtliche Epoche begonnen habe, die unbezweifelbar globalen Zuschnitts
sein werde.

> Hier beginnt eine neue Epoche in der so merkwürdigen Geschichte des Europäischen
> Handels, dieses Handels, in welchen sich allmählig die ganze Weltgeschichte aufzulösen
> scheint. Hier drängen sich dem Forscher so viele Ideen und Thatsachen auf, daß es die
> Pflicht des Herausgebers der neuen Schifffahrten und Landreisen in jener Gegend mit sich
> zu bringen scheint, alles, was auf die Kenntniß derselben Beziehung hat, in einen
> Brennpunkt zu sammeln und zumal einem Publikum, wie das unsrige, welches nur einen
> litterarischen, mittelbaren Antheil an den Entdeckungen der Seemächte nehmen kann,
> die Übersicht dessen, was bisher unternommen worden ist, und das Urtheil über die
> Wichtigkeit dieser ganzen Sache zu erleichtern.[17]

Diese Passage ist für uns nicht nur deshalb so aufschlussreich, weil sie die spezifische Situation einer deutschsprachigen Leserschaft reflektiert, welche – dem
Publikum aus dem Kreise der See- und Kolonialmächte nicht zugehörig – keine
unmittelbaren kolonialen Interessen besitzt, sondern ‚nur' an einer literarisch
vermittelten Vermehrung des Wissens ausgerichtet ist. Diese Dimension gilt es
bei deutschsprachigen, wenn auch gleichwohl nicht (wie im Falle Forsters oder
Humboldts) bei englisch- oder französischsprachigen Publikationen im weiteren Fortgang unserer Untersuchung zu berücksichtigen.

Vor allem aber ist Georg Forsters ausgehend vom Pelzhandel im Norden
Amerikas[18] vorgetragene These von einer neuen Epoche, in der sich die ganze
Weltgeschichte in den Welthandel verflüchtige, von so großer geschichtsphilo-
sophischer Tragweite, dass man daran ebenso die Weitsicht einer subtilen Reflexion der Folgen dieser zweiten Phase beschleunigter Globalisierung, an welcher der Verfasser von *A voyage round the world* selbst beteiligt war, hervorheben
muss wie das allgemeinere Phänomen, dass Phasen der Beschleunigung ge-

---

17 Ebd.
18 Forster griff hierbei unter anderem auf eine Schrift von Alexander Dalrymple über den Pelzhandel zurück; vgl. ebd., S. 778.

schichtsphilosophisch gleichsam einen stroboskopischen Effekt produzieren. Das Erleben von Geschichte verändert sich: In Phasen rascher Akzeleration ist es, als würde eine Geschichte nach der Geschichte beginnen.

Denn so, wie die Räder von Kutschen und Planwagen im klassischen Western gerade dann stehenzubleiben scheinen, wenn diese ihre höchste Geschwindigkeit erreichen, scheint just in den Phasen geschichtlicher Beschleunigung der Eindruck einer Immobilisierung, einer *Nach-Geschichte* zu entstehen, deren Wahrnehmung doch stets parallel zur Entstehung eines modernen geschichtlichen Denkens zu verlaufen scheint[19]. Der Eindruck höchster Ruhe stellt sich am leichtesten im Zentrum des Wirbels beschleunigter Bewegung ein.

Man könnte aber auch umgekehrt die These wagen, dass es gerade Phasen des Zerfalls einer beschleunigten Globalisierung – wie wir dies zum gegenwärtigen Zeitpunkt deutlich beobachten können – sind, die als eine rasante Vervielfachung der unterschiedlichsten lokalen und regionalen Konfliktentwicklungen erlebt werden, welche freilich noch immer weltweite Veränderungen herbeizuführen in der Lage sind. Anders als bei Georg Forster finden wir uns heute, am Ausgang der vierten Phase beschleunigter Globalisierung, in einer Situation, in der eine Geschichte nach der Geschichte, gleichsam ein ‚Posthistoire Now!‘[20] nicht mehr erlebt werden kann. Die Entschleunigung von Globalisierung, wie sie uns derzeit etwa in einer Welle neuer Nationalismen und Fundamentalismen entgegentritt, ist mithin gerade nicht mit einem Erleben politischer, geschichtlicher oder gesellschaftlicher Ruhe gleichzusetzen.

Der ‚Ausweg‘ von der mangels unbekannter Räume von der Utopie in die Uchronie umspringenden Projektion ist sicherlich nicht die einzige Möglichkeit, mit einer Raum-Zeit-Problematik ‚fertig‘ zu werden, die sich als Folge westlicher Expansion und wissenschaftlicher Welt-Erfahrung ergab. Denn ebenso Georg Forster wie Alexander von Humboldt oder Adelbert von Chamisso wählten auf ihr eigenes Leben bezogene und damit *lebbare* Reaktionsmöglichkeiten, die sich nicht alleine auf den Raum oder alleine auf die Zeit, sondern auf eine spezifische Verbindung der Dimensionen von Raum und Zeit bezogen. Sie entwickelten und *lebten* das, was an dieser Stelle als – zugegebenermaßen grácolatinisierter – Neologismus begrifflich eingeführt sei: die *Vektopie*.

Der Begriff der Vektopie steht für eine Verknüpfung der Projektionsflächen von Utopie und Uchronie in Raum und Zeit auf eine Weise, welche die kinetische[21] Dimension, die Erfahrung und das Erleben von Bewegung und mehr noch von Vektorizität, zum eigentlichen Erprobungs- und Erlebensmittel von Welt

---

19 Vgl. hierzu Ette 2001, S. 9 und 539.
20 Vgl. Gumbrecht 1985.
21 Das sich anbietende griechische Kompositum einer ‚Kinetopie‘ besäße den Nachteil, zu stark mit vorwiegend kinematographischen, aber auch kinesiologischen Belegungen konfrontiert zu sein und entsprechend zu Missverständnissen führen zu müssen.

macht. Dieses weltweit ausgedehnte Welterleben beinhaltet zugleich ein Weiter-
Leben, das an dieser Stelle unserer Argumentation zunächst in einem räumlichen und noch nicht zeitlichen Sinne verstanden sei und folglich in erster Linie
den Radius des von Forster so genannten ‚Erfahrungswissens' betrifft. Anders
als Utopie und Uchronie ist in der Vektopie eine materielle, auf Körper und Leib
bezogene Dimension und damit ein Leben und Erleben von Welt miteinbezogen,
das ohne die ständige Ortsveränderung, ohne ein immer wieder aufgenommenes
Reisen nicht auskommt. Die Vektopie entfaltet die Projektionen eines Lebens
nicht aus dem Raum, nicht aus der Zeit allein, sondern dank deren Kombinatorik
aus einer *Vektorizität*, in der alle früheren Bewegungen gespeichert und alle
nachfolgenden Bewegungen bereits angelegt sind. Die Vektopie ist mehr als eine
Denkfigur: Sie ist vital mit dem Leben verknüpft und damit eine Lebensfigur.

Vektopie und Weiter-Leben

Dass das Erleben des Weltweiten, des die ganze Welt Umspannenden nicht an
eine wie auch immer geartete ‚Reise um die Welt' gebunden ist, hat Georg Forster
nicht am Beispiel eines Utopos, eines Heterotopos oder eines Atopos, sondern an
einem Vektopos literarisch mitten in Westeuropa vorgeführt.

> In einer Nacht hat sich unser Schauplatz so sehr verändert, daß nichts gegenwärtig
> Vorhandenes eine Spur des gestrigen in unserm Gedächtnis weckt. Wir leben in einer
> andern Welt, mit Menschen einer andern Art.[22]

Wie aber ist dieses von gestern auf heute erfolgte andere Erleben einer anderen
Welt zu verstehen? Georg Forster lässt mit den soeben zitierten Worten das
fünfundzwanzigste Kapitel seiner *Ansichten vom Niederrhein, von Brabant,
Flandern, Holland, England und Frankreich im April, Mai und Junius 1790* beginnen; und in diesen Worten stellt ihr Verfasser die Reise zwischen zwei Orten
als Reise in eine neue, in eine andere Welt dar.

Dies ist keineswegs eine literarische Laune des weitgereisten Autors. Die
Bewegung der Reisenden von Den Haag nach Amsterdam erweist sich vielmehr
als eine Reisebewegung, die durch Worte gleichsam auf der Durchreise Orte und
Menschen *in unterschiedlichen Welten* miteinander verbindet und zugleich
wechselseitig kontrastiert. Dabei öffnet sich die hier von Georg Forster so
meisterhaft in Szene gesetzte Diskontinuität auf jene Komplexität an Bewegungen, die sein literarisches Schreiben in seinen Reiseberichten seit seiner *Reise um
die Welt* so sehr literarästhetisch auszeichnet. Denn der Bericht des Weltreisenden bietet weit mehr als Ansichten vom Niederrhein oder Ansichten aus dem

---

22 Forster 1985a, S. 348.

westlichen Europa. Denn mit den Niederlanden, im weiteren Reiseverlauf aber auch England und Frankreich werden drei jener von ihm so apostrophierten ‚Seemächte' besucht, die sich durch globale Machtansprüche und weltweit akkumulierten Reichtum auszeichnen.

Es ist gewiss nicht vorrangig die itinerarische Grundstruktur, die literarisch entfaltete Bewegung der Reisenden im Reisebericht also, welche für die Erzeugung vektorieller Komplexität, wie sie Forsters Schreiben stets so eindrucksvoll bietet, verantwortlich zeichnet. Vielmehr wird vor den Augen der Leserschaft eine Landschaft entfaltet, die in diesem Falle einen urbanen Bewegungsraum, eine im Westen des kontinentalen Europa gelegene Stadtlandschaft präsentiert und repräsentiert, die man als einen urbanen *Vektopos* begreifen darf.

Bevor wir auch nur einen Blick auf die großen Gebäude der Stadt Amsterdam werfen können, werden wir zur gewaltigen Werft der Admiralität geführt.

> In bewundernswürdiger Ordnung lagen hier, mit den Zeichen jedes besondern Kriegsschiffs, in vielen Kammern die Ankertaue und kleineren Seile, die Schiffblöcke und Segel, das grobe Geschütz mit seinen Munitionen, die Flinten, Pistolen und kurzen Waffen, die Laternen, Kompasse, Flaggen, mit einem Worte, alles bis auf die geringsten Bedürfnisse der Ausrüstung. Vor uns breitete sich die unermeßliche Wasserfläche des Hafens aus, und in dämmernder Ferne blinkte der Sand des flachen jenseitigen Ufers. Weit hinabwärts zur Linken hob sich der Wald von vielen tausend Mastbäumen der Kauffahrer; die Sonnenstrahlen spielten auf ihrem glänzenden Firnis.[23]

Eine Stadt vor der Stadt tut sich auf. Aus der Bewegung der Reisenden entsteht ein vektopischer Raum. Haben wir es hier nicht mit einer Stadt unter der Stadt zu tun, mit einer Stadt, die nur aus Bewegungen besteht und nur als Geflecht von Bewegungen verstanden werden kann? In diesem klug angelegten Rundblick über eine gewaltige Werft wird zunächst jene Gewalt in den Blick gerückt, welche die Grundlage für all jenen Reichtum, all jene Größe bildet, die hier mit ihren kleinen wie mit ihren großen Waffen, von der individuellen Pistole bis hin zur Gewaltmaschinerie eines ganzen Kriegsschiffes, wie in einem Waffenlager, wie in einem kriegerischen Arsenal, ausgebreitet und aufgelistet wird. Diese Stadt ist nicht aus harmlosen Bewegungen gemacht.

Doch wird diese Nahaufnahme einer materiellen Kultur, die in ihrer ganzen Dinghaftigkeit und Gewalttätigkeit eingeblendet wird, in einem zweiten Schritt in eine Landschaft überführt, die den Blick über die „unermeßliche Wasserfläche des Hafens" und über das entgegengesetzte Ufer in der Ferne hin zu jenem „Wald von vielen tausend Mastbäumen der Kauffahrer" gleiten lässt[24], in deren Gegenwart sich die Elemente von Natur und Kultur, von Wasser und Hafen, von Bäumen und Masten, von Wind und Segeln unauflöslich miteinander verbinden.

---

23 Ebd., S. 348 f.
24 Ebd., S. 349.

Natur lässt sich nicht anders als von der Kultur, von den Kulturen aus entwerfen. Und diese Kulturen sind ihrerseits nur vektoriell zu verstehen.

In dieser amphibischen Landschaft, die sich zwischen Meer und Land, zwischen Wasser und Sand über einen Wald erhebt, dessen Bäume längst zu Masten geworden und damit vom Land auf das Wasser übergesiedelt sind, wird ein Panoramablick entfaltet, der nicht zufällig von der Kriegsflotte der Admiralität zur Handelsflotte der Kauffahrer überleitet, ja sanft von Schiff zu Schiff herübergleitet. Denn ohne die Feuerkraft der Kriegsflotte wäre die Wirtschaftskraft der Handelsflotte nicht denkbar, bilden doch beide erst in ihrem Zusammenspiel jene reichen Grundlagen, auf denen sich die Stadt Amsterdam in ihrer Pracht entwickeln konnte – im Schutze jenes „prächtigen Arsenal", das „auf achtzehntausend Pfählen ruhend und ganz mit Wasser umflossen" in dieses Landschaftsgemälde hineingesenkt ist. Die zu Masten gewordenen Bäume tragen als unterirdische Wälder auch die Stadt, deren Schicksal an das mobile, das global bewegende Element des Wassers geknüpft ist.

So tut sich an dieser Stelle der *Ansichten vom Niederrhein*, ganz dem wohlkalkulierten Beginn dieses Kapitels entsprechend, eine andere Welt auf, die ohne all diese Bewegungen nicht denkbar wäre, eine Welt, die rasch in ihren wahrhaft globalen Maßstäben buchstäblich aus dem Wasser auftaucht und vor unseren Augen steht. Denn während der Besichtigung eines dieser Kriegsschiffe, und aus der dadurch ausgelösten Begeisterung über den „Wunderbau dieser ungeheuren Maschine"[25], tauchen etwas weiter zur Rechten „die Schiffe der Ostindischen Kompanie" mit ihren eigenen Werften auf, die sich bis zur Insel Osterburg erstrecken: „Die ankommenden und auslaufenden Fahrzeuge samt den kleinen rudernden Booten belebten die Szene."[26] Wir sind in die Mitte einer vektoriellen Landschaft gestellt: In diesem literarischen, aber geradezu kinematographischen Bewegungsbild geht es nicht um Raumgeschichte – Georg Forster ist es um eine Bewegungsgeschichte zu tun.

Hinter den Fahrzeugen der Ostindischen Kompanie erscheint neben der Kriegsmaschinerie nun eine Handelsmaschinerie, die gemeinsam mit der militärischen Feuerkraft für die ungeheure Machtfülle verantwortlich zeichnet, welche sich Amsterdam und die Niederlande mit ihrem höchst modern ausgelegten und weltumspannenden kolonialen Räderwerk längst zu erwerben, zu erobern verstanden. So hält das Ich auch folgerichtig für einen kurzen Augenblick in seiner eigenen Bewegung inne und fixiert diesen „Schauplatz der umfassendsten Geschäftigkeit", verdanken doch „die Stadt und selbst die Republik ihr Dasein und ihre Größe" diesem wahrlich weltumfassenden Treiben[27]. Dabei

---

25 Ebd., S. 349.
26 Ebd.
27 Ebd., S. 350.

ist der Blick des Reisenden auf diese globale Macht von Stadt und Staat ein durchaus positiver, habe man doch einst einen mit keinem anderen Volk in Europa vergleichbaren Mut aufgebracht, „mit Philipp dem Tyrannen, dem mächtigen Beherrscher beider Indien, und seinen Nachfolgern den achtzigjährigen Krieg zu führen"[28]. Republikanischer Stolz schwingt hier in jeder Zeile Georg Forsters mit.

Der lange Kampf der Niederländer nicht nur gegen die europäische Besatzungsmacht, sondern mehr noch gegen die Weltmacht Philipps II., der über riesige Kolonialgebiete *en las dos Indias*, in beiden Indien, herrschte, blendet hier auf wenigen Zeilen eine Geschichte der Globalisierung ein, in die sich der Reisende Georg Forster selbst sehr gut einzuordnen vermochte, durfte er sich doch sehr wohl als Teil dieser Globalisierungsgeschichte verstehen. Denn er integriert hier geschickt die frühe Vormachtstellung Spaniens als Weltmacht, eines Spaniens, das gemeinsam mit Portugal den Verbund der hegemonialen iberischen Mächte bildete, welche die erste Phase beschleunigter Globalisierung vom südlichen Westrand Europas aus beherrschte[29].

Doch die jahrhundertelange Geschichte der Globalisierung war keineswegs stehengeblieben. Georg Forster wusste sich selbst als einer der Protagonisten in einer weiteren, einer zweiten Phase der Beschleunigung dieser Globalisierungsprozesse, die nun aber nicht länger von Spanien und Portugal, sondern von England und Frankreich angeführt wurden. Durch seine Begleitung von James Cook und seinen literarisch durchgefeilten Reisebericht[30] war er aber nicht nur zum Protagonisten, sondern mehr noch zum Denker und Philosophen jener zweiten Phase beschleunigter Globalisierung geworden, die ihn im übrigen mit der Veröffentlichung seines *A voyage round the world* in englischer wie deutscher Sprache zu einem weltweit gelesenen Schriftsteller von europäischem Rang werden ließ.

In seinen *Ansichten vom Niederrhein* klingt vieles von dieser großen Weltreise und vieles von diesem Welterfolg mit. Georg Forster verfügte auf der Grundlage seines weltumspannenden Welterlebens über einen weiteren Blick als die allermeisten seiner Zeitgenossen in Deutschland und Europa. Und sein ständiges Reisen war bis zum Pariser Ende seines kurzen Lebens Ausdruck seiner Vektopie.

Doch zurück zu Forsters reiseliterarischem Bewegungsbild von Amsterdam. Wir haben es beim Verfasser dieser *Ansichten* mit einem bezüglich derartiger Globalisierungsschübe hochgradig sensibilisierten Reiseschriftsteller zu tun,

---

28 Ebd.
29 Zu den verschiedenen Phasen beschleunigter Globalisierung vgl. das Auftaktkapitel in Ette 2012.
30 Vgl. hierzu Steiner 1983, S. 1015.

der sehr wohl die ganze Bedeutung der militärischen wie kommerziellen Macht der Niederlande einzuschätzen wusste – zumal er die Rolle der Niederlande als einer Art ‚Zwischenglied' zwischen diesen beiden großen Phasen beschleunigter Globalisierung offenkundig einzuordnen verstand. Denn wenn die Niederlande in ihrer Expansion auf eine ganze Reihe militärischer und politischer Strategien zurückgriffen, welche bereits die iberischen Mächte entwickelt hatten, so markierte die weltumspannende Expansion dieses selbst in europäischen Dimensionen kleinen Flächenstaates doch zugleich gerade mit der Gründung ihrer äußerst erfolgreichen Ostindischen Kompanie einen entscheidenden Schritt hin zu einem Welthandel neuen Typs. Neue, effizientere Formen der Kapitalbildung[31], des Wissenstransfers und eines globalen Handelssystems wiesen den Weg, den in der zweiten Hälfte des 18. Jahrhunderts dann die Vormachtstellung der Briten und der Franzosen begründen sollte. Längst war Europa nicht mehr nur aus Europa heraus zu verstehen – die Forster'sche Stadtansicht von Amsterdam führte dies vor Augen.

An jenen Veränderungen, die sich einem aufmerksamen Besucher Amsterdams des Jahres 1790 förmlich aufdrängen mussten, machte Georg Forster erkennbar, dass und warum man in Amsterdam – wie er zu Beginn des fünfundzwanzigsten Kapitels schrieb – nicht nur „in einer andern Welt" lebe, sondern es auch mit „Menschen einer andern Art" zu tun bekomme[32]. So vermerkte Forster gleich am Eingang zu seinem sechsundzwanzigsten, ebenfalls noch Amsterdam gewidmeten Kapitels seiner *Ansichten vom Niederrhein*.

> In dem entnervenden Klima von Indien gewöhnen sich die europäischen Eroberer nur gar zu leicht an asiatische, weichliche Üppigkeit und Pracht. Treibt sie hernach das unruhige Gefühl, womit sie dort vergebens Glück und Zufriedenheit suchten, mit ihrem Golde wieder nach Europa zurück, so verpflanzen sie die orientalischen Sitten in ihr Vaterland. Man sträubte sich zwar in Republiken eine Zeitlang gegen die Einführung des Luxus; allein der übermäßige Reichtum bringt ihn unfehlbar in seinem Gefolge. Wenngleich nüchterne Enthaltsamkeit mehrere Generationen hindurch die Ersparnisse des Fleißes vervielfältigte, so kommt doch zuletzt das aufgehäufte Kapital an einen lachenden Erben, der über die Besorgnis hinaus, es nur vermindern zu *können*, die Forderungen der Gewinnsucht mit der Befriedigung seiner Sinne reimen lernt.[33]

Auf diese Weise stehen die großen Metropolen der europäischen Kolonialmächte – und gerade auch der urbane Vektopos Amsterdam – im Zeichen eines weltumspannenden Transfers von Kapital, von Luxusgütern und eines ‚orientalischen' Lifestyle, was im Sinne Forsters früher oder später zu einer grundlegenden Transformation dieser Metropolen selbst führen musste. Denn die langan-

---

31 Vgl. hierzu Ferguson 2011, S. 196 f.
32 Forster 1985a, S. 348.
33 Ebd., S. 359.

haltende Transfergeschichte, die in den Niederlanden insbesondere von der Ostindischen Kompanie ausging, ließ eine Veränderung und Umwandlung jener Lebensformen und Lebensnormen entstehen, welche die Bewohner auch von Amsterdam dazu brachte, ihren Lebensstil zu verändern, wie in einer anderen Welt zu leben und zu anderen Menschen zu werden. Doch war dies auch ein Welterleben in der Form eines weiter gedachten und weiter gelebten Lebens?

Festzuhalten bleibt: Amsterdam ist in diesem vektoriellen Sinne weit mehr als Amsterdam: Die Handelsmetropole öffnet sich auf eine ganze Welt, für die der Bewegungs-Raum des Hafens zum eigentlichen Umschlagplatz, zu einem Vektorenfeld globalen Zuschnitts, avanciert. So werden andere Landschaften unter der Hafenlandschaft von Amsterdam sichtbar: Andere Städte etwa des asiatischen, aber auch karibischen Raumes zeichnen sich unter der Stadtlandschaft der niederländischen Metropole ab. Denn sie prägen das Leben in Amsterdam längst entscheidend mit.

Unter der Landschaft an der Oberfläche liegen andere Landschaften, unter der Stadt andere Städte – und wenn jedes Wort auch immer seinen Ort in sich forträgt, so lässt die in den Worten des literarischen Reiseberichts entfaltete Vektorizität doch immer auch die Worte unter den Worten als Orte unter den Orten erkennbar werden. Es sind nicht statische, sondern vektopische Landschaften, die sich auf immer neue Landschaften im globalen Maßstab hin öffnen. Die Stadtlandschaft von Amsterdam ist nur als urbaner Vektopos zu verstehen.

So beschränken sich die *Ansichten vom Niederrhein* keineswegs auf den Niederrhein, sondern öffnen sich im Genre und im Medium der Reiseliteratur auf eine Welt, die der Weltreisende Georg Forster auf ästhetisch überzeugende Weise als Teil eines globalen, weltumspannenden Zusammenhangs und Zusammenlebens zu gestalten verstand. Es ist eine Welt, die vom Bewegungs-Raum des Hafens aus alles mit Bewegung, alles mit Leben erfüllt – einem Leben, das in seiner Beschleunigung sehr präzise zu erfassen ist.

> Die Stadt mit ihren Werften, Docken, Lagerhäusern und Fabrikgebäuden; Das Gewühl des fleißigen Bienenschwarmes längs dem unabsehlichen Ufer, auf den Straßen und den Kanälen; die zauberähnliche Bewegung so vieler segelnder Schiffe und Boote auf dem Zuidersee und der rastlose Umschwung der Tausende von Windmühlen um mich her – welch ein unbeschreibliches Leben, welche Grenzenlosigkeit in diesem Anblick! Handel und Schiffahrt umfassen und benutzen zu ihren Zwecken so manche Wissenschaft; aber dankbar bieten sie ihr auch wieder Hilfe zu ihrer Vervollkommnung.[34]

Es ist der Anblick eines Lebens in Akzeleration, eines sich enorm beschleunigenden Lebens, in dem „ferne Weltteile aneinander" sowie unterschiedliche Zonen und Nationen zueinander geführt werden[35]. Es ist in diesem (auch kon-

---

34 Ebd., S. 351.
35 Ebd.

sumptiven) Sinne ein weiteres Leben als das in Zonen von geringerer globaler Verdichtung und Vernetzung. All dies erfolgt im Zeichen einer Zirkulation des Wissens, deren weltweite Dimensionen es nicht länger zulassen, auf dieselben Worte zurückzugreifen; auch die Sprachen, dies wusste der vielsprachige Forster, mussten sich verändern. Es wird ein gewaltiger „Reichtum von Begriffen" nun „immer schneller" in Umlauf gesetzt[36], ein Reichtum an Lexemen, der mit den beschleunigten Ausdifferenzierungsprozessen nicht allein im Bereich der Wissenschaften Schritt halten muss. Der Ort öffnet sich auf viele Orte, das Wort öffnet sich auf viele Worte – und um die Bewegung dieses sich beschleunigenden Lebens darzustellen, ist der Reisebericht für Georg Forster zweifellos die adäquate literarische Ausdrucksform. War Forster nicht ein Meister dieses Genres – und zugleich der reiseliterarische und reisetechnische Lehrmeister Alexander von Humboldts, der ihn im übrigen auf dieser Reise an den Niederrhein, nach England und ins revolutionäre Paris – dies gilt es hier nachzutragen – begleitete?

Die reiseliterarische Inszenierung von Amsterdam bildet zweifellos ein ebenso perfektes wie paradigmatisches Beispiel eines vektoriellen Welterlebens und Weiter-Lebens. Denn in seinen ästhetischen Gestaltungsformen lässt sich ein Ort wie die damalige niederländische Welthandelsmetropole nur aus ihren globalen Zusammenhängen heraus begreifen. Amsterdam wird folglich mit guten Gründen – und hieran zeigt sich das literarische Geschick des Reiseschriftstellers – ausgehend von seinem Hafen her portraitiert, kann doch nur durch die Darstellung jener globalen Vektorizität, die von der Kriegs- wie von der Handelsflotte verkörpert werden, die künstlerische Re-Präsentation von Amsterdam im Reisebericht gelingen.

Das Welterleben ist bei Georg Forster ein Weiter-Leben. In diesem Sinne ist Amsterdam eine hochgradig vektorisierte Landschaft, eine Stadt-landschaft in und aus der Bewegung, die von einer statischen Raumgeschichte ohne diese Weitung und Erweiterung niemals adäquat erfassbar wäre. So repräsentiert dieser urbane Vektopos für Georg Forster eine Vektopie, die sich freilich niemals an einen festen Ort, an einen festen Wohnsitz allein rückzubinden wüsste.

Freilich gab es für Forster diesen Ort der politischen Hoffnungen, diesen Ort, an dem er nicht nur die Geschichte einer Nation, nicht nur die Geschichte eines Kontinents, sondern auch die Geschichte der Menschheit überhaupt sich vollenden zu sehen erhoffte. Das revolutionäre Paris, das schon wenige Jahre später den Endpunkt seiner Lebensreise markieren sollte, wurde mit dem weltumspannenden Pathos einer Menschheit, die hier ihre Ansprüche und Rechte universalistisch proklamiert, zweifellos zur besten Verkörperung jener Vektopie, die Georg Forsters Leben prägte und weiter werden ließ.

---

36 Ebd.

2. Alexander von Humboldt (1769–1859)

Vektopie und glückendes Leben

Kurz vor seinem Tod am 10. Januar 1794 in der französischen Hauptstadt hielt Georg Forster im Winter des Jahres 1793 im siebten Brief seiner *Parisischen Umrisse*, des letzten Werks aus seiner Feder, mit klarsichtigem Stolz und jenem revolutionären Geist, der ihn zeit seines Lebens auszeichnete, unmissverständlich fest: „Paris ist immer *unsere* Karte, und Ihr habt verloren"[37]. Diese Sentenz aus seinem Pariser Exil, der Reaktion entgegengeschleudert, machte auf die weitreichenden Folgen der Französischen Revolution, aber auch auf jene herausragende Stellung der *Ville-lumière* aufmerksam, die nicht nur von Alexander von Humboldt, der an der Seite Forsters erstmals das revolutionäre Paris erlebte, sondern auch von Adelbert von Chamisso, dessen Familie vor eben dieser Revolution nach Preußen geflohen war, hätte unterschrieben werden können. Denn für alle drei Weltreisenden bildete Paris, die Hauptstadt der *République des Lettres*, den wohl entscheidenden Bezugspunkt ihres Lebens, so wichtig auch Berlin für einen Humboldt oder Chamisso gewesen sein mag. Aus dieser Sicht erscheinen die *Ansichten vom Niederrhein* mit ihrem perspektivischen Vektopos Paris wie eine niemals ankommende, nie zu Ende gehende Reise in die Revolution.

Die frühe Begegnung und Reise mit Georg Forster kann in ihrer Bedeutung für den jungen Alexander von Humboldt kaum überschätzt werden. Als Freund und Lehrer war der Verfasser der *Ansichten vom Niederrhein* nicht nur der Reisegefährte des 1769 geborenen Jüngeren der beiden Humboldt-Brüder, sondern auch Vorbild und literarisches Modell für ein Schreiben, das mit den *Ansichten der Natur* schon bald ein zwar anders konzipiertes, aber ähnlich multiperspektivisch aufgebautes und im übrigen beim deutschsprachigen Publikum sehr erfolgreiches Buch schuf. In seiner 1806 in französischer Sprache verfassten und ebenso selbstironisch wie augenzwinkernd an den Schöpfer der modernen Autobiographie, Jean-Jacques Rousseau, gemahnenden Schrift mit dem Titel *Mes confessions* vermerkte Humboldt dazu.

> Im Frühjahr schlug mir Herr Georg Forster, dessen Bekanntschaft ich in Mainz gemacht hatte, vor, ihn nach England auf der schnellen Reise zu begleiten, die er in einem kleinen, durch die Eleganz seines Stils mit Recht berühmten Werk (Ansichten etc.) beschrieben hat. Wir fuhren nach Holland, England und Frankreich. Diese Reise kultivierte meinen Verstand und bestärkte mich mehr als je zuvor in meinem Entschluß zu einer Reise außerhalb Europas. Zum ersten Mal sah ich das Meer damals in Ostende, und ich erinnere

---

37 Forster 1988, S. 649. Zur Bedeutung von Paris gerade im deutsch-französischen Kontext vgl. Lüsebrink 2012.

mich, daß dieser Anblick den allergrößten Eindruck auf mich machte. Ich sah weniger das
Meer als die Länder, zu denen mich dies Element eines Tages tragen sollte.[38]

Der Traum oder vielleicht mehr noch das Phantasma einer (damals noch nicht
näher bestimmten) außereuropäischen Reise schwebte dem jungen Humboldt
schon lange vor Augen. Seit der denkwürdigen Reise mit Forster aber begann es,
als Vektopie – als Wissenschaft und Leben aus der Bewegung – konkrete Gestalt
anzunehmen. In diesem Text aus dem Jahre 1806, also nach Abschluss seiner
großen, von 1799 bis 1804 durchgeführten Reise in die Amerikanischen Tropen,
ist noch immer die ganze Faszinationskraft zu spüren, die von Georg Forster auf
seinen noch jungen Reisegefährten ausgegangen war. Noch in Humboldts späten
Schriften ist sie zu bemerken – und vergessen wir dabei nicht, dass der Verfasser
des *Kosmos* nicht nur die beiden anderen Weltreisenden um mehrere Jahrzehnte
überlebte, sondern während seines in Raum und Zeit weitgespannten Lebens
auch über einen deutlich längeren Zeitraum publizierte als der ältere Forster und
der jüngere Chamisso zusammen. Sie waren allesamt Mitglieder der Berliner
Akademie der Wissenschaften und höchst erfolgreiche Vertreter eines translingualen ZwischenWeltenSchreibens[39].

Humboldt lernte von Forster. Vielleicht mehr noch als dieser war der Verfasser der *Reise in die Äquinoktial-Gegenden des Neuen Kontinents* an der Beobachtung auch nur mikrologisch zu erfassender Phänomene interessiert, ver-
gaß es jedoch nie, seine empirisch gestützten Detailuntersuchungen in einen
makrologischen Zusammenhang zu stellen und damit einen beobachteten Mikrokosmos auf einen theoretisch durchdachten Makrokosmos zu beziehen. Vor
dem Hintergrund seines *nomadischen* Wissenschafts- und Wissenskonzepts[40]
wäre das gesamte Lebensprojekt Alexander von Humboldts ohne den Begriff der
Freiheit freilich schlechterdings weder vorstellbar noch verstehbar, gingen in
seiner Sehnsucht nach einem umfassenden Welterleben doch Wissenschafts-
und Lebensprojekt Hand in Hand.

Benannte Forsters Vorrede zum Bericht über die *Entdeckungs*reise James
Cooks die methodologischen und epistemologischen Prämissen einer empirisch
auf natur- wie kulturwissenschaftlicher Feldforschung basierenden innovativen
Reise, so setzte Alexander von Humboldt am Ende des 18. Jahrhunderts diese
Konzeption noch weiter ausgreifend in die Tat um, indem er seine *Relation
historique* als *Forschungs*reise im modernen Sinne – und im Sinne der Moderne –
konzipierte und realisierte. An Forsters Wissen(schafts)verständnis geschult,

---

38 Humboldt 1868, S. 182. Eine deutschsprachige Übersetzung findet sich erstmals in Humboldt
    1987. Meine Übersetzung greift auf das französischsprachige Original zurück (O.E.).
39 Vgl. zu diesen Konzepten Ette 2005. Zu Fragen der Vertextung und Literarisierung vgl. auch
    Görbert 2014.
40 Vgl. Ette 2015a.

ging Humboldt weit über die Ansichten seines Lehrers hinaus, um einen neuen Typus von Forschungsreise und einen neuen Typus von Wissen hervorzubringen: Die transdisziplinäre Humboldtsche Wissenschaft[41] war im Entstehen begriffen.

Es gibt viele gute Gründe dafür zu vermuten, dass die Amerikanischen Reisetagebücher den Geburtsort dieser neuen, epistemologisch höchst innovativen Humboldtschen Wissenschaft darstellen. Und diese Wissenschaft war und blieb nicht allein auf der Ebene des Denk- und Schreibstils, sondern auch des Wissenschaftsstils von einem nomadischen Wissenskonzept geprägt. Alexander von Humboldt konzipierte sein Leben nicht als Utopie und nicht als Heterotopie, weder als fernes Ideal eigener Vorstellungskraft von Natur und Kultur noch als eine Sehnsucht nach dem Anderort, nach einem Gegen-Ort zu seinem bisherigen Leben; vielmehr konstruierte er seine Wissenschaft[42], aber auch sein gesamtes Leben als *Vektopie*: als ein Leben aus der Bewegung und in ständiger Bewegung.

Zahlreich sind die Passagen in Alexander von Humboldts weitgespanntem Oeuvre, in denen sein Nomadenleben im Zeichen persönlicher wie wissenschaftlicher Freiheit die oft euphorisch geschilderte Bewegung (verstanden als *Motion* und *Emotion*) in verdichteter Form vor Augen führt. Derart lässt sich seine Ankunft in der Welt der amerikanischen Tropen als ein Welterleben begreifen, das sich in wissenschaftlicher, aber auch höchst persönlicher und körperlicher Weise leibhaftig als literarische Ausdrucksform einer Vektopie, eines Lebens aus der Bewegung und als Bewegung, deuten lässt. So schrieb er in einem seiner ersten Lebenszeichen aus der ,Neuen Welt', einem auf „Cumaná in Südamerika, d. 16. Jul. 1799"[43] datierten Brief an seinen Bruder Wilhelm.

> Welche Bäume! Kokospalmen, 50 bis 60 Fuß hoch! Poinciana pulcherrima, mit Fuß hohem Strauße der prachtvollsten hochrothen Blüthen; Pisange, und eine Schaar von Bäumen mit ungeheuren Blättern und handgroßen wohlriechenden Blüthen, von denen wir nichts kennen. Denke nur, daß das Land so unbekannt ist, daß ein neues Genus welches Mutis (s. *Cavanilles iconus, tom. 4*) erst vor 2 Jahren publizirte, ein 60 Fuß hoher weitschattiger Baum ist. Wir waren so glücklich, diese prachtvolle Pflanze (sie hatte zolllange Staubfäden) gestern schon zu finden. Wie groß also die Zahl kleinerer Pflanzen, die der Beobachtung noch entzogen sind? Und welche Farben der Vögel, der Fische, selbst der Krebse (himmelblau und gelb)! Wie die Narren laufen wir bis itzt umher; in den ersten drei Tagen können wir nichts bestimmen, da man immer einen Gegenstand wegwirft, um einen andern zu ergreifen. Bonpland versichert, daß er von Sinnen kommen werde, wenn die Wunder nicht bald aufhören. Aber schöner noch als diese Wunder im Einzelnen, ist der Eindruck, den das Ganze dieser kraftvollen, üppigen und doch dabei so leichten,

---

41 Vgl. hierzu das Auftaktkapitel in Ette 2009.
42 Vgl. die Kurzbeschreibung des im Januar 2015 angelaufenen Langzeitvorhabens der Berlin-Brandenburgischen Akademie der Wissenschaften in Ette 2015b.
43 Humboldt 1993, S. 41.

erheiternden, milden Pflanzennatur macht. Ich fühle es, daß ich hier sehr glücklich sein
werde und daß diese Eindrücke mich auch künftig noch oft erheitern werden.[44]

Dieser Ort an der heute venezolanischen Küste ist keine Utopie (und selbstverständlich auch keine Dystopie), sondern eine Vektopie: Leben und Wissenschaft aus der äußeren wie inneren Bewegung. Kaum eine andere der vielen
Passagen im umfangreichen Schaffen Alexander von Humboldts gibt mit vergleichbarer Dichte und Intensität jenem Glücksgefühl Ausdruck, das der junge
Europäer kurz nach seiner Ankunft in den Regionen, die er bald als „Südamerika", bald als „Amerika"[45] bezeichnete, in Worte zu fassen versuchte. Sein
Welterleben entfaltet sich hier mit aller Euphorie als ein Leben in einer für ihn
weiter gewordenen Welt, zu der nun die amerikanische Hemisphäre hinzuge-
kommen ist. Alexander schildert Wilhelm eine Welt des Wunderbaren: Und als
aufmerksamer Leser des Christoph Columbus, dessen Nachnamen er im
Nachnamen seiner wie Wilhelms Mutter (Colomb) trug, wusste er von der
langen (Literatur-) Geschichte des Wunderbaren im europäischen Diskurs über
die amerikanische Hemisphäre. Humboldt spielt zweifellos mit Versatzstücken
dieses Diskurses. Ein wissenschaftliches wie persönliches Eldorado, gewiss: aber
nicht im Sinne eines Ander-Orts, sondern einer Weitung und Erweiterung. Sie
bot ihm die Chance, weiterzudenken und weiter zu denken[46] – auch jenseits jenes
neuen Diskurses über die Neue Welt, als dessen Begründer Alexander von
Humboldt gelten darf[47].

Die den gesamten Brief durchziehende Semantik des Glücks ist in ihren
verschiedenartigen Einfärbungen allgegenwärtig und schließt jenes „Glück", das
man beim Durchbrechen der Blockade englischer Kriegsschiffe und im weiteren
Verlauf der gesamten Seereise gehabt habe – während derer er „viel auf dem Wege
gearbeitet"[48] – ebenso mit ein wie das persönliche Erleben des eigenen und des
mit seinem französischen Reisegefährten Aimé Bonpland geteilten Glückes. Die
Konstellation von Bewegung, Arbeit und Glück ist allgegenwärtig: Die innere
Bewegung steht in engster Beziehung zur äußeren. Wie die Reise seit dem 4. Juli
1799, als er „zum erstenmal das ganze südliche Kreuz vollkommen deutlich"[49]
erblickte, unter einem guten, der ganzen Unternehmung günstigen Stern zu
stehen schien, erzeugte auch das intensive Welterleben des Neuen in der ‚Neuen
Welt' bei den beiden europäischen Reisenden eine intensive Euphorie, die bei
Humboldt stets mit einem Höchstmaß an kreativer Unruhe[50] einherging.

---

44 Ebd., S. 42.
45 Ebd., S. 41.
46 Zur epistemologischen Bedeutung dieser Weitung und Erweiterung vgl. Ette (im Druck).
47 Vgl. hierzu Ette 1991.
48 Humboldt 1993, S. 41.
49 Ebd., S. 42.
50 Vgl. zur Unruhe Ette 2016.

Alexander von Humboldt war am Ziel seines großen, in vielen Jugendbriefen geäußerten Traumes angekommen: Endlich hatte er – wie der mit ihm befreundete Georg Forster – die ‚Alte Welt' auf einer Reise in außereuropäische Regionen verlassen. Und doch stand er erst am Beginn seines amerikanischen Abenteuers und jenes neuen Diskurses über die Neue Welt, dessen Geburtsurkunde die Amerikanischen Reisetagebücher darstellen. Ohne Humboldts Vektopie wären weder sie noch die Humboldtsche Wissenschaft denkbar.

Wissenschaftsprojekt und Lebensprojekt stehen in einer intensiven Wechselbeziehung – und auch hierüber wird uns die aufmerksame Analyse der Amerikanischen Reisetagebücher zahlreiche neue Einsichten vermitteln. Das im Brief an Wilhelm von Humboldt zum Ausdruck gebrachte Glücksempfinden war ganz offenkundig von der wissenschaftlichen Dimension der Forschungsreise nicht zu trennen. Die Verzückung, für die Humboldt in seinem Brief nach immer neuen Worten suchte, war das Ergebnis einer Verrückung, einer Delokalisierung, in der die beiden Europäer wie Verrückte, wie „Narren"[51] umherlaufen und sich auf kein einziges Untersuchungsobjekt konzentrieren können. Der Verrückte verweist in seiner Verzückung auf die Vektopie als Movens seines Denkens und Schreibens, seines Beobachtens und Sammelns, seines Forschens und Lebens. Ein Staunen angesichts der „Wunder"[52], die nicht aufhören wollen, hat sich der deutsch-französischen Forschergemeinschaft bemächtigt, vergleichbar mit jenem topischen (und tropischen) Staunen, das die europäischen Seefahrer und ‚Entdecker' bei den ersten Reisen des Columbus ergriff[53].

Doch Alexander von Humboldt blieb, im Angesicht der Vielzahl all dieser Wunder, bei dieser Verwunderung nicht stehen. Die Bewegung, so wichtig sie auch als epistemologische Grundlage seines Denk-, Schreib- und Wissenschaftsstils war, blieb kein Selbstzweck, kein Zweck an sich, sondern bildete die Voraussetzung für ein nicht nur glückliches, sondern glückendes Wissenschafts- und Lebensprojekts. Daher verharrte der noch nicht Dreißigjährige in seinem ersten amerikanischen Brief an den älteren Bruder, der diesen Ende Oktober 1799 in Spanien erreichte, keineswegs bei der Darstellung einer ‚närrischen', unkontrollierten Bewegungsweise, so stark die Repräsentation des Glücksempfindens auch immer wirken mochte. Denn die Erfahrung der Delokalisierung und Verrückung, der äußeren wie der inneren Bewegung angesichts der Größe und der Farben jener Gegenstände, die sich dem deutsch-französischen Forscherteam entgegenstellen, aufdrängen und wieder entziehen, wird sogleich mit dem Versuch gekoppelt, diese Delokalisierung mit Hilfe des Rückgriffs auf eine

---

51 Ebd.
52 Ebd.
53 Zur Relevanz des Staunens in der Geschichte der europäischen Expansion vgl. Greenblatt 1994, S. 27f.

auch in Amerika selbst ausgeübte Wissenschaft und damit an eine *scientific community* in der Neuen Welt zu relokalisieren. Und damit vor allem wieder in kontrollierbare und kontrollierte Bahnen zu lenken.

Der Verweis auf die Forschungen des berühmten, seit 1760 in Neu-Granada arbeitenden spanischen Botanikers José Celestino Mutis, den Humboldt mit hohem Aufwand und nicht geringerer Werbewirkung später in der vizeköniglichen Hauptstadt Bogotá besuchen sollte, um mit dieser für die Aufklärung in Neu-Granada zentralen Figur sein „Heu"[54] (also seine bisherigen Pflanzensammlungen) zu vergleichen, blendet jene Technik der Humboldtschen Forschungsreise ein, die für die Humboldtsche Wissenschaftspraxis von fundamentaler Bedeutung war: nicht nur eine Reise zu dem zu Erforschenden, sondern auch zu den dortigen Forschern und ihren Ergebnissen, nicht nur zu den Reichtümern der Natur, sondern auch zu jenen der Archive und Bibliotheken des spanischen Kolonialreichs durchzuführen. Das Humboldtsche Vorhaben war zielgerichtet und – auch mit Blick auf die Einbindung der politischen Macht wie der kreolischen Eliten – wohldurchdacht: Nur dank seiner klugen, diplomatisch stets geschickten Choreographie konnte der junge Preuße alles in Bewegung setzen.

Auch auf der wissenschaftlichen Ebene wird die Vektopie der Verrückung noch in der zitierten Passage selbst wissenschaftlich produktiv gemacht, um sie in eine Choreographie der systematischen Erkundung und Erforschung umzuleiten. So verschwindet die Bewegung keinesfalls, doch wird sie neu kanalisiert: Aus den glücklichen Narren sollen glückliche Wissenschaftler werden, die sich freilich in einem wesentlich erweiterten, weiteren Feld zu bewegen wissen. Euphorie ist für Humboldt nichts Wissenschaftsfernes, sondern Ansporn und Mittel[55]. Humboldts glückhaftes Welterleben ist an ein sich ständig ausweitendes, erweiterndes Leben zurückgebunden. Amerika erweitert Raum und Zeit zugleich: Vektopie lässt sich als ersehnte und nie zum Stillstand kommende Bewegung des Welterlebens verstehen.

Dies bedeutet stets auch, dass die – im Sinne Georg Forsters – ‚mikrologische' Dimension der einzelnen Gegenstände, welche die beiden Reisenden in Verzückung setzen, zunehmend in makrologische Zusammenhänge eingebaut wird. Die Einzelphänomene sind in der Humboldtschen Wissenschaft immer auf den „Eindruck" zu beziehen, den „das Ganze dieser kraftvollen, üppigen und doch dabei so leichten, erheiternden, milden Pflanzennatur macht"[56]. Es geht Hum-

---

54 Humboldt 1986, Bd. 1, S. 93. Auf den in dieser Passage gleichfalls angeführten spanischen Botaniker Antonio José Cavanilles werde ich später zurückkommen.
55 Vgl. hierzu Kap. 18 „Euphorie der Wissenschaft" in Ette 2002, S. 171–183.
56 Humboldt 1993, S. 42.

boldt um den ‚Totaleindruck‘[57], um die Wahrnehmung des Zusammenwirkens aller Kräfte der Natur.

Das auf den ersten Blick so ‚Außer-Ordentliche‘ wird damit relational eingebunden in ein Ganzes, in eine Gesamtordnung, innerhalb derer die Einzelphänomene in ihrer Signifikanz und Funktionalität zugleich auseinander- und wieder zusammengedacht, wahrgenommen und verstanden werden müssen. Die Humboldtsche Vernetzungswissenschaft zielt auf den Gesamteindruck und lässt sich als eine relationale Wissenschaftspraxis verstehen, die unterschiedlichste Wissensbestände und Disziplinen quert und vermittels die beständigen Querungen miteinander vernetzt. Das ‚Geheimnis‘ ihres Erfolgs liegt in der Vektorizität dieser relationalen Querungen, die dank ihrer Dynamik alles mit allem in Verbindung zu bringen vermögen.

Glückszustand und Euphorie des europäischen wissenschaftlichen Subjekts sind in diesem Brief zweier europäischer Forscher aus Amerika an einen europäischen Gelehrten in Europa zweifellos an die sinnliche Erfahrung einer anderen, nicht-europäischen Welt geknüpft: eben einem intensiven Erleben der amerikanischen Welt, das den französischen Reisegefährten nach eigener, von Humboldt referierter Aussage geradezu „von Sinnen kommen"[58] ließ. Den Forschern eröffnen sich in den Weiten des amerikanischen Kontinents ungeheure Betätigungsfelder, die aufgrund der relativen Unbekanntheit dieser Regionen für die europäische Wissenschaft enorme Innovationspotentiale bieten. Es ist dieses Erleben des Weiten und der Erweiterung, das die Anziehungskraft der Forschungsobjekte für die Forschungssubjekte regelt und in eine transatlantisch asymmetrische Ökonomie der Expansion des Wissens übersetzt.

Die erforschbare Welt hat sich für die beiden erstmals in Amerika Feldforschung betreibenden Europäer fundamental erweitert: Es ist weniger das ‚Andere‘, das ja unmittelbar mit dem ‚Eigenen‘ durch dieselbe Wissenschaftssprache verbunden wird, als das ‚Weite‘, das die ‚Welt‘ überhaupt in einen weltweiten Erlebensraum verwandelt. Erst durch dieses *Weitere* eröffnet sich eine Welt, die sich nicht in altbekannten, in den *Recherches philosophiques sur les Américains* oder der *Histoire des deux Indes* zur Genüge repetierten Gegensätzen zwischen ‚Alter‘ und ‚Neuer‘ Welt aufspaltet. Auch wenn sich viele Restbestände dieses Diskurses, der bei Cornelius de Pauw, Guillaume-Thomas Raynal oder William Robertson die Welt in ‚Eigenes‘ und ‚Anderes‘ scheiden zu können schien, auch im Humboldtschen Diskurs finden lassen, geht der preußische Kultur- und Naturforscher doch über derlei Gegensatzkonstruktionen deutlich hinaus. Cornelius de Pauw oder Antoine-Joseph Pernetty waren zwar bezüglich der Bedeutung der amerikanischen Welt und ihrer Bewohner gegensätzlicher Mei-

---

57 Vgl. hierzu u. a. Hard 1970; Trabant 1986; sowie Kraft 2012.
58 Humboldt 1993, S. 42.

nung, stimmten aber darin überein, die altweltliche einer neuweltlichen Hemisphäre gegenüberstellen zu können, unabhängig davon, ob man sie jeweils positiv oder negativ, als überlegen oder unterlegen bewertete.

Halten wir also fest: Seit dem Beginn der europäischen Expansion in der ersten Phase beschleunigter Globalisierung hatten diese Alterität und mehr noch eine radikale Alterisierung (*othering*) die europäischen Diskurse geprägt[59]. Bei Alexander von Humboldt deuten sich Wege eines Verstehens an, die nicht mehr ausschließlich auf den Konstruktionen des jeweils Anderen, Fremden, Nicht-Europäischen beharren und beruhen, sondern sich auf eine Epistemologie der Erweiterung beziehen lassen.

Insofern bietet sich die Neue Welt – als gegenüber der Alten Welt wissenschaftlich weitaus weniger erforschter Teil des Planeten – bei Humboldt als ‚neu‘ im Sinne einer Erweiterung an, hält sie doch allein im Bereich der Pflanzenwelt eine noch unabschätzbare Zahl zuvor unerforschter Gewächse bereit. Der Akzent liegt nicht auf dem Anderen, sondern auf dem Weiteren, das stets *relational* aufzufassen ist und sich daher auch leicht mit dem vorherigen Wissensstand relationieren lässt. Hieran entzündet sich Humboldts Euphorie, sein Glücksgefühl angesichts einer ganzen Welt, die es für die Wissenschaften noch zu ‚entdecken‘ und des Weiteren mit der europäischen zu verbinden galt.

Sein glückhaftes Weltbewusstsein[60] ist ein Bewusstsein von einer ständigen Weitung der Welt: weit weg, aber keineswegs radikal getrennt von jener „dürftigen Sandnatur"[61], in die er sich einst auf Schloss Tegel und in Berlin so „eingezwängt"[62] gefühlt hatte. Es ist die Fülle eines durch die ‚Verrückung‘ in greifbare Nähe gerückten Weltwissens, das den von Humboldt dargestellten und bewusst in Szene gesetzten Zustand der Euphorie am Bewegungsort einer Vektopie auslöst: die Lust am weiten Leben, an einem Leben (und Arbeiten) im weitest möglichen Sinne.

Vektopie und Weiterleben

Wie aber, wenn der Begriff des *Weiter-Lebens* durch den des *Weiterlebens* ergänzt und vorrangig auf die Zeitlichkeit *und* Begrenztheit des eigenen Lebens bezogen wird und damit das Risiko des eigenen Todes mitbedacht werden muss, das durch die nicht selten wagemutigen Aktionen Alexander von Humboldts nicht nur im veröffentlichten Reisebericht, sondern auch in den Amerikanischen

---

59 Vgl. Todorov 1985.
60 Vgl. zu diesem Begriff der Humboldtschen Wissenschaft Ette 2002.
61 Humboldt 1987, S. 38.
62 Ebd.

Reisetagebüchern immer wieder dramatisch vor Augen geführt wird? Wie also, wenn der Reisende im Reisebericht aufgrund der ihm drohenden oder von ihm in Kauf genommenen Gefahren mit der Möglichkeit seines eigenen Todes konfrontiert wird und über sein Weiterleben reflektiert?

Derartige Reflexionen sind in Reiseberichten keineswegs eine Seltenheit oder gar die Ausnahme, sondern finden sich gerade bei Reisen von Europäern in die Tropen, die stets aus europäischer Perspektive Fülle und Falle zugleich sind, also mit ihrem Reichtum an klimatischen, geographischen oder kulturellen Phänomenen ebenso glänzen wie mit dem Reichtum an Tropenkrankheiten, einer gefährlichen Tierwelt oder bedrohlichen sozialen Phänomenen (um hier nur einige der in Reiseberichten bis heute immer wieder auftauchenden Stereotypen aufzuzählen). In den Amerikanischen Reisetagebüchern Alexander von Humboldts wird die Möglichkeit des eigenen Todes in den unterschiedlichsten Variationen eingeblendet und in schriftlicher Form reflektiert. Alexander von Humboldt hat sich dort ebenso mit dem *Weiter-Leben* wie dem *Weiterleben* auseinandergesetzt.

Denn immer wieder sehen sich Aimé Bonpland und Alexander von Humboldt zusammen mit Carlos Montúfar sowie ihren jeweiligen lokalen Begleitern und Führern etwa in der Vulkanwelt der Anden im heutigen Ecuador auf Schritt und Tritt tödlichen Gefahren ausgesetzt. Nicht nur am Chimborazo, sondern auch bei anderen Besteigungen der großen *Nevados* taucht der Tod in seiner Allgegenwart in Alexander von Humboldts Tagebuch immer wieder an markanter Stelle (und keineswegs in abstrakter, theoretischer Form) auf. Beispielsweise nimmt die zweite Besteigung des Pichincha und insbesondere der riskante Aufstieg zum Krater des Rucupichincha am 26. Mai 1802 all jene Gefahren eines mit heutigen Sicherheitsvorkehrungen in keiner Weise vergleichbaren Aufstiegs, aber auch die Angstvorstellungen des Reisenden vorweg, denen wir wenige Wochen später im Reisetagebuch des jungen Preußen am Chimborazo begegnen werden.

Der Schwefelgeruch verkündete uns, daß wir am Krater waren, aber wir bezweifelten, daß wir über ihm waren. Ein Schneefleck von kaum drei Fuß Breite verband zwei Felsbrocken. Wir gingen über diesen Schnee in der Richtung a b. Er trug uns vollkommen. Wir machten zwei bis drei Schritte, der Indianer voran und in seinem indianischen Pflegma. Ich war ein wenig an seiner Linken hinter ihm, als ich mit Schaudern sah, daß wir auf einer Schneebrücke über dem Krater selbst gingen. […] Und ich bemerkte ein blaues Licht zwischen dem Schnee und diesem Stein d. Während der zweiten Expedition haben wir alle dieses blaue Licht in dem gleichen Loch gesehen, es scheint brennender Schwefel zu sein, denn es war keine Sonne da, um es einem Sonnenreflex zuschreiben zu können. Wir wären also in 200 Toisen Tiefe gefallen und zwar in den am stärksten entzündeten Teil des Kraters, und ohne daß man in Quito, wenn nicht durch unsere Spuren im Schnee, gewußt hätte, was aus uns geworden war. Ich fühlte mich vor Schrecken zittern und ich erinnere mich, daß alles was ich tat, war, zu rufen: "Nicht bewegen, unten ist Licht", indem ich mich selbst auf den Bauch gegen den Felsen c warf und den Indianer an seiner ruana (Poncho) zurückzog. Wir glaubten uns auf diesem Felsen c in Sicherheit. Wir entdeckten, daß der Rand dieses Felsens auf allen Seiten, außer hinter uns, in die Luft ragte. Wir hatten kaum zwei Toisen im Quadrat, um uns zu bewegen. Wir begannen, die Gefahr zu prüfen, aus der wir uns gerettet hatten. Wir warfen einen Stein auf den Schnee, der dem Loch, durch welches wir die Schwefelflamme gesehen hatten, zunächst lag. Dieser Stein vergrößerte das Loch und wir vergewisserten uns, daß wir über einer Spalte (*crevasse*) zwischen den beiden Felsen b und c gegangen waren und daß eine Decke von gefrorenem Schnee, aber von acht Zoll Dicke, uns gehalten hatte.[63]

Das Höllenfeuer mit seinem beißenden Schwefelgestank versinnbildlicht, in welcher Gefahr sich die Reisenden auf einem prekären Schneebrett, das Humboldt anhand einer beigefügten Skizze visualisiert, direkt über der Krateröffnung befinden. Er fühle, so vermerkt er wenige Zeilen später, noch „beim Schreiben dieser Zeilen Beklemmung. Ich sehe mich wieder über diesem entsetzlichen Schlund hängen."[64] Eine albtraumartige Szene: Eindrücklicher kann die Gefahr für Leib und Leben kaum geschildert werden. Das erinnernde Ich und das erinnerte Ich treten auseinander und spiegeln sich wechselseitig in einem

---

63 Humboldt 2003, Bd. 1, S. 203: „L'odeur de soufre nous avertit que nous étions près de la bouche mais nous nous doutions que nous étions sur elle. Une tache de neige d'à peine trois pieds de large unissait deux morceaux de roches. Nous marchâmes sur cette neige dans la direction a b. Elle nous portait parfaitement. Nous fîmes deux à trois pas, l'Indien en avant et dans son phlègme indien. J'étais un peu à sa gauche derrière lui lorsque je vis avec un frémissement cruel que nous marchions sur un pont de neige sur la bouche même. J'aperçus que d était une pierre soutenue en l'air par les roches b et c, et j'aperçus une lueur bleue entre la neige et cette pierre d. Nous avons tous observé dans le second voyage cette lumière bleue dans le même trou, cela paraît du soufre brûlant. Car il n'y avait pas de soleil pour pouvoir l'attribuer à un reflet solaire. Nous serions donc tombés à 200 t[oises] de profondeur et dans la partie du cratère qui est la plus enflammée et sans qu'à Quito, si non par les traces dans la neige, on eut su ce que nous étions devenus. Je me sentis tressaillir d'effroi et je me souviens que tout ce que je fis c'était d'écrier : "quieto, luz por abajo", en me jetant sur le ventre contre le rocher c et en tirant l'Indien par sa Rouane (Poncho). Nous nous crûmes en sûreté sur ce rocher c. Nous découvrîmes que de tous les côtés exceptée derrière nous, le bord de ce rocher était en l'air. Nous n'avions à peine que deux toises carrées pour nous mouvoir. Nous commençâmes à examiner le danger duquel nous nous étions tirés. Nous jetâmes une pierre sur la neige plus proche du trou par lequel nous avions vu la flamme de soufre. Cette pierre agrandit le trou et nous nous rassurâmes que nous avions marché sur une crevasse entre les deux rochers b et c et qu'une couche de neige gelée, mais à peine de 8 pouces de grosseur, nous avait soutenus. Nous croyons que cette crevasse ne va que jusqu'à e f, car de là à gauche nous n'avons pas pu enfoncer la neige et nous imaginons que le rocher c, y tient au rocher b. Nous y avons passé dans ce voyage et dans le suivant sans danger et c'est le chemin le plus sûr pour parvenir à la pierre qui forme une galerie au-dessus du cratère." Verwiesen sei hier auf das Original von Humboldts *Amerikanischen Reisetagebüchern* VII bb/c, 11v–12r sowie die leicht konsultierbaren Digitalisate des Originals; Digitalisat 11v: http://resolver.staatsbiblio thek-berlin.de/SBB000152B400000499; sowie Digitalisat 12r: http://resolver.staatsbiblio thek-berlin.de/SBB000152B400000500.

64 Ebd.: „[…] mais en même temps plus désagréable. Je me sens étouffé (ansio[so]) en écrivant ces lignes. Je me crois encore suspendu sur ce gouffre affreux." Vgl. auch Digitalisat von Tagebuch VII bb/c, 12r.

verdoppelten Schrecken, der noch immer nachwirkt und Nachbilder produziert: im Phantasma des eigenen Todes, im Phantasma des eigenen spurlosen Verschwindens.

Auf auch literarisch beeindruckende Weise intensivieren das reisende Ich und das schreibende Ich in diesem Wechselbezug nicht nur die gleichsam unter den Reisegefährten lauernde Gefahr, durch ein Abbröckeln des Schnees in die Tiefe, in einen Höllenschlund gerissen zu werden, sondern bringen dieses Schweben zwischen Leben und Tod in einen unmittelbaren Zusammenhang mit dem eigenen Schreiben. Denn Humboldt blendet in der Folge nicht nur einen Verweis auf La Condamines Reisebericht von einer Welt, die niemals als „Aufenthaltsort für Lebewesen"[65] dienen könne, ein, sondern bezieht sich unmittelbar danach – und nicht von ungefähr – auch auf Miltons *Paradise Lost*, das er in der Erregtheit seiner Niederschrift interessanterweise Pope zuschreibt. Vor allem aber stellt er die Beziehung zu seinem eigenen Schreiben her, das den Schrecken des drohenden Todes nicht nur präsentiert und repräsentiert, sondern zugleich auch zu bannen sucht und auf die Phantasie des Menschen, auf die Literatur hin öffnet. Denn aus der Literatur stammt das Bilderreservoir, dessen Humboldt sich intertextuell bedient, um seine eigene Situation und die seines Weiterlebens ebenso verstehen wie in Szene setzen zu können. Die Literatur verweist aber zugleich auf eine Dimension, die weit über das eigene Leben hinausgeht: Sie *ist* das Medium des Weiterlebens. In ihr ist das Schaffen von Dante, Milton oder Pope auch noch nach Jahrhunderten lebendig.

Zweifellos ist die Niederschrift der Todesangst zuallererst das Zeichen des eigenen Überlebens: ein Lebenszeichen an die anderen, an die Leser, an sich selbst, überlebt zu haben, noch am Leben zu sein. Denn wer eine Gefahr beschreiben und niederschreiben kann, muss sie zunächst einmal überlebt haben. So wird die Schrift zum Zeichen des (eigenen) Überlebens, ja vermag sich in ein *Überlebenswissen* zu verwandeln[66]. In diesem ganz elementaren Sinne ist das Reisetagebuch selbst Zeichen und Beweis nicht nur eines Überlebenswillens, sondern eines ÜberLebensWissens, das den Reisenden und den Schreibenden, den Erinnerten und den Erinnernden, den sich der Gefahr Aussetzenden und den diese Todesgefahr in das Lebenswissen der Literatur Übersetzenden zu einer stets prekären und gefährdeten ästhetischen Einheit verbindet. Doch die im obigen Zitat geäußerte Frage, was *nach dem Tod* der Reisegruppe geschehen wäre, wenn man auf der Suche nach den Verschollenen bestenfalls noch sich im Schnee verlierende Spuren vorgefunden hätte, bleibt zunächst offen.

Das Humboldtsche Phantasma, gegen das die Schrift immer wieder ankämpft,

---

65 Ebd.: „On croit voir un monde [zwei Wörter gestrichen] détruit et sans espérance de pouvoir jamais servir de demeure à des êtres organisés."
66 Vgl. zu dieser Begrifflichkeit Ette 2004–2010.

ist das eigene Verschwinden von der Erdoberfläche, ohne Spuren zu hinterlassen. Dieses Phantasma findet sich in seinen Amerikanischen Reisetagebüchern verschiedentlich und durchweg pochend. Das eigene Schreiben wird hier zum Gegenmittel, zum Lebensmittel und Überlebensmittel, insofern es darauf abzielt, Spuren zu hinterlassen, nicht einfach zu verschwinden. Die tägliche, zur Routine und zum Ritual gewordene Niederschrift des Erlebten vermag es, das eigene Leben in der Schrift *festzuhalten* und in ein potentielles Lesen der Anderen, der Zeitgenossen wie der Nachwelt, zu übersetzen. Leben wird so in ein Lesen übersetzt, das das Überleben des reisenden wie des schreibenden Ich sichert und die Schrift in jene stets prekäre Brücke verwandelt, die sich über die Spalte, über den Absturz ins Nichts, in eng aneinander gepressten Zeilen hinwegsetzt. Aber geht es hier nur um ein Überleben?

Humboldts Schreiben bewegt sich zweifellos zwischen der Hölle des Kraters, des eigenen Verschwindens, und dem Paradies der Literatur, das gleichsam ein ‚ewiges‘ Leben verkündet *und* darstellt, präsentiert *und* repräsentiert. Kaum etwas hat Humboldts Einbildungskraft nachhaltiger beschäftigt und bedrückt als die in seinem Tagebuch unterschiedlich ausgestalteten und aufsteigenden Bilder von (eigenen) Spuren, die ins Nichts führen: sei es durch einen Absturz in den Krater, ein Kentern auf dem Orinoco oder einen Schiffsuntergang, wie er ihn später bei der Überfahrt in die USA befürchtete. Es ist das Phantasma des eigenen spurlosen Verschwindens, das er beim Schreiben literarisch entwirft und dem er dieses Schreiben trotzig entgegensetzt, um eben nicht spurlos zu verschwinden. Durch die Fortschreibung des Tagebuches wird die Fortsetzung der Reise, des Schreibens, des eigenen Lebens buchstäblich *festgehalten* – wenn auch im Tagebuch nur von Tag zu Tag.

In allen Bearbeitungen, die Alexander von Humboldt seinem Versuch angedeihen ließ, den Gipfel des Chimborazo zu ersteigen, bewegt sich das Leben der Reisenden geradezu obsessiv auf Messers Schneide: auf jener *cuchilla*, die – wie Humboldt sehr wohl wusste – im Spanischen nicht nur für den schmalen Felsgrat, sondern im Wortsinne für das Seziermesser, die Messerklinge und das Schlächterbeil steht. So lesen wir in den stets in Schreibrichtung mehr oder minder ansteigenden Zeilen des Tagebuches.

> Wir stießen auf einen schmalen Grat, auf eine sehr eigenartige Cuchilla. Der Weg war kaum 5–6 Zoll, manchmal keine 2 Zoll breit. Der Hang zur Linken war von erschreckender Steilheit und mit an der Oberfläche gefrorenem Schnee bedeckt. Zur Linken gab es kein Atom Schnee, aber der Hang war mit großen Felsbrocken bedeckt. Man hatte die Wahl, ob man sich lieber die Knochen brechen wollte, wenn man gegen diese Felsen schlug, von denen man in 160–200 Toisen Tiefe schön empfangen worden wäre, oder ob man zur Linken über den Schnee in einen noch viel tieferen Abgrund rollen wollte. Der letztere Sturz erschien uns der grauenvollere zu sein. Die gefrorene Kruste war dünn, und man

wäre im Schnee begraben worden ohne Hoffnung, je wieder aufzutauchen. Aus diesem Grund lehnten wir unseren Körper immer nach rechts.[67]

Das Phantasma des gemeinschaftlichen Todes wird hier alternativ in zwei Richtungen entworfen. Ganz offenkundig stoßen wir erneut auf das Humboldt verfolgende Bild eines Verschwindens, eines Sich-Auflösens in oder unter der Materie. Die bevorzugte Neigung nach rechts steht für die von den Reisenden präferierte Todesart, die immerhin sichergestellt hätte, dass der Abgestürzte nicht spurlos von der Erdoberfläche verschwunden und im tiefen weichen Schnee versunken wäre, ohne je wieder aufzutauchen. Wie im Höllenfeuer des Kraters wäre er unter der eisigen Schneedecke jeglicher Auffindung entzogen gewesen.

Der Absturz nach rechts hingegen würde sicherstellen, dass die Felsen, auf denen der Reisende am Ende seines Sturzes aufschlagen müsste, den menschlichen Körper zumindest noch „schön empfangen" und so für die Nachwelt – wenn auch zerschmettert – aufbewahren würde. Andernfalls – und diese Vorstellung verfolgte Humboldt – wären ebenso der Körper des Forschers wie auch sein Tagebuch auf immer unter der Schneedecke unauffindbar verschollen. In beide Richtungen musste ein Sturz tödlich verlaufen: An ein *Überleben* war nicht zu denken. Doch beim Absturz auf die Felsen würde das Reisetagebuch vor dem Verschwinden bewahrt: Es geht hier nicht um ein Überleben, sondern um ein *Weiterleben* – ein Weiterleben nach dem Tode in der Schrift.

So öffnet sich die Bewegung auf Messers Schneide hin auf zwei mögliche Todesarten, von denen nur die eine unwiderruflich, die andere aber – dank der Präsenz der durch das Tagebuch aufbewahrten Schrift – letztlich unauslöschlich ist und ein Weiterleben ermöglicht. Das bloße Überleben sichert nur die Fortsetzung des Lebens bis zu jenem Punkt, an dem das physische Leben unausweichlich seinen Endpunkt findet. Das Weiterleben aber geht über diesen scheinbaren Endpunkt des eigenen Lebens hinaus und stellt das eigene Leben bis auf Weiteres auf Dauer. Das Weiterleben zielt auf das, was über Raum und Zeit, was über die eigene physische Begrenztheit deutlich hinausgeht. Weiterleben

---

67 Um einen textuellen Eindruck der Amerikanischen Reisetagebücher an dieser Stelle zu vermitteln, sei hier nicht auf die von Margot Faak herausgegebene Edition verwiesen, sondern auf eine präzise Transkription der Digitalisate: „Nous trouvames une file une cuchilla très curieuse. Le chemin avait a peine 5–6 pouces de large quelquefois pas 2 po[uces]. A gauche la pente etait d'une rapidité effrayante et couverte de neige gelée (croutée) à la surface. A droite il n'y avait pas un atome de neige mais la pente etait semée (couverte) de grandes masses de roches. On avait a choisir s'il [Buchstabe gestrichen] valait mieux se briser les membres en tombant contres ces rochers où l'on aurait eté bien recu à 160–200 t.[oises] de profondeur, ou si a gauche on voulait rouler sur la neige a un [Wort gestrichen] abime beaucoup plus profond. La derniere chute nous parut la plus affreuse. La croute gelée était mince et on se serait enterré dans la neige sans esperance de revenir au jour. C'est pour cela que nous laissions toujours notre Corps penché a droite."

meint damit auch nicht die Ewigkeit: Es geht um ein Leben über den Tod hinaus, freilich ein Weiterleben bis auf Weiteres: Solange es Leserinnen und Leser gibt, welche die Schrift zu dekodieren bereit und in der Lage sind. In diesem Sinne verstanden ist das erschriebene Weiterleben gestundete Zeit.

Editionsprojekte sind – dies sei hier nebenbei bemerkt – Vorhaben, die darauf abzielen, eine Schrift, ein Schreiben und ein Denken weit über den physischen Tod der Autorin oder des Autors hinaus am Leben zu halten und ein Weiterleben zu ermöglichen. Es geht des Weiteren bei einem Editionsvorhaben nicht um ‚tote‘ Buchstaben, sondern um die Chance, das Weiterleben eines Denkens (und eines Denkers) abzusichern und *lebendig* zu halten, so dass es im Polylog mit den Lebenden stets *weitere* Bedeutungen annehmen kann, die über das hinausgehen, was zu Lebzeiten gedacht worden ist. Denn das Geschriebene, der vor uns liegende Text, ist nicht auf das zu einem bestimmten Zeitpunkt Gedachte reduzierbar.

Ein derartiges Weiterleben zielt hierbei nicht auf ein Konservieren um des Konservierens willen, sondern führt zu einem weiteren Leben dieses Denkens und damit zu einem weiteren, ständig sich erweiternden Leben der Lebenden. In diesem Sinne geht es nicht um ein ‚nacktes‘ Überleben[68], sondern um ein *Weiterlebenswissen*, das dem Akt des Schreibens stets als Hoffnung, stets als *prospektive* Spur vektoriell eingeschrieben ist. Alexander von Humboldts Reflexion der unterschiedlichen Todesarten belegt, wie sehr sich sein eigenes Schreiben nach Spuren sehnte, die in die Zukunft führen und seinem Welterleben ein Weiterleben sichern konnten.

3.   Adelbert von Chamisso (1781–1838)

Vektopie des Welterlebens

In Adelbert von Chamissos Schreiben vom 18. Februar 1810 aus Paris an seinen Freund, den Publizisten Julius Eduard Hitzig, der fünf Jahre später entscheidend am Erfolg von Chamissos Bewerbung um die Teilnahme an der russischen Weltumsegelung beteiligt sein sollte[69], berichtete der während der Französischen Revolution im Alter von elf Jahren aus Frankreich geflohene große deutsche Dichter mit großer Bewunderung von den zahlreichen Aktivitäten Alexander von Humboldts: „Solche Thätigkeit, Schnelligkeit und Festigkeit ist noch nie

---

68 Vgl. hierzu Agamben 2002.

69 Zum biographischen Hintergrund des Dichters und Naturforschers vgl. u.a. die mit einer gewissen Regelhaftigkeit veröffentlichten und das weiter wachsende Interesse an Chamisso dokumentierenden Biographien aus vier Jahrzehnten von Freudel 1980; Fischer 1990; Arz 1996; Langner 2009.

gesehen worden"[70]. Er sei mit der Herausgabe seines Reisewerks beschäftigt, sei überdies oft bei Hofe und bereite zugleich seinen „neuen nah bevorstehenden Ausflug"[71] vor. Humboldt wolle zu Beobachtungen ans Kap der Guten Hoffnung segeln und von dort nach Indien und Bengalen weiterreisen, um im Anschluss daran Tibet und das Innere Asiens zu erkunden.

Diese Zeilen Chamissos werfen in gedrängter Form und mit großer Bewunderung ein bezeichnendes Licht auf jenen Aktions- und Bewegungsdrang des Autors der *Ansichten der Natur*, auf jene Vektopie, die Humboldt zu unablässigen Ortswechseln führte. Übrigens nicht nur im weltweiten Maßstab, sondern auch in der französischen Hauptstadt selbst: Humboldt bringe „die Nächte auf dem Observatorium zu" und bewohne nicht weniger als „drei verschiedene Häuser"[72]. Der Lebensrhythmus Humboldts ist dazu angetan, nicht allein die Zeitgenossen zu beeindrucken.

Auch wenn Alexander von Humboldt seine lang ersehnte Reise nach Indien und Tibet wegen der ablehnenden Haltung der Kolonialmacht Großbritannien, die nicht ohne Grund die Kolonialkritik des Preußen fürchtete, niemals durchführen und seine Asienreise erst 1829 mit gütiger und kalkulierter Hilfe des Zaren in dessen Reich durchführen konnte, so hat dieses *Bewegungsbild* des Gelehrten doch seine volle Berechtigung. Humboldt hielt es selten an einem einzigen Ort.

Adelbert von Chamisso erblickte seinerseits in Humboldt einen Lebensstil, dem er in späteren Jahren durchaus nacheifern sollte. Nicht umsonst bat Humboldt den – wie er in einem Brief an Chamisso Anfang 1828 formulierte – „Weltumsegler"[73] in seinen Briefen um detaillierte Auskünfte und berichtete in einem Schreiben wohl vom 16. Mai 1836 von seiner Freude, wie sehr „Ihre Lebensgeschichte, Ihre Reise, Ihr so sprechend edles und festes Bild dem theuren Kronprinz einen so tiefen, wohlwollenden Eindruck gemacht" habe[74]. Chamissos gerade erst erschienener Reisebericht war – wohl von Humboldt selbst, der bei Hofe als Kammerherr auch in seiner Funktion als Vorleser diente – vorgelesen worden und hatte durch die „Individualität der Darstellung den Reiz eines neuen Weltdramas"[75] ausgestrahlt, verstehe es der Dichter Chamisso doch auf außergewöhnliche Weise, „unbefangen, einfach und frei Prosa schreiben" zu können[76]. Humboldt schätzte die spezifisch literarischen Aspekte jenes Welter-

---

70 Chamisso 1842, S. 276.
71 Ebd.
72 Ebd.
73 Staatsbibliothek zu Berlin – PK, Nachlass Adelbert von Chamisso, acc. ms. 1937 (Humboldt, Alexander von: Brief an Adelbert von Chamisso [wohl vom 16.5.1836]), S. 183.
74 Ebd.
75 Ebd.
76 Ebd.

lebens außerordentlich, das sich im in der Folge zu besprechenden Bericht von
Chamissos großer Weltumsegelung so kunstvoll ausdrücke. Nicht umsonst hatte
Chamisso der Erzählung einer von Christen gejagten und gefolterten Guahiba-
Indianerin, die er in Humboldts amerikanischem Reisebericht der *Relation
historique* gefunden hatte, ein bemerkenswertes Gedicht gewidmet[77]. Humboldt
fand seinerseits in Chamissos reiseliterarischem Schreiben wohl jene Vorstellung wieder, die er in seiner auf März 1849 datierten ,Vorrede zur zweiten und
dritten Ausgabe' seiner *Ansichten der Natur* als die „Verbindung eines literarischen und eines rein scientifischen Zweckes"[78] bezeichnet hatte.

Adelbert von Chamisso hatte es in seinem Reisebericht nicht versäumt, an
verschiedenen Stellen seine aufrichtige Bewunderung für Alexander von Humboldt zum Ausdruck zu bringen. So schrieb er in seinem ebenso kunstvoll wie
komplex angelegten Bericht von jener zweiten russischen Weltumsegelung, die
er von 1815 bis 1818 an Bord der russischen Brigg ,Rurik' unter dem Kommando
des Kapitäns Otto von Kotzebue mitgemacht hatte, mit großer Hochachtung für
den längst zu Weltruhm gelangten Humboldt.

> Don Jose de Medinilla y Pineda hatte in Peru, von wo er auf diese Inseln gekommen,
> Alexander von Humboldt gekannt, und war stolz darauf, ihm ein Mal seinen eigenen Hut
> geliehen zu haben, als jener einen gesucht, um an dem Hof des Vicekönigs zu erscheinen.
> Wir haben später zu Manila, welche Hauptstadt der Philippinen von jeher mit der Neuen
> Welt in lebendigem Verkehr gestanden hat, oft den weltberühmten Namen unseres
> Landsmanns mit Verehrung nennen hören, und mehrere, besonders geistliche Herrn
> angetroffen, die ihn gesehen oder gekannt zu haben sich rühmten.[79]

Doch nicht nur der Weltruhm, sondern auch das Wissen und insbesondere die
für Humboldts Denk-, Schreib- und Wissenschaftsstil so charakteristische Fähigkeit des Zusammendenkens wurden in Chamissos *Reise um die Welt mit der
Romanzoffischen Entdeckungs Expedition in den Jahren 1815–18 auf der Brigg
Rurik* immer wieder hervorgehoben, gelinge es doch einem Humboldt,

> die Bruchstücke örtlicher meteorologischer Beobachtungen, welche nur noch als dürftige
> Beiträge zu einer physischen Erdkunde vorhanden sind, zu überschauen, zu beleuchten
> und unter ein Gesetz zu bringen, isothermische Linien über den Globus zu ziehen ver-
> sucht, eine Hypothese zur Erklärung der Phänomene der Prüfung der Naturkundigen zu
> unterwerfen.[80]

Die Spuren der Verehrung, aber auch der lange Schatten Alexander von Humboldts sind an vielen Stellen von Chamissos *Reise um die Welt* in expliziter oder
in impliziter Form leicht zu bemerken, griff er bei seinen eigenen Untersu-

---

77 Vgl. zu diesem Gedicht Lamping 2014, insbes. S. 20–25.
78 Humboldt 1808, S. 9.
79 Chamisso 1975, S. 224.
80 Ebd., Bd. II, S. 472f.

chungen doch etwa auch auf die Erkenntnisse der von Humboldt entworfenen Pflanzengeographie zurück[81] – was der Verfasser der von Chamisso zitierten *Vues des Cordillères et Monumens des Peuples indigènes de l'Amérique*[82] in einem Brief an Chamisso nicht ohne den für ihn so typischen Schalk im Nacken kommentierte, habe Chamisso ihm doch in seinen „allgemeinen Reisebeobachtungen so manche Pflanzengeographische entzogen"[83]. Die Verweise auf die vielfältigen Verbindungen zwischen Humboldt und Chamisso ließen sich leicht mehren.

Doch Adelbert von Chamissos *Reise um die Welt* besaß einen gänzlich anderen Zuschnitt als Alexander von Humboldts vielbändiges (und im übrigen unerschwingliches) amerikanisches Reisewerk. Dies liegt bereits in der ganz anderen Natur der Reise begründet, war Chamisso doch – ähnlich wie Georg Forster und sein Vater Reinhold – im Gegensatz zu Humboldt nicht sein eigener Herr, sondern hatte den Befehlen auf einem russischen Kriegsschiff Folge zu leisten. Die sich daraus ergebenden Differenzen sind der *Reise um die Welt* bereits auf den ersten Seiten zu entnehmen.

Die Schwierigkeiten, die der recht eigenwillige Chamisso bereits während der Fahrt mit dem jüngeren, aber sehr erfahrenen Kapitän der (nach Admiral Krusensterns Reise) zweiten russischen Weltumsegelung hatte, setzten sich auch nach der Rückkehr nach Europa fort. Es wurde ihm von höchster Stelle untersagt, seinen Reisebericht vorab unter eigenem Namen zu veröffentlichen, so dass die von ihm erzielten wissenschaftlichen Ergebnisse erst 1821 im dritten Band von Otto von Kotzebues Reisebericht erschienen[84]. Schon 1819 hatte Chamisso konzentriert an seinem Bericht gearbeitet, aber erst im Jahre 1836 konnte das Reisewerk unter seinem Namen erscheinen. Es war klar in die beiden Teile ,Tagebuch' sowie ,Bemerkungen und Ansichten' aufgeteilt. Die Rivalität gegenüber dem offiziellen Reisebericht, den die russische Admiralität unter dem Namen Otto von Kotzebues, des Sohnes von August von Kotzebue, veröffentlichte, war in Chamissos Formulierungen mit Händen zu greifen.

Auch wenn die paratextuellen Titelelemente der ,Reise um die Welt' wie auch der ,Ansichten' offenkundige Anspielungen auf Georg Forsters *Reise um die Welt*, aber auch die *Ansichten vom Niederrhein* sowie Humboldts *Ansichten der Natur* darstellen mögen, lassen sich weder Aufbau und Struktur noch der von Chamisso angeschlagene Tonfall in die Nähe der so erfolgreichen Vorbilder Forster und Humboldt rücken. Der Dichter ging hier in vielerlei Hinsicht eigene Wege. Nicht umsonst sprach Humboldt in seinem bereits erwähnten Brief vom

---

81 Vgl. u. a. ebd., Bd. II, S. 308.
82 Vgl. hierzu die deutschsprachige Ausgabe von Humboldt 2004.
83 Staatsbibliothek zu Berlin – PK, Nachlass Adelbert von Chamisso, acc. ms. 1937 (Humboldt, Alexander von: Brief an Adelbert von Chamisso [wohl vom 16.5.1836]), S. 183.
84 Vgl. hierzu Federhofer 2013, S. 131.

16. Mai 1836 von Chamissos – und diesen Begriff hatte der Dichter selbst gewählt[85] – „Lebensgeschichte"[86].

Boten im zweiten Teil des Werkes die ‚Bemerkungen und Ansichten' im Kern
die bereits im dritten Band von Kotzebues Bericht abgedruckten (und nun
teilweise aktualisierten) wissenschaftlichen Resultate, so entwickelte das ‚Tagebuch', der erste Teil von Chamissos *Reise um die Welt*, die gattungsspezifische
Nähe zwischen reiseliterarischen und autobiographischen Schreibformen weiter, so dass die Reise in einem autobiographischen Lektüremodus auch als Lebensreise gelesen werden kann. Dabei gestand der Reisende, der erst wenige
Jahre vor Beginn seiner großen Fahrt, im Jahre 1812, mit dem Entschluss zum
Studium von Medizin und Naturwissenschaften an der neugegründeten Berliner
Universität seine Karriere als Naturforscher begonnen hatte, ganz anders als ein
Humboldt seine Defizite und Schwächen bereitwillig ein. Wo Humboldt nur im
privaten Brief an Wilhelm die noch fehlende Kenntnis vieler Pflanzen einräumte,
um selbst dort noch wissenschaftliche Fachtermini sofort nachzuliefern, legte
Chamisso in seinem veröffentlichten Werk den jeweiligen Stand der eigenen
Kenntnisse offen.

So habe er sich von Beginn an fremd an Bord gefühlt und seine eigenen
Beschränkungen deutlich erkannt, wie der erstmals auf hoher See befindliche
Reisende, der unter dem Seegang stets zu leiden hatte, schon bei Plymouth mit
Blick auf die englische Küste anzeigte.

> Die Flut steigt an den Übergangs-Kalk- und Tonschiefer-Klippen bis auf zweiundzwanzig
> Fuß; und bei der Ebbe enthüllt sich dem Auge des Naturforschers die reichste, wunderbar
> rätselhafteste Welt. Ich habe seither nirgends einen an Tangen und Seegewürmen gleich
> reichen Strand angetroffen. Ich erkannte fast keine von diesen Tieren; ich konnte sie in
> meinen Büchern nicht auffinden, und ich entrüstete mich ob meiner Unwissenheit. Ich
> habe erst später erfahren, daß wirklich die mehrsten unbekannt und unbeschrieben sein
> mußten. Ich habe im Verlauf der Reise manches auf diese Weise versäumt, und ich zeichne
> es hier geflissentlich auf zur Lehre für meine Nachfolger. Beobachtet, ihr Freunde, sam-
> melt, speichert ein für die Wissenschaft, was in euren Bereich kommt, und lasset darin die
> Meinung euch nicht irren: dieses und jenes müsse ja bekannt sein, und nur ihr wüßtet
> nicht darum.[87]

Das Beobachten, Sammeln und Speichern für die Wissenschaft wird hier als
langer Lernprozess beschrieben, innerhalb dessen sich der Forscher nicht seiner
vorübergehenden Unkenntnis zu schämen brauche. Dieser Lernprozess ist für
Chamisso Teil eines nicht nur wissenschaftlichen Lebens, das auf dieser Weltreise, auf dieser Lebensreise im Zeichen eines Erlebens steht, welches „die

---

85 Vgl. Chamisso 1975, Bd. II, S. 9.
86 Staatsbibliothek zu Berlin – PK, Nachlass Adelbert von Chamisso, acc. ms. 1937 (Humboldt,
    Alexander von: Brief an Adelbert von Chamisso [wohl vom 16.5.1836]), S. 183.
87 Chamisso 1975, Bd. II, S. 24.

reichste, wunderbar rätselhafteste Welt"[88] zum Gegenstand hat. Im ‚Tagebuch' wird dieses Welterleben im Spiel zwischen sich erinnerndem und reisendem Ich immer wieder in den Mittelpunkt gerückt. Es führt Chamisso letztlich zu einer *weiteren* Art von Wissen.

Wissen an der Schwelle zum Weiterleben

Wenn Adelbert von Chamisso bereits zum Zeitpunkt seines Studienbeginns im Jahre 1812 von einer Weltreise als Naturforscher zu träumen begann[89], dann dürften die Vektopie, der Habitus und Lebensrhythmus eines Alexander von Humboldt – wie wir sahen – an diesem Vorhaben nicht ganz unbeteiligt gewesen sein. Und wenn er in seinem 1813 an seinem Rückzugsort Kunersdorf[90], auf dem ‚Musenhof' derer von Itzenplitz, entstandenen Welterfolg *Peter Schlemihls wundersame Geschichte* seinen Helden und Naturforscher mit „Siebenmeilen-stiefel[n] an den Füßen"[91] ausrüstete, so haben die gewaltigen Schritte seines Schlemihl etwas mit jener „Art philosophischer Wut"[92] zu tun, von der Johann Gottfried Herder 1774 sprach. Aber auch mit jenen „schnellen Schritten, wo der ganze Erdboden dem Europäischen Forschergeiste offenbar werden und jede Lücke in unseren Erfahrungswissenschaften" schließen werde[93], wie dies Georg Forster 1791 treffend formulierte.

Mit ungeheurer Intensität signalisiert Chamisso in seinem Reisebericht aus dem Jahre 1836 jenes neue Welterleben, das ihm als Naturforscher zuteil wird – ganz so wie sein Peter Schlemihl sich erst langsam der Wirkung seiner Sieben-meilenstiefel bewusst zu werden beginnt.

> Ich wußte nicht, wie mir geschehen war, der erstarrende Frost zwang mich, meine Schritte zu beschleunigen, ich vernahm nur das Gebrause ferner Gewässer, ein Schritt, und ich war am Eisufer eines Ozeans. Unzählbare Herden von Seehunden stürzten sich vor mir rau-schend in die Fluten. Ich folgte diesem Ufer, ich sah wieder nackte Felsen, Land, Birken- und Tannenwälder, ich lief noch ein paar Minuten gerade vor mir hin. Es war erstickend heiß, ich sah mich um, ich stand zwischen schön gebauten Reisfeldern unter Maulbeer-bäumen.[94]

Es ist gewiss kein Zufall, dass am Ausgang des 19. Jahrhunderts der kubanische Dichter und Essayist José Martí in seinem Epoche machenden und Epoche

---

88 Ebd.
89 Vgl. Federhofer 2013, S. 120.
90 Vgl. hierzu ausführlich Sproll 2014.
91 Chamisso 1975, Bd. 1, S. 60.
92 Herder 1967, S. 89.
93 Forster 1985, S. 390.
94 Chamisso 1975, S. 60.

verkörpernden Essay *Nuestra América*[95] im Jahre 1891, mitten in der dritten
Phase beschleunigter Globalisierung, die Siebenmeilenstiefel Chamissos erwähnte und wieder auspackte, um sie mit Blick auf die expandierenden USA auf
jenen Riesen, die Vereinigten Staaten von Amerika, zu beziehen, der dem südlichen Amerika bald schon seine Stiefel auf die Brust setzen werde. Denn die in
der obigen Passage sichtbare Geschwindigkeit, mit welcher der planetarische
Raum durchquert wird, entstammt jenem Erleben einer weltweiten Beschleunigung, welche die Erde in der zweiten Phase beschleunigter Globalisierung im
18. Jahrhundert erfasst und verändert hatte.

Folgte die Serie russischer Weltumsegelungen auch noch dem Modell jener
*Entdeckungs*reisen eines Cook oder Bougainville, mit deren Hilfe die Füh-
rungsmächte der zweiten Globalisierungsphase Anspruch auf eine globale
Führungsrolle wie auf weite zu kolonisierende Landgebiete erhoben hatten, so
lassen sie sich trotz ihrer Verspätung von mehreren Jahrzehnten doch noch
immer jener hier phasenverschobenen Beschleunigung zurechnen, zu deren
Protagonisten sich nun auch der in Frankreich geborene Immigrant aus Preu-
ßen, der auf einem russischen Kriegsschiff unter deutsch-baltischer Führung die
Welt nicht zuletzt zum Nutzen der Russisch-Amerikanischen Handelskompa-
gnie umschiffte, zählen durfte. Russland hatte sich auf den langen Weg zur
Weltmacht begeben; und der müde gewordene und seinem Tod schon nahe
Chamisso veröffentlichte seine *Reise um die Welt* als einen Bericht, der diesen
Weg zur Weltmacht reflektierte, aber zugleich eine Schlemihl'sche Reise um den
Planeten wie um sein eigenes Leben war. Insbesondere in seinem ‚Tagebuch‘
entwickelte er dafür eine besondere, poetisch verdichtete Sprache.

Wenn Georg Forster und Alexander von Humboldt sich der beiden großen,
rasch weltweit verbreiteten Sprachen der zweiten Phase beschleunigter Globalisierung bedienten, indem der eine seine *Voyage round the world* zunächst in
englischer und nur wenig später in deutscher Sprache erscheinen ließ, während
der andere den größten Teil seines *Voyage aux Régions équinoxiales du Nouveau
Continent* in französischer Sprache vorlegte und nur bestimmte Teile auf
Deutsch publizierte, wählte der in Frankreich Geborene und im Alter von elf
Jahren zusammen mit seiner adeligen, gegen die Französische Revolution auf-
begehrenden Familie nach Berlin geflüchtete Chamisso für seinen Reisebericht
die deutsche Sprache, ohne darüber freilich zu vergessen, effektvoll auf die
vielsprachige Welt an Bord der russischen Brigg aufmerksam zu machen.

Nicht ohne ein humorvolles Augenzwinkern beschrieb er immer wieder seine
eigene, höchst originelle sprachlich-kulturelle Position innerhalb des Mikrokosmos der ‚Rurik‘, der Welt an Bord des Schiffes. Ebenso verschmitzt wie
hintergründig wird dieser sprachliche Mikrokosmos dann mit dem Makrokos-

---

95 Vgl. hierzu Ette 2015c, S. 75–98.

mos außerhalb des Schiffes in Kontakt gebracht: Eine vielsprachige, nicht auf eine einzige Sprache, nicht auf eine einzige Logik reduzierbare Welt entsteht unter seiner Feder.

So vermerkte er beispielsweise am Ende seines Aufenthalts auf den Kanaren in seinem Reisebericht.

> Zuerst auf Teneriffa, wie später überall im ganzen Umkreis der Erde, haben sich die Wißbegierigen, mit denen ich als ein Wißbegieriger in nähere Berührung kam, Mühe gegeben, den russischen Nationalcharakter an mir, dem Russen, der aber doch nur ein Deutscher, und als Deutscher eigentlich gar ein geborener Franzos, ein Champenois, war, zu studieren.[96]

Wie ein roter Faden durchzieht das Oszillieren zwischen Zugehörigkeit und Nicht-Zugehörigkeit zu einer Nation Chamissos Bericht von einer Weltumsegelung, die sich just zu Beginn des 19. Jahrhunderts und damit des Jahrhunderts der großen Nationalismen ansiedelt. Adelbert von Chamisso hatte schon auf den ersten Seiten seines mit Biographemen gespickten Reiseberichts darauf hingewiesen, dass er im Jahre 1813 als gebürtiger Franzose und ehemaliger preußischer Offizier keinen „tätigen Anteil nehmen durfte"[97] an der großen nationalen Erhebung gegen die Hegemonie Napoleons über Europa: „ich hatte ja kein Vaterland mehr, oder noch kein Vaterland"[98], all diese Ereignisse „zerrissen mich wiederholt vielfältig"[99]. Die biographisch gewiss anders bedingten Parallelen zum Oszillieren Humboldts oder Forsters zwischen Deutschland und Frankreich sind bei Chamisso evident. Chamisso betonte, er habe sich nach Kunersdorf und in die Niederschrift seines *Peter Schlemihl* geflüchtet, um sich selbst „zu zerstreuen und die Kinder eines Freundes zu ergötzen"[100]. Waren die Siebenmeilenstiefel nicht die bestmögliche literarische Umsetzung einer Vektopie, die sich kurze Zeit später mit seiner *Reise um die Welt* lebbar verwirklichen sollte?

Die Mikrokosmen von Kunersdorf und der ‚Rurik' dienten aber auch dazu, um sich mit sich selbst auf ein weiteres, erweitertes Begreifen seiner Zeit jenseits eines überall aufkeimenden Nationalismus zu verständigen. Bildete er als Migrant nicht das lebendige Beispiel für ein Leben, das wie im Falle von Georg Forster oder Alexander von Humboldt nicht auf eine Nation, nicht auf eine Nationalität, nicht auf ein bestimmtes Nationalgefühl beschränkt werden durfte? War er nicht selbst – und darin Humboldt durchaus ähnlich – das beste Beispiel für jenes *Mobile Preußen*, das erst mit der Napoleonischen Ära die Geschichte seines Aufstiegs im nationalistischen Taumel zu verdrängen begann?

---

96 Chamisso 1975 Bd. II, S. 42.
97 Ebd., Bd. II, S. 11.
98 Ebd.
99 Ebd.
100 Ebd.

Auf dem Weg von Berlin ins dänische Kopenhagen, wo er sich der Expedition unter Otto von Kotzebue anschließen und als offizieller Teilnehmer der russischen Weltumrundung Teil des international bestückten Forschungsteams werden sollte, fand Adelbert von Chamisso nicht ohne ein gewisses Erstaunen an sich „überhaupt die Gabe", sich „überall gleich zu Hause zu finden"[101]. So begann er noch vor Beginn seiner ersten und einzigen Weltreise, sich jenseits des Nationalen einzurichten und damit weniger ein Fremdling, der sich überall fremd fühlt, als vielmehr ein Nomade zu sein, dem überall die Bewegung einen Wohnort und ein Leben ohne festen Wohnsitz als bewegliches ‚Zuhause' bietet. Keines seiner beiden Vaterländer vermisst er; und von seinem internationalen Freundeskreis in Kopenhagen weiß er mitzuteilen, dass er dort „vielleicht die heitersten und fröhlichsten Tage meines Lebens verlebt" habe[102].

Mit Georg Forster wie mit Alexander von Humboldt teilt Adelbert von Chamisso die Erfahrung eines translingualen Schreibens, folglich einer *écriture*, die sich auch jenseits der eigenen Muttersprache bewegt und immer wieder zwischen verschiedenen Sprachen pendelt. Gerade dieses Leben und Schreiben ohne feste sprachliche und nationale Koordinaten mag es gewesen sein, das es ihm erlaubte, beim Beobachten, Sammeln und Speichern von Daten zu Kulturen anderer Völker stets die Reflexion des eigenen, europäischen Standpunkts miteinzubeziehen und vermittels dieser kritischen Selbstüberprüfung eine weitaus weniger von Vorurteilen geprägte Sichtweise indigener Kulturen zu entwickeln, als dies etwa in Otto von Kotzebues offiziellem Bericht von der zweiten russischen Weltumsegelung der Fall war[103].

Noch wenige Jahre zuvor, damals im Umkreis von Germaine de Staël lebend, war Adelbert von Chamisso der Verzweiflung nahe gewesen, glaubte er doch, nirgendwo seine Heimat finden zu können[104].

> Ma patrie. Je suis français en Allemagne, et allemand en France, catholique chez les protestants, protestant chez les catholiques, philosophe chez les gens religieux et cagot chez les gens sans préjugés; homme du monde chez les savants, et pédant dans le monde, jacobin chez les aristocrates, et chez les démocrates un noble, un homme de l'Ancien Régime, etc. Je ne suis nulle part de mise, je suis partout étranger – je voudrais trop étreindre, tout m'échappe. Je suis malheureux – – – Puisque ce soir la place n'est pas encore prise, permettez-moi d'aller me jeter la tête première dans la rivière…[105]

Der Bericht von seiner Weltreise hingegen zeigt uns einen Chamisso, der auf die eigene Zerrissenheit sehr wohl zurückblickt, sie auch nicht ausblendet oder

---

101 Ebd., Bd. II, S. 16.
102 Ebd., Bd. II, S. 17.
103 Vgl. hierzu Federhofer 2013, S. 133.
104 Vgl. hierzu Fischer 1990, S. 98.
105 Chamisso 1942, S. 271.

verdrängt, aber gleichsam in eine dynamische Bewegung überführt hat. Weder eine Heterotopie noch eine Atopie und schon gar nicht eine Utopie oder Dystopie haben ihn von seinem spezifischen Fremd-Sein befreit: Es ist vielmehr eine Vektopie, die es dem überall Fremden erlaubte, zu einem (anders als bei Forster und Humboldt gewiss nur zeitweiligen) Nomaden zu werden, der die jeweils geltenden Lebensformen und Lebensnormen zu relativieren versteht und versucht, sich sein eigenes mobiles, an unterschiedlichsten Sprachen und Logiken partizipierendes Zuhause zu schaffen. Es war gewiss kein Zufall, dass sich Chamisso in seinen letzten wissenschaftlichen Veröffentlichungen bis zu seinem Lebensende mit Struktur und Aufbau der Hawaiianischen Sprache beschäftigte.

Aus den festen Grenzen sind eher mobile Übergänge, aus den wechselseitigen Ausschlussmechanismen eher Übersetzungsprozesse geworden, die dem Fremdling ein nomadisches, viellogisches Wissen nahebringen. Dieser Wandlungs- und Verwandlungsprozess ist nicht nur in den stark autobiographisch eingefärbten Passagen von Chamissos *Reise um die Welt*, sondern auch in der (wissenschaftlichen) Art der multiperspektivischen Auseinandersetzung mit den von ihm untersuchten Gegenständen erkennbar. Mit anderen Worten: Der literarischer Reisebericht präsentiert uns eine sehr tiefreichende Veränderung von einem Welterleben, das zunehmend polylogisch geworden ist.

Wenn Chamisso als großer Schriftsteller nicht nur eine *mise en abyme* des Erzählens von einer Weltreise seiner eigenen Erzählung vorausschickt[106], sondern auch früh schon die Formel eines Lebenswissens als Wissen vom Leben im Leben und für das Leben voranstellt – müsse es ihm doch auf der Brigg ‚Rurik‘ „so wie überhaupt in der Welt ergehen, wo nur das Leben das Leben lehrt"[107] –, so stellt er zugleich den Bezug zwischen jener „kleinen Welt"[108], in welche ihn die „Nußschale"[109] seines Schiffes nunmehr „eingepreßt"[110] habe, zu jener umfassenden Welt her, die zueinander wie in einem Verhältnis von Mikrokosmos und Makrokosmos stehen. Mit diesem Verhältnis zwischen Mikro- und Makrostruktur, auf das wir bereits zuvor gestoßen waren, wird die *bewegliche* Grundlage seiner sich beständig verändernden Perspektivik auf die Welt hervorgehoben, eine Bewegung, die den sich verändernden Konturen und Kontexten seines Lebens entspricht. Dies erlaubt es dem Lesepublikum zu verstehen, dass der Blick auf die ‚weite‘ Welt ein sehr spezifischer und vom Kontext des Schiffes selbst her bestimmter ist, ohne dass diese Perspektive zu einer ‚natürlichen‘ und nicht mehr hinterfragbaren würde.

Auf einem Schiff – und mehr noch auf einem russischen Kriegsschiff – kann

---

106 Vgl. Chamisso 1975 Bd. II, S. 15.
107 Ebd., S. 20.
108 Ebd.
109 Ebd.
110 Ebd.

man einen anderen ‚Mitbewohnern' nicht einfach ausweichen[111]; die hieraus sich ergebenden Problematiken sind solche der Konvivenz, eines notwendigen Zusammenlebens auf einem begrenzten zur Verfügung stehenden Raum. Insofern überrascht es nicht, dass sich Chamisso immer wieder mit Fragen und Herausforderungen beschäftigt, welche die Konvivenz zwischen verschiedenen Nationen, Sprachen oder Kulturen, die Konvivenz zwischen Militärs und Wissenschaftlern, aber auch zwischen Europäern und indigenen Völkern betrifft. Denn so, wie es im Mikrokosmos des Schiffes ständige Konflikte gibt, die einer stark hierarchisierten Verfahrensweise ausgesetzt sind, so werden auch die Formen wie die Normen von Konvivenz von Chamisso ständig im Lichte von Konflikten, ja von Katastrophen untersucht, wie sie auf der Ebene von Machtbeziehungen etwa zwischen Kolonialherren und Kolonisierten auftreten. Chamissos *Reise um die Welt* stellt die Frage nach dem Zusammenleben auf einer Nussschale, die nichts anderes als die Welt ist. Die Vorstellung vom ‚Raumschiff Erde'[112] ist weit älter als die bemannte Raumfahrt mit ihren Bildern vom Lonely Planet.

Chamisso sucht bewusst, sich wo irgend möglich von jeder Arroganz der sogenannten ‚Zivilisierten' gegenüber den sogenannten ‚Wilden'[113] zu distanzieren und eine *weitere* Perspektive einzunehmen, die dem Maßstab von Alterität und Alterisierung entgeht. So heißt es bei ihm entschieden.

> Ich ergreife diese Gelegenheit auch hier, gegen die Benennung „Wilde" in ihrer Anwendung auf die Südsee-Insulaner feierlichen Protest einzulegen. Ich verbinde gern, so wie ich kann, bestimmte Begriffe mit den Wörtern, die ich gebrauche. Ein Wilder ist für mich der Mensch, der ohne festen Wohnsitz, Feldbau und gezähmte Tiere, keinen anderen Besitz kennt, als seine Waffen, mit denen er sich von der Jagd ernährt. Wo den Südsee-Insulanern Verderbtheit der Sitten Schuld gegeben werden kann, scheint mir solche nicht von der Wildheit, sondern vielmehr von der Übergesittung zu zeugen. Die verschiedenen Erfindungen, die Münze, die Schrift u.s.w., welche die verschiedenen Stufen der Gesittung abzumessen geeignet sind, auf denen Völker unseres Kontinentes sich befinden, hören unter so veränderten Bedingungen auf, einen Maßstab abzugeben für diese insularisch abgesonderten Menschenfamilien, die unter diesem wonnigen Himmel ohne Gestern und Morgen dem Momente leben und dem Genusse.[114]

Die sprachkritischen Überlegungen gehen in zivilisationskritische über, welche bei aller romantisierenden Einfärbung – die erste Person Plural deutet es an – die eigene europäische Perspektive nicht verleugnen, aber nicht länger als allein gültigen „Maßstab" akzeptieren wollen. Es ist der Versuch, mit den Wörtern

---

111 Ebd., Bd. II, S. 37.
112 Vgl. hierzu Grober 2010, S. 227f.
113 Vgl. zu diesem Regulativ europäischer Weltaneignung Bitterli 1982.
114 Chamisso 1975 Bd. II, S. 75.

zugleich die Tropen der Diskurse wie die Diskurse der Tropen[115] einer Selbst-
kritik zu unterziehen, die auf ein viellogisches Verstehen zielt, in dem es um die
unterschiedlichsten Formen und Normen des Lebens und Zusammenlebens
geht. Chamissos Arbeit an der Sprache ist Arbeit am Mythos von *einer* Logik,
einem einzigen Maßstab, der auf alle Kulturen angewendet werden könnte.
Chamisso weigert sich, einen derartigen verbindlichen Maßstab anzulegen und
rücksichtslos im Weltmaßstab allen Kulturen aufzuoktroyieren.

Adelbert von Chamisso konstruiert hier keine Alterität, keinen ‚Anderen‘
oder ‚Fremden‘, der sogleich inferiorisiert werden könnte, sondern versucht ein
Lebenswissen zu entfalten, das sich eher in einer Epistemologie der Erweiterung
ansiedelt. Das sich hierbei manifestierende Welterleben ist eines, das auf ein
Weiter-Leben abzielt: Das sich nicht auf die engen Begriffe ‚gesitteten‘ oder
‚zivilisierten‘ Lebens einlassen will, sondern eine grundlegende Weitung nicht
nur imaginierbarer oder denkbarer, sondern wahrnehmbarer und deutbarer
Lebensformen intendiert. Es geht hier um ein Welterleben, wie es der Chamisso
des Jahres 1836 immer wieder auch auf den Chamisso des Jahres 1815 projiziert
und so das Spiel von erzählendem und erlebendem Ich aus fast zwanzigjähriger
Distanz in Gang hält. In seiner *Reise um die Welt* plädiert Chamisso deutlich für
ein weiteres Verstehen von (menschlichem) Leben.

Immer wieder versucht der Reisende, die verschiedenen Logiken von Europäern und indigener Bevölkerung ineinander zu übersetzen, indem er etwa mit
erhobenen Händen fuchtelnd und schreiend auf die Menschen einer der besuchten Inselgruppen zuläuft, so dass sie die Flucht ergreifen, bevor es ihm mit
Hilfe seines Lachens gelingt, die Bewohner wieder anzulocken und in eine
Kommunikation mit ihnen einzutreten[116]. Es sind (bisweilen naive, bisweilen
raffinierte) Experimente im Zusammenlebenswissen, die immer wieder Chancen und Grenzen zwischenmenschlicher Konvivenz erproben. Beeindruckend
ist dabei die ‚Gabe‘ oder vielleicht doch eher Fähigkeit Chamissos, sich auf jene
Menschen einzulassen, die er nicht als ‚Wilde‘, nicht als ‚Fremde‘, nicht als
‚Andere‘, sondern als seine Mit-Menschen zu verstehen weiß. So bezeichnete er
im Kontext seiner Beschreibung der Insel Radack auch seinen „Freund Kadu“,
der „fremd auf dieser Insel-Kette“ sich der Fahrt der ‚Rurik‘ eine Zeitlang an-
schloss, als einen „der schönsten Charaktere, den ich im Leben angetroffen
habe“, ja als einen „der Menschen, den ich am meisten geliebt“[117]. Der Südsee-
Insulaner ist als Mit-Mensch zum geliebten Freund geworden.

Adelbert von Chamisso ist sich bei der Konstruktion seines wissbegierigen
Forscher-Ichs, des weitgereisten Weltreisenden, des vielsprachigen Russen, der

---

115 Vgl. zu den Formen von ‚Wildheit‘ White 1978, S. 80f.
116 Vgl. Chamisso 1975, Bd. II, S. 134f.
117 Ebd., S. 141.

kein Russe sondern Deutscher ist, eines Deutschen, der kein Deutscher sondern Franzose ist, eines Franzosen, der kein Franzose, sondern ein Kind der Champagne war, das er längst nicht mehr sein kann, kurzum: bei der Konstruktion eines Ich, das in seiner binneneuropäischen Zerrissenheit durch seine Weltreise für ein weiteres Welterleben geöffnet wird, selbst sehr treu geblieben. Denn es sollte ihm von Beginn seiner Weltreise an ganz so „wie überhaupt in der Welt ergehen, wo nur das Leben das Leben lehrt"[118].

Dieses Lebenswissen jedoch öffnet sich als Ergebnis eines offenen Lebensprozesses und einer Lebensgeschichte, die – wie Humboldt richtig erkannte – weit mehr ist als eine mehr oder minder geglückte Reisebeschreibung, auf eine andere Art von Wissen, die fast schon an der Schwelle zu einem weiteren Leben, ja zu einem Weiterleben steht. So lesen wir wenige Seiten vor dem Abschluß des ,Tagebuches' und damit des ersten Teiles von Chamissos *Reise um die Welt*.

> Ich meinerseits bin bei jedem neuen Kapitel meines Lebens, das ich schlecht und recht, so gut es gehen will, ablebe, bescheidentlich darauf gefaßt, daß es mir erst am Ende die Weisheit bringen werde, deren ich gleich zu Anfang bedurft hätte; und daß ich auf meinem Sterbekissen die versäumte Weisheit meines Lebens finden werde.[119]

Am Ende der Reise, so die Hoffnung, könnte sich nach dem ,Ableben' aller Kapitel das Wissen in Weisheit übersetzen, könnte das Wissen in der Weisheit aufgehen und somit weiterleben, ohne auf ein konkretes Wissen einer Wissenschaft heruntergebrochen werden zu können. Erst auf dem Sterbekissen, so Chamissos Bild, werde jene Weisheit langsam erkennbar, die das Wissen auf ein künftiges, auf ein Weiteres, auf ein Weiterleben hin perspektiviert. Die Weisheit, so scheint der alt gewordene Dichter am Ende seines ,Tagebuches' anzudeuten, ist bestenfalls jenes Wissen, das am Ende der Reise nur vom Tod in Weisheit umgewandelt werden kann – in eine Weisheit, deren man doch viel früher, in früheren Kapiteln, so dringend bedurft hätte. Heißt dies, dass diese Weisheit, wie es der Dichter anzudeuten scheint, weder transindividuell noch transgenerationell weitergeführt und damit *weitergelebt* werden kann? Mit anderen Worten: Was bleibt nach und von den vielen Reisen eines langen Lebens? Lässt sich ein zu Ende gegangenes Leben mit all seinem Wissen und mit all seiner Weisheit nicht weiterleben?

Das spezifische Wissen auf dem Weg zur Weisheit ist eines, das ohne den Tod und damit ohne die Transzendenz nicht auszukommen scheint. Wenn Wissen stets bei den Wissbegierigen, zu denen sich – wie wir sahen – auch der Autor zählt, letztlich nur aus der Bewegung ergibt, so wie sich die in jeglicher Hinsicht menschliche Wissenschaft nur aus der Bewegung *weiter* entwickeln kann, so

---

118 Ebd., S. 20.
119 Ebd., S. 251.

scheint die Weisheit sich auf ein Weiterleben hin zu öffnen, das sich jenseits des Raumes, jenseits der Zeit, jenseits der Bewegung ansiedelt.

Doch vielleicht, so könnten wir dem Dichter der deutschen Romantik sagen, gibt es auch hier *weitere* Wege des Wissens, die uns von der Wissenschaft zum Wissen und vom wissen weiter zur Weisheit führen könnten. Welterleben und Weiterleben scheinen sich auch in jenem Entwurf zu begegnen, den Roland Barthes an das Ende seiner Antrittsvorlesung am *Collège de France* stellte.

> Il est un âge où l'on enseigne ce que l'on sait; mais il en vient ensuite un autre où l'on enseigne ce que l'on ne sait pas: cela s'appelle *chercher*. Vient peut-être maintenant l'âge d'une autre expérience: celle de *désapprendre*, de laisser travailler le remaniement imprévisible que l'oubli impose à la sédimentation des savoirs, des cultures, des croyances que l'on a traversés. Cette expérience a, je crois, un nom illustre et démodé, que j'oserai prendre ici sans complexe, au carrefour même de son étymologie: *Sapientia:* nul pouvoir, un peu de savoir, un peu de sagesse, et le plus de saveur possible.[120]

Die unermüdliche Querung unterschiedlichster Wissensformen, Kulturen und Glaubensformen führt, folgen wir Roland Barthes, zu einem Wissen, das jenseits aller Macht Weisheit als Würze, als sinnliches und sinnhaftes Welterleben versteht. Ein solches Welterleben, so die Hoffnung und die Aufgabe der Philologie, kann (und zwar nicht nur durch Editionen) weitergegeben werden. Ob es in seiner ganzen *saveur* vielleicht auch weitergelebt werden kann, ist eine Frage, die an das Medium des Weiterlebens *par excellence*, an die Literaturen der Welt, aus immer neuen Perspektiven und von weiteren Kapitelenden her zu stellen ist.

Quellen

Ungedruckte Quellen

Staatsbibliothek zu Berlin – PK, Nachl. Alexander von Humboldt (Tagebücher) VII bb/c, 12r.
Staatsbibliothek zu Berlin – PK, Nachlass Adelbert von Chamisso, acc. ms. 1937, 183 (Humboldt, Alexander von: Brief an Adelbert von Chamisso [wohl Anfang 1828]).
Staatsbibliothek zu Berlin – PK, Nachlass Adelbert von Chamisso, acc. ms. 1937, 183 (Humboldt, Alexander von: Brief an Adelbert von Chamisso [wohl vom 16.5.1836]).

---

120 Barthes 1978, S. 45f.

Gedruckte Quellen

Agamben, Giorgio: *Homo sacer. Die souveräne Macht und das nackte Leben.* Aus dem Italienischen von Hubert Thüring. Frankfurt/M. 2002.

Arz, Maike: *Literatur und Lebenskraft. Vitalistische Naturforschung und bürgerliche Literatur um 1800.* Stuttgart 1996.

Barthes, Roland: *Leçon. Leçon inaugurale de la Chaire de sémiologie littéraire du Collège de France, prononcée le 7 janvier 1977.* Paris 1978.

Bernaschina, Vicente / Kraft, Tobias / Kraume, Anne (Hg.): *Globalisierung in Zeiten der Aufklärung. Texte und Kontexte zur „Berliner Debatte" um die Neue Welt (17./18. Jh.).* 2 Teile. Frankfurt/M. / Bern / New York 2015.

Bitterli, Urs: *Die „Wilden" und die „Zivilisierten". Grundzüge einer Geistes- und Kulturgeschichte der europäisch-überseeischen Begegnung.* München 1982.

Broc, Numa: *La Géographie des Philosophes. Géographes et voyageurs français au XVIIIe siècle.* Paris 1975.

Chamisso, Adelbert von: *Adelbert von Chamisso's Werke.* 5., vermehrte Auflage. Bd. 5: *Leben und Briefe von Adelbert von Chamisso.* Herausgegeben durch Julius Eduard Hitzig. Berlin 1842.

Chamisso, Adelbert von: *Leben und Briefe.* Hg. v. Julius Eduard Hitzig. Leipzig 1942.

Chamisso, Adelbert von: ‚Reise um die Welt mit der Romanzoffischen Entdeckungs Expedition in den Jahren 1815–18 auf der Brigg Rurik Kapitän Otto von Kotzebues', in: Ders.: *Sämtliche Werke.* Band II. München 1975.

Chamisso, Adelbert von: ‚Peter Schlemihls wundersame Reise', in: Ders.: *Sämtliche Werke,* Bd. 1. München 1975.

Ette, Ottmar: ‚Der Blick auf die Neue Welt', in: Alexander von Humboldt: *Reise in die Äquinoktial-Gegenden des Neuen Kontinents.* Hg. v. Ottmar Ette. Bd. 2. Frankfurt/M., Leipzig 1991, S. 1563–1597.

Ette, Ottmar: *Literatur in Bewegung. Raum und Dynamik grenzüberschreitenden Schreibens in Europa und Amerika.* Weilerswist 2001.

Ette, Ottmar: *Weltbewußtsein. Alexander von Humboldt und das unvollendete Projekt einer anderen Moderne.* Weilerswist 2002.

Ette, Ottmar: *ÜberLebensWissen I–III.* Drei Bände im Schuber. Berlin 2004–2010.

Ette, Ottmar: *Alexander von Humboldt und die Globalisierung. Das Mobile des Wissens.* Frankfurt/M., Leipzig 2009.

Ette, Ottmar: *TransArea. Eine literarische Globalisierungsgeschichte.* Berlin, Boston 2012.

Ette, Ottmar: ‚Wörter – Mächte – Stämme. Cornelius de Pauw und der Disput um eine neue Welt', in: Messling, Markus / Ette, Ottmar (Hg.): *Wort Macht Stamm. Rassismus und Determinismus in der Philologie (18. / 19. Jh.).* Unter Mitarbeit von Philipp Krämer und Markus A. Lenz. München 2013, S. 107–135.

Ette, Ottmar: ‚Nomadisches Denken: Alexander von Humboldts lebendige Wissenschaft', in: Stoyan, Dietrich (Hg.): *Bergakademische Geschichten. Aus der Historie der Bergakademie Freiberg erzählt anlässlich des 250. Jahrestages ihrer Gründung.* Freiberg 2015a, S. 95–102.

Ette, Ottmar: ‚Dem Leben auf der Spur. Das Akademievorhaben „Alexander von Humboldt auf Reisen – Wissenschaft aus der Bewegung" ediert Humboldts transdisziplinäre

Aufzeichnungen', in: *Die Akademie am Gendarmenmarkt 2015/16* (Berlin) (2015b), S. 8–13.

Ette, Ottmar: 'José Martís *Nuestra América* oder Wege zu einem amerikanischen Humanismus', in: Röseberg, Dorothee (Hg.): *El arte de crear memoria. Festschrift zum 80. Geburtstag von Hans-Otto Dill.* Berlin 2015c, S. 75–98.

Ette, Ottmar: „Un esprit d'inquiétude morale". Vectoricité et économie d'un sentiment intense chez Alexander von Humboldt', in: Espagne, Michel (Hg.): *La Sociabilité européenne des frères Humboldt.* Paris 2016, S. 47–68.

Ette, Ottmar: 'Weiter denken. Viellogisches denken / viellogisches Denken und die Wege zu einer Epistemologie der Erweiterung.' (im Druck).

Federhofer, Marie-Theres: 'Lokales Wissen in den Reisebeschreibungen von Otto von Kotzebue und Adelbert von Chamisso', in: Kasten, Erich: *Reisen an den Rand des Russischen Reiches: Die wissenschaftliche Erschließung der nordpazifischen Küstengebiete im 18. und 19. Jahrhundert.* Fürstenberg/Havel 2013, 111–145.

Freudel, Werner: *Adelbert von Chamisso. Leben und Werk.* Leipzig 1980.

Ferguson, Niall: *Civilization. The West and the Rest.* New York 2011.

Fischer, Robert: *Adelbert von Chamisso. Weltbürger, Naturforscher und Dichter.* Vorwort von Rafik Schami. Mit zahlreichen Abbildungen. Berlin, München 1990.

Forster, Georg: *Reise um die Welt.* Herausgegeben und mit einem Nachwort von Gerhard Steiner. Frankfurt/M. 1983.

Forster, Georg: *Ansichten vom Niederrhein.* München 1985a.

Forster, Georg: 'Die Nordwestküste von Amerika, und der dortige Pelzhandel', in: Ders.: *Werke. Sämtliche Schriften, Tagebücher, Briefe.* Bd. V: Kleine Schriften zur Völker- und Länderkunde. Hg. v. Horst Fiedler, Klaus-Georg Popp, Annerose Schneider und Christian Suckow. Berlin 1985b.

Forster, Georg: 'Parisische Umrisse (1794)', in: Günther, Horst (Hg.): *Die Französische Revolution. Berichte und Deutungen deutscher Schriftsteller und Historiker.* Frankfurt/M. 1988, 597–649.

Görbert, Johannes: *Die Vertextung der Welt. Forschungsreisen als Literatur bei Georg Forster, Alexander von Humboldt und Adelbert von Chamisso.* Berlin 2014.

Greenblatt, Stephen: *Wunderbare Besitztümer. Die Erfindung des Fremden: Reisende und Entdecker.* Aus dem Englischen von Robin Cackett. Berlin 1994.

Grober, Ulrich: *Die Entdeckung der Nachhaltigkeit. Kulturgeschichte eines Begriffs.* München 2010.

Gumbrecht, Hans Ulrich: 'Posthistoire now', in: Ders. / Link-Heer, Ursula (Hg.): *Epochenschwellen und Epochenstrukturen in der Literatur- und Sprachhistorie.* Frankfurt/M. 1985, S. 34–50.

Hard, Gerhard: „Der Totalcharakter der Landschaft". Re-Interpretation einiger Textstellen bei Alexander von Humboldt', in: *Alexander von Humboldt: Eigene und neue Wertungen der Reisen, Arbeit und Gedankenwelt. Geographische Zeitschrift,* Beihefte 23 (1970), S. 49–73.

Herder, Johann Gottfried: *Auch eine Philosophie der Geschichte zur Bildung der Menschheit.* Frankfurt/M. 1967.

Humboldt, Alexander von: *Ansichten der Natur.* Tübingen 1808.

Humboldt, Alexander von: 'Mes confessions', in: *Le Globe* 7 (janvier–février 1868), S. 180–190.

Humboldt, Alexander von: *Reise auf dem Río Magdalena, durch die Anden und Mexico.* 2 Bde. Hg. v. Margot Faak. Berlin 1986.

Humboldt, Alexander von: ‚Meine Bekenntnisse (Autobiographische Skizze 1769–1805)‘, in: Ders.: *Aus meinem Leben. Autobiographische Bekenntnisse.* Hg. v. Kurt-R. Biermann. München 1987, S. 49–62.

Humboldt, Alexander von: *Briefe aus Amerika 1799–1804.* Hg. v. Ulrike Moheit. Berlin 1993.

Humboldt, Alexander von: *Reise auf dem Río Magdalena, durch die Anden und Mexiko.* Hg. v. Margot Faak. Zweite, durchgesehene und verbesserte Auflage. 2 Bde. Berlin 2003.

Humboldt, Alexander von: *Ansichten der Kordilleren und Monumente der eingeborenen Völker Amerikas.* Hg. v. Ottmar Ette und Oliver Lubrich. Frankfurt/M. 2004.

Jurt, Joseph: ‚Louis-Sébastien Mercier et le problème de l’esclavage et des colonies‘, in: *Anales del Caribe* 7–8 (1987 / 1988), S. 94–107.

Jurt, Joseph: ‚Stadtreform und utopischer Entwurf: von Alberti bis L.-S. Mercier‘, in: Hahn, Kurt / Hausmann, Matthias (Hg.): *Visionen des Urbanen. (Anti-) utopische Stadtentwürfe in der französischen Wort- und Bildkunst.* Heidelberg 2012, S. 21–31.

Kraft, Tobias: ‚From Total Impression to Fractal Representation: the Humboldtian „Naturbild“‘, in: Kutzinski, Vera / Ette, Ottmar / Walls, Laura Dassow (Hg.): *Alexander von Humboldt and the Americas.* Berlin 2012, S. 144–160.

Krauß, Henning: ‚Der Ursprung des geschichtlichen Weltbildes, die Herausbildung der „opinion publique“ und die literarischen Uchronien‘, in: *Romanistische Zeitschrift für Literaturgeschichte* (Heidelberg) 11, 3–4 (1987), S. 337–352.

Krauß, Henning: ‚La „Querelle des Anciens et des Modernes“ et le début de l’uchronie littéraire‘, in: Hudde, Hinrich / Kuon, Peter (Hg.): *De l’utopie à l’uchronie.* Actes deu colloque d’Erlangen, 16–18 octobre 1986. Tübingen 1988, S. 89–98.

Lamping, Dieter: ‚„Ein armer unbedachter Gast“. Adelbert von Chamissos interkulturelle Lyrik‘, in: Chiellino, Carmine / Shchyhlevska, Natalia (Hg.): *Bewegte Sprache. Vom „Gastarbeiterdeutsch“ zum interkulturellen Schreiben.* Dresden 2014, 15–26.

Langner, Beatrix: *Der wilde Europäer. Adelbert von Chamisso.* Berlin 2009.

Lepenies, Wolf: *Das Ende der Naturgeschichte. Wandel kultureller Selbstverständlichkeiten in den Wissenschaften des 18. und 19. Jahrhunderts.* Frankfurt/M. 1978.

Lüsebrink, Hans-Jürgen: ‚„La Patrie des Droits de l’Homme.“ Zur Identifikation deutscher Frankreichforscher mit dem Frankreich der Aufklärung und der Französischen Revolution‘, in: Grunewald, Michel / Lüsebrink, Hans-Jürgen / Marcowitz, Reiner / Puschner, Uwe (Hg.): *France-Allemagne au XXe siècle. La production de savoir sur l’Autre.* Bd. 2: *Les spécialistes universitaires de de l’Allemagne et de la France.* Bern, Frankfurt/M., New York 2012, S. 301–314.

Schmitter, Peter: ‚Zur Wissenschaftskonzeption Georg Forsters und dessen biographischen Bezügen zu den Brüdern Humboldt. Eine Vorstudie zum Verhältnis von „allgemeiner Naturgeschichte“, „physischer Weltbeschreibung“ und „allgemeiner Sprachkunde“‘, in: Naumann, Bernd / Plank, Frans / Hofbauer, Gottfried / Hooykaas, Reijer (Hg.): *Language and Earth: Elective Affinities between the emerging Sciences of Linguistics and Geology.* Amsterdam 1992, S. 91–124.

Sproll, Monika: *Adelbert von Chamisso in Cunersdorf.* Frankfurt/O. 2014.

Steiner, Gerhard: ‚Georg Forsters „Reise um die Welt"', in: Forster, Georg: ‚*Reise um die Welt*. Herausgegeben und mit einem Nachwort von Gerhard Steiner'. Frankfurt/M. 1983.

Trabant, Jürgen: ‚Der Totaleindruck. Stil der Texte und Charakter der Sprachen', in: Gumbrecht, Hans Ulrich / Pfeiffer, K. Ludwig (Hg.): *Stil. Geschichte und Funktionen eines kulturwissenschaftlichen Diskurselements*. Frankfurt/M. 1986, S. 169–188.

Todorov, Tzvetan: *Die Eroberung Amerikas. Das Problem des Anderen*. Aus dem Französischen von Wilfried Böhringer. Frankfurt/M. 1985.

White, Hayden: *Tropics of Discourse. Essays in Cultural Criticism*. Baltimore, London 1978.

Über die Autorinnen und Autoren

Julia Bayerl, Studium der Kunstgeschichte und Romanistik, wissenschaftliche Mitarbeiterin im BMBF-Verbundprojekt „Alexander von Humboldts Amerikanische Reisetagebücher" der Universität Potsdam und der Staatsbibliothek zu Berlin – PK, Teilprojekt: „Genealogie, Chronologie, Epistemologie". Promotionsprojekt: Handzeichnungen Alexander von Humboldts in den Amerikanischen Reisetagebüchern.

Gabrielle Bersier, Studium der Deutschen Literatur und Geschichte, Professorin für Deutsche Literatur- und Kulturgeschichte an der Indiana University-Purdue University in Indianapolis. Forschungsschwerpunkte: Literatur des späten 18. und frühen 19. Jahrhunderts, Goethes Werke, Verhältnis von Ästhetik und Wissenschaft, intertextuelle und intermediale Beziehungen im genannten Zeitraum.

David Blankenstein ist Kunstwissenschaftler und Museologe. In seiner laufenden Promotion untersucht er die preußisch-französischen Kunstbeziehungen am Beispiel des Mittlers und Kunstagenten Alexander von Humboldt. Schwerpunkte in seiner Forschung liegen auf den Gebieten kulturellen Transfers im 19. Jahrhundert und der Geschichte und Theorie von Museen und Sammlungen. Er erarbeitet momentan als Kurator eine Ausstellung zu den Brüdern Wilhelm und Alexander von Humboldt für das Deutsche Historische Museum.

Thomas Borgard, Studium der Neueren deutschen Literaturwissenschaft, Philosophie, Psychologie und Religionswissenschaft, seit 2013 verantwortlich in Lehre und Forschung für den Fachbereich Interkulturelle Philologie am Institut für Deutsch als Fremdsprache der Ludwig-Maximilians-Universität München, Mitglied der Institutsleitung. Wissenschaftliche Leitung des „Internationalen Forschungszentrums|Chamisso" (IFC). Forschungsschwerpunkte: Neuere deutsche Literaturwissenschaft, literarische Interkulturalität, Literaturtheorie und Ästhetik, Geschichte der Human- und Naturwissenschaften, europäische und amerikanische Philosophiegeschichte, Kulturanthropologie, Wissens- und Techniksoziologie, Geschichte der Wirtschaftstheorie.

Julian Drews, Studium der Romanistik, Vergleichenden Literaturwissenschaft und Philosophie, Koordinator im BMBF-Verbundprojekt „Alexander von Humboldts Amerikanische Reisetagebücher" der Universität Potsdam und der Staatsbibliothek zu Berlin – PK, Teilprojekt: „Genealogie, Chronologie, Epistemologie". Forschungsschwerpunkte: Verhältnis von Literatur und Wissenschaftsgeschichte, Darstellung asymmetrischer Konflikte in den Literaturen Lateinamerikas und der Frankophonie, Erkenntnistheorie der Philologien.

Dominik Erdmann, Studium der Neueren deutschen Literatur, Geschichte und Wissenschafts- und Technikgeschichte an der Humboldt-Universität zu Berlin und der Technischen Universität Berlin. 2011–2014 Mitglied des Graduiertenkollegs „Schriftbildlichkeit – Über Materialität, Wahrnehmbarkeit und Operativität von Notationen". Als Mitarbeiter der Staatsbibliothek zu Berlin katalogisierte er zwischen 2016 und 2017 den Nachlass Alexander von Humboldt in der Biblioteka Jagiellońska in Krakau. Ferner schreibt er an einer Promotion zu Alexander von Humboldts Verzettelten Schreibpraxen.

Walter Erhart, Professur für germanistische Literaturwissenschaft an der Universität Bielefeld. Arbeits- und Forschungsschwerpunkte: Literatur vom 18. Jahrhundert bis zur Gegenwart, Literaturtheorie, Wissenschaftsgeschichte, Reiseliteratur, Gender Studies. Seit 2010 Herausgeber des „Internationalen Archivs für Sozialgeschichte der deutschen Literatur". Letzte Buchpublikationen zu Wolfgang Koeppen (2012), Neil Young (2015), zu Praktiken des Vergleichens (2015) sowie Adelbert von Chamissos Lebens- und Schreibwelten (2016).

Ottmar Ette, Professor für Romanische und Vergleichende Literaturwissenschaft an der Universität Potsdam. Projektleiter im BMBF-Verbundprojekt „Alexander von Humboldts Amerikanische Reisetagebücher" der Universität Potsdam und der Staatsbibliothek zu Berlin – PK, Teilprojekt: „Genealogie, Chronologie, Epistemologie" sowie im Langzeitvorhaben „Alexander von Humboldt auf Reisen – Wissenschaft aus der Bewegung" an der Berlin-Brandenburgischen Akademie der Wissenschaften, Forschungsschwerpunkte: TransArea Studies, Nanophilologie, Konvivenz, Literaturwissenschaft als Lebenswissenschaft.

Michael Ewert, Akademischer Oberrat an der Ludwig-Maximilians-Universität München. Forschungsschwerpunkte: Literatur des 18. bis 21. Jahrhunderts, Interkulturalität und Alterität, Literatur und Migration.

Johannes Görbert, Studium der Germanistik, Geschichte und Anglistik, forscht und lehrt als Post-Doc im Einstein-Projekt „Transpacifica" (Freie Universität Berlin / University of Tokyo). Forschungsschwerpunkte: Reiseliteratur, Literatur und Naturwissenschaften, Interkulturelle Literaturwissenschaft (speziell zur Asien-Pazifik-Region), Lyrik, Autobiographie.

Brigitte Hoppe, Professorin i. R. für Wissenschaftsgeschichte an der Ludwig-Maximilians-Universität München. Forschungsschwerpunkte: Wissenschaftsgeschichte der Frühen Neuzeit, Geschichte der Biologie, Arzneimittellehre und Chemie vom 18. bis zum 20 Jahrhundert.

Nikolas Immer, Vertretungsprofessur für Neuere deutsche Literaturwissenschaft an der Universität Trier. Forschungsschwerpunkte: deutschsprachige Erinnerungslyrik im 19. Jahrhundert. Zusammenhang von Trauma und Nachkriegslyrik, Strukturen des ästhetischen Heroismus, Konzepte literarischer Anthropologie.

Nils Jablonski, Studium der Germanistik, Kunst und Angewandte Literatur- und Kulturwissenschaft, wissenschaftlicher Mitarbeiter an der FernUniversität in Hagen. Forschungsschwerpunkte: ambulantes Aufzeichnen, Idylle und Kitsch, Komik- und Humorforschung mit dem Schwerpunkt Interkulturalität, experimentelle Lyrik sowie Populärkultur einschließlich Film und Fernsehen.

Jana Kittelmann, wissenschaftliche Mitarbeiterin der Alexander von Humboldt-Professur für neuzeitliche Schriftkultur und europäischen Wissenstransfer an der Martin-Luther-Universität Halle-Wittenberg im Editionsprojekt „Johann Georg Sulzer – Gesammelte Schriften." Forschungsschwerpunkte: Briefkultur des 18. und 19. Jahrhunderts, Editionsphilologie, Gartenkunst und Literatur.

Tobias Kraft, Studium der Germanistik, Romanistik und Medienwissenschaft, Arbeitsstellenleiter im Langzeitvorhaben „Alexander von Humboldt auf Reisen – Wissenschaft aus der Bewegung" an der Berlin-Brandenburgischen Akademie der Wissenschaften. Forschungsschwerpunkte: Alexander von Humboldt, Editionsphilologie im digitalen Zeitalter.

Dorit Müller, wissenschaftliche Mitarbeiterin der Emmy Noether-Gruppe „Bauformen der Imagination. Literatur und Architektur in der Moderne" an der Freien Universität Berlin. Forschungsschwerpunkte: Literatur- und Mediengeschichte des Reisens, Verhältnis von Literatur und Wissensgeschichte, raumtheoretische Ansätze der Literatur, intermediale Konstellationen.

René-Marc Pille, Studium der Germanistik, Professor für deutsche Literatur- und Kulturgeschichte an der Universität Paris 8. Forschungsschwerpunkte: Deutsche Klassik und Romantik im Kontext der Französischen Revolution.

Cettina Rapisarda, wissenschaftliche Mitarbeiterin im BMBF-Verbundprojekt „Alexander von Humboldts Amerikanische Reisetagebücher" der Universität Potsdam und der Staatsbibliothek zu Berlin – PK, Teilprojekt: „Genealogie, Chronologie, Epistemologie". Forschungsschwerpunkte: Literatur und visuelle Medien, Kulturgeschichte der Freundschaft und Reiseliteratur.

Michael Hieronymus Schmidt, Studium der Deutschen Philologie, der Mittleren und Neueren Geschichte, der Sinologie und der Philosophie, seit 1992 Prof. ord. für Deutsche Philologie an der Norwegischen Arktischen Universität Tromsø. Mitglied der Academia Borealis und der Per & Siv Lage-Stiftung. Forschungsschwerpunkte: Deutsche Literatur- und Kulturgeschichte zwischen Humanismus und Heute, Wissenschaftstheorie und -geschichte, insbesondere des Dilettantismus, Literaturtheorie, insbesondere Hermeneutik, Antisemitismusforschung, Analytische Bibliographie.

Kristina Skåden, Post-Doc am Department of Culture Studies and Oriental Languages an der Universät Oslo in einem Digital Humanities-Projekt zum norwegischen Folklorearchiv. Forschungsschwerpunkte: Feministische Kultur- und Wissenschaftsgeschichte, Technik- und Verkehrsgeschichte, Spatial Humanities, Kulturerbeforschung, Deutsch-Norwegische Beziehungen.

Monika Sproll, Studium der Neueren deutschen Literatur und Philosophie in Tübingen und Berlin, Promotion an der JLU Gießen mit *Das ‚Charakteristische'. Studien zur Theorie des ‚Charakters' und zur Ästhetik des ‚Charakteristischen' von Leibniz bis Hölderlin*, wissenschaftliche Mitarbeiterin (Post-doc) im DFG-Projekt „Die Aneignung des Weltwissens – Adelbert von Chamissos Weltreise (Materialerschließung, Transkription, Analyse)" an der Universität Bielefeld.

Ute Tintemann, Studium der italienischen Philologie und Linguistik, wissenschaftliche Referentin an der Berlin-Brandenburgischen Akademie der Wissenschaften. Forschungsschwerpunkte: Geschichte der Sprachwissenschaften und insbesondere die Arbeiten von Karl Philipp Moritz, Wilhelm von Humboldt und Julius Klaproth.

Stephan Zandt, wissenschaftlicher Mitarbeiter im SFB 644 „Transformationen der Antike" im Teilprojekt A14 „Natur-Kultur. Transformationen einer mythischen Grenzziehung". Promotionsprojekt: „Fremde Welten des Geschmacks".